新闻出版行业质量管理与标准化系列图书

书刊印制常用标准及规范

（第三版）

中国质检出版社第四编辑室　编

中国质检出版社

中国标准出版社

北　京

图书在版编目(CIP)数据

书刊印制常用标准及规范/中国质检出版社第四编辑室编.—3版.—北京:中国标准出版社,2011
ISBN 978-7-5066-6394-6

Ⅰ.①书… Ⅱ.①中… Ⅲ.①图书-印刷-标准-汇编-中国②期刊-印刷-标准-汇编-中国 Ⅳ.①TS807

中国版本图书馆 CIP 数据核字 (2011) 第 153393 号

中国质检出版社
中国标准出版社 出版发行
北京市朝阳区和平里西街甲 2 号(100013)
北京市西城区复外三里河北街 16 号(100045)
网址 www.spc.net.cn
电话:(010)64275360 68523946
中国标准出版社秦皇岛印刷厂印刷
各地新华书店经销
*
开本 880×1230 1/16 印张 38.25 字数 1 155 千字
2011 年 8 月第三版 2011 年 8 月第四次印刷
*
定价 197.00 元

如有印装差错 由本社发行中心调换
版权专有 侵权必究
举报电话:(010)68510107

近年来，国家和地方新闻出版部门大力加强管理，采取有力措施，在提高图书印制质量等方面，取得了可喜的成绩。

我国曾先后发布了一系列与书刊印制有关的法律法规、标准和规范，对其认真贯彻和执行是图书出版全过程中实现全面质量管理的保证，是提高图书印制质量的关键。我社曾于1997年和2003年出版了《书刊印制常用标准及规范》和《书刊印制常用标准及规范（第二版）》，对促进出版物印制质量的提高起到了积极作用，深受广大读者的欢迎。

2003年以来，我国又陆续制、修订了大批有关印制方面的国家标准和行业标准。鉴于标准及规范的时效性和有助于更好地贯彻实施相关规范和标准，我们对《书刊印制常用标准及规范（第二版）》进行了修订。

本书为《书刊印制常用标准及规范（第三版）》，共收入最新版现行有效的国家标准48项、行业标准21项、规范文件4个。全书标准按内容分成三个部分：

——印刷品质量要求及检验方法（国家标准7项、行业标准8项）；

——印刷技术（国家标准24项、行业标准13项）；

——书刊印制常用印刷材料（国家标准17项）。

每部分分别按国家标准和行业标准的标准编号由小到大顺序编排。

本书收集的标准的属性(推荐或强制)已在本目录上标明,标准年号用四位数字表示。鉴于部分国家标准是在标准清理整顿前出版的,现尚未修订,故正文部分仍保留原样,读者在使用这些标准时,其属性以本目录标明的为准(标准正文"引用标准"中的标准的属性请读者注意查对)。由于所收录标准的发布年代不尽相同,我们对标准中所涉及到的有关量和单位的表示方法未做统一改动。

本书可供广大出版和印制行业的管理人员、技术人员使用,也可供有关高等院校相关专业师生参考。

编 者

2011年6月

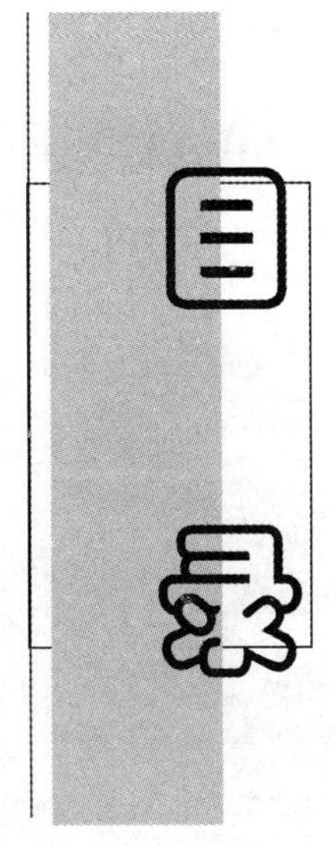

一、印刷品质量要求及检验方法

注：本汇编收集的标准的属性(推荐或强制)已在本目录上标明，标准年号用四位数字表示。鉴于部分国家标准是在标准清理整顿前出版的，现尚未修订，故正文部分仍保留原样，读者在使用这些标准时，其属性以本目录标明的为准(标准正文“引用标准”中的标准的属性请读者注意查对)。

二、印刷技术

* GB/T 18722—2002　除标准正文外，还包括该标准彩色图像数据的光盘，此光盘见标准单行本。

三、书刊印制常用印刷材料

附录

印刷业管理条例

（中华人民共和国国务院令·第315号·2001年8月2日）

第一章　总　　则

第一条　为了加强印刷业管理，维护印刷业经营者的合法权益和社会公共利益，促进社会主义精神文明和物质文明建设，制定本条例。

第二条　本条例适用于出版物、包装装潢印刷品和其他印刷品的印刷经营活动。

本条例所称出版物，包括报纸、期刊、书籍、地图、年画、图片、挂历、画册及音像制品、电子出版物的装帧封面等。

本条例所称包装装潢印刷品，包括商标标识、广告宣传品及作为产品包装装潢的纸、金属、塑料等的印刷品。

本条例所称其他印刷品，包括文件、资料、图表、票证、证件、名片等。

本条例所称印刷经营活动，包括经营性的排版、制版、印刷、装订、复印、影印、打印等活动。

第三条　印刷业经营者必须遵守有关法律、法规和规章，讲求社会效益。

禁止印刷含有反动、淫秽、迷信内容和国家明令禁止印刷的其他内容的出版物、包装装潢印刷品和其他印刷品。

第四条　国务院出版行政部门主管全国的印刷业监督管理工作。县级以上地方各级人民政府负责出版管理的行政部门（以下简称出版行政部门）负责本行政区域内的印刷业监督管理工作。

县级以上各级人民政府公安部门、工商行政管理部门及其他有关部门在各自的职责范围内，负责有关的印刷业监督管理工作。

第五条　印刷业经营者应当建立、健全承印验证制度、承印登记制度、印刷品保管制度、印刷品交付制度、印刷活动残次品销毁制度等。具体办法由国务院出版行政部门会同国务院公安部门制定。

印刷业经营者在印刷经营活动中发现违法犯罪行为，应当及时向公安部门或者出版行政部门报告。

第六条　印刷行业的社会团体按照其章程，在出版行政部门的指导下，实行自律管理。

第二章　印刷企业的设立

第七条　国家实行印刷经营许可制度。未依照本条例规定取得印刷经营许可证的，任何单位和个人不得从事印刷经营活动。

第八条　设立印刷企业，应当具备下列条件：

（一）有企业的名称、章程；

（二）有确定的业务范围；

（三）有适应业务范围需要的生产经营场所和必要的资金、设备等生产经营条件；

（四）有适应业务范围需要的组织机构和人员；

（五）有关法律、行政法规规定的其他条件。

审批设立印刷企业，除依照前款规定外，还应当符合国家有关印刷企业总量、结构和布局的规划。

第九条 设立从事出版物、包装装潢印刷品和其他印刷品印刷经营活动的企业，应当向所在地省、自治区、直辖市人民政府出版行政部门提出申请；其中，设立专门从事名片印刷的企业，应当向所在地县级人民政府出版行政部门提出申请。申请人经审核批准的，取得印刷经营许可证；并按照国家有关规定持印刷经营许可证向公安部门提出申请，经核准，取得特种行业许可证后，持印刷经营许可证、特种行业许可证向工商行政管理部门申请登记注册，取得营业执照。

个人不得从事出版物、包装装潢印刷品印刷经营活动；个人从事其他印刷品印刷经营活动的，依照前款的规定办理审批手续。

第十条 出版行政部门受理设立从事印刷经营活动的企业申请，应当自收到申请之日起60日内做出批准或者不批准的决定。批准设立申请的，应当发给印刷经营许可证；不批准设立申请的，应当通知申请人并说明理由。

印刷经营许可证应当注明印刷企业所从事的印刷经营活动的种类。

印刷经营许可证不得出售、出租、出借或者以其他形式转让。

第十一条 印刷业经营者申请兼营或者变更从事出版物、包装装潢印刷品或者其他印刷品印刷经营活动，或者兼并其他印刷业经营者，或者因合并、分立而设立新的印刷业经营者，应当依照本条例第九条的规定办理手续。

印刷业经营者变更名称、法定代表人或者负责人、住所或者经营场所等主要登记事项，或者终止印刷经营活动，应当向原办理登记的公安部门、工商行政管理部门办理变更登记、注销登记，并报原批准设立的出版行政部门备案。

第十二条 国家允许设立中外合资经营印刷企业、中外合作经营印刷企业，允许设立从事包装装潢印刷品印刷经营活动的外资企业。具体办法由国务院出版行政部门会同国务院对外经济贸易主管部门制定。

第十三条 单位内部设立印刷厂（所），必须向所在地县级以上地方人民政府出版行政部门办理登记手续，并按照国家有关规定向公安部门备案；单位内部设立的印刷厂（所）印刷涉及国家秘密的印件的，还应当向保密工作部门办理登记手续。

单位内部设立的印刷厂（所）不得从事印刷经营活动；从事印刷经营活动的，必须依照本章的规定办理手续。

第三章 出版物的印刷

第十四条 国家鼓励从事出版物印刷经营活动的企业及时印刷体现国内外新的优秀文化成果的出版物，重视印刷传统文化精品和有价值的学术著作。

第十五条 从事出版物印刷经营活动的企业不得印刷国家明令禁止出版的出版物和非出版单位出版的出版物。

第十六条 印刷出版物的，委托印刷单位和印刷企业应当按照国家有关规定签订印刷合同。

第十七条 印刷企业接受出版单位委托印刷图书、期刊的，必须验证并收存出版单位盖章的印刷委托书，并在印刷前报出版单位所在地省、自治区、直辖市人民政府出版行政部门备案；印刷企业接受所在地省、自治区、直辖市以外的出版单位的委托印刷图书、期刊的，印刷委托书还必须事先报印刷企业所在地省、自治区、直辖市人民政府出版行政部门备案。印刷委托书由国务院出版行政部门规定统一格式，由省、自治区、直辖市人民政府出版行政部门统一印制。

印刷企业接受出版单位委托印刷报纸的，必须验证报纸出版许可证；接受出版单位的委托印刷报纸、期刊的增版、增刊的，还必须验证主管的出版行政部门批准出版增版、增刊的文件。

第十八条 印刷企业接受委托印刷内部资料性出版物的，必须验证县级以上地方人民政府出版行政部门核发的准印证。

印刷企业接受委托印刷宗教内容的内部资料性出版物的，必须验证省、自治区、直辖市人民政府宗教事务管理部门的批准文件和省、自治区、直辖市人民政府出版行政部门核发的准印证。

出版行政部门应当自收到印刷内部资料性出版物或者印刷宗教内容的内部资料性出版物的申请之日起 30 日内作出是否核发准印证的决定，并通知申请人；逾期不作出决定的，视为同意印刷。

第十九条 印刷企业接受委托印刷境外的出版物的，必须持有关著作权的合法证明文件，经省、自治区、直辖市人民政府出版行政部门批准；印刷的境外出版物必须全部运输出境，不得在境内发行、散发。

第二十条 委托印刷单位必须按照国家有关规定在委托印刷的出版物上刊载出版单位的名称、地址、书号、刊号或者版号，出版日期或者刊期，接受委托印刷出版物的企业的真实名称和地址，以及其他有关事项。

印刷企业应当自完成出版物的印刷之日起 2 年内，留存一份接受委托印刷的出版物样本备查。

第二十一条 印刷企业不得盗印出版物，不得销售、擅自加印或者接受第三人委托加印受委托印刷的出版物，不得将接受委托印刷的出版物纸型及印刷底片等出售、出租、出借或者以其他形式转让给其他单位或者个人。

第二十二条 印刷企业不得征订、销售出版物，不得假冒或者盗用他人名义印刷、销售出版物。

第四章 包装装潢印刷品的印刷

第二十三条 从事包装装潢印刷品印刷的企业不得印刷假冒、伪造的注册商标标识，不得印刷容易对消费者产生误导的广告宣传品和作为产品包装装潢的印刷品。

第二十四条 印刷企业接受委托印刷注册商标标识的，应当验证商标注册人所在地县级工商行政管理部门签章的《商标注册证》复印件，并核查委托人提供的注册商标图样；接受注册商标被许可使用人委托，印刷注册商标标识的，印刷企业还应当验证注册商标使用许可合同。印刷企业应当保存其验证、核查的工商行政管理部门签章的《商标注册证》复印件、注册商标图样、注册商标使用许可合同复印件 2 年，以备查验。

国家对注册商标标识的印刷另有规定的，印刷企业还应当遵守其规定。

第二十五条 印刷企业接受委托印刷广告宣传品、作为产品包装装潢的印刷品的，应当验证委托印刷单位的营业执照或者个人的居民身份证；接受广告经营者的委托印刷广告宣传品的，还应当验证广告经营资格证明。

第二十六条 印刷企业接受委托印刷包装装潢印刷品的，应当将印刷品的成品、半成品、废品和印板、纸型、底片、原稿等全部交付委托印刷单位或者个人，不得擅自留存。

第二十七条 印刷企业接受委托印刷境外包装装潢印刷品的，必须事先向所在地省、自治区、直辖市人民政府出版行政部门备案；印刷的包装装潢印刷品必须全部运输出境，不得在境内销售。

第五章 其他印刷品的印刷

第二十八条 印刷标有密级的文件、资料、图表等，按照国家有关法律、法规或者规章的规定办理。

第二十九条 印刷布告、通告、重大活动工作证、通行证、在社会上流通使用的票证的，委托印刷单位必须出具主管部门的证明，并按照国家有关规定向印刷企业所在地公安部门办理准印手续，在公安部门指定的印刷企业印刷。公安部门指定的印刷企业必须验证主管部门的证明和公安部门的准印证明，并保存主管部门的证明副本和公安部门的准印证明副本 2 年，以备查验；并且不得再委托他人印刷上述印刷品。

印刷机关、团体、部队、企业事业单位内部使用的有价票证或者无价票证，或者印刷有单位名称的介绍信、工作证、会员证、出入证、学位证书、学历证书或者其他学业证书等专用证件的，委托印刷单位必须出具委托印刷证明。印刷企业必须验证委托印刷证明。

印刷企业对前两款印件不得保留样本、样张；确因业务参考需要保留样本、样张的，应当征得委托印刷单位同意，在所保留印件上加盖“样本”、“样张”戳记，并妥善保管，不得丢失。

第三十条 印刷企业接受委托印刷宗教用品的，必须验证省、自治区、直辖市人民政府宗教事务管理部门的批准文件和省、自治区、直辖市人民政府出版行政部门核发的准印证；省、自治区、直辖市人民政府出版行政部门应当自收到印刷宗教用品的申请之日起 10 日内作出是否核发准印证的决定，并通知申请人；逾期不作出决定的，视为同意印刷。

第三十一条 从事其他印刷品印刷经营活动的个人不得印刷标有密级的文件、资料、图表等，不得印刷布告、通告、重大活动工作证、通行证、在社会上流通使用的票证，不得印刷机关、团体、部队、企业事业单位内部使用的有价或者无价票证，不得印刷有单位名称的介绍信、工作证、会员证、出入证、学位证书、学历证书或者其他学业证书等专用证件，不得印刷宗教用品。

第三十二条 接受委托印刷境外其他印刷品的，必须事先向所在地省、自治区、直辖市人民政府出版行政部门备案；印刷的其他印刷品必须全部运输出境，不得在境内销售。

第三十三条 印刷企业和从事其他印刷品印刷经营活动的个人不得盗印他人的其他印刷品，不得销售、擅自加印或者接受第三人委托加印委托印刷的其他印刷品，不得将委托印刷的其他印刷品的纸型及印刷底片等出售、出租、出借或者以其他形式转让给其他单位或者个人。

第六章 罚 则

第三十四条 违反本条例规定，擅自设立印刷企业或者擅自从事印刷经营活动的，由公安部门、工商行政管理部门依据法定职权予以取缔，没收印刷品和违法所得以及进行违法活动的专用工具、设备，违法经营额 1 万元以上的，并处违法经营额 5 倍以上 10 倍以下的罚款；违法经营额不足 1 万元的，并处 1 万元以上 5 万元以下的罚款；构成犯罪的，依法追究刑事责任。

单位内部设立的印刷厂（所）未依照本条例第二章的规定办理手续，从事印刷经营活动的，依照前款的规定处罚。

第三十五条 印刷业经营者违反本条例规定，有下列行为之一的，由县级以上地方人民政府出版行政部门责令停止违法行为，责令停业整顿，没收印刷品和违法所得，违法经营额1万元以上的，并处违法经营额5倍以上10倍以下的罚款；违法经营额不足1万元的，并处1万元以上5万元以下的罚款；情节严重的，由原发证机关吊销许可证；构成犯罪的，依法追究刑事责任：

（一）未取得出版行政部门的许可，擅自兼营或者变更从事出版物、包装装潢印刷品或者其他印刷品印刷经营活动，或者擅自兼并其他印刷业经营者的；

（二）因合并、分立而设立新的印刷业经营者，未依照本条例的规定办理手续的；

（三）出售、出租、出借或者以其他形式转让印刷经营许可证的。

第三十六条 印刷业经营者印刷明知或者应知含有本条例第三条规定禁止印刷内容的出版物、包装装潢印刷品或者其他印刷品的，或者印刷国家明令禁止出版的出版物或者非出版单位出版的出版物的，由县级以上地方人民政府出版行政部门、公安部门依据法定职权责令停业整顿，没收印刷品和违法所得，违法经营额1万元以上的，并处违法经营额5倍以上10倍以下的罚款；违法经营额不足1万元的，并处1万元以上5万元以下的罚款；情节严重的，由原发证机关吊销许可证；构成犯罪的，依法追究刑事责任。

第三十七条 印刷业经营者有下列行为之一的，由县级以上地方人民政府出版行政部门、公安部门依据法定职权责令改正，给予警告；情节严重的，责令停业整顿或者由原发证机关吊销许可证：

（一）没有建立承印验证制度、承印登记制度、印刷品保管制度、印刷品交付制度、印刷活动残次品销毁制度等的；

（二）在印刷经营活动中发现违法犯罪行为没有及时向公安部门或者出版行政部门报告的；

（三）变更名称、法定代表人或者负责人、住所或者经营场所等主要登记事项，或者终止印刷经营活动，不向原批准设立的出版行政部门备案的；

（四）未依照本条例的规定留存备查的材料的。

单位内部设立印刷厂（所）违反本条例的规定，没有向所在地县级以上地方人民政府出版行政部门、保密工作部门办理登记手续，并按照国家有关规定向公安部门备案的，由县级以上地方人民政府出版行政部门、保密工作部门、公安部门依据法定职权责令改正，给予警告；情节严重的，责令停业整顿。

第三十八条 从事出版物印刷经营活动的企业有下列行为之一的，由县级以上地方人民政府出版行政部门给予警告，没收违法所得，违法经营额1万元以上的，并处违法经营额5倍以上10倍以下的罚款；违法经营额不足1万元的，并处1万元以上5万元以下的罚款；情节严重的，责令停业整顿或者由原发证机关吊销许可证；构成犯罪的，依法追究刑事责任：

（一）接受他人委托印刷出版物，未依照本条例的规定验证印刷委托书、有关证明或者准印证，或者未将印刷委托书报出版行政部门备案的；

（二）假冒或者盗用他人名义，印刷出版物的；

（三）盗印他人出版物的；

（四）非法加印或者销售受委托印刷的出版物的；

（五）征订、销售出版物的；

（六）擅自将出版单位委托印刷的出版物纸型及印刷底片等出售、出租、出借或者以其他形式转让的；

（七）未经批准，接受委托印刷境外出版物的，或者未将印刷的境外出版物全部运输出境的。

第三十九条 从事包装装潢印刷品印刷经营活动的企业有下列行为之一的，由县级以上地方人民政府出版行政部门给予警告，没收违法所得，违法经营额1万元以上的，并处违法经营额5倍以上10倍以下的罚款；违法经营额不足 1 万元的，并处 1 万元以上 5 万元以下的罚款；情节严重的，责令停业整顿或者由原发证机关吊销许可证；构成犯罪的，依法追究刑事责任：

（一）接受委托印刷注册商标标识，未依照本条例的规定验证、核查工商行政管理部门签章的《商标注册证》复印件、注册商标图样或者注册商标使用许可合同复印件的；

（二）接受委托印刷广告宣传品、作为产品包装装潢的印刷品，未依照本条例的规定验证委托印刷单位的营业执照或者个人的居民身份证的，或者接受广告经营者的委托印刷广告宣传品，未验证广告经营资格证明的；

（三）盗印他人包装装潢印刷品的；

（四）接受委托印刷境外包装装潢印刷品未依照本条例的规定向出版行政部门备案的，或者未将印刷的境外包装装潢印刷品全部运输出境的。

印刷企业接受委托印刷注册商标标识、广告宣传品，违反国家有关注册商标、广告印刷管理规定的，由工商行政管理部门给予警告，没收印刷品和违法所得，违法经营额 1 万元以上的，并处违法经营额 5 倍以上 10 倍以下的罚款；违法经营额不足 1 万元的，并处 1 万元以上 5 万元以下的罚款。

第四十条 从事其他印刷品印刷经营活动的企业和个人有下列行为之一的，由县级以上地方人民政府出版行政部门给予警告，没收印刷品和违法所得，违法经营额 1 万元以上的，并处违法经营额 5 倍以上 10 倍以下的罚款；违法经营额不足 1 万元的，并处 1 万元以上 5 万元以下的罚款；情节严重的，责令停业整顿或者由原发证机关吊销许可证；构成犯罪的，依法追究刑事责任：

（一）接受委托印刷其他印刷品，未依照本条例的规定验证有关证明的；

（二）擅自将接受委托印刷的其他印刷品再委托他人印刷的；

（三）将委托印刷的其他印刷品的纸型及印刷底片出售、出租、出借或者以其他形式转让的；

（四）伪造、变造学位证书、学历证书等国家机关公文、证件或者企业事业单位、人民团体公文、证件的，或者盗印他人的其他印刷品的；

（五）非法加印或者销售委托印刷的其他印刷品的；

（六）接受委托印刷境外其他印刷品未依照本条例的规定向出版行政部门备案的，或者未将印刷的境外其他印刷品全部运输出境的；

（七）从事其他印刷品印刷经营活动的个人超范围经营的。

第四十一条 有下列行为之一的，由公安部门给予警告，没收印刷品和违法所得，违法经营额 1 万元以上的，并处违法经营额 5 倍以上 10 倍以下的罚款；违法经营额不足 1 万元的，并处 1 万元以上 5 万元以下的罚款；情节严重的，责令停业整顿或者吊销特种行业许可证：

（一）印刷布告、通告、重大活动工作证、通行证、在社会上流通使用的票证，印刷企业没有验证主管部门的证明和公安部门的准印证明的，或者再委托他人印刷上述印刷品的；

（二）不是公安部门指定的印刷企业，擅自印刷布告、通告、重大活动工作证、通行证、在社会上流通使用的票证的；

（三）印刷业经营者伪造、变造学位证书、学历证书等国家机关公文、证件或者企业事业单位、人民团体公文、证件的。

印刷布告、通告、重大活动工作证、通行证、在社会上流通使用的票证，委托印刷单位没有取得主管部门证明的，或者没有按照国家有关规定向印刷企业所在地公安部门办理准印手续的，或者未在公安部门指定的印刷企业印刷的，由县级以上人民政府公安部门处以 500 元以上 5000 元以下的罚款。

第四十二条 印刷业经营者违反本条例规定，有下列行为之一的，由县级以上地方人民政府出版行政部门责令改正，给予警告；情节严重的，责令停业整顿或者由原发证机关吊销许可证：

（一）从事包装装潢印刷品印刷经营活动的企业擅自留存委托印刷的包装装潢印刷品的成品、半成品、废品和印板、纸型、印刷底片、原稿等的；

（二）从事其他印刷品印刷经营活动的企业和个人擅自保留其他印刷品的样本、样张的，或者在所保留的样本、样张上未加盖“样本”、“样张”戳记的。

第四十三条 印刷业经营者被处以吊销许可证行政处罚的，应当按照国家有关规定到工商行政管理部门办理变更登记或者注销登记；逾期未办理的，由工商行政管理部门吊销营业执照。

第四十四条 印刷企业被处以吊销许可证行政处罚的，其法定代表人或者负责人自许可证被吊销之日起10年内不得担任印刷企业的法定代表人或者负责人。

从事其他印刷品印刷经营活动的个人被处以吊销许可证行政处罚的，自许可证被吊销之日起10年内不得从事印刷经营活动。

第四十五条 依照本条例的规定实施罚款的行政处罚，应当依照有关法律、行政法规的规定，实行罚款决定与罚款收缴分离；收缴的罚款必须全部上缴国库。

第四十六条 出版行政部门、公安部门、工商行政管理部门或者其他有关部门违反本条例规定，擅自批准不符合设立条件的印刷企业，或者不履行监督职责，或者发现违法行为不予查处，造成严重后果的，对负责的主管人员和其他直接责任人员给予降级或者撤职的行政处分；构成犯罪的，依法追究刑事责任。

第七章　附　　则

第四十七条 本条例施行前已经依法设立的印刷企业，应当自本条例施行之日起180日内，到出版行政部门换领《印刷经营许可证》。

依据本条例发放许可证，除按照法定标准收取成本费外，不得收取其他任何费用。

第四十八条 本条例自公布之日起施行。1997年3月8日国务院发布的《印刷业管理条例》同时废止。

书刊印刷产品质量监督管理暂行办法

（新闻出版署·新出技[92]第1802号·1992年11月20日）

第一章　总　则

第一条　为提高书刊印刷产品质量，明确产品质量责任，加强对书刊印刷产品质量的监督管理，防止不合格产品流往市场，维护读者利益，进一步提高社会效益和经济效益，特制订本办法。

第二条　书刊印制、出版、发行单位，必须按照本办法的有关规定，承担产品质量责任。

第三条　书刊印刷产品质量是指书刊产品满足有关质量法规、质量标准以及合同规定和要求的特征和特征总和。书刊印刷产品质量按产品设计、原辅材料、加工工艺、产品外观、牢固程度等进行评价。

书刊印刷产品质量责任，是指书刊印刷产品质量不符合质量标准的规定要求或不符合有关质量法规、合同所标明的质量指标，应承担的经济的、法律的责任。

第四条　书刊印制、出版、发行单位必须严格执行下列规定：

(1) 不合格的原辅材料、半成品不得投入生产；

(2) 不合格的书刊印刷产品不得出厂和销售；

(3) 不得印制、销售反动、淫秽及其他属于政府明令禁止的印刷品，不得印制、销售非法出版物。

第五条　书刊印制、出版、发行单位要加快采用国际标准和国外先进标准的步伐，认真贯彻《质量管理和质量保证》系列国家标准，积极制订高于国家标准、行业标准的用于内部控制的质量标准，并严格按质量标准生产，按质量标准检验。

第六条　各级新闻出版部门要切实加强对书刊产品质量工作的领导，建立健全质量管理机构；要指导、协调好书刊印制、出版、发行单位的质量工作，监督各单位坚持“质量第一、读者至上”的方针，保证产品质量并承担质量责任；要制订奖优政策，积极宣传、表彰质量管理好的企业和优质产品，及时公布经检测的书刊质量信息；对造成产品质量事故者，进行教育，并视情节轻重，给予处分。

第二章　质量管理与责任

第七条　加强全过程质量管理，从原稿整理、装帧设计，材料供应，印前处理，印刷，印后加工，检验，储运，销售到售后服务等每一个环节都要有质量管理制度，建立质量保证体系，实行严格的质量责任制和质量否决权。

第八条　书稿、校样和产品的质量要求，按照国家有关质量法规和质量标准，委印和承印双方应以合同的形式签订。委印和承印双方对书稿和校样要有质量交接手续，对付印、付型（版）的清样要有委印单位负责人签字，承印单位不准对书稿和付印样擅自改动。

第九条　承印单位必须保证产品质量符合质量标准以及合同规定的要求，建立严格的质量责任制和监督考核制度，建立能稳定生产合格产品的质量体系，特别要加强对关键工序和质量不稳定的工序的质量控制，严格执行各项质量标准和质量文件。

第十条 承印单位要加强成品、半成品质量检验工作，建立自检、互检和专职人员检验相结合的检验制度。建立健全企业的质量检验机构，配备能坚持原则、办事公正、具有一定印制工艺和技术水平的质量检验人员，严把质量关，对重大质量事故，必须及时通报并追究有关人员的责任。对谩骂、殴打、实施报复、打击坚持原则的质量检验人员的行为，也应通报，并追究有关人员的责任。

第十一条 承印单位要加强管理基础、技术基础工作和现场管理工作，建立起良好的生产环境和文明的生产秩序，尽快使生产现场达到环境整洁、纪律严明、设备完好、物流有序、信息准确的基本要求，保证生产产品的质量。

第十二条 承印单位要主动听取委印单位、书店和读者对产品质量的意见，主动接受有关书刊印刷产品质量监督检测机构的抽查检测，及时处理质量问题，不断改进质量工作。

第十三条 发行、委印单位应对承印单位送交的书刊进行质量验收检验，不许接收、发行不合格产品，发现有不符合质量标准的书刊，有权退回印制单位；反之，发行、出版单位应承担责任。

第十四条 承储、承运部门在书刊产品入库储存或出库时，应严格执行交接验收制度，明确质量责任。对包装不符合标准的产品应予拒收。确属储存、运输、装卸原因造成产品破损，储运部门应承担责任，赔偿经济损失。

第十五条 产品出厂后，对出现的产品质量故障，分清责任，实行“三包”（包退、包换、包赔），并做到迅速及时，取得用户和读者的谅解。其中，属于书刊内容、设计、编校等质量问题由出版单位负责，属于印制质量问题由印制单位负责，属于发行过程的损坏由发行单位负责。

第三章 质量监督与检测

第十六条 建立健全各级质量监督检测机构，形成网络。尚未建立省（自治区、直辖市）书刊印刷产品质量监督检测站的，要尽快建立并开展工作。新闻出版署印刷产品质量监督检测中心和各省、自治区、直辖市书刊印刷产品质量监督检测站要统一协调、统一质量标准、互有分工、互相配合。共同承担对全国生产和流通领域的书刊印刷产品质量的监督检测等工作。

第十七条 新闻出版署印刷产品质量监督检测中心业务上同时接受国家技术监督部门的管理，其主要职责是：

（1）承担书刊印刷企业产品质量的监督检测及产品质量的等级鉴别，受理有关质量纠纷的调解和仲裁检测；

（2）指导和协助各省、自治区、直辖市建立书刊印刷产品质量监督检测站，并与地方质量监督检测站共同协作，密切配合，以加强对印刷产品质量的监督检测工作；

（3）为各省、自治区、直辖市书刊印刷产品质量监督检测站推广统一的检测方法，协助做好检测仪器的检验、校正等工作；

（4）承担印刷纸张、油墨、版材等原材料的质量分析、检测工作。协助相关行业制订标准；

（5）承担有关印刷产品国家标准和行业标准的制定、修订工作，协助印刷标准化技术委员会宣传、贯彻印刷标准和有关法规；

（6）组织宣传质量监督和质量管理经验，为印刷企业提高产品质量及工艺水平，做好指导、咨询和服务工作；

（7）开展提高印刷产品质量的工艺分析和研究工作，逐步将目测等检验方法转为用仪器检测和目测结合评价印刷品。

第十八条 各省、自治区、直辖市书刊印刷产品质量监督检测站业务上接受新闻出版署印刷产品质量监督检测中心的指导,并接受当地技术监督部门的管理,其主要职责是:

(1) 承担本行政区域内的书刊印刷产品质量监督检测和对有争议的产品质量纠纷进行调解和仲裁检测;

(2) 组织力量对产品的生产、储运和销售等环节进行日常监督抽查,并定期公布抽查结果;

(3) 承担新产品检测和产品例行试验委托任务;

(4) 为制定、修订产品质量标准提供咨询;

(5) 使用必备的仪器测量书刊印刷品质量,逐步实现数据化、规范化,并据此指导企业的生产,实现产品质量的科学管理;

(6) 培训有关人员。

第十九条 凡经新闻出版署印刷产品质量监督检测中心和各省、自治区、直辖市书刊印刷产品质量监督检测站抽检成品合格率达不到规定标准的,企业主管部门和新闻出版管理部门要采取严格的整改和处罚措施,具体有以下办法:

(1) 对抽检成品合格率达不到规定标准的,应进行通报批评,问题严重的,要发"黄牌"警告,有关主管部门(各省、自治区、直辖市新闻出版局或企业主管部门)应按产品质量问题严重程度,实施边生产边整改、限产整改或停产整改等方式,限期完成整改任务。

(2) 企业整改后,应进行突击性复查,复查成品合格率仍达不到规定标准者,要吊销书报刊印刷许可证。

(3) 对因产品质量问题造成重大经济损失,触犯刑律的,依法追究刑事责任。

(4) 对不具备书刊印制条件,基础管理差,不能保证书刊产品印制质量的企业,要吊销书刊印制许可证。

(5) 对假冒、伪造出版社、印刷厂的书刊印刷产品,按非法出版印刷活动,根据国家有关规定予以查处。

第二十条 新闻出版署印刷产品质量监督检测中心和各省、自治区、直辖市书刊印刷产品质量监督检测站对书刊印刷厂、书店等单位进行质量抽检时,有关单位要积极配合,予以支持,不得以任何借口拒绝质量抽检。

第二十一条 新闻出版署印刷产品质量监督检测中心及各省、自治区、直辖市书刊印刷产品质量监督检测站是有权威的检测机构,在执行质量监督检测时要坚持公正性、科学性和"质量第一"的原则,若其工作人员和检测人员滥用职权、循私舞弊、伪造检测结果的,或玩忽职守、延误检测的,根据情节轻重,给予行政处分,触犯刑律的依法追究其刑事责任。

第二十二条 优质书刊产品分为部级优质产品(以下简称部优产品)和省、自治区、直辖市优质产品(以下简称省优产品)。

第二十三条 省优产品的产生由各省、自治区、直辖市书刊印刷产品质量监督检测站进行检测,提供检测数据,再由各省(自治区、直辖市)新闻出版局组织专家进行认定。

第二十四条 部优产品从省优产品中产生,需要作部优产品认定的省优产品,须先送新闻出版署印刷产品质量监督检测中心进行检测(部队系统送至全军印协上报军队质量监督检测中心进行检测),提供检测数据,再由新闻出版署组织专家进行认定。

第二十五条 国家级企业和国家级定点企业每年应有一种以上部优产品,省级定点企业每年应有一种以上省优产品。对未完成优质品指标的，要限期整改，连续两年未完成优质品指标的，由新闻出版署或各省、自治区、直辖市新闻出版局取消相应的定点资格。

第四章　附　　则

第二十六条　本办法由新闻出版署负责解释。

第二十七条　各地新闻出版局可根据本办法规定，结合本地情况，制订工作细则。

第二十八条　本办法自公布之日起实施。

印刷业经营者资格条件暂行规定

（新闻出版总署令·第15号·2001年11月9日）

第一条 为了进一步规范印刷业经营者的设立和审批，促进印刷业经营者提高经营素质和技术水平，根据《印刷业管理条例》的规定和国务院有关整顿和规范印刷市场秩序的精神，制定本规定。

第二条 本规定所称印刷业经营者，包括从事出版物、包装装潢印刷品印刷经营活动的企业，从事其他印刷品印刷经营活动的企业、单位或者个人，以及专项排版、制版、装订企业或者单位和复印、打印经营单位或者个人。

第三条 印刷业经营者资格的审批，除应符合本规定外，还应当符合国家有关印刷业总量、结构、布局规划和法律、法规规定的其他条件。

第四条 经营出版物印刷业务的企业，应当具备以下条件：

（一）有企业的名称、章程；

（二）有确定的业务范围；

（三）有适应业务需要的固定生产经营场所，厂房建筑面积不少于800平方米；

（四）有能够维持正常生产经营的资金，注册资本不少于200万元人民币；

（五）有必要的出版物印刷设备，具备2台以上最近十年生产的且未列入《淘汰落后生产能力、工艺和产品的目录》的自动对开胶印印刷设备；

（六）有适应业务范围需要的组织机构和人员，法定代表人及主要生产、经营负责人必须取得省级新闻出版行政部门颁发的《印刷法规培训合格证书》；

（七）有健全的承印验证、登记、保管、交付、销毁等经营管理、财务管理制度和质量保证体系。

第五条 经营包装装潢印刷品印刷业务的企业，应当具备以下条件：

（一）有企业的名称、章程；

（二）有确定的业务范围；

（三）有适应业务需要的固定生产经营场所，厂房建筑面积不少于600平方米；

（四）有能够维持正常生产经营的资金，注册资本不少于150万元人民币；

（五）有必要的包装装潢印刷设备，具备2台以上最近十年生产的且未列入《淘汰落后生产能力、工艺和产品的目录》的胶印、凹印、柔印、丝印等及后序加工设备；

（六）有适应业务范围需要的组织机构和人员，企业法定代表人及主要生产、经营负责人必须取得地市级以上人民政府负责出版管理的行政部门（以下简称出版行政部门）颁发的《印刷法规培训合格证书》；

（七）有健全的承印验证、登记、保管、交付、销毁等经营管理、财务管理制度和质量保证体系。

第六条 经营其他印刷品印刷业务的企业、单位，应当具备以下条件：

（一）有企业或单位的名称、章程；

（二）有确定的业务范围；

（三）有适应业务需要的固定生产经营场所，厂房建筑面积不少于100平方米，且不在有居住用途的场所内；

（四）有适应业务需要的生产设备和资金，注册资本不少于50万元人民币；

（五）有适应业务需要的组织机构和人员，企业法定代表人或单位负责人必须取得县级以上出版行政部门颁发的《印刷法规培训合格证书》；

（六）有健全的承印验证、登记、保管、交付、销毁等经营管理、财务管理制度和质量保证体系。

第七条 经营专项排版、制版、装订业务的企业、单位，应当具备以下条件：

（一）有企业或单位的名称、章程；

（二）有确定的业务范围；

（三）有适应业务需要的固定生产经营场所，厂房建筑面积不少于300平方米；

（四）有能够维持正常生产经营的资金，注册资本不少于80万元人民币；

（五）有必要的排版、制版、装订设备，具备2台以上最近十年生产的且未列入《淘汰落后生产能力、工艺和产品的目录》的印前或印后加工设备；

（六）有适应业务范围需要的组织机构和人员，企业法定代表人及主要生产、经营负责人和单位负责人必须取得地市级以上出版行政部门颁发的《印刷法规培训合格证书》；

（七）有健全的承印验证、登记、保管、交付、销毁等经营管理、财务管理制度和质量保证体系。

第八条 经营复印、打印业务的单位，应当具备以下条件：

（一）有单位的名称、章程；

（二）有确定的业务范围；

（三）有适应业务需要的固定生产经营场所，厂房建筑面积不少于15平方米，且不在有居住用途的场所内；

（四）注册资本或资金数额不少于10万元人民币；

（五）有必要的复印机、计算机、打印机、名片印刷机等设备（不应有八开以上轻印刷设备）；

（六）有适应业务范围需要的组织机构和人员，单位负责人必须取得县级以上出版行政部门颁发的《印刷法规培训合格证书》；

（七）有健全的承印验证、登记、保管、交付、销毁等经营管理制度。

第九条 个人从事其他印刷品印刷经营活动和复印、打印经营活动的，应当符合本规定第六条、第八条的规定。

第十条 印刷业经营者从事其他种类印刷经营活动的，应当同时具备设立该印刷企业或者单位的资格条件。

第十一条 出版行政部门必须按照本规定审批印刷业经营者资格，不符合本规定条件的不得批准设立。

第十二条 对印刷业经营者的年度核验，除适用本规定规定的条件外，还要求印刷业经营者无违反印刷管理规定的记录。

第十三条 本规定施行前已设立的印刷业经营者于2002年3月1日前未达到本规定规定条件的，暂不予换发《印刷经营许可证》。

第十四条 本规定自发布之日起施行。

一

印刷品质量要求及检验方法

前言

本标准是在GB/T 788—1987《图书杂志开本及其幅面尺寸》的基础上修订而成的。其中主要修订内容是将原标准附录中的非标准开本部分删除。

本标准非等效采用ISO 6716:1983《印制技术——教科书与杂志——未裁切单张纸与已裁切单页的尺寸》。鉴于国内纸张生产情况,本标准收录的原纸尺寸较ISO 6716:1983标准中的原纸尺寸少。

本标准自实施之日起,同时代替GB/T 788—1987。

本标准由中华人民共和国新闻出版署提出。

本标准由全国印刷标准化技术委员会归口。

本标准起草单位:新闻出版署条码中心。

本标准主要起草人:张振威。

本标准首次发布于1965年,第一次修订于1987年,第二次修订于1999年。

ISO 前言

ISO（国际标准化组织）是一个由各国标准化组织（ISO 成员国）组成的世界性联合体。国际标准的制定通常是由 ISO 技术委员会来执行的。每一个对技术委员会制定的标准主题感兴趣的成员国都有权向委员会表达自己的意见。与 ISO 有协作关系的各国际组织，无论是政府的还是非政府的，都可参与此项工作。

被技术委员会采纳的国际标准草案要经过各成员国投票表决。

ISO 6716 国际标准是由 ISO/TC 130 印刷技术委员会制定的，并于 1982 年 4 月表决通过。

中华人民共和国国家标准

GB/T 788—1999
neq ISO 6716:1983
代替 GB/T 788—1987

图书和杂志开本及其幅面尺寸

Formats and their sizes of books and magazines

1 范围

本标准规定了图书和杂志的开本及其幅面尺寸。

本标准适用于一般图书(含教科书)和杂志,不适用于需要采用特殊开本的图书和杂志。

2 代号说明

2.1 标准中的A、B表示开本尺寸系列的代号。

2.2 A和B代号后面的数字,表示将全张纸对折长边裁切的次数。如,A4表示将全张纸对折长边四次裁切为16开;A5表示将全张纸对折长边5次裁切为32开。

2.3 表1中未裁切单张纸尺寸后面的M,表示纸张的丝绺方向与该尺寸边平行。

3 图书和杂志开本及幅面尺寸

图书和杂志开本及幅面尺寸见表1。

表1 图书和杂志开本及其幅面尺寸

mm

系列	未裁切单张纸尺寸	已裁切成开本	
		代号	公称尺寸(允差±1 mm)
A	890×1240M	A4	210×297
	890M×1240	A5	148×210
	890×1240M	A6	105×144
	900×1280M	A4	210×297
	900M×1280	A5	148×210
	900×1280M	A6	105×144
B	1000M×1400	B5	169×239
	1000×1400M	B6	119×165
	1000M×1400	B7	82×115

国家质量技术监督局1999-11-11批准　　2000-05-01实施

ICS 37.100.01
A 17

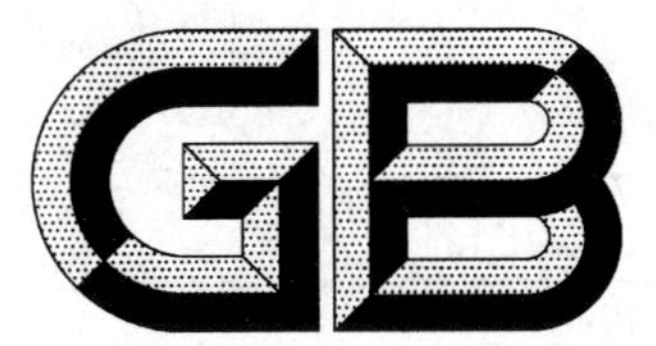

中华人民共和国国家标准

GB/T 7705—2008
代替 GB/T 7705—1987

平版装潢印刷品

The offset lithographic prints for decorating

2008-07-02 发布 2008-12-01 实施

中华人民共和国国家质量监督检验检疫总局
中国国家标准化管理委员会 发布

前 言

本标准代替 GB/T 7705—1987《平版装潢印刷品》。

本标准与 GB/T 7705—1987 相比主要修改如下：

——标准的结构形式按照 GB/T 1.1—2000 进行了修改；

——标准中的“外观”、“成品规格尺寸偏差”、“套印误差”及“实地印刷要求”等作了适当的修改；

——标准中增加了“烫箔”、“凹凸印”、“覆膜”及“上、压光”等印后加工要求和“墨层耐磨性”、“墨层上光后印面的耐磨性”等要求。

本标准由新闻出版总署提出。

本标准由全国印刷标准化技术委员会归口。

本标准起草单位：上海包装造纸（集团）有限公司、国家轻工业包装装潢印刷制品质量监督检测上海站、上海烟草工业印刷厂、上海电气集团印刷包装机械有限公司、上海界龙实业股份有限公司、外贸无锡印刷有限公司、上海紫丹印务有限公司、浙江天外包装印刷股份有限公司、上海纺印印刷包装有限公司、中国包装技术协会包装印刷委员会。

本标准主要起草人：郑绍楠、陈麒祥、徐展望、高慧菁、孙健法、何从友、张耀宗、陈海萍、龚忠德、杨泳、周明香、顾闻杰、高善林。

本标准于 1987 年首次发布。

平版装潢印刷品

1 范围

本标准规定了平版装潢印刷品的分类、要求、检验方法、检验规则、标志、包装、运输、贮存等。

本标准适用于平版胶印工艺生产的纸质装潢印刷品，其他平版印刷品也可参照使用。

2 规范性引用文件

下列文件中的条款通过本标准的引用而成为本标准的条款。凡是注日期的引用文件，其随后所有的修改单（不包括勘误的内容）或修订版均不适用于本标准，然而，鼓励根据本标准达成协议的各方研究是否可使用这些文件的最新版本。凡是不注日期的引用文件，其最新版本适用于本标准。

GB/T 2828.1 计数抽样检验程序 第1部分：按接收质量限（AQL）检索的逐批检验抽样计划（GB/T 2828.1—2003，ISO 2859-1：1999，IDT）

GB/T 17934.1—1999 印刷技术 网目调分色片、样张和印刷成品的加工过程控制 第1部分：参数和测试方法（eqv ISO 12647-1：1996）

GB/T 18720 印刷技术 印刷测控条的应用（GB/T 18720—2002，DIN 16527-1：1993，DIN 16527-3：1993，NEQ）

GB/T 18722 印刷技术 反射密度测量和色度测量在印刷过程控制中的应用（GB/T 18722—2002，eqv ISO 13656：2000）

CY/T 3 色评价照明和观察条件

ISO 13655 印刷图像的光谱测量与色度计算

ISO 14981 印刷用反射密度仪的光学几何与测量学条件

ISO 15994 印刷技术 印刷品测试视觉光泽度

3 术语和定义

下列术语和定义适用于本标准。

3.1

平版印刷 planographic printing

印版的图文部分和非图文部分几乎处于同一平面的印刷方式。

[GB/T 9851.1—2008，5.10]

3.2

胶印 offset printing

先将印版上的油墨传递到橡皮布上，再转印到承印物上的平版印刷方式。

[GB/T 9851.1—2008，5.10.1]

3.3

烫印 hot foil-stamping

在纸张、纸板、纸品、涂布类等物品上，通过烫模将烫印材料转移在被烫物上的加工。

[GB/T 9851.7—2008，4.6]

3.4

压凹凸 embossing

用模具将凹凸图案或纹理压到印品上的工艺。

[GB/T 9851.7—2008，4.1]

3.5

覆膜 film laminating

将涂有黏合剂的塑料薄膜覆合到印品表面的工艺。

[GB/T 9851.7—2008,4.5]

3.6

上光 coating

在印品表面涂布透明光亮材料的工艺。

[GB/T 9851.7—2008,4.4]

3.7

压光 calendering

把有涂布层的印刷品,通过滚筒滚压而增加光泽。

[GB/T 9851.9—1990,10.5]

3.8

主要部位 prime section

画面上反映主题的部位,如图像、文字、标志等。

3.9

次要部位 subprime section

画面上除主要部位以外的其他部位。

4 产品分类

4.1 精细产品

采用高质量印刷的材料和精细制版印刷工艺生产、质量符合精细产品要求的高档装潢印刷品。

4.2 一般产品

除精细产品以外的其他装潢印刷品。

5 技术要求

5.1 成品规格尺寸偏差

5.1.1 裁切成品规格尺寸偏差应符合表1的规定。

表1 裁切成品规格尺寸偏差

单位为毫米

裁切成品规格	尺寸极限偏差	
	精细产品	一般产品
390×543及以下	±0.5	±1.0
390×543以上	±1.0	±1.5

5.1.2 模切成品规格尺寸偏差应符合表2的规定。

表2 模切成品规格尺寸偏差

单位为毫米

模切成品规格	尺寸极限偏差	
	精细产品	一般产品
135×195及以下	±0.4	±0.5
135×195以上	±0.8	±1.0

5.1.3 有对称要求的成品图案位置偏差应符合表3的规定。

表 3 有对称要求的成品图案位置偏差

单位为毫米

成品规格	对称图案位置极限偏差	
	精细产品	一般产品
135×195 及以下	±0.4	±0.5
135×195 以上	±0.8	±1.0

5.2 套印误差应符合表 4 的规定。

表 4 套印误差

单位为毫米

套印部位	套印允许误差	
	精细产品	一般产品
主要部位	≤0.10	≤0.20
次要部位	≤0.20	≤0.25

5.3 实地印刷要求应符合表 5 的规定。

表 5 实地印刷要求

项目名称	单 位	符 号	指 标 值			
			精细产品		一般产品	
同色密度偏差		D_s	≤0.05		≤0.07	
同批同色色差	CIEL* a* b*	ΔE^*_{ab}	L^*>50.00	L^*≤50.00	L^*>50.00	L^*≤50.00
			≤4.00	≤3.00	≤6.00	≤5.00
墨层光泽度[a]	%	G_s(60°)	≥30		—	
墨层耐磨性[b]	%	A_s	≥40			
墨层上光后印面的耐磨性[b]	%	A_s	≥70			

a 无光泽度要求的产品可取消此项指标。

b 无耐磨性要求的产品可取消此项指标。

5.4 网点印刷要求

5.4.1 亮调网点再现百分率：精细产品≤3%；一般产品≤5%。

5.4.2 正常墨量 50%网点增大值应符合表 6 的规定。

表 6 50%网点增大值

指标名称	指 标 值	
	精细产品	一般产品
50%网点增大值(ΔF)[a]	≤15%	≤20%

a 在墨色实地密度正常情况下。

5.5 印面外观

5.5.1 精细产品

5.5.1.1 成品应整洁。每件成品主要部位上不能有直径>0.3 mm 的墨皮、纸毛等脏污，直径≤0.3 mm 的墨皮、纸毛等脏污，不能超过 2 点；次要部位上不能有直径>1 mm 的墨皮、纸毛等脏污，直径≤1 mm 的墨皮、纸毛等脏污，不能超过 3 点。

5.5.1.2 文字印刷应清晰完整，小于 5.5 P(7 号)的字应不影响认读。

注：P—Point，1 P 约等于 0.35 mm。

5.5.1.3 印面不应存在划伤和条痕。

5.5.1.4 图像应清晰,层次清楚,网点应清晰均匀无变形和残缺。

5.5.1.5 印刷色相应符合付印样张要求。

5.5.2 一般产品

5.5.2.1 成品应整洁。每件成品主要部位上不能有直径>1.5 mm 的墨皮、纸毛等脏污,直径≤1.5 mm 的墨皮、纸毛等脏污,不能超过 2 点;次要部位上不能有直径>2 mm 的墨皮、纸毛等脏污,直径≤2 mm 的墨皮、纸毛等脏污,不能超过 5 点。

5.5.2.2 文字印刷应基本清晰完整,小于 5.5 P(7 号)的字应不影响认读。

注:P—Point,1 P 约等于 0.35 mm。

5.5.2.3 印面不应存在明显条痕。

5.5.2.4 网点应较清晰均匀,应无明显残缺和花糊版。

5.5.2.5 印刷色相应基本符合付印样要求。

5.6 印面烫箔外观

5.6.1 精细产品

5.6.1.1 图文烫箔应完整清晰、牢固、平实,应无虚烫、糊版、脏版和砂眼。

5.6.1.2 字迹烫箔应清晰,应不发毛、无缺笔断划。

5.6.1.3 图文烫箔表面应光亮。

5.6.2 一般产品

5.6.2.1 图文烫箔应完整清晰、牢固、平实,应无明显虚烫、糊版、脏版。

5.6.2.2 字迹烫箔应清晰,应无明显残缺。

5.6.2.3 图文烫箔表面光亮度应无明显差异。

5.7 印面凹凸印外观

5.7.1 精细产品

5.7.1.1 图文凹凸印轮廓应清晰。

5.7.1.2 图文凹凸应均匀,纸张纤维应无断裂。

5.7.2 一般产品

5.7.2.1 图文凹凸印轮廓应基本清晰。

5.7.2.2 图文凹凸应基本均匀,纸张纤维应无断裂。

5.8 印面覆膜外观

5.8.1 精细产品

5.8.1.1 覆膜粘结应完整、牢固。

5.8.1.2 覆膜面应干净、平整,光洁度好,不变色,应无皱折、起泡等。

5.8.2 一般产品

5.8.2.1 覆膜粘结应完整、牢固。

5.8.2.2 覆膜面应基本干净、平整,应无明显皱折、起泡等。

5.9 印面上、压光外观

5.9.1 精细产品

5.9.1.1 上光涂层涂布应均匀,表面不能有气泡、条痕、起皱等。

5.9.1.2 上光膜面两侧亮度应一致,且光泽好。

5.9.1.3 压光表面光亮度应一致,且应有高光泽。

5.9.2 一般产品

5.9.2.1 上光涂层涂布应基本均匀,表面允许有少量的可接受的细小的气泡,但不可有条痕、起皱等。

5.9.2.2 上光膜面两侧亮度应基本一致,光泽好。

5.9.2.3 压光表面光亮度应基本一致，应有较高光泽。

6 检验方法

6.1 检验条件

6.1.1 检验室温度、湿度：温度为 23 ℃±5 ℃，相对湿度为 $60\%^{+15\%}_{-10\%}$。

6.1.2 试样预处理：在 6.1.1 条件下，并在无紫外光照射环境中放置时间应≥8 h。

6.1.3 观样光源：符合 CY/T 3 的规定。

6.2 外观、烫箔、凹凸印、覆膜、上/压光

将试样放在 6.1.3 光源下，进行目测鉴定。脏污点用精度为 0.01 mm 的 20 倍读数放大镜测量。

6.3 成品规格尺寸偏差

6.3.1 裁切成品及模切成品规格尺寸偏差

在有尺寸规定的裁切或模切成品试样部位测出其长度(精确至 0.1 mm)，与规定尺寸之差作为该成品规格尺寸偏差。

6.3.2 有对称要求的成品图案位置偏差

测量试样左右(或上下)任一对称部位的空白处宽度(精确至 0.1 mm)，然后按式(1)计算出成品图案位置偏差。

$$\delta=\frac{|d_1-d_2|}{2} \quad \cdots\cdots(1)$$

式中：

δ——成品图案位置偏差，mm；

d_1、d_2——试样对称部位左右(或上下)空白处的宽度，mm。

6.4 套印误差

将试样放在 6.1.3 光源下，用精度为 0.01 mm 的 20 倍读数放大镜分别测量试样主要部位和次要部位任二色间的套印误差各 3 点，分别取其最大值，作为该试样主要部位和次要部位的套印误差。

6.5 同色密度偏差

6.5.1 仪器

采用符合 ISO 14981 的反射密度计。

6.5.2 仪器校正与使用

按 GB/T 18722 的规定进行。

6.5.3 检验步骤

6.5.3.1 测试时，印刷品应平整放置在符合 GB/T 17934.1—1999 附录 B“测量反射密度用底衬材料”要求的底衬材料上。

6.5.3.2 仪器校正与使用方法：按 6.5.2 要求。

6.5.3.3 幅面尺寸为 135 mm×195 mm 及以下的成品，用反射式彩色密度计在同件试样同色的四角和中间各测 1 点；幅面 135 mm×195 mm 以上的成品，在同件试样上均匀增测 5 点。

6.5.4 检验结果

6.5.4.1 每件试样同色密度偏差按式(2)计算。

$$D_s=\sqrt{\frac{\sum_{i=1}^{n}(\overline{D}-D_i)^2}{n-1}} \quad \cdots\cdots(2)$$

式中：

D_s——同色密度偏差；

$\overline{D}$——n 次同色密度的平均值；

D_i——第 i 次所测的同色密度；

n——所测的次数。

6.5.4.2 比较各色同色密度偏差的平均值，以最大值作为该试样同色密度偏差。

6.6 同批同色色差

6.6.1 仪器

采用符合 ISO 13655 的分光光度计(色差计)。

6.6.2 仪器校正与使用方法

按 GB/T 18722 的规定进行。

6.6.3 检验步骤

在试样中任选一张作为基准样张，用分光光度计先测出其 CIE$L^*a^*b^*$ 均匀色空间的 $L^*a^*b^*$ 值，然后分别测出其余试样与基准样张同色同部位的色差。

6.6.4 检验结果

比较试样各色同批同色色差，以最大值作为该试样同批同色色差。

6.7 墨层光泽度

6.7.1 仪器

采用符合 ISO 15994 的光泽度计。

6.7.2 仪器校正与使用方法

按 ISO 15994 的规定进行。

6.7.3 检验步骤

6.7.3.1 取平整、无折皱的试样。

6.7.3.2 用光泽度计分别对试样不同色层表面进行测量，面积≤100 cm^2 的色层面上测 3 点，面积＞100 cm^2 的色层面上测 5 点。

6.7.3.3 每个试样每种色光泽度测量结果差值＞5 个光泽度单位时，应增加一倍测量点。

6.7.4 检验结果

计算试样各点同色光泽度的平均值作为该试样该色的墨层光泽度。

6.8 墨层耐磨性、墨层上光后印面的耐磨性

6.8.1 仪器

6.8.1.1 摩擦检验机

摩擦台采用表面粗糙度不低于 1.60 μm 的硬性塑料体，并有固定试样的装置；摩擦体采用二块厚 8 mm、硬度为 50 Hs～53 Hs、大小为 25 mm×50 mm 的橡胶，二块摩擦体内侧相距 45 mm；摩擦检验的摩擦次数达 43 次/min±2 次/min，行程约 60 mm。摩擦检验机见图 1。

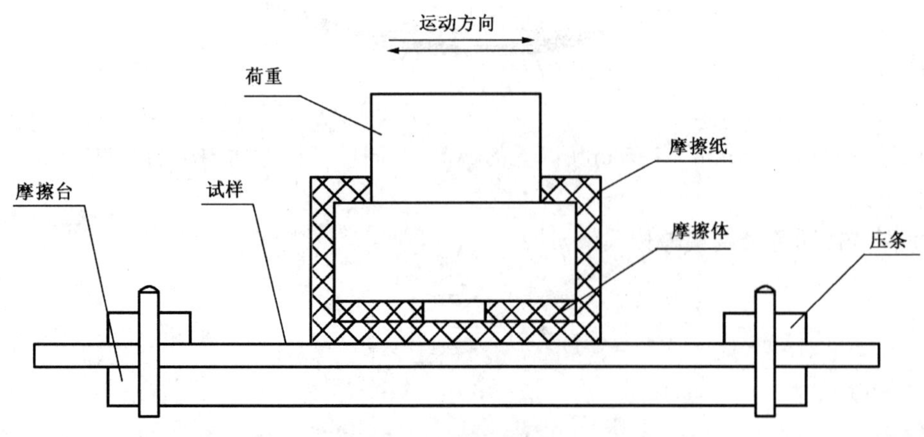

图 1 摩擦检验机

6.8.1.2 **反射密度计**

反射密度计同 6.5.1、6.5.2。

6.8.2 **检验条件**

6.8.2.1 摩擦纸采用 80 g/m^2 的清洁胶版纸，宽度为 50 mm。

6.8.2.2 荷重为 20 N±0.2 N 。

6.8.2.3 摩擦次数为 43 次/min±2 次/min，行程约 60 mm。

6.8.3 **检验步骤**

6.8.3.1 剪切成一定尺寸的试样固定在摩擦台上，试样待测量层面积应大于摩擦体所摩擦的面积。

6.8.3.2 按 6.5.3 测定试样上待磨墨层的彩色密度，测 3 点取平均值。

6.8.3.3 将试样固定在摩擦台上，将摩擦纸固定在摩擦体上。

6.8.3.4 开启摩擦检验机往返摩擦 43 次/min±2 次/min，停机取下试样。

6.8.3.5 按 6.5.3 测定被摩擦最严重的墨层的彩色密度，测 3 点取平均值。

6.8.4 **检验结果**

墨层耐磨性、墨层上光后印面的耐磨性按式(3)计算。

$$A_s = \frac{D}{D_0} \times 100\% \quad \cdots\cdots (3)$$

式中：

A_s——墨层耐磨性；

D——试样摩擦后的平均密度值；

D_0——试样摩擦前的平均密度值。

6.9 **亮调网点再现百分率**

取印有印刷测控条的试样(自然样张)，测控条应符合 GB/T 18720 的规定，用 20 倍～50 倍放大镜对试样印刷测控条上的各色亮调网点块进行目测，以能见到亮调网点的百分率数作为该试样亮调网点再现百分率。

6.10 **50%网点增大值**

6.10.1 **仪器**

反射密度计同 6.5.1、6.5.2。

6.10.2 **检验步骤**

6.10.2.1 取印有印刷测控条的试样(自然样张)，测控条应符合 GB/T 18720 的规定。

6.10.2.2 采用符合 6.5.1、6.5.2 规定的反射式彩色密度计，在试样印刷测控条上测出任一色实地块密度值，再测出同一色标称覆盖率的网点密度值。

6.10.2.3 再按式(4)计算出试样上任一色 50%网点的实际面积覆盖率 F_D(%)值。

$$F_D = \frac{1-10^{-D_R}}{1-10^{-D_V}} \times 100\% \quad \cdots\cdots (4)$$

式中：

F_D——试样上任一色 50%网点实际面积覆盖率(%)；

D_V——任一色实地密度值；

D_R——同一色标称覆盖率为 50%的网点密度值。

6.10.3 **检验结果**

6.10.3.1 按式(5)计算出任一色 50%网点增大值 ΔF。

$$\Delta F = F_D - 50\% \quad \cdots\cdots (5)$$

式中：

ΔF——任一色 50%网点增大值；

F_D——试样上任一色50％网点实际面积覆盖率(％)；

50％——同一色标称覆盖率。

6.10.3.2 试样各色网点增大值中以最大值作为该试样该色的50％网点增大值。

7 检验规则

7.1 生产条件基本相同的同一品种、同一规格、同一生产周期的一组单位产品为一批。

7.2 按GB/T 2828.1检验抽样方案规定进行抽样检验。样本单位为件。每批最低样本抽样数一般为5件。

7.3 不合格品的判定：每件产品按本标准的规定进行检验，如有一项或一项以上技术指标不符合要求，则该产品为不合格品。

7.4 不合格批的判定：每批产品按本标准的规定进行检验，其中有1件或1件以上为不合格品，则应加倍抽样复检。如仍有1件或1件以上产品为不合格品，则该批为不合格批。

8 标志、包装、运输、贮存

8.1 标志

每包明显部位应贴合格标签，注明用户单位、产品名称、品种规格、数量、生产企业名称、生产日期及检验员代号等。

8.2 包装

根据合同要求或按产品的体积、质量、数量用纸箱或用牢固的包装纸和捆扎带分包捆扎。

8.3 运输

运输中不能扔、砸、踏，应防潮、防曝晒、防雨淋、防热烤、防重压及防腐蚀气、防液体。

8.4 贮存

贮存环境要求通风防潮、防尘防晒、防油、防霉、防腐蚀气、防液体，不能重压。贮存期一般为自生产之日起不超过6个月。

参 考 文 献

[1] GB/T 9851.1—2008 印刷技术术语 第1部分:基本术语.
[2] GB/T 9851.7—2008 印刷技术术语 第7部分:印后加工术语.
[3] GB/T 9851.9—1990 印刷技术术语 第9部分:印后加工术语.

ICS 37.100.01
A 17

中华人民共和国国家标准

GB/T 7706—2008
代替 GB/T 7706—1987

凸版装潢印刷品

The relief prints for decorating

2008-07-02 发布　　2008-12-01 实施

中华人民共和国国家质量监督检验检疫总局
中国国家标准化管理委员会　发布

前　言

本标准代替 GB/T 7706—1987《凸版装潢印刷品》。

本标准与 GB/T 7706—1987 相比主要修改如下：

——标准的结构形式按照 GB/T 1.1—2000 进行了修改；

——标准中的“外观”、“成品规格尺寸偏差”、“套印误差”及“实地印刷要求”等作了适当的修改；

——标准中增加了“墨层结合牢度”的要求。

本标准的附录 A 为规范性附录。

本标准由新闻出版总署提出。

本标准由全国印刷标准化技术委员会归口。

本标准起草单位：上海包装造纸（集团）有限公司、国家轻工业包装装潢印刷制品质量监督检测上海站、全国轻工业包装标准化中心、上海正伟印刷有限公司、上海集振印刷厂责任有限公司、中国包装技术协会包装印刷委员会。

本标准主要起草人：郑绍楠、陈麒祥、蔡和平、魏嘉宏、高慧菁、王国雄。

本标准于 1987 年首次发布。

凸版装潢印刷品

1 范围

本标准规定了凸版装潢印刷品的分类、要求、检验方法、检验规则、标志、包装、运输、贮存等。

本标准适用于凸版印刷(柔性版印刷除外)工艺生产的纸质和塑料薄膜装潢印刷品。

2 规范性引用文件

下列文件中的条款通过本标准的引用而成为本标准的条款。凡是注日期的引用文件,其随后所有的修改单(不包括勘误的内容)或修订版均不适用于本标准,然而,鼓励根据本标准达成协议的各方研究是否可使用这些文件的最新版本。凡是不注日期的引用文件,其最新版本适用于本标准。

GB/T 2792—1998 压敏胶粘带 180° 剥离强度测定方法(eqv JISZ 0237:1991)

GB/T 2828.1 计数抽样检验程序 第1部分:按接收质量限(AQL)检索的逐批检验抽样计划(GB/T 2828.1—2003,ISO 2859-1:1999,IDT)

GB/T 17934.1—1999 印刷技术 网目调分色片、样张和印刷成品的加工过程控制 第1部分:参数和测试方法(eqv ISO 12647-1:1996)

GB/T 18722 印刷技术 反射密度测量和色度测量在印刷过程控制中的应用(GB/T 18722—2002,eqv ISO 13656:2000)

CY/T 3 色评价照明和观察条件

ISO 13655 印刷图像的光谱测量与色试计算

ISO 14981 印刷用反射密度仪的光学几何与测量学条件

ISO 15994 印刷技术 印刷品测试视觉光泽度

3 术语和定义

下列术语和定义适用于本标准。

3.1

凸版印刷 relief printing

用图文部分高于非图文部分的印版进行印刷的方式。分为直接凸版印刷和间接凸版印刷。

[GB/T 9851.1—2008,5.7]

3.2

烫印 hot foil-stamping

在纸张、纸板、纸品、涂布类等物品上,通过烫模将烫印材料转移在被烫物上的加工。

[GB/T 9851.7—2008,4.6]

3.3

覆膜 film laminating

将涂有黏合剂的塑料薄膜覆合到印品表面的工艺。

[GB/T 9851.7—2008,4.5]

3.4

上光 coating

在印品表面涂布透明光亮材料的工艺。

[GB/T 9851.7—2008,4.4]

3.5

主要部位 prime section

画面上反映主题的部位，如图像、文字、标志等。

[GB/T 7705—2008 平版装潢印刷品，3.8]

3.6

次要部位 subprime section

画面上除主要部位以外的其他部位。

[GB/T 7705—2008 平版装潢印刷品，3.9]

4 产品分类

4.1 精细产品

采用高质量印刷主、辅材料和精细制版工艺生产、质量符合精细产品各项指标的高档装潢印刷品。

4.2 一般产品

除精细产品以外的其他装潢印刷品。

5 技术要求

5.1 成品规格尺寸偏差

5.1.1 裁切成品规格尺寸偏差应符合表1的规定。

表1 裁切成品规格尺寸偏差

单位为毫米

裁切成品规格	尺寸极限偏差	
	精细产品	一般产品
390×543及以下	±0.5	±1.0
390×543以上	±1.0	±1.5

5.1.2 模切成品规格尺寸偏差应符合表2的规定。

表2 模切成品规格尺寸偏差

单位为毫米

模切成品规格	尺寸极限偏差			
	精细产品		一般产品	
	纸类	膜类	纸类	膜类
135×195及以下	±0.4	±0.5	±0.5	±0.6
135×195以上	±0.6	±0.8	±0.7	±1.0

5.1.3 有对称要求的成品图案位置偏差应符合表3的规定。

表3 有对称要求的成品图案位置偏差

单位为毫米

成品规格	对称图案允许偏差	
	精细产品	一般产品
135×195及以下	±0.4	±0.5
135×195以上	±0.8	±1.0

5.2 套印误差应符合表4的规定。

表4 套印误差

单位为毫米

套印部位	套印允许误差	
	精细产品	一般产品
主要部位	≤0.15	≤0.25
次要部位	≤0.25	≤0.30

5.3 实地印刷要求应符合表5的规定。

表5 实地印刷要求

指标名称	单位	符号	指标值			
			精细产品		一般产品	
同色密度偏差		D_s	≤0.05		≤0.07	
同批同色色差	CIEL* a* b*	ΔE^*_{ab}	L^*>50.00	L^*≤50.00	L^*>50.00	L^*≤50.00
			≤5.00	≤4.00	≤6.00	≤5.00
墨层光泽度[a]	%	G_s(60°)	≥32		—	
墨层耐磨性	%	A_s	≥70			
墨层结合牢度[b]	%	A	≥85			

a 无光泽度要求的产品可取消此项指标。

b 墨层结合牢度是指墨层与薄膜平面之间的结合牢度。无此项要求的产品可取消此项指标。

5.4 印面外观

5.4.1 精细产品

5.4.1.1 成品应整洁,无刮痕、污渍、残缺。

5.4.1.2 文字印刷应清晰完整,无残缺变形,小于5.5 P(7号)的字应不影响认读。

注:P-Point,1 P约等于0.35 mm。

5.4.1.3 网点应清晰均匀,无残缺。

5.4.1.4 印刷主要部位不能存在条痕、重影。

5.4.1.5 印刷主要部位不能有肉眼可见的污渍点。

5.4.1.6 印刷色相应符合付印样要求。

5.4.1.7 覆膜不能有皱折、气泡等,覆膜层边缘不可翘起。

5.4.1.8 电化铝烫箔应平实、牢固、不变色、不糊版,应无烫箔砂眼、残缺、毛边、划伤。

5.4.1.9 上光应平实、牢固、不变色、无污渍点。

5.4.2 一般产品

5.4.2.1 成品应整洁,无明显刮痕、污渍、残缺。

5.4.2.2 文字印刷应较清晰完整,无明显残缺变形,小于5.5 P(7号)的字应不影响认读。

注:P-Point,1 P约等于0.35 mm。

5.4.2.3 网点应较清晰完整,无明显残缺。

5.4.2.4 印刷主要部位不能存在条痕、重影。

5.4.2.5 每件成品主要部位上不能有直径>0.4 mm的污渍点,直径≤0.4 mm的污点不能超过3点。

5.4.2.6 印刷色相应基本符合付印样要求。

5.4.2.7 每件覆膜成品上不能有直径＞0.4 mm 的气泡，直径≤0.4 mm 的气泡不能超过 3 个。

5.4.2.8 电化铝烫箔应平实、牢固、不变色、不糊版，每件成品上不能有直径＞0.3 mm 的烫箔砂眼，直径≤0.3 mm 的烫箔砂眼不能超过 2 个。

5.4.2.9 上光应平实、牢固、不变色、无明显污渍点。

6 检验方法

6.1 检验条件

6.1.1 试验室温度、湿度：温度为 23 ℃±5 ℃，相对湿度为 $60\%^{+15}_{-10}\%$。

6.1.2 试样预处理：在 6.1.1 条件下，在无紫外光照射环境中放置时间应≥8 h。

6.1.3 观样光源：符合 CY/T 3 的规定。

6.2 外观

将试样放在 6.1.3 所规定的观样光源下，通过目测进行鉴定。其中污点、气泡用精度为 0.01 mm 经计量鉴定合格的 20 倍刻度显微镜测量。

6.3 成品规格尺寸偏差

6.3.1 裁切成品及模切成品规格尺寸偏差

在有尺寸规定的裁切或模切成品试样部位测出其长度（精确至 0.1 mm），与规定尺寸之差作为该成品试样规格尺寸偏差。

6.3.2 有对称要求的成品图案位置偏差

测量试样左右（或上下）任一对称部位的空白处宽度（精确至 0.1 mm），然后按式（1）计算出成品图案位置偏差。

$$\delta = \frac{|d_1 - d_2|}{2} \qquad \cdots\cdots (1)$$

式中：

δ——成品图案位置偏差，mm；

d_1、d_2——试样对称部位左右（或上下）空白处的宽度，mm。

6.4 套印误差

将试样放在 6.1.3 所规定的观样光源下，用精度为 0.01 mm 的 20 倍刻度显微镜分别测量试样主要部位和次要部位任二色间的套印误差各 3 点，分别取其最大值，作为该试样主要部位和次要部位的套印误差。

6.5 同色密度偏差

6.5.1 仪器

采用符合 ISO 14981 的反射密度计。

6.5.2 仪器校正与使用方法

按 GB/T 18722 的规定进行。

6.5.3 检验步骤

6.5.3.1 测试时，印刷品应平整放置在符合 GB/T 17934.1—1999 附录 B“测量反射密度用底衬材料”要求的底衬上。

6.5.3.2 仪器校正与使用方法按 6.5.2 要求。

6.5.3.3 幅面尺寸为 135 mm×195 mm 及以下的成品，用反射式彩色密度仪在同件试样同色的四角和中间各测 1 点；幅面尺寸为 135 mm×195 mm 以上的成品，在同件试样上均匀增测 5 点。

6.5.4 **检验结果**

6.5.4.1 每件试样同色密度偏差按式(2)计算。

$$D_s = \sqrt{\frac{\sum_{i=1}^{n}(\overline{D} - D_i)^2}{n-1}} \qquad \cdots\cdots(2)$$

式中：

D_s——同色密度偏差；

$\overline{D}$——n 次同色密度的平均值；

D_i——第 i 次所测的同色密度；

n——所测的次数。

6.5.4.2 比较各色同色密度偏差的平均值，以最大值作为该试样同色密度偏差。

6.6 **同批同色色差**

6.6.1 **仪器**

采用符合 ISO 13655 的分光光度计(色差计)。

6.6.2 **仪器校正与使用方法**

按 GB/T 18722 的规定进行。

6.6.3 **检验步骤**

在试样中任选一张作为基准样张，用分光光度计先测出其 CIE$L^*a^*b^*$ 值，然后分别测出其余试样与基准样张同色同部位的色差。

6.6.4 **检验结果**

比较试样各色同批同色色差，以最大值作为该试样同批同色色差。

6.7 **墨层光泽度**

6.7.1 **仪器**

采用符合 ISO 15994 的光泽度计。

6.7.2 **仪器校正与使用方法**

按 ISO 15994 的规定进行。

6.7.3 **检验步骤**

6.7.3.1 取平整、无折皱的试样。

6.7.3.2 用光泽度计分别对试样不同色层表面进行测量，面积≤100 cm^2 的色层面上测 3 点，面积>100 cm^2 的色层面上测 5 点。

6.7.3.3 每个试样每种色光泽度测量结果差值>5 个光泽度单位时，应增加一倍测量点。

6.7.4 **检验结果**

计算试样各点同色光泽度的平均值作为该试样该色的墨层光泽度。

6.8 **墨层耐磨性**

6.8.1 **仪器**

6.8.1.1 **摩擦试验机**

摩擦台采用表面粗糙度不低于 1.60 μm 的硬性塑料体，并有固定试样的装置；摩擦体采用二块厚 8 mm、硬度为 50 Hs～53 Hs、大小为 25 mm×50 mm 的橡胶，二块摩擦体内侧相距 45 mm；摩擦试验的摩擦次数应达 43 次/min±2 次/min，行程约 60 mm。摩擦试验机见图 1。

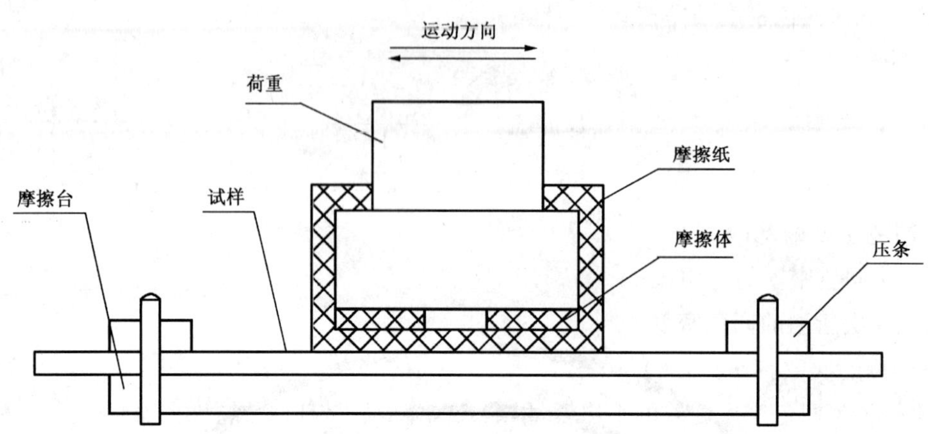

图 1 摩擦试验机

6.8.1.2 **反射密度计**

反射密度计同 6.5.1、6.5.2。

6.8.2 **检验条件**

6.8.2.1 摩擦纸采用 80 g/m^2 的清洁胶版纸，宽度为 50 mm。

6.8.2.2 荷重为 20 N±0.2 N 。

6.8.2.3 摩擦次数为 43 次/min±2 次/min，行程约 60 mm。

6.8.3 **检验步骤**

6.8.3.1 剪切成一定尺寸的试样固定在摩擦台上，试样待测量层面积应大于摩擦体所摩擦的面积。

6.8.3.2 按 6.5.3 测定试样上待磨墨层的彩色密度，测 3 点取平均值。

6.8.3.3 将试样固定在摩擦台上，将摩擦纸固定在摩擦体上。

6.8.3.4 开启摩擦试验机往返摩擦 43 次/min±2 次/min，停机取下试样。

6.8.3.5 按 6.5.3 测定被摩擦最严重的墨层的彩色密度，测 3 点取平均值。

6.8.4 **检验结果**

墨层耐磨性按式(3)计算。

$$A_s = \frac{D}{D_0} \times 100\% \quad \cdots\cdots(3)$$

式中：

A_s——墨层耐磨性；

D——试样摩擦后的平均密度值；

D_0——试样摩擦前的平均密度值。

6.9 **墨层结合牢度**

6.9.1 **检验装置**

6.9.1.1 试验用胶带的选择应遵照附录 A 中的 A.1 规定。

6.9.1.2 胶带压滚机的要求见附录 A 中的 A.2.1。

6.9.1.3 圆盘剥离试验机见图 2。A 盘直径为 ϕ170 mm、宽度为 55 mm，B 盘直径为 ϕ65 mm、宽度为 55 mm，A、B 两盘之间的压力为 100 N。

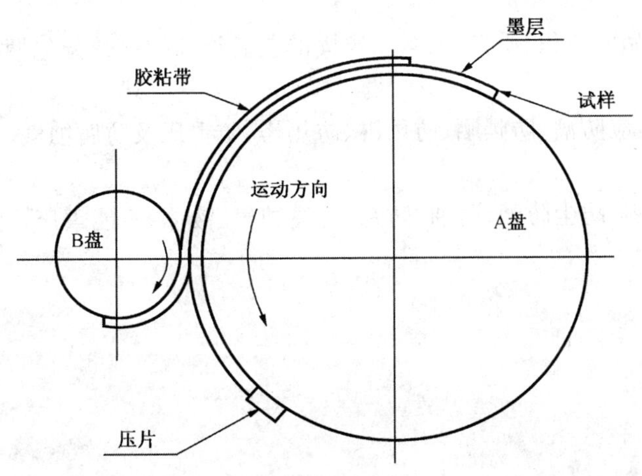

图 2 圆盘剥离试验机

6.9.2 检验步骤

6.9.2.1 将胶带粘贴在试样油墨印刷面上，在胶带压滚机上往返滚压 3 次，使要求的试样部位完全粘贴，并将胶带粘贴后的试样放置 5 min～10 min。

6.9.2.2 将试样的一端固定在 A 盘上，露头的胶带固定在 B 盘上(见图 2)。

6.9.2.3 开机后，A 盘以 0.6 m/s～1.0 m/s 的速度旋转揭开胶带。

6.9.2.4 取下试样，用宽 20 mm 的半透明毫米格纸覆盖在被揭部分，分别数出油墨层所占的格数和被揭去的油墨层所占的格数。

6.9.3 检验结果

墨层结合牢度按式(4)计算。

$$A = \left(\frac{A_1}{A_1 + A_2}\right) \times 100\% \qquad \cdots\cdots(4)$$

式中：

A——墨层结合牢度；

A_1——油墨层的格数；

A_2——被揭去的油墨层的格数。

7 检验规则

7.1 生产条件基本相同的同一品种、同一规格、同一生产周期的一组单位产品为一批。

7.2 按 GB/T 2828.1 检验抽样方案规定进行抽样。样本单位为件。每批最低样本抽样数一般为 5 件。

7.3 不合格品的判定：每件产品按本标准的规定进行检验，如有一项或一项以上技术指标不符合要求，则该产品为不合格品。

7.4 不合格批的判定：每批产品按本标准的规定进行检验，其中有 1 件或 1 件以上产品为不合格品，则应加倍抽样复检。如仍有 1 件或 1 件以上产品为不合格品，则该批为不合格批。

8 标志、包装、运输、贮存

8.1 标志

每包横头上应贴检验合格标签，注明用户单位、产品名称、品种规格、数量、生产企业名称、生产日期及检验员代号等。

8.2 包装

根据合同要求或按产品的体积、质量、数量用牢固的包装纸和捆扎带分包捆扎、塑料袋或纸箱包装。

8.3 运输

运输中不能扔、砸、踏，应防潮、防曝晒、防雨淋、防热烤、防重压及防腐蚀气、液体。

8.4 贮存

贮存环境要求通风防潮、防尘防晒、防油、防霉、防腐蚀气、液体，不能重压。贮存期一般为自生产之日起不超过6个月。

附 录 A
（规范性附录）
墨层牢度试验用胶带

A.1 胶带的基本要求

A.1.1 宽度 19 mm

A.1.2 粘合力 2.91 N/19 mm～3.33 N/19 mm

A.1.3 胶带基材 PE

A.1.4 胶粘剂 合成类丙烯酸胶

A.1.5 溶剂 芳香烃类

A.2 胶带粘合力测定方法

A.2.1 胶带压滚机

A.2.1.1 压辊为橡胶覆盖的金属滚轮，直径为 ϕ84 mm±1 mm，宽度为 45 mm。

A.2.1.2 橡胶硬度（邵尔 A 型）为 60°～80°，厚度为 6 mm。

A.2.1.3 压辊荷重 20 N±0.5 N。

A.2.1.4 滚压速度 0.3 m/min。

A.2.2 拉力试验机

拉力试验机应能自动记录剥离负荷，并有绘图输出。

A.2.3 试验方法

A.2.3.1 试验室温度为 25 ℃±2 ℃、相对湿度为 60%±5%。

A.2.3.2 胶带被粘材料应在 A.2.3.1 的条件下放置 2 h 以上。

A.2.3.3 将胶带剥开，粘贴到被粘材料上，在胶带压滚机上往返滚压三次，放置 5 min 后再试验。

A.2.3.4 拉力试验机以 0.3 m/min 的速度连续剥离，并按 GB/T 2792—1998 中的 7.2 求积仪法计算粘合力。

A.2.3.5 每卷测三次，求平均值为胶带粘合力。

参 考 文 献

[1] GB/T 9851.1—2008 印刷技术术语 第1部分:基本术语.
[2] GB/T 9851.7—2008 印刷技术术语 第7部分:印后加工术语.
[3] GB/T 7705—2008 平版装潢印刷品.

ICS 37.100.01
A 17

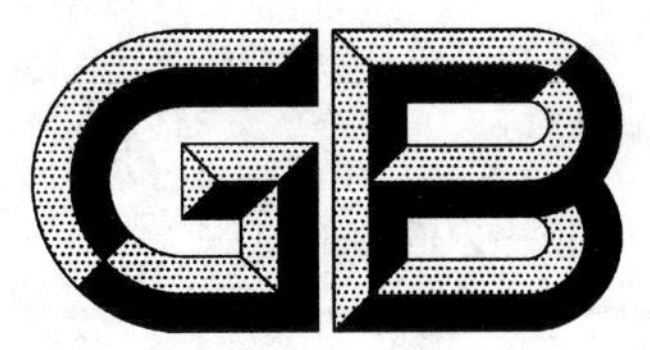

中华人民共和国国家标准

GB/T 7707—2008
代替 GB/T 7707—1987

凹版装潢印刷品

The intaglio prints for decorating

2008-07-02 发布 2008-12-01 实施

中华人民共和国国家质量监督检验检疫总局
中国国家标准化管理委员会 发布

前 言

本标准代替 GB/T 7707—1987《凹版装潢印刷品》。

本标准与 GB/T 7707—1987 相比主要修改如下：

——标准的结构形式按照 GB/T 1.1—2000 进行了修改；

——标准中的“外观”、“套印误差”及“实地印刷要求”等作了适当的修改。

本标准的附录 A 为规范性附录。

本标准由新闻出版总署提出。

本标准由全国印刷标准化技术委员会归口。

本标准起草单位：上海包装造纸(集团)有限公司、国家轻工业包装装潢印刷制品质量监督检测上海站、全国轻工业包装标准化中心、上海紫江彩印包装有限公司、江苏彩华集团昆山市张浦彩印厂、四川成都市顶新包装印务有限公司、中国包装技术协会包装印刷委员会。

本标准主要起草人：郑绍楠、陈麒祥、陆佳平、候小平、包燕敏、张立生、黄波。

本标准于 1987 年首次发布。

凹版装潢印刷品

1 范围

本标准规定了凹版装潢印刷品的要求、试验方法、检验规则、标志、包装、运输等。

本标准适用于凹版印刷工艺生产的塑料薄膜和玻璃纸装潢印刷品、包装复合膜印刷品。

本标准不适用于纸质凹版印刷装潢印刷品。

2 规范性引用文件

下列文件中的条款通过本标准的引用而成为本标准的条款。凡是注日期的引用文件，其随后所有的修改单(不包括勘误的内容)或修订版均不适用于本标准，然而，鼓励根据本标准达成协议的各方研究是否可使用这些文件的最新版本。凡是不注日期的引用文件，其最新版本适用于本标准。

GB/T 2792—1998　压敏胶粘带180°剥离强度测定方法(eqv JISZ 0237:1991)

GB/T 2828.1　计数抽样检验程序　第1部分:按接收质量限(AQL)检索的逐批检验抽样计划(GB/T 2828.1—2003,ISO 2859-1:1999,IDT)

GB/T 18722　印刷技术　反射密度测量和色度测量在印刷过程控制中的应用(GB/T 18722—2002,eqv ISO 13656:2000)

CY/T 3　色评价照明和观察条件

ISO 13655　印刷图像的光谱测量与色度计算

ISO 14981　印刷用反射密度仪的光学几何与测量学条件

ISO 15994　印刷技术　印刷品测试视觉光泽度

3 术语和定义

下列术语和定义适用于本标准。

3.1

凹版印刷　recess printing

印版的图文部分低于非图文部分的印刷方式。

[GB/T 9851.1—2008,5.12]

3.2

网目调凹印　halftone gravure

通过网穴大小和深浅变化来再现其阶调值的凹版印刷方式。

[GB/T 9851.5—2008,2.3]

3.3

主要部位　prime section

画面上反映主题的部位，如图像、文字、标志等。

[GB/T 7705—2008,3.8]

3.4

次要部位　subprime section

画面上除主要部位以外的其他部位。

[GB/T 7705—2008,3.9]

4 技术要求

4.1 套印误差应符合表1的规定。

表1 套印误差

单位为毫米

承印材质	套印部位	套印允许误差
双向拉伸类薄膜	主要部位	≤0.20
	次要部位	≤0.35
非双向拉伸类薄膜	主要部位	≤0.30
	次要部位	≤0.60

4.2 实地印刷要求应符合表2的规定。

表2 实地印刷要求

单位为毫米

项目名称	单位	符号	指标值	
同色密度偏差		D_s	≤0.06	
同批同色色差	CIE$L^*a^*b^*$	ΔE^*_{ab}	L^*>50.00	L^*≤50.00
			≤5.00	≤4.00
墨层光泽度[a]	%	G_S(60°)	≥35	
墨层结合牢度[b]	%	A	≥95	

[a] 仅指表印产品。无光泽度要求的产品可取消此项指标。

[b] 仅指墨层与薄膜表面之间的结合牢度。其指标值为除金、银墨外的墨层与薄膜表面之间的结合牢度指标值。

4.3 印面外观

4.3.1 成品应整洁,应无明显油墨污渍、残缺、刀丝等。

4.3.2 文字印刷应清晰完整、无残缺变形,小于7.5 P(6号)的字应不影响认读。

注:P—Point,1 P约等于0.35 mm。

4.3.3 实地印刷印迹边缘应光洁、墨色均匀、无明显水纹状。

4.3.4 印刷层次过渡应平稳、无明显阶调跳跃。

4.3.5 网点应清晰均匀、无明显变形和残缺。

4.3.6 印刷色相应符合付印样张要求。

5 检验方法

5.1 检验条件

5.1.1 试验室温度、湿度:温度为23 ℃±5 ℃,相对湿度$60\%^{+15}_{-10}\%$。

5.1.2 试样预处理:在5.1.1的条件下,并在无紫外光照射环境中放置时间应≥8 h。

5.1.3 观样光源:符合CY/T 3的规定。

5.2 外观

将试样放在5.1.3所规定的观样光源下,通过目测进行鉴定。

5.3 套印误差

将检测样放在5.1.3所规定的观样光源下,用精度为0.01 mm的20倍读数放大镜分别测量检测样主要部位和次要部位任二色间的套印误差各3点,分别取其最大值,作为该检测样主要部位和次要部位的套印误差。

5.4 同色密度偏差

5.4.1 仪器

采用符合 ISO 14981 的反射密度计。

5.4.2 仪器校正与使用方法

按 GB/T 18722 的规定进行。

5.4.3 检验步骤

5.4.3.1 测试时试样的底衬应为白色。

5.4.3.2 仪器校正与使用方法按 5.4.2。

5.4.3.3 幅面尺寸为 135 mm×195 mm 及以下的成品，在同件试样同色的四角和中间各测 1 点；幅面尺寸为 135 mm×195 mm 以上的成品，在同件试样上均匀增测 5 点。

5.4.4 检验结果

5.4.4.1 每件试样同色密度偏差按式(1)计算。

$$D_s = \sqrt{\frac{\sum_{i=1}^{n}(\overline{D}-D_i)^2}{n-1}} \quad \cdots\cdots(1)$$

式中：

D_s——同色密度偏差；

$\overline{D}$——n 次同色密度的平均值；

D_i——第 i 次所测的同色密度；

n——所测的次数。

5.4.4.2 比较各色同色密度偏差的平均值，以最大值作为该试样同色密度偏差。

5.5 同批同色色差

5.5.1 仪器

采用符合 ISO 13655 的分光光度计(色差计)。

5.5.2 仪器校正与使用方法

按 GB/T 18722 的规定进行。

5.5.3 检验步骤

在试样中任选一张作为基准样张，用分光光度计先测出其 CIE$L^*a^*b^*$ 均匀色空间的 CIE$L^*a^*b^*$ 值，然后分别测出其余试样与基准样张同色同部位的色差。

5.5.4 检验结果

比较试样各色同批同色色差，以最大值作为该试样同批同色色差。

5.6 墨层光泽度

5.6.1 仪器

采用符合 ISO 15994 的光泽度计。

5.6.2 仪器校正与使用方法

按 ISO 15994 的规定进行。

5.6.3 检验步骤

5.6.3.1 取平整、无折皱的试样。

5.6.3.2 用光泽度计分别对试样不同色层表面进行测量，面积≤100 cm^2 的色层面上测 3 点，面积>100 cm^2 的色层面上测 5 点。

5.6.3.3 每个试样每种色光泽度测量结果差值>5 个光泽度单位时，应增加一倍测量点。

5.6.4 检验结果

计算试样各点同色光泽度的平均值作为该试样该色的墨层光泽度。

5.7 墨层结合牢度

5.7.1 试样要求

5.7.1.1 采用普通凹印油墨印刷的试样，应放置 8 h 后方可进行墨层结合牢度的测试。

5.7.1.2 采用需固化的凹印油墨印刷的试样，应放置 24 h 后方可进行墨层结合牢度的测试。

5.7.2 检验装置

5.7.2.1 试验用胶带的选择应遵照附录 A 中的 A.1 规定。

5.7.2.2 胶带压滚机的要求见附录 A 中的 A.2.1 规定。

5.7.2.3 圆盘剥离试验机见图 1。A 盘直径为 ϕ170 mm、宽度为 55 mm，B 盘直径为 ϕ65 mm、宽度为 55 mm，A、B 两盘之间的压力为 100 N。

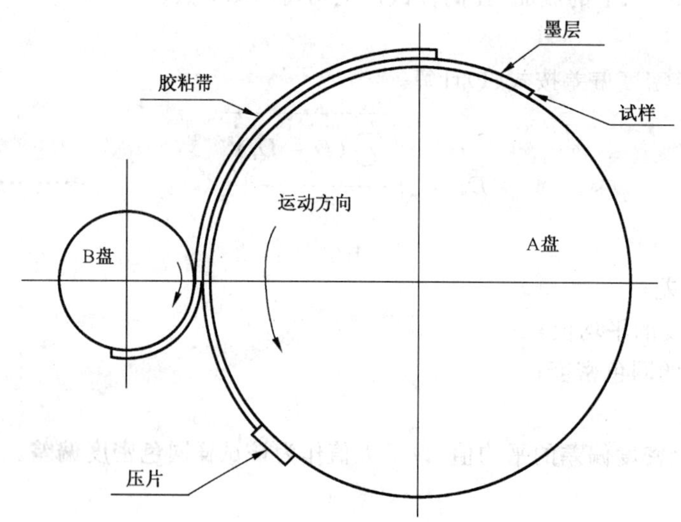

图 1 圆盘剥离试验机

5.7.3 检验步骤

5.7.3.1 将胶带粘贴在试样油墨印刷面上，在胶带压滚机上往返滚压三次，使要求的试样部位完全粘贴，并将胶带粘贴后的试样放置 5 min～10 min。

5.7.3.2 将试样的一端夹在 A 盘上，露头的胶带固定在 B 盘上(见图 1)。

5.7.3.3 开机后，A 盘以 0.6 m/s～1.0 m/s 的速度旋转揭开胶带。

5.7.3.4 取下试样，用宽 20 mm 的半透明毫米格纸覆盖在被揭部分，分别数出油墨层所占的格数和被揭去的油墨层所占的格数。

5.7.4 检验结果

墨层结合牢度按式(2)计算。

$$A = \left(\frac{A_1}{A_1 + A_2}\right) \times 100\% \quad \cdots\cdots(2)$$

式中：

A——墨层结合牢度；

A_1——油墨层的格数；

A_2——被揭去的油墨层的格数。

6 检验规则

6.1 生产条件基本相同的同一品种、同一规格、同一生产周期的一组产品为一批。

6.2 按 GB/T 2828.1 检验抽样方案规定进行抽样检验。膜的样本单位为卷，袋的样本单位为只。每批最低样本数量一般为膜不少于 3 卷，袋不少于 5 只。

6.3 不合格品的判定:每件产品(膜或袋)按本标准的规定进行检验,如有一项或一项以上技术指标不符合要求,则该产品为不合格品。

6.4 不合格批的判定:每批产品(膜或袋)按本标准的规定进行检验,其中有1件或1件以上的产品为不合格品,则应加倍抽样复检。如仍有1件或1件以上产品为不合格品,则该批为不合格批。

7 标志、包装、运输、贮存

7.1 标志

产品包装箱内应附有产品检验合格证,并标明用户单位、产品名称、品种规格、数量(膜以米为单位、袋以只为单位)、质量、批号、生产企业名称、生产日期、检验员代号等。

7.2 包装

膜、袋产品均应采用瓦楞纸箱内衬塑料薄膜(膜类加筒芯防震垫套芯)或纸类包装,也可按供需双方合同要求进行包装。

7.3 运输

运输中应轻装轻卸,应避免碰撞和接触锐利物体,避免重压,应防晒、防雨淋、防热烤。应能保证包装完好及产品不受污染与损伤。

7.4 贮存

产品应贮存在清洁、干燥、通风、温度适中的库房内。应远离热源,距热源应不少于1 m。不应堆放过高,以防重压。产品贮存期一般为自生产之日起不超过6个月。

附 录 A
（规范性附录）
墨层牢度试验用胶带

A.1 胶带的基本要求

A.1.1 宽度 19 mm

A.1.2 粘合力 2.91 N/19 mm～3.33 N/19 mm

A.1.3 胶带基材 PE

A.1.4 胶粘剂 合成类丙烯酸胶

A.1.5 溶剂 芳香烃类

A.2 胶带粘合力测定方法

A.2.1 胶带压滚机

A.2.1.1 压辊为橡胶覆盖的金属滚轮，直径为 ϕ84 mm±1 mm，宽度为 45 mm。

A.2.1.2 橡胶硬度（邵尔 A 型）为 60°～80°，厚度为 6 mm。

A.2.1.3 压辊荷重 20 N±0.5 N。

A.2.1.4 滚压速度 0.3 m/min。

A.2.2 拉力试验机

拉力试验机应能自动记录剥离负荷，并有绘图输出。

A.2.3 试验方法

A.2.3.1 试验室温度为 25 ℃±2 ℃、相对湿度为 60%±5%。

A.2.3.2 胶带被粘材料应在 A.2.3.1 的条件下放置 2 h 以上。

A.2.3.3 将胶带剥开，粘贴到被粘材料上，在胶带压滚机上往返滚压三次，放置 5 min 后再试验。

A.2.3.4 拉力试验机以 0.3 m/min 的速度连续剥离，并按 GB/T 2792—1998 中的 7.2 求积仪法计算粘合力。

A.2.3.5 每卷测三次，求平均值为胶带粘合力。

参　考　文　献

[1]　GB/T 9851.1—2008　印刷技术术语　第1部分:基本术语.
[2]　GB/T 9851.5—2008　印刷技术术语　第5部分:凹版印刷术语.
[3]　GB/T 7705—2008　平版装潢印刷品.

前　　言

本标准各项指标、参数等内容的制定是依据我国国情，在进行行业调查、收集各类柔性版印刷品样张、取得检测数据进行统计分析的基础上确定的，并参照美国柔性版技术协会(FTA)提供的ISO 12647 ISO/TC 130及美国软包装协会1989年8月为柔性版塑料印刷的推荐资料。

本标准由中国包装总公司提出。

本标准由全国包装标准化技术委员会归口。

本标准负责起草单位：中国包装技术协会、中国包装技术协会包装印刷委员会、中国印刷技术协会柔性版印刷技术委员会、上海印刷技术研究所。

本标准主要起草人：刘晓玫、郑罗天、邹思奇、吴丽英、蔡成基。

中华人民共和国国家标准

GB/T 17497—1998

柔性版装潢印刷品

Decorative products by flexo printing

1 范围

本标准规定了柔性版装潢印刷品的要求、试验方法、检验规则、标志、包装、运输、贮存等。

本标准适用于柔性版装潢印刷的塑料、纸张、销售包装瓦楞纸箱及运输包装瓦楞纸箱印刷品。

2 引用标准

下列标准所包含的条文，通过在本标准中引用而构成为本标准的条文。本标准出版时，所示版本均为有效。所有标准都会被修订，使用本标准的各方应探讨使用下列标准最新版本的可能性。

CY/T 5—1991 平版印刷品质量要求及检验方法

GB/T 7705—1987 平版装潢印刷品

GB/T 7706—1987 凸版装潢印刷品

GB/T 7707—1987 凹版装潢印刷品

3 分类及术语

3.1 分类

3.1.1 按承印材料分柔性版纸张印刷品、柔性版塑料印刷品、柔性版销售包装瓦楞纸箱印刷品及柔性版运输包装瓦楞纸箱印刷品。

3.1.2 按印刷品质量分为精细产品与一般产品。

3.2 术语

3.2.1 柔性版装潢印刷品

采用树脂版、橡皮版为基材，网纹辊传墨、液体油墨印刷的装潢印刷品。

3.2.2 柔性版精细印刷品

各类印刷品的精细产品为采用高质量印刷材料和精细制版工艺生产的，质量符合精细产品各项指标的高档柔性版印刷品。

3.2.3 柔性版一般印刷品

各类印刷品的一般产品为除精细产品及运输包装瓦楞纸箱印刷品以外的其他柔性版印刷品。

4 要求

参照 GB/T 7705 中 2.1 条、GB/T 7706 中 2.1 条、GB/T 7707 中 1.1 条的部分内容。

4.1 外观

4.1.1 印刷成品整洁无明显脏污、残缺。

4.1.2 文字印刷清晰完整，无缺笔断划，小于 5 号字不误字意。

4.1.3 不允许存在明显的条杠，无糊版。

国家质量技术监督局 1998-09-29 批准　　　　1999-04-01 实施

4.1.4 图面色泽鲜艳;版面均匀、整洁;网点清晰完整,与原稿无明显差别。

注:本标准的外观是指柔性版印刷的纸张印刷品、塑料印刷品、销售包装瓦楞纸箱印刷品及运输包装瓦楞纸箱印刷品的外观。

4.2 实地密度

本标准彩色层次版印刷的实地反射密度值如表1。

表1

色别 \ 实地密度 \ 产品分类		纸张印刷品	塑料印刷品	销售包装纸箱印刷品
精细印刷品	黄	1.00～1.20	1.00～1.20	1.00～1.20
	红	1.20～1.50	1.20～1.50	1.20～1.50
	蓝	1.30～1.60	1.30～1.60	1.30～1.60
	黑	1.40～1.80	1.40～1.80	1.40～1.80
	叠加色	1.50	1.50	1.50
一般印刷品	黄	0.80～1.10	0.80～1.10	0.80～1.10
	红	1.10～1.40	1.10～1.40	1.10～1.40
	蓝	1.20～1.50	1.20～1.50	1.20～1.50
	黑	1.20～1.60	1.20～1.60	1.20～1.60
	叠加色	1.30	1.30	1.30

4.3 印刷墨层结合牢度与耐磨性

4.3.1 塑料印刷品的印刷墨层结合牢度的要求

符合GB/T 7707中1.3条表2、2.7条及附录A的规定。

4.3.2 纸张、瓦楞纸箱印刷品印刷墨层耐磨性的要求

符合GB/T 7706中2.4条表5墨层耐磨性的规定。

4.4 套印精度

图像轮廓清楚,套印允差符合表2规定。

表2 mm

	纸张印刷品	塑料印刷品	纸箱印刷品
精细印刷品,<	主要部位:0.2 次要部位:0.3	主要部位:0.2 次要部位:0.3	1.5
一般印刷品,<	主要部位:0.3 次要部位:0.5	主要部位:0.3 次要部位:0.5	2

4.5 同批同色色差

纸张、塑料、销售包装瓦楞纸箱印刷品同批同色色差应符合GB/T 7705中2.4条表5的规定。

4.6 网点增大值

网点清晰、角度正确,不出重影,70%网点的增大值符合表3的规定。

表3 %

产品级别 \ 产品分类	纸张印刷品	塑料印刷品	销售包装纸箱印刷品
精细印刷品, ≤	14	18	18
一般印刷品, ≤	18	21	21

5 试验方法

5.1 试验环境

5.1.1 试验室温度为25℃±5℃，相对湿度为60%±5%。

5.1.2 试样预处理：符合GB/T 7705中3.1.2。

5.1.3 光源：符合GB/T 7705中3.1.3。

5.2 试验仪器

5.2.1 反射密度计及测控条。

5.2.2 直尺(精度为0.1 mm)。

5.2.3 常规检验用10倍以上放大镜，定量检验用30～50倍读数放大镜。

5.2.4 色差计。

5.2.5 圆盘剥离机。

5.2.6 纸张耐磨仪。

5.3 抽样方法

5.3.1 随机抽样。

5.3.2 产品干燥后抽样。

5.4 试验方法

5.4.1 外观

符合GB/T 7705中3.2的方法

5.4.2 实地密度

用反射密度计测量实地密度值；配合相应的测控条，测量图像密度反差、网点增大值。

5.4.3 印刷墨层结合牢度与耐磨性

5.4.3.1 塑料印刷品的印刷墨层结合牢度

符合GB/T 7707中2.7的方法。

5.4.3.2 纸张、瓦楞纸箱印刷品印刷墨层的耐磨性

符合GB/T 7706中3.8方法。

5.4.4 套印精度

符合GB/T 7705中3.4、GB/T 7706中2.3方法。

5.4.5 同批同色色差

符合GB/T 7705中3.6、GB/T 7707中3.6的方法。

5.4.6 网点增大值

用反射密度计及测控条测量网点增大值符合CY/T 5中5.3.5的方法。

6 检验规则

符合GB/T 7705中4、GB/T 7706中4的规定。

7 标志、包装、运输、贮存

符合GB/T 7706中5、GB/T 7707中4的规定。

ICS 35.240.30
A 19

中华人民共和国国家标准

GB/T 18358—2009
代替 GB/T 18358—2001

中小学教科书幅面尺寸及版面通用要求

General requirements of trim size and type area for primary and secondary school textbooks

2009-09-30 发布　　　　2010-02-01 实施

中华人民共和国国家质量监督检验检疫总局
中国国家标准化管理委员会　发布

前　言

本标准代替 GB/T 18358—2001。与 GB/T 18358—2001 比较，本标准在以下方面做了修改和补充：

1. 充分考虑教科书版面设计的多样性，对分栏设计的版面提出了具体要求；

2. 对以图为主的教科书及艺术、音乐、美术、外语等学科的教科书，只要求版心尺寸符合规定，版面行数、字数不受限制；

3. 对义务教育小学阶段教科书汉字上加注拼音和理科教科书文字叙述中涉及的公式、符号高于单个字符，造成版面行距加大、行数减少的情况，增加了一定的灵活性；

4. GB/T 18358—2001 在前言中提出，“由于设备及再版等原因，中小学教科书仍可过渡性使用非标准的 787 mm×1092 mm 16 开规格，过渡期为五年。”鉴于目前我国现有印刷设备的实际状况，尚未具备以 B5 规格取代 184 mm×260 mm 规格（787 mm×1092 mm 16 开）的条件，因此，184 mm×260 mm 规格仍可继续延长使用五年。

本标准的附录 A 为规范性附录。

本标准由全国信息与文献标准化技术委员会提出并归口。

本标准起草单位：中国出版科学研究所、中央教育科学研究所、人民教育出版社、北京师范大学出版社。

本标准主要起草人：魏玉山、蔡逊、蔡京生、沙晓青、马迎莺、刘颖丽、刘玉柱、蒋列平、郑军。

本标准所代替标准的历次版本发布情况为：

——GB/T 18358—2001。

中小学教科书幅面尺寸及版面通用要求

1 范围

本标准规定了中小学教科书应采用的幅面尺寸及版面规格参数。

本标准适用于普通中小学使用的各种教科书。中小学生使用的教学辅助用书可参照采用本标准。

2 规范性引用文件

下列文件中的条款通过本标准的引用而成为本标准的条款。凡是注日期的引用文件，其随后所有的修改单(不包括勘误的内容)或修订版均不适用于本标准，然而，鼓励根据本标准达成协议的各方研究是否可使用这些文件的最新版本。凡是不注日期的引用文件，其最新版本适用于本标准。

GB/T 788—1999　图书和杂志开本及其幅面尺寸(neq ISO 6716:1983)

GB/T 9851.2　印刷技术术语　第2部分:印前术语

CY/T 50　出版术语

3 术语和定义

GB/T 9851.2 和 CY/T 50 界定的以及下列术语和定义适用于本标准。

3.1

版面　type area

印刷成品幅面中，图文和空白部分的总和。

[GB/T 9851.2—2008,定义 3.1]

3.2

版心　text block

印版或印刷成品幅面中规定的印刷区域(不含出血图像、书眉和页码)。

3.3

字号　type size

区分单个字符大小的表示方法。

[GB/T 9851.2—2008,定义 4.2]

4 幅面尺寸及版面要求

4.1 幅面尺寸

义务教育(1～9年级)教科书的幅面尺寸应采用 GB/T 788－1999 表1中的 A5 和 B5。

高中教科书的幅面尺寸应采用 GB/T 788－1999 表1中的 A5、B5 和 A4。

4.2 版面

4.2.1 版心

各种幅面尺寸的版心规格须符合表1的要求。

表1所示的版心规格，适用于各类以文字为主的中小学教科书。以图为主的中小学教科书在设计时版心可大于表1规定的尺寸，但订口、切口、天头、地脚宽度不得小于 7 mm。

采用分栏设计的教科书，应视学科特点合理分配栏宽，在达到便于学生学习的最佳视觉效果的前提下尽量提高版面利用率。分栏设计的教科书，版心范围以各栏的外侧边界为准。

4.2.2 字体和字号

4.2.2.1 正文用字

按不同的年级和学科，正文用字(不含少数民族文字和外文)字体、字号分为四类。

a类：21 P～16 P(2号～3号字)，正楷体为主，适用于义务教育1～3年级各科教科书。

b类：14 P(4号字)，正楷体和书宋体为主，由正楷体逐渐过渡到书宋体，适用于义务教育2～4年级各科教科书。

c类：12 P(小4号字)，书宋体为主，适用于义务教育5～9年级和高中各科教科书。

d类：10.5 P(5号字)，书宋体为主，适用于高中理科教科书。

注：P——Point，1 P≈0.35 mm。

4.2.2.2 目录、注释等用字

目录、注释等可参照正文用字适当减小，但义务教育小学阶段教科书的最小用字不得小于10.5 P(5号字)，义务教初中阶段和高中教科书的最小用字不得小于9 P(小5号字)。

4.2.3 行数和字数

各种幅面尺寸和类别以文字(不含少数民族文字和外文)为主的中小学教科书，每面行数和每行字数须符合表1的要求。

以图为主的教科书及艺术、音乐、美术、外语等学科的教科书，版心规格应符合表1的要求，但不受版面行数、每行字数限制。

义务教育小学阶段教科书汉字上加注拼音和理科教科书文字叙述中涉及的公式、符号高于单个字符，造成版面行距加大，行数可相应减少。

表1 中小学教科书幅面尺寸及版面基本参数

幅面尺寸代号	成品规格 mm	类别	版心规格 mm	字号	每面行数	每行字数
A5	148×210	a类	106×168	21 P(2号) 16 P(3号)	— 20	— 19
		b类	108×167	14 P(4号)	22	22
		c类	106×164	12 P(小4号)	25	25
		d类	107×166	10.5 P(5号)	28	29
B5	169×239	a类	128×194	21 P(2号) 16 P(3号)	— 23	— 23
		b类	128×191	14 P(4号)	25	26
		c类	128×190	12 P(小4号)	29	30
		d类	129×196	10.5 P(5号)	33	35
A4	210×297	c类	166×244	12 P(小4号)	37	39

附　录　A
（规范性附录）
非标准中小学教科书幅面尺寸及版面基本参数

中小学教科书使用的非标准规格幅面尺寸及版面基本数见表 A.1。

表 A.1　非标准中小学教科书幅面尺寸及版面基本参数

成品规格 mm	类别	版心规格 mm	字号	每面行数	每行字数
184×260	a 类	144×210	21 P(2 号) 16 P(3 号)	— 25	— 26
	b 类	143×214	14 P(4 号)	28	29
	c 类	144×210	12 P(小 4 号)	32	34
	d 类	144×208	10.5 P(5 号)	35	39

ICS 37.100.01
A 17

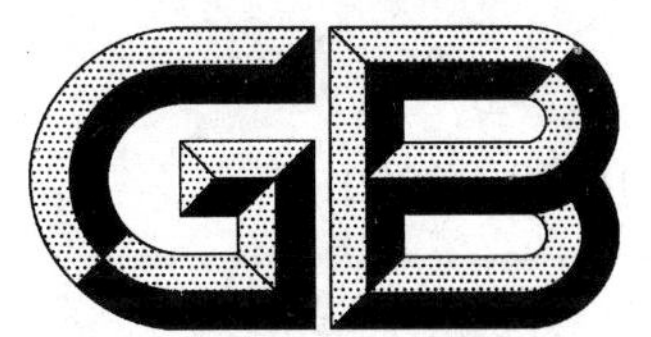

中华人民共和国国家标准

GB/T 18359—2009
代替 GB/T 18359—2001

中小学教科书用纸、印制质量要求和检验方法

General requirements and test methods of paper and printing qualities for primary and secondary school textbooks

2009-07-16 发布　　2009-12-01 实施

中华人民共和国国家质量监督检验检疫总局
中国国家标准化管理委员会　发布

前　言

本标准代替 GB/T 18359—2001《中小学教科书用纸、印制质量标准和检验方法》。

本标准与 GB/T 18359—2001 相比，主要变化如下：

——按照 GB/T 1.1—2000 的要求对标准格式进行了修改。

——修改了标准的名称，将原标准名称中的“标准”更改为“要求”。

——对纸张的分类及使用方法重新表述，新增涂布美术印刷纸和彩色胶版印刷纸的纸张类型，修改原标准中纸张的技术要求。

——增加纸张吸水性的定量技术要求和检验方法，取代原标准中施胶度的定量技术要求和检验方法。

——增加制版方面的技术要求和检验方法。

——增加覆膜质量的定量技术要求和检验方法。

——增加胶粘订书刊粘接强度的定量技术要求及检验方法。

——增加教科书成品批量抽检办法。

本标准由新闻出版总署提出。

本标准由全国印刷标准化技术委员会归口。

本标准起草单位：人民教育出版社、中国制浆造纸研究院、芬欧汇川（常熟）纸业有限公司、河南银鸽实业投资股份有限公司、安徽新华印刷股份有限公司、河南第一新华印刷厂。

本标准起草人：沙晓青、陈曦、蔡京生、郭绪、谢志强、邢红权、袁晓宇、韩四喜、黄志军、徐汉宾。

本标准于 2001 年首次发布，本次为第一次修订。

中小学教科书用纸、印制质量要求和检验方法

1 范围

本标准规定了中小学教科书用纸、制版、印刷、装订等质量要求和检验方法，包括成品批质量抽检方法及包装、运输、贮存的要求。

本标准适用于普通中小学使用的各种教科书。中小学教学辅助用书及其他类别的教科书可参照采用本标准。

2 规范性引用文件

下列文件中的条款通过本标准的引用而成为本标准的条款。凡是注日期的引用文件，其随后所有的修改单(不包括勘误的内容)或修订版均不适用于本标准，然而，鼓励根据本标准达成协议的各方研究是否可使用这些文件的最新版本。凡是不注日期的引用文件，其最新版本适用于本标准。

GB/T 450 纸和纸板 试样的采取及试样纵横向、正反面的测定(GB/T 450—2008,ISO 186:2002,MOD)

GB/T 451.1 纸和纸板尺寸及偏斜度的测定

GB/T 451.2 纸和纸板定量的测定(GB/T 451.2—2002,eqv ISO 536:1995)

GB/T 456 纸和纸板平滑度的测定(别克法)(GB/T 456—2002,idt ISO 5627:1995)

GB/T 457 纸和纸板 耐折度的测定(GB/T 457—2008,ISO 5626:1993,MOD)

GB/T 459 纸和纸板伸缩性的测定(GB/T 459—2002,eqv ISO 5635:1978)

GB/T 462 纸、纸板和纸浆 分析试样水分的测定(GB/T 462—2008,ISO 287:1985,ISO 638:1978,MOD)

GB/T 1540 纸和纸板吸水性的测定(可勃法)(GB/T 1540—2002,neq ISO 535:1991)

GB/T 1541 纸和纸板 尘埃度的测定

GB/T 1543 纸和纸板 不透明度(纸背衬)的测定(漫反射法)(GB/T 1543—2005,ISO 2471:1998,MOD)

GB/T 1545 纸、纸板和纸浆 水抽提液酸度或碱度的测定(GB/T 1545—2008,ISO 6588:1981,MOD)

GB/T 7974 纸、纸板和纸浆亮度(白度)的测定 漫射/垂直法(GB/T 7974—2002,neq ISO 2470:1999)

GB/T 10335.1 涂布纸和纸板 涂布美术印刷纸(铜版纸)

GB/T 10739 纸、纸板和纸浆试样处理和试验的标准大气条件(GB/T 10739—2002,eqv ISO 187:1990)

GB/T 12911 纸和纸板油墨吸收性的测定法

GB/T 12914—2008 纸和纸板 抗张强度的测定(ISO 1924-1:1992,ISO 1924-2:1994,MOD)

GB/T 22363 纸和纸板粗糙度的测定(空气泄漏法) 本特生法和印刷表面法(GB/T 22363—2008,ISO 8791-2:1990,ISO 8791-4:1992,MOD)

GB/T 22365—2008 纸和纸板印刷表面强度的测定(ISO 3783:1980,MOD)

CY/T 5 平版印刷品质量要求及检验法

CY/T 30　胶印印版制作(CY/T 30—1999,eqv ISO 12218:1997)

CY/T 40　书刊装订用EVA热熔胶使用要求及检测方法

CY 42　纸质印刷品覆膜过程控制及检测方法　第1部分:基本要求

QB/T 1012　胶版印刷纸

QB/T 1211　胶印书刊纸

QB/T 2358　塑料薄膜包装袋　热合强度试验方法

QB/T 2693　彩色胶版印刷纸

3　技术要求

3.1　纸张要求

3.1.1　中小学教科书正文应使用QB/T 2693规定的彩色胶版印刷纸、QB/T 1012规定的胶版印刷纸或QB/T 1211规定的胶印书刊纸,封面应使用120 g/m² 及以上的彩色胶版印刷纸或GB/T 10335.1规定的涂布美术印刷纸,彩色插页应使用90 g/m² 及以上的彩色胶版印刷纸、胶版印刷纸或涂布美术印刷纸。美术教科书彩色内文应使用涂布美术印刷纸。

3.1.2　纸张的技术指标应符合表1的规定。

表1　纸张技术要求

<table>
<tr><th colspan="3" rowspan="2">指标名称</th><th rowspan="2">单　位</th><th colspan="4">规　定</th></tr>
<tr><th>胶印书刊纸</th><th>胶版印刷纸</th><th>彩色胶版印刷纸</th><th>涂布美术印刷纸</th></tr>
<tr><td>1</td><td colspan="2">定量</td><td>g/m²</td><td>55.0
60.0
70.0
80.0
90.0</td><td>55.0
60.0
70.0
80.0
90.0</td><td>60.0
70.0
80.0
90.0
100.0
120.0</td><td>90.0　100.0
105.0　115.0
128.0　157.0
175.0　200.0</td></tr>
<tr><td>2</td><td colspan="2">定量偏差</td><td>%</td><td>±4</td><td>±4</td><td>±4</td><td>±5</td></tr>
<tr><td rowspan="4">3</td><td rowspan="4">厚度偏差</td><td>55 g/m²</td><td rowspan="4">μm</td><td colspan="2">65±6.0</td><td colspan="2">/</td></tr>
<tr><td>60 g/m²</td><td colspan="2">70±7.0</td><td colspan="2">/</td></tr>
<tr><td>70 g/m²</td><td colspan="2">82±8.0</td><td colspan="2">/</td></tr>
<tr><td>80 g/m²</td><td colspan="2">94±9.0</td><td colspan="2">/</td></tr>
<tr><td>4</td><td colspan="2">亮(白)度</td><td>%</td><td>72.0～80.0</td><td>75.0～85.0</td><td>80.0～90.0</td><td>85.0～90.0</td></tr>
<tr><td>5</td><td colspan="2">不透明度　≥</td><td>%</td><td>80.0</td><td>82.0</td><td>85.0</td><td>90.0</td></tr>
<tr><td rowspan="2">6</td><td rowspan="2">平滑度</td><td>正反面平均　≥</td><td>s</td><td>30</td><td>30</td><td>30</td><td>/</td></tr>
<tr><td>正反面差　≤</td><td>%</td><td>30</td><td>30</td><td>20</td><td>/</td></tr>
<tr><td>7</td><td colspan="2">印刷表面粗糙度　≤</td><td>μm</td><td>/</td><td>/</td><td>5.3</td><td>2.8</td></tr>
<tr><td>8</td><td colspan="2">油墨吸收性</td><td>%</td><td>/</td><td>/</td><td>/</td><td>15～28</td></tr>
<tr><td rowspan="2">9</td><td rowspan="2">抗张指数</td><td>卷筒纸(纵向)　≥</td><td>N·m/g</td><td>35.0</td><td>35.0</td><td>40.0</td><td>/</td></tr>
<tr><td>平板纸(纵横平均)　≥</td><td>N·m/g</td><td>27.0</td><td>27.0</td><td>30.0</td><td>/</td></tr>
<tr><td>10</td><td colspan="2">吸水性</td><td>g/m²</td><td colspan="3">20.0～40.0</td><td>/</td></tr>
<tr><td>11</td><td colspan="2">伸缩性(横向)　≤</td><td>%</td><td>3.0</td><td>3.0</td><td>2.0</td><td>/</td></tr>
</table>

表 1（续）

	指标名称			单　　位	规　　定			
					胶印书刊纸	胶版印刷纸	彩色胶版印刷纸	涂布美术印刷纸
12	耐折度（横向）　≥			次	8	8	12	/
13	尘埃度	其中	≥0.2 mm^2～0.5 mm^2 的尘埃不多于	个/m^2	100	80	60	32
			＞0.5 mm^2～1.5 mm^2 的尘埃不多于		2	2	2	2
			＞1.5 mm^2 的尘埃		不应有	不应有	不应有	不应有
14	印刷表面强度（中黏度拉毛油、正反面均）　≥			m/s	0.8	1.0	1.2	1.4
15	pH　≥				6.8			/
16	交货水分			%	4.0～8.0			

3.1.3　卷筒纸宽度偏差应不超过±3 mm，卷筒直径为 800 mm±50 mm；全张平板纸尺寸偏差应不超过±3 mm，偏斜度应不超过 3 mm。

3.1.4　卷筒纸每卷的接头不多于 2 个，外包装及接头处应有明确标识。

3.1.5　同批纸的亮（白）度差值不大于 3.0%。

3.1.6　纸张在印刷过程中不应有透印和明显的掉毛、掉粉现象。纸张应平整，纤维组织应均匀，色泽应一致，每批纸张均不应有明显差异。

3.1.7　纸面不应有影响印刷使用的外观纸病，如砂子、硬质块、褶皱及各种条痕、斑点、透光点、裂口、孔眼等，无纸片、残张、破损、折角等。按 5.1.17、5.1.18 方法检测，有纸病试样部分总质量应不超过试样总质量的 1%。

3.2　分色片要求

分色片应符合：

a）实地密度≥3.50；

b）片基灰雾密度≤0.15；

c）对角线套准误差≤0.01%；

d）网线数（网点频率）：单色图像为 40 cm^{-1}～48 cm^{-1}，彩色图像为 48 cm^{-1}～70 cm^{-1}；

注：cm^{-1} 即线/cm。

e）软片线性化的阶调值误差≤±2%；

f）文字、网点无破裂；

g）版面干净，无脏迹、划痕和折痕。

3.3　印版制作要求

3.3.1　测控条上 50% 的阶调值转移到印版的阶调值减少量，见表 2。

表 2　测控条上 50% 的阶调值转移到印版的阶调值减少量

网线数/cm^{-1}	50%控制块的阶调值减少量/%
50	3.0～4.0
60	3.5～5.0
70	4.5～6.0
注 1：在该范围内阶调值减少量与网线数成正比。 注 2：上述数据对应的是阳图型 PS 版。	

3.3.2 测控条上独立的、不透明的、直径大于25 μm的网点都应以不变的形状转移到胶印印版上。

3.4 印刷要求

3.4.1 单色印刷应符合：

a) 印刷墨色均匀，印页折标印刷实地密度测量值：0.9～1.3；

b) 文字清晰，无重影、缺笔、断划、糊字、缺字等；

c) 图内文字清楚；

d) 线条、表格清楚，无明显模糊不清；

e) 页面无明显褶皱、折痕、脏迹；

f) 正反面套印允差≤2.0 mm。

3.4.2 彩色印刷应符合：

a) 印刷实地密度测量值应符合表3的要求。

表3 印刷实地密度测量值

色别	纸张类型	
	涂布美术印刷纸	彩色胶版印刷纸/胶版印刷纸
黄(Y)	0.85～1.20	0.80～1.05
品红(M)	1.25～1.60	1.10～1.40
青(C)	1.30～1.65	1.10～1.40
黑(K)	1.40～1.80	1.00～1.50
注1：表中测量值为ISO标准T状态下密度值。 注2：上述密度值为绝对密度值。		

b) 亮调阶调值至少3%(60 cm^{-1})网点可以再现。

c) 文字清晰，无重影、缺笔、断划、糊字、缺字等。

d) 图像层次分明，网点清晰，印刷相对反差值 K 应符合表4要求。

表4 印刷相对反差K值

色别	纸张类型	
	涂布美术印刷纸	彩色胶版印刷纸/胶版印刷纸
黄(Y)	≥0.25	≥0.20
品红(M)	≥0.35	≥0.28
青(C)		
黑(K)		
注： $K=(D_{实地}-D_{75\%网点})/D_{实地}$ 式中 $D_{实地}$ 表示实地密度；$D_{75\%网点}$ 表示75%网点的密度。		

e) 套印误差≤0.20 mm。

f) 颜色符合付印样，同批产品同色印刷实地密度允许误差应符合表5的要求。

表 5 同批产品同色印刷实地密度允许误差

色　别	纸张类型	
	涂布美术印刷纸	彩色胶版印刷纸/胶版印刷纸
黄(Y)	≤0.10	≤0.15
品红(M)	≤0.15	≤0.20
青(C)	≤0.15	≤0.20
黑(K)	≤0.20	≤0.25

g) 版面干净，图像完整，页面无明显褶皱、折痕、脏迹。

3.5 装订要求

3.5.1 折页与配页

a) 三折及三折以上书帖，应划口排除空气；

b) 书帖平服整齐，无明显皱褶、折角、残页、套帖、缩帖和脏迹；

c) 以页码中心点为准，相连两页之间页码位置允许误差≤4.0 mm，全书页码位置允许误差≤7.0 mm，画面接版允许误差≤1.5 mm；

d) 页码和版面顺序正确，无错帖。

3.5.2 封面覆膜、上光

a) 覆膜粘接强度≥2.67 N/cm，或者当薄膜与印刷品剥离时，所有图文上的油墨都应全部或部分转移到薄膜胶面上；

b) 覆膜后分割的齐边尺寸准确，标称尺寸允差±1 mm；

c) 覆膜前后色差应符合表 6 的要求；

表 6 覆膜产品四色实地油墨色差要求

膜类型	黑(B)	品红(M)	青(C)	黄(Y)
亮光膜	≤3	≤3	≤3	≤3
亚光膜	≤10	≤7	≤7	≤7

d) 表面干净、平整、不模糊，无脏迹、明显卷曲、皱折、破口、起膜、气泡、亏膜、划痕；

e) 封面上光均匀，无划痕、脏迹。

3.5.3 胶粘装订

3.5.3.1 书芯订联

a) 黏合剂应符合 CY/T 40 的要求。

b) 铣背深度以书帖被铣透为准，以保证黏合剂能渗透到书帖最里页，不出现散页、脱页和书背折断现象。铣背歪斜度(天头到地脚)≤1.0 mm。

c) 施胶厚度≤1.5 mm。

d) 胶粘订书刊粘接强度要求：在书册胶订成书后，胶层与书页的粘接强度≥4.5 N/cm。

3.5.3.2 包封面

a) 侧胶选用应符合 CY/T 40 的要求；

b) 侧胶宽度为 3.0 mm～7.0 mm，无侧胶粘接不牢或缺胶、溢胶、粘连图文等缺陷；

c) 粘贴封面应正确、平整；

d) 定型后的书背应平直，无明显空背、褶皱、挂胶等缺陷。

3.5.4 骑马订装

a) 配帖顺序正确。

b) 订位为钉锯外订眼距书芯长上下各 1/4 处,允许误差±3.0 mm。钉锯均订在折缝线上,允差≤1.0 mm。

c) 无坏钉、漏订及重订,书册平服,钉脚平整、牢固。

3.5.5 成品质量

教科书成品外观质量应符合表 7 要求:

表 7 成品外观质量要求

指标名称	允差值、范围或描述
成品幅面裁切尺寸误差	≤±1.5 mm
成品歪斜	≤2.0 mm
封面勒口与书芯前口误差	≤1.5 mm
岗线	≤1.0 mm
书背字平移、歪斜误差	书厚≤10 mm:允差≤1 mm
	10 mm<书厚≤20 mm:允差≤2 mm
	20 mm<书厚≤30 mm:允差≤2.5 mm
	书厚>30 mm:允差≤3 mm
切口	无明显刀花、破头、无毛边
整体外观	整洁平服,无压痕、脏迹、小页

4 成品批质量抽检方法

教科书成品批质量抽检采用一次抽样方案,抽样方案样本大小、合格判定指标按表 8 执行。当抽样中不合格样品数大于合格判定数时,检验结果为批质量不合格。

表 8 一次抽样、判定方案(检查水平为 S-3,AQL 值为 6.5)

单位:册

批量	151~500	501~3 200	3 201~35 000	35 001~500 000	>500 000
样本量	8	13	20	32	50
合格判定数	1	2	3	5	7

5 检验方法

5.1 纸张质量检验

5.1.1 纸张试样的采取和处理按 GB/T 450 和 GB/T 10739 的规定进行。

5.1.2 纸张的尺寸和偏差检验按 GB/T 451.1 的规定进行。

5.1.3 纸张的定量检验按 GB/T 451.2 的规定进行。

5.1.4 纸张的亮(白)度检验按 GB/T 7974 的规定进行。

5.1.5 纸张的不透明度检验按 GB/T 1543 的规定进行。

5.1.6 纸张的平滑度检验按 GB/T 456 的规定进行。

5.1.7 印刷表面粗糙度检验按 GB/T 22363 的规定进行。夹样压力为 980 kPa,彩色胶版纸应使用软垫,涂布美术印刷纸应使用硬垫。

5.1.8 纸张的油墨吸收性检验按 GB/T 12911 的规定进行。

5.1.9 纸张的抗张指数检验按 GB/T 12914—2008 的规定进行,如有争议以恒速拉伸法仲裁。

5.1.10 纸张的吸水性检验按 GB/T 1540 的规定进行。

5.1.11 纸张伸缩率检验按 GB/T 459 的规定进行。

5.1.12 纸张的耐折度检验按 GB/T 457 的规定进行。

5.1.13 纸张的尘埃度检验按 GB/T 1541 的规定进行。

5.1.14 纸张的印刷表面强度按 GB/T 22365—2008 的规定进行,使用国产中黏度拉毛油,如有争议以电动加速法进行仲裁。

5.1.15 纸张的 pH 检验按 GB/T 1545 的规定进行。

5.1.16 纸张的水分检验按 GB/T 462 的规定进行。

5.1.17 卷筒纸内部纸病的测定:取卷筒纸的外部 10 层,去掉最外部 5 层,其余 5 层为样品。将其切成 0.05 m^2 的试样,选择并称重有纸病的试样,求出有纸病的试样占总试样的质量百分比。

5.1.18 平板纸纸病的测定:每批纸随机抽取 10 张作为样品,将其切成 0.05 m^2 的试样,选择并称重有纸病的试样,求出有纸病的试样占总试样的质量百分比。

5.2 分色片质量检测方法

按 CY/T 30 中的规定进行。

5.3 印版制作质量检测方法

按 CY/T 30 中的规定进行。

5.4 印刷质量检测方法

按照 CY/T 5 中的规定进行。

5.5 装订质量检验方法

5.5.1 折页与配页检测方法

3.5.1 中 a)、b)、d)三项使用目测法,人工手动检查,c)项使用精度为 0.1 mm 的标准直尺进行。

5.5.2 封面覆膜、上光质量检测方法

按 CY 42 规定的方法进行。

5.5.3 胶粘装订检测方法

5.5.3.1 书芯订联检测方法

5.5.3.1.1 黏合剂检测按照 CY/T 40 的要求进行。

5.5.3.1.2 铣背深度检测用人工目测法检查,铣背歪斜度和施胶厚度使用精度为 0.1 mm 的标准直尺检测。

5.5.3.1.3 胶粘订书刊粘接强度检测方法

在 23±3℃ 环境下,将所测试胶粘订样书的中心页,通过一平板中间的细条缝,此时该书页两侧其他书页应以该条缝为中心线,平铺于平板之上。为使其平铺可以使用重物静压其上。之后用夹具将书页固定住,以使书页可以均匀承受缓慢增加的静态拉力。一般情况下,夹具的位移速度不应大于 5 mm/s。

当书页所受外力 F 与书页长 L 的比值≥4.5 N/cm,书页未从书背处脱落即可判定该胶订样书的粘接强度合格。

5.5.3.2 包封面检测方法

5.5.3.2.1 测胶检测按照 CY/T 40 的要求进行。

5.5.3.2.2 侧胶宽度使用精度为 0.1 mm 的标准直尺人工测量。

5.5.3.2.3 侧胶粘接情况和书背要求由人工目测检查。

5.5.4 骑马订装检测方法

3.5.4 中的 a)和 c)用人工目测法进行检测,b)使用精度为 0.1 mm 的标准直尺进行检测。

5.6 成品质量检测方法

5.6.1 表 7 中的成品幅面裁切尺寸误差、成品歪斜、封面勒口与书芯前口误差、岗线、书背字平移、歪斜误差使用精度为 0.1 mm 的标准直尺,进行人工测量检查。

5.6.2 表 7 中的切口、整体外观直接人工目测检查。

6 包装、运输、贮存

6.1 包装

印刷成品用专用包装材料包紧、包实;每包有符合相关标准与规定的标识。

6.2 运输

不允许踩踏、重压或从高处扔下,注意防雨、防潮、防晒、防腐。

6.3 贮存

环境温度、湿度适宜。注意防潮、防晒、防油污、防蛀、防腐、不能重压。

前　　言

CY 1—91《书刊印刷产品分类》是1991年发布实施的新闻出版行业标准。根据《中华人民共和国标准化法》和国家质量技术监督局的要求，经新闻出版署批准，对其进行了修订。本标准对原标准主要有以下几点修订：

① 由于印刷技术的发展和客户对某些印刷品的特殊要求，出现了使用两种以上印刷方式（如，平版印刷与凹版印刷）进行产品生产的情况，并有增多的趋势。因此，在此次修订中，将这种印刷产品单立一类，即"综合印刷产品"。

② 随着计算机技术在印刷领域的广泛应用，出现了有别于传统模拟式印刷的数字式印刷。为此，修订时增加了"3.2 按转换模式分"类，在这一类目下列出了"模拟印刷产品"和"数字印刷产品"。

本标准自生效之日起，同时代替CY 1—91。

本标准的附录A是提示的附录。

本标准由全国印刷标准化技术委员会提出并归口。

本标准起草单位：中国印刷总公司。

本标准主要起草人：魏志刚、廉洁。

本标准的首次发布日期：1991年7月1日。

中华人民共和国新闻出版行业标准　　CY/T 1—1999

书刊印刷产品分类

代替 CY 1—91

1 范围

本标准规定了印刷产品分类的原则与方法。

2 引用标准

下列标准所包含的条文，通过在本标准中引用而构成为本标准的条文。本标准出版时，所示版本均为有效。所有标准都会被修订，使用本标准的各方应探讨使用下列标准最新版本的可能性。

GB/T 9851—1990　印刷技术术语

3 分类

本标准的本章及其他章节采用 GB/T 9851 的定义。

3.1　按印版特征分

a）凸版印刷产品；

b）平版印刷产品；

c）凹版印刷产品；

d）孔版印刷产品；

e）综合印刷产品；

f）其他印刷产品。

3.2　按转换模式分

a）模拟印刷产品；

b）数字印刷产品。

3.3　按印后加工形式分

a）精装产品；

b）平装产品；

c）骑马订装产品；

d）古线装产品；

e）其他印后加工产品。

3.4　按最终产品分

a）图书；

b）期刊；

c）报纸；

d）其他。

3.5　按出版和印刷要求分

a）精细产品；

b）一般产品。

中华人民共和国新闻出版署 1999-05-07 批准　　1999-09-01 实施

附 录 A
（提示的附录）
印刷产品分类的基本原则和方法

A1 印刷产品分类的基本原则

A1.1 科学性

选择分类对象最稳定的本质属性或特征作为分类的基础和依据。

A1.2 系统性

将选定的分类对象按一定顺序予以系统化，形成一个科学合理的分类体系。

A1.3 可扩延性

在增加新的分类对象时，不会打乱原来建立的分类体系，可以延拓和细化。

A1.4 兼容性

与有关标准协调一致。

A2 印刷产品分类的基本方法

A2.1 线分类法

线分类法又称层级分类法。该法将初始分类对象按选定的若干属性或特征，逐次地分成相应的若干个层级的类目，并排成有层次的、逐级展开的分类体系。同位类目之间存在着并列关系，下位类目与上位类目之间存在着从属关系。

A2.2 面分类法

将选定的分类对象的若干个属性视为若干个“面”，每面又可分为独立的若干个类目，将这些类目加以组合，形成一个复合类目。

书刊印刷产品可采用面分类法，按印版特性、转换模式、印后加工形式和使用价值等面进行分类。

前 言

CY 2—91《书刊印刷产品质量评价和分级方法》是 1991 年发布实施的新闻出版行业标准。根据《中华人民共和国标准化法》和国家质量技术监督局的要求，经新闻出版署批准，对其进行了修订。本标准对原标准主要有以下几点修订：

① 本次修订以 GB/T 12707《工业产品质量分等导则》为指导，对印刷产品质量等级的划分进行了修改，并以该标准对产品质量等级的评定原则作为印刷品质量等级的评定原则。

② 原标准名称为《书刊印刷产品质量评价和分级方法》，考虑到标准的覆盖面，本次修订将“书刊”二字去掉，又考虑到与 GB/T 12707《工业产品质量分等导则》的标准名称相对应，故将“分级方法”改为“分等导则”，这样，本标准的名称为《印刷产品质量评价和分等导则》。

本标准自生效之日起，同时代替 CY 2—91。

本标准由全国印刷标准化技术委员会提出并归口。

本标准起草单位：中国印刷总公司。

本标准主要起草人：廉洁、魏志刚。

本标准的首次发布日期：1991 年 7 月 1 日。

引 言

科学地分析和评价产品质量水平，需要建立宏观评价质量的指标体系，产品质量等级品率是该指标体系的主导指标，是产品质量水平的综合反映。为使印刷工业产品质量分等工作规范化，特制定本导则。

中华人民共和国新闻出版行业标准

CY/T 2—1999

印刷产品质量评价和分等导则

代替 CY 2—91

1 范围

本导则规定了印刷产品质量等级的划分和评定原则，印刷行业应按本导则的规定，制定本行业的产品质量分等办法，并确定分等产品目录。

本导则适用于在中华人民共和国境内生产和销售的印刷产品。

2 引用标准

下列标准所包含的条文，通过在本标准中引用而构成为本标准的条文。本标准出版时，所示版本均为有效。所有标准都会被修订，使用本标准的各方应探讨使用下列标准最新版本的可能性。

GB/T 12707—1991 工业产品质量分等导则

3 内容

3.1 产品设计评价

产品设计评价包括：

a）装帧设计；

b）原稿质量；

c）产品总体要求。

3.2 原辅材料评价

原辅材料评价包括：

a）印刷用原辅材料质量；

b）印后加工用原辅材料质量。

3.3 加工工艺评价

加工工艺评价包括：

a）各工序加工工艺；

b）各工序的质量标准；

c）成品的质量。

3.4 产品外观的综合评价。

3.5 牢固程度和是否便于使用。

4 印刷产品质量等级的划分原则

本标准采用GB/T 12707的产品质量分等原则。

印刷产品质量水平划分为优等品、一等品和合格品三个等级。

4.1 优等品

优等品的质量标准必须达到国际先进水平，实物质量水平与国外同类产品相比达到近五年内的先进水平。

中华人民共和国新闻出版署 1999-05-07 批准　　　　1999-09-01 实施

4.2 一等品

一等品的质量标准必须达到国际一般水平，实物质量水平应达到国际同类产品的一般水平或国内先进水平。

4.3 合格品

按我国一般水平标准(国家标准、行业标准、地方标准或企业标准)组织生产，实物质量水平必须达到相应标准的要求。

5 印刷产品质量等级的评定原则

5.1 印刷产品质量等级的评定，主要依据印刷产品的标准水平和实物质量指标的检测结果。

5.2 印刷产品质量等级的评定，由行业归口部门统一负责，并按国家统计部门的要求，按期上报统计结果。

5.2.1 优等品和一等品等级的确认，须有国家级检测中心、行业专职检验机构或受国家、行业委托的检验机构出具的实物质量水平的检验证明；合格品由企业检验判定。

5.2.2 印刷产品质量等级评定工作中标准水平的确认，须有部级或部级以上标准化机构出具的证明。

5.2.3 经国家、行业检验机构证明印刷产品的实物质量水平确已达到相应的等级水平，才可列入等级品率的统计范围。

5.3 为使印刷产品实物质量水平达到相应的等级要求，企业应具有生产相应等级产品的质量保证能力。

6 印刷产品标准水平的划分原则

6.1 印刷产品标准水平划分为国际先进水平标准、国际一般水平标准和国内一般水平标准三个等级。

6.1.1 国际先进水平标准，是指标准综合水平达到国际先进的现行标准水平。

6.1.2 国际一般水平标准，是指标准综合水平达到国际一般的现行标准水平。

6.1.3 国内一般水平标准，是指标准水平虽然达不到国际先进和国际一般两个等级标准水平，但是符合中华人民共和国标准化法的规定，达到仍在使用的现行标准水平。

6.2 标准综合水平是指对标准中规定的与产品质量相关的各项要求的综合评价。

对比标准的水平，也是指综合水平，不应将各国标准的高指标拼凑在一个标准中。

6.3 标准水平的对比对象为现行的国际标准或国外先进标准。

无对比对象的标准水平的确认，采取与国际、国外类似标准对比的方法，完全取决于我国资源优势的标准，如其最低一级产品技术要求不低于国外先进标准的水平，即认为具有国际先进水平的标准，不低于国际一般水平，即认为具有国际一般水平的标准，也可与收集到的国外实物进行对比。

6.4 与印刷产品质量相关的指标中任一项关键指标达不到国际先进标准水平或国际一般标准水平的，则不能认为是具有国际先进水平的标准或国际一般水平的标准。

前　言

由于1991年版的《色评价照明和观察条件》的技术内容与当前印刷技术的发展水平和相关国际标准是一致的，因此，本版只是根据GB 1.1—1993《标准化工作导则》对标准的结构进行了编辑上的修改。

本标准自生效之日起，同时代替CY 3—1991。

本标准的附录A和附录B是提示的附录。

本标准由全国印刷标准化技术委员会提出并归口。

本标准起草单位：北京印刷学院。

本标准主要起草人：魏瑞玲、刘浩学。

本标准的首次发布日期：1991年7月1日。

中华人民共和国新闻出版行业标准

CY/T 3—1999

色评价照明和观察条件

代替 CY 3—91

1 范围

本标准规定了印刷行业观察颜色样品的照明和观察条件。

本标准适用于出版和印刷行业对彩色原稿(透射稿和反射稿)及其复制品观察评定的环境条件,也适用于与印刷相关的行业对颜色观察和评定的环境条件。

2 引用标准

GB/T 5702—1985 光源显色性评价方法

3 标准照明体和标准光源

3.1 CIE 标准照明体 D_{50}

CIE 标准照明体 D_{50}代表相关色温为 5 003 K 的典型昼光。在 CIE 1931 色品图上,照明体的色品坐标为 $x=0.345\ 7$,$y=0.358\ 6$;在 CIE 1960 UCS 色品图上的色品坐标为 $u=0.209\ 1$,$v=0.325\ 4$,其相对光谱功率分布见附录 B。

3.2 CIE 标准照明体 D_{65}

CIE 标准照明体 D_{65}代表相关色温为 6 504 K 的典型昼光。在 CIE 1931 色品图上,其色品坐标为 $x=0.312\ 7$,$y=0.329\ 1$;在 CIE 1960 UCS 色品图上的色品坐标为 $u=0.197\ 8$,$v=0.312\ 2$,其相对光谱功率分布见附录 B。

3.3 标准光源

光源的指标应是照明装置的整体指标,包括光源的反光、散射装置的作用,或者是在观察面上测量的数值。

观察颜色样品所用的人工光源应为 3.1 和 3.2 中所述两种照明体的模拟体,光源与标准照明体的色品偏差值 ΔC 应小于 0.008,相当于 20 mireds。色品偏差值 ΔC 的计算方法见附录 A。

3.4 光源的显色指数

光源的一般显色指数 R_a 应不小于 90,特殊显色指数 R_i(检验色样 9～15)应不小于 80。关于光源显色指数的计算见 GB/T 5702。

4 照明条件

4.1 透射样品的照明条件

观察透射样品所采用的参照照明体为 3.1 中 CIE 标准照明体 D_{50},所用光源为 D_{50}的模拟体。光源应均匀漫射照明观察面,使观察面的亮度为(1 000±250)cd/m^2。在观察面上不应看到光源的轮廓或有亮度突变,亮度的均匀度应不小于 80%。

4.2 反射样品的照明条件

用于观察反射样品(反射原稿和复制品)所采用的参照照明体为 3.2 中 CIE 标准照明体 D_{65},所用人工光源为 D_{65}的模拟体。

中华人民共和国新闻出版署 1999-08-08 批准　　　　1999-09-01 实施

用于观察反射样品的光源应在观察面上产生均匀的漫射光照明，照度范围为 500 lx～1 500 lx，视被观察样品的明度而定。观察面不应有照度突变，照度的均匀度不小于 80%。

4.3 照明均匀性的测量

根据观察面的面积，把观察面等分成 9 块或更多等分的数量。在垂直于每块面积的中心进行测量，平均亮度或照度为各点测量值的平均值，亮度或照度的均匀度为最大值与最小值之比。

为保证观察透射样品的光源装置所发出的光是均匀散射光，在与观察表面法线成 0°～45°角之间任意角度的亮度测量值与垂直方向测量值之比不能低于 85%。

测量用亮度计或照度计的光谱灵敏度应符合 CIE 明视觉光谱光效率函数 $V(\lambda)$。

5 观察条件

5.1 观察者

进行色评价工作的观察者必须是非色盲和非色弱的正常色觉观察者。

5.2 透射样品与复制品比较时的观察条件

透射样品应由来自背后的均匀漫射光照明，在垂直于样品的表面观察。观察时应尽量将样品置于照明面的中部，使其至少在三个边以外有 50 mm 宽的被照明边界。当所观察透射样品的面积总和小于70 mm×70 mm 时，应适当减小被照明边界的宽度，使边界面积不超过样品面积的 4 倍，多余部分用灰色不透明的挡光材料遮盖。

5.3 直接观察透射样品的观察条件

直接观察透射样品而不与复制品比较的观察条件同 5.1，只是被照明边界要用透射密度为(1.0±0.1)D 的透射漫射材料遮盖，遮盖材料颜色与中性灰的偏差 ΔC 应符合 3.3 中的规定。

5.4 反射样品的观察条件

观察反射样品时，光源与样品表面垂直，观察角度与样品表面法线成 45°夹角，对应于 0/45 照明观察条件，如图 1 所示。作为替代观察条件，也可以用与样品表面法线成 45°角的光源照明，垂直样品表面观察，对应于 45/0 的照明观察条件，如图 2 所示。但此时观察面照度的均匀度应符合 4.2 中的规定。

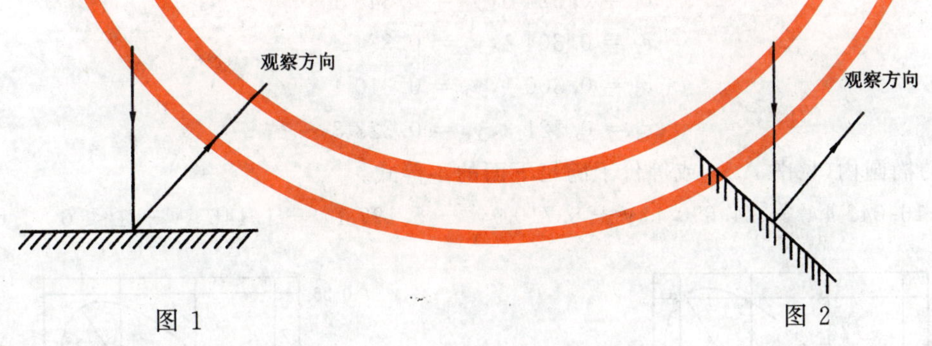

图 1　　　　图 2

当观察光泽度较大的样品时，观察角度可以在一定范围内调整，以找出最佳的观察角度。

5.5 环境色和背景色

观察面周围的环境色应当是孟塞尔明度值 6～8 的中性灰(N6/～N8/)，其彩度值越小越好，一般应小于孟塞尔彩度值的 0.3。若观察面周围的墙壁和地面不符合上述要求，则应用符合上述要求的挡板将样品围起来，或者使用环境反射光，在观察面上产生的照度小于 100 lx。

观察反射样品时的背景应是无光泽的孟塞尔颜色 N5/～N7/，彩度值一般小于 0.3，对于配色等要求较高的场合，彩度值应小于 0.2。

附 录 A
（提示的附录）
色品坐标和色差的计算方法

A1 *uv* 坐标的计算

已知样品的三刺激值 X、Y、Z 或 CIE 1931 色坐标 x、y，则

$$u=\frac{4X}{X+15Y+3Z},v=\frac{6Y}{X+15Y+3Z}$$

或

$$u=\frac{4x}{-2x+12y+3},v=\frac{6y}{-2x+12y+3}$$

A2 光源与标准照明体色品偏差的计算

设光源的色品坐标为 u_k、v_k，标准照明体的色品坐标为 u_s、v_s，则色品偏差 ΔC 为

$$\Delta C=[(u_k-u_s)^2+(v_k-v_s)^2]^{\frac{1}{2}}$$

在 CIE 1931 色度图上，ΔC 对应于一个椭圆。观察透射样品用的光源的色品偏差应位于以 $x=0.345\,7$，$y=0.358\,6$ 为中心，以下面 4 点

$$x_1=0.359\,0,y_1=0.379\,6$$
$$x_2=0.336\,9,y_2=0.364\,1$$
$$x_3=0.332\,4,y_3=0.337\,6$$
$$x_4=0.354\,5,y_4=0.353\,1$$

为长轴和短轴的椭圆内（见图 A1），或等价于满足下面的不等式：

$$14.815x^2-14.440\,7xy+7.930\,9y^2-5.061\,7x-0.704\,1y+1<0$$

观察反射样品用光源的色品偏差应位于以 $x=0.312\,7$，$y=0.329\,1$ 为中心，以下面 4 点

$$x_1=0.324\,5,y_1=0.348\,1$$
$$x_2=0.304\,1,y_2=0.334\,4$$
$$x_3=0.300\,1,y_3=0.310\,1$$
$$x_4=0.321\,3,y_4=0.323\,8$$

为长轴和短轴的椭圆内（见图 A2），或等价于满足下面的不等式：

$$16.042\,4x^2-14.690\,4xy+8.710\,9y^2-5.197\,1x-1.146\,4y+1<0$$

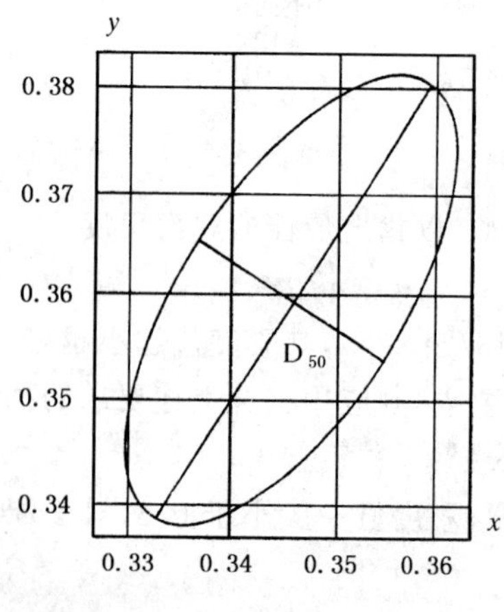

图 A1

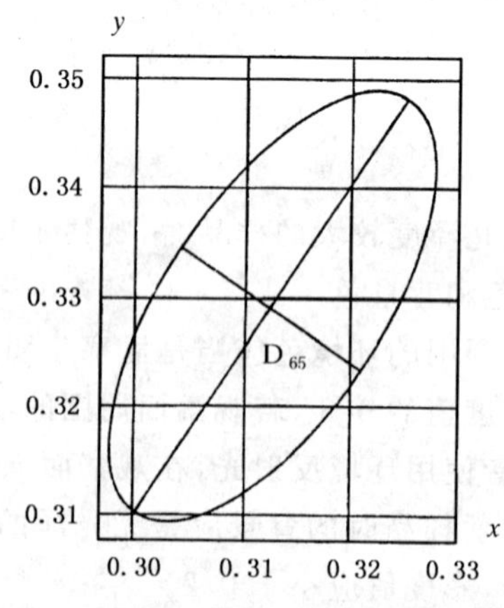

图 A2

附 录 B

(提示的附录)

标准照明体 D_{50}、D_{65},300 nm～830 nm,按 5 nm 间隔的相对光谱功率分布

表 B1

λ nm	D_{50} S(λ)	D_{65} S(λ)	λ nm	D_{50} S(λ)	D_{65} S(λ)
300	0.02	0.03	450	87.25	117.01
305	1.03	1.66	455	88.93	117.41
310	2.05	3.29	460	90.61	117.81
315	4.91	11.77	465	90.99	116.34
320	7.78	20.24	470	91.37	114.86
325	11.26	28.64	475	93.24	115.39
330	14.75	37.05	480	95.11	115.92
335	16.35	38.50	485	93.54	112.37
340	17.95	39.95	490	91.96	108.81
345	19.48	42.43	495	93.84	109.08
350	21.01	44.91	500	95.72	109.35
355	22.48	45.78	505	96.17	108.58
360	23.94	46.64	510	96.61	107.80
365	25.45	49.36	515	96.87	106.30
370	26.96	52.09	520	97.13	104.79
375	25.72	51.03	525	99.61	106.24
380	24.49	49.98	530	102.10	107.69
385	27.18	52.31	535	101.43	106.05
390	29.87	54.65	540	100.75	104.41
395	39.59	68.70	545	101.54	104.23
400	49.31	82.75	550	102.32	104.05
405	52.91	87.12	555	101.16	102.02
410	56.51	91.49	560	100.00	100.00
415	58.27	92.46	565	98.87	98.17
420	60.03	93.43	570	97.74	96.33
425	58.93	90.06	575	98.33	96.06
430	57.82	86.68	580	98.92	95.79
435	66.32	95.77	585	96.21	92.24
440	74.82	104.86	590	93.50	88.69
445	81.04	110.94	595	95.59	89.35

表 B1(完)

λ nm	D_{50} S(λ)	D_{65} S(λ)	λ nm	D_{50} S(λ)	D_{65} S(λ)
600	97.69	90.01	720	76.85	61.60
605	98.48	89.80	725	81.68	65.74
610	99.27	89.60	730	86.51	69.89
615	99.16	88.65	735	89.55	72.49
620	99.04	87.70	740	92.58	75.09
625	97.38	85.49	745	85.40	69.34
630	95.72	83.29	750	78.23	63.59
635	97.29	83.49	755	67.96	55.01
640	98.86	83.70	760	57.69	46.42
645	97.26	81.86	765	70.31	56.61
650	95.67	80.03	770	82.95	66.81
655	96.93	80.12	775	80.60	65.09
660	98.19	80.21	780	78.27	63.38
665	100.60	81.25	785	78.91	63.84
670	103.00	82.28	790	79.55	64.30
675	101.07	80.28	795	76.48	61.88
680	99.13	78.28	800	73.40	59.45
685	93.26	74.00	805	68.66	55.71
690	87.38	69.72	810	63.92	51.96
695	89.49	70.67	815	67.35	54.70
700	91.60	71.61	820	70.78	57.44
705	92.25	72.98	825	72.61	58.88
710	92.89	74.35	830	74.44	60.31
715	84.87	67.98			

前　　言

本标准是在CY/T 5—91的基础上修订的。

本标准依照既要向国际标准靠拢，又要与国内的实际情况相结合的原则，对前版标准的“质量要求”、“实地密度”、“套印误差”、“网点增大值”和“相对反差值”等项数据作了适当的修改。其中，主要是调整了套印误差和实地密度的范围。

本标准与正在实施的CY系列书刊印刷行业标准在内容上存在着相互依存、相互渗透的关系。在本标准前版发布后陆续制定的一批CY行业标准中，多项内容和技术指标数据都引自本标准前版，因此，在实施这类CY标准时，应以本标准为准。

本标准自生效之日起，同时代替CY/T 5—91。

本标准的附录A、附录B、附录C、附录D都是提示的附录。

本标准由全国印刷标准化技术委员会提出并归口。

本标准起草单位：中国印刷总公司。

本标准主要起草人：廉洁、徐世垣、郭雄。

本标准的首次发布日期：1991年7月1日。

中华人民共和国新闻出版行业标准

CY/T 5—1999

平版印刷品质量要求及检验方法

代替 CY/T 5—91

1 范围

本标准规定了平版印刷品的质量要求及检验方法。本标准适用于以纸为承印物的平版图像印刷品。其他平版印刷品也可参照使用。

2 引用标准

下列标准所包含的条文，通过在本标准中引用而构成为本标准的条文。本标准出版时，所示版本均为有效。所有标准都会被修订，使用本标准的各方应探讨使用下列标准最新版本的可能性。

GB/T 9851—1990 印刷技术术语

CY/T 3—1999 色评价照明和观察条件

3 分类

本标准的本章及其他章节采用 GB/T 9851 的定义。

3.1 精细印刷品：使用高质量原辅材料经精细制版和印刷的印刷品。

3.2 一般印刷品：除 3.1 外的符合相应质量要求的印刷品。

4 质量要求

4.1 阶调值

4.1.1 暗调

暗调密度范围见表 1。

表 1 印刷品密度范围

色 别	精细印刷品实地密度	一般印刷品实地密度
黄(Y)	0.85～1.10	0.80～1.05
品红(M)	1.25～1.50	1.15～1.40
青(C)	1.30～1.55	1.25～1.50
黑(BK)	1.40～1.70	1.20～1.50

4.1.2 亮调

亮调用网点面积表示。

精细印刷品亮调再现为 2%～4%网点面积；

一般印刷品亮调再现为 3%～5%网点面积。

4.2 层次

亮、中、暗调分明，层次清楚。

中华人民共和国新闻出版署 1999-05-07 批准　　1999-09-01 实施

4.3 套印

多色版图像轮廓及位置应准确套合，精细印刷品的套印允许误差≤0.10 mm；一般印刷品的套印允许误差≤0.20 mm。

4.4 网点

网点清晰，角度准确，不出重影。精细印刷品50%网点的增大值范围为10%～20%；一般印刷品50%网点的增大范围为10%～25%。

4.5 相对反差值(*K* 值)

K 值应符合表2的规定。

表2 相对反差值(*K* 值)范围

色别	精细印刷品的 *K* 值	一般印刷品的 *K* 值
黄	0.25～0.35	0.20～0.30
品红、青、黑	0.35～0.45	0.30～0.40

4.6 颜色

颜色应符合原稿，真实、自然、协调。

4.6.1 同批产品不同印张的实地密度允许误差为：青(C)、品红(M)≤0.15；黑(B)≤0.20；黄(Y)≤0.10。

4.6.2 颜色符合付印样。

4.7 外观

4.7.1 版面干净，无明显的脏迹。

4.7.2 印刷接版色调应基本一致，精细产品的尺寸允许误差为<0.5 mm，一般产品的尺寸允许误差为<1.0 mm。

4.7.3 文字完整、清楚，位置准确。

5 检验

5.1 检验条件

5.1.1 作业环境呈白色。

5.1.2 作业环境防尘、整洁。

5.1.3 作业间温、湿度的要求

温度：23℃±5℃；相对湿度：(60^{+15}_{-10})%。

5.1.4 观样光源符合GY/T 3的规定。

5.2 检验形式

印刷过程中检验和产品干燥后抽检。

5.3 检验仪器或工具

——密度计(具体要求见附录A)。

——30～50倍读数放大镜。

——常规检验用10～15倍放大镜。

——符合规定的计量工具。

——网点增大值的计算方法见附录B。

——相对反差值(*K* 值)的计算方法见附录C。

——测控条(见附录D)。

——对光谱无选择、漫反射、具有1.50±0.20 ISO视觉反射密度的黑色底衬。

5.4 检验方法

5.4.1 测量方法:用规定的仪器和工具检验印刷品质量,印刷品应放置在符合要求的黑色底衬上,如果印刷承印物透光程度很高,则应使用白色底衬。

5.4.2 计算法:用专门的数学模型检验印刷品质量。

5.4.3 目测法:目测或借助工具检验印刷品质量。

5.4.4 比较法:以常规条件印刷的色标、梯尺和测控条为参照物,检验印刷品质量。

5.4.5 专家鉴定法:由出版、设计和印刷专家检验印刷品质量。

附 录 A
（提示的附录）
反射密度计

密度计是用于测量产品的实地密度和网点积分密度的仪器。配合相应的测控条，还能测量图像密度反差、网点增大值、相对反差值等，是检验图像印刷产品质量的重要仪器。密度计误差范围如下：

1．单机对同一点密度重复数值的允许误差为≤1％。

2．单机密度测量线性度的允许误差为≤1％。

3．多机对同一点密度量度数值的允许误差为≤2％。

附 录 B
（提示的附录）
网点增大值的计算方法

网点增大值是指印刷品某部位的网点面积与相应分色片上的网点面积之间的差值。其计算公式如下：

印刷品的网点面积

$$A(\%) = 100 \times [1 - 10^{-(D_t - D_0)}]/[1 - 10^{-(D_s - D_0)}]$$

式中：D_0——印刷品上非印刷部位的反射密度值；

D_s——印刷品上实地的反射密度值；

D_t——印刷品上网点部位的反射密度值。

分色片的网点面积

$$A(\%) = 100 \times [1 - 10^{-(D_t - D_0)}]/[1 - 10^{-(D_s - D_0)}]$$

式中：D_0——空白网目调胶片的透射密度值；

D_s——胶片上实地的透射密度值；

D_t——胶片上网点部位的透射密度值。

附 录 C
（提示的附录）
相对反差值的计算方法

相对反差值，简称 K 值，是控制图像阶调的指标。计算方法如下：

$$K = \frac{D_s - D_t}{D_s}$$

式中：D_s——测出的实地密度值；

D_t——测出的网点积分密度值。

附 录 D
（提示的附录）
测 控 条

测控条是用已知特定面积的几何图形作参照物来测控产品质量的，是供目测、测量、计算、专家鉴定使用的检验产品质量的工具。

D1 测控原理

D1.1 网点面积的增大与网点边缘的总长度成正比。

D1.2 利用几何图形的面积相等，阴、阳相反来测控网点的转移变化。

D1.3 图形变化时，夹角处比弧长处变化明显，起放大作用。

D1.4 利用等宽或不等宽的折线测控水平和垂直方位的变化。

D1.5 利用等距同心圆测控任意方位的变化。

D1.6 能够提供测控单元图形。

D2 使用条件

使用测控条的条件要与晒版、打样和印刷的条件一致。

D3 使用方法

应使用长条测控条，放置在印张的末端，与印刷机滚筒轴向平行，以便测控图像着墨的均匀性。

中华人民共和国行业标准

CY/T 12—95

书刊印刷品检验抽样规则

1 主题内容与适用范围

本标准规定了书刊印刷产品的检验抽样规则。

本标准适用于书刊印刷的成品抽样检查规则。

2 术语

2.1 单位产品：为实施抽样检查的需要而划分的基本单位，称为单位产品，以成品“册”（本）、“张”为单位。

2.2 检查批：为实施抽样检查汇集起来的单位产品，称为检查批，简称批。

2.3 批量（N）：批中所包含的单位产品数，称为批量。

2.4 样本单位：从批中抽取用于检查的单位产品，称为样本单位。

2.5 样本：样本单位的全体，称为样本。

2.6 样本大小（n）：样本中所包含的样本单位数，称为样本大小。

2.7 不合格品：有一个或一个以上的质量特性不符合规定的单位产品，称为不合格品。

2.8 每百单位产品不合格品数：批中所有不合格品总数除以批量，再乘以100，称为每百单位产品不合格品数。即：

$$\text{每百单位产品不合格品数} = \frac{\text{批中不合格品总数}}{\text{批量}} \times 100$$

2.9 批质量：单个提交检查批的质量（用每百单位产品不合格品数表示），称为批质量。

2.10 逐批检查：为判断每个提交检查批的批质量是否符合规定要求，所进行的百分之百或从批中抽取样本的检查，称为逐批检查。

2.11 合格判定数（A_c）：作出批合格判断样本中所允许的最大不合格品数，称为合格判定数。

2.12 不合格判定数（R_e）：作出批不合格判断样本中所不允许的最小不合格品数，称为不合格判定数。

2.13 判定数组：合格判定数和不合格判定数或合格判定数系列和不合格判定数系列结合在一起，称为判定数组。

2.14 抽样方案：样本大小或样本大小系列和判定数组结合在一起，称为抽样方案。

2.15 抽样程序：使用抽样方案判断批合格与否的过程，称为抽样程序。

2.16 一次抽样方案：由样本大小 n 和判定数组〔A_c，R_e〕结合在一起组成的抽样方案，称为一次抽样方案。

2.17 二次抽样方案：由第一样本人小 n_1、第二样本大小 n_2 判定数组〔A_1，A_2，R_1，R_2〕结合在一起组成的抽样方案，称为二次抽样方案。

3 抽样程序

3.1 批质量合格的规定

在订货合同中，订货方与供货方应协商确定批质量合格的条件。对此无明确规定者，按每百单位产

中华人民共和国新闻出版署1995-04-05批准　　1996-01-01实施

品不合格品数为 4.0 执行。见附录 A。

3.2 检查水平的规定

提交检查批的批量与样本大小之间的等级对应关系，称为检查水平。本标准规定检查水平为 S-4。见附录 B。

3.3 检查严格度的确定

检查的严格度是指提交批所接受检查的宽严程度。本标准规定进行正常检查。见附录 C。

3.4 抽样方案类型的选择

为节省管理费用及压缩样本大小，根据检查批形成的情况决定选用一次、二次抽样方案中的一种。见附录 D。

3.5 样本的抽取

以随机抽样方法抽取样本。抽取样本的时间，可以在检查批的形成过程中，也可以在检查批组成之后。抽取样本的地点，可以在企业的成品库中抽取，也可以在市场任一经销单位的仓库中抽取，必要时还可以在生产线上已经过检验尚未入库的成品中抽取。

以一份产品为一个检查批，按表 1 确定一次抽样方案样本大小、判定数组：

表 1 一次抽样方案

批量	151～500	501～1 200	1 201～10 000	10 001～35 000	35 001～500 000	≥500 001
样本大小	13	20	32	50	80	125
合格判定数	1	2	3	5	7	10
不合格判定数	2	3	4	6	8	11

若一份产品形成为二个检查批，按表 2 确定二次抽样方案样本大小、判定数组：

表 2 二次抽样方案

批 量	501～1 200	1 201～10 000	10 001～35 000	35 001～500 000	≥500 001
第一样本数	13	20	32	50	80
第一合格判定数	0	1	2	3	5
第一不合格判定数	3	3	5	6	9
第二样本数	13	20	32	50	80
第二合格判定数	3	4	6	9	12
第二不合格判定数	4	5	7	10	13

3.6 特殊的情况

产品质量要求特别严格、批量不大于 150 或当生产过程中出现严重欠缺、需要全部检查的要逐个产品进行百分之百的检查。

4 样本的检验

4.1 检验依据

相应产品技术标准或订货合同中对单位产品规定的检验项目及质量要求。

4.2 逐批检查合格或不合格的判断

逐个对样本单位进行检查并累计不合格品总数。当采用一次抽样方案时，根据样本检验结果，若在样本中发现的不合格品数小于或等于合格判定数，则该批为合格批；若在样本中发现的不合格品数大于或等于不合格判定数，则该批为不合格批。采用二次抽样方案时，经检验，若在第一样本中发现的不合格品数小于或等于第一合格判定数，则该批为合格批；若在第一样本中发现的不合格品数大于或等于第一不合格判定数，则该批为不合格批。若在第一样本中发现的不合格品数，大于第一合格判定数同时又小于第一不合格判定数，则从整批中抽第二样本进行检查。在第一和第二样本中发现的不合格品数总和小于或等于第二合格判定数，则该批为合格批；若在第一和第二样本中发现的不合格品数总和大于或等于第二不合格判定数，则该批为不合格批。

4.3 检验方法：

4.3.1 计量测试法

用经计量部门检定的工具或仪器对产品的质量特性进行测量。

4.3.2 目测法

专业技术人员按标准要求目测判定产品质量。此法为计量测试法的辅助检验方法。

5 逐批检查后的处置

判为合格的批就整批接受，判为不合格的批原则上全部退回供货方或由供货方与订货方协商解决。

5.1 不合格品的再提交

对合格批中发现的不合格品，订货方有权拒绝接受。拒收的不合格品可以返修，经订货方同意后，可按规定方式再次提交检查。

5.2 不合格批的再提交

供货方在对不合格批进行百分之百检查的基础上，将发现的不合格品剔除或修理好以后，允许再次提交检查。

6 抽样检查条件

6.1 印刷产品质量监督检验机构

6.1.1 必须具有相对的独立性，执行检验工作任务时可确保公正性。

6.1.2 必须具备技术标准中规定精度的仪器设备、环境、条件，正确掌握这些仪器设备的使用方法、要领以及维修技术的能力。

6.1.3 必须建立一套严格的科学的管理制度且这些制度得到贯彻执行。

6.2 生产企业

6.2.1 必须设有相应的质量检测机构或有专职管理人员。

6.2.2 专职检验抽样人员应具有较丰富的工艺技术、质量知识。

6.2.3 有较完善的质量管理制度和质量标准。

6.2.4 产品质量较稳定。

附 录 A
产品批质量合格的判断
（补充件）

抽样检验是以概率论和数理统计学为基础的科学检验方法。它是从批量产品中抽取样本，以样本检验结果来判定产品整个批质量是否合格的检查方法。

由于提交检查批的产品中不可能绝对保证没有不合格品，因此在判断产品的批质量是否合格时，首先要确定不合格品率的标准值。对于单个提交检查批，需规定每百单位产品不合格品数；对于一系列连续提交检查批，则需规定供货方可接受的平均每百单位产品最大不合格品数。该值在抽样检查中称作合格质量水平，以 AQL 表示。

不合格品率的标准值越小，相同样本的合格判定数则越小，提交检查批则越难以合格。

本标准规定对于单个提交检查批或连续提交检查批，不合格品率的标准值为 4%，即每百单位产品最大不合格品数为 4.0 或合格质量水平（AQL）为 4.0。

附 录 B
检查水平与样本大小
（补充件）

提交检查批的批量与样本大小之间的等级对应关系，称为检查水平。检查水平分为 4 个特殊检查水平 S-1、S-2、S-3、S-4 和 3 个一般检查水平 Ⅰ、Ⅱ、Ⅲ。

通常采用一般检查水平 Ⅱ。当所需判别力较低时，可采用一般检查水平 Ⅰ；当所需判别力较高时，可采用一般检查水平 Ⅲ。特殊检查水平仅适用于必须使用较小的样本且能够或必须允许较大的误判风险的情况。

对于同一批量产品，检查水平以 S-1、S-2、S-3、S-4、Ⅰ、Ⅱ、Ⅲ 为序，所需抽取的样本依次递增，见表 B1 及表 B2、表 B3。

表 B1 检查水平与样本大小字码

批 量	特殊检查水平				一般检查水平		
	S-1	S-2	S-3	S-4	Ⅰ	Ⅱ	Ⅲ
151～280	B	C	D	E	E	G	H
281～500	B	C	D	E	F	H	J
501～1 200	C	C	E	F	G	J	K
1 201～3 200	C	D	E	G	H	K	L
3 201～10 000	C	D	F	G	J	L	M
10 001～35 000	C	D	F	H	K	M	N
35 001～150 000	D	E	G	J	L	N	P
150 001～500 000	D	E	G	J	M	P	Q
≥500 001	D	E	H	K	N	Q	R

表 B2 样本大小字码与样本大小(一次抽样)

样本大小字码	特宽检查	放宽检查	正常检查	加严检查
B	2	2	3	3
C	2	2	5	5
D	3	3	8	8
E	5	5	13	13
F	8	8	20	20
G	13	13	32	32
H	20	20	50	50
J	32	32	80	80
K	50	50	125	125
L	80	80	200	200
M	125	125	315	315
N	200	200	500	500
P	315	315	800	800
Q	500	500	1 250	1 250
R	800	800	2 000	2 000
S				3 150

表 B3 样本大小字码与样本大小(二次抽样)

样本大小字码	特宽检查	放宽检查	正常检查	加严检查
B			4	4
C			6	6
D	4	4	10	10
E	6	6	16	16
F	10	10	26	26
G	16	16	40	40
H	26	26	64	64
J	40	40	100	100
K	64	64	160	160
L	100	100	250	250
M	160	160	400	400
N	250	250	630	630
P	400	400	1 000	1 000
Q	630	630	1 600	1 600
R	1 000	1 000	2 500	2 500
S				4 000

附 录 C
检查严格度的确定
(补充件)

检查严格度有正常检查、加严检查和放宽检查三种不同严格度的检查。

在检查开始时,应采用正常检查。除需按转移规则改变检查的严格度外,下一批检查严格度继续保持不变。

鉴于每种印刷品形成检查批的周期短、交货快捷,故本标准规定进行正常检查。

检查的严格度越宽,同一批量产品所需样本越小,见表 B2 及 B3。

附 录 D
检查批的形成与提出
（补充件）

单位产品经简单汇集形成检查批。通常每个检查批应由同品种(尺寸、特性、所用材料，且生产时间和生产条件基本相同的单位产品组成。

批的形成、批量及提出和识别批的方式，应由供货方与订货方协商确定。必要时，供货方应对每个提交检查批提供适当的储存场所，提供识别和提出所需的工具设备，以及管理和取样所需的人员。

检查批可以和投产批、销售批或装运批相同。

例 1. 某印刷厂接受委托，印制图书 2 000 册，拟一次自备车拉走。委印合同中未规定该批书批质量合格的条件。试择抽样方案。

a. 投产批及装运批的批量均为 2 000 册，可以其为提交检查批。采用一次抽样方案；

b. 查表 1，得知样本大小为 32；

c. 成品码垛 8 层。可每层抽样 4 册；

d. 32 册样本单位中，有不合格品 3 册。从表 1 可知合格判定数为 3，故该图书印制质量为批合格，委印方应予接受；

e. 该批图书中已发现的 3 册不合格品及随后检查中发现的不合格品可退回印刷厂。

例 2. 某印刷厂接受委托，印制急需图书 30 万册，每天出书 7.5 万册且次日运送出厂。试择抽样方案。

a. 提交检查批可与每日投产批相同。采用一次抽样方案；

b. 抽取样本的时间，可在检查批形成过程中，每天抽样。从表 1 中查出样本大小为 80 册，可每天从 7.5 万册成品中抽样 80 册；

c. 样本中有 6 册不合格品，小于合格判定数，故当日该批图书质量合格；

d. 已发现及随后发现的不合格品均可退回印刷厂。

例 3. 某印刷厂接受委托，印制急需画刊 15 万册，每天印装 7.5 万册，全部印装完毕的次日一次装运出厂。试择抽样方案。

a. 由于生产条件相同，生产时间连续且整批画刊一次装运，可按连续提交检查批选择二次抽样方案；

b. 从表 2 查出第一样本数为 50，故需从第一大提交检查批中抽样 50 册；

c. 经检验，第一样本中有不合格品 3 册，等于第一合格判定数，故该批 15 万册画刊质量合格，无需抽取第二样本；

d. 已发现及随后发现的不合格品均可退回印刷厂。

例 4. 试对某书店门市部一种热门小说印刷质量进行抽查检验。

a. 该种小说共进货 50 册，故需逐册检查；

b. 经检验，发现不合格品 3 册；

c. 该小说一次印数为 2 000 册，其合格判定数为 5，故仅能判定此门市部所进的该批小说质量不合格，可退回供货方。

附加说明：

本标准由全国印刷标准化技术委员会提出并归口。

本标准由中国印刷公司负责起草。

本标准起草人廉洁、魏志刚、常彭景。

前　言

CY/T 7.2～7.9—1991《印后加工质量要求及检验方法》系列标准是按照《印刷工业标准体系表》的要求编写的。1991 年 7 月发布，1991 年 10 月 1 日实施。几年来，由于印刷技术、设备、原辅材料和检验手段的变化，上述标准的内容已不适应当前生产的需要。此外，为方便使用，对上述标准的结构进行了如下调整、修订：将 CY/T 7.3—1991《精装书芯质量要求及检验方法》、CY/T 7.4—1991《胶粘装订质量要求及检验方法》、CY/T 7.5—1991《锁线订质量要求及检验方法》、CY/T 7.6—1991《精装书壳质量要求及检验方法》、CY/T 7.7—1991《覆膜质量要求及检验方法》、CY/T 7.8—1991《烫箔质量要求及检验方法》、CY/T 7.9—1991《裁切质量要求及检验方法》的有关内容合并，吸收 CY/T 13—1995《胶印印书质量要求及检验方法》、CY/T 16—1995《精装书刊质量分级与检验方法》、CY/T 20—1995《精装画册质量分级与检验方法》、CY/T 21—1995《经典著作质量分级与检验方法》的有关内容，修订成为《装订质量要求及检验方法——精装》。其他标准与本标准的内容不一致时，以本标准为准。

本标准的附录 A 和附录 B 是提示的附录。

本标准由全国印刷标准化技术委员会提出并归口。

本标准起草单位：中国印刷总公司。

本标准主要起草人：王淮珠、魏瑞玲、孔　奇。

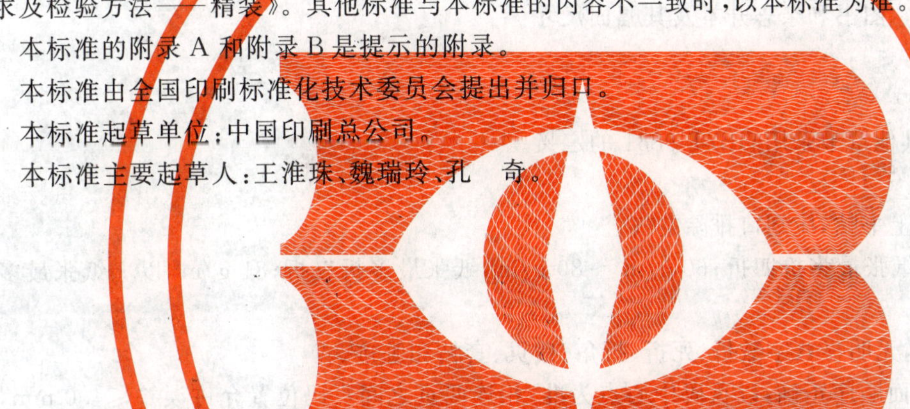

中华人民共和国新闻出版行业标准

CY/T 27—1999

装订质量要求及检验方法——精装

1 范围

本标准规定了精装书的装订质量要求及检验方法，其他精装印刷产品也可参照使用。

2 引用标准

下列标准所包含的条文，通过在本标准中引用而构成为本标准的条文。本标准出版时，所示版本均为有效。所有标准都会被修订，使用本标准的各方应探讨使用下列标准最新版本的可能性。

GB/T 9851—1990 印刷技术术语

GB/T 788—1999 图书和杂志开本及其幅面尺寸

3 质量要求

本标准的本章及其他章节采用GB/T 9851的定义。

3.1 书页与书帖

3.1.1 三折及三折以上书帖，应划口排除空气。

3.1.2 59 g/m² 以下纸张最多折四折；60 g/m²～80 g/m² 纸张最多折三折；81 g/m² 以上纸张最多折二折。

3.1.3 书帖平服整齐，无明显八字皱折、死折、折角、残页、套帖和脏迹。

3.1.4 书帖页码和版面顺序正确，以页码中心点为准，相连两页之间页码位置允许误差≤4.0 mm，全书页码位置允许误差≤7.0 mm；画面接版允许误差≤1.5 mm。

3.1.5 书帖与零散页张、图表的粘连位置要准确，遇有横图粘天头，不漏粘、联粘，牢固平整。粘口要求见表1。

表1 粘口要求

mm

订联方法	页张图表粘口	环衬粘口
锁线订	3.0～4.0	3.0～4.0(先粘时缩进折缝 1.5±0.5；后粘与折缝对齐)
胶粘订	3.0～4.0	3.0～4.0

3.2 书芯订联

3.2.1 锁线订

a) 锁线订针位与针数要求见表2。针位应均匀分布在书帖的后一折缝线上。

表2 锁线订针位与针数

mm

开本数	上下针位与上下切口的距离 mm	针 数	针 组
≥8	20～25	8～14	4～7
16	20～25	6～10	3～5

中华人民共和国新闻出版署 1999-05-07 批准　　　　1999-09-01 实施

表 2(完)

开本数	上下针位与上下切口的距离 mm	针　数	针　组
32	15～20	4～8	2～4
≤64	10～15	4～6	2～3

b）用线规格：42 支纱或 60 支纱、4 股或 6 股的白色蜡光塔线，或相同规格的塔形化纤线。

c）订缝形式：40 g/m² 及以下的四折页书帖，41 g/m²～60 g/m² 的三折页书帖，或相当以上厚度的书帖可用交叉锁。除此以外均用平锁。

d）锁线前根据开本尺寸与要求，调好订距、针数，并检查配页有无差错。

e）锁线后书芯各帖应排列正确、整齐、无破损、掉页和脏迹，书芯厚度应基本一致。

f）锁线松紧适当，无卷帖、歪帖、漏锁、扎破衬、折角、断线和线圈，缩帖≤2.5 mm。

3.2.2　胶粘装订

a）胶粘装订用粘合剂粘度适当，严禁使用植物类粘合剂。

b）书帖划口排列正确，均在最后折缝线上。

c）锯口深度：2.0 mm～3.0 mm，锯口宽度：1.5 mm～2.5 mm。锯口数见表 3。

d）胶粘装订以使粘合剂能渗透到书帖最里页张上，并粘牢为准。

e）胶粘装订后的书芯，每本厚度应基本一致，书背平直。

表 3　胶粘装订开本与锯口数

开本数	锯口数
8	10～12
16	8～10
32	6～8
64	4～6

3.3　书芯加工

3.3.1　书芯加工形式：方背、圆背。圆背分有脊、无脊，方角、圆角，有无堵头布，软、硬衬，有无筒子纸。

3.3.2　半成品书芯加工前必须压平，排除书芯内部空气。压平后的书芯平实，厚度基本一致。

3.3.3　书芯裁切尺寸及误差符合 GB/T 788 的规定，非标准尺寸按合同要求；纸板尺寸误差±1.0 mm；护封尺寸误差≤1.5 mm；书芯、纸板歪斜度以对角线测量为准。

3.3.4　扒圆起脊要求如下：

a）书芯圆背的圆势应在 90°～130°之间；起脊高度为 3.0 mm～4.0 mm，书脊高与书芯表面倾斜度应是 120°±10°。

b）扒圆起脊后的书芯四角应垂直，书背无呲裂、皱折、破衬。

3.3.5　堵头布粘贴前，应用粘合剂将其过浆，干燥挺括后使用。具体要求如下：

a）方背堵头布的长以书背宽为准，误差±1.5 mm；圆背堵头布的长以书背弧长为准，误差范围1.5 mm～2.0 mm。

b）堵头布粘贴平服牢固、不歪斜，外露线棱整齐。

3.3.6　丝带书签应粘贴在书背上方中间位置，粘正、粘平、粘牢。

丝带长应比书芯对角线长 10.0 mm～20.0 mm；丝带宽：32 开本及以下为 2.0 mm～3.0 mm，16 开本及以上为 3.0 mm～7.0 mm。

3.3.7　书背布应居中，粘正、粘平、粘牢。

书背布的长应短于书芯长 15.0 mm～25.0 mm，书背布的宽应大于书背宽(方背)或书背弧长(圆背)40.0 mm～50.0 mm。

3.3.8 书背纸粘贴位置应准确,粘平、粘牢。

书背纸的长应短于书芯长 4.0 mm～6.0 mm,宽应与书背宽(方背)或弧长(圆背)相同;8 开以上画册书背纸的宽可与书背布宽相同。

3.3.9 筒子纸应粘贴平整、牢固。

a)筒子纸的长应短于书芯长 2.0 mm～4.0 mm,宽应是书背宽(方背)或弧长(圆背)的两倍加 5.0 mm粘口。

b)筒子纸应使用牛皮纸。

3.3.10 书芯加工的各种粘结,严禁使用植物类粘合剂。

3.4 书壳加工

3.4.1 书壳加工形式包括:整面、接面、圆角、方角、包角、不包角、活套、死套、烫箔、烫压凸凹印。

3.4.2 书壳应使用挺、平、光滑的灰白纸板。

3.4.3 纸板含水量不应高于 12%,贮存温度应为 5℃～30℃,相对湿度应为 50%左右,严禁露天放置。

3.4.4 书壳尺寸要求:

a)中缝尺寸:方背(假脊)应是两张书壳纸板厚度加 6.0 mm(槽宽);圆背应是一张书壳纸板厚度加 6.0 mm(槽宽)。

b)中径宽:圆背应是书背弧长加两个中缝宽;方背(假脊)应是书背宽加两个中缝宽和两张书壳纸板厚。

c)飘口宽:32 开本及以下为 3.0 mm±0.5 mm;16 开本为 3.5 mm±0.5 mm;8 开本及以上为 4.0 mm±0.5 mm。

d)包边宽:15.0 mm。

e)接面联接边宽:12.0 mm～14.0 mm;粘口宽:4.0 mm～6.0 mm。

f)书壳纸板:长应是书芯长加两个飘口宽,宽应是书芯宽减 2.0 mm～3.0 mm。

g)中径纸板:长应与书壳纸板长相同;方背假脊宽应是书背宽加两张书壳纸板厚;圆背宽应是书背弧长,或加 1.5 mm。

h)整面面料:长应是书壳纸板长加两个包边宽;宽应是两张书壳纸板宽加中径宽和两个包边宽。

i)接面书腰:长与整面长相同;宽应是中径宽加两个联接边宽。

j)接面面料:长与整面长相同或加长 5.0 mm;宽应是纸板宽加 8.0 mm～10.0 mm。

3.4.5 书壳制作要求:

a)应使用水分少、干燥快、粘结牢固的动物胶或性能相近的合成树脂胶糊制书壳。

b)动物胶应提前浸泡,要用套锅形式。

c)动物胶在使用中应保持胶体流动的均匀性。

d)使用动物胶时,胶温应保持在 75℃±10℃之间,胶与水的比例一般为 1∶3 左右。

e)使用聚乙稀醇(PVA)合成树脂胶时,应使用套锅形式水浴加热。

f)聚乙稀醇(PVA)的使用温度应是 45℃±10℃,胶与水的比例一般为 1∶2 左右。

g)涂胶应少而均,不溢不花。

h)书壳纸板和中径纸板组合正确,尺寸允许误差:长≤1.5 mm,宽≤2.5 mm。

i)书壳糊制后,应表面平整,无胶脏粘联,方角整齐;圆角塞折至少五折,圆势适当、整齐;包边坚实、牢固,无空套。

j)书壳糊制后应面对面堆积、压平。压平后,将其立放,自然干燥 10 小时以后,再进行堆积,自然压平。不得烘干暴晒。

3.5 烫箔与压印

3.5.1 烫箔与压印分为单一烫箔、单一压凹凸印、混合烫和套烫几种形式。

3.5.2 烫印要求：

a）上版正确、牢固，根据所烫面积调定压力。

b）根据烫印形式、封面材料和烫箔种类确定烫印温度和时间，详见附录B。书壳应字迹、图案清晰，不糊版、花版，烫箔牢固，光泽度好。

c）压烫凹凸印应图文清晰。

d）以书背中心线为准，书背字误差范围见表4。

表4 书背字误差要求

mm

书背厚度	误差范围
≤10	≤1.0
>10，≤20	≤2.0
>20，≤30	≤2.5
>30	≤3.0

3.6 套合加工

3.6.1 套合形式

套合形式有方背的假脊、平脊、方脊，圆背的真脊、假脊，粘合中的软背、硬背、活腔背等。

3.6.2 书芯与书壳套合要求

a）套合前，中缝（或书背）必须涂粘合剂，粘合剂不得涂在书壳纸板上，严禁使用植物类粘合剂。

b）套合时，以飘口规矩为准，符合3.4.4中c）的规定。

c）套合后，三面飘口一致，书的四角垂直，歪斜误差≤1.5 mm。

3.6.3 压槽要求

压槽用铜、铝或塑料线板。

a）压槽线板的高应为3.0 mm，宽应为3.0 mm～4.0 mm。

b）先用热压板加热，温度要适当，压力要正确，然后用压槽板定型，或直接用压槽板及压槽金属条定型。槽形应牢固，整齐。

3.6.4 扫衬

a）根据书壳面料和环衬的质地选用适当的粘合剂。

b）扫衬粘合剂的粘度应适当，涂抹时应少而均，不溢不花。

c）扫衬压平后的精装书，错口堆积12小时以上，方可作为成品检查与包装。

3.6.5 精装成品质量要求

a）表面应平整、无明显翘曲，书的四角垂直符合3.6.2中c）的规定；飘口符合3.4.4中c）的规定；圆背圆势符合3.3.4中a）的规定。

b）烫印字迹、图案清晰，不糊、不花，牢固有光泽。

c）书槽整齐牢固，深、宽度为3.0 mm±1.0 mm。

d）环衬和书芯前后无明显皱折。

e）烫印歪斜误差要求见3.5.2的d）。

f）全套书的书背字上下误差≤2.5 mm。

4 检验方法

4.1 测量法

按有关标准的要求，用符合规定的计量工具检验页码、粘口、针距、针数、圆势、脊高、飘口和书背、封面的烫印印迹。

4.2 目测法

按有关标准的要求,目测相应部位的质量。

5 包装、运输、贮存

5.1 包装

按客户要求的每包数量进行打包,用专用包装材料包装、包实,每包应加上标识。

5.2 运输

运输中不许将包件由高处扔下。不许砸、踏。注意防雨、防潮、防晒、防腐,不能重压。

5.3 贮存

贮存环境应温湿度适宜。注意防潮、防晒、防燥热、防油、防蛀、防腐。不能重压。

附 录 A
（提示的附录）
精装工艺流程

A1 书芯生产工艺流程

A1.1 锁线订

撞页→开料→折页→粘套页→捆帖→配帖→锁线→半成品检查→压平→裁切半成品→涂粘合剂→捆书→涂粘合剂→分本→裁切半成品（涂粘合剂或润湿）→扒圆→起脊（方背例外）→涂粘合剂→粘书签丝带和堵头布→涂粘合剂→粘书背布→涂粘合剂→粘书背纸→（涂粘合剂粘筒子纸）。

A1.2 胶粘订

撞页→开料→折页→粘套页→捆帖→配帖→半成品检查（锯口或铣背）→捆书→涂粘合剂→分本→裁切半成品→润湿→扒圆→起脊（方背例外）→涂粘合剂→粘书签丝带和堵头布→涂粘合剂→粘书背布→涂粘合剂→粘书背纸。

A1.3 精装书生产线（锁线以后开始）

压平→涂粘合剂→烘干→压实定型→裁切半成品→夹丝带→扒圆→起脊→涂粘合剂→粘书背布→涂粘合剂→粘堵头布和书背纸并托平→扫衬→书芯与书壳套合→压平和压槽→成品。

A2 书壳生产工艺流程

A2.1 制硬壳

计算书壳各部位用料尺寸→裁切书壳料→涂粘合剂→组壳→糊壳包边角→压平→自然干燥。

A2.2 制软壳

计算软面料尺寸→裁切软面料→热压粘合→烫箔→削边。

A2.3 烫箔

检修烫版→调定烫版和底板规矩→调定温度、时间、压力→烫箔。

A3 套合工艺流程

涂中缝粘合剂→套壳→压槽→扫衬→压平→自然干燥→成品检查→包护封→套书盒→包装→贴标识。

附 录 B
（提示的附录）
烫印温度与时间

	PVC 涂料面		织物或真皮		纸 张		塑 料		漆 布	
	时间 min	温度 ℃	时间 min	温度 ℃	时间 min	温度 ℃	时间 min	温度 ℃	时间 min	温度 ℃
电化箔	0.5～1	100～145	1～2	110～150	1～1.5	110～150	2	90～110	1～2	100～140
色 箔	0.5～1	100～140	1	110～150	1～1.5	110～150	2	90～110	1	100～140
金属箔	0.5～1	100～140	1	110～150	1～1.5	110～150	2	90～110	1～2	100～140

前　言

CY/T 7.2～7.9—1991《印后加工质量要求及检验方法》系列标准是按照《印刷工业标准体系表》的要求编写的。1991年7月发布，1991年10月1日实施。几年来，由于印刷技术、设备、原辅材料和检验手段的变化，上述标准的内容已不适应当前生产的需要。此外。为方便使用，对上述标准的结构进行了如下调整、修订：将CY/T 7.2—1991《平装书芯质量要求及检验方法》、CY/T 7.4—1991《胶粘装订质量要求及检验方法》、CY/T 7.5—1991《锁线订质量要求及检验方法》、CY/T 7.7—1991《覆膜质量要求及检验方法》、CY/T 7.8—1991《烫箔质量要求及检验方法》、CY/T 7.9—1991《裁切质量要求及检验方法》的有关内容合并，吸收CY/T 13—1995《胶印印书质量要求及检验方法》、CY/T 14—1995《教科书印制质量要求及检验方法》、CY/T 15—1995《平装书刊质量分级与检验方法》、CY/T 19—1995《平装画册质量分级与检验方法》的有关内容，修订成为《装订质量要求及检验方法——平装》。其他标准与本标准的内容不一致时，以本标准为准。

本标准的附录A是提示的附录。

本标准由全国印刷标准化技术委员会提出并归口。

本标准起草单位：中国印刷总公司。

本标准主要起草人：魏瑞玲、王淮珠、孔奇。

中华人民共和国新闻出版行业标准

CY/T 28—1999

装订质量要求及检验方法
——平　　装

1 范围

本标准规定了平装书刊的装订质量要求及检验方法，其他平装印刷产品也可参照使用。

本标准适用于锁线订、胶粘装订、铁丝平订、缝纫订的平装产品。

2 引用标准

下列标准所包含的条文，通过在本标准中引用而构成为本标准的条文。本标准出版时，所示版本均为有效。所有标准都会被修订，使用本标准的各方应探讨使用下列标准最新版本的可能性。

GB/T 9851—1990　印刷技术术语

GB/T 788—1999　图书和杂志开本及其幅面尺寸

3 质量要求

本标准的本章及其他章节采用 GB/T 9851 的定义。

3.1　书页与书帖

3.1.1　三折及三折以上书帖，应划口排除空气。

3.1.2　59 g/m² 以下纸张最多折四折；60 g/m²～80 g/m² 纸张最多折三折；81 g/m² 以上纸张最多折二折。

3.1.3　书帖平服整齐，无明显八字皱折、死折、折角、残页、套帖和脏迹。

3.1.4　书帖页码和版面顺序正确，以页码中心点为准，相连两页之间页码位置允许误差≤4.0 mm，全书页码位置允许误差≤7.0 mm；画面接版允许误差≤1.5 mm。

3.1.5　胶粘装订书帖的划口排列正确，划透，均在折缝线上。

3.1.6　书芯粘连的零散页张应不漏粘、联粘，牢固平整，尺寸允许误差≤2.0 mm。粘口要求见表 1。

表 1　粘口要求

mm

订联方法	页张图表粘口	环　衬　粘　口
铁丝平订	4.0～7.0	盖住订痕
缝纫订	4.0～8.0	盖住订痕
锁线订	3.0～4.0	3.0～4.0，先粘时缩进折缝 2.0，后粘与折缝对齐
胶粘订	3.0～4.0	3.0～4.0

3.1.7　涂蜡均匀、不溢，蜡口宽度为 1.5 mm～2.5 mm。

3.2　书芯订联

3.2.1　锁线订

a）锁线订针位与针数见表 2。针位应均匀分布在书帖的最后一折缝线上。

中华人民共和国新闻出版署 1999-05-07 批准　　　　1999-09-01 实施

表 2　锁线订针位与针数

开本数	上下针位与上下切口的距离 mm	针　　数	针　　组
≥8	20～25	8～14	4～7
16	20～25	6～10	3～5
32	15～20	4～8	2～4
≤64	10～15	4～6	2～3

b）用线规格：42 支纱或 60 支纱、4 股或 6 股的白色蜡光塔线，或相同规格的塔形化纤线。

c）订缝形式：40 g/m^2 及以下的四折页书帖，41 g/m^2～60 g/m^2 的三折页书帖，或相当以上厚度的书帖可用交叉锁。除此以外均用平锁。

d）锁线前根据开本尺寸与要求，调好订距、针数，并检查配页有无差错。

e）锁线后书芯各帖应排列正确、整齐，无破损、掉页和油脏。

f）锁线紧松适当，无卷帖、歪帖、漏锁、扎破衬、折角、断线和线圈，缩帖≤2.5 mm。

3.2.2　胶粘订

a）胶粘订用粘合剂应粘度适当，以使粘合剂能渗透到书帖最里页张上，并以粘牢为准，严禁使用植物类粘合剂。

b）书帖划口排列正确，均在最后一折缝线上。

c）锯口深度：2.0 mm～3.0 mm，宽度：1.5 mm～2.5 mm。锯口数见表 3。

表 3　胶粘订开本与锯口数

开　本　数	锯　口　数
8	10～12
16	8～10
32	6～8
64	4～6

d）铣背深度：三折书帖为 2.0 mm～3.0 mm，四折书帖为 2.5 mm～3.5 mm，以书帖最里面一页能粘牢为准，铣削歪斜≤2.0 mm。

e）粘书背纸

1）书芯厚度在 15 mm 以上时，应粘书背纸；书芯厚度在 15 mm 以下时，可以不粘书背纸。

2）封面用纸≥150 g/m^2 时，可不粘书背纸。

3）用胶粘装订联动机粘贴书背纸时，其长度应比书芯长度长 5.0 mm～8.0 mm，宽度与书背的宽度相同或两边各小于书背宽度 1.0 mm。

4）手工粘贴书背纸，其长度应比书捆长 20.0 mm～40.0 mm，宽度应与书芯的长度相同，误差应≤3.0 mm。

5）捆书时，天头或地脚的书芯缩帖≤2.5 mm，书背缩帖≤1.0 mm。书背纸应粘平、粘牢、不断裂、无歪斜。

6）分本正确，书背无岗线，不割坏书页。

3.2.3　铁丝平订

a）铁丝平订的订位为钉锯外订眼距书芯上下各 1/4 处，允许误差±5.0 mm。钉锯与书脊间的距离：书芯厚度≤4 mm 时，为 3.0 mm～6.0 mm；书芯厚度＞4 mm 时，为 4.0 mm～7.0 mm。

b）无坏锯、漏订、重订，订脚平服牢固。

c）根据纸质及书芯厚度，选用直径为0.50 mm～0.70 mm的铁丝。

3.2.4 缝纫订

a）订线与书脊的距离要求：100页及以下为4.0 mm～6.0 mm，100页以上为5.0 mm～8.0 mm。

b）针数要求见表4。16页以下针距为3.0 mm～4.0 mm。

表4 缝纫订开本与针数

开本数	针数
16	17±2
32	12±2
64	7±2

c）订线平直，无漏针、出套、扎豁和破碎，断线不超过1针。订线歪斜≤2.0 mm，天头地脚空针≤15.0 mm。

d）订缝的上线和底线对称锁紧，无线圈。

e）缝纫订应使用60支纱或60支纱以上的6股白色蜡光塔线，或规格相同的化纤线。

3.3 包封面

3.3.1 胶粘装订封面

a）机械粘贴封面的侧胶宽度为3.0 mm～7.0 mm。

b）粘贴封面应正确、牢固、平整。

c）定型后的书背应平直，岗线≤1.0 mm。无粘坏封面，无折角。

d）粘合剂粘度要适当，书背纸和封面应粘牢，无粘合剂溢出。

3.3.2 铁丝平订和锁线订封面

a）根据书芯和封面纸的厚度，正确选用粘合剂的种类、粘度和用量。以书背为准，浆口≤7.0 mm。封面与书应吻合，包紧、包平，无双封面，上下误差≤3.0 mm。

b）烫背后，书背应平整，无马蹄状压痕及杠线、变色等。

c）封面用纸超过200 g/m^2时，粘口应压痕。

d）书背及粘口压痕误差≤1.0 mm。

3.4 成品质量

3.4.1 封面与书芯粘贴牢固，书背平直，无空泡，无皱折、变色、破损。粘口符合要求。

3.4.2 成品尺寸符合GB 788的规定，非标准尺寸按合同要求。

3.4.3 成品裁切歪斜误差≤1.5 mm。

3.4.4 成品裁切后无严重刀花，无连刀页，无严重破头。

3.4.5 书背字平移误差以书背中心线为准，书背厚度在10 mm及以下的成品书，书背字平移的允许误差为≤1.0 mm；书背厚度大于10 mm，且小于等于20 mm的成品字，书背字平移的允许误差为≤2.0 mm；书背厚度大于20 mm，且小于等于30 mm的成品书，书背字平移的允许误差为≤2.5 mm；书背厚度在30 mm以上的成品书，书背字平移的允许误差均为3.0 mm。书背字歪斜的允许误差均比书背字平移的允许误差小0.5 mm。

3.4.6 成品护封上下裁切尺寸误差≤2.0 mm。护封或封面勒口的折边与书芯前口对齐，误差≤1.0 mm。

3.4.7 成品书背平直，岗线≤1.0 mm。无粘坏封面，无折角，不显露钉锯。

3.4.8 成品外观整洁，无压痕。

3.5 封面覆膜

3.5.1 粘结牢固，表面平整不模糊，光洁度好。无皱折、起泡、粉箔痕和亏膜。

3.5.2 分割尺寸准确，不出膜，不明显卷曲，破口≤4.0 mm。

3.5.3 干燥程度适当，无粘坏表面薄膜或纸张的现象。

3.5.4 覆膜后放置10 h～20 h，覆膜质量应无变化。

3.5.5 覆膜环境应防尘、整洁，室内温度适当，涂胶装置应密封。

3.6 烫箔质量

3.6.1 烫箔后字迹、图案清晰，不糊版、花版，烫箔牢固，光泽度好。

3.6.2 烫箔后书背字居中，歪斜误差见3.4.5。

4 检验方法

4.1 测量法

按有关标准的要求，用符合国家规定的计量工具检查相应部位的尺寸。

4.2 目测法

按有关标准的要求，目测相应部位的质量。

5 包装、运输、贮存

5.1 包装

按客户要求的每包数量打包，用专用包装材料包紧、包实，每包应加上标识。

5.2 运输

运输中不许将包件由高处扔下。不许砸、踏。注意防雨、防潮、防晒、防腐，不能重压。

5.3 贮存

贮存环境应温湿度适宜。注意防潮、防晒、防油、防蛀、防腐，不能重压。

附 录 A
(提示的附录)
平装工艺流程

A1 铁丝平订工艺流程

折页→捆帖→粘套插页→上蜡→配帖→撞捆浆背→干燥分本→订书→半成品检查→涂粘合剂→包封面→烫背干燥→裁切成品→检验→包装→贴标识。

A2 缝纫订工艺流程

折页→捆帖→粘、套插页→上蜡→配帖→撞捆浆背→干燥分本→订书→粘衬纸→半成品检查→涂粘合剂→包封面→烫背→干燥→裁切成品→检验→包装→贴标识。

A3 锁线订工艺流程

折页→捆帖→粘、套页→粘环衬→配帖→锁线→半成品检查→压平→捆书涂粘合剂→粘书背纸→干燥→分本→涂粘合剂→包封面→烫背→干燥→裁切成品→检验→包装→贴标识。

A4 胶贴装订工艺流程

A4.1 机械加工

折页→捆帖→粘、套插页→粘环衬→配帖→半成品检查→托平、夹紧、铣背→涂粘合剂→粘书背纸→涂粘合剂→包封面→托打、夹紧、定型→裁切成品→检查→包装→贴标识。

A4.2 半机械加工

折页(划口)→捆帖→粘、插套页→粘衬纸→配帖→半成品检查→锯口→撞捆涂粘合剂→粘书背纸(或纱布)→干燥、分本→涂粘合剂→包封面→烫背、干燥→裁切成品→检验→包装→贴标识。

(watermark logo)

前　　言

CY/T 7.2～7.9—1991《印后加工质量要求及检验方法》系列标准是按照《印刷工业标准体系表》的要求编写的，1991年7月发布，1991年10月1日实施。几年来，由于印刷技术、设备、原辅材料和检验手段的变化，上述标准的内容已不适应当前生产的需要。此外，为方便使用，对上述标准的结构进行了如下调整、修订：将CY/T 7.9—1991《裁切质量要求及检验方法》、CY/T 7.7—1991《覆膜质量要求及检验方法》、CY/T 7.8—1991《烫箔质量要求及检验方法》的有关内容合并，吸收CY/T 22—1995《骑马订书刊质量分级与检验方法》的有关内容，修订成为《装订质量要求及检验方法——骑马订装》。其他标准与本标准的内容不一致时，以本标准为准。

本标准的附录A是提示的附录。

本标准由全国印刷标准化技术委员会提出并归口。

本标准起草单位：中国印刷总公司。

本标准主要起草人：孔奇、王淮珠、魏瑞玲。

中华人民共和国新闻出版行业标准

装订质量要求及检验方法——骑马订装

CY/T 29—1999

1 范围

本标准规定了骑马订装书刊的装订质量要求及检验方法，其他骑马订装印刷产品也可参照使用。

2 引用标准

下列标准所包含的条文，通过在本标准中引用而构成为本标准的条文。本标准出版时，所示版本均为有效。所有标准都会被修订，使用本标准的各方应探讨使用下列标准最新版本的可能性。

GB/T 9851—1990 印刷技术术语

GB/T 788—1990 图书和杂志开本及其幅面尺寸

3 质量要求

本标准的本章及其他章节采用 GB/T 9851 的定义。

3.1 使用铁丝规格

根据纸质与厚度，铁丝直径为 0.5 mm～0.6 mm。

3.2 书页与书帖

3.2.1 三折及三折以上书帖，应划口排除空气。

3.2.2 50 g/m² 以下纸张最多折四折；60 g/m²～80 g/m² 纸张最多折三折；81 g/m² 以上纸张最多折二折。

3.2.3 书帖平服整齐，无明显八字皱纹、死折、折角、残页、套帖和脏迹。

3.2.4 书帖页码和版面顺序正确，以页码中心点为准，相连两页之间页码位置允许误差≤4.0 mm，全书页码位置允许误差≤7.0 mm，画面接版允许误差≤1.5 mm。

3.3 装订质量

3.3.1 配(或贮)帖应正确、整齐。

3.3.2 订位为钉锯外钉眼距书芯长上下各 1/4 处，允许误差±3.0 mm。

3.3.3 订后书册无坏钉、漏钉及垂钉，书册平服整齐、干净，钉脚平整、牢固，钉锯均钉在折缝线上，书帖歪斜≤2.0 mm。

3.3.4 全书整洁，成品尺寸应符合 GB/T 788 的规定。非标准尺寸按合同要求。

3.4 成品质量

3.4.1 成品裁切歪斜误差≤1.5 mm。

3.4.2 成品裁切后无严重刀花，无连刀页，无严重破头。

3.4.3 成品外观整洁，无压痕。

中华人民共和国新闻出版署 1999-05-07 批准　　1999-09-01 实施

4 检验方法

4.1 测量法

按有关标准的要求，用符合国家规定的计量工具检查相应部位的尺寸。

4.2 目测法

按有关标准的要求，用目测检验书本幅面及钉位的尺寸。

5 包装、运输、贮存

5.1 包装

按客户要求的每包数量打包，应使用专用包装材料包紧、包实，每包应加上标识。

5.2 运输

在运输中不许将包件由高处扔下。不许砸、踏。注意防雨、防潮、防晒、防腐，不能重压。

5.3 贮存

贮存环境应温湿度适宜。注意防潮、防晒、防油、防蛀、防腐，不能重压。

附 录 A
（提示的附录）
骑马订装工艺流程

A1 单机工艺流程

折页→配帖→撞齐→订书→数册→压紧或捆书→裁切产品→计数→包装→帖标识。

A2 联动机工艺流程

折页→配帖→订书→裁切成品→计数→包装→贴标识。

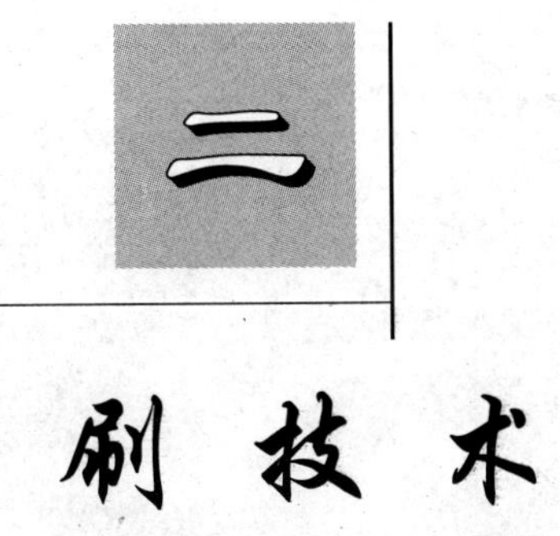

二

印刷技术

ICS 37.100.01
A 17

中华人民共和国国家标准

GB/T 9851.1—2008
代替 GB/T 9851.1—1990

印刷技术术语 第1部分:基本术语

Terminology of graphic technology—
Part 1: Fundamental terms

(节选)

2008-07-02 发布 2008-12-01 实施

中华人民共和国国家质量监督检验检疫总局
中国国家标准化管理委员会 发布

前　言

GB/T 9851《印刷技术术语》分为以下 7 个部分：

第 1 部分：基本术语；

第 2 部分：印前术语；

第 3 部分：凸版印刷术语；

第 4 部分：平版印刷术语；

第 5 部分：凹版印刷术语；

第 6 部分：孔版印刷术语；

第 7 部分：印后加工术语。

本部分为 GB/T 9851 的第 1 部分。

本部分代替 GB/T 9851.1—1990《印刷技术术语　第 1 部分：基础术语》。

本部分与 GB/T 9851.1—1990 相比主要修改如下：

——对原术语标准的门类划分和条目结构进行调整，将原来 9 个门类按照国际标准统一划分为印前、印刷和印后加工三大类，即基本术语、印前术语、平版印刷术语、凸版印刷术语、凹版印刷术语、孔版印刷术语、印后加工术语，共 7 部分。

——删除陈旧过时的条目，补充新技术术语，增加条目总量。

——对术语的英文对应词进行修改，使其与国际标准的英文名词一致。

——新增补的条目大多是等效采用了 ISO 国际标准中《基本术语》的条目，结合我国印刷技术的实际情况，参照 ISO 标准术语概念加以定义。同时保留了原标准的部分条目，并将原《特种印刷术语》标准的部分条目合并到《基本术语》中。

——修订后的《基本术语》标准突出新技术概念。由于新技术迅速发展，从根本上改变了传统印刷的概念。例如，国际标准的基本术语中“印刷”(printing)这个条目的概念和定义作了较大的修改。由于数字技术的出现，打破了印刷技术的传统单一模式，因此，把“印刷”定义改为“使用模拟或数字……”，突出了新技术概念，比较全面地表述了印刷的特征。

本部分由新闻出版总署提出。

本部分由全国印刷标准化技术委员会归口。

本部分起草单位：中国印刷科学技术研究所、北京印刷学院、上海印刷科学技术研究所。

本部分起草人：徐世垣、李家祥。

本部分于 1988 年首次发布，于 1990 年第一次修订，本次为第二次修订。

印刷技术术语 第1部分:基本术语

1 范围

GB/T 9851的本部分规定了印刷技术的基本专业用语,以保证在生产、教学和学术等活动中正确应用专业概念。

本部分适用于印刷行业及其相关专业编写标准、出版、教学、科研及供国内外技术交流中使用。

2 印刷

2.1

印刷 printing

使用模拟或数字的图像载体将呈色剂/色料(如油墨)转移到承印物上的复制过程。

2.2

数字技术 digital technology

向量和非向量数据的再现、传输和复制。

注:在一般应用中,数字处理有别于模拟处理,其原始图像可以被多次处理或存贮,并通过有版、无版或无墨的印刷方式,得到批量的印刷复制品。

[ISO 12637-1:2006,A.12]

2.3

数字印刷 digital printing

使用数据文件控制相应设备,将呈色剂/色料(如油墨)直接转移到承印物上的复制过程。

2.4

数据文件 data file

按逻辑排列数据的数字式图文集合。

2.5

模拟技术 analog technology

对连续性视觉信息(例如连续调原稿、胶片和照相图像)进行再现、传输和复制的技术。

2.6

模拟印刷 analog printing

使用印版为载体,利用呈色剂/色料(如油墨)将原稿上的图文信息转移到承印物上的复制过程。

2.7

图像载体 image carrier;image store

能够传递需印刷的原始视觉信息(如图文等)的介质(如印版、胶片、电子媒体等)。

2.8

图像元素 image element

可承载或传递印刷视觉信息的基本组成单元(如文字、线条、网点、网穴等)。

2.9

计算机直接制版 computer to plate

通过计算机和相应设备直接将图文记录到印版上的过程。

3 印刷技术

3.1

印刷技术 graphic technology

视觉信息复制再现的全部方式，包括印前、印刷、印后加工和分发等。

3.2

印刷适性 printability

承印物、印刷油墨以及其他印刷材料与印刷条件相匹配适合于印刷作业的总性能。

3.3

承印物 substrate

接受呈色剂/色料（如油墨）影像的最终载体。

3.4

印刷油墨 printing ink

用于印刷过程中在承印物上呈色的物质。

3.5

印刷压力 printing pressure

在印刷过程中通过机械手段在印版、转印体及压印体之间实施的相互作用的力。

3.6

套准 register

在多色印刷时，任意两色图像相应位置重合的准确度。

3.7

色令 color ream

印刷计量单位。以 500 张全张纸单面印一色计。

4 印前

4.1

印前 prepress

在印刷之前进行图文信息设计、输入、处理和输出等全部过程。

4.2

图像制备（模拟） **image preparation**(analog)

通过模拟技术，对图文原稿进行准备、组合，以便制作印版，以适应所选定的印刷技术和印后加工需要。

4.3

图像制备（数字） **image preparation**(digital)

通过数字技术，对图文原稿进行准备、组合，以便制作可用于印刷复制的数字文件，以适应所选定的印刷技术和印后加工需要。

4.4

图像处理（模拟） **image processing**(analog)

通过模拟技术，采用修版、定位、校色等操作过程，改变或改善阴图或阳图图像的质量，以便制作印版。

4.5

图像处理（数字） **image processing**(digital)

通过数字技术，利用特定的硬件设备和软件程序，采用各种处理手段，改变或优化图像的质量。

4.6

原稿 original

完成复制所依据的原始图文信息。

4.7

版式 layout

在页面中图文的编排要求，包括空间位置和尺寸，是印刷和复制的依据。

4.8

印版 printing plate

用于传递呈色剂/色料（如油墨）至承印物上的备印图文载体。

4.9

密度 density

以10为底的透或反射系数倒数的对数值。

4.10

相对密度 relative density

减去片基或未印刷承印的密度后的密度值。

[GB/T 18722—2002，3.24]

4.11

中心密度 core density

（网目调胶片）单个不透明图像元素（如网点或线条）中心的透射密度。

[GB/T 17934.1—1999，3.46]

4.12

阶调 tone gradation

图像明暗或颜色深浅变化的视觉表现。

4.13

网目调 halftone

用网点构成的图像阶调。

4.14

网屏 screen

为再现阶调层次，将连续调图像分解成网目调元素的工具。

4.15

网目调值 halftone value

用几何的或有效的（等效的）网点覆盖率评定网目调的量度。

4.16

连续调 continuous tone

在明度和阶调上有无限层次等级、未加网的图像。

4.17

连续调值 continuous tone value

评定连续调的量度，常用密度值表示。

4.18

分色 color separation

为制作一套多色印刷用的色版，将原稿图像分解成相应印刷油墨颜色成分的过程。

4.19

扫描 scanning

利用光电转换器件对原稿信息进行采集。

4.20

拷贝　copying

再现原图像复制品的过程。

4.21

模拟打样　analog proofing

用模拟技术检查印前处理质量并为印刷提供参考样张的方法，通常采用机械打样机或脱机打样设备。

4.22

数字打样　digital proofing

用数字技术检查印前处理质量并为印刷提供参考的方法，通常采用喷墨、热转印、静电或其他成像技术，以及彩色显示器上的“软打样”。

4.23

网点覆盖率　dot area coverage

网点覆盖面积与总面积之比。通常用百分数表示。

4.24

网目频率　screen frequency

在得出最高值方向上，单位长度内的网点或线条的数目。单位：cm^{-1}。

4.25

网目线数　screen ruling

特指调幅加网的网目频率。

4.26

网目角度　screen angle

不同色版网目轴与基准轴之间最小的夹角。

4.27

网点形状　dot shape

网点轮廓的几何形态，通常有方形、圆形、链形等多种。

4.28

印版制作　forme making

制作备印图文载体的工艺过程。

4.29

电子雕刻　electrographic engraving

利用机械和电子方法在凸印或凹印版材上产生图像和非图像区域。

5　印刷方式

5.1

印刷方式　printing process; printing method

依照技术功能区分的印刷工艺种类。印刷方式主要划分为模拟印刷和数字印刷两大类。

5.2

有版印刷　forme-based printing

将印版上的着墨图文直接或间接转移到承印物上的印刷方式，根据版型常分为凸印、凹印、平印、孔印等。

5.3

无版印刷　formeless printing

不使用印版，将图文直接或间接地转移到承印物上的印刷方式。

5.4

直接印刷 direct printing

印版上图文部分的油墨直接转移到承印物表面的印刷方式。

5.5

间接印刷 indirect printing

印版上图文部分的油墨,经中间载体的传递,转移到承印物表面的印刷方式。

5.6

单张纸印刷 sheet-fed printing

以单张纸或其他单张材料为承印物的印刷方式。

5.7

卷筒纸印刷 web printing

以卷筒纸或其他带状材料为承印物的印刷方式。

5.8

凸版印刷 relief printing

用图文部分高于非图文部分的印版进行印刷的方式。分为直接凸版印刷和间接凸版印刷。

5.9

干胶印 letterset printing

用凸版通过中间转移体将油墨转移到承印物上的印刷方式。

5.10

柔性版印刷 flexographic printing

用弹性凸印版将油墨转移到承印物表面的印刷方式。

5.11

平版印刷 planographic printing

印版的图文部分和非图文部分几乎处于同一平面的印刷方式。

5.11.1

胶印 offset printing

先将印版上的油墨传递到橡皮布上,再转印到承印物上的平版印刷方式。

5.12

金属印刷 metal decoration

以金属板为承印物的印刷方式。

5.13

凹版印刷 recess printing

印版的图文部分低于非图文部分的印刷方式。

5.14

孔版印刷 permeographic printing

印版在图文区域漏墨而非图文区域不漏墨的印刷方式。

5.14.1

网版印刷 screen printing

印版在图文区域呈筛网状开孔的孔版印刷方式。

5.15

静电印刷 electrostatic printing

以异性电荷相吸引的原理,利用带电荷色剂获取可视图像或文字。

5.16

喷墨印刷　ink jet printing

根据计算机的指令将细微的墨滴导向承印物的一定部位,使之产生可视文字或图像的无接触印刷方式。

5.17

热熔印刷　thermography

模拟压凸印的印刷方式。将尚未干燥的印张涂撒上树脂色粉,经热处理后,对应区域的树脂粉末被熔化,形成与压凸印相似的浮雕效果。

5.18

转移印刷　pad transfer printing

利用可适应承印物表面形状的柔性印头,将油墨从平面或曲面的硬质印版上,转移到承印物上。

5.19

热染料转移印刷　thermal dye transfer printing

用数字数据控制的热印头和涂有染料的色带,经加热升华,将图文转印到有特殊涂层的承印物上的无版印刷方式。

注:参考 ISO 12637-1:2006 的 A.70。

5.20

热敏印刷　thermal printing

由加热元件组成的打印头,在数字数据控制下,将图文转印到热敏承印物上的无版印刷方式。

[ISO 12637-1:2006,A.71]

5.21

热转移印刷　thermal transfer printing

用数字数据控制的热印头和涂有颜料蜡基的色带,加热熔化并在压力作用下转移到承印物上的无版印刷方式。

[ISO 12637-1:2006,A.72]

5.22

磁性印刷　magnetographic printing

利用数据控制的记录头在磁性滚筒表面上产生图像潜影,再用磁性的着色剂在滚筒上呈现出来,并将其转移或熔融到承印物上的印刷方式。

6　印刷机

6.1

印刷机　printing machine

将图文载体上的呈色剂/色料(如油墨)转移至承印物上的设备。

6.2

印版滚筒　plate cylinder

印版的圆柱形支承体。

6.3

压印滚筒　impression cylinder

承印物的圆柱形支承体。

6.4

输纸装置　infeed unit

将未印刷的承印物输送到印刷机组的机构。

6.5

输墨装置　inking unit

将油墨均匀传递到印版上的机构。

6.6

收纸装置　delivery

印刷机上收集印张或印帖的机构。

6.7

双面印刷　perfecting

一次给纸过程中完成正、反两面印刷的方式。

7　印刷缺陷

7.1

印刷缺陷　printing trouble

在印刷过程中影响生产正常进行或造成印刷品质量缺陷的现象之总称。

7.2

粘脏　set-off

印张上未干的油墨粘在相邻印张背面。

7.3

透印　print through

在背面可见印在正面的图文。

7.4

糊版　filling in

油墨和/或纸粉沉积在印版的细小空白区。

7.5

堆墨　ink piling

油墨和其他物质堆积在印刷机传递油墨的部件上。

7.6

重影　doubling

图文元素出现双重轮廓的一种缺陷。

7.7

套印不准　mis-register

在多色印刷过程中，不同色版的图像位置相对误差超过规定范围。

7.8

莫尔条纹　moire

由不同角度和/或不同空间频率的多组线条或多行网点交叉排列后形成的干扰性条纹。也称为“龟纹”。

8　印后

8.1

印后　postpress

使印刷品获得所要求的形状和使用性能以及产品分发的后序加工。

8.2

表面整饰　finishing

对印刷品进行上光、覆膜、烫箔、压凹凸或其他装饰加工的工艺总称。

8.3

纸制品加工　converting

采用包括模切、粘贴、装订以及其他方法在内的印后加工方式，产生不同于散页白纸或印张的产品。

[ISO 12637-1:2006,A.9]

9　分发

9.1

分发　distributing

通过联机或脱机处理，给印刷品贴标签、打包并送至目的地。

ICS 37.100.01
A 17

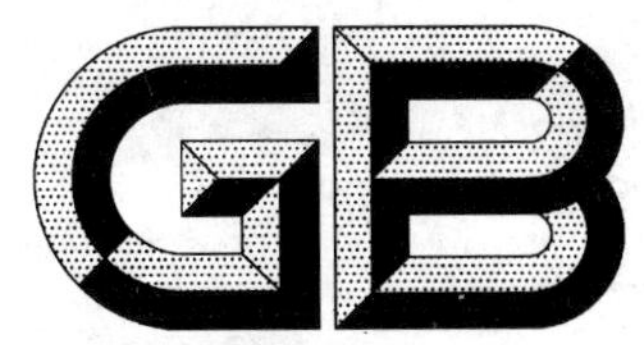

中华人民共和国国家标准

GB/T 9851.2—2008
代替 GB/T 9851.2—1990,GB/T 9851.3—1990

印刷技术术语　第2部分:印前术语

Terminology of graphic technology—
Part 2:Terms for prepress

（节选）

2008-07-02 发布　　2008-12-01 实施

中华人民共和国国家质量监督检验检疫总局
中国国家标准化管理委员会　发布

前言

GB/T 9851《印刷技术术语》分为7个部分。

第1部分:基本术语;

第2部分:印前术语;

第3部分:凸版印刷术语;

第4部分:平版印刷术语;

第5部分:凹版印刷术语;

第6部分:孔版印刷术语;

第7部分:印后加工术语。

本部分为GB/T 9851的第2部分。

本部分代替GB/T 9851.2—1990《印刷技术术语　第2部分:文字排版术语》和GB/T 9851.3—1990《印刷技术术语　第3部分:图像制版术语》。

本部分与GB/T 9851.2—1990和GB/T 9851.3—1990两部分相比主要修改如下:

——将GB/T 9851.2—1990《印刷技术术语　第2部分:文字排版术语》和GB/T 9851.3—1990《印刷技术术语　第3部分:图像制版术语》两部分合并为印前术语。

——标准的结构形式按照GB/T 1.1—2000进行了修改。

——标准的词条根据技术的发展进行了删减与合并,并增加了部分新的词条。

本部分由新闻出版总署提出。

本部分由全国印刷标准化技术委员会归口。

本部分的起草单位主要有:北京印刷学院、中国印刷科学技术研究所、上海印刷科学技术研究所。

本部分的主要起草人:金杨、何晓辉。

本部分所代替标准的历次版本发布情况为:

——GB 9851.2—1988、GB/T 9851.2—1990;

——GB 9851.3—1988、GB/T 9851.3—1990。

印刷技术术语　第2部分：印前术语

1　范围

GB/T 9851的本部分规定了印前专业用语，以保证在生产、教学和学术等活动中正确应用专业概念。

本部分适用于印刷行业及其相关专业编写标准、出版、教学、科研及供国内外技术交流中使用。

2　基本术语

2.1

原色　primary colour

可混合生成其他色的三种基本颜色，这三种颜色中的任意一种均不能通过其他两色混合而生成。加色法三原色为：红、绿、蓝；减色法三原色为：青、品红、黄。

2.1.1

间色　secondary colour

由两种原色混合而成的颜色。

2.2

印刷原色　process colour

参与四色印刷复制的青、品红、黄三原色和黑色。

2.2.1

青色　cyan

等量绿光和蓝光混合产生的颜色感觉，印刷中用于从白光中吸收红光所使用的呈色剂/色料，印刷原色之一。

2.2.2

品红色　magenta

等量红光和蓝光混合产生的颜色感觉，印刷中用于从白光中吸收绿光所使用的呈色剂/色料，印刷原色之一。

2.2.3

黄色　yellow

等量红光和绿光混合产生的颜色感觉，印刷中用于从白光中吸收蓝光所使用的呈色剂/色料，印刷原色之一。

2.2.4

补色　complementary colour

以适当比例混合能产生非彩色(中性灰)的两种颜色。

注：在印刷工艺中，成对的补色是黄色和蓝色；品红色和绿色；青色和红色。

2.3

专色　spot colour

印刷原色以外的任何一种用于印刷复制的特定颜色。

2.4

色空间　colour space

表示颜色的三维空间。

[GB/T 5698—2001，4.57]

2.4.1

设备无关颜色 device independent colour

与设备、材料、工艺特性无关，仅与视觉特性相关的色空间颜色。如：用 CIE 1931 *XYZ*、CIE 1976 $L^* a^* b^*$ 等表示的颜色。

2.4.2

设备相关颜色 device dependent colour

与设备、材料、工艺特性相关的色空间颜色。如用 CMYK、RGB 等表示的颜色。

2.4.3

色域 colour gamut

由特定方法产生的所有可视色的范围。

2.4.4

扩展的色域 extended gamut

扩展到以 IEC 61966-2-1 所定义的标准 sRGB 阴极射线管显示器色域之外的色域。

2.4.5

CIE LAB 色空间 CIE LAB colour space

由 CIE 1931 *XYZ* 系统经非线性转换产生、视觉上近似均匀的颜色空间，用 L^*，a^*，b^* 表示，这里：L^* 表示相对亮度，a^* 表示红绿坐标轴，b^* 表示黄蓝坐标轴。

2.4.6

CIE LUV 色空间 CIE LUV colour space

由 CIE 1931 *XYZ* 系统经转换产生、视觉上大致均匀的颜色空间，用 L^*，u^*，v^* 来表示，这里：L^* 表示相对亮度，u^* 表示红绿坐标轴，v^* 表示黄蓝坐标轴。

2.4.7

伽玛值 gamma value

反映输入输出变化规律的指数值。反差大小的量度，当用于银盐照相时，表示某种胶片、相纸或显影技术的特性；当用于显示器时，表示显示颜色与数字量之间的关系。

2.5

色彩特性文件 colour profile

表达某种设备、材料、过程色彩传递及再现特征的数据文件，包含了设备相关颜色与设备无关颜色之间转换关系的数据信息。

2.5.1

ICC 色彩特性文件 ICC profile

符合国际颜色联盟(ICC = International Colour Consortium)文件格式要求的色彩特性文件。

2.5.2

特性文件连接色空间 profile connection space；PCS

建立设备颜色转换关系所使用的与设备无关的色空间。

2.6

灰平衡 gray balance

如果一幅在规定印刷条件下生产的印刷品在规定观测条件下呈灰色，该分色片上的青、品红和黄的阶调值(网点面积)就处于灰平衡状态。

[GB/T 17934.1—1999，3.17]

2.7

网点 dot

构成印刷图像的基本元素。通过其面积和/或空间频率的变化再现图像的阶调和颜色。

2.7.1

调幅网点　amplitude modulated dot；AM dot

具有一定的网目频率、网目角度和网点形状，通过网点覆盖率的变化再现图像阶调和颜色的网目结构。

2.7.2

调频网点　frequency modulated dot；FM dot

具有固定的网点大小和形状，通过网点空间频率的变化再现图像阶调和颜色的非周期性网目结构。

2.7.3

加网　screening

采用模拟或数字技术生成网目调的过程。

2.8

连续调　continuous tone

在明度和阶调上有无限层次等级、未加网的图像。

[GB/T 9851.1—2008，4.16]

2.9

阶调　tone

图像明暗或颜色深浅变化的视觉表现。

[GB/T 9851.1—2008，4.12]

2.9.1

光学密度　optical density

入射光通量与透射或反射光通量比值的常用对数值。

2.9.2

阶调值　tone value

图像阶调的数值量度。在印刷复制技术中，常以网点覆盖率表示。

2.9.3

阶调值总和　tone value sum

各印刷原色最大网点覆盖率之和。

2.9.4

极高光　catch light

图像中最明亮的阶调，一般以小面积区域出现。

2.9.5

亮调　highlight

图像中明亮的阶调。

2.9.6

中间调　middle tone

图像中介于亮调和暗调之间的阶调。

2.9.7

暗调　shadow

图像中深暗的阶调。

2.9.8

层次　gradation

图像中的明暗的变化。

2.9.9

反差　contrast

图像中不同部位的明暗差别。

2.9.10

最大反差　max contrast

原稿或复制品中最亮区域和最暗区域之间的阶调关系或差异程度。

2.10

图形　graphics

由人工或由计算机构造的、具有某种形体特征的视觉信息体。

2.11

图像　image

自然界存在或人工参与制作的，一般由大量像素组成的视觉信息。

2.11.1

栅格图像　rasterted image

经栅格图像处理获得的数字图像。

2.11.2

位图　bitmap image

像素是由 1 位二进制数据构成的图像。

2.11.3

矢量图像　vector image

按图形算法生成并以相关参数存储的图像。

2.12

清晰度　sharpness

在图像细节边缘部分，其亮度或色彩随空间位置变化的敏锐程度。

2.13

分辨力　resolution power

设备或材料对影像的细节的辨别或记录能力。一般用单位长度内，设备能够辨别像素的数量来衡量。

2.13.1

扫描分辨力　scanning resolution

单位长度内，图像扫描设备能够辨别的像素数。单位：像素/厘米(ppcm)或像素/英寸(ppi)。

2.13.2

记录分辨力　recording resolution

单位长度内，记录设备能够分辨的像素数。通常以线/英寸(dpi)或线/厘米(dpcm)表示，也可表示为像素/英寸(ppi)或像素/厘米(ppcm)。

2.14

莫尔条纹　moire

由不同角度和/或不同空间频率的多组线条或多行网点交叉排列后形成的干扰性条纹。也称为“龟纹”。

[GB/T 9851.1—2008,7.8]

2.15

页面描述语言　page description language

对文字、图形、图像等页面元素的属性及其在页面中的特征和相互关系进行描述的计算机语言。

2.16

TIFF 文件格式　TIFF

存储数字图像数据的一种规范，TIFF 为 tag image file format（标记图像文件格式）的缩写。

2.17

PDF 文件格式　PDF

用于存储页面信息对象（包括文字、图形、图像、音频和视频等）的一种文件格式规范，PDF 为 portable document format（便携文件格式）的缩写。

2.18

封装的 PostScript　Encapsulated PostScript；EPS

按照 PostScript 规范对文字、图形和图像信息进行描述，而将一个页面中所有信息封装在一个独立的、文件内部的一种文件格式。

2.19

数字工作流程　digital workflow

建立在数字信息处理和传输基础上，对印前、印刷、印后等工艺和相关过程进行管理和控制的系统。

2.20

CIP3

印前、印刷和印后过程整合（集成）的国际合作组织，即 International Cooperation for Integration of Prepress，Press and Postpress 的缩略语。

2.21

CIP4

印前、印刷、印后多种相关过程整合（集成）的国际合作组织，即 International Cooperation for the Integration of Processes in Prepress，Press and Postpress Organization 的缩略语。

2.22

印刷生产格式　print production format；PPF

用于传递从印前到印后整个过程中生产控制指令和数据的文件格式。

2.23

作业定义格式　job definition format；JDF

用于记录、传递、交互控制生产作业和其他过程所需要的数据和指令的文件规范。

2.24

颜色编码　colour encoding

对色空间变量数字化的方案。

2.24.1

彩色图像编码　colour image encoding

用颜色值表示数字图像信息的方案。

2.24.2

色空间编码　colour space encoding

色空间的数字化方案，包括数字编码方法的规格以及编码的范围。

2.25

色标　colour target

用于建立设备所呈现颜色及其输入值之间关系所用的一系列颜色值。

2.26

颜色值　colour value

特定颜色空间中表示颜色的一组数据。

2.27

控制块 control patch

用于测量或控制而制作的参照块(由网点、线条或实地等几何图形构成)。

[GB/T 18722—2002,3.3]

2.27.1

重影/模糊控制块 doubling/slur patch

评价实际压印状态的控制块。

[GB/T 18722—2002,3.7]

2.27.2

中间调平衡控制块 midtone balance control patch

测控条上的一个控制块,由原版上处于灰平衡状态的青、品红、黄网目调值组成,在平衡时青色调的数值通常在40%~60%之间,并选择品红和黄色调值来大致形成非彩色的颜色。

注:改写GB/T 18722—2002的3.15。

2.27.3

测控条 control strip

一维排列的控制块集合。

[GB/T 18722—2002,3.4]

2.28

套准标记 register marks

附加在成品区域以外的细小参考图案,用于在印前、印刷和印后操作中对齐或套准各色版。

2.29

锯齿边缘 aliasing

栅格图像锯齿状或台阶状的效果。

2.30

数字样张 digital proof

由数字数据在显示器或某种基材上产生的软拷贝或硬拷贝。

2.31

全角 em

排字的度量单位,宽度等于所使用的文字的磅数(point),用做排版宽度水平方向的度量。

注:1 p=1/72 in,约等于0.35 mm。

2.32

半角 en

排字的度量单位,宽度等于同一磅数全角的一半。

3 版式设计

3.1

版式设计 layout design

对版面编排样式的要求和规定。

3.2

版面 type area

印刷成品幅面中,图文和空白部分的总和。

3.3

版心 type page

印刷成品版面中的图文印刷区域(不含出血图像)。

3.4

天头 head margin

版心上沿至成品幅面上沿之间的空白区域。

3.5

地脚 bottom margin

版心下沿至成品幅面下沿之间的空白区域。

3.6

订口 binding edge

版心内侧边缘至成品幅面装订边缘之间的空白区域。

3.7

切口 cutting edges

版心外侧边缘至成品幅面裁切边缘之间的空白区域。

3.8

出血 bleed

超出成品幅面范围而被裁切掉的图像。

4 图文处理和制版

4.1

图文处理和制版 image and text processing and formemaking

对需要复制的文字、图形和图像信息进行处理并制作成印版的过程。

4.2

字体 font

具有相同形态风格的文字或图形符号的集合。

4.3

字号 type size

区分单个字符大小的表示方法。

4.4

文字排版 typesetting

按照版式设计的要求，将字符输入并安排在指定的位置或范围内。

4.5

数字化 digitizing

将模拟的图文信息转换成二进制代码的过程。

4.6

分色 colour separation

为制作一套多色印刷用的色版，将原稿图像分解成相应印刷油墨颜色成分的过程。

[GB/T 9851.1—2008,4.18]

4.7

抖动图像处理 dithering

通过在一个图像单元（像素集）内增加像素的数量来添加细节或增加阶调层次的数字像素平均法。

4.8

校色 colour correction

为满足设计和复制的要求，对图像颜色进行修正处理。

4.9

层次校正　gradation correction

为满足设计和复制的要求,对图像阶调和层次进行修正处理。

4.10

清晰度增强　sharpness enhancement

为满足设计和复制的要求,对图像细节进行强调的处理。

4.11

蒙版　mask

在照相制版技术中,用来修正原稿图像色彩、层次、清晰度的阳图或阴图遮盖片。在数字图像处理中,进行特定处理的图像选择区域。

4.12

蒙版工艺　masking

在照相制版技术中,通过阳图或阴图遮盖片对图像进行色彩、层次、清晰度修正处理的工艺方法。

4.13

底色去除　under colour removal;under colour reduction;UCR

在四色印刷复制中,在保持颜色不变的前提下,降低图像中间调到暗调区域内灰成分复制所使用的青、品红、黄三原色的比例,相应增加黑色量的处理方法。

4.14

灰色成分替代　gray component replacement;GCR

在四色印刷复制中,在保持颜色不变的前提下,降低图像整个阶调范围内灰成分复制所使用的青、品红、黄三原色比例,相应增加黑色量的处理方法。

4.15

底色增益　under colour addition;UCA

在四色印刷复制中,为弥补灰色成分替代引起的图像暗调密度不足,在图像暗调范围内增加相应的青、品红、黄色量的处理方法。

4.16

补漏白　trapping

为防止因印刷套印不准而引起的文字、图形、图像交界边缘露出承印物颜色的缺陷,对交界边缘进行收缩和/或扩张的处理方法。

4.17

页面元素　page element

图文页面中,与当前处理环境有关的复合实体子结构,如文字块、连续调图像或轮廓图形,其自身组成一个复合实体的最小逻辑元素。

4.18

组版　image assembly

将页面上各页面元素进行拼合和定位、构成完整页面的操作。

4.19

拼大版　imposition

按印版幅面和印后加工的要求,进行多页面或多联图案组合的处理方法。

4.20

印版制作　forme making

制作印刷所需印版的工艺过程。

[GB/T 9851.1—2008,4.27]

4.21

数字打样　digital proofing

用数字技术检查复制质量，为印刷提供参考的方法，通常采用喷墨、热转印、静电或其他成像技术，以及彩色显示器上的打样。

[GB/T 9851.1—2008,4.21]

4.22

模拟打样　analog proofing

用模拟技术检查复制质量、为印刷提供参考的方法，通常采用机械打样或脱机打样设备。

[GB/T 9851.1—2008,4.20]

4.23

软打样　soft proofing

使用彩色显示器进行页面图文预览，检查或确认页面复制质量的工艺方法。

4.24

硬拷贝打样系统　hard copy proofing system

使用硬拷贝成像设备来模拟印刷图像的系统，所用的设备可以与实际印刷生产所用的设备不同。

[ISO 12646—2002,3.3]

4.25

特征化　characterisation

用与设备无关的颜色数值定义输入、显示、输出设备颜色数值的过程。

4.26

作业传票　job ticket

用于生产工艺的电子化描述。

4.27

预览图像　preview image

用计算机显示器表现一个页面或版式组成的预览图。

4.28

色域映射　gamut mapping

源图像元素的色度坐标到目标设备的色度坐标映射，用于补偿源文件和输出设备/介质之间色域范围的差别。

4.29

局部色彩变化　partial colour change

只影响所选中图像的某个色彩范围，而其他区域保持不变。

4.30

整体颜色变化　global colour change

相对于图像中被选定区域的局部色彩变化，图像的所有部分的相关色彩均得以改变。

[GB/T 18721—2002,3.6]

4.31

字符轮廓　glyph

可识别的抽象图形符号，与任何特定的设计无关。

4.32

字符轮廓的度量规格　glyph metrics

在字符轮廓表达方式中用于定义字符轮廓形状的大小和位置的一套信息。

4.33

栅格化　rasterizing

从任意数字文件生成位图图像的处理过程。

5　印前设备

5.1

印前设备　prepress equipments

用于图文信息输入、处理和记录输出的装置。

5.2

制版照相机　reproduction camera

用于分色、加网、缩放等处理的照相设备。

5.3

电子分色机　colour separation scanner

用于图像扫描采集、图像修正/分色/缩放/加网等处理以及记录输出的设备。

5.4

桌面出版系统　desktop publishing system;DTP

对用于出版、印刷的图文信息进行输入、处理、输出的计算机硬件及软件系统。

5.5

扫描仪　scanner

对原稿图文信息进行逐点逐行数字化采集的设备。

5.6

栅格图像处理器　raster image processor;RIP

将页面描述语言描述的版面信息解释和转换成输出记录数据的软件和硬件。

5.7

激光照排机　imagesetter;recorder

通过激光曝光，在感光胶片上记录点阵位图信息的设备。

5.8

直接制版机　platesetter;platerecorder

直接在印版上记录点阵位图信息的设备。

5.9

电子雕刻机　electronic engraving machine

利用机械和电子方法在凸印或凹印版材上产生图像和非图像区域。

ICS 37.100.01
A 17

中华人民共和国国家标准

GB/T 9851.3—2008
代替 GB/T 9851.4—1990

印刷技术术语 第3部分:凸版印刷术语

Terminology of graphic technology—
Part 3: Terms for relief printing

(节选)

2008-07-02 发布 2008-12-01 实施

中华人民共和国国家质量监督检验检疫总局
中国国家标准化管理委员会 发布

前　言

GB/T 9851《印刷技术术语》分为7个部分。

第1部分:基本术语;

第2部分:印前术语;

第3部分:凸版印刷术语;

第4部分:平版印刷术语;

第5部分:凹版印刷术语;

第6部分:孔版印刷术语;

第7部分:印后加工术语。

本部分是GB/T 9851的第3部分。

本部分代替GB/T 9851.4—1990《印刷技术术语　第4部分:凸版印刷术语》。

本部分与GB/T 9851.4—1990相比主要修改如下:

——对国家明令淘汰的铅印工艺术语作大幅度删除,对柔性版印刷有关的术语,则作适当补充。共取消术语31条,修改术语9条,新增补术语20条。

——标准的结构形式按照GB/T 1.1—2000进行了修改。

本部分由新闻出版总署提出。

本部分由全国印刷标准化技术委员会归口。

本部分起草单位:上海印刷技术研究所、中国印刷科学技术研究所、中国印协柔印分会、上海胜宝包装公司。

本部分起草人:车茂丰、李家祥、龚仁俦、林逢铭、林嘉彦、蔡成基、郑其红。

本部分所代替标准的历次版本发布情况为:GB 9851.4—1988、GB/T 9851.4—1990。

印刷技术术语
第3部分：凸版印刷术语

1 范围

GB/T 9851的本部分规定了凸版印刷专业用语，以保证在生产、教学和学术等活动中正确应用专业概念。

本部分适用于印刷行业及其相关专业编写标准、出版、教学、科研及供国内外技术交流中使用。

2 凸版印刷

2.1

凸版印刷　relief printing

用图文部分高于非图文部分的印版进行印刷的方式。分为直接凸版印刷和间接凸版印刷。

[GB/T 9851.1—2008,5.8]

2.2

铅印　letterpress printing

用铅字或铅版进行直接印刷的方式。

2.3

间接凸版印刷　letterset printing

使用凸版通过中间转移体将油墨转移到承印物上的印刷方式。

2.4

柔性版印刷　flexographic printing

用弹性凸印版将油墨转移到承印物表面的印刷方式。

[GB/T 9851.1—2008,5.10]

3 柔印设备

3.1

柔印设备　flexographic printing equipment

柔性版印刷用的设备。

3.2

柔性版印刷机　flexographic press

进行柔性版印刷的机器。可分为：层架式、卫星式及机组式3种。多为卷筒式进纸，但机组式柔印机也有单张式进纸的。

3.3

瓦楞纸板柔版印刷　corrugated flexographic printing

使用柔性版在瓦楞纸板上印刷的工艺。

3.4

网纹辊　anilox roller

表面制有网穴、网墙以作为柔性版印刷定量供墨的传墨辊，有金属网纹辊和激光雕刻陶瓷网纹辊二种类型。

3.5

BCM Billion Cubic Microns per square inch

表示网纹辊传墨量的一种常用的计量单位,用于网纹辊网穴容积的计量,1 BCM 表示:每平方英寸网穴的总容积为10亿立方微米。

3.6

刮墨刀 doctor blade

刮除网纹辊表面上多余油墨的刀片,有正向、反向及腔式之分。

3.7

套筒式印版滚筒 sleeve forme cylinder

由压缩空气涨紧空心芯轴组成的适用于安装套筒式印版的版滚筒。

3.8

套筒印版 sleeve forme

圆筒形可在气涨式套筒轴上套卸的印版。

3.9

缩版量 distorted compensation value

用来补偿印版形变的参数。

3.10

装版设施 mounting device

供机外装版用的专用设备。

3.11

瓦楞纸板印刷开槽机 corrugated printing & rooving machine

使用柔性版在瓦楞纸板上进行印刷并连机开槽的印刷设备。

4 柔版印刷工艺

4.1

柔版印刷工艺 flexographic printing technology

有关柔性版制版及印刷的操作方法与技术。

4.2

柔版激光制版 laser flexographic forme-making

以计算机输出信息控制激光器直接制成柔性版的工艺,也属无软片制版法。其制版方法分为直接雕刻与黑膜烧蚀刻法。

4.3

背曝光 back exposure

对透明片基的感光树脂版或者感光柔性版从背面进行 UV 曝光,以决定印版底基固化后的厚度。

4.4

瓦楞纸箱预印工艺 corrugated board pre-printing

将瓦楞面纸事先用柔印或者凹印工艺进行表面装潢印刷,然后,将复卷后的面纸在瓦楞生产线上裱糊成瓦楞纸板,最后横切成单张印刷成品纸板供纸箱的后道成形加工。

5 凸印材料

5.1

凸印材料 relief printing material

供凸版印刷使用的材料,包括承印物、油墨和其他物料。

5.2

铜版　copper forme

以腐蚀或雕刻方法制成的铜质印版。

5.3

光聚合树脂版　photopolymer forme

以光聚合树脂为版材，通过紫外光曝光、用水或者溶剂冲洗而制成的凸印版。版材制作上有液体版与固体版两种工艺之分。版材的硬度一般在邵氏 A 95°以上，通常使用在采用长墨路结构的凸版印刷机上。

5.4

光聚合柔性版　flexographic forme

以合成橡胶型光聚合性树脂等弹性材料经 UV 曝光，以水或者溶剂冲洗而制成柔性凸版。版材选用的硬度范围为邵氏 A 30°～65°，通常使用在采用(网纹传墨辊)的短墨路结构的凸版印刷机上。

5.5

橡皮凸版　rubber relief plate

经模板压制或雕刻等方法制成的橡胶凸版。

5.6

贴版双面胶带　double-side adhesive tape

用来粘贴印版的双面压敏型胶带。

5.7

压敏标签纸　pressure-sensitive label paper

背面涂有不干胶的用于印制标签的纸张。

5.8

气垫式衬版　air backcushion

用于柔性版瓦楞纸板印刷的背衬，由无数均匀开孔的微孔结构聚氨酯材料制成。这种开孔互连的微孔结构，具有优良的可压缩性。

5.9

磁性版托　magnetic forme base

利用磁性吸力固定印版的底托。

5.10

瓦楞纸板　corrugated board

在瓦楞机压制出的瓦楞芯纸(剖面呈波浪状)的两面黏合面纸而形成的具有较高机械强度和抗压强度的纸板。

6　凸印故障

6.1

凸印故障　relief printing defect

在凸版印刷过程中影响生产正常进行或造成印刷品质量缺陷的现象的总称。

6.2

硬口　halo

文字、线条或色块周边出现浓色与白色双边的墨迹。

6.3

空心点　hickie

四成以下网点扩大并出现周边浓中心淡的墨色。

6.4

邵氏硬度 A　Hardness Shore A

邵氏硬度的测试方法：用邵氏硬度计插入被测材料，表盘上的指针通过弹簧与一个刺针相连，用针刺入被测物表面，表盘上所显示的数值即为硬度值。邵氏硬度分为邵氏 A 和邵氏 D，邵氏 D 表示的硬度较邵氏 A 硬。

6.5

耐摩性　abrasion resistance

印刷品表面的油墨层耐重复摩擦的程度。

6.6

油墨黏着力　adhesion test

印迹牢度的测试计量参数。

ICS 37.100.01
A 17

中华人民共和国国家标准

GB/T 9851.4—2008
代替 GB/T 9851.5—1990

印刷技术术语 第4部分：平版印刷术语

Terminology of graphic technology—
Part 4: Terms for planographic printing

（节选）

2008-07-02 发布　　2008-12-01 实施

中华人民共和国国家质量监督检验检疫总局
中国国家标准化管理委员会　发布

前　言

GB/T 9851《印刷技术术语》分为7个部分。

第1部分:基本术语;

第2部分:印前术语;

第3部分:凸版印刷术语;

第4部分:平版印刷术语;

第5部分:凹版印刷术语;

第6部分:孔版印刷术语;

第7部分:印后加工术语。

本部分为GB/T 9851的第4部分。

本部分代替GB/T 9851.5—1990《印刷技术术语　第5部分:平版印刷术语》。

本部分与GB/T 9851.5—1990相比主要修改如下:

——对原标准收入的67条术语作了全面调整,保留了原来的24条术语,采纳了6条国际标准术语,删除了一些陈旧过时的术语,如“磨版”、“平凹版”、“多层金属版”、“即涂感光版”等。将通用的术语合并到《基本术语》中。修订后的《平版印刷术语》共收入39条,比原来减少了28条。

——为了保持“平版印刷术语”的完整性,在《基本术语》中收入的有关平版印刷的术语条目,也重复收入到《平版印刷术语》中。

——对原术语标准名称对应的英文词进行修订,使其与国际标准的英文名词一致。

本部分由新闻出版总署提出。

本部分由全国印刷标准化技术委员会归口。

本部分起草单位:中国印刷科学技术研究所、北京印刷学院、上海印刷科学技术研究所。

本部分起草人:徐世垣、李家祥。

本部分所代替标准的历次版本发布情况为:GB 9851.5—1988、GB/T 9851.5—1990。

印刷技术术语
第4部分:平版印刷术语

1 范围

GB/T 9851的本部分规定了平版印刷专业用语,以保证在生产、教学和学术等活动中正确应用专业概念。

本部分适用于印刷行业及其相关专业编写标准、出版、教学、科研及供国内外技术交流中使用。

2 平版印刷

2.1

平版印刷 planographic printing

印版的图文部分和非图文部分几乎处于同一平面的印刷方式。

[GB/T 9851.1—2008,5.11]

2.2

石印 stone lithography

使用石板制成印版的直接印刷方式。

2.3

直接平版印刷 direct planographic printing

直接将油墨从印版上转移到承印物上的平版印刷方式。

2.4

间接平版印刷 indirect planographic printing

胶印 offset printing

将印版上的油墨先传递到转印体上(如紧包在滚筒上的橡皮布),再转印到承印物上的平版印刷方式。

2.5

珂罗版印刷 collotype printing

以玻璃板为版基,按照原稿层次制成硬化程度不同而吸墨量不同的明胶图纹作为印版的直接平版印刷方式。

2.6

金属印刷 metal decoration

以金属板为承印物的印刷方式。

[GB/T 9851.1—2008,5.12]

2.7

无水胶印 waterless offset printing

不用润版液的胶印方式。

2.8

亲水性 hydrophilic

印版表面非图文部分对水具有亲合力的性能。

2.9

疏水性 hydrophobic

印版表面图文部分对水具有排斥能力的性能。

2.10

湿压湿印刷 wet-on-wet printing

在多色印刷中,前一印色油墨未干,下一印色油墨随即在其表面叠印。

2.11

油墨叠印 ink trapping

两种或两种以上油墨叠合时的受墨状态。

2.12

实地 solid

网点覆盖率为100%的受墨区域。

2.13

水墨平衡 ink-water balance

在正常印刷状态下,油墨和润湿液之间的相对稳定关系。

2.14

相对反差值 relative contrast value

实地与特定网目调值区域的密度之差与实地密度的比值,也称 K 值。用以确定打样和印刷的给墨量。

2.15

网点增大 dot gain

印刷品上的阶调值与分色片上相应部分的阶调值之差。用百分数表示。

注:对于CTP制版,网点增大是指印刷品上的阶调值与印版上相应部分的阶调值之差。

[GB/T 17934.1—1999,3.20]

2.16

B-B式胶印 blanket-to-blanket offset

以一对橡皮布滚筒相互滚压的双面印刷方式。

2.17

润版 dampening

为了保持印版非图文区域的疏墨性,用润湿液将印版表面润湿。

3 胶印机

3.1

胶印机 offset press

通过橡皮布滚筒将印版图文转印到承印物上的一种平版印刷机。

3.2

印版滚筒 plate cylinder

印版的圆柱形支承体。

[GB/T 9851.1—2008,6.2]

3.3

压印滚筒 impression cylinder

承印物的圆柱形支承体。

[GB/T 9851.1—2008,6.2]

3.4

橡皮布滚筒 blanket cylinder

橡皮布的圆柱形支承体。

3.5

润湿装置 damping unit

传送和调节润湿液的装置。

3.6

滚压 rolling

胶印机橡皮布滚筒和印版滚筒或压印滚筒在压力下相对滚动。

3.7

滚枕 cylinder bearer

滚筒两端的凸起钢环,用以确定滚筒间隙,是调节滚筒中心距和确定包衬厚度的依据。

4 印刷材料

4.1

印刷材料 materials for planographic printing

印刷生产中使用的承印物及其他原辅料的总称。

4.2

橡皮布 blanket

由橡胶涂层和基材(如织物)构成的复合材料制品,在间接平版印刷中,用于将油墨从印版转移至承印物上。

4.3

印刷原色油墨 process colour ink

四色印刷规定使用的油墨,通常指黄、品红、青和黑色油墨。

4.4

润湿液 fountain solution

在印刷过程中使印版非图文部分保持疏墨性水溶液。

5 胶印故障

5.1

胶印故障 offset printing trouble

影响印刷正常进行或印张质量缺陷的总称。

5.2

条痕 streaks

常出现在平网区域、与滚筒轴向平行的带状印痕。

5.3

起脏 scumming

印版的非图文区域出现不应有的着墨现象。

5.4

堆墨 ink piling

油墨和其他物质堆积在印刷机传递油墨的部件上。

[GB/T 9851.1—2008,7.5]

5.5

脱墨　roller stripping

墨辊受润湿液浸蚀而排斥油墨的现象。

5.6

油墨乳化　ink emulsification

印刷过程中油墨吸附润湿液的现象。

5.7

重影　doubling

图文元素出现双重轮廓的一种缺陷。

[GB/T 9851.1—2008,7.6]

5.8

幻影　ghost image

因局部供墨不足在印张上产生的浅淡影像,俗称鬼影。

5.9

起毛　picking

印刷过程中因油墨黏性过大或纸张表面强度差,导致纸张纤维、填料或涂料从纸张表面脱落或被拉起的现象。

5.10

粘脏　set-off

印张上未干的油墨粘在相邻印张背面。

[GB/T 9851.1—2008,7.2]

5.11

糊版　filling in

油墨和/或纸粉沉积在印版的细小空白区。

[GB/T 9851.1—2008,7.4]

5.12

透印　print through

在背面可见印在正面的图文。

[GB/T 9851.1—2008,7.3]

ICS 37.100.01
A 17

中华人民共和国国家标准

GB/T 9851.5—2008
代替 GB/T 9851.6—1990

印刷技术术语
第5部分：凹版印刷术语

Terminology of graphic technology—
Part 5: Terms for recess printing

（节选）

2008-07-02 发布　　2008-12-01 实施

中华人民共和国国家质量监督检验检疫总局
中国国家标准化管理委员会　发布

前　言

GB/T 9851《印刷技术术语》分为7个部分。

第1部分:基本术语;

第2部分:印前术语;

第3部分:凸版印刷术语;

第4部分:平版印刷术语;

第5部分:凹版印刷术语;

第6部分:孔版印刷术语;

第7部分:印后加工术语。

本部分为GB/T 9851的第5部分。

本部分代替GB/T 9851.6—1990《印刷技术术语　第6部分:凹版印刷术语》。

本部分与GB/T 9851.6—1990相比主要修改如下:

——根据技术发展增加了滚筒抛光、套筒式印版、凹版雕刻机、故障等词条。

——删去了部分过时的词条,如:凹印网屏、乳白拷页底片、晒网目、碳素纸敏化、晒阳图、腐蚀故障。删除过于细小的词条,如:刮墨刀行程、刮墨刀角度。

——修改:合并一些词条,如单浴腐蚀和多浴腐蚀并为滚筒腐蚀。

本部分由新闻出版总署提出。

本部分由全国印刷标准化技术委员会归口。

本部分起草单位:上海印刷技术研究所、中国印刷科学技术研究所。

本部分起草人:朱道源、李家祥。

本部分所代替标准的历次版本发布情况为:GB 9851.6—1988、GB/T 9851.6—1990。

印刷技术术语
第5部分:凹版印刷术语

1 范围

GB/T 9851的本部分规定了凹版印刷范围内的专业用语,以保证在生产、教学和学术等活动中正确应用专业概念。

本部分适用于印刷行业及其相关专业编写标准、出版、教学、科研、生产及供国内外技术交流中使用。

2 凹版印刷

2.1

凹版印刷　recess printing

印版的图文部分低于非图文部分的印刷方式。

[GB/T 9851.1—2008,5.13]

2.2

间接凹版印刷　indirect gravure printing

通过橡皮滚筒转印的凹版印刷方式。

2.3

线雕凹印　intaglio printing

在刚性平板或卷筒板上,图像区域被雕刻成低于非图像区域的线条,将油墨从线条中直接传递到承印物上的凹版印刷方式。

2.4

网目调凹印　halftone gravure

通过网穴大小和深浅变化来再现其阶调值的凹版印刷方式。

2.5

照相凹印　photogravure

经照相和腐蚀在印版上形成凹陷深度不同的图文印版的凹版印刷方式。

3 版滚筒制备

3.1

版滚筒制备　cylinder preparation

滚筒经表面镀铜、车磨、抛光工艺处理,以备用于雕刻或腐蚀工艺制作凹版。

3.2

镀基铜　basic coppering

在备用凹版滚筒的基材上镀铜的加工过程。

3.3

镀制版铜　skin coppering

在已抛光的凹版滚筒基铜层上镀制版铜层的加工过程。

3.4

滚筒车磨 cylinder griding

用特种车刀、砂轮、细砂纸等对凹版滚筒表面进行加工的方式。

3.5

光亮镀铜 geazed skin coppering

滚筒车磨后，在电解液中加入有机添加剂使镀成的铜层具有光泽的特殊工艺。

3.6

滚筒抛光 cylinder polishing

提高凹版滚筒表面光洁度的加工方式。

4 凹版制作

4.1

凹版制作 gravure forme making

在版滚筒表面用雕刻或腐蚀方式制成凹印印版的过程。

4.2

过版 transfer

把晒版后涂有感光胶层的炭素纸上的图文转移到凹印滚筒表面的工艺。

4.3

滚筒腐蚀 cylinder etching

用化学液处理凹版滚筒的方式。

4.4

修版 retouching

用机械、化学或手工等方法修正凹版滚筒缺陷的工艺。

4.5

滚筒镀铬 cylinder chrome-plating

为提高耐印率，凹版滚筒表面进行镀铬的工艺。

4.6

网穴 cell

凹版上的贮墨凹坑，依印刷墨量的需要改变凹坑的开口和深度。

4.7

网墙 cell wall

用于分隔网穴并支撑凹印刮墨刀的基体。

4.8

手工雕刻凹版 hand engraved intaglio plate

运用手工雕刻（或阳模挤压）工艺制成的凹印印版。

4.9

腐蚀凹版 etching gravure

运用化学液或电解液腐蚀工艺制成的凹印印版。

4.10

电子雕刻凹版 electronic engraved gravure

运用电子、激光等先进技术雕刻制成的凹印印版。

4.11

套筒式凹版 sleeve-type forme

以套筒制成的一种可方便装卸的凹印版。

5 凹印设备

5.1

凹印设备 gravure equipment

用于凹印制版或印刷的机器。

5.2

单张凹印机 sheet fed gravure press

适用于单张承印材料印刷的凹印设备。

5.3

卷筒凹印机 web gravure press

适用于卷筒承印材料印刷的凹印设备。

5.4

刮墨刀 doctor blade

凹版印刷机上用于刮去凹版滚筒表面多余油墨的薄片。

5.5

凹版雕刻机 engraving machine

采用机械、激光、电子束等技术雕刻制作凹印版的设备。

6 故障

6.1

故障 trouble

凹版印刷过程中导致印品上出现缺陷现象的通称。

6.2

刮墨刀线 doctor blade streaks

因刮墨装置不良，在印品上引起的沿滚筒旋转方向出现的条状墨线。

6.3

彗星条纹 comet streak

因网墙上的尘粒、墨皮或纸屑，在印品上引起的彗星状条影。

6.4

边缘发毛 feathering

印品图文边缘粗糙不光洁的现象。

ICS 37.100.01
A 17

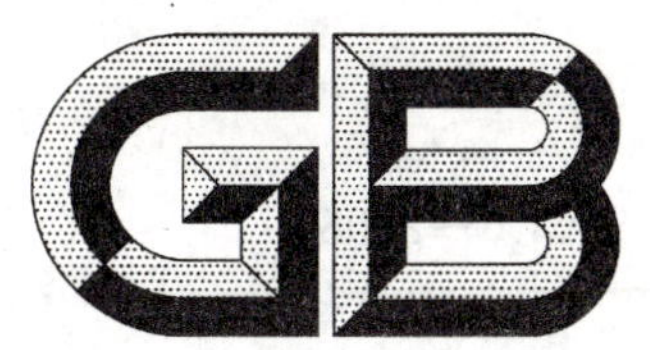

中华人民共和国国家标准

GB/T 9851.6—2008
代替 GB/T 9851.7—1990

印刷技术术语 第6部分:孔版印刷术语

Terminology of graphic technology—
Part 6:Terms for permeographic printing

(节选)

2008-07-02 发布　　2008-12-01 实施

中华人民共和国国家质量监督检验检疫总局
中国国家标准化管理委员会　发布

前　言

GB/T 9851《印刷技术术语》分为7个部分。

第1部分：基本术语；

第2部分：印前术语；

第3部分：凸版印刷术语；

第4部分：平版印刷术语；

第5部分：凹版印刷术语；

第6部分：孔版印刷术语；

第7部分：印后加工术语。

本部分为GB/T 9851的第6部分。

本部分代替GB/T 9851.7—1990《印刷技术术语　第7部分：孔版印刷术语》。

本部分与GB/T 9851.7—1990相比主要修改如下：

——对原标准收入的50条术语作了全面调整，删除了一些陈旧过时的术语17，如“誊印版印刷”、“打印蜡版印刷”、“刻漆膜网印版”、“预涂漆”等，保留了原来的33条术语。

——对原术语标准的英文对应词进行了修改，使其与国际标准的英文名词相一致。

——新增补27个条目，其中25条是等效采用ISO 12637-2中的条目，结合我国实际情况，参照ISO国际标准术语概念加以定义。补充新技术术语2条，如“计算机直接制版”、“投影制版”。修订后的《孔版印刷术语》共收入59条，比原标准增加9条。

——为了保持“孔版印刷术语”的完整性，在《基本术语》中收入的有关孔版印刷的术语条目，也重复收入到《孔版印刷术语》中。

本部分由新闻出版总署提出。

本部分由全国印刷标准化技术委员会归口。

本部分起草单位：中国网印及制像协会、中国印刷科学技术研究所。

本部分起草人：裴桂范、徐世垣、李家祥。

本部分所代替标准的历次版本发布情况为：GB 9851.7—1988、GB/T 9851.7—1990。

印刷技术术语
第6部分:孔版印刷术语

1 范围

GB/T 9851的本部分规定了孔版印刷专业用语,以保证在生产、教学和学术等活动中正确应用专业概念。

本部分适用于印刷行业及其相关专业编写标准、出版、教学、科研及供国内外技术交流中使用。

2 孔版印刷

2.1

孔版印刷 permeographic printing

印版在图文区域漏墨而非图文区域不漏墨的印刷方式。

[GB/T 9851.1—2008,5.14]

2.2

网版印刷 screen printing

印版在图文区域呈筛网状开孔的孔版印刷方式。

[GB/T 9851.1—2008,5.14.1]

2.2.1

静电网版印刷 electrostatic screen printing

利用静电场的作用,使墨粉通过金属网印版后被吸附到承印物表面上的印刷方式。

2.2.2

曲面印刷 curved surface screen printing

在圆柱形、球形和圆锥形等物体的表面上进行网版印刷的方式。

2.3

镂空版印刷 stencil printing

在木片、纸板、金属或塑料等片材上刻画出图文,制出镂空版,通过刷涂或喷涂方法使色料透过通孔,附着在承印物上的孔版印刷方式。也称型版印刷。

2.4

网距 off-contact distance

印刷时,网印版底面与承印物之间的距离。

2.5

油墨消耗量 ink consumption

使用某一印版印刷时所需要的油墨的湿体积。

2.6

置墨区 ink set

在网印版表面的上部放置油墨的非刮印区域。

2.7

剥离距离 ink trail

在刮印过程中,借助于油墨,承印物与网印版在一定的时间内保持接触,以完成油墨转移。由此,剥离距离是指在刮墨过程中从刮墨刀的后缘到承印物与网印版脱离点之间的长度。

2.8

印版回弹　snap-off

印刷过程中，网印版与附着于承印物上的油墨之间缓慢剥离的过程。

2.9

刮墨角度　squeegee angle

刮墨刀与承印物水平面或与压印辊接触点的切线之间的夹角。

2.10

刮墨区　squeegee area

刮墨刀在印版上刮墨运行的区域。

2.11

刮墨压力　squeegee pressure

刮墨刀在某一段行程内作用于印版上的线压力。

2.12

理论油墨容积　theoretical ink volume

丝网厚度与通孔面积的乘积。

2.13

回墨　flooding

在印刷之前使网印版的通孔充满油墨的操作。

2.14

印刷面　printing side

网印版与承印物相接触的一面。

2.15

刮墨面　squeegee side

网印版与刮墨刀相接触的一面。

3　网印版

3.1

网印版　screen forme

由版膜、版膜承载体和网框组成的、图文区域为筛网状通孔的一种印版。

3.2

版膜　stencil film

在网版承载体上附着的感光胶或其他材料的膜层。

3.3

圆网印版　cylinder screen forme

呈圆筒状的金属网印版。

3.4

丝网膜版　screen stencil

丝网与承载的感光胶膜、膜片或其他材料膜层的组合体。

3.5

膜版通孔面积　stencil open area

膜版上所有图文区域面积的总和。

3.6

版膜厚度　stencil film thickness

承载体上附着的感光胶膜或其他材料膜层的厚度，即膜版厚度与版膜承载体的厚度之差。

3.7

膜版承载体面积　stencil carrier area; stencil mesh area

承载版膜的网状承载体(丝网)的长与宽的乘积。

3.8

直接法制版　direct screen making

直接在网状承载体上涂布感光乳剂膜，然后晒制网印版的方法。

3.8.1

感光胶　photo-emulsion

刮涂于承载体上形成版膜的感光性乳剂。

3.9

间接法制版　indirect screen making

先将感光膜片固着在网状承载体上，然后晒制网印版的方法。

3.9.1

感光膜片　indirect photosensitive film

间接法制作网印版使用的一种带感光膜层的胶片。

3.10

直接-间接法制版　direct-indirect screen making

采用直接制版与间接制版组合的方法制作网印版。

3.11

计算机直接制版　computer to screen

借助于计算机图文处理技术，将页面信息直接输出到膜版上制作网印版的技术。

3.12

投影制版　projection screen making

利用投影放大技术，将阳图分色片放大投影到网印膜版上制作网印版的技术。

3.13

绷网机　stretching machine

将丝网绷紧在网框上的装置。

3.14

涂胶器　coating trough

将感光乳剂刮涂到膜版承载体上的装置。

3.15

网框　screen printing frame

固定并支撑膜版载体的框架装置。

3.15.1

固定式网框　fixed screen frame

用绷网机绷紧并固定版膜承载体的框架。

3.15.2

自绷式网框　self-stretching screen frame

自身能绷紧或能重复绷紧版膜承载体的框架。

3.16

丝网 screen mesh

一种用经纬线编制而成，具有大小相同开孔的版膜承载体。

3.16.1

研平丝网 calendared mesh

经过单面或双面压延处理，网丝的一面或两面呈现扁平状的丝网。

3.16.2

染色丝网 dyed mesh

能防止晒版时产生光折射的黄色或橘黄色的丝网。

3.16.3

丝网目数 mesh count

丝网单位长度内的网丝数量。单位为目/厘米(mesh/cm)。

3.16.4

丝网厚度 thickness of mesh

网印膜版承载体上下两面之间的距离。

3.16.5

丝网延伸率 relative mesh elongation

丝网延伸的长度与丝网原长度的比。

3.16.6

丝网张力 mesh tension

网印膜版的承载体处于受力状态下对网框所施加的拉力。

3.16.7

网孔宽度 width of mesh opening

在丝网水平位置上测得的两条相邻经线或纬线之间的距离。

3.16.8

丝网通孔率 open mesh area percentage

丝网网孔的总面积与相应的丝网总面积之比，用百分数表示。

4 网版印刷机

4.1

网版印刷机 screen printing machine

网版印刷用的机器。有平面印刷机和曲面印刷机、平网印刷机和圆网印刷机之分。

4.2

平面印刷机 flat surface screen printing machine

印刷平面承印物的网版印刷。

4.3

曲面印刷机 curved surface screen printing machine

印刷呈圆柱形、球形、椭圆形、圆锥形及不规则形状承印物的网版印刷机。

4.4

平网印刷机 flat screen printing machine

使用平面网印版的印刷机。

4.5

圆网印刷机 cylinder screen press

使用滚筒形网印版的印刷机。印版与承印物同线性速度运行，可印刷连续图形。由于是从滚筒印版内侧供墨，故刮墨刀装于滚筒印版内侧。

4.6

印刷台　printing table

网版印刷机放置、固定平面承印物，并与刮墨刀共同产生有效压印力的装置。

4.7

刮墨刀　squeegee

迫使网印版紧抵承印物，并使油墨透过网印版的通孔转移到承印物上，同时刮除印版上多余油墨的装置。

4.8

刮墨胶条　squeegee blade

刮墨刀的刀状橡胶部分。

4.9

回墨板　ink flooding blade

将刮墨刀刮到终端的油墨送回到刮墨刀起始位置的装置。

5　印刷故障

5.1

印刷故障　printing trouble

在网版印刷过程中，影响印刷正常进行或造成印品质量缺陷的问题总称。

5.2

堵版　filling in

油墨固着在网印版图像区域的开孔中，造成印品墨色不匀现象。

5.3

锯齿效应　saw-tooth effect

由于丝网网孔的影响，致使印版图文边缘呈现锯齿状，从而造成印刷品印迹不清晰的缺陷。

5.4

暗影　ghost image

网版印刷中，重复使用的版膜承载体由于受前一次印刷主色的影响，使印刷图像的颜色密度发生非预设性的局部变化，俗称鬼影。

5.5

重影　doubling

在印品上，一种颜色的线条或网点旁边出现同一色的浅色影像，导致印刷图像不清晰和色彩偏移的质量缺陷。

ICS 37.100.01
A 17

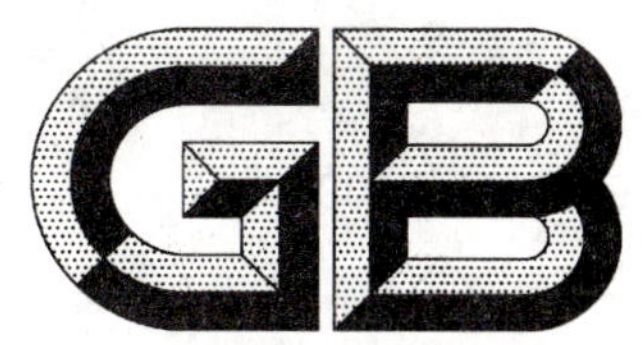

中华人民共和国国家标准

GB/T 9851.7—2008
代替 GB/T 9851.9—1990

印刷技术术语 第7部分：印后加工术语

Terminology of graphic technology—
Part 7: Terms for postpress

（节选）

2008-07-02 发布　　2008-12-01 实施

中华人民共和国国家质量监督检验检疫总局
中国国家标准化管理委员会　发布

前言

GB/T 9851《印刷技术术语》分为7个部分。

第1部分:基本术语;

第2部分:印前术语;

第3部分:凸版印刷术语;

第4部分:平版印刷术语;

第5部分:凹版印刷术语;

第6部分:孔版印刷术语;

第7部分:印后加工术语。

本部分是GB/T 9851的第7部分。

本部分代替GB/T 9851.9—1990《印刷技术术语　第9部分:印后加工术语》。

本部分与GB/T 9851.9—1990相比主要修改如下:

——增加了印后加工机械和包装成形两方面的术语。包括胶粘装订联动线、精装联动线、骑马装订联动生产线、折页机、配页机、制盒机、三面切书机、烫印机、模切机、切纸机、锁线机、覆膜机、糊壳机等和制袋、制盒、制箱、制罐、制杯、制信封等术语。

——删除了部分过细词条,如卷轴装、经折装和蝴蝶装等。

——增加部分更能反映印后加工技术的词条,如易撕线、裁切等。

本部分由新闻出版总署提出。

本部分由全国印刷标准化技术委员会归口。

本部分起草单位:上海印刷技术研究所、中国印刷科学技术研究所。

本部分起草人:朱道源、徐世垣、李家祥、王淮珠。

本部分所代替标准的历次版本发布情况为:GB 9851.9—1988、GB/T 9851.9—1990。

印刷技术术语
第7部分:印后加工术语

1 范围

GB/T 9851的本部分规定了印后加工专业用语,以保证在生产、教学和学术等活动中正确应用专业概念。

本部分适用于印刷行业及其相关专业编写标准、出版、教学、科研及供国内外技术交流中使用。

2 印后

2.1

印后 postpress

使印刷品获得所要求的形状和使用性能以及产品分发的后序加工。

[GB/T 9851.1—2008,8.1]

2.2

装订 binding

将印张加工成册所需的各种加工工序的总称。

2.3

表面整饰 finishing

对印刷品进行上光、覆膜、烫箔、压凹凸或其他装饰加工的工艺总称。

[GB/T 9851.1—2008,8.2]

2.4

包装产品成形 forming for packaging

将印品制作成物品包装容器的加工工艺。

2.5

印后设备 postpress equipment

在印后加工过程中采用的各种设备。

3 装订工艺

3.1

装订工艺 binding process

将印张加工成册所采用的各种方式。

3.2

平装 soft-cover binding

书芯经订联后,包粘软质封面、裁切成册的工艺方式。

3.3

精装 hard-cover binding

书芯经订联、裁切、造型后,用硬纸板作书壳的,表面装潢讲究和耐用、耐保存的一种书籍装订方式。

3.4

线装 Chinese thread sewing

用线将书页连封面装订成册,订线露在外面的中国传统装订方式。

3.5

活页装　loose-leaf binding

以各种夹、扎、穿等方式将散页和封面连接在一起并可分拆装订方式。

3.6

豪华装　costly binding

用贵重的装帧材料和特殊工艺技术制成的有保存价值和收藏价值的书籍装订方式。

3.7

胶粘订　perfect binding

将书帖、书页用胶黏剂粘联成册的订联方式。

3.8

锁线订　thread sewing

将书帖逐帖用线穿订成册的订联方式。

3.9

铁丝订　wire side-stitching

用金属丝将书帖订联成册的方法。

3.10

塑料线烫订　plastic thread sealing

用塑料线将书帖最后一折缝穿订并熔融成书帖的订联方式。

3.11

折页　paper folding

将印张按页码顺序折叠成书帖的工艺。

3.12

配页　gathering

将书帖或单页按顺序配集成册的工艺。

3.13

包本　covering

将订或粘好的书芯，在书背和订口上滴黏剂把封面包粘住的工艺。

3.14

扒圆　rounding

将裁切后的书芯背部加工成圆弧形的工艺。

3.15

起脊　backing

在扒圆的书脊部加工出一条隆起棱线的工艺。

3.16

书帖　signature

书籍印张按页码顺序折叠成一迭的书页。

3.17

书芯　bookblock

未上封面的书册。

3.18

天头　head margin

版心上沿至成品幅面上沿之间的空白区域。

[GB/T 9851.2—2008，3.4]

3.19

地脚 bottom margin

版心下沿至成品幅面下沿之间的空白区域。

[GB/T 9851.2—2008,3.5]

3.20

订口 binding edge

版心内侧边缘至成品幅面装订边缘之间的空白区域。

[GB/T 9851.2—2008,3.6]

3.21

切口 cutting edges

版心外侧边缘至成品幅面裁切边缘之间的空白区域。

[GB/T 9851.2—2008,3.7]

3.22

书背 book back

指书帖配册后需粘联的部分。

3.23

环衬 end paper

书芯前后各粘的一折两页的纸张。

3.24

飘口 overhang cover edges

精装书壳超出书芯切口的部分。

3.25

书壳 book case

一种用硬纸板或软质封面、经加工后制成书籍封面。

3.26

护封 jacket

保护书籍封面的外套。

3.27

勒口 flap

书籍封面沿切口向里折叠的部分。

4 整饰工艺

4.1

整饰工艺 finishing process

在书籍封面或其他印刷品上进行装饰性加工的方式。

4.2

压凹凸 embossing

用模具将凹凸图案或纹理压到印品上的工艺。

4.3

压痕 creasing

用模具在印品上压出线痕的工艺。

4.4

易撕线 tear line

用模具在印张规定位置加工出的断续轧压线。

4.5

上光 coating

在印品表面涂布透明光亮材料的工艺。

4.6

覆膜 film laminating

将涂有黏合剂的塑料薄膜覆合到印品表面的工艺。

4.7

烫印 hot foil-stamping

在纸张、纸板、纸品、涂布类等物品上,通过烫模将烫印材料转移在被烫物上的加工。

4.8

裁切面装饰 decoration of cutting edges

在书籍的裁切面上加工金属箔、颜色或花纹图案的工艺。

4.9

分切 slitting

将成卷材料或印品裁成所需宽度卷材的工艺。

4.10

模切 die cutting

用模具将印品切成所需形状的工艺。

4.11

裁切 cutting

将纸张、印张、书册等按所需尺寸切开的工艺。

4.12

三面切 three-knife trimming

用三面切书机将书册按要求尺寸切齐的工艺。

5 包装成形工艺

5.1

包装成形工艺 forming process for packaging

将印品制作成物品包装容器的加工过程。

5.2

制袋 bag-making

用粘合、缝纫和热合等方法制袋的工艺。

5.3

制盒 box-making

用锁、粘、订联等方法制成盒的工艺。

5.4

制箱 carton-making

用开槽、订、粘、套合、折叠等方法制成箱的工艺。

5.5

制罐　tin-making

用螺旋式卷绕和平卷式卷绕方法制成罐的工艺。

5.6

制杯　cup-making

将杯体和杯底胶合成复合型纸杯的工艺。

5.7

制信封　envelop-making

用模切成型和粘合方法制成信封的工艺。

6　印后加工设备

6.1

印后加工设备　postpress equipment

用于印刷后加工的机械设备的总称。

6.2

联动线　producing line

多种工艺、工序在同一生产线上完成的机械设备。

6.2.1

胶粘装订联动线　adhesive binding line

从配帖、压平、铣背、上胶、包封面，到三面切齐连线作业的加工线，有的还连接堆积机和打包机。

6.2.2

精装联动线　hard-cover binding line

从压平、扒圆起脊、贴书背纸、粘书背布、上环衬、粘堵头、上书壳、压槽成形到上护封的连线加工线。

6.2.3

骑马装订联动生产线　saddle stitching line

由配搭机、铁丝订书机、切书机组合成的，采用骑马订书形式的联动机。

6.3

折页机　paper folding machine

将印张按页码顺序折成书帖的机械。

6.4

配页机　gathering machine

将书帖依顺序组成册的机器。

6.5

制盒机　box and case making machine

用锁、粘、订联等方法制成盒的设备。

6.6

三面切书机　three-knife trimmer

一次将书册三面切口切净的机器。

6.7

烫印机　hot foil-stamping machine

将烫印材料或印版图文经热压转移到被烫物体上的机器。

6.8

模切机　die-cutting machine

在纸张或纸板上，按模具图文形状加工成不同式样规格产品的机器。

6.9

切纸机　paper-cutting machine

一种裁切各幅面纸张、纸板的切纸刀。

6.10

锁线机　book-sewing machine

使用线逐帖连接书册的机器。

6.11

覆膜机　film laminating machine

将塑料薄膜与纸张粘合在一起的机器。

6.12

糊壳机　book case making machine

将软质封面与硬质纸板粘合在一起，制成书壳的机器。

7　故障

7.1

故障　trouble

在印后加工过程中影响生产正常进行或造成印刷成品质量缺陷的现象的总称。

7.2

八字皱　splay crimple

书帖在折页过程中出现八字型的皱折。

7.3

折缝空　interstitial signature

书帖折后折缝处不实，有空隙的现象。

7.4

错帖　disordered signature

没按书帖顺序配成的书册的现象。

7.5

掉页　page pulling off

书册装订完成后书芯中页张脱落的现象。

7.6

书芯断裂　bookblock breakaway

书册装订后翻阅时出现书芯分离散开的现象。

7.7

小页　shrunken page

书册装订裁切后书芯内有的页张缩进小于书册尺寸的现象。

7.8

书壳翘曲　book-case warping

精装书制成后书壳表面不平向上弯曲的现象。

7.9

起泡　bubble

覆膜后塑料薄膜与印刷品之间出现气泡的现象。

注：修改 CY 42—2007 的 3.9。

7.10

褶皱　creases

覆膜产品出现的不可展开的重叠现象。

[CY 42—2007,3.6]

7.11

起膜　delamination

覆膜后出现的局部或全部的塑料薄膜与印刷品分离的现象。

注：修改 CY 42—2007,3.3。

ICS 01.080.30
A 79

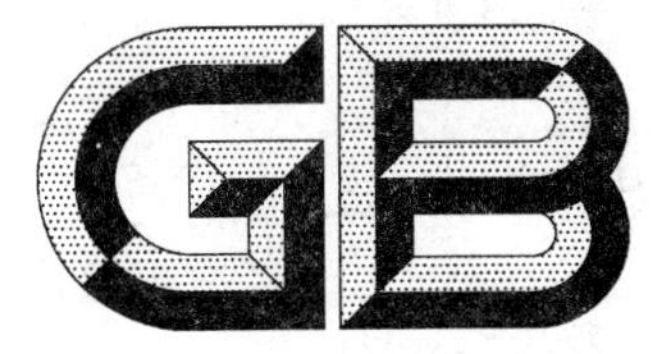

中华人民共和国国家标准

GB/T 14477—2008
代替 GB/T 14477—1993

海图印刷规范

Printing specifications for charts

2008-06-20 发布

2008-12-01 实施

中华人民共和国国家质量监督检验检疫总局
中国国家标准化管理委员会 发布

前　言

本标准代替 GB/T 14477—1993《海图印刷规范》。

本标准与 GB/T 14477—1993 相比主要变化如下：

——根据 GB/T 1.1—2000 的规定对编排格式、层次划分进行了调整；

——对标准的适用范围作了修改；

——在规范性引用文件中删除了“GB 5698 颜色术语”、“GB 788 图书和杂志开本及其幅面尺寸”、“GB 12317 海图图式”、“GB 12318 航海图编绘规范”、“GB 12319 中国航海图图式”；

——增加了“术语和定义”(见第 3 章)；

——在“总则”中删除了“海图印刷的审批权限”(1993 年版的 3.1)；

——将“海图印刷工艺设计”改为“海图印前制作工艺”(1993 年版的第 4 章；本版第 5 章)；

——删除了“海图复照”(1993 年版的第 5 章)，将其中的“激光照排工艺规程”(1993 年版的 5.6)的有关内容，移至“海图印前制作工艺”(见 5.2.3)；

——删除了“翻版”全部内容(1993 年版的第 6 章)；

——删除了“修版”全部内容(1993 年版的第 7 章)；

——将“晒版”改为“PS 版晒版”(1993 年版的第 8 章；本版的第 6 章)，其内容只保留了有关 PS 版晒版的内容；

——增加了“计算机直接制版”(见第 7 章)；

——删除了“印刷”中“四色胶印机操作规程”(1993 年版的 11.6)；

——删除了“晒图”全部内容(1993 年版的第 13 章)；

——删除了“资料管理规定”全部内容(1993 年版的第 14 章)；

——对“附录 A 海图印刷色标”内容作了修改和变动；

——将“附录 B 海图印刷工艺方案”改为“附录 B　用网点胶片的密度解算网点比例”，删除了“附录 B　海图印刷工艺方案”B1～B7 的全部内容(1993 年版)；

——删除了“附录 D　资料管理登记表册式样”全部内容(1993 年版)。

本标准的附录 A 、附录 C 为规范性附录，附录 B 为资料性附录。

本标准由海军司令部提出。

本标准由海军司令部航海保证部归口。

本标准由海军出版社负责起草。

本标准主要起草人：韩范畴、郁园通、肖京国、陈建中、王云、元建胜、崔洪生、范海昌。

本标准所代替标准的历次版本发布情况为：

——GB/T 14477—1993。

海图印刷规范

1 范围

本标准规定了海图印刷中印前处理、制版、打样、印刷、成品检验等的制作工艺、质量标准和操作规程。

本标准适用于普通海图、航海图、专用海图和海图集、航海书表等的印刷。

2 规范性引用文件

下列文件中的条款通过本标准的引用而成为本标准的条款。凡是注日期的引用文件，其随后所有的修改单(不包括勘误的内容)或修订版均不适用于本标准，然而，鼓励根据本标准达成协议的各方研究是否可使用这些文件的最新版本。凡是不注日期的引用文件，其最新版本适用于本标准。

GB/T 9851.1～9851.9—1990 印刷技术术语

GB 12320—1998 中国航海图编绘规范

3 术语和定义

GB/T 9851—1990 确定的及下列术语和定义适用于本标准。

3.1

数码打样 digital proofing

以数字出版印刷系统为基础，按照出版印刷生产标准与规范处理页面图文信息，直接输出彩色样图的打样技术。

3.2

印刷样图 printing master drawing

在数字化制图环境下，海图数据经数码打样输出后，确认可以作为该海图印刷标准的纸样样张。

3.3

计算机直接制版 computer to plate

经过计算机将数字页面图文信息直接输出到印刷版材上的工艺过程。

4 总则

4.1 海图印色和色标要求

4.1.1 海图印色按 GB 12320—1998 执行。

4.1.2 海图印刷色标按附录 A 的规定。

4.1.3 海图色标的标记按相应的图式规定。

4.2 印刷成图质量的基本要求

4.2.1 印刷成图必须清晰实在，墨色饱满均匀，注记齐全，图面清洁，套合精度符合规定。

4.2.2 图内各要素必须保持与印刷样图一致，如发现印刷样图有错漏应由制图单位修改，改动较大的，应另行制版。

4.3 质量检验的基本要求

4.3.1 海图印刷质量检查是确保成图质量的重要环节，必须贯彻印刷生产全过程。各印图工厂应设立专门检验机构或专职检验员。

4.3.2 质量检验要建立自检、下一工序检查上一工序和专职检查相结合的制度，要分工明确，各负其职。

4.3.3 下一工序对上一工序的成品或半成品要进行严格的检验，如发现不符合质量规定，应予退回。

4.3.4 检验质量指标以下列检验仪器为准：

a） 精度以线纹米尺为准；

b） 密度以统一规定的反射密度计和透射密度计为准；

c） 浓度以波梅比重计为准；

d） 变形率以国家制定的标准线号为准；

e） 线划和网点扩大值以柯达14级梯尺和弗格拉精度信号条为准；

f） 色彩色差以色差计为准。

5 海图印前制作工艺

5.1 工艺设计

5.1.1 工艺设计原则

工艺设计一般应遵循以下原则：

a） 工艺设计应明确：任务内容、作业方法（含拼版方法）、工艺流程、技术措施和特殊工艺说明；

b） 工艺设计方案应根据印图工厂的设备条件、生产能力、工艺技术水平，以及材料和材料规格等来制定；

c） 必须对印刷海图的种类和性质，出版要求及其特点加以综合研究，制定符合实际的工艺设计方案。

5.1.2 拼版原则

拼版的原则为：

a） 拼版时必须根据用图单位的要求，把印数、色别、色数、色层相同的图幅拼在一起。

b） 拼版面积不得超过印刷有效面积，四边要留出适当的图边尺寸。

c） 将比例尺相同的图幅和套合精度、各要素繁简程度大体一致的图幅拼在一起。

d） 对套合精度高的一边，要排在靠咬口的一边。对三面套合精度要求均严格的要拼在咬口中间，不得分排两端。

e） 应将网线角度一致的图幅拼在一起。

f） 海图集为单面印刷时，要单张折页，拼版原则与单张海图相同，双面印刷装订成册的图幅，其拼版要依据折页法进行编码，图幅排列应按页码拼版。

g） 在拼版前，必须设计出准确的版式和拼版规矩。

5.1.3 海图印刷色序

通常情况下，海图印刷色序按黑、黄、紫、蓝及其他颜色排列（如有特殊情况按特殊情况处理）。

5.1.4 作业通知单

5.1.4.1 作业通知单的格式，由各印图工厂自行制定。

5.1.4.2 作业通知单应包括下列内容：

a） 委印单位、图书名称及编号、密级等；

b） 版面设计、成图尺寸、印数、色别、色数、版别、纸张品种、装订方案；

c） 采用的制版印刷方案；

d） 完成的时限及技术要求等。

5.1.4.3 填写时要数字准确，不得含糊不清，字体清晰工整，内容简明扼要。

5.1.4.4 紧急任务应在作业通知单上注明各工序完成的时限，并注明“急”字。

5.2 海图印前工艺规程

5.2.1 海图数据的接收

5.2.1.1 应对海图的种类、数据格式、出版要求等认真分析，确定合理的工作流程，设置正确的参数。

5.2.1.2 对接收的海图数据进行检查，符合要求的予以接收，其检查包含下列内容：

a) 该 EPS 数据能够被光栅图像处理器(RIP)正确解释，符号、字体等要素能正确显示；

b) 数据图幅幅面不能大于激光照排机的最大有效面积；

c) 是否有与该海图数据相一致的全要素校对样张。

5.2.1.3 RIP 技术要求：

a) PostScript 兼容性要好，能对各种应用软件生成的 PS 文件进行解释，能够支持汉字；

b) 分辨率不小于 2 400 dpi，挂网线数不小于 69/cm(175/英寸)；

c) 具有拼版输出功能。

5.2.1.4 RIP 操作流程：

a) 启动 RIP，设置正确的参数，参考参数一般为：分辨率 2 400 dpi，加网线数 69/cm(175/英寸)，挂网灰度层次数 256，输出图像为反阳图；

b) 把发排的海图 EPS 数据放入指定的位置，作加网和分色处理；

c) 保存生成 *.TIFF，并放入指定位置。

5.2.2 航海书表的录入、排版

5.2.2.1 录入、排版工艺规程：

a) 录入、排版时，必须按照工艺设计要求认真操作，并拷贝文件备份；

b) 录入、排版后，可用打印机打印出校样，要求校样字迹清晰、整齐、版心大小一致；

c) 认真检查版心大小以及版面中的图、字体、字号、公式、表格安排是否合理，是否符合设计要求，对不符合技术要求的要及时返工；

d) 对稿件、校样进行清点并登记签名后，送交审校。

5.2.2.2 录入、排版质量标准：

a) 录入错漏率应小于 0.4%；

b) 校改错漏率应小于 0.1%；

c) 版式规格准确、合理，符合工艺设计要求。

5.2.2.3 校对工艺规程：

a) 校对时，应认真查阅发排单及原稿批注要求，然后清点原稿页码，整理校样；

b) 对校样进行细致的校对，要求标字工整，引线不交叉，连校时不得标注同色笔迹；

c) 校对过程中，发现疑问时，可用铅笔在疑问处标注问号，统一提出处理，不得随意涂改。

5.2.2.4 校对质量标准：

a) 校对错漏率一校，0.5%；二校，0.2%；三校，0.05%；四校(点核)，无差错；

b) 稿件内文字、标点符号校对标注应符合国家颁布的校对符号标准。

5.2.2.5 改样工艺规程：

a) 每次改样应按技术要求进行，必须经屏幕显示，确定无误后打出新校样，不得漏改错改；

b) 每改样一次应拷贝文件备份，经三改后，确认无错漏时，认真填写照排工作单，将校样和数据文件一起移交下一工序；

c) 应认真核对胶片数量，根据最终校样并参考操作者提供的缺字表，做好补字工作，进行最后核对、整理；

d) 对核对中出现的问题，必须按原稿准确改正过来。整理胶片和清样，清点蓝图样，加盖清样章，移交下一工序。

5.2.2.6 改样质量标准：

a) 改样错漏率应小于2%(处);

b) 付印样无错漏。

5.2.3 **激光照排**

5.2.3.1 海图胶片发排工艺规程:

a) 根据任务单要求,领取胶片和药水,并检查其质量是否合格;

b) 正确设置照排机参数,发排过程中,要随时检查,发现问题及时纠正;

c) 胶片发完后,认真进行质量检查,确认胶片质量合格后,交给下一工序;

d) 认真填写“胶片发排记录表”。

5.2.3.2 海图胶片发排精度应符合下列要求:

a) 内图廓线长度误差不大于0.2 mm;

b) 内图廓对角线长度误差不大于0.3 mm;

c) 胶片套合误差小于0.1 mm。

5.2.3.3 海图胶片发排质量要求:

a) 各色版图廓内外各要素齐全,各种注记、符号、图号、图名完整无缺;

b) 各色版要根据不同要求,保证角线、“+”字线、色标、咬口、图号等完整无缺;

c) 密度、反差、清晰度等应符合制版要求;胶片变形率、精度符合海图规范要求;

d) 胶片上实地上没有沙眼,药膜无划伤,无油迹,无定影未除掉的“白点”;

e) 网点/网线轮廓清晰;

f) 胶片的实地密度应大于4.0,灰雾度应小于0.05;

g) 网点比例准确,误差应小于±1%;

h) 符号清晰,轮廓分明。

5.2.3.4 海图胶片发排质量检验方法:

a) 一般采用透射密度计量测网点/网线胶片的实地密度和灰雾度,判定其是否符合5.2.3.6的要求;

b) 根据网点/网线胶片的密度计算其网点/网线比例,判定网点/网线比例是否均匀,参见附录B。

5.2.3.5 海图胶片网线角度为黑、青和品红的标准网线角度互相差30°,黄与青或黑相差15°;主色的网线主轴与基准方向成45°。

5.2.3.6 航海书表胶片发排工艺规程:

a) 根据工作单的要求,以及感光材料的性能,正确使用机内参数表;

b) 发完每份文件后,应顺好页码,认真进行质量检查,确认无误后,送交校对进行检查;

c) 要随时认真填写“航海书表胶片发排工作记录”并签名。

5.2.3.7 航海书表胶片发排质量标准:

a) 版面印刷要素密度一致,成品整洁,无划伤、脏污及折皱,其质量符合规范要求;

b) 印刷要素密度不得小于2.0,灰雾度不得超过0.2。

6 PS版晒版

6.1 晒制PS版质量标准

6.1.1 晒制PS版精度要求:

a) 拼晒位置准确,各要素齐全,图形居中,相拼图幅与中线误差不得超过±2.0 mm;

b) 按印刷机和图纸幅面,咬口尺寸要符合要求,左右上下误差不得超过5 mm。

6.1.2 晒制PS版质量要求:

a） PS版厚薄均匀，版面平整，无马蹄印和划痕；

b） 晒制完成的印版应图形完整，规矩线、图例及色标齐全，版面整洁；

c） 晒制的网点光洁实在，网点还原符合要求。

6.1.3 符合晒版质量标准的为正品，版面局部有缺陷，经修整后不影响印刷成品质量为副品，其副品率不超过4%。

6.2 晒制PS版操作规程

6.2.1 晒制前准备：

a） 仔细阅读生产作业凭单内容，如有疑问及时向车间主管提出。

b） 擦拭晒版机做到无灰尘、脏点。检查晒版机抽气、光源等是否正常。

c） 按要求配制显影液，启动显影机，正确调节温控。

d） 根据生产作业凭单接收样图、海图胶片，并按质量要求检查海图胶片质量和标识，分类保存。不合格应退回，并办理交接手续，填写交接记录。

e） 领取PS版，按质量要求检查PS版的外观、标识等，不合格的应退回，合格的按规定分别存放，做好标识。

6.2.2 曝光：

a） 晒版时先取出印版打孔，不需打孔的量好咬口及中线，做好标记；

b） 需连晒的印版先晒规矩，然后逐个遮挡曝光，一晒印版直接对好规矩进行曝光。根据海图胶片和光源条件，测定曝光量，一般曝光时间控制在3 min～6 min之间。

6.2.3 曝光完毕将PS版放入显影设备液槽内，自动显影、定影及水洗。

6.2.4 将显影处理后的PS版平放版台上，用修版膏除掉不需要的图形或脏污，然后将PS版冲洗干净，风干。

6.2.5 经显像、修版后的PS版如暂不上机印刷时，图纹要防止受光分解，应涂一层保护油墨，然后避光保存。

6.2.6 提高耐印率的处理方法：PS版显影后不擦树胶，涂专用保护胶，胶层要均匀厚薄一致。放入220 ℃～250 ℃的干燥箱内烘烤5 min～9 min，取出降至常温后，再放入显影液内除去保护胶层，彻底水洗干净擦胶风干。

7 计算机直接制版

7.1 直接制版精度要求

直接制版精度要求为：

a） 海图套色应准确，各色版的重复对位精度不大于0.1 mm；

b） 拼幅版位置准确，各要素齐全，图形居中，相拼图幅应与中线误差不超过1 mm；

c） 按印刷机和图纸幅面，咬口尺寸要符合要求，左右上下误差不超过3 mm；

d） 加网线数、百分比和角度应与设计相符，网线方向必须一致。角度无误差。网点与网线扩大值不超过±0.8%。

7.2 直接制版质量要求

直接制版质量要求为：

a） 根据印刷机性能和印刷版要求，必须确保版材厚薄均匀，版面平整，无马蹄印和划痕。

b） 制好的印版必须表面整洁无擦痕、球印、水印、污迹等现象。

c） 制好的印版必须图形完整，图例及色标齐全。各要素网点饱满、完整、光洁，无发糊、擦花及脱落等现象。

d） 层次清晰，各级变化连续均匀。

8 打样

8.1 数码打样

8.1.1 数码打样的质量标准

8.1.1.1 数码打样精度要求：

a) 内图廓线长度误差不大于0.2 mm；

b) 内图廓对角线长度误差不大于0.3 mm；

c) 打印分辨率不小于720 dpi。

8.1.1.2 数码打样的质量要求：

a) 图面干净整洁，各要素齐全清晰，颜色还原准确、墨色均匀一致；

b) 打印出的各种海图应忠实反映出设计时的颜色、色调层次，无错色漏色，拼接图各图幅印色相同的墨色应一致；

c) 打样用的墨水要使用原装墨水。

8.1.2 样图的种类和用途

样图的种类和用途为：

a) 全要素样图：作为检查用的彩色样图；

b) 印刷样图：作为印刷标准的彩色样图。

8.1.3 数码打样的工艺规程

8.1.3.1 作业员应根据印刷方式、印刷纸张等印刷状况来制作数码打样样张。

8.1.3.2 作业员应正确设置打印所需的参数，进行简单的日常维护，换纸、换墨程序操作及对设备进行简单的诊断测试。

8.1.3.3 数码打样前的色彩控制及标准化：

a) 颜色环境必须标准化：观察印刷品背景的颜色应为中性灰色，即孟塞尔明度值的中性灰色；观察反射样品的光源应为D65或D55。

b) 应对数码打样机进行线性化调试，通过密度计或分光光度计，检测和调整打印输出线性图案的各级密度来校正打印色彩的偏差，确定输入灰度与输出灰度之间的线性关系，解决不同墨水在打印介质上的呈色特性、墨量与密度、墨量与色度的表现效果的差异，使输入与输出值保持基本线性特征。

c) 应对数码打样机进行色彩管理，一般用原装墨水，根据需要选择高光纸、半高光纸和哑光纸，打印机打印出的色域应比印刷机使用CMYK四色油墨再现的色域大。

8.1.3.4 要随时认真填写“数码打样工作记录”并签名。

8.1.4 数码打样程序

数码打样的程序为：

a) 检查各个墨色的墨水是否充足，缺墨少墨要及时更换；

b) 检查各个墨色的打印头是否能正常打印，如有堵塞或损坏应及时清洗或替换；

c) 按任务单的要求，设置正确的参数，将打样的数据经过数字化流程程序发送至打印机。

8.2 机械打样

8.2.1 打样质量标准

8.2.1.1 打样精度以黑版规矩线为准，各要素套合应准确，误差不得超过±0.2 mm。绿色样图误差不得大于±0.8 mm。

8.2.1.2 打样质量要求：

a) 图面整洁，各要素齐全，不糊、不毛、不脏，网线(点)光洁实在，颜色正，墨色均匀一致。

b) 各种海图的印色要符合附录A的规定。影像海图和晕渲海图应反映出原图的色调层次。无错色漏色，拼接图各图幅印色相同的墨色必须一致。

c) 打样用油墨、纸张必须与印刷用的相同，四边留白不得小于 5 cm。

8.2.2 样图的种类和用途

样图的种类和用途为：

a) 套全样图：供检查用色标准、各要素关系有无重叠与差错；

b) 绿色校样：供内容复杂的海图的要素版提供检查的校样；

c) 单色校样图：供印刷时的单色墨样，以及用于内容复杂的多色图改版样。

8.2.3 打印样图技术规定

彩色晕渲、影像图打样实地密度(*DV*)和网点扩大值规定如表 1。

表 1

项目	*DV*	
	涂料纸	胶版纸
黄	1.10～1.15	1.05～1.10
品红	1.35～1.40	1.30～1.35
青	1.45～1.50	1.40～1.45
黑	1.60～1.65	1.55～1.60
网点扩大值(50%网点)	小于 10%	小于 13%

8.2.4 打样图色序排列

打样图色序排列同 5.1.3。

8.2.5 打样前的准备

8.2.5.1 纸张的准备：按作业通知单领取纸张，应与印刷所用的纸张一致。并按工艺要求，检查纸张质量，按规定尺寸裁切。

8.2.5.2 油墨准备：打样用油墨应与印刷用油墨一致，检查所用油墨质量是否符合要求，并按工艺设计要求及色标调配油墨。

8.2.5.3 打样版的准备：检查各印色打样版图纹是否清晰，色线、规矩线和色标是否齐全，并按套印顺序，排好打样图顺序。

8.2.5.4 机器的准备：

a) 打样前应加好机油，并检查机器各部件、辊筒运行是否正常；

b) 检查橡皮包衬与两平台压力和水、墨辊之间压力是否正常；

c) 开机前应清除版台与压印台上的障碍物；

d) 根据打样作业要求，室内温度应控制在 18 ℃～25 ℃，相对湿度一般为 50%～70%。

8.2.6 打样程序

8.2.6.1 打墨、上水：根据作业通知单的要求，将调好色的油墨打在墨辊上，开动串墨装置将油墨串匀。然后将活动架移到输水辊上，使水辊含有适量的水分。

8.2.6.2 装版上墨：将打样版放在版台上夹牢，先用湿布彻底擦净版面胶层，然后用汽油布擦去墨层。开启机器，放下水辊和墨辊，待打样版上墨量充足均匀后，用过版纸试印。

8.2.6.3 打印样图：试印合格后，正式打样时，必须保持压力均匀适度，版面墨、水量适中，使各要素清晰，套合准确，空白部位不上脏，符合质量标准和工艺要求。

8.2.6.4 换墨：打样完成后，打样版不需要保存的，应将墨迹擦净。需要保存的，要进行换墨，即洗去打样油墨，换上落石墨。版面墨层厚薄要均匀，各要素墨量充足、光洁实在。空白部位洁净，擦胶风干后存放。

9 审校

9.1 审校作业要求

9.1.1 认真检查制版过程中的差错。

9.1.2 新图以印刷样图为准。添印图以备考图为准。

9.1.3 校样要保持清洁、标注清楚、意思明确、书写工整，必须用圆珠笔或钢笔标注，严禁使用铅笔标注。

9.1.4 各种海图在制版、印刷期间对《航海通告》所关系到的改正内容，由校对者负责查至最新一期《航海通告》，在校样上标出位置、改正内容，并注明《航海通告》期数。不得错查、漏查。

9.2 审校操作规程

9.2.1 熟悉工艺方案，领取所需资料和各种打印样图。

9.2.2 审校套合样图要根据印刷样图、分色样图、色标、图式、作业方案逐格校对。

9.2.3 将校出的问题圈出，用线划引至空白处，标出改正内容和改正方法，引线不得交叉。

9.2.4 审校有国界的图幅，必须逐点、逐线认真仔细地对照原稿和经主管部门批准的国界样图进行校对，不得有差错。

9.2.5 标写规定：

重叠——标写“去ＸＸ留ＸＸ”；

遗漏——标写“加ＸＸ”、“补ＸＸ”或“洗ＸＸ”；

移位——标写“ＸＸ移动”并标出正确位置，内容复杂时应在图边上绘出修改位置示意图；

多留——标写“去ＸＸ”；

脏污——标写“去污”；

修字——标写“修‘ＸＸ’”；

断线——标写“连”；

改形——标写“改为‘ＸＸ’”，绘出正确符号；

更正——标写“去‘ＸＸ’加‘ＸＸ’”。

9.2.6 审校中发现疑问和遗留问题，要逐级报告并及时处理。

9.2.7 必须经初校、复校，并签名，标出时间。

9.2.8 复校人员对初校人员标出的内容，要进行检查，对标写的内容逐条核对。根据复校情况标写改版意见。

9.2.9 校对人员工作中应做到三勤、三不校、一负责：

三　勤：勤与有关工序联系；

勤查对印刷样图和有关资料；

勤向业务主管部门反映质量情况。

三不校：校样上墨大发糊、墨小不清，颜色不正不校；

校样上重影、脏多不校；

校样上绿色样套合误差大不校。

一负责：对成图质量负责。

10 印刷

10.1 印刷质量标准

10.1.1 海图印刷，凡符合质量标准的为正品；其图面完整，精度符合要求，仅墨色和图面清洁稍差，但不影响使用的为副品，正品、副品均为合格品。

10.1.2 印刷精度要求：

a) 海图的图廓尺寸与理论尺寸之差不得超过±0.4 mm;

b) 海图的各要素套合差不得超过表2规定;

表2

单位为毫米

图种	要素	正品	副品
对开	线划要素	±0.2	±0.3
	普染要素	±0.4	±0.5
全开	线划要素	±0.3	±0.4
	普染要素	±0.5	±0.6

c) 双面印刷件,正反面套合差不得超过±0.8 mm;

d) 印刷成图要保证计划印数,其中正品不得少于90%,副品不得多于10%。

10.1.3 印刷成图质量要求:

a) 图面必须整洁,正反面无粘脏、破损、折角和皱褶;

b) 图形完整,各要素齐全,套印准确,墨色均匀一致,线划、注记不虚不断,网线(点)光洁实在,细网点要印足,深层网点不糊;

c) 海图墨色与附录A的色标样图相一致;

d) 图面各要素间的相关位置应符合设计要求,图廓外各种注记位置准确;

e) 图内各线划和网线(点)扩大率不得大于15%。

10.1.4 印刷纸张损耗定额按表3规定执行。

表3

纸张	损耗率/%	
	5 000 张以下	10 000 张以下
对开	0.6	0.5
全张	0.8	0.7

纸张损耗数=图幅印数×损耗率×色数

印数在10 000张以上的,可酌情减少损耗率。

10.2 纸张准备

10.2.1 图纸的保管与选用要求:

a) 防潮:库房必须清洁干燥,通风良好,纸件要垫起,离开地面10 cm为宜;垛纸时,纸中不得夹有杂物,平放整齐。严防纸张产生紧边、卷曲、荷叶边等变形。新购入的纸张存放不足半年不宜使用。库内相对湿度要控制在60%~70%,与印刷车间的湿度保持一致。

b) 防晒:为防止纸张发黄,变脆,必须将纸张放置在不受阳光直接曝晒的库房内。

c) 选纸:纸张开件后,应将折皱、脏污、局部破损的纸张挑出。

10.2.2 纸张验数:

a) 按照作业通知单,核对纸张的种类与规格,验数时要对角各数一遍。数字要准确,差错率不得超过0.2%;

b) 验数白纸时,要详细核对上机印数和发放纸数。交下一工序时要办好交接手续,经双方验数后,每500张为一打,错开垛放整齐。

10.2.3 裁切纸张技术要求:

a) 裁切的纸张或成图要符合附录C规定尺寸,全开纸张误差不得超过1.5 mm,对开纸张不得超过1.0 mm。裁切纸四边要相互垂直。

b) 切纸时每500张为一刀,切口光滑、整齐,无凹心、凸肚、刀花等现象。

c) 切好后要标出正确数字、克数、裁切日期与作业人。

10.2.4 裁切纸张操作规程：

a) 裁切前先清除切纸机周围的障碍物，同时检查其安全控制系统运转是否正常；如有跑刀等现象，经修理后方可使用。

b) 每天必须加注润滑油两次。切纸前应注意前后左右是否有人在操作，做到前呼后应，紧密配合。

c) 按照作业通知单下达的裁切尺寸进行标划，将纸张撞齐续入机内。

d) 裁切时应有专人操作，要集中精力，看准标尺。当已按动电钮或已开动刀闸时，严禁移动纸张，刀未回原位停稳，严禁伸手撤纸。

e) 使用电脑控制的切纸机时，先拟裁切顺序和程序数据。当数据输入后，必须确认屏幕显示数据无误后，方可进行裁切。

f) 切纸完毕后要写清数字和克数，每 500 张为一打，错开垛放整齐。

10.3 油墨准备

10.3.1 印刷前根据作业通知单、印刷样图或色标，领取所需的各色油墨。

10.3.2 各种海图印刷基本油墨必须使用指定厂家的专用的产品。

10.3.3 油墨调配：根据附录 A 和彩色样图，调配所需油墨。

10.3.4 调配油墨要求及程序：

a) 调配油墨时，应在自然光下操作。

b) 洗净墨铲、调墨槽(台)等配墨工具，然后将主色墨放入槽(台)内，依据附录 A 规定的色标及不同油墨的成分，逐渐掺入辅色墨。

c) 调配油墨的数量：应根据印刷版面各要素、纸张的性质、印刷数量等因素来调配适当的墨量。需要油墨量大时，先要进行试配，然后按记录比例配足。

d) 调配油墨的色相应与印刷样图或色标相同。采用刮出的色样进行对比，直到符合要求为止。

10.4 印刷准备

10.4.1 按照作业通知单，领取印刷纸张、油墨、印版和样图。

10.4.2 按工艺设计方案和印刷色序，备齐印版，并认真检查各印版是否符合要求。

10.4.3 橡皮辊筒的检查：

a) 橡皮布表面平整，无划伤、折皱，有弹性，吸墨性能好；

b) 辊筒衬垫应小于橡皮布 6 mm～8 mm，橡皮布纵向布纹与辊筒圆周方向一致。

10.4.4 调整输纸装置：

a) 根据纸张的规格和厚度，调整风嘴的风量、位置以及压纸轮的压力。输纸轮和稳定毛刷位置要正确，输纸带松紧一致。

b) 调整好前规和侧规的压纸板高度，其高度在通常情况下应是所印纸张厚度的 3 倍。

c) 调整好咬纸牙的角度和位置，咬纸量一般为 6 mm。

10.4.5 调整机器压力：

a) 印刷压力：印版辊筒、橡皮辊筒和压印辊筒的印刷半径应相等，衬垫橡皮辊筒一般应多垫 0.1 mm～0.2 mm；

b) 着版水辊与串水辊接触压力应一致，一般情况下，用钢片塞尺检查，使接触印版的压力稍大于接触串水辊的压力；

c) 着墨辊接触压力应均匀一致，用墨迹检测，墨辊间墨迹宽度为 3 mm～5 mm，墨辊与印版接触宽度为 6 mm～7 mm。

10.4.6 印刷车间应保持整洁，室内温度应控制在 18 ℃～22 ℃，相对湿度为 60%～70%为宜。

10.4.7 加油与检试：开机前，要对印刷机各部位进行认真检查。并对润滑点和油箱加注 30 号润滑油，然后接通电源,点动机器后进行运转检试。

10.5 印刷操作规程

10.5.1 装纸:将裁切好的纸张撞齐,咬口向前平置垛放在纸台上,不得颠倒和倾斜。前边和侧边要紧靠规矩边,然后放置过版纸。

10.5.2 装版:加衬纸将印版插入版夹,拧紧版夹螺丝,擦净背面,铺平衬纸。低速或点动机器装好另一边夹版,拉紧印版时,防止用力过猛。

10.5.3 校正印版:

a) 用水布擦去印版胶膜,然后用专用洗车水擦去图形上的墨层。慢速开动机器,挂上水辊、墨辊,中速试印。

b) 试印样图与工艺要求应相符,必须校正印版位置。如规矩误差不大时,可移动前规或侧规,但微调前规不得超过 1.0 mm。如规矩误差较大时,可松动挂版螺丝,再调整印版位置。

10.5.4 开印样:印版校正后,通过适量过版纸试印,待水墨平衡后,印出开印样张。经检查符合质量标准后,方可正式开印。

10.5.5 印刷作业:

a) 正式印刷时,认真操作输纸机构,随时调整风嘴的风量和输纸轮、稳定毛刷的位置,使纸张顺利输入。

b) 定时查看水、墨量是否平衡,印版水量应控制到最小但以不脏版为宜,经常搅动墨槽中的油墨,保持水墨平衡。

c) 印刷过程中,要定时抽查印刷品的质量是否符合要求。每印 200 张～300 张时,抽样查看其套印精度和墨色一次,拼接图要保持各图幅墨色一致。

d) 印刷过程中,应按时清洗橡皮布,使印刷图形墨层饱满,光洁实在。

e) 每天或每班印刷结束后,必须保护好印版,洗净橡皮布、墨辊、压印辊筒和辊枕,然后填写当日作业记录和交接记录。

f) 半成品要远离机台堆垛,但不可堆垛过高,用压纸板压盖,或用塑料罩封好。当印刷结束后,要在作业单上详细填写印刷情况,并同样图及各种资料一起移交。

g) 对印刷成品进行清理,核准数量准确无误后方可移交下一工序。

11 印刷成品检验

11.1 成品检验标准

11.1.1 印刷图形完整,墨色均匀,线划、注记清晰,网线光洁实在,无双影、花糊、虚断、脏污。

11.1.2 成品内容无差错,应与印刷样图、备考图、上车清样一致。

11.1.3 网点变形率不得超过 15%。

11.1.4 图面整洁,天地、左右位置符合设计要求。纸张白度较未印前不超过 0.01(用密度计测量),无破口、折角、皱纹,图背面无明显透印、粘脏。

11.1.5 成品印刷精度与要求见 10.1.2。

11.1.6 印刷墨色应与附录 A 相一致,在开印样张墨色确定后,应保持墨色深浅不变。图集、拼接图各图幅色相、色差一致,密度差在±0.07 以内。

11.1.7 印刷成图应保证足数。

11.1.8 特种图印刷品,如丝绸、塑料等,按相应标准执行。

11.1.9 书表成品要符合规格尺寸,四角对准,误差在 0.8 mm 以内。

11.1.10 书表内容各线划、笔划清楚,字迹清晰,墨色浓淡一致,铜锌版网纹清晰。

11.1.11 图集、书表要求版面无破页、白页、污损,页码位置误差正反在 1.5 mm 以内,邻页码差在 4.0 mm 以内,壳面平整,字居中,不起皱,不空背、鼓泡,不带脏,圆角要圆,包边要齐。

11.1.12 图集、书表不缺头少尾，内容不颠倒，不多帖少帖，锁线松紧一致，不断线不漏针，针眼上下整齐，打洞产品不颠倒，不翻身。洞眼不裂口，洞眼的位置、大小及距离的误差不得超过 0.1 mm。

11.1.13 裁切符合规格尺寸，不得有凸肚、凹心现象，天地订口边宽上下刀口一致。裁切内页上下刀口一致，不带脏、不带刀花，成品天地、左右误差不得超过 1.0 mm。

11.2 副品

11.2.1 图形完整，内容无误，墨色稍有不匀，有轻微脏污。

11.2.2 网点变形率不超过 20%。

11.2.3 图面整洁，背面有轻微粘污。

11.2.4 各色套印误差符合表 2 规定。正反套印误差不大于 1.2 mm。

11.2.5 印色稍有偏差，但未改变色相。

11.2.6 书表成品笔划清楚，字迹清晰，压力一致。

11.2.7 书表成品版心误差大于 0.8 mm，小于 1.2 mm。

11.2.8 正反页码误差大于 2.0 mm，小于 4.0 mm。

11.2.9 裁切带有轻微刀花，上下刀口误差在 0.5 mm～1.0 mm 之间，成品尺寸误差不超过 2.0 mm。

11.3 成品检验操作规程

11.3.1 成品检验要求：

a) 印色是否齐全，色相是否符合要求；

b) 套印是否准确，拼接图各图幅色相、色差是否一致；

c) 需要折页装订的产品，正反套合是否符合规定，折合后顺序是否正确。

11.3.2 成品检验：

a) 全开图、双面印刷多色图，三人一组检验，发现不良品，用纸条夹好标记，集中抽出；

b) 对开图、印色较少的图，二人一组检验。

11.3.3 成品过数：

a) 成品为 120 g 以上纸张时，每 100 张为一打，左右错开 1.5 cm～2.0 cm 垛放。

b) 成品为 120 g 以下纸张时，每 500 张为一打，左右错开 1.5 cm～2.0 cm 垛放。

c) 同一种产品垛放在一起，零头放在最上边，在明显位置夹标记签。注明产品名称、合格品总数。

d) 检验后填写检验记录及作业单，检验人签字。

e) 检验工作完成后及时清理工作现场，将正品、副品、废品分别垛放整齐。

f) 将作业通知单及时转交调度，由调度核准副品、废品数，并对其提出处理意见。

附 录 A
（规范性附录）
海图印刷色标

为了统一海图印刷颜色，保证海图清晰、易读，拼接图各图幅色调一致，按以下规定印刷。

A.1 海图印刷常用油墨配方

表 A.1

单位为%

印 色	油 墨		撤淡剂	白墨
	名称	数量		
海图黄	中黄 橘黄	3.97 3.31	52.98	39.74
海图蓝	蓝	11.76	58.82	29.42
玫瑰红	玫瑰红	100		
绿	中绿 深绿	66.67 33.33		
棕	中黄 品红 黑	47.4 36.8 15.8		
黑	黑	100		

A.2 民用海图印色

按图 A.1 色标样图（一）。

A.3 专用海图印色

按图 A.2 色标样图（二）。

A.4 双曲线格网海图印色

按图 A.3 色标样图（三）

专用双曲线格网海图上的普通要素的印色，一般按图 A.2 色标样图（二）。

A.5 渔业用海图印色

参照采用图 A.1 色标样图（一）。

汕 头 港
达
濠
岛
·181
闪6s74m18M 差分
快(6)+长闪15s
娘礁
黄黑
广澳
表角
闪6s61m20M 雷康(K)
广 澳 湾
海门
闪(3)9s12M
海 门 湾
泥
岩
黑
黄
紫
浅蓝

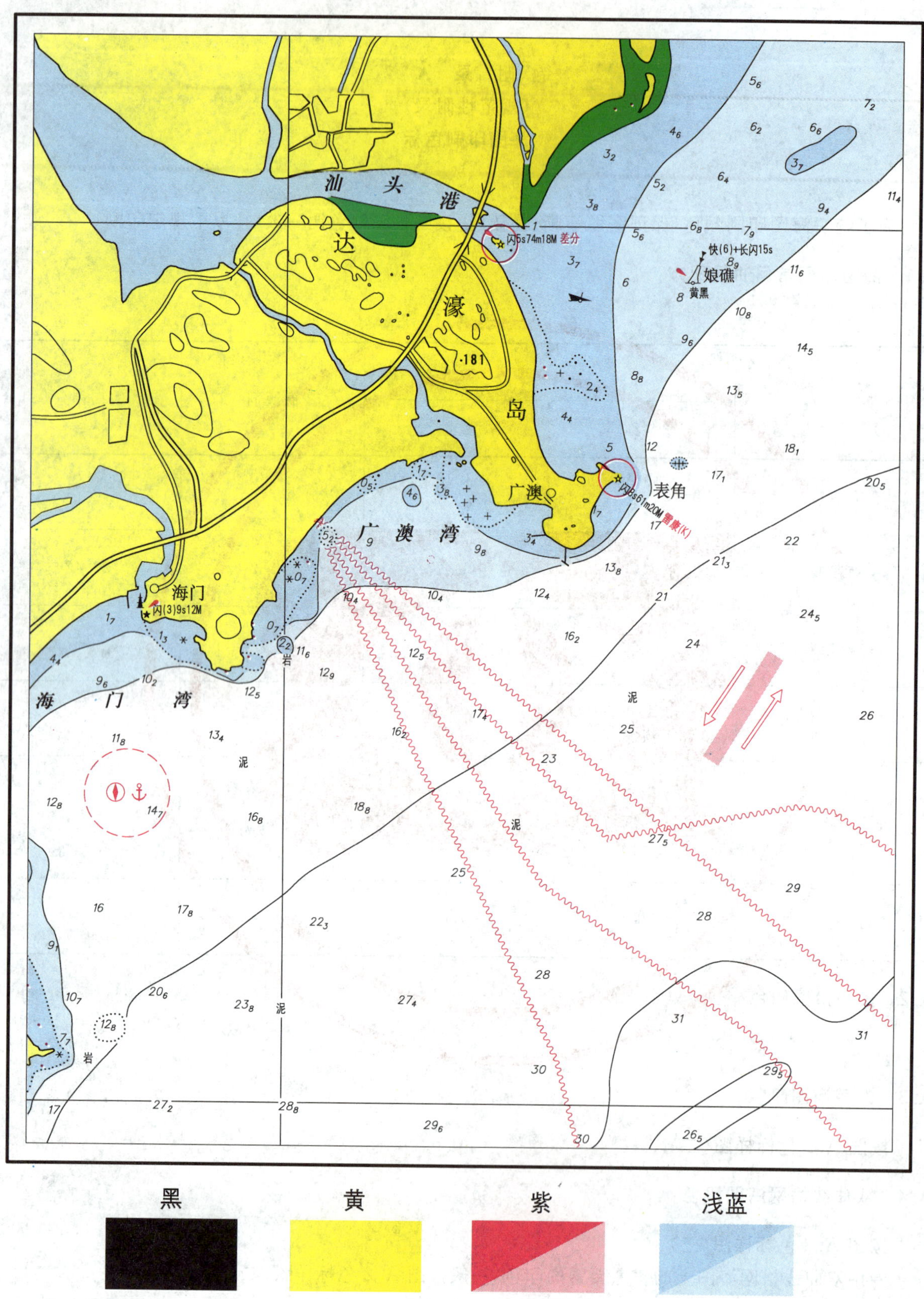

图 A.1 色标样图(一)

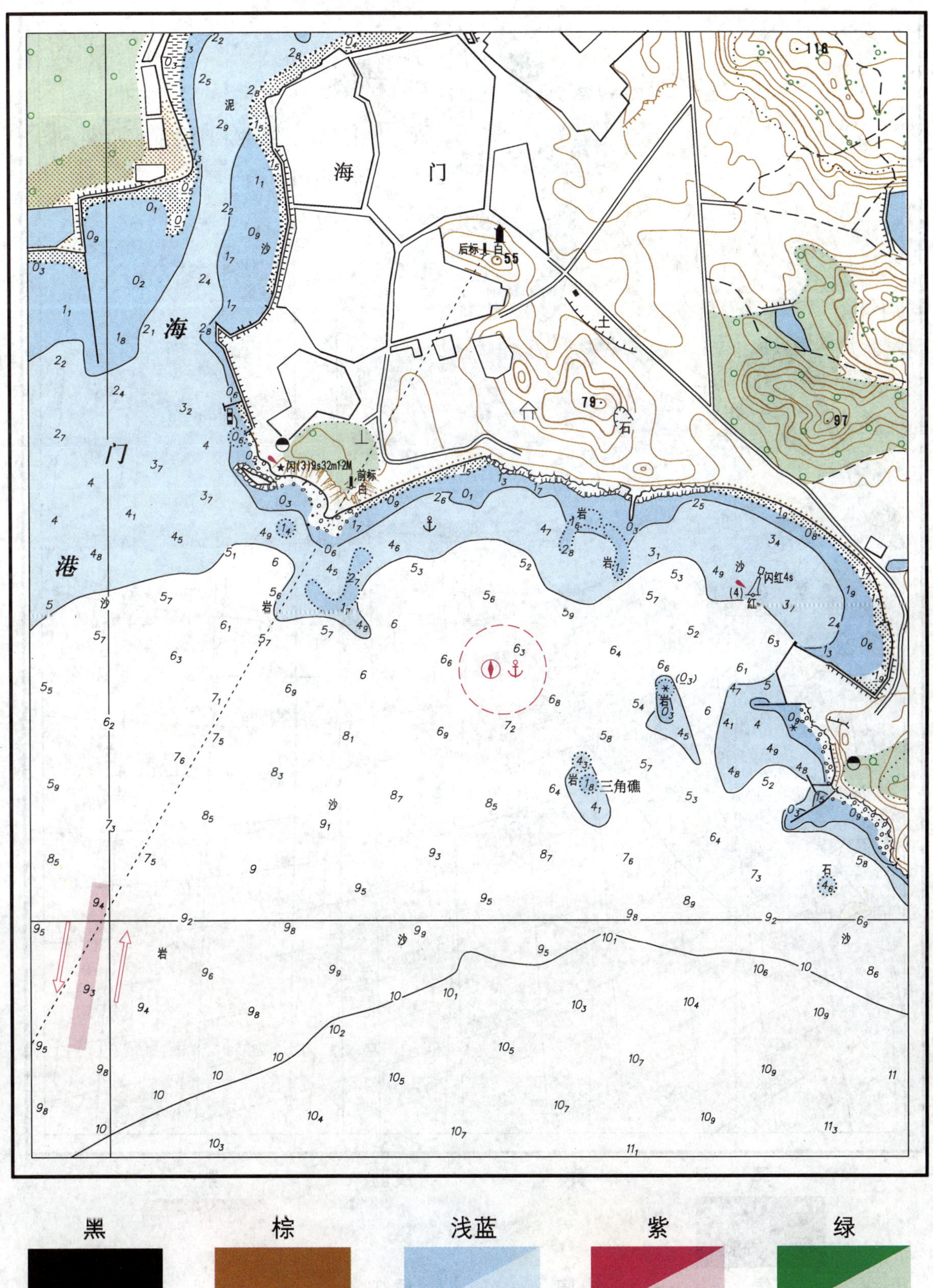

黑 棕 浅蓝 紫 绿

图 A.2 色标样图(二)

红江
红江湾
米山·87
东南岛
★闪
呈门
虎
头
湾
★闪
奇南岛
1S2-3400
1S1-2600
1S1-2800
1S2-3200
1S2-3000
1S2-2800
1S3-2600
1L4-5800
1L5-3200
基线延长线1S3-1000
黑
黄
浅蓝
紫
绿
中蓝
橘红
棕

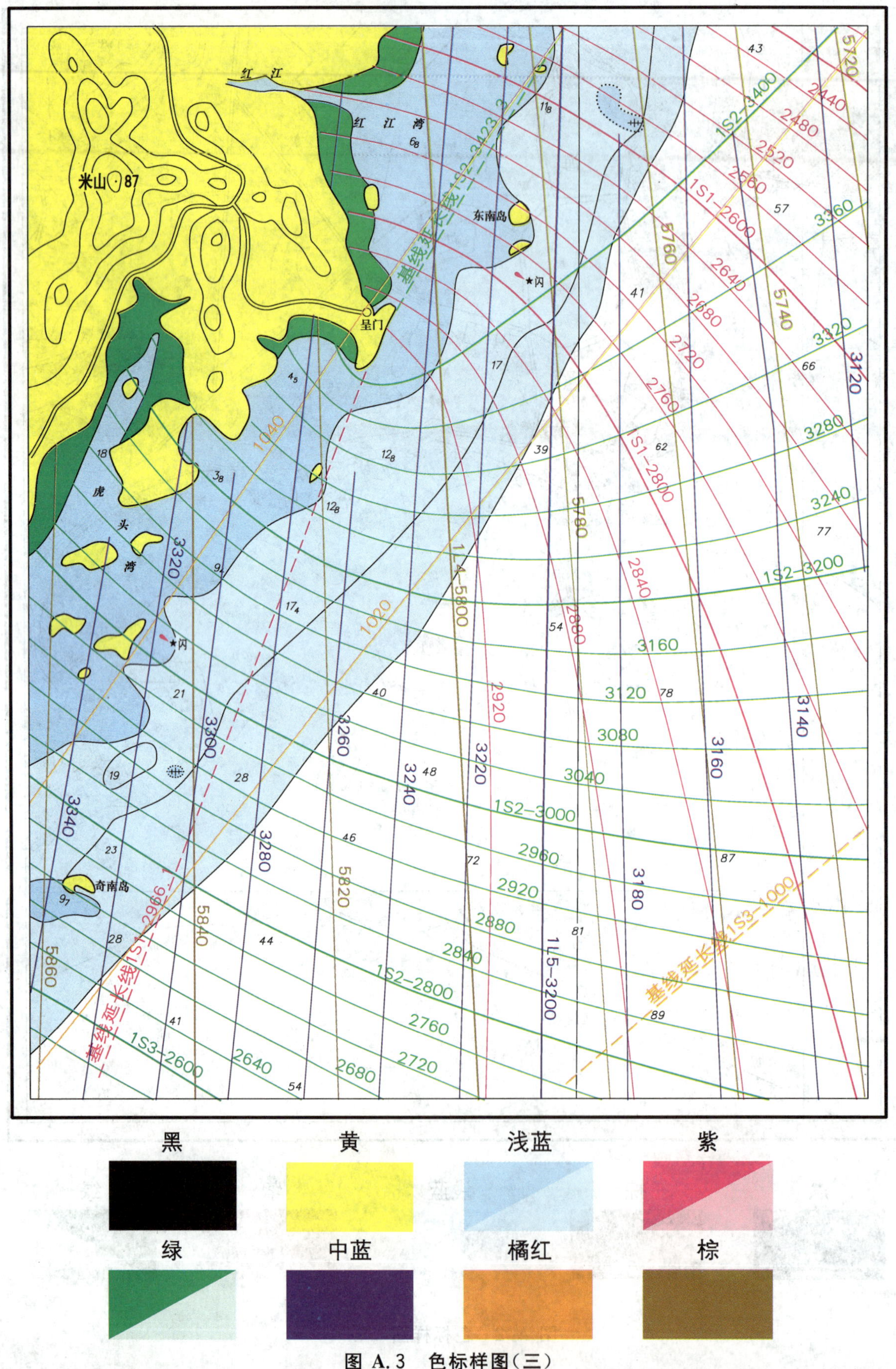

图 A.3　色标样图（三）

附 录 B
（资料性附录）
用网点胶片的密度解算网点比例

B.1 网点比例计算公式

$$D = \lg \frac{1}{T} \qquad \cdots\cdots(B.1)$$

$$O = \frac{1}{T} = 10^{D} \qquad \cdots\cdots(B.2)$$

$$a = 1 - \frac{1}{O} \qquad \cdots\cdots(B.3)$$

式中：

D——透射密度；

T——透射率；

O——阻光率；

a——网点比例。

B.2 计算举例

B.2.1 设某网点胶片的 $D=0.4$，求其网点比例。根据式(B.1)、式(B.2)得出：

$$O = 10^{0.4} = 2.51$$

$$a = 1 - \frac{1}{2.51} = 60\%$$

B.2.2 如果已知网点胶片的百分比，也可反求其透射密度。计算公式如下：

$$D = \lg O \qquad \cdots\cdots(B.4)$$

$$O = \frac{1}{1-\alpha}, a = 1 - \frac{1}{O} \qquad \cdots\cdots(B.5)$$

假设已知网点胶片的百分比 $a=60\%$，根据式(B.4)、式(B.5)，得出：$O=2.5$，$D=\lg 2.5=0.4$。

附　录　C
（规范性附录）
纸张裁切尺寸

C.1　海图用纸裁切尺寸

表 C.1

单位为毫米

开本 / 纸张尺寸	全开	对开	长幅
787×1 092	770×1 080	540×770	
889×1 194			770×1 180

C.2　海图集、航海书表用裁切尺寸

表 C.2

单位为毫米

纸张规格	开本	开切尺寸	开本尺寸
787×1 092	4 开	393×546	380×533
	8 开	273×393	260×381
	16 开	196×273	188×260
	32 开	136×196	130×184
	64 开	98×136	92×126
	128 开	68×98	63×90

ICS 07.040
A 79

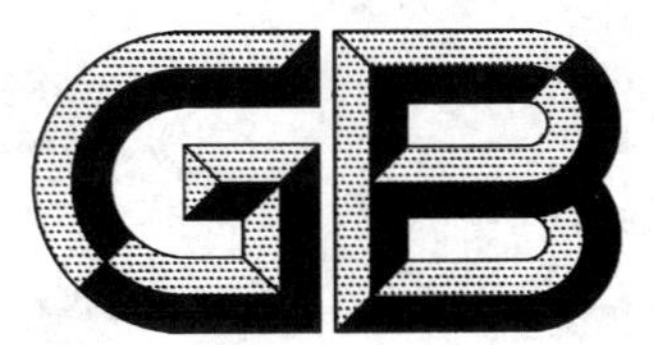

中华人民共和国国家标准

GB/T 14511—2008
代替 GB/T 14511—1993,GB/T 14510—1993,GB 14051—1993,GB/T 15638—1995

地图印刷规范

Specifications for printing of maps

2008-06-20 发布　　2008-12-01 实施

中华人民共和国国家质量监督检验检疫总局
中国国家标准化管理委员会　发布

前　言

本标准代替 GB/T 14511—1993《地图印刷规范》、GB/T 14510—1993《影像地图印刷规范》、GB 14051—1993《地形图用色》、GB/T 15638—1995《地图印刷光学密度量测规范》。

本标准与 GB/T 14511—1993 相比主要变化如下：

——标准的体例按照 GB/T 1.1—2000《标准化工作导则　第1部分：标准的结构和编写规则》的要求编写。

——“规范性引用文件”中删去了原有的引用标准 GB 14051《地形图用色》和 GB/T 14510《影像地图印刷规范》，通过对本标准的修订，其内容已涵盖了其原引用标准的要求；增加了引用文件 GB/T 20257《国家基本比例尺地图图式》、GB/T 14706《校对符号及其用法》、CY/T 28《装订质量要求及检验方法　平装》、CY/T 27《装订质量要求及检验方法　精装》。

——增加了“术语和定义”一章，对规范中“印刷”、“印刷工艺”、“印刷原图”、“扫描”、“测控条”、“栅格图像处理器”、“色彩管理”、“叠印”、“陷印”、“分色”、“制版”、“计算机直接制版”、“打样”、“审校”、“印后加工”、“出血”等一组术语及其定义进行了描述。

——总则中增加了“地图印刷审批规定”、“安全生产要求”、“质量管理要求”、“质量检验要求”等内容，将原总则 3.1.3.2“地图用色和色标”的内容修改后调整到第7章工艺设计中，并将原总则 3.3“地图印刷成图质量的基本要求”内容修改后调整到第11章的“印刷成图的质量要求”中。

——“印刷原图及附件的接收和检查”一章中，“图面内容的检查”中增加了“软片(反阳)原图的检查”，并增加了“数字印刷原图的检查”。

——“工艺设计”一章中，删去了原工艺设计一章中的“5.3　打孔定位的基本要求”、“5.4.1　减色或四色印刷工艺基本要求”以及“5.5　填写工艺通知单”等内容，增加了“工艺设计依据”、“工艺设计原则”，并对工艺设计的主要内容和要求进行了扩充和完善。

——增加了“数字印前处理”一章，对“数字印前处理”过程中的“数据输入”、“数据处理”和“输出控制”提出了要求。

——删除了原标准中“复照”作业要求，并将原标准中“6.3　电子分色制版操作方法”的有关内容和要求合并到本标准的“7.1.3　扫描输入”的有关要求中。

——删除了原标准中“拷贝”和“修版”两章的有关要求。

——“印刷”一章中，对“印刷成图的质量要求”进行了修改，分别从外观、阶调值、网点、层次、各色套印、双面印件套印以及颜色等方面对地图的印刷成品质量提出了要求，删除了“纸张准备”中的“晾纸”的内容要求。

——装订一章中，对平装和精装的质量要求分别引用了 CY/T 28《装订质量要求及检验方法　平装》、CY/T 27《装订质量要求及检验方法　精装》。

——“审校”一章中删除了原标准中的“审校薄膜黑图”的内容，对其他内容作了部分修改。

——增加了资料性附录“安全生产作业要求”(附录 A)。

——增加了规范性附录“测控条和光学密度计使用要求”(附录 B)，将 GB/T 15638—1995《地图印刷光学密度量测规范》的有关内容修订、完善后作为该附录的 B.3 的有关内容。

——增加了资料性附录“地图印刷过程工艺流程图”(附录 C)。

——增加了资料性附录“地图印刷纸张的规格和开本尺寸”(附录 D)。

本标准的附录 A、附录 C、附录 D 为资料性附录，附录 B 为规范性附录。

本标准由国家测绘局提出并归口。

本标准起草单位:国家测绘局测绘标准化研究所、西安地图出版社。

本标准主要起草人:吕玉霞、张坤、李小强、段怡红、李建利。

本标准所代替标准的历次版本发布情况为:

——GBCHⅣ—301—1982、GB/T 14511—1993;

——GB/T 14510—1993;

——GB 14051—1993;

——GB/T 15638—1995。

地图印刷规范

1 范围

本标准规定了地图印刷的基本原则、印刷原图接收和检查要求、工艺设计的要求以及印前、印刷、印后加工各工序的作业规范和质量要求。

本标准适用于国家基本比例尺地图、普通地图以及专题地图(包括地图集、册)等的印刷。

2 规范性引用文件

下列文件中的条款通过本标准的引用而成为本标准的条款。凡是注日期的引用文件,其随后所有的修改单(不包括勘误的内容)或修订版均不适用于本标准,然而,鼓励根据本标准达成协议的各方研究是否可使用这些文件的最新版本。凡是不注日期的引用文件,其最新版本适用于本标准。

GB/T 11500—1989 摄影透射密度测量的几何条件(neq ISO 5-2:1985)

GB/T 11501—1989 摄影密度测量的光谱条件(neq ISO 513:1984)

GB/T 14706 校对符号及其用法(GB/T 14706—1993,neq ISO 5776:1983)

GB/T 17934.2—1999 印刷技术 网目调分色片、样张和印刷成品的加工过程控制 第2部分:胶印(eqv ISO 12647-2:1996)

GB/T 18720—2002 印刷技术 印刷测控条的应用(neq DIN 16527-1:1993,16527-3:1993)

GB/T 18722—2002 印刷技术 反射密度测量和色度测量在印刷过程控制中的应用(eqv ISO 13656:2000)

GB/T 20257(所有部分) 国家基本比例尺地图图式

CY/T 27—1999 装订质量要求及检验方法——精装

CY/T 28—1999 装订质量要求及检验方法——平装

ISO 5-3:1995 摄影 密度测量 第3部分:光谱条件

ISO 14981 印刷技术 印刷用反射密度计的光学、几何学和测量学条件

3 术语和定义

下列术语和定义适用于本标准。

3.1

印刷 printing

使用印版或其他方式(如数字载体)将原稿上的图文信息转移到承印物上的复制过程。

注1:本标准中印刷具有广义和狭义两种概念。广义上,印刷指印前、印刷、印后加工全过程;狭义上,印刷仅指使用模拟或数字的图像载体将呈色剂/色料(如油墨)转移到承印物上的复制过程。

注2:改写 GB/T 9851.1—1990,定义2。

3.2

印刷工艺 printing technologies

实现印刷的程序和操作方法。

[GB/T 9851.1—1990,定义6]

3.3

印刷原图 original drawing for printing

地图印刷过程中,制版、印刷所依据的实物或载体上的图文信息。

3.4

印前 prepress

上版印刷之前的工艺过程。

3.5

扫描 scanning

利用扫描仪、电分机等设备将图像信息输入计算机的过程。

3.6

测控条(控制条) precision measuring strings

由网点、实地、线条等测标组成的软片条,用以判断和控制拷贝、晒版、打样和印刷时的信息转移。

[GB/T 9851.3—1990,定义 5.23]

3.7

栅格图像处理器 Raster Image Processor;RIP

一种担负图像转换的优化软件。

3.8

叠印 superimposition

将图形、文字或影像等重叠印在预先印好的图像、文字或影像上。

3.9

陷印 trapping

补偿两种相邻颜色之间潜在间隙的技术。

3.10

分色 color separation

把彩色原稿分解成为各单色版的过程。

[GB/T 9851.3—1990,定义 6.1]

3.11

制版 plate-making

依照原稿复制成印版的工艺过程。

[GB/T 9851.1—1990,定义 7]

3.12

计算机直接制版 computer-to-plate;CTP

将已排版的数字页面文件由主计算机直接输出到印版的过程。

3.13

打样 proofing

为检验印前制作质量和工艺设计效果,审校制版质量,为审校、客户签样和印刷提供样张和依据,利用胶印打样机或其他打样设备(如数码打样机等)打印样图的过程。

3.14

审校 proofread

通过对样图进行审核、校对,以检查制图和制版过程的错漏和作业质量、各要素的套合精度、印色及工艺设计效果等,从而为质量改进提供依据。主要包括打样样图的审校和开印样的审校。

3.15

印后加工 post-press finishing

使印刷品获得所要求的形状和使用性能的生产工序。

[GB/T 9851.1—1990,定义 11]

3.16

出血　bleed off

地图印刷一边或数边超出裁切线的部分。

4　总则

4.1　地图印刷审批规定

地图印刷应遵守国家有关规定，经有关主管部门批准。

4.2　安全生产要求

在地图印刷生产过程中，应以预防为主，认真执行各项安全作业规定。地图印刷安全生产作业要求参照附录A。

4.3　质量管理要求

4.3.1　凡已采用GB/T 19000族标准（即等同采用ISO 9000族标准）的地图印刷企业，应按照已经建立的质量管理体系文件的要求进行生产质量管理。

4.3.2　地图印刷企业在生产过程中，应加强现场管理，做好产品标识；同时应积极推行数据化、标准化和规范化作业和管理，并加强对各过程和产品的质量检验和控制，积极推进各过程的质量持续改进。

4.3.3　地图印刷企业应加强印刷过程中的色彩管理，定期对扫描仪、显示器、打样机等设备进行颜色校正，分别建立描述输入及输出设备颜色范围的特性文件（即Profile文件）；应根据输入、输出等出版印刷设备、材料、工艺条件建立相应的色彩描述文件，并利用匹配的色彩管理软件对设备间色彩传递、转换进行管理，使印前的屏幕预检、数码打样与印刷品的色彩再现尽可能一致。

4.4　质量检验要求

4.4.1　质量检验应贯穿地图印刷生产的全过程。地图印刷企业应设立专门检验机构和专职检验人员，加强对各工序产品和印刷成图的质量检查。

4.4.2　实行作业人员自检、下工序检查上工序和专职人员检查相结合的制度，并且分工明确，各负其责。下工序如发现上工序的产品不符合质量标准，应予以退回或向专职检验机构或人员提出。

4.4.3　专职检验人员应严把质量关，并对印刷成图进行最终检验，对不符合质量标准的过程产品和最终成品，有权做出返工修改、降级使用或作废的处理决定。最终检验不合格或未经最终检验的印刷成图不得出厂。

4.4.4　在制版印刷过程中，应使用测控条控制线条和网点的变形，使用光学密度计等检测和控制密度。测控条和光学密度计的使用按照附录B的有关规定执行。

5　印刷原图及附件的接收和检查

5.1　印刷原图及附件的接收

应接收内容完整、精度符合规范规定、图面整洁、附件齐全的印刷原图和附件。

注：附件内容主要包括：

a）出版单位或主管部门准予印刷的批件；

b）委印单位的成图工艺设计说明书、彩色样图和色标；

c）地图集（册）的装帧设计样本及其他与地图印刷有关的说明文件等。

5.2　印刷原图的检查

5.2.1　模拟印刷原图的检查

5.2.1.1　精度的检查

模拟印刷原图图廓尺寸和套版精度要求见表1。

表 1 图廓尺寸和套版精度要求

单位为毫米

图种	实际尺寸与理论尺寸允许最大误差		多幅拼接图拼接边允许最大较差值	分版或分层要素相应边长同向套合允许最大较差值
	边长	对角线		
国家基本比例尺地图和精度要求较高的其他地图、地图集	±0.2	±0.3	0.2	0.2
精度要求较低的各种地图	±0.4	±0.6	0.3	0.3

5.2.1.2 图面内容的检查

模拟印刷原图图面内容的检查主要包括：

a) 纸质印刷原图的图面内容检查：

——图面整洁，图形完整；

——线划光滑实在、精细均匀，最细不小于 0.08 mm，相邻两条线划之间的距离不小于 0.2 mm；

——注记、符号应清晰完整，符号及注记不被其他要素压盖；

——线划、注记和符号墨色浓黑饱满；

——连续调原图层次丰富，色彩逼真，反差符合印刷要求。

b) 胶片印刷原图的图面内容检查：

——软片平整无划痕，图形完整，线划、注记和符号等清晰；

——线划、注记和符号墨色浓黑饱满，密度不小于 3.0，软片灰雾度小于 0.1；

——分色软片分色正确，色调层次丰富，各色版的网点角度正确，网点光洁实在；

——拼幅地图的拼接带宽度应为 5 mm～10 mm。

5.2.2 数字印刷原图的检查

5.2.2.1 精度的检查

数字印刷原图实际尺寸与理论尺寸允许最大误差符合表 1 的有关规定。

5.2.2.2 数据格式及内容的检查

数据格式及内容的检查主要包括：

——数据格式符合印前处理格式要求，通常情况下数据格式应为通用格式。

——字库符合印前处理系统要求。当字库与印前处理系统要求不一致时，可由顾客提供相应的字库文件。

——数据文件完整，地图要素表示正确、完整，图廓内外整饰内容、规格正确、完整。

——点状符号、注记应保持完整，地图各要素关系应符合叠印、镂空、陷印等印刷要求。

——四色印刷的数字原图，其符号、注记等线划宽度不小于 0.1 mm。

——连续调原图和图片亮度适宜、层次丰富，色彩逼真，分辨率不小于 12 点/mm(300 dpi)，色彩表达正确。

——拼幅地图的拼接带宽度应为 5 mm～10 mm。

——数字栅格地图分辨率不小于 12 点/mm(300 dpi)、图形清晰、线划平滑，无相互粘连、断线及多余斑点；彩色图色彩符合要求。

——数字矢量地图数据分层、表达正确，符号、注记或文字等大小、样式、色彩正确，图形线划连续光滑、清晰，粗细符合图式规定；各要素图面关系合理；接边处接边要素的几何形状连贯、合理，图面配置符合要求。

5.3 问题的处理

在印刷原图检查和/或生产过程中，发现原图错、漏或委印单位要求修改原图的，委印单位应予以确认并承担修改或返工的相应责任。如需要对原图作适当的修改处理，应得到委印单位的同意。

6 工艺设计

6.1 工艺设计依据

地图印刷工艺设计的依据主要包括：

a) 顾客要求，包括合同的有关要求，顾客的书面、口头或网络上的有关要求的记录；

b) 市场所隐含的需求和期望；

c) 顾客提供的有关印刷原图或资料；

d) 本单位现有设备和技术水平；

e) 本单位以往有关工艺设计和生产、质量管理方面的资料。

6.2 工艺设计原则

地图印刷工艺设计应遵循以下基本原则：

a) 满足顾客的合理要求，增强顾客的满意程度；

b) 应在保证满足顾客要求(包括质量和工期)的前提下，努力缩短周期、降低成本、提高经济效益和社会效益；

c) 工艺设计应充分考虑本单位的资源条件(包括设备配置、人员的技术能力、相应的配置软件以及材料规格等)，挖掘潜力，选择最适用的合理方案；

d) 采用适用的新工艺、新方法和新技术。

6.3 工艺设计主要内容和要求

6.3.1 工艺设计主要内容

工艺设计的主要内容包括：原图分析、工艺流程和主要工序的确定(需要时可编制工艺流程图表)、工序(印前、印刷、印后)的作业方法和技术要求，新工艺、新技术应用要求、重要技术措施和特殊工艺的简要说明等。

地图印刷过程工艺流程图参见附录C。

6.3.2 工艺设计的要求

6.3.2.1 用色要求

6.3.2.1.1 国家基本比例尺地图应依照GB/T 20257《国家基本比例尺地图图式》相应部分规定的用色要求制版、印刷；普通地图、专题地图(包括其地图集、册)等应按相应技术设计规定的用色要求、有关的图式规范、色谱或彩色样图等的要求制版、印刷。

6.3.2.1.2 工艺设计宜采用四色制版印刷工艺。在下述情况下亦可增加专色进行制版印刷：

a) 顾客特别要求时；

b) 为了追求印刷产品的艺术效果；

c) 对于某些线划或符号，确因技术水平达不到顾客或印刷品质量要求的。

6.3.2.2 地图要素关系印前处理要求

在数字印前数据处理过程中地图要素关系应满足叠印、镂空、陷印等印刷要求，点状符号、注记应保持完整。

6.3.2.3 拼版设计要求

6.3.2.3.1 **单幅图或挂图的拼版设计要求**

单幅图或挂图的拼版设计应满足下列要求：

a) 规定是单张印刷或拼版印刷，单张印刷时应规定其咬口，双拼图幅的咬口一般应为拼接边；

b) 拼版印刷时，拼版图幅的印数、色数、色别以及内容繁简应尽量一致，应尽量避免将一些大面积的实地与一些细线条或细网线图案拼在同一版面中；

c) 应尽量将同一地区、相同比例尺、套合精度要求大体一致的图幅拼在一起；

d) 拼幅挂图的拼接带宽度应为 5 mm～10 mm，拼接带拼接时一般应上压下、左压右；

e) 拼版面积不得超出纸张印刷有效面积，四边应适当留出白边。国家基本比例尺地图，图廓外的白纸边不得小于 1 cm。

6.3.2.3.2 地图集(册)的拼版设计要求

地图集(册)的拼版设计应满足下列要求：

a) 依据纸张的规格、地图集(册)的开本尺寸、页码数目、装订方式(骑马订、铁丝平订、锁线装或胶订)、印刷色数(单色、双色或四色)、印数、折页形式(手工折页或机器折页)和纸张厚薄等因素进行拼版设计，印刷用纸张规格及其开本尺寸参见附录 D；

b) 图幅的拼版要求同 6.3.2.3.1 的 b)、c)；

c) 图集或图册中图幅如有出血或破图幅情况时，应符合以下要求：

1) 字：不应出现残字；

2) 线划：经裁切后线划不能出现被误解；

3) 印色：出血或破图幅部分印色应与图内相同用色保持一致。

6.3.2.4 图集(册)、系列图的工艺设计要求

图集(册)、系列图或同幅拼版地图应尽量采用相同的工艺流程设计方案，且制版印刷过程中应尽量采用相同品牌和规格的感光胶片、制版版材、印刷油墨和同批次纸张等，并采用同一印刷机进行印刷。

6.3.2.5 分色加网要求

6.3.2.5.1 概述

分色加网时，工艺设计应规定加网的方式(包括调幅加网和调频加网)、加网线数和各色版的加网角度等。

6.3.2.5.2 网线要求

当采用 CTP 直接制版时，胶版纸印刷网线数一般为 5 线/mm～6 线/mm(133 线/英寸～150 线/英寸)，铜版纸印刷其网线数一般不低于 7 线/mm(175 线/英寸)；

当采用激光照排机发排软片时，胶版纸印刷网线数一般为 4 线/mm～5 线/mm(100 线/英寸～133 线/英寸)，铜版纸印刷网线数一般为 5 线/mm～8 线/mm(133 线/英寸～200 线/英寸)。

6.3.2.5.3 网线角度要求

将垂直指北方向定为 0°。角度按顺时针方向旋转，整个圆周分为 360°。网线角度要求如下：

a) 单色印刷时，网线角度应为 45°。

b) 彩色印刷采用有主轴的网点(如椭圆形网点)时，青、品红和黑版的网线角度差应为 60°，主色版的网线角度应为 45°或 135°，黄版的网线角度宜为 0°。双色印刷机印刷时，构成的一对颜色应给出尽可能大的角度差。通常情况下，各色版的网线角度分别为：黑(K)135°，品红(M)15°；黄(Y)0°，青(C)75°。

注：主色版是反映图像主体的色版。

c) 彩色印刷采用无主轴的网点(如方形、圆形)时，青、品红和黑版的网线角度差应为 30°，主色版的网线角度应为 45°，黄版与其他色版的网线角度相差 15°。

6.3.2.6 胶印打样、印刷工艺设计要求

工艺设计应分别规定胶印打样、印刷的设备要求、所需纸张的规格和数量，并规定印数、印色和色序等。

印刷色序应根据地图的内容、要求以及油墨的性质等确定。一般的原则是：

a) 套合精度要求高的色先印；

b) 遮盖力大的墨色先印；

c) 尽量保证第二色油墨的粘着性小于第一色；

d) 应尽量将墨层厚度厚的油墨放于后色印刷，墨层薄的油墨放于前色印刷，使油墨在印刷的过

程中,达到一个相对大的转移量;

e) 对于标准的四色油墨,通常情况下按照黑—青—品红—黄的顺序来印刷。

7 数字印前处理

7.1 数据输入

7.1.1 数字印刷原图的数据输入

输入到数字印前处理系统中的数字印刷原图数据应满足印刷系统格式的要求。

7.1.2 模拟印刷原图扫描输入

7.1.2.1 扫描质量要求

扫描质量应满足下列要求:

a) 地图和图片等扫描分辨率一般不应低于 12 点/mm(300 dpi);当等高线较密或图面要素复杂时,扫描分辨率不应低于 16 点/mm(400 dpi);要求精细的地图或图片等扫描分辨率不应低于 20 点/mm(500 dpi)。

b) 扫描后的图形完整,线条实在、不间断,图形亮度适宜,图面整体噪点小。

c) 扫描后的图像层次丰富,色彩模式正确,色彩模式可采用 RGB、二值和灰度等,色值符合要求。

d) 扫描输出的数据命名、格式等符合要求。

e) 二值化时,根据扫描图像灰度直方图选择亮度值与阈值,确保二值化后不漏要素,尽量减少断线和粘连。

7.1.2.2 扫描准备

分析原图的色彩、层次及反差,标出扫描范围,根据成图尺寸确定缩放倍率等。

7.1.2.3 扫描作业要求

扫描作业要求如下:

a) 运行扫描软件,设置适当的扫描参数(如设置扫描文件名、扫描类型、扫描分辨率、有效扫描区域、数据格式等),并根据图纸和扫描质量要求选择设置编辑功能和参数。

b) 对图件进行扫描时,应将图纸的公里格网水平/竖直放置,扫描方式可选用自动扫描和手动扫描:

——自动扫描:在原稿反差适当、不存在偏色情况下,可选用自动扫描方式。自动扫描应先对图件进行预扫,根据预扫情况,设定扫描的亮度、对比度、色彩饱和度以及扫描范围等参数,裁切位图时不应将图幅以外的内容(如黑边、白边)裁切到扫描幅面之内,然后进行扫描。

——手动扫描:首先根据原稿情况设置扫描的高光和暗部、扫描曲线(curve)和反差格玛(Gamma)值以及其他参数,然后进行扫描。

c) 根据图件的图面情况调整亮度值和阈值,选择相应的色彩模式或灰度模式进行色彩归化处理。

d) 依照要求输出数据,格式应符合设计书要求。

7.2 数据处理

7.2.1 栅格数据处理

主要内容包括:

a) 根据用途对图像的阶调、层次、颜色进行调整和校正;

b) 用于彩色印刷的图像数据最后应转换成 CMYK 色彩空间模式。

7.2.2 矢量数据处理

主要内容包括:

a) 依据分版要求对各要素进行色彩设计,保证分色版正确;

b) 根据设计要求,对精细线划和符号进行特殊的艺术处理,并根据要求设定其四色分版色值或专色版色值;

c) 同一测区、同一比例尺地图的图廓外整饰内容，可制作公用文件，出版整饰时调用并添加；

d) 在整幅图编辑完成后，应进行错误检查，修改无误后再组版输出。

7.2.3 分色加网

应根据设计书和/或印刷工艺设计要求，对页面进行分色和专色设定（如果是RGB色彩，应转换成CMYK），清除无用色，归并比例相同的颜色，并根据需要对地图要素关系进行叠印、陷印、镂空等处理，设定输出用色的线数和网形，选择加网方式（调幅加网、调频加网），建立分色版文件。

7.2.4 组版、拼版作业要求

7.2.4.1 组版作业要求

确定页面图幅所含文字、图形、图像、填充图案等文件内容，并确定页面样式（如页面尺寸、图幅展开、出血或破幅要求等），用排版软件将文字、图形、图像以及填充图案等分离文件组合成完整版面。排版后应保证文件齐全、字库匹配、版式符合要求、文件链接正确有效。

7.2.4.2 拼版作业要求

根据图幅页面大小、图集（册）装订方式及印刷工艺、设备等具体情况设计折手方式和拼版样式，并根据拼版样式要求进行拼版。应在图幅外设置测控条以控制数据输出、晒版、打样和印刷过程的质量。

7.2.5 输出前数据检查和输出格式要求

输出前应对数据进行检查，检查内容主要包括：版面要素是否缺漏、正确，色彩处理与分版加网是否正确，数据格式以及字库是否匹配等。发现问题应及时修改、处理。

地图数据输出格式应符合设计要求。文字一般采用文本方式。

7.3 数据输出

7.3.1 数码打样

利用数码打样机（喷墨打样、激光打样等）输出数码样张，根据需要，样张可以为全要素或分要素样张。经色彩管理处理后的数码样张应能够基本模拟印刷品。数码样张的审校按照10.1的规定执行。

7.3.2 激光照排机软片输出

7.3.2.1 激光照排分色片质量要求

激光照排分色片质量要求如下：

a) 分色片图形完整，无划伤，版面干净、无脏迹，规矩线齐全；

b) 片基灰雾密度（片基加灰雾）≤0.10，网点区域的透明部位密度值不得高于透明胶片密度值（片基加灰雾）0.1以上，实地密度≥3.8；

c) 分色片对角线套准误差≤0.01%；

d) 网线数：胶版纸印刷网线数一般为4线/mm～5线/mm（100线/英寸～133线/英寸），铜版纸印刷网线数一般为5线/mm～8线/mm（133线/英寸～200线/英寸）；

e) 线划光洁，注记笔锋和棱角明锐，文字、网点无破裂；

f) 网目半色调底片的网点光洁实在，角度正确，层次丰富，50%网点扩大值不超过2%；

g) 分色底片分色正确，其密度层次与原图的色调层次相一致；

h) 线划粗细的变形率不超过5%。

7.3.2.2 激光照排机输出作业要求

激光照排机输出作业的主要要求如下：

a) 输出前准备：根据激光照排机输出要求，做好设备和软件的准备和设定，根据任务通知单或设计书要求，准备所需感光胶片、显影液、定影液等。

b) 对激光照排胶片性能要求：最大密度≥5.0，最小密度≤0.04，厚度0.1 mm±0.02 mm，变形率≤0.02%。

c) 输出质量控制：

——应制作常用感光胶片、网型和输出线数的标准网点梯度胶片，并对输出软片的实地密度、底片灰雾度、网点扩大率、网点变形情况、输出软片尺寸变化等进行质量检测；

——更换软片类型或更换显影液、定影液后，应对胶片输出进行基本密度测试，对照排系统作线性化调整，保证输出质量；

——照排机分辨率不低于100点/mm(2 540 dpi)，胶版纸发排线数不低于4线/mm(100线/英寸)，铜版纸发排线数不低于5线/mm(133线/英寸)。

d) 输出前应对输出文件进行屏幕预检，确保数据无误后方可进行输出作业。

e) 按照激光照排机输出作业要求输出软片，应用RIP输出软件输出胶片，并对输出软片进行显影、定影。

7.3.3 计算机直接制版(CTP)输出

7.3.3.1 印版质量要求

印版质量要求如下：

a) 版面清洁、图形完整，规矩线和色标齐全；线划、注记清晰，网点实在，加网线数为8线/mm(200线/英寸)的3%的小网点不丢失，97%的网点不糊版；

b) 精度：对角线对版误差不大于0.01 mm；

c) 网线数：胶版纸印刷网线数一般为5线/mm～6线/mm(133线/英寸～150线/英寸)，铜版纸印刷其网线数一般不低于7线/mm(175线/英寸)；

d) 印刷要素的感脂性能和空白部位的亲水性能良好，擦胶平薄均匀；

e) 咬口尺寸要符合指定机器的要求，误差不超过3 mm，侧规误差不超过5 mm。

7.3.3.2 印版输出作业要求

印版输出作业要求如下：

a) 输出前准备：根据CTP系统作业要求，做好软件和直接制版机、冲版机等设备的准备、设置工作，准备冲洗药液、版材等；

b) 输出前应对输出文件进行屏幕预检，确保数据无误后方可进行输出作业；

c) 应用软件输出印刷版，并对输出印版进行自动显影、定影处理。

8 晒制PS版

8.1 印版质量要求

印版质量要求如下：

a) 版面清洁、图形完整，规矩线和色标齐全。线划、注记清晰，网点实在，3%的小网点不丢失，95%的网点不糊版。

b) 精度：对版误差不大于0.1 mm。

c) 印刷要素的感脂性能和空白部位的亲水性能良好，擦胶平薄均匀。

d) 咬口尺寸要符合指定机器的要求，误差不超过3 mm，侧规误差不超过5 mm。

8.2 晒版作业要求

8.2.1 晒版前的准备

内容包括：

a) 检查底片质量，准备台纸板及有关用具；

b) 按配方准备好显影液、修版液、胶液和处理液，领取所需规格版材；

c) 晒版机的准备：普通晒版机需调整好光源，擦净玻璃。自动平型晒版机应首先调置频道，输入真空时间、曝光时间以及灯体位置的相关数据。

8.2.2 曝光

内容包括：

a) 将底片与PS版的感光层相对(底片朝向光源)置于晒版机内，按照印刷机的规格和工艺要求留出咬口和边规尺寸，并在版材拖梢方向放置晒版测控条。待检查无误后抽气和曝光。

b) 使用平型自动晒版机晒版时，在合上电源开关后，应检查控制盘上的显示，光源及真空泵的工作是否正常，然后将PS版和底片放入晒版机内抽气和曝光。

8.2.3 显影

8.2.3.1 手工显影

将曝光后的PS版置入显影液内，用软毛刷刷洗版面，待图形清晰及空白部分的颜色清除干净后，立即水洗，然后用2%～3%磷酸液处理，用水洗净后吹干。

8.2.3.2 PS版自动显影机显影

内容包括：

a) 清洗显影槽，按照槽内液面计的指示，投放配制好的显影液。打开冲洗量调整阀门和显影液量调整阀门。

b) 接通电源，设定显影温度、烘干温度、输送版材定时时间及其输送速度，调整显影液喷放量及其角度和显影毛刷压力。

c) 按动各操作开关，然后进行显影、冲洗。

8.2.4 印刷版的修整

显影后，检查版面质量，利用修版液(不能用浮石棒)把版上不需要的图形和空白部位的脏污除去，并用急水流冲去多余脏液，以免破坏图文。然后擦胶、风干备用。

8.2.5 固化

印刷版如暂时不上机印刷，应涂一层油墨，防止图文受光分解而降低感脂性。不要使图版接触强酸和有机溶剂，注意避光保存。

8.2.6 耐印处理(烤版)

当印数较大时，为了提高印刷版的耐印率，可将印刷版显影后(不擦树胶)薄薄擦上一层专用保护胶，放入烤版机内烘烤，取出后再放入显影液内除去专用保护胶层，水洗干净，擦胶、吹干备用。

9 胶印打样

9.1 胶印打样样图质量要求

胶印打样样图质量要求如下：

a) 图形完整、图面清洁，网点光洁实在，无白点、条痕，线划和注记无花糊、虚断；

b) 多幅拼接版不应拆幅单打；

c) 墨色符合色标或设计要求，无漏色、错色，拼接图幅和图集(册)的各幅相同墨色应一致；

d) 打样用纸要与印刷用纸相同，四边应留出5 cm的白纸边；

e) 各要素套合误差不超过0.1 mm。

9.2 打样准备

主要应做好以下各项准备工作：

a) 采用胶版打样机打样，采用的纸张、油墨等材料应与正式印刷相同。

b) 按工艺通知单规定的数量和规格领取纸张，并进行适印处理。检查印刷版质量，测定印刷版厚度。

c) 根据工艺设计的要求及色标、油墨的型号调配油墨，确定打样色序。

d) 作业室应保持干净明亮，工具放置有序。

e) 室内温度和相对湿度应满足打样作业要求。

9.3 操作方法

打样作业应：

a) 先将水墨辊均匀上好水和墨。将活动架移动到输墨辊上，使墨辊均匀受墨，然后移到输水辊上，使水辊均匀湿润。

b) 将印刷版在版台上对准夹牢，用水洗净版面胶层，再用汽油洗去墨层，然后在版面上滚压印墨，并使版面图形受墨均匀。

c) 打印每一色前，首先要用彩色反射密度仪测定实地密度值，符合质量标准和技术要求后，再进行正式打印。

d) 经审校后，如错误过多，必须重新打样。

e) 工作完毕后，应擦洗版台和压印台，做好机器的清洁和保养工作。

10 审校

10.1 审校数码样和胶印样

10.1.1 审校内容

主要审校以下内容：

a) 检查各要素位置相互关系是否正确，套合精度是否符合要求，规矩线是否准确齐全；

b) 检查图廓外及图廓间整饰以及注记说明有无遗漏或差错；

c) 检查图内各要素有无重叠、错漏，内容有无残断、脏污、花糊，墨色是否符合色标或彩色样图的要求，拼幅地图各要素的接边和墨色是否一致；

d) 通过测控条的测定，检查色调是否符合要求。

10.1.2 审校作业

审校作业主要包括以下内容：

a) 熟悉工艺方案，领取各种打印样和所需资料，准备好审校用具；

b) 根据印刷原图、色标、设计要求等全面审校打印样，发现问题应详细标在样图边上，并标注修改意见；

c) 重点审校涉及领土完整的要素和国界，审校国界必须逐点、逐线对照印刷原图或国界审批件进行检查。

10.1.3 审校中发现问题的标写规定

10.1.3.1 标写规定

根据审校中所发现的问题，应采用以下标写方法：

——重叠：标写“去××，留××”；

——遗漏：标写“加××”，并将位置准确标出；

——移位：标写“××改位”，并标出真实位置。内容复杂时，应在图边绘出修改位置示意图；

——多余：标写“去××”；

——脏污：标写“××版去脏”；

——修字：标写“修×字”；

——断线：标写“连××”；

——改形：标写“改为××”，绘出正确形状；

——更正：标写“去××加××”。

审校过程中其他校对符号的使用按照 GB/T 14706 的要求执行。

10.1.3.2 标写注意事项

审校作业的标写应注意：

a) 引线必须是横、竖直线，线与线不能重叠，尽量避免交叉；

b) 引线应标向距图廓近的一方，标写应简明肯定，字迹清楚。

10.2 审校开印样

审校开印样是印刷前对印图的内容、墨色、套合精度的最后一次质量把关，应认真做好，主要要求包括：

a） 开印样审校应及时、准确、快速；

b） 按照印刷成图的质量标准对开印样图的墨色、套合精度、要素内容及完整性、要素间关系等内容逐项进行认真检查，发现问题用色笔标出；

c） 审校后应签署付印意见并签名。

11 印刷

11.1 印刷成图的质量要求

印刷成图质量要求如下：

a） 外观：

1） 成图内容应保持与原图或校样一致；

2） 文字、图形完整、位置准确，线划、注记、网线（点）光洁实在，无双影、条痕花糊、虚断和脏污；

3） 图纸无破口、折角、破洞和皱褶，纸张白度与未印刷前无明显差别，背面无脏污，天、地、左、右位置符合设计规定。

b） 阶调：

1） 实地密度值范围为：黄（Y）：0.85～1.10；品红（M）：1.25～1.50；青（C）：1.30～1.55；黑（K）：1.40～1.70；

2） 最小网点再现3%～5%网点面积。

c） 网点：

1） 网点清晰，角度准确，不出重影；

2） 印刷品50%网点的增大值范围一般为10%～18%；

3） 线划粗细变形率不超过15%。

d） 层次：亮、中、暗调分明，层次清晰。

e） 各色套印误差：

1） 全开图幅：精度要求较高的地图不大于0.2 mm，一般地图不大于0.3 mm；

2） 对开及小于对开图幅：国家基本比例尺地图及精度要求较高的地图不大于0.1 mm，一般地图不大于0.2 mm。

f） 双面印件套印：正反面套印误差不超过0.5 mm。

g） 颜色：

1） 印刷墨色应符合批印样或用色标准；

2） 地图集（册）、成套地图及多幅拼接图的相同墨色应深浅一致，实地密度允许误差为：青（C）、品红（M）≤0.15；黑（K）≤0.20；黄（Y）≤0.10。

11.2 纸张准备

11.2.1 选纸

提前准备好所需纸张。依据通知单的要求选纸，挑去破损、脏污、折叠等不适用于印刷的纸张，按品种、规格、纸纹分别存放，存放时不应产生紧边、卷曲、荷叶边等变形，核对纸张的品种、规格、纸纹和数量。

11.2.2 裁纸

11.2.2.1 质量要求

裁纸的质量要求如下：

a） 裁切的纸张要符合规定尺寸，同一图幅误差不超过1.0 mm，裁切纸边应互相垂直；

b） 切口光滑无刀花；

c） 裁切纸张数量必须与通知单要求相符，并垛放整齐。

11.2.2.2 裁纸操作方法

裁纸操作应做到：

a) 熟悉作业通知单，核对纸张，拟定裁切尺寸、顺序或程序数据（电脑控制裁纸机）。

b) 检查调整机器，擦净工作台面。备齐使用工具。空车试刀，如有跑刀严禁使用。

c) 将纸张撞齐输入机内，按要求尺寸校正规格，开刀裁切。使用自动控制的切纸机时，输入数据后应检查屏幕显示的数据，正确无误后方可按动裁切电键。用完后应断电，不能露出刀口。

d) 裁切的纸张经严格验数后，垛放整齐，做好标识，套上塑料罩备用。

11.3 油墨的准备

准备内容包括：

a) 按工艺要求或根据付印样及色标准备油墨；

b) 分析付印样或色标各色相中的颜色成分，参照打样时的配墨记录，确定墨量及其配比；

c) 调墨要均匀，并及时刮出色样与付印样或色标进行对比，直到符合要求为止；

d) 每批印件墨量要一次配足，调墨的配比应记录保存，配比确定后不得随意变更。

11.4 开机准备

开机准备要求如下：

a) 领取付印样图、油墨、印刷版，整理过版纸，领取纸张并核对其规格、数量。

b) 检查印刷版的质量是否合乎要求，各色印刷版的数量是否齐全。版面脏污及个别缺陷经修整后方能上机印刷。

c) 清除机器及其周围的障碍物，并给油箱及各润滑点加油润滑。

d) 根据胶印机给定数值，调整辊筒衬垫厚度，调整机器压力，且辊筒间两端的空隙必须一致。

11.5 印刷操作方法

11.5.1 装纸、调整输纸装置

装纸、调整输纸装作业要求：

a) 将纸张抖松撞齐并垛放在输纸台上，前边和侧边必须靠紧规矩挡板，不能倾斜。最后白纸上放适量过版纸；

b) 根据纸张厚薄和幅面，调整风嘴的风量及位置，调整压纸轮的压力、方向和传递带的松紧，并调整好双张及空张控制器；

c) 校好前规，找准咬纸量，咬牙量为 5 mm～15 mm，且两边一致。上方压规高度和侧规压板高度一致，并为纸张厚度的 3～4 倍。根据纸张大小移动侧规。

11.5.2 上版

上版作业要求如下：

a) 将印版插入版夹，从中间开始拧紧螺丝；铺平衬纸后点动或低速将机器转至另一边装好夹版。

b) 上版时拉力要均匀一致，不能过大，应逐渐将印版绷紧。

11.5.3 调整水辊、墨辊

启动机器，同时上水输墨，根据水的传递情况，调整各水辊间的压力，使其传水适量、均匀。根据油墨传递情况，调整各墨辊间的压力，使两端压力一致，传墨适量均匀。

11.5.4 校正规矩

印刷版规矩校正要求如下：

a) 洗去版面胶膜，揩去图形墨层，擦净油污后，再用水布清擦干净。

b) 以慢速开动机器，先后合上水、墨，待版面图形受墨正常均匀，空白部位无脏污后，才可中速试印。

c) 启动输纸机构，调整纸张与侧规位置，合适后合压试印。

d) 查看试印样图图形位置与工艺要求是否相符，如相差较大时，可变动上版位置或移动前规和

侧规进行校正,但前规移位不得超过 1 mm。如图形沿辊筒旋转方向套印不准时,可加减衬纸。停机超过 2 min 时印刷版应擦胶。

e) 校正印版时,同时调整墨斗螺丝,使墨量与印版图形受墨量相适应,先印适量过版纸,待水、墨平衡后,根据打样出来的色标密度值印刷开印样,审批后,参照审批样开机正式印刷。

11.5.5 印刷操作

印刷操作要求如下:

a) 按工艺设计要求的印刷色序、版序进行印刷。
b) 认真操作输纸机构,确保纸张准确输入,听到危险信号迅速停机。
c) 要勤查水、墨,做到版面水分小而不脏,保持水墨平衡。
d) 印刷中要勤查印刷品质量,并与审批样对比,发现问题,应及时处理。
e) 印刷中间,应根据印件的质量及纸张脱粉掉毛情况及时停机擦洗橡皮布。
f) 每版印完,应将橡皮布洗净,下版后需要存版的印刷版应擦胶换墨,不需存版的印刷版需把墨洗净。换墨或停机 10 h 以上时,一般应洗净墨辊。
g) 每班工作结束,要明确做好标识,做好交接工作,并填写作业登记或交接记录。

12 分检和单幅图包装

12.1 分检和单幅图包装的质量要求

12.1.1 分检质量要求

分检后质量应满足:

a) 分检后的成图,应符合 11.1 印刷成图的质量要求;
b) 分检后的成图必须确保数字准确,合格品数与废品数之和应与投印白纸数相符。

12.1.2 包装质量要求

包装后质量应满足:

a) 每包成图数量必须准确;
b) 包装整齐,包形方正,捆扎结实,不得捆伤、脏污图纸;
c) 图包贴封的标签,应填写正确、清楚、粘贴牢固。

12.2 分检和单幅图包装作业

12.2.1 分检和裁切作业

分检和裁切作业要求如下:

a) 按照作业通知单验数、接收印刷成图,垛放整齐。
b) 先抽出 3～5 张,对照付印样图,全面查看成图内容,并确定分检重点。分检应逐张两边翻阅,每边翻阅面积应超过 1/2 图幅;双面印刷图要正、反两面查看。翻阅时以检查缺色、跑版、挂脏和破损为主,并按照印刷成图质量标准,剔除废品。
c) 分检应逐叠进行,先检出一叠合格品作为对换备用,然后每分检完一叠验数后,将分捡出的废品对换成合格品,垛放整齐,同时将废品另外堆放整齐。整幅图查完并核对总数无误后,对合格品签署合格证,交专职检查人员抽查。
d) 专职检查人员抽查合格品时如发现废品或合格品数量与合格证不符,分检工作应全部返工重查。
e) 分检完成后,应按工艺规定裁去多余白纸边,有重叠边的多幅拼接图,上压重叠边应裁净拼接线,但裁进尺寸不得超过 2 mm。

12.2.2 单幅图包装作业

单幅图包装作业要求如下:

a) 按照作业通知单核对成图,确认数字正确后,在合格证上签字。

b) 国家基本比例尺地图每包按200份(特殊要求除外)包装(彩、素图要分开包),每50张一叠,对折对插。从每包上叠抽出一张折叠,将地图图幅编号、图名露出。

c) 国家基本比例尺地图包装采用120 g牛皮纸,对接部分应重叠图幅对折宽度的2/3以上。图包顶、底部成角状折向对折面。包装绳成“#”状,绳结点处需打扣。

d) 地形图图包正面应留10 mm×40 mm方洞,露出地图的图幅编号和图名;图包顶、图包两头粘贴地图标签,标明图号、出版年代、版次、图种(彩图和素图)和数量,其他图种,包装纸不开洞。

e) 包装完毕,应检查包装质量,核对包数无误后上交。

13 地图集(册)的装订

13.1 质量要求

13.1.1 平装的质量要求

平装的质量要求见CY/T 28—1999的第3章。

13.1.2 精装的质量要求

精装的质量要求见CY/T 27—1999的第3章。

13.2 装订准备

a) 熟悉作业通知单,准备工具,擦净工作台;

b) 接收印刷成图,核对数字;

c) 准备用料,根据成图规格,合理核算用料尺寸并开料。

13.3 平装地图集(册)装帧的操作方法

平装的作业要求:

a) 折页:折页前溜边,先折样子,核对页码顺序,折页时应挑出废品,折完撞齐,天头地脚划清记号。

b) 配页:先配出样本,再按每帖页码顺序配齐,溜看有无翻身、倒头、错号,无误后撞齐放好。

c) 订本

——锁线订:根据开本大小确定订距、锁线针数,一般为6~10个针眼,锁完整齐码平;

——骑马订:调整好机器,将套好撞齐的图页输入机器装订;

——缝纫订:调整好缝纫机,将套好撞齐的图页沿订口规矩线准确缝订;

——无线胶粘订:将图页撞齐后刷胶、压紧、晾干;

——活页简装:将图页撞齐,按规定位置打孔,一般2个或4个,孔的直径约为3 mm~5 mm,穿入丝绸带打结系牢。

d) 刷胶上封

——折封面:将封皮面沿封脊线反折;

——上环衬:把上、下环衬牢固粘贴在图芯订口部位,天头地脚不得颠倒;

——上封面:将封皮面与图芯正面按脊线对正贴牢,摊开封底,连同图芯翻身,在脊背和订口处刷胶,拉紧封底使图芯紧密贴合,并用刷子沿脊线刮平整,晾干。上、下浆口为3 mm~5 mm,但应不露订线;有勒口的平装须先将图芯外切口裁好,再包封皮,并沿外切口将勒口折进。

e) 裁本:上机前先检查图本垛放有无倒头。先裁外切口,再裁上、下切口。裁好的成品规格与规定尺寸误差不得超过1 mm,四角成直角。

13.4 精装地图集(册)装帧的操作方法

精装的作业要求:

a) 折页、配页、锁线或无线胶粘作业与13.3的a)、b)和c)的相关内容相同,采用蝴蝶式装订时,应先锁(或无线胶粘)拼贴条,再贴平贴条,然后粘页。

b） 图芯加工

不同形状的图脊和图背，其图芯的加工过程分别如下：

——圆背有脊：（图芯）压平—刷胶—干燥—分本—裁切—扒圆—起脊—粘堵头布、纱布、图脊纸—干燥；

——圆背无脊：去掉起脊，其他过程与圆背有脊相同；

——方背：去掉扒圆、起脊，其他过程与圆背有脊相同；

——活络式：（图芯）压平—刷胶—干燥—分本—裱卡—干燥—裁切—（扒圆）—粘堵头布、纱布、图脊纸—干燥。

c） 制作图壳

根据装帧设计，制作全布面图壳或布腰纸面图壳。图壳制作流程如下：

——全布面图壳的制作：分为封面布刷胶，摆壳、包壳（包边和塞角）、压平等工序；

——布腰纸面图壳的制作：分为腰布刷胶、摆壳、包布腰、刷胶、糊面、包壳、压平等工序，也可先将布腰与封纸粘接，然后按全布面图壳制作过程加工。

d） 烫金

准备铜锌版和电化铝，检查机器，调整压力、规矩，烫样送审合格后即可烫印。烫印时要防止碰伤和脏污封面。

e） 套壳

将图壳面向工作台展开，在图槽部位刷胶，将图芯的脊线对齐套好，并使切口与飘口距离相等，粘接牢固，初步压槽，然后将前封、封底与环衬粘接牢固，压平，压槽。活络式的塑料图壳要按照地图集规格预先压制，然后与图芯套合。

13.5 检查、包装

检查和包装作业要求如下：

a） 检查地图集装订质量，主要用目测法检查各部位的质量，必要时可以用符合规定的计量工具检验页码、粘口、针距、针数、圆势、脊高、飘口和书背、封面的烫印印迹等；

b） 装订质量宜逐本查码，溜看破损、脏污等，查完后填发合格证；

c） 包装应按照工艺设计书要求，每包数量准确，捆扎结实，并按规定填贴标签。

附 录 A
（资料性附录）
安全生产作业要求

A.1 总则

在地图印刷生产过程中，要使用保密的地图数据、资料，操作昂贵的制版、印刷设备和各种电器，接触易燃、腐蚀和有毒的化学药品等，为避免发生事故，保证人身安全，应以预防为主，认真执行各项安全作业规定。

A.2 安全教育与安全检查

A.2.1 印刷企业领导，要经常对职工进行安全教育，定期进行安全检查，发现不安全因素，应及时消除。

A.2.2 新工人进厂，未经认真的安全教育，不得分配到班组作业。

A.3 保密数据、资料的安全管理要求

A.3.1 数据、资料的分类

数据、资料主要包括：

a) 委印单位提供的：
——印刷原图：包括数字原图、纸质原图、透明原图等；
——出版参考资料：如彩色样图、部分参考资料等。

b) 制版、印刷过程中的：
——各种审校样、开印样；
——各种扫描数据、出版数据、过程胶片等；
——供打样和印刷周转用的过版纸及各种废图；
——各种打样版、印刷版。

A.3.2 保密数据、资料的安全要求

数据、资料的安全保密管理主要有以下要求：

a) 从事地图印刷的工作人员，应严格遵守保密规定，对于上述数据和资料，无论其秘密等级如何，均应妥善保管，保证其安全、完整和数目准确。

b) 地图印刷企业应设置资料室和资料员负责数据、资料的管理。数据、资料的接收、发出或内部运转应经资料室办理交接登记手续。

c) 地图印前、印刷过程中的各种数据、印刷版、胶片等，凡需保留存放的，应由资料室负责详细登记、存放。

d) 凡定期应当销毁的数据、资料，到期后应由资料室详细列出清单，报经主管人员批准后，方能按照销毁手续进行销毁。

e) 所有准备销毁的资料及废图纸，应详细登记造册，报经主管负责人批准后方可销毁。

f) 资料销毁必须由两人监销，绝密资料的销毁应由保卫部门监销。销毁人和监销人要在销毁登记簿上签名，并注明销毁时间。

g) 资料管理人员对所管数据、资料，应每年全面清理核对1～2次。主管人员详细检查核对，编造清册、妥善保管。

A.4 机器设备安全操作规定

机器设备安全操作主要有以下要求：

a) 各种打印机、印刷机以及制版、装订、裁切等设备，非本机组或设备指定操作人员，未经许可不得使用或开动；学徒工和学习人员必须在领机人员的指导下操作；对自己使用的机器设备应妥善保护，并经常进行保养、定期进行维修。
b) 开动打样机、印刷机前，操作人员必须将工作服、安全帽穿戴齐全，并扣紧前襟和袖口，身上不得搭挂毛巾。
c) 打样机、印刷机运转中，不准进行任何修理和擦洗，不准用手扣刮粘在机器上的纸毛、墨皮等污物，不准跨越转动部分加油。
d) 机器安全装置应经常保持完善有效。
e) 印刷机周围 1 m 以内，不得堆放纸张、材料及其他物品。
f) 严格执行交接班制度。
g) 一旦发生机器或人身事故，要保持现场完整，并立即上报，填写事故报告表。
h) 集体操作的机器，定员不齐不得开机，开机后不得私离工作岗位。
i) 机器发生故障时，要立即停机进行检查，禁止带故障运转。

A.5 电气装置安全操作要求

电气装置安全操作主要有以下要求：

a) 电气设备的修理，改装，连接临时线路及调试电气装置，必须由电工进行，其他人员不准擅自乱动。
b) 不准用手或持金属物接触电气设备的通电部分，不准用湿手拉合电闸或开关电钮。
c) 检修机器应先断电源，并在电闸处挂“线路维修，严禁合闸”信号。修理电气装置，一般不准带电作业，特殊情况不能切断电源时，一定要有可靠的安全措施，并有电工二人同时作业。
d) 作业室内使用电炉要有专人负责，电炉周围严禁放置易燃品。
e) 因故停电时，凡用电的机器设备，一律立即拉开电闸。每日工作完毕后，作业室内所有电源应一律切断。
f) 使用手灯必须采用低压。
g) 所有动力设备，必须按照规定埋设接地网，要接地良好。
h) 不准使用色纸包裹灯泡作为安全灯。

A.6 化学药品的使用要求

化学药品的使用主要有以下要求：

a) 保管人员要熟悉各种化学药品的燃点和挥发性能，严格控制室内温度，妥善保管。易挥发药品的容器要密闭有效，原装密封的不得任意打开，开取后必须及时封好。
b) 各种腐蚀或有毒药液，由大容器取用时，应使用虹吸器，严禁用嘴吸气引出。固体有毒药品用天平称量时，称盘上应垫净纸，操作完毕应立即洗手。
c) 稀释硫酸，严禁将水倒入酸内，必须将酸液缓慢倒入有水的容器内，以防爆炸。
d) 接触或使用强酸、强碱，必须带胶皮手套。
e) 易燃品的容器必须密闭，存入地下库房内或远离厂房存放，严禁烟火，夏季注意通风降温，作业车间应限量领用。
f) 剧毒药品应由专人保管，严格领用手续，控制使用。

A.7 其他安全要求

其他安全要求包括：

a) 作业车间内，除指定吸烟地点外，严禁吸烟；
b) 各种废纸、废油布及废墨渣，不得乱扔乱放，必须放置在指定的安全地方，按时由专人统一处理。

附　录　B
（规范性附录）
测控条和光学密度计使用要求

B.1　概述

测控条和光学密度量测是地图印刷过程中检查、控制各工序产品质量的重要手段，也是实现印刷生产过程标准化、数据化科学管理的有效途径。地图印刷企业在生产过程中应积极利用测控条和光学密度量测来检测、控制或评价印刷生产过程和产品的质量。

B.2　测控条应用和要求

B.2.1　测控条的选用

测控条的选用应符合 GB/T 18720—2002 第 5 章的有关规定。

B.2.2　测控条的质量要求

测控条的质量要求应符合 GB/T 18722—2002 的 4.1 的规定。

B.2.3　测控条在各工序中的应用

B.2.3.1　概述

在地图印刷工艺流程的数字印前处理、晒版、打样以及印刷等过程中，均应使用测控条来控制、检测或评价各工序产品的质量。

B.2.3.2　测控条在数字印前处理中的应用

在数字印前处理过程中，应根据其不同的输出方式，如激光照排机软片输出、计算机直接制版、数码打样等，采用相应的测控条进行质量控制和检测。测控条在数字印前处理过程中的应用主要包括以下两个方面：

a）用于设定不同输出方式的质量控制标准。针对不同输出方式下输出设备、输出材料、显影、定影等条件，利用测控条分别制定其质量控制标准。

b）用于不同输出方式下检测、控制其输出产品的质量。

B.2.3.3　测控条在晒版工序中的应用

测控条通常晒制在印版的咬口或拖梢处，主要用于：

a）规范晒版作业的曝光时间和显影时间：日常的晒版作业中，通过规定测控条的质量要求，从而设定预定作业条件（例如常规作业的版材类型、曝光光源强度、显影液配方等）下的曝光和显影时间等；当预定的作业条件发生变化时，应及时根据所晒制的测控条的信息变化决定是否修订曝光和显影等作业参数。

b）控制、检测或评价晒版质量：晒版作业后，根据测控条提供的信息检测或评价所晒制印版的质量。

B.2.3.4　测控条在打样、印刷工序中的应用

在打样、印刷工序中测控条通常用于：

a）指示打样、印刷时的着墨情况、网点再现以及重影、滑移等情况，对打样、印刷过程中的某些技术参数进行调整；

b）用来检测或评价打样和印刷品的质量；

c）根据测控条提供的信息制定印刷品的质量标准，并根据该质量标准设定各生产工序所需的参数。

B.2.4　测控条应用要求

印刷测控条应用要求见 GB/T 18720—2002 的有关条款。

B.3　光学密度计使用要求

B.3.1　光学密度计的基本要求

反射密度计应符合 ISO 14981 的规定；透射密度计的光谱特性应符合 GB/T 11501—1989 的规定，几何条件应符合 GB/T 11500—1989 的规定。密度计应经鉴定合格且在有效期内。

B.3.2　光学密度计的使用原则

B.3.2.1　光学密度量测借助于光学密度计和测控条来完成。透明原图和软片用透射密度计量测，反射原图、打样图和印刷图等用反射密度计量测。

B.3.2.2　在地图印刷过程中，密度量测应选用同一厂家生产的同一类型的光学密度计。

B.3.3　光学密度量测程序

B.3.3.1　密度量测前的准备

密度量测前的准备主要包括：

a)　将光学密度计放置在平整清洁的工作台上，远离热源，环境温度在 10 ℃～40 ℃之间，防止强光直接照射光学密度计，不得有任何腐蚀性气体、强电磁场干扰，以免降低量测精度。

b)　应确保密度计测量头和采样光孔清洁。

c)　注意电路的安全可靠，在确认电源电压与光学密度计的工作电压(通常为 220×(1±10%)V)相吻合后，方可接通电源。

d)　按照密度计生产厂商推荐的预热时间进行预热。根据密度计的使用说明对仪器进行校准，并将仪器设定为要求的模式。

B.3.3.2　透射密度量测作业程序

透射密度量测作业程序如下：

a)　将晾干的分色片、黑白或彩色软片置于光学密度计的量测台上。

b)　密度测量：

　1)　分色胶片或黑白片的密度量测：将测量头对准片基材料的透射部位(即非图文处)，量测片基材料的透射密度 D_0；量测其实地密度 D_s 和相应网目调区域的透射密度 D_t。测量网目调软片时，密度计的测量光孔宜不小于网线宽度的 15 倍，最小不应小于网线宽度的 10 倍，该要求同样适用于非圆形测量孔。

　2)　彩色软片的密度量测：可分别选择相应颜色通道按照本条 1)的要求进行密度量测。

B.3.3.3　反射密度量测作业程序

反射密度量测作业程序如下：

a)　将被测样图(印刷原图、打样图或印刷品)放在量测台上，并确保试样平整、无褶皱，与其接触的黑色底衬材料应：

——对光谱无选择性，如：在 400 nm～700 nm 的整个波长范围内，光谱反射密度的总变化幅度不应超出在同样波长范围内得到的平均密度的 5%；

——漫反射，在一般室内照明条件下，无论以任何角度观测时，均无明显镜反射；

——具有 1.5±0.2 的反射密度。

b)　对于每种彩色油墨，选择给出最高实地密度的密度计测量通道来测量未印刷承印物(即被测样图非图文的空白处)的反射密度 D_0，然后选择相应的颜色通道测得所需部位的密度值(如实地密度 D_s 或网目调区域的密度 D_t)；测量网目调时，密度计的测量光孔宜不小于网线宽度的 15 倍，最小不应小于网线宽度的 10 倍，该要求同样适用于非圆形测量孔。

c)　重复测量 2～3 次：

——密度值在 1.0 以下时，误差要控制在 0.01 以内；

——密度值在 1.0 以上时，误差要控制在 0.02 以内；

——如果重复测量的密度值误差超出允许范围，则应对密度计进行检修。

d) 量测完成后关闭光学密度计电源。当连续使用光学密度计时，不应关闭电源。

B.3.3.4 反射密度量测内容

打样图和印刷图的密度量测内容主要包括印刷反差、最佳实地密度、网点扩大值、油墨叠印率等。关于反射密度量测的内容见 GB/T 18722—2002。

B.3.4 密度测量结果报告

报告密度值应保留两位小数。任何密度测量结果报告都应指明确切的测量条件，测量结果报告包括以下内容：

——密度计的型号、名称及生产厂家；

——颜色通道(黑、青、品红、黄或以 nm 表示的波长)；

——光谱响应(应为 ISO 5-3 中定义的 ISO 标准状态 I、T、E 中的一种)；

——偏振光镜(有/无)；

——试样背衬(对于反射密度量测)；

——采样光孔(nm)；

——未印刷承印物的密度和测量部位的密度等。

例如：青实地密度为 1.45，未印刷承印物密度为 0.15，此数值为用无偏振装置的 T 光谱特性、测量孔为 10 mm、ZXY 公司的 XYZ 型反射密度计在符合标准规定的黑色底衬上测量得到。

附　录　C
（资料性附录）
地图印刷过程工艺流程图

地图印刷过程工艺流程图见图 C.1。

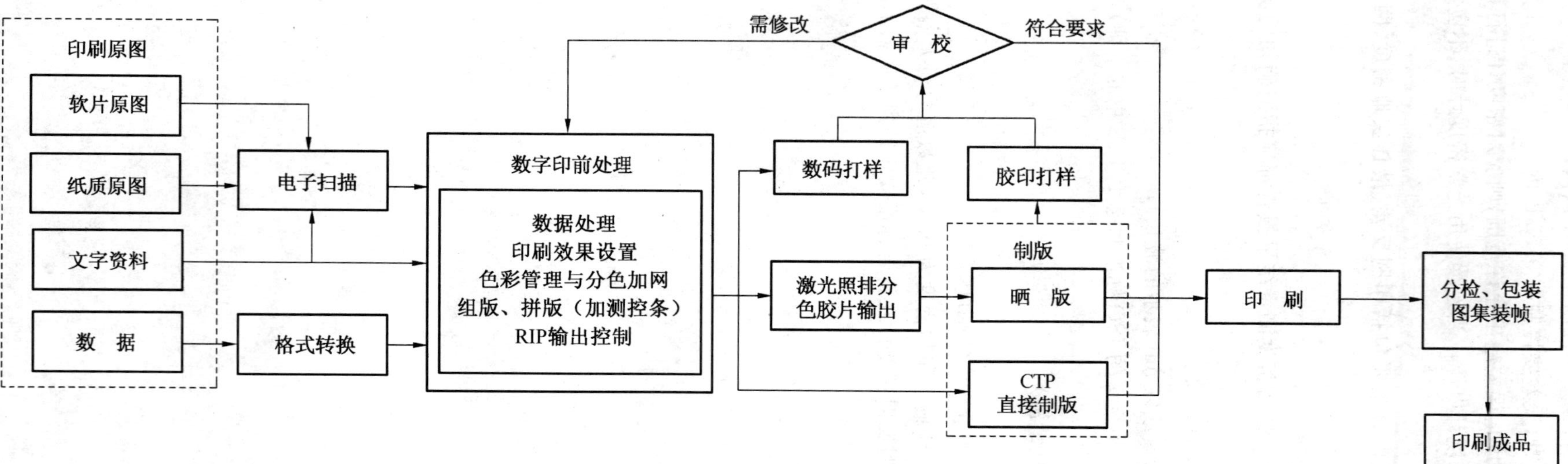

图 C.1　地图印刷过程工艺流程图

附 录 D
（资料性附录）
地图印刷纸张的规格和开本尺寸

D.1 概述

地图印刷用纸有卷筒纸和平板纸两种。

D.2 卷筒纸的规格

根据国家标准，地图印刷使用的卷筒纸的宽度尺寸有787 mm、860 mm、880 mm、900 mm、1 000mm、1 092 mm、1 220 mm、1 230 mm、1 280 mm、1 400 mm、1 562 mm、1 575 mm、1 760 mm 等规格。

D.3 平板纸的规格和开本尺寸

D.3.1 平板纸原纸规格

目前我国印刷用平板纸原纸的规格主要有：900×1 280(mm)、890×1 240(mm)、1 000×1 400(mm)、787×1 092(mm)、850×1 168(mm)等。其中900×1 280(mm)、890×1 240(mm)为国际标准通用的A系列未裁切单张纸尺寸，1 000×1 400(mm)为国际标准通用的B系列未裁切单张纸尺寸；另外787×1 092(mm)、850×1 168(mm)等为我国沿用旧标准使用的平板印刷未裁切单张纸尺寸。

D.3.2 国际标准A系列和B系列纸张规格和开本尺寸

国际标准纸张规格按纸张幅面的基本面积分为A系列、B系列等。

A、B两种纸张系列，采用标准全张纸对折长边的次数来表示开本大小。如A系列全张纸为A0，沿长边对折一次为A1，对折2次为A2，依此类推。B系列纸张分为B0、B1、B2、B3等。

国际标准A系列和B系列纸张规格和开本尺寸见表D.1。表D.1中未裁切单张纸尺寸后面的M，表示纸张的丝缕方向与该尺寸边平行。

表 D.1 国际标准A系列和B系列纸张规格和及其开本尺寸 单位为毫米

系列	未裁切单张纸尺寸	已裁切成开本	
		代号	公称尺寸(允差±1 mm)
A	890×1 240M	A4	210×279
	890M×1 240	A5	148×210
	890×1 240M	A6	105×144
	900×1 280M	A4	210×279
	900M×1 280	A5	148×210
	900×1 280M	A6	105×144
B	1 000M×1 400	B5	169×239
	1 000×1 400M	B6	119×165
	1 000M×1 400	B7	82×115

D.3.3 787×1 092(mm)和850×1 168(mm)系列纸张规格和开本尺寸

目前我国沿用旧标准使用的印刷用平板纸主要有正度纸系列和大度纸系列，其中正度纸系列全张纸原纸幅面为787×1 092(mm),大度纸系列全张纸原纸幅面为850×1 168(mm)。另外,我国常用的地图印刷纸张规格还有889×1 194(mm)和880×1 230(mm)等。

表D.2给出了787×1 092(mm)和850×1 168(mm)系列纸张规格和开本尺寸,各开本尺寸的误差为±1 mm。889×1 194(mm)和880×1 230(mm)等系列纸张规格和开本尺寸,印刷企业设计人员可根据需要自行规定。

表D.2 787×1 092(mm)和850×1 168(mm)系列纸张规格和开本尺寸 单位为毫米

787×1 092纸张开本规格				850×1 168纸张开本规格			
开本	毛边纸张尺寸	上机尺寸	成图尺寸	开本	毛边纸张尺寸	上机尺寸	成图尺寸
全开	787×1 092	781×1 086	751×1 042	全开	850×1 168	844×1 162	840×1 140
1/2	546×787	543×781	521×751	1/2	584×850	581×844	570×840
1/3	364×787	362×781	345×751	1/3	389×850	387×844	380×840
1/4	393×546	390×543	375×521	1/4	425×584	422×581	420×570
1/6	364×393	362×390	347×370	1/6	425×389	387×422	380×420
1/8	273×393	271×390	260×370	1/8	292×425	290×422	285×420
1/16	196×273	195×271	185×260	1/16	212×292	211×290	203×280
1/32	136×196	135×195	130×185	1/32	146××212	145×211	140×203

注1:上机尺寸=毛边纸尺寸-光边尺寸;

成图尺寸=上机尺寸-修边尺寸。

注2:表D.2中的成图尺寸仅供参考,具体设计方案可根据需要确定其修边尺寸和成图尺寸。

参 考 文 献

[1] GB/T 9851.1—1990 印刷技术术语 基本术语.

[2] GB/T 9851.3—1990 印刷技术术语 图像制版术语.

中华人民共和国国家标准

GB/T 14706—93

校对符号及其用法

Proofreader's marks and their application

1 主题内容与适用范围

本标准规定了校对各种排版校样的专用符号及其用法。

本标准适用于中文(包括少数民族文字)各类校样的校对工作。

2 引用标准

GB 9851 印刷技术术语

3 术语

3.1 校对符号 proofreader's mark

以特定图形为主要特征的、表达校对要求的符号。

4 校对符号及用法示例

编号	符号形态	符号作用	符号在文中和页边用法示例	说明
		一、字符的改动		
1		改　　正	增高出版物质量。（提） 改革开技（放）	改正的字符较多,圈起来有困难时,可用线在页边画清改正的范围 必须更换的损、坏、污字也用改正符号画出
2		删　　除	提高出版物物质质量。	
3		增　　补	要搞好校工作。（对）	增补的字符较多,圈起来有困难时,可用线在页边画清增补的范围
4		改正上下角	16=42（2） H_2SO4（4） 尼古拉.费欣（·） 0.25+0.25=0.5（.） 举例:2×3=6（:） X:Y=1:2（:）	

国家技术监督局1993-11-16批准　　　　1994-07-01实施

续表

编号	符号形态	符号作用	符号在文中和页边用法示例	说明
二、字符方向位置的移动				
5		转　正	字符颠要转正。	
6		对　调	认真经验总结。 认真验结经总。	用于相邻的字词 用于隔开的字词
7		接　排	要重视校对工作， 提高出版物质量。	
8		另起段	完成了任务。明年……	
9		转　移	校对工作，提高出 版物质量要重视。 "。以上引文均见中文新版《 列宁全集》。 编者　年　月 …… 各位编委：	用于行间附近的转移 用于相邻行首末衔接字符的推移 用于相邻页首末衔接行段的推移
10	或	上下移	序号 / 名　称 / 数量 01 / 显微镜 / 2	字符上移到缺口左右水平线处 字符下移到箭头所指的短线处
11	或	左右移	要重视校对工 作，提高出版物质量。 3 4　5 6　5 欢呼　歌　唱	字符左移到箭头所指的短线处 字符左移到缺口上下垂直线处 符号画得太小时，要在页边重标

续表

编号	符号形态	符号作用	符号在文中和页边用法示例	说　明
12		排　齐	校对工作非常重要。 必须提高印刷质量,缩短印制周期。 国家标准	
13		排阶梯形	RH₂	
14		正　图		符号横线表示水平位置,竖线表示垂直位置,箭头表示上方

三、字符间空距的改动

编号	符号形态	符号作用	符号在文中和页边用法示例	说　明
15	∨ >	加大空距	一、校对程序 校对胶印读物、影印书刊的注意事项:	表示在一定范围内适当加大空距 横式文字画在字头和行头之间
16	∧ <	减小空距	二、校对程　序 校对胶印读物、影印书刊的注意事项:	表示不空或在一定范围内适当减小空距 横式文字画在字头和行头之间
17		空　1　字距 空 1/2 字距 空 1/3 字距 空 1/4 字距	第一章校对职责和方法 1. 责任校对	多个空距相同的,可用引线连出,只标示一个符号
18		分　开	Goodmorning!	用于外文

续表

编号	符号形态	符号作用	符号在文中和页边用法示例	说　明
四、其　他				
19	△	保　留	认真搞好校对工作。	除在原删除的字符下画△外，并在原删除符号上画两竖线
20	○＝	代　替	兰色的程度不同，从淡兰色到深兰色具有多种层次，如天兰色、湖兰色、海兰色、宝兰色…… ○＝蓝	同页内有两个或多个相同的字符需要改正的，可用符号代替，并在页边注明
21	○○○	说　明	改黑体 第一章　校对的职责	说明或指令性文字不要圈起来，在其字下画圈，表示不作为改正的文字。如说明文字较多时，可在首末各三字下画圈

5　使用要求

5.1　校对校样，必须用色笔(墨水笔、圆珠笔等)书写校对符号和示意改正的字符，但是不能用灰色铅笔书写。

5.2　校样上改正的字符要书写清楚。校改外文，要用印刷体。

5.3　校样中的校对引线要从行间画出。墨色相同的校对引线不可交叉。

附 录 A
校对符号应用实例
（参考件）

〔例〕今用伏安卡法测一线圈的电感。当接入 36 V 直流电源时，的过流电流为 6 A；当插入 220 V、50 Hz 的交流电源时时，流过的电流为 22 A。算计线圈的电感。

〔解〕在直流电路中电感不起作用 ，即 $XL=2\pi f=0$ （直流电也可看成是频率 $f=0$ 的交流电）。由此可算 出线圈的电阻为

$$R=\frac{U}{I}=\frac{36}{6}=6\Omega$$

接在交流电源上，线圈的阴抗为

$$Z=\frac{U}{I}=\frac{220}{22}=10\ \Omega$$

线圈的感抗为 $X_L=\sqrt{Z^2-R^2}=\sqrt{10^2-62}=8\ \Omega$

故线圈的电感为

$$L=\frac{X_L}{2\pi f}=\frac{8}{2\pi\times 50}=0.025\ \text{H}=25\ \text{mH}$$

第七节　电 容 电 路

电容器接在直流电源上，如图 3-13 甲所示。电路呈断路状态。若把它接在交流电源上，情况就不一样。电容器板上的电荷与其两端电压的关系为 $q=c_{u_c}$。当电压 uc 升高时，极板上

附加说明：

本标准由中华人民共和国新闻出版署提出。

本标准由全国印刷标准化技术委员会归口。

本标准由人民出版社负责起草。

中华人民共和国国家标准

GB/T 14707—93

图像复制用校对符号

Proofreader's marks for image reproduction

1 主题内容与适用范围

本标准规定了图像复制和制版使用的校对符号。

本标准适用于委印者与承印者之间以及印刷、制版企业内部对图像修改表示具体要求的统一说明。

2 引用标准

GB 9851 印刷技术术语

GB/T 14706 校对符号及其用法

3 术语

3.1 符号 symbol

用书写、绘画等方法制成的具有简化特征的视觉形象,以表达特定的事物或概念。

3.2 校对符号 reader's mark

以特定图形为主要特征的、表达改正要求的符号。

4 校对符号

表 1

编号	符号	作用	说明
1	┼	加深	表示按照要求的数值加深色调
2	·/·	减浅	表示按照要求的数值减浅或提亮
3	⌒	柔和些	表示图像色调要柔和
4	∧	硬些	表示图像色调加大反差或对比度
5	∽	平衡色调	表示通过加深或减浅平衡色调

国家技术监督局1993-11-16批准 1994-07-01实施

续表 1

编　号	符　号	作　用	说　明
6		修正轮廓边缘	表示修正轮廓模糊或边缘不齐之处
7		套　准	表示纠正图像套色规矩不准
8		局部删除	表示删除局部图像(包括脏痕、斑点、规矩线等)
9		局部移动	表示图像移至指定的位置
10		局部旋转	表示图像位置旋转
11	K	翻　转	表示正向转反向或反向转正向
12	///	铺底色	表示加铺实地或铺网目底色
13		局部虚化、渐变	表示图像虚化或渐变
14		改变尺寸	表示将改变后的尺寸以 mm 为单位标明在箭头之间
15	Σ	总体说明	表示对图像整体修改的要求
16		图像换位	表示两个图像调换位置
17	○%	局部减浅	表示图像某一局部减浅
18	○+	局部加深	表示图像某一局部加深
19		上、下换位	表示图像上、下调换位置

续表 1

编　　号	符　　号	作　用	说　　明
20	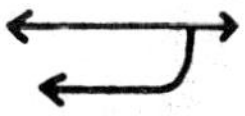	左、右换位	表示图像左、右调换位置
21	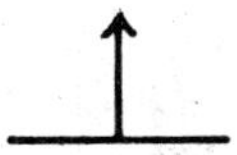	正　图	符号横线表示水平位置，竖线表示垂直位置，箭头表示上方
22		保　留	表示图像、文字等需要保留

表 2　表示分色片色别用的符号

编　　号	符　　号	作　用	说　　明
23	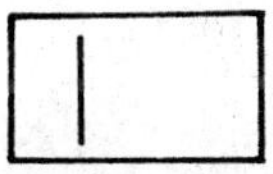	黄　版	在分色底片上画一条竖线表示黄版
24		品红版	在分色底片上画两条竖线表示品红版
25		青　版	在分色底片上画三条竖线表示青版
26		黑　版	在分色底片上画四条竖线表示黑版

5　表示图像和颜色的代号

图像制版和印刷中常用的颜色代号用英文字母表示：

Y＝黄　　I＝图像

M＝品红　　S＝暗调

C＝青　　H＝亮调

K＝黑

附 录 A
校对符号的组合使用及画法
（参考件）

图像复制用校对符号可以相互组合使用，也可以连同数值或网点面积覆盖率一起使用。组合符号不得复杂，含意必须明确。

示 例：

符号组合形形态	说 明
～ ·/·	通过减浅平衡色调
～ ＋	通过加深平衡色调
·/· Y10%	黄版网目调值减至10%
＋ M0.2	品红版密度值加至0.2
·/· YMC	黄、品红、青整个色调减浅
Σ⌒	整个复制效果柔和些

使用要求及校对符号的画法：

a. 对图像要求修改之处涉及图像整体时，应将校对符号画在校样的图片下部。

b. 对图像要求局部修改时，应将修改的部位用笔圈起来，把校对符号画进去。若空间不够用，可在校样的空白边缘画出，用引线与其连接，引线不可交叉。

c. 画校对符号应使用红色笔，必要时应使用区别于校样颜色的色笔。

附加说明：

本标准由中华人民共和国新闻出版署提出。

本标准由全国印刷标准化技术委员会归口。

本标准由中国印刷科学技术研究所负责起草。

本标准主要起草人徐世垣、郭雄。

中华人民共和国国家标准

GB/T 15110—94

印 刷 定 位 系 统

Register system for printing

本标准等效采用国际标准 ISO 11084《图象技术——用于感光材料、金属箔、纸张的定位系统》的三销系统部分。

1 主题内容与适用范围

本标准规定了印刷定位系统的术语及尺寸规格。

本标准适用于印刷过程中，制版、印刷及相关材料的定位，也适用于在材料上打孔和使用定位系统的机器及设备。材料包括各类感光胶片，拼版、上版用的纸张，金属、薄膜版材等。

2 术语

2.1 定位 register

在印刷过程中，通过一系列操作，达到再现细节所需位置的精度。

2.2 定位系统 register system

获得准确定位基准的系统。

2.3 定位孔 register hole

在材料上与定位销配合的孔。

2.4 定位销 register pin

轴向与支座相平行的销。

2.5 定位销支座 register pin carrier

安装定位销的基座。

注：系统所有的销子可以安装在一根连杆上，也可以分别安装在独自的支座上，或与印刷设备制成一体。

2.6 定位打孔机 register hole punch

用以打出定位孔的装置。

3 尺寸规格

3.1 制版定位系统

3.1.1 定位孔和定位销对的排布位置

定位系统居中为一纵向长圆孔，两侧对称排列横向长圆孔。

定位孔和定位销相对于材料中心线的尺寸(以毫米为单位)见图 1。图中材料的最大宽度为 500 mm，对于超过 500 mm 宽度的材料，对应孔的间距，可以按 200 mm 的步距相应增加。

打孔线是一条平行于材料边缘的直线。

国家技术监督局1994-07-08批准　　1995-01-01实施

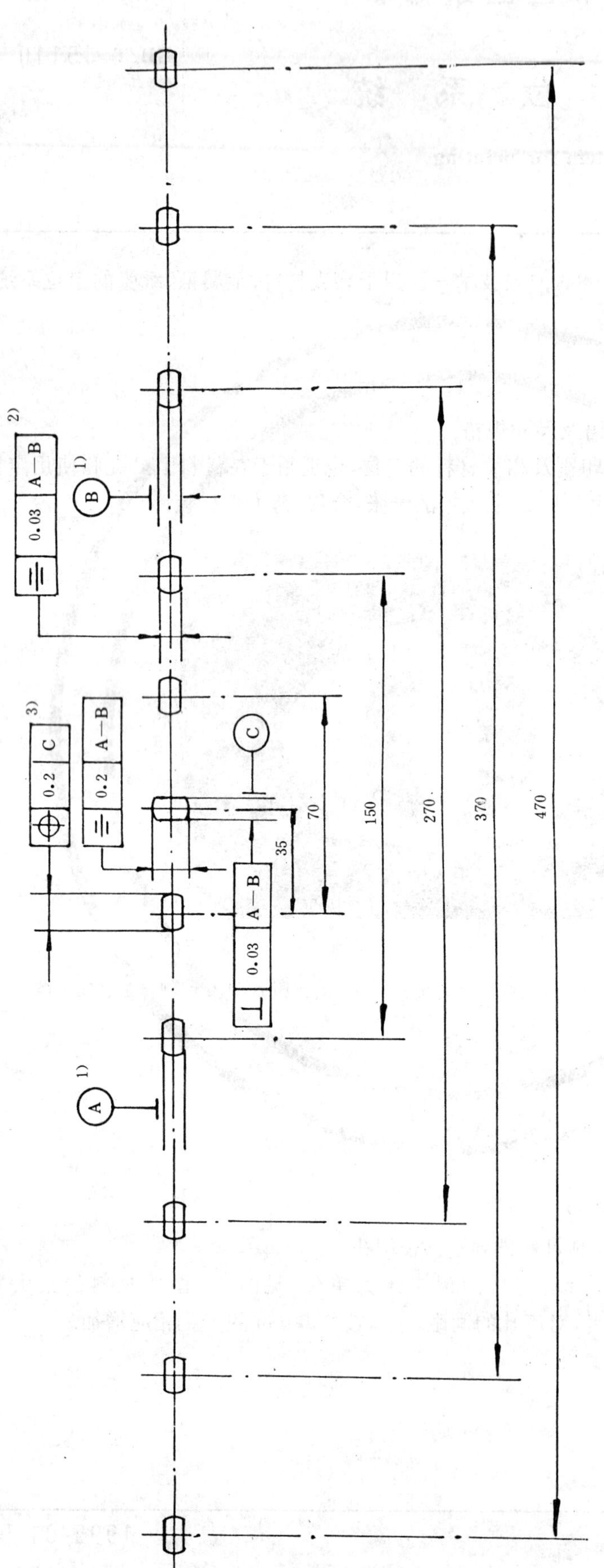

图 1 定位孔和定位销对的排布

注：1）用作基准的 A 和 B 孔，应根据特殊用途来选择。

2）当定位孔超过一对时，此公差适用于除基准孔 A、B 和 C 以外的所有的孔。

3）此公差适用于除基准孔 C 以外的所有孔。

3.1.2 定位孔

3.1.2.1 中心定位孔

中心定位孔位于打孔线的中心位置上，使材料在平行于打孔线的方向得到定位。孔形、尺寸(单位为毫米)见图 2。

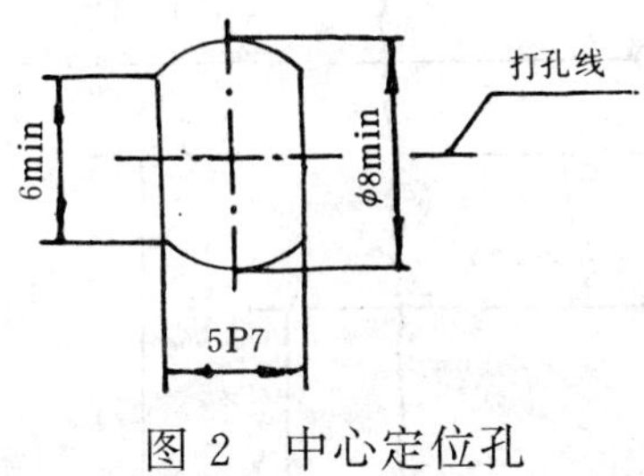

图 2 中心定位孔

3.1.2.2 定位孔对

定位孔对沿打孔线排布，使材料在垂直于打孔线的方向得到定位。孔形、尺寸(单位为毫米)见图 3。

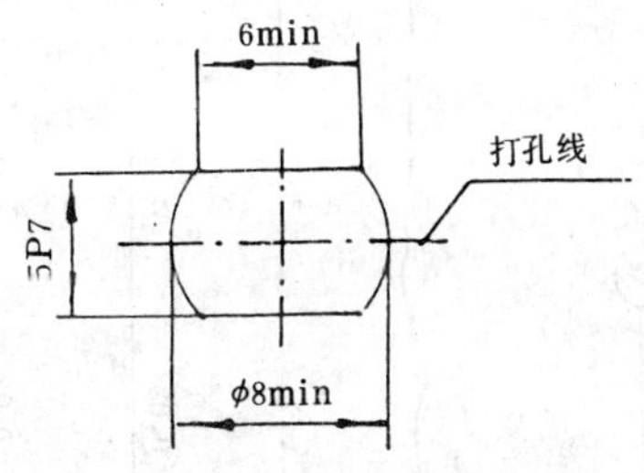

图 3 定位孔对

3.1.3 定位销

按照插入定位孔部分的截面形状，定位销有两种。一种截面为长圆形，一种为圆形，尺寸(单位为毫米)见图 4。

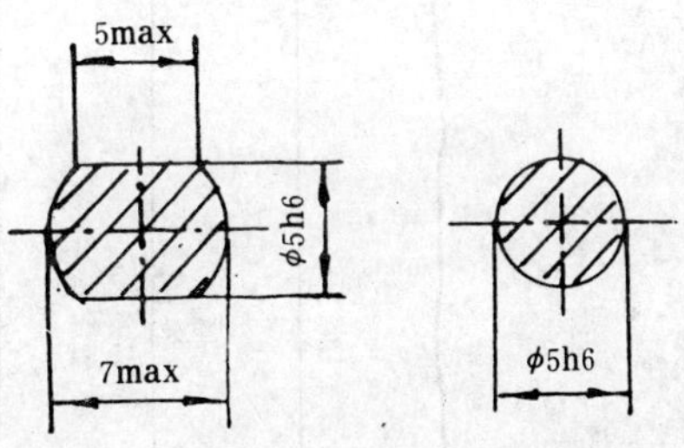

图 4 定位销

3.2 装版定位系统

3.2.1 装版定位孔和观察孔的排布位置

本标准采用两个 U 形孔为装版定位孔。单张纸胶印机设置 2 个圆形观察孔。卷筒纸胶印机不设观察孔。

装版定位孔和观察孔相对于版材边缘的尺寸(单位为毫米)见图 5。

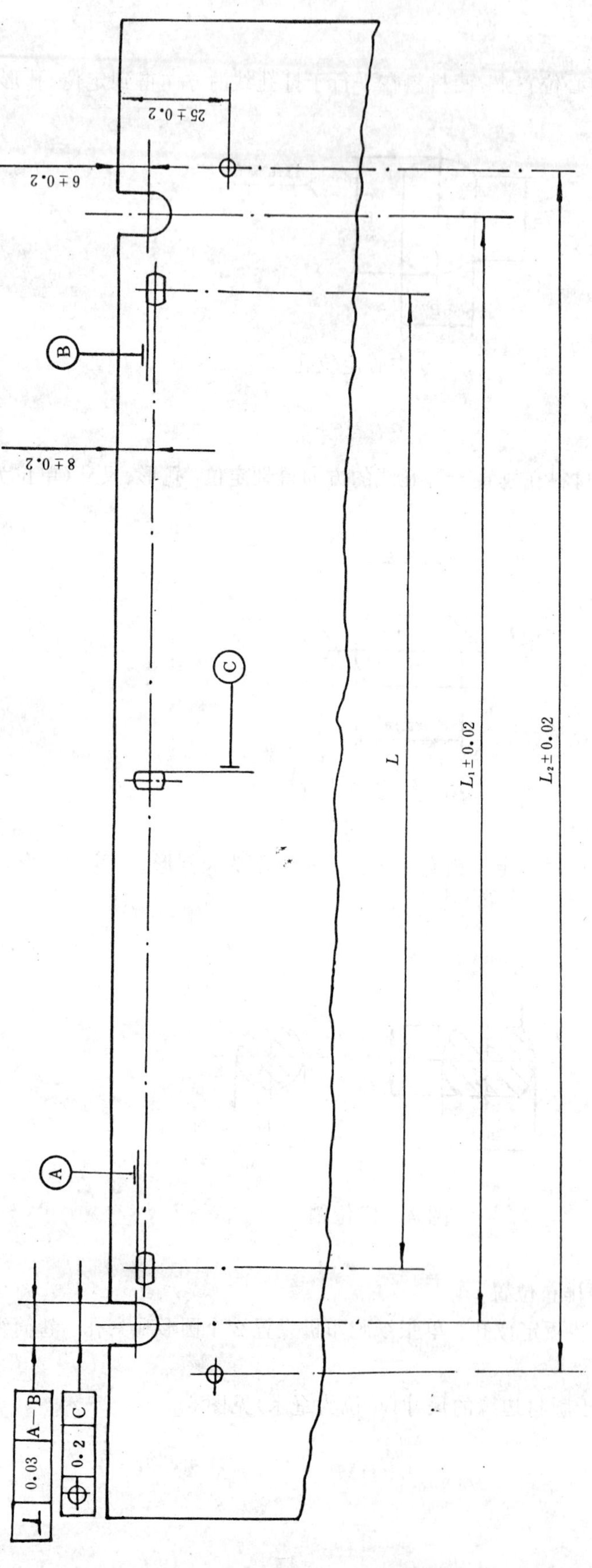

图5 装版定位孔和观察孔的排布

图中 L 为制版定位孔中心距,L_1 和 L_2 按下式计算：

$$L_1 = L + 32$$

$$L_2 = L + 52$$

3.2.2 装版定位孔

装版定位孔的作用是将印版固定在所设定的位置上。孔形、尺寸(单位为毫米)见图 6。

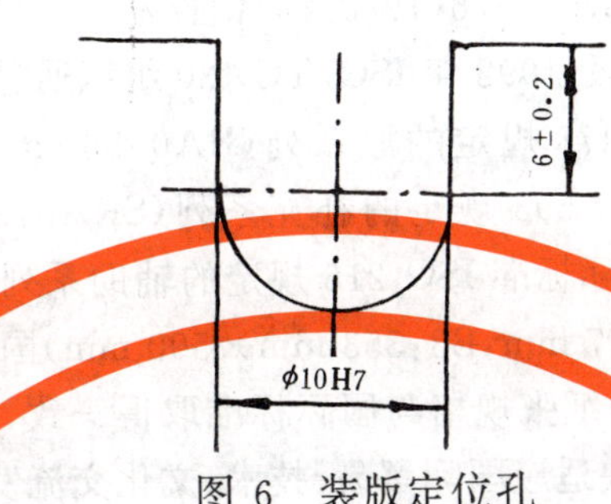

图 6 装版定位孔

3.2.3 观察孔

观察孔的孔形、尺寸(单位为毫米)见图 7。

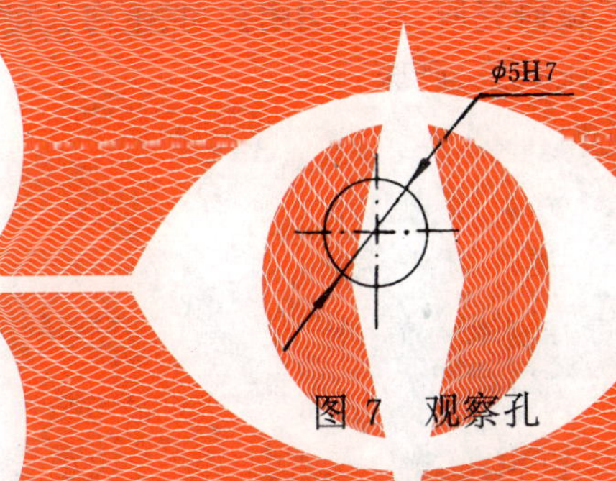

图 7 观察孔

3.2.4 装版定位销

定位销的截面为圆形,尺寸(单位为毫米)见图 8。

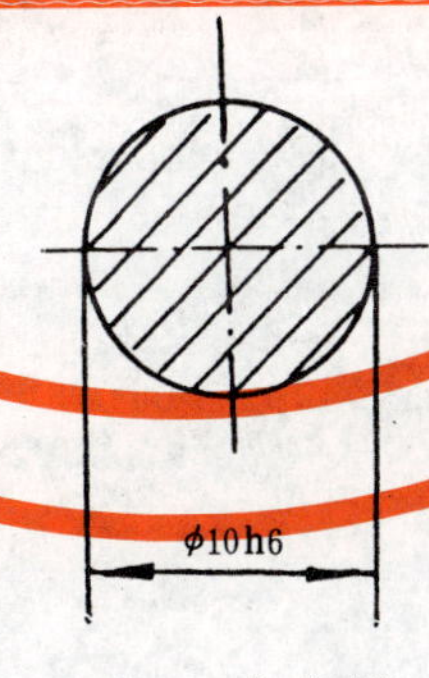

图 8 定位销

附加说明：

本标准由中华人民共和国新闻出版署提出。

本标准由全国印刷标准化技术委员会归口。

本标准由北京印刷学院负责起草。

本标准主要起草人冯瑞乾。

前　言

本标准等同采用国际标准 ISO 3872:1976(1992)《印刷技术——单张纸印刷机——尺寸系列》。

ISO 3872 国际标准于 1976 年初版,1992 年 ISO/TC 130 组织通过复审并重定标龄为五年。该标准中的尺寸系列是根据国际标准 ISO 478 规定的原系列(RA0:86 cm×122 cm,RA1:61 cm×86 cm,RA2:43 cm×61 cm)和国际标准 ISO 593 规定的补充系列(SRA0:90 cm×128 cm,SRA1:64 cm×90 cm,SRA2:45 cm×64 cm)以及国际标准 ISO 216 规定的辅助系列(B0:1 000 mm×1 414 mm,B1:707 mm×1 000 mm,B2:500 mm×707 mm,B3:353 mm×500 mm)国际标准纸张规格制定的。

为了使我国单张纸印刷机适应的纸张规格与国际标准取得一致,等同采用 ISO 3872:1976(1992)国际标准,有利于我国印刷机产品尽快适应国际贸易、技术、文化交流发展的需要。

本标准由中华人民共和国新闻出版署提出。

本标准由全国印刷标准化技术委员会归口。

本标准起草单位:机械部北京印刷机械研究所、北人集团公司、上海人民机器厂。

本标准主要起草人:南伯熙、许福本、张跃宗、严珠。

ISO 前言

ISO(国际标准化组织)是各国标准化机构(ISO 成员)联合的一个世界性组织。由 ISO 技术委员会执行发展国际标准工作。政府机构和非政府机构及与 ISO 有联系的机构均可参加国际标准化组织工作。

国际标准草案在 ISO 会议批准之前,需要在成员单位中间传阅,以便审查通过。

ISO 3872 国际标准曾于 1975 年由 ISO/TC 130 印刷技术委员会组织在成员单位中传阅。

赞成该标准的有下列国家:

澳大利亚　　意大利　　西班牙
捷　克　　墨西哥　　瑞　典
法　国　　新西兰　　瑞　士
印　度　　罗马尼亚　　土耳其
爱尔兰　　南非共和国　　前苏联

对文件中的技术原则表示反对的国家:

英国

中华人民共和国国家标准

GB/T 15467—1995
idt ISO 3872:1976(1992)

印刷技术 单张纸印刷机 尺寸系列

Graphic technology—Sheet-fed printing machines—Range of sizes

1 范围

本标准规定了单张纸印刷机的尺寸系列。

本标准适用于各种类型的单张纸印刷机，如：凸版、平版、凹版印刷机等。

2 参考标准

ISO 216 书写裁切尺寸和印刷品的确定等级——A 系列和 B 系列

ISO 478 纸张——ISO——A 系列未裁切纸张尺寸——ISO 原系列

ISO 593 纸张——ISO——A 系列未裁切纸张尺寸——ISO 补充系列

3 定义

本标准采用下列定义。

单张纸印刷机尺寸 size of a sheet-fed printing machine

印刷机可承印的最大纸张尺寸。

4 尺寸系列

单张纸印刷机的尺寸系列及代号如下表所示。

cm

代号	主要尺寸系列	辅助尺寸系列
P160	122×160	
P142	102×142	
P128		90×128
P102	71×102	
P96		66×96
P71	51×71	
P64		46×64
P51	35.5×51	

5 代号示例

AP 102 该代号表示单张纸印刷机尺寸可承印最大纸张尺寸为表中规定的主要尺寸系列 71 cm×102 cm。

国家技术监督局1995-01-27批准 1995-10-01实施

前　言

本标准是等效采用国际标准 ISO 12635:1996《印刷技术——胶印印版——尺寸》制定的。

在制定本标准的过程中，根据我国具体情况，并考虑到与我国铝版基标准的衔接，对其中的允许误差进行了适当的调整。

ISO 12635:1996 中的测量条件要求按照 ISO 554:76《检验和/或测试的标准环境》。为使用方便起见，在编制本标准的过程中，将其作为附录放在标准的最后。

本标准的附录 A 是标准的附录。

本标准由全国印刷标准化技术委员会提出并归口。

本标准起草单位：中国印刷科学技术研究所。

本标准起草人：岳德茂、张红。

ISO 前言

ISO(国际标准化组织)是由各国标准化团体(ISO 成员团体)组成的世界性的标准化专门机构。制定国际标准的工作通常由 ISO 的技术委员会完成,各成员团体若对某技术委员会已确立的标准项目感兴趣,均有权参加该委员会的工作。与 ISO 保持联系的各国际组织(官方的或非官方的)也可参加有关工作。在电工技术标准化方面 ISO 与国际电工委员会(IEC)保持密切合作关系。

由技术委员会提出的国际标准草案提交各成员团体表决,国际标准需取得至少 75%参加表决的成员团体的同意才能正式通过。

国际标准 ISO 12635 是由 ISO/TC 130 印刷技术委员会制定的。

引　　言

本标准是全国规定胶印印版参数的第一步。并不是所有现行印版尺寸都收录在本标准之中，这里关于印版尺寸和仅推荐的三种孔眼型号的条款，目的在于限定印版的宽度范围，统一印版生产厂、印刷机制造厂和印刷厂之间的产品规格和交流。

中华人民共和国国家标准

胶印印版　尺寸

GB/T 17155—1997
eqv ISO 12635:1996(E)

Plates for offset printing—Dimensions

1　范围

本标准规定了胶印印版(以下简称“印版”)的宽度、长度和厚度的定义和尺寸以及印版的孔形、命名方法和标志。

本标准适用于金属印版。其他材料的印版亦可参照执行。

本标准不适用于以成卷形式提供的印版。

2　定义

本标准采用下列定义。

2.1　印版宽度 plate width(w)

平行于滚筒轴线的印版边的尺寸(紧固边)。

2.2　印版长度 plate length(l)

与印版宽垂直的边的尺寸(沿滚筒圆周的边)。

2.3　印版厚度 plate thickness (s)

涂布好的印版的标定厚度。

3　技术条件

3.1　测量条件

测量值须在附录 A 中规定的测试环境下测出。

3.2　尺寸

3.2.1　印版尺寸

在 3.1 节规定的条件下测量印版时,印版宽度、印版长度和印版厚度应如表 1 和表 2 的规定。

表 1 给出的印版长与宽的尺寸极限偏差是基于完美的矩形印版的。图 1 给出了一块印版的标准尺寸(实线)及符合正负极限偏差的矩形(虚线)。带有垂直偏差的印版的实际形状应完全履盖住图 1 中那较小的矩形,并且不能超出那较大的矩形。

表 1　印版长度和宽度规格

mm

印版			规格之间相隔尺寸	末尾数字	极限偏差
单张纸胶印机用印版	宽度 w	<1000	5	0 或 5	±1.0
		1000～1500	5	0 或 5	±1.5
		>1500	5	0 或 5	±2.0
	长度,l		5	0 或 5	±1
卷筒纸胶印机用印版	宽度,w		5	0 或 5	±0.8
	长度,l		2	0 或 2,4,6,8	±1.0

国家技术监督局 1997-12-16 批准　　1998-08-01 实施

图 1 标准印版形状偏差范围

表 2 印版厚度规格

mm

推荐厚度	范围	极限偏差
0.15 0.20	0.15～0.20	±0.010
0.25 0.28 0.30	0.25～0.30	+0.010 −0.015
0.40 0.50	0.40～0.50	+0.01 −0.03

3.2.2 孔眼(见图 2 和图 3)

对于一般用途,印版不必打孔眼。本节仅适用于厚度小于 0.15mm 的小胶印版。其尺寸和极限偏差应符合图 2 和图 3 的规定。图 3 给出了三个可供选择的结构。

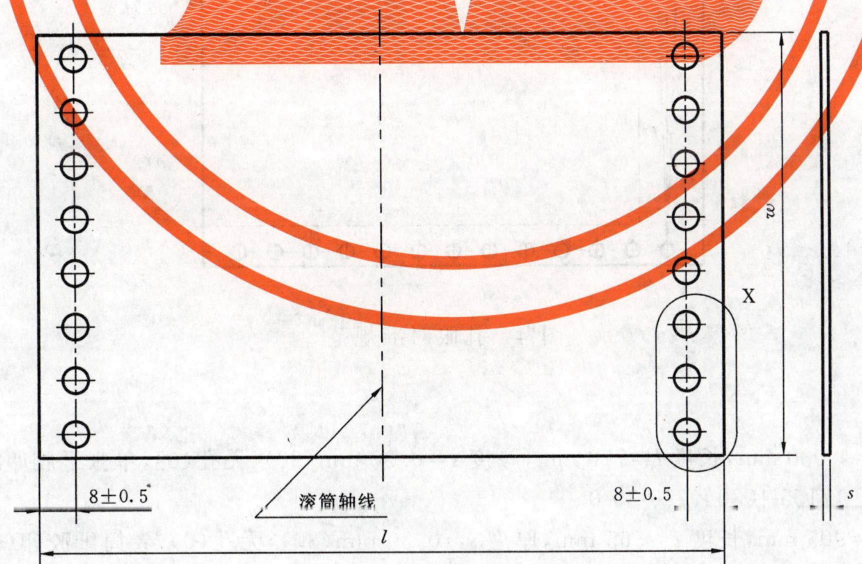

图 2 带有孔径为 4.5mm 圆孔的印版尺寸示意图

将图 2 中 X 部分放大示意如下:

(1)长孔眼(5.5mm×11mm)　(2)圆孔眼(4.5mm)　(3)圆孔眼(4mm)

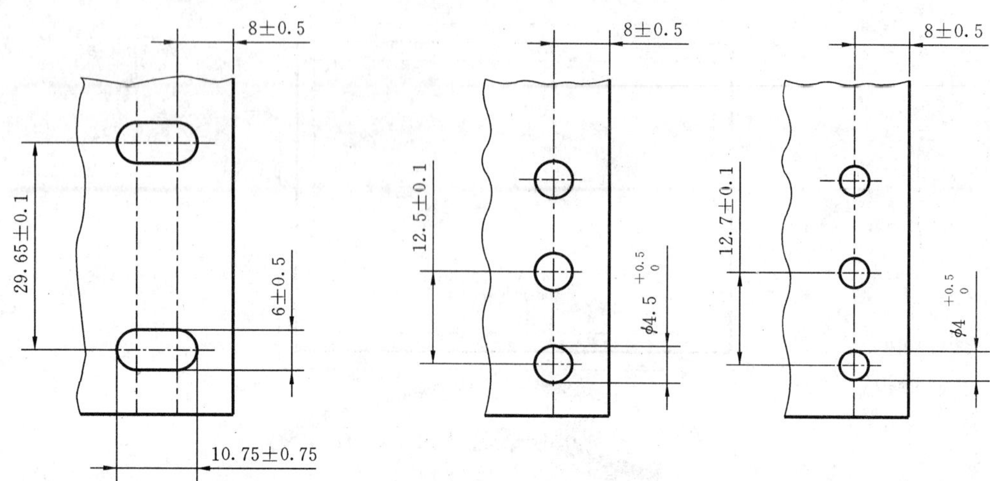

图 3　印版孔眼的位置与形状

各孔眼的中心间距不得偏离它的指定位置 0.50mm 以上。

冲好的两行孔眼必须相互平行，并与印版的上下边平行；两行孔眼中的各孔眼要两两对齐，每对孔眼的位置误差必须小于 0.50mm(见图 4)。与滚筒轴线和孔眼边垂直的印版边的距离应符合生产厂家产品的规格，误差为±0.50mm。每行末尾孔眼的位置应符合本规定，并且与另一行对应的孔眼位置要符合垂直要求。

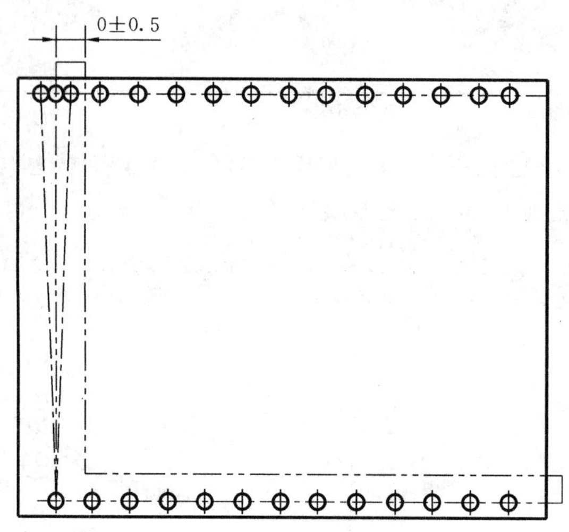

图 4　孔眼对准规范

4　命名方法

以宽度 w=1 030 mm，长度 l=770 mm，厚度 s=0.30 mm(30)，无孔(0)，单张纸胶印机印版为例：

印版 GB/T 17155-1030×770-30-0

以宽度 w=905 mm，长度 l=565 mm，厚度 s=0.30 mm(30)，无孔(0)，卷筒纸胶印(wb)机印版为例：

印版 GB/T 17155-905×565-30-0-wb

注：厚度的命名表示 1 mm 的 100 倍，如 0.40 mm 表示为 40。

5　标记

将下面这些数据在印版包装上注明：

——印版号；

——印版是阴图型还是阳图型；

——命名

——生产厂家自己选择的附加性能标记，如：印版材料的滚压方向、砂目等。

附 录 A
（标准的附录）
标准测量环境

A1 标准测量环境

表 A1 标准测量环境

表示方法	温度 ℃	相对湿度 %	气压 kPa	说明
23/50	23	50	86～106	推荐环境
27/65	27	65		热带地区
20/65	20	65		用于特定情况下

A2 误差

表 A2 标准测量环境误差

误差	温度 ℃	相对湿度 %
一般误差	±2	±5*
严格误差	±1	±2*

* 对湿度的有效范围是：

——一般误差：(45%～55%)和(60%～70%)；

——严格误差：(48%～52%)和(63%～67%)。

前　　言

本标准等效采用 ISO 12647-1:1996《印刷技术——网目调分色片、样张和印刷成品的加工过程控制——第 1 部分:参数与测试方法》。目前,ISO 12647 由两部分组成,第 1 部分是《参数与测试方法》,第 2 部分是《胶印》。

由于本标准的内容是参数与测试方法,为了与国际接轨,除在文字上做些必要的加工外,参数的定义与测试方法和 ISO 12647-1 完全一致。

本标准对控制印刷过程,确保准确复制所必需了解与掌握的参数进行了规定,并给出了它们的定义和技术要求。为使测量数据具有客观性与可参考性,本标准还规定了测试方法。

由于原国际标准中的引用标准 ISO 5-4《摄影术——密度测量——第 4 部分:反射密度测量的几何条件》还没有转换成我国标准,因此,为方便使用,我们将该国际标准中相关的部分收在附录 B 中,作为标准的附录使用。原标准附录 B 改为附录 C。

附录 A 和附录 B 是标准的附录。附录 C 是提示的附录。

本标准由中华人民共和国新闻出版署提出。

本标准由全国印刷标准化技术委员会归口。

本标准起草单位:中国印刷科学技术研究所。

本标准主要起草人:李家祥、张红、魏欣。

ISO 前言

ISO(国际标准化组织)是由各国标准化团体(ISO 成员国)组成的世界性的标准化专门机构。制定国际标准的工作通常由 ISO 的技术委员会来完成的。各成员团体若对某技术委员会已确立的标准项目感兴趣,均有权参加该委员会的工作。与 ISO 保持联系的各国际组织(官方或非官方的)也可参加有关工作。在电工技术标准化方面,ISO 与国际电工委员会(IEC)保持密切合作关系。

由技术委员会提出的国际标准草案提交各成员团体表决。国际标准需取得至少 75%参加表决的成员团体的同意才能正式通过。

国际标准 ISO 12647-1 是由 ISO/TC 130 印刷技术委员会制定的。

ISO 12647 标准的全称是《印刷技术——网目调分色片、样张和印刷成品的加工过程控制》,目前它由以下部分组成:

——第 1 部分:参数与测试方法

——第 2 部分:胶印

本标准的附录 A 和附录 B 是标准的附录,附录 C 是提示的附录。

引　　言

在生产网目调彩色复制品的时候，分色人员、打样人员和印刷人员预先规定一组最低限度的、专门确定打样和印刷视觉效果及其他技术性能的参数，是非常重要的。这种规定可使合格分色片（不需反复测试）的正确生产和以尽可能逼真地模拟最终印刷成品视觉效果为目的的非印刷机打样与印刷机打样等后工序的有效实施成为可能。

本标准第1部分的作用是列出并解释一组最低限度要使用的工艺参数，这些参数是确定由一套网目调分色片生产的网目调样张或印刷成品的视觉效果所必需的。对某些印刷方式来说，有些参数比其他参数更重要，可把这些参数区分为强制性的非强制性的，但在本标准的第1部分中，所有参数都同等对待。

区分直接参数和间接参数是必要的。在本标准的第1部分只描述直接参数。直接参数是指直接影响图像视觉效果的参数，间接参数是通过改变直接参数的值间接影响图像视觉效果的参数。间接参数包括：

——分色片厚度；

——图像的正反向；

——阴图或阳图；

——乳剂面的不平度；

——有无颜色标记或套准标记。

在多色网目调印刷的分色工序中，网目调分色片通常是由彩色连续调原稿生产出来的。原稿一般有透射原稿和反射原稿，可以是模拟式原稿，也可以是数字式原稿。

分色工艺不是将原稿色值直接转化为印刷品的色值。原稿中的每个可辨认的点子，其颜色（由三刺激值 X、Y、Z 或 L^*，a^*，b^* 或色相、饱和度和明度来表示）必须转换成四个或更多个分色片上的阶调值（网点面积）。然而，在大多数情况下，原稿的密度范围比印刷生产中能够得到的密度范围宽。因此，分色人员需要对原稿进行分析、判断，而且最后的转换结果可能与原稿有差别。

分色工序存在着各种可能的灵活性，因此，将生产用印刷机的工艺参数值考虑进去是非常重要的。分色后面的工序，即打样（非印刷机打样或印刷机打样）、晒版（用于印刷机打样和生产印刷）、印刷和印刷品表面整饰等工序，一般都借助一套严格的工艺参数进行施工。这些参数包括：

——阶调值增加曲线；

——印刷油墨的光学特性和墨膜厚度；

——承印物特性。

在所有工序中保持参数的稳定是非常重要的。任何预料不到的工艺参数的变化都会影响图像的视觉效果。

以上的讨论表明，分色与打样工序都需要了解印刷生产所用工艺参数的值。因为，不考虑印刷机、印版和承印物的特性，用同一套工艺参数去印刷所有印刷品是不行的。所以，必须在分色人员、打样人员和确定某活件专用参数的生产印刷人员之间建立起有效的信息传递。

为了便于信息转换，本标准第1部分规定了，在接活时，对带有印刷样张的分色片应详细说明的参数。本标准的第1部分不具体规定每个参数的值，只给出参数定义和测试方法。

由于彩色样张是印前工序和印刷工序之间的主要信息载体，所以，以下两点很重要：

——应使用能实现的、可模拟最佳预设印刷参数的方法生产印刷样张；

——生产印刷尽量做到与认可的印刷样张的视觉效果相符。

印刷过程中的主要变量之一是阶调值增加曲线（或网点增大曲线），如图1所示。这样一条带有适当误差的曲线，可以表示用于各种特定印刷承印物与印刷方式组合的印刷原色。

中华人民共和国国家标准

印刷技术　网目调分色片、样张和印刷成品的加工过程控制 第1部分：参数与测试方法

GB/T 17934.1—1999
eqv ISO 12647-1:1996

Graphic technology—Process control for the manufacture of half-tone colour separations, proof and production prints —Part 1: Parameters and measurement methods

1　范围

本标准规定了在各种印刷方式中限定印刷条件的参数。所规定的参数的值可用于数据交换时表征预设的印刷条件，或技术人员为使操作达到预期目标而对印刷过程进行的控制。

本标准定义了术语，并建立了一组最低限度的专门确定印刷品四色网目调图像视觉效果的工艺参数。它们是按照以分色胶片为基础的印刷方式的"分色"、"印版制作"、"打样"、"印刷"和"表面整饰"的工艺步骤来确定的。

本标准适用于

——以分色片为基础的打样与印刷过程；

——无胶片复制的打样与印刷，及类似胶片生产系统的凹版印刷；

——与四色印刷原理类似的多于四色的印刷；

——线条网和那些没有一定网线角度和网线线数的网目调印刷。

2　引用标准

下列标准所包含的条文，通过在本标准中引用而构成为本标准的条文。本标准出版时，所示版本均为有效。所有标准都会被修订，使用本标准的各方应探讨使用下列标准最新版本的可能性。

GB/T 11500—1989　摄影透射密度测量的几何条件

GB/T 11501—1989　摄影密度测量的光谱条件

ISO 13655:1996　印刷图像的光谱测量与色度计算

注：此国际标准可在全国印刷标准化技术委员会查阅。

3　定义

本标准采用下列定义，本标准的定义按汉语拼音排序。

注1：量的单位在定义里一起给出，无量纲的单位是1。

3.1　CIELAB色差(ΔE^*_{ab})　CIELAB colour difference; CIE 1976 L^*, a^*, b^* colour difference

呈现在 L^*, a^*, b^* 色空间中的两个点之间的符合欧几里德距离定义的色刺激之差。

3.2　CIELAB色空间　CIELAB colour space

通过在直角坐标系中标绘 L^*, a^*, b^* 形成的三维的近似均匀的颜色空间。

3.3　边缘宽度(指一个单个的不透明图像元素)　fringe width

国家质量技术监督局1999-12-30批准　　2000-08-01实施

对应所用印刷方式要求的最小网点中心密度的10%和90%密度等值线之间的平均距离。单位：μm

3.4 表面整饰 surface finishing

用上光剂涂覆或用透明聚合薄膜层覆合印刷品的一种工艺。

3.5 彩色 chromatic,colour

在视觉中具有色相的颜色。

注4：印刷原色墨青、品红和黄是彩色油墨。

3.6 采样光孔尺寸 sampling aperture size

由测量仪器设计决定的，供测量反射、透射系数或密度用的样品表面积的尺寸。

3.7 测控条 control strip

一维排列的控制块集合。

3.8 承印物 print substrate

承载印刷图像的载体。

3.9 反射计 reflectometer

测量与反射有关的物理量的光度计。

3.10 反射密度 reflection density;reflectance factor density

以10为底反射系数 R 倒数的对数。

3.11 反射密度计 reflection densitometer

测量反射密度的仪器。

3.12 反射系数(R) reflectance factor(R)

从印样上测量出的反射光通量与在同样位置上从理想反射漫射体上测出的反射光通量之比。

3.13 非彩色 achromatic colur

在视觉中无色相的颜色。

注：

2 非彩色一般指黑、白、灰。对于透射材料，也用“无色”(colourless)或“中性灰”(neutral)来描述。

3 在印刷实践中，无彩色可由一种油墨产生，也可由三种彩色油墨适当平衡产生。

3.14 非印刷机打印样张 off-press proof print

由其他方法而不是印刷机印刷的方法生产的印刷品，其作用是用一种精确模拟印刷机效果的方法显示分色效果。

注11：也叫“印前样”(pre-press proof)。

3.15 分色片 colour separation

一套用于三原色印刷的黑-白网目调胶片，每一张胶片对应一种印刷原色。

注6：通常，一套分色片里有四张这样的胶片(分别对应黄、品红、青、黑版)。

3.16 付印样 ok print,ok sheet

在印刷生产过程中，挑选出来做为后面印刷作业参考样的印刷成品。

3.17 灰平衡 grey balance

如果一幅在规定印刷条件下生产的印刷品在规定观测条件下呈灰色，该分色片上的青、品红和黄的阶调值(网点面积)就处于灰平衡状态。

3.18 胶片的正负性(阳图和阴图) film polarity

空白部位与实地部位分别对应印刷品上的非印刷部位与印刷部位的胶片，称为阳图型(正片)胶片；空白部位与实地部位分别对应印刷品上的印刷部位与非印刷部位的胶片，称为阴图型(负片)胶片。

3.19 胶片乳剂方向 film emulsion orientation

相对观测者，分色片乳剂的朝向。

注7：标准方向是乳剂面朝上，即朝着观测者。

3.20 阶调值增加(网点增大) tone value increase;dot gain

印刷品上的阶调值与相应分色片上的阶调值之差。用百分数表示。

注16:同义词“网点增大”只适用于以网点图案形成的网目调图像。

3.21 阶调值总和 tone value sum

四张分色片的阶调值之和。

注

17 也叫“网点总面积”(DTA)。

18 对于大多数分色片来说,最大阶调值总和在图像的最暗处。

3.22 控制块 control patch

为控制或测量而制作的参照块。

3.23 莫尔图形(龟纹) moire pattern

由两维或多维周期结构之间相互作用产生的不需要的周期图形结构。

3.24 偏差 deviation tolerance

付印样张与标准值之间的允许差异。

3.25 色度计 colorimeter

测量色度值的仪器。

注5:光电色度计通过模拟生成被测物的反射或透射系数的光谱乘积、标准光源和标准视场功能规定的滤色器完成对三刺激值的测量,分光光度色度计根据光谱数据计算完成测量。

3.26 透射密度 transmission density

以10为底透射系数 T 倒数的对数。

3.27 透射密度计 transmission densitometer

测量透射密度值的仪器。

3.28 透射系数(T) transimission factor(T)

透过被样品遮盖的测量光孔的光通量与透过没有样品遮盖的测量光孔的光通量之比。

3.29 图像的正反向 image orientation

如果文字呈正常阅读状态,并且图像处于最终用户观看的方向,则图像内容被称为正向读(反之为“反向读”)。

注

8 胶片的乳剂面取向应该标明“乳剂面朝上”或“乳剂面朝下”。如果没有给出说明,就认作“乳剂面朝上”。

9 一般说,“正向读乳剂面朝下”与“反向读乳剂面朝上”的意义相同。

3.30 图像基准方向 reference direction of an image

最终用户观看时的水平方向。

3.31 网点排列的轴 axis of a screen

网点排列的两个方向中,单位长度内呈现最高图像元素数量(如点数或线数)的那个方向。

3.32 网目调胶片 half-tone film

用于网目调印刷工艺的带有网点或线条图像元素的胶片。

3.33 网线角度 screen angle

对于长形网点,是网点排列的轴与图像基准方向形成的夹角;对于圆形或方形网点,是网点排列的一个方向与基准方向形成的最小的那个夹角。单位(°)。

3.34 网线宽度 screen width

网线数的倒数,单位是cm。

3.35 网线数(网线频率) screen ruling;screen frequency

网点或线条等图像元素,在产生最高值方向上,单位长度内的个数。单位是 cm^{-1}(每厘米网点数)。

3.36 相对密度 relative density

减去片基或未印刷承印物的密度后的密度值。单位:1

3.37 阳图型网目调胶片阶调值(网点面积,A) tone value on a half-tone film of positive polarity(dot area,A)

A 由下列公式给出:

$$A(\%) = 100 \times [1 - 10^{-(D_t - D_0)}]/[1 - 10^{-(D_s - D_0)}]$$

式中:D_0——透明网目调胶片的透射密度;

D_s——实地部位的透射密度;

D_t——网点的透射密度。

3.38 阴图型网目调胶片阶调值(网点面积,A) tone value on a half-tone film of negative polarity (dot area,A)

A 由下列公式给出:

$$A(\%) = 100 - 100 \times [1 - 10^{-(D_t - D_0)}]/[1 - 10^{-(D_s - D_0)}]$$

式中:D_0——透明网目调胶片的透射密度;

D_s——实地的透射密度;

D_t——网点的透射密度。

3.39 印版 printing forme

其表面处理成一部分可转移印刷油墨,另一部分不转移印刷油墨的印刷版。

3.40 印刷品阶调值(网点面积,A) tone value on a print(dot area,A)

单色油墨在网目调印刷品上的覆盖表面百分比(如果承印物上的光漫射或其他光学现象是可以忽略不计的)A,由下面公式求得:

$$A(\%) = 100 \times [1 - 10^{-(D_t - D_0)}]/[1 - 10^{-(D_s - D_0)}]$$

式中:D_0——未印刷承印物或在印版上非印刷部分的反射密度;

D_s——实地油墨的反射密度;

D_t——网目调区域的反射密度。

注

13 也叫做"等效网点面积"或"全网点面积"。

14 同义词"网点面积",仅适用于由网点组成的网目调图像。

15 本定义可以用于提供某些印版的近似阶调值。

3.41 印刷机打印样张 on-press proof print

由印刷机(生产用印刷机或打样机)生产的印刷品。其作用是用一种精确模拟印刷机效果的方法显示分色效果。

3.42 印刷原色(用于四色印刷) process colours

黄、品红、青和黑。

3.43 硬网点胶片 hard dot film

带有在胶片拷贝和晒版过程中能进行可靠复制的网点的分色胶片。

3.44 允差 variation tolerance

付印样张与从生产过程中随机抽取的样张之间的允许误差。

3.45 中间调扩展(S) mid-tone spread(S)

S 用百分数表示,由下列公式确定:

$$S = \max.[(A_c - A_{c0}),(A_m - A_{m0}),(A_y - A_{y0})] - \min.[(A_c - A_{c0}),(A_m - A_{m0}),(A_y - A_{y0})]$$

式中:A_c——青原色图像的测量阶调值;

A_{c0}——青原色图像的规定阶调值;

A_m——品红原色图像的测量阶调值;

A_{m0}——品红原色图像的规定阶调值；

A_y——黄原色图像的测量阶调值；

A_{y0}——黄原色图像的规定阶调值。

注 10：例：测量值$(c,m,y)=(22,17,20)$

规定值$(c_0,m_0,y_0)=(20,20,18)$

$\max[(22-20),(17-20),(20-18)]=2$

$\min[(22-20),(17-20),(20-18)]=-3$

$S=[\max-\min]=5$

3.46 中心密度（在网目调胶片上） core density

单个不透明图像元素（如：网点或线条）中央的透射密度。

3.47 主轴 principal axis

与长形网点（如：椭圆形或菱形）的最长直径方向一致的网点排列的轴。

注 12：圆形与方形网点没有主轴。

4 技术要求

以下条款提供了专门确定网目调印刷品的视觉效果及其他技术方面的特性和基本参数。在必要的地方，给出了测量方法和推荐值。

注 19：特性与基本参数方面的信息对于网目调印刷过程中的相互沟通是非常重要的。在实际工作中，许多参数都可以假定具有标准值，因此，就没有必要明确规范每个参数。这样的值在本标准的其他部分规定。

4.1 分色片

4.1.1 质量

应确定最终分色片的最小网点中心密度和最大网点边缘宽度。

注 20：评价与测量方法参考附录 C。

4.1.2 网线数

每套分色片的网线数应以厘米的倒数 cm^{-1} 为单位给出。如果该套分色片有一种以上的网线数，那么，应对每张分色片进行单独的说明或明确报告该套分色片的特定网线数。

注

21 粗糙承印物需要的网目比平滑涂料承印物用的网目粗，而且其阶调值范围受到限制，网点增大过度。

22 黑色图像的网线可比彩色图像细。如：黑色图像用 80 cm^{-1}网线，彩色图像用 60 cm^{-1}网线。

23 参见 4.1.3 中的“注 25”。

4.1.3 网线角度

应确定每种色版的网线角度。

测量方法应按 5.1 的规定；报告方式应按 A1 的规定。

注

24 通常，黑、青和品红的标准网线角度互相差 30°，黄与青或黑相差 15°。主色的网线主轴与基准方向成 45°。

25 用计算机加网时，各颜色版的“网线数”和“网线角度”参数可稍有差别。

4.1.4 网点形状及其与阶调值的关系

应在整个阶调值范围内确定网点的形状及其与阶调值的相互关系。

对中间调网点形状进行确定（如：圆形、方形、椭圆形），使用有主轴的网屏时，应确定网点呈第一和第二连接处的阶调值。阶调值测量方法应按 5.2 的规定；报告方式应按 A2 的规定。

4.1.5 图像尺寸误差

用图像对角线的百分比来确定一套分色片中任意两种颜色的分色片之间的最大尺寸误差。测量方法是：首先，沿左上角将四张分色片上的图像一起对齐，然后测量出右下角的最大尺寸差值，并用与对角线的百分比表示。

4.1.6 阶调值(网点面积)总和

应确定图像中最暗非彩色部分的阶调值总和。必要时,最好单独确定黑版图像的阶调值。阶调值测量方法应按 5.2 的规定;报告方式应按 A2 的规定。

4.1.7 灰平衡

应确定与某个青阶调值(通常是 50%)一起产生中性灰的品红与黄的阶调值。也可以对这些阶调值另外进行三个一组的规定。阶调值测量方法按 5.2 的规定;报告方式应按 A2 的规定。

注 26:灰平衡由图像的青、品红和黄阶调值,以及它们的颜色和叠印品的颜色确定。

4.2 印刷品

4.2.1 图像部分的视觉特性

4.2.1.1 承印物颜色

应确定未印刷承印物的 CIELAB 色空间值(L^*,a^*,b^*)和色差值(ΔE_{ab})。在印刷品要进行表面整饰的地方,还要确定表面整饰过但未经印刷的承印物的色空间 L^*,a^*,b^*,测量方法应按 5.6 之规定,报告方法按照 A5 的规定。

4.2.1.2 承印物光泽度

应确定未印刷承印物的光泽度及允差。在印刷品要进行表面整饰的地方,还要规定表面整饰过,但未经印刷的承印物的光泽度。测量方法应按 5.5 的规定,报告方法按照 A5 的规定。

4.2.1.3 油墨颜色

应确定四种印刷原色中每种颜色实地印刷品的 CIELAB 色空间值(L^*,a^*,b^*)和色差值(ΔE_{ab})。另外,还应确定青-品红、青-黄、品红-黄、黑-黄叠印品的色坐标或最佳印刷色序,以及与在未印刷承印物上的转移效率值相关的叠印油墨转移效率的测量值。在印刷品要进行表面整饰的地方,还要确定表面整饰后印品的 L^*,a^*,b^* 值。

为了准确地定义一个油墨色块的颜色,可规定测量下面八种辅助色块:

三个双色叠印品(C-K、M-K、Y-K);

四个原色的三色叠印品(C-M-Y,M-Y-K,C-M-K,C-Y-K);

一个所有印刷原色的四色叠印品(C-M-Y-K)。

测试方法按 5.6 的规定,报告方法按照 A6 的规定。

注

27 与黑色进行叠印的印品对颜色定义不很重要,但在测试油墨透明特性时,非常有用。

28 作为参考,应确定原色的反射密度。测量应按附录 B 的规定在黑底衬下进行。报告方法按照 A7 的规定。

29 虽然密度值是切实可行的,但是应该认识到,相对于一个技术要求的密度与色度的调整,可能会产生不同的结果。

30 如果油墨叠印值和透明度值符合公认值,那么只规定印刷色序就足够了,而不用规定双色叠印品。

4.2.1.4 油墨光泽度

应确定印刷油墨的光泽度与允差。测量方法按照 5.5 的规定,报告方法按照 A5 的规定。

4.2.2 阶调(网点面积)复制范围

应规定以一种均匀稳定的方式向印刷品转移信息的每种印刷原色分色片的最低阶调值。同时,应规定对承载图像信息非常有用的最高阶调值。阶调值的测量方法按照 5.2 的规定,报告方法按照 A2 的规定。

4.2.3 图像位置误差

应该规定任意两个原色图像中心之间的最大偏差,可以用青、品红和黄色图像的标定网线宽度的系数来表示。

4.2.4 阶调值增加

对于每种印刷原色,除 0%或 100%以外,还应在胶片上指出至少两个最能说明印刷情况的阶调值

的阶调值增加值。阶调值增加特性可以用表或图进行说明。图1给出了一个图示的例子。

此外,应对误差和误差变化进行规定。所有阶调值都应与多色测控条进行比较。打样时,测控条应与活件一起印刷,在生产印刷中最好也一起印刷。一个测控条胶片应包含符合规定的带有精确到±1%的阶调值(网点面积)标识的控制块。控制块网点的形状应该是圆形。

阶调值增加的测量方法按照5.4的规定,报告方法按照A3的规定。

注31:对于纸印刷品,由不同网线数决定的阶调值增加值之间存在着唯一对应关系。因此,对于那些印刷品,测控条的网线数不必与活件胶片上的网线数一样,但是,其差值最好不超过分色片平均网线数值的六分之一。

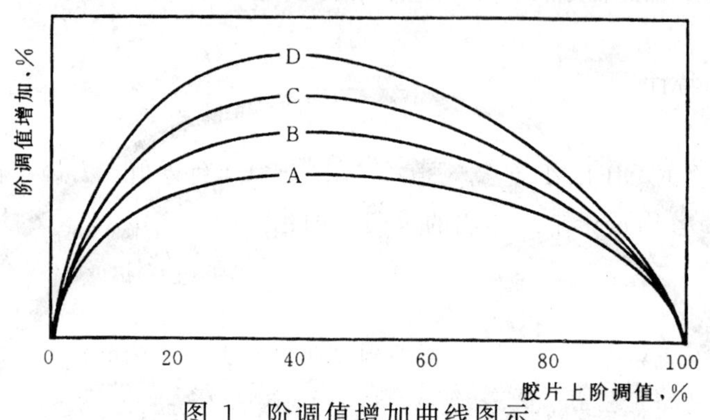

图1 阶调值增加曲线图示

5 测试方法

5.1 网线角度

将要测量的分色片取最终用户观看的方向置于看版台上(此向为正向读),确定网点排列的主轴。如图2所示,用一个逆时针标度的量角器测量主轴与基准方向之间的最小正角。若没有主轴,则取两个轴中与基准方向产生的最小的角作为网线角度。

用同样的角度定义可以测量印刷品上每个印刷原色的网线角度。报告方法按A1的规定。

注32:由于缺少一个通用的可接受的方法,便选择了这个角度定义,因为它可产生与胶片或承印物无关的相同的值。

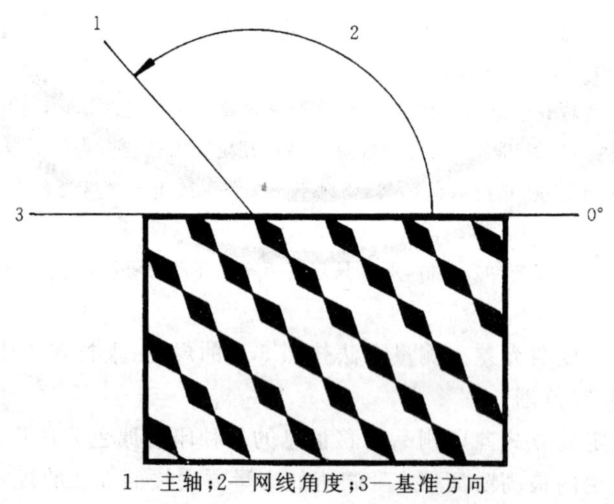

1—主轴;2—网线角度;3—基准方向

图2 网线角度示意图

5.2 分色片的阶调值

用一个符合GB/T 11500,具有0°/d或d/0°几何条件的透射密度计确定片基材料的透射密度D_0、实地密度D_s和指定网目调区域的透射密度D_t,通过相应的定义(3.40和3.41)计算阳图分色片和阴图分色片的阶调值。

为了保证足够的精度,密度计的测量光孔最好不小于网线宽度的15倍,起码不能小于网线宽度的

10 倍。这个要求也同样适用于非圆形测量孔。

按照 A2 记录结果。

5.3 印刷品的阶调值

5.3.1 反射密度计

将印刷品置于一个符合附录 B 规定的黑色底衬上，对于每种彩色油墨，选择给出最高实地密度的密度计测量通道来测量未印刷承印物的反射密度 D_0，指定网目调区域的密度 D_t 和近似实地密度 D_s，用"ISO 视觉"光谱特性(见 GB/T 11500)测量墨色密度。根据定义 3.39 计算出印刷品的阶调值。

为了保证足够的精度，密度计的测量光孔最好不小于网线宽度的 15 倍，最小不能小于网线宽度的 10 倍。这个要求也同样适用于非圆形测量孔。

报告方法按照 A3 的规定。

注 33：仪器条件对阶调值(网点面积)的影响很小。在黄墨印刷的图像的中间调区域，用无偏振镜的宽频带仪器和有偏振镜的窄频带仪器，可观测到 2% 的误差。

5.3.2 色度计

在完全漫反射条件下，用几何条件为 45/0 或 0/45 的色度计，以 CIE1931 2°标准色度视场和 D_{50} 或 D_{65} 光源测量三刺激值 X、Y、Z。如下选择三刺激值(即反射系数)：X 表示青版，Y 表示品红版和黑版，Z 表示黄版。测量未印刷的承印物、指定网目调区域和近似实地区域的三刺激值 X、Y、Z。通过下式计算阶调值：

青色：$A(\%)=100\%\times(X_0-X_t)/(X_0-X_s)$；

品红色和黑色：$A(\%)=100\%\times(Y_0-Y_t)/(Y_0-Y_s)$；

黄色：$A(\%)=100\%\times(Z_0-Z_t)/(Z_0-Z_s)$；

其中：

脚码 0 表示未印刷承印物；

脚码 t 表示网目调；

脚码 s 表示实地。

为了保证足够的精度，所用密度计的有效测量孔径最好不要小于网线宽度的 15 倍，最小不能小于网线宽度的 10 倍。这个要求也同样适用于非圆形测量孔。

报告方法按照 A3 的规定。

5.4 印刷品的阶调值增大

用印刷品上的阶调值(见 5.3)减去分色片上相应部位的阶调值(见 5.2)计算出阶调值增大，报告方法按照 A3 的规定。

5.5 光泽度

用与特定印刷工艺的承印物的光泽范围相适应的入射角度测量承印物或一种原色油墨的实地块的镜面光泽度。具体的测量方法按照 A5 的规定。

报告方法按照 A5 的规定。

5.6 光谱测量、CIE LAB 色坐标的计算和色差

按照 ISO 13655，如：用几何条件为 45/0 或 0/45 的分光光度计和符合附录 C 的黑色底衬进行测量，用 D_{50} 光源和 CIE 1931 2°视场加权函数计算三刺激值 X、Y、Z。按照 ISO 13655 规定的方法用三刺激值计算出 CIE LAB 颜色空间 L^*、a^*、b^*。

根据两组色坐标值($L_1{}^*$、$a_1{}^*$、$b_1{}^*$)和($L_2{}^*$、$a_2{}^*$、$b_2{}^*$)，按照 ISO 13655 规定的方法计算出 CIE LAB 色差值 $\Delta E_{ab}{}^*$。

除分光光度计外，还可使用任何能在本标准的有关部分所规定的公差范围内显示相同数值的色度计。

报告方法按照 A6 的规定。

附录 A
（标准的附录）
报告

A1 网线角度

对于分色片，以“度(°)”来表示C、M、Y、K版的网屏角度。例如：C15°，M45°，K75°，Y0°。

若角度不能用整数表示时，则保留两位小数或用度数(°)和分数(′)，记录角度。

A2 分色片或测控条上的阶调值

用百分数记录阶调值。例如：“测控条上暗调块的阶调值为75%”。

A3 印刷品的阶调值

在记录阶调值的同时，还要记录所用仪器的光谱特性、测量光孔的尺寸以及是否使用了偏振滤色片。

例1：(密度计)“用具有(GB/T 11501)T光谱特性，测量孔径3 mm，无偏振装置的密度计测量控制条上网点面积为75%的青控制块的阶调值为87%”，“……用具有DIN窄频带，9 mm^2 测量孔，无偏振装置的密度计测量……”，或“……用ISO视觉光谱特性，直径5 mm的测量孔，有偏振装置的密度计测量……”。

例2：(色度计)“用具有4 mm直径的测量孔和D_{50}光源的色度计测量得到的刺激值X，计算得到控制条上网点面积为40%的青控制块的阶调值为56%”。

A4 印刷品上的阶调值增大(网点增大)

用与印刷品上的阶调值相同的方法来表示阶调值增大，见A3。

A5 光泽

记录光泽值和测试方法。

例如：“按照TAPPI测试方法T480om：1985，用75°/75°几何条件测量未印刷纸张的光泽为45%”。

A6 色坐标和 ΔE^*_{ab} 色差

记录L^*，a^*，b^*值或色差ΔE^*_{ab}，并且指出它们是根据ISO 13655规定的光谱测量方法和计算条件得到的。另外，还要记录所用仪器的频带、型号以及测量光孔尺寸。

若所用条件超过了ISO 13655的规定，如使用D_{65}光源或白色底衬，则要加以说明。

注34：色坐标为无量纲值，单位为1。

A7 反射密度和相对反射密度

报告密度值应保留两位小数：

——光谱特性，最好用GB/T 11501中的E、I或T光谱特性；

——未印刷承印物的密度；

——测量光孔的尺寸；

——附录B以外的底衬材料；

——是否使用了偏振装置。

例1：“青实地密度为1.45，承印物密度为0.15，此数值为用无偏振装置的T光谱特性的测量孔为

10 mm² 的密度计在符合附录B规定的黑色底衬上测量得到的”。

例2:“黑实地的视觉密度为1.85,承印物密度为0.07,此数值为用有偏振装置的测量孔为3 mm、ZYX公司的XYZ型密度计在符合附录B规定的黑色底衬上测量得到”。

注35:光学密度为无量纲值,单位为1。

附 录 B
(标准的附录)
测量反射密度用底衬材料

在测量反射密度时,样品应被平展地置于测量平面上。与其接触的底衬材料应是:

a) 对光谱无选择性,如:在400 nm~700 nm的整个波长范围内,光谱反射密度的总变化幅度不应超出在同样波长范围内得到的平均密度的5%。

b) 漫反射,在一般室内照明条件下,无论以任何角度观测时,均无明显的镜反射。

c) 具有1.50±0.20的反射密度。

只有在能够证明其他底衬在测量某种特定样给出的结果相同时,才允许使用与这些规定有偏差的底衬。特别是用于不透明样品的底衬。

此外,在需要的地方也可以使用“白底衬”,如:企业内部。当报告非内部使用的密度值时,最好由用户规定底衬的光谱特性、漫射和底衬的反射密度等条件。

附 录 C
(提示的附录)
分色片上网点质量测量方法

C1 对于片基灰雾透射密度小于0.1的网目调胶片,一种简单的定性方法是将带有细线标的控制条,胶片乳剂面朝上置于看版台上,将待测分色片乳剂面朝下置于其上。用60~100倍的手调放大镜观察那些在阳/阴图网目调胶片上显得较亮的、独立的、不透明的网点。若能清楚地观察到网点下面的细线,则网点中心密度太低了。网点边缘宽度可通过与细线的宽度相比较的方法得到。光源从下面以斜入射角照射分色片,用一种被称为暗视场照射的状态,凭经验就几乎可以准确地预测出网点与规定的最大网点边缘宽度间的关系。

C2 用扫描显微密度计可进行一种定量的测量。透射显微镜光源部分的观察孔具有3 μm或小于3 μm的可调直径,并能在物面中心形成小孔观察面积。在特定范围内,胶片可在物面的 X 和 Y 方向上移动。随着胶片的移动,用根据透射密度标定的光电接收器测量透过胶片的光的强度。辐射光源的波长范围的选择应根据使用胶片的工艺过程对光谱的要求。数据可用透射密度—网点坐标图表示(见图C1),也可绘成连接相等透射密度点的密度等值线(见图C2)。

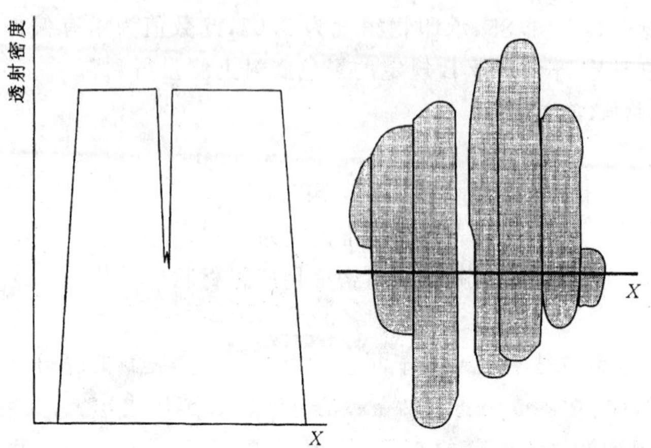

图 C1 分色片上一个分离的网点的透射密度轮廓线(左图),同一网点的显微图像(右图)

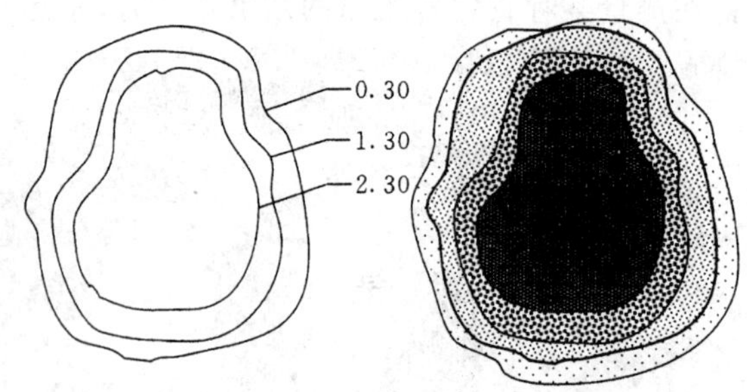

图 C2 分色片上一个虚网点的透射密度等值线(左图),同一网点的显微图像(右图)

前　　言

本标准等效采用国际标准 ISO 12647-2:1996《印刷技术——网目调分色片、样张和印刷成品的加工过程控制——第2部分:胶印》。

在等效采用此国际标准时,基本保留了原国际标准的结构和内容,只是在编辑上做了适合我国标准编写规则的修改。

本标准包含5部分内容:适用范围、引用标准、定义、技术要求、印刷品上阶调值和阶调增加值的测量方法。其中:印刷品上阶调值和阶调增加值的测量方法以及若干参数定义见GB/T 17934.1—1999《印刷技术　网目调分色片、样张和印刷成品的加工过程控制　第1部分:参数与测试方法》。

本标准的附录A、附录B、附录C是提示的附录。

本标准由中华人民共和国新闻出版署提出。

本标准由全国印刷标准化技术委员会归口。

本标准起草单位:北京印刷学院。

本标准主要起草人:陈士文、陈亚雄。

ISO 前言

ISO(国际标准化组织)是由各国标准化团体(ISO 成员国)组成的世界性的标准化专门机构。制定国际标准的工作通常由 ISO 的技术委员会来完成。各成员团体若对某技术委员会已确立的标准项目感兴趣,均有权参加该委员会的工作。与 ISO 保持联系的各国际组织(官方或非官方的)也可参加有关工作。在电工技术标准化方面,ISO 与国际电工委员会(IEC)保持密切合作关系。

由技术委员会提出的国际标准草案提交各成员团体表决。国际标准需取得至少 75%参加表决的成员团体的同意才能正式通过。

ISO 12647-2 国际标准是由 ISO/TC 130 印刷技术委员会完成的。

ISO 12647 国际标准的总标题是《印刷技术——网目调分色片、样张和印刷成品的加工过程控制》,由以下部分组成:

——第 1 部分:参数及测量方法

——第 2 部分:胶印

本标准的附录 A 至附录 C 是提示的附录。

引　言

在生产网目调彩色复制品的时候，分色人员、打样人员和印刷人员预先规定一组最低限度的、专门确定打样和印刷视觉效果及其他技术性能的参数，是非常重要的。这种规定可使合格分色片（不需反复测试）的正确生产和以尽可能逼真地模拟最终印刷成品视觉效果为目的的非印刷机打样与印刷机打样等后工序的有效实施成为可能。

为了使样张与特定的印刷品在视觉效果上一致，非印刷机打样可能需要与其模拟的印刷方式不同的实地色及阶调增大值参数。这是由于非印刷机打样所使用的承印物、呈色剂及实现技术可能与胶印过程有较大的差异，从而引起光泽度、光散射（承印物或呈色剂）、透明度等的不同。在这种情况下，用户或承印厂商最好事先确定适当的修正量。

区别直接参数和间接参数是必要的。直接参数（如本标准列出的）是指直接影响图像视觉效果的参数。间接参数是通过改变直接参数的值间接影响图像视觉效果的参数。间接参数包括：

——分色片厚度

——图像的正反向

——阴图或阳图

——乳剂表面的不平度

——有无颜色标记或套准标记

GB/T 17934.1 列出并解释了一组专门确定由一套网目调分色片生产的样张或印刷成品的视觉效果所需要的最低限度的直接工艺参数。

本标准列出了 GB/T 17934.1 中规定的直接参数的值，以及与使用分色片进行网目调胶印印刷品生产有关的技术要求。在必要的地方，还推荐了直接间接参数。

中华人民共和国国家标准

印刷技术 网目调分色片、样张和印刷成品的加工过程控制 第2部分:胶印

GB/T 17934.2—1999
eqv ISO 12647-2:1996

Graphic technology—Process control for the manufacture of half-tone colour seperations, proof and production prints—Part 2: Offset lithographic processes

1 范围

本标准规定了在为四色胶印准备分色片或用下列方式之一进行四色印刷品生产时所用的一些工艺参数及其量值,这些印刷方式是指热固卷筒纸印刷、单张或连续表格印刷或为这些工艺进行的打样,以及用于网目调凹印的胶印打样。这些参数及其量值的选择覆盖了"分色"、"印版制作"、"打样"、"印刷"和"表面整饰"等整个胶印工艺过程。

本标准适用于

——以分色片为基础的打样与印刷过程;

——无胶片复制的打样与印刷,及类似胶片生产系统的凹版印刷;

——类似四色印刷的四色以上印刷方式的打样过程;

——类似线条网和非周期性的加网方法。

2 引用标准

下列标准所包含的条文,通过在本标准中引用而构成为本标准的条文,本标准出版时,所示版本均为有效。所有标准都会被修订,使用本标准的各方应探讨使用下列标准最新版本的可能性。

GB/T 8941.3—1988 纸和纸板镜面光泽度测定法 75°角测定法

GB/T 11501—1989 摄影密度测量的光谱条件

GB/T 17934.1—1999 印刷技术 网目调分色片、样张及印刷成品的生产过程控制 第1部分:参数与测试方法

CY/T 31—1999 印刷技术 四色印刷油墨颜色和透明度 第1部分:单张纸和热固形卷筒纸胶印

3 定义

本标准使用GB/T 17934.1中给出的和下面的定义。

3.1 胶印版材 offset (printing) plate

表面经过涂布处理,可以在其上产生转移油墨的区域和不转移油墨的区域而且两种区域处于同一平面的平板工件。

3.2 阳图型胶印版材 positive-acting (offset printing) plate

用于阳图分色片的胶印版材。

国家质量技术监督局1999-12-30批准 2000-08-01实施

3.3 阴图型胶印版材 negative-acting(offset printing)plate

用于阴图分色片的胶印版材。

3.4 四色连续表格印刷 four color continuous forms printing

使用窄幅面卷筒纸的表格胶印。

3.5 商业/特种印刷 commercial/speciality printing

普通单张纸和非杂志热固卷筒纸胶印。

3.6 非周期性网目调加网 non-periodic(half-tone) screen

指无规则网角,无固定网线数的网目调加网。

4 技术要求

4.1 分色片

4.1.1 质量

除非另有说明,分色片上网点中心的密度值应至少比透明胶片的密度值(片基加灰雾)高 2.50。透明网点中心的透射密度值不得高于透明胶片的密度值(片基加灰雾)0.1 以上。透明胶片的密度值(片基加灰雾)应不高于 0.15。以上测量应使用光谱特性符合 GB/T 11501 规定的密度计。

分色片上的网点不应有明显碎裂,网点边缘宽度不得超过网线宽度的四十分之一。分色片质量应用 GB/T 17934.1 附录 C 中的方法进行评价。

注

1 为了胶印版各处曝光的一致性,在同一块胶印版上曝光的各分色片之间透明胶片的密度值(片基加灰雾)相差不得超过 0.10。

2 在实际应用中,如果大面积实地区域的密度值大于透明胶片密度值 3.5 以上,那么,网点中心密度值通常可高于透明胶片密度值 2.50 以上。

3 使用密度计前应作校准工作。

4.1.2 网线数

对于四色印刷,加网线数应在 45 cm^{-1}至 80 cm^{-1}之间,推荐的标准网线数如下:

- 卷筒纸期刊印刷 45 cm^{-1}～60 cm^{-1}
- 连续表格印刷 52 cm^{-1}～60 cm^{-1}
- 商业/特种印刷 60 cm^{-1}～80 cm^{-1}

注

4 若网线数在 45 cm^{-1}至 80 cm^{-1}范围以外,GB 17934.1 中规定的基本原则仍然有效,但特定的量值可能不同。

5 计算机加网时,为了尽可能减小莫尔条纹,不同色版之间"网线数"和"网角"可能有少量的变化。

6 黑版的加网线数可大于相应彩色版的加网线数,如:黑版 80 cm^{-1},黄、品红、青版 60 cm^{-1}。

4.1.3 网线角度

无主轴的网点,青、品红和黑版的网线角度差应是 30°,黄版与其他色版的网线角度差应是 15°,主色版的网线角度应是 45°。

有主轴的网点,青、品红和黑版的网线角度差应是 60°,黄版与其他色版的网线角度差应是 15°,主色版的网线角度应是 45°或 135°。

对于网目调凹印分色片的网线角度,除黄版外,其他色版应避免 75°至 105°之间的角度。

注 7:见 4.1.2 中的注 5。

4.1.4 网点形状及其与阶调值的关系

应使用圆形、方形和椭圆形网点。对于有主轴的网点,第一次连接应发生在不低于 40%的阶调值处,第二次连接应发生在不高于 60%的阶调值处。

4.1.5 图像尺寸误差

在环境稳定的情况下,一套分色片各对角线长度之差不得大于 0.02%。

注 8：该误差包括分色片输出设备的可重复性及胶片稳定性引起的误差。

4.1.6 阶调值总和

除非另有说明，单张纸印刷的阶调值总和不得超过 350%，卷筒纸印刷阶调值总和不得超过 300%。

注 9：在阶调值总和高的情况下会发生诸如叠印不牢、背面透印和由于油墨未充分干燥产生的背面蹭脏等现象。

4.1.7 灰平衡

除非另有说明，灰平衡阶调值如下：

	青(%)	品红(%)	黄(%)
1/4 阶调	25	19	19
2/4 阶调	50	40	40
3/4 阶调	75	64	64

注 10：以上是根据 CY/T 31 规定的纸张、油墨所得到的灰平衡数据，若用不同纸张油墨和印刷条件，则灰平衡数据有所不同。

4.2 印刷品

4.2.1 图像的视觉特性

4.2.1.1 承印物的颜色

打样用的承印物应与印刷用的承印物相同。若有困难，应尽可能选用光泽度、颜色、表面特性(涂料或非涂料，压光等)、单位面积克重等方面与生产承印物接近的承印物；对于印刷机打样，应从下列 5 种典型纸张中选取最接近的纸张，这些纸张的特性列于表 1；对于非印刷机打样，应选用尽可能与表 1 所列的某典型纸张(与生产用纸接近)特性参数接近的承印物。应注明纸张类型。

表 1 典型纸张的 CIELAB L^*、a^*、b^* 值、光泽度、亮度及允差

纸型	L^* 1)	a^* 1)	b^* 1)	光泽度 2) %	亮度 3) %	克重 4) g/m^2
1. 有光涂料纸，无机械木浆	93	0	−3	65	85	115
2. 亚光涂料纸，无机械木浆	92	0	−3	38	83	115
3. 光泽涂料卷筒纸	87	−1	−3	55	70	70
4. 无涂料纸，白色	92	0	−3	6	85	115
5. 无涂料纸，微黄色	88	0	6	6	85	115
允差	±3	±2	±2	±5	—	—
基准纸 5)	95	0	5	70～80	80	150

1) 测量方法按 GB/T 17934.1 中 5.6：D_{50}光源，2°视场，黑色背景，几何条件为 0/45 或 45/0。

2) 测量方法按照 GB/T 8941.3 的规定。

3) 460 nm 处的反射率，仅供参考。

4) 仅供参考。

5) CY/T 31 规定的基准纸，仅供参考。

注

11 就光泽和颜色而言，表 1 中列出的纸张类型是本标准涉及到的承印物的基础。另有如下说明：

——纸张类型 1 和 2 不是典型的卷筒纸期刊印刷用纸(封面除外)。

——纸张类型 3 和 5 不是典型的四色商业表格印刷用纸。

12 如果最终产品要进行表面整饰，可能会影响承印物的颜色。参见 4.2.1.2 注 17。

13 在“白底衬”或“D_{65}”条件下的 $L^*a^*b^*$ 值，其允许的容差与表 1 数值一致。

14 表 1 中包含了 CY/T 31 中规定的基准纸的参数，仅供参考。一些参数值与 CY/T 31 中的不一致，是由于使用了黑底衬。

15 纸张类型 3 的克重(70 g/m²)是卷筒印刷用纸(60 g/m² 至 65 g/m²)和其打样用纸(90 g/m²)的折中。用黑背景测量时,若克重从 70 g/m² 改变为 90 g/m²,ΔL^* 值相应改变 0.7。

16 某些 3 型卷筒纸在规定的克重范围内,b^* 值的范围变化为 0～－3。

4.2.1.2 承印物光泽度

用于打样的承印物的光泽度应尽量与生产用的承印物的光泽度相近。如不可能,印刷机打样应从表 1 列出的典型纸张中选择尽量与生产用的承印物相近的纸张。

注

17 纸张光泽度值见表 1。

18 如果最终产品要进行表面整饰,对光泽会有一些影响。在要求苛刻的情况下,为了使样张与最终印品更好地匹配,可以给印刷者提供两种样张,一种样张表面光泽度与未经表面整饰的印品相匹配,另一种样张表面光泽度与经过表面整饰的印品相匹配。

4.2.1.3 油墨颜色

用表 1 中的 5 种承印物打样,样张上的青、品红、黄、黑四个实地色及双色叠印获得的红、绿、蓝实地色的 CIE LAB 色度值 $L^*a^*b^*$ 应符合表 2 的规定值。允许色差值见表 3。

在印刷过程中,付印样实地块印刷原色与打样样张之间的色差不应超过表 3 中规定的相应的偏差值。

在生产过程中,印刷原色实地块的变化受后工序条件的限制,因此,至少应有 68%的印刷品与付印样之间的色差不超过表 3 中的规定,且最好不要超过规定值的一半。

表 2 色序为青—品红—黄叠印的实地色 CIELAB $L^*a^*b^*$ 值

纸张[1)] / 颜色	1 型			2 型			3 型			4 型			5 型		
	L^*	a^*	b^*[2) 3)]	L^*	a^*	b^*[2) 3)]	L^*	a^*	b^*[2) 3)]	L^*	a^*	b^*[2) 3)]	L^*	a^*	b^*[2) 3)]
黑	18	0	－1	18	1	1	20	0	0	35	2	1	35	1	2
青	54	－37	－50	54	－33	－49	54	－37	－42	62	－23	－39	58	－25	－35
品红	47	75	－6	47	72	－3	45	71	－2	53	56	－2	53	55	1
黄	88	－6	95	88	－5	90	82	－6	86	86	－4	68	84	－2	70
红	48	65	45	47	63	42	46	61	42	51	53	22	50	50	26
绿	49	－65	30	47	－60	26	50	－62	29	52	－38	17	52	－38	17
蓝	26	22	－45	26	24	－43	26	20	－41	38	12	－28	38	14	－28

1) 纸张类型在 4.2.1.1 中规定。

2) 表中各实地色是用附录 A 中给出的方法得到的。

3) 测量方法按 GB/T 17934.1 中 5.6 的规定:D_{50} 照明体,2°视场,几何条件为 45/0 或 0/45。

表 3 印刷原色实地的色差值 ΔE_{ab}^*

	黑	青	品红	黄
偏差	4	5	8	6
允差	2	2.5	4	3

注

19 表 3 中的色差 ΔE_{ab}^* 的分布不是高斯分布,且不对称。但为了保持一致性,仍类似于高斯分布,定义公差的值为 68%的印刷品可满足的最小色差。

20 在附录 B 的表 B1 中给出了使用 D_{65} 照明体时测得的 7 种实地色的 CIELAB $L^*a^*b^*$ 值。如果用白色底衬景替代黑色底衬,表 2 和表 B1 中的 a^*、b^* 值基本不变,而 L^* 值会随着纸张不透明度的变化增加 2～3。

21 在附录 B 的表 B2 中给出了三种光谱响应条件下实地印刷原色的反射密度值。

22 如果最终产品要进行表面整饰,可能会影响实地色的颜色。参见注12和注18。

23 二次色红、绿、蓝的值对印刷机的机械性能、承印物的表面特性和油墨的流变性、透明度等特性有很强的依赖性。因此,原色CMY值符合规范要求时,二次色并不一定符合表2的值。

24 包装印刷或专色印刷允许的色差值应低于表3所列值,尤其当色差是由L^*的差别引起时。

4.2.1.4 油墨光泽度

如有必要,可以规定实地颜色的光泽度。应在75°入射角(与承印物表面成15°的夹角)和75°接收角的条件下测量承印物或单色实地区域的镜面光泽度。所用测量仪器应符合GB/T 8941.3,测量值用百分数表示。

4.2.2 阶调复制范围

加网线数介于40 cm^{-1}到70 cm^{-1}时,分色片网点面积率为3%至97%的网点能完全再现在印刷品上。

加网线数为80 cm^{-1}或进行网目调凹印打样时,分色片网点面积率为5%至95%的网点能完全再现在印刷品上。

分色片上,非主体图像部位的网点再现应取决于上述范围之外的阶调值。

4.2.3 图像位置误差

任意两色印刷图像中心之间的最大位置误差不得大于四色分色片最小网线宽度的一半。

注25:若由于设备等方面的原因达不到上述套印精度时,生产者与客户之间应有必要的协议。

4.2.4 阶调值增加

4.2.4.1 目标值

应规定各印刷原色打样和印刷的阶调值增加值。其规定方法可以是通过引用表4(图1)中列出的A到H各类型中的一种或使用实际阶调增加值进行确定,也可以通过如图1所示的图示法来确定。

在缺少数据的情况下,可根据印刷种类的不同,从表5列出的测控条上阶调值为50%处的阶调增加值数据中,选择相应的值作为目标值。

表4 测控条上的阶调值与阶调增加值的关系(百分比)

	印刷品上阶调增加值							
胶片上阶调值	A	B	C	D	E	F	G	H
25	9	12	15	18	20	23	26	29
40	13	16	19	22	25	28	31	34
50	15	17	20	23	25	28	31	33
70	14	16	18	18	20	21	23	24
75	13	14	16	16	17	18	19	20
80	12	12	14	14	14	15	16	17

注

26 黑版的阶调增加值通常比其他色版大2%~3%,黑版墨层较厚,通常先印。

27 如果需要转换不同加网线数之间的阶调增加值数据,可参看附录C。图C1和C2给出了不同印刷条件下,随着加网线数的变化,测控条上40%和80%阶调值处的阶调增大值数据可以从这些图上取得相应的数据来进行转换。非印刷机打样的数据转换可能需要不同的数据集。

28 表5给出了测控条上加网线数为60 cm^{-1},阶调值为50%处的阶调增加值。测量密度计使用GB 11501中规定的T状态光谱响应条件,不使用偏振片测量。黄版测量值比青、品红、黑低2%。

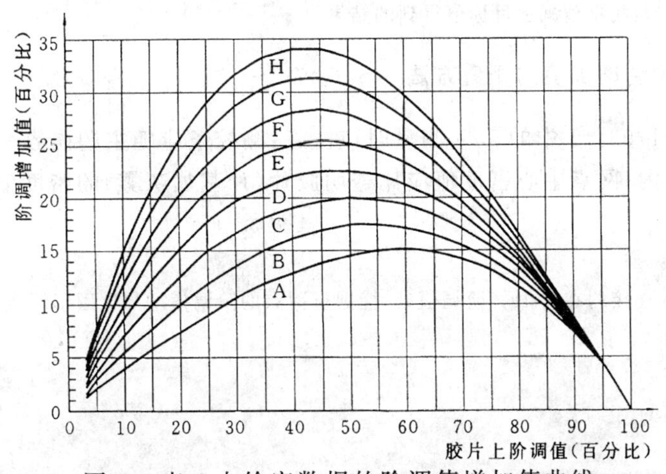

图 1 表 4 中给定数据的阶调值增加值曲线

表 5 测控条上网线数为 60 cm^{-1},阶调值为 50%处的阶调增加值(百分比)

热固卷筒纸期刊印刷,彩色[1)]	
阳图型印版,3 型纸[2)]	19
阴图型印版,3 型纸[2)]	27
四色连续表格印刷	
阳图型印版,1 型和 2 型纸[2)]	26
阳图型印版 4 型和 5 型纸[2)]	29
阴图型印版,1 型和 2 型纸[2)]	29
阴图型印版,4 型和 5 型纸[2)]	33
商业/特殊印刷,彩色[1)]	17
阳图型印版,1 型和 2 型纸[2)]	19
阳图型印版,3 型纸[2)]	23
阳图型印版,4 型和 5 型纸[2)]	25(18)[3)]
阴图型印版,3 型纸[2)]	27(22)[3)]
阴图型印版,4 型和 5 型纸[2)]	31(28)[3)]
1) 黑版比其他色版通常高 2%到 3% 2) 纸型定义见 4.2.1.1。 3) 为尽量减小阶调值增加而优化过的,使用阴图型胶印版印刷时的阶调增加值。	

4.2.4.2 误差与中间调扩展

样张或付印样的中间调阶调值增大的误差应不超过表 6 的规定。

注 29：在最坏的情况下,样张与付印样在中间调会有 7%的变化。

对于印刷生产,中间调平均值与确定的目标值之差应在 4%以内。阶调值的统计标准偏差应不超过表 6 规定的偏差,且最好不要超过一半。

打样和印刷的中间调扩展应不超过表 6 所列的值。

表 6 样张和印刷成品阶调值增大容差与最大中间调扩展

分色片上阶调值	样张的允许误差 %	付印样的允许误差 %	印刷品的允许误差 %
40%或 50%	3	4	4
70%或 80%	2	3	3
最大中间调扩展	4	5	5

注

30 表 6 中的数据是在网线数为 50 cm^{-1}至 70 cm^{-1}的测控条上用密度计或色差计测量的结果。

31 表6中的容许误差是测量值减去目标值得到的结果。

5 印刷品上阶调值和阶调增加值的测量方法

测量方法见GB/T 17934.1中的5.3,测量时应注意:测控条应随主题内容一起印刷;其网线数应在50 cm^{-1}至70 cm^{-1}范围内;网点中心密度值应比透明胶片(片基加灰雾)的密度值高3.0以上;网点边缘宽度应不超过2 μm。

注

32 椭圆形网点第一次连接约在其40%阶调值处,椭圆形网点的阶调值增加比圆形网点大1.5%左右。

33 见4.2.4.1中注27。

附 录 A

（提示的附录）

确定表 2 中给出的纸张类型上的油墨色度参数的方法

在实际印刷中观察到，不同承印物表面的油墨墨膜厚度是不相等的。虽然低档承印物表面呈现出的颜色强度比高档的低，但是，多数油墨通常是在低档承印物上使用的。所以，印刷工人要对由于低档承印物表面的不平滑和墨量损失而产生的油墨色强度的光学效果减弱进行补偿。

通过大量的试验可以看出，某特定的油墨和纸张的组合在实际生产中使用的色强度可以用在该种纸张上印刷一定量的油墨的方法来预示，其墨膜厚度与可在符合 CY/T 31 规定的基准纸上产生符合 CY/T 31 规定的颜色的墨膜厚度相同。进行这种预示时，那些表面较粗糙、吸墨性较高的低档纸张从橡皮布上吸收的油墨量比那些表面较光滑并带有涂层的高档纸张吸收的油墨量多。以下两种方法提供了可使不同纸张从橡皮布得到相同厚度的墨膜的印刷条件。

A1 印刷适性仪

分别将符合 CY/T 31 中规定的基准纸和要建立油墨色度参数的纸张裁切成纸条，纸条宽度是印刷适性仪承印盘宽度的一半。后一种纸张的厚度应与相应的基准纸大致相同。两种纸条平行地放在适性仪的承印盘上。在承印盘上衬上橡皮布，用符合 CY/T 31 的胶印油墨，按照 CY/T 31 规定的测试步骤进行印刷。应控制油墨的转移量，使油墨干燥后，印在基准纸上的油墨颜色符合 CY/T 31 的规定。当确定基准纸上的油墨颜色是正确的时，测量同时印刷的未知类型的纸上油墨的颜色，即得到为该种纸张推荐的油墨颜色数据。

A2 单张纸印刷

准备好用于单张纸印刷方式的符合 CY/T 31 规定的基准纸，在这些纸张中每隔 100 张左右插入一张作过标记的待测纸，待测纸的厚度应与基准纸大致相同。用符合 CY/T 31 的胶印油墨进行印刷。开始印刷后，调节油墨量使印刷在基准纸上的青、品红、黄、黑实地色干燥后符合 CY/T 31 中相应的规定。如果需要，在印刷前应建立油墨色的干褪效应。在印刷剩下的纸张时，有规律地检查油墨量，以保持其恒定。待干燥后，找出待测纸，测量待测纸上各颜色的数据，即得到该种待测纸的油墨颜色数据。

注

34 在单张纸印刷过程中，对于基准纸和插入的待测纸，橡皮布上提供的油墨膜厚度是相同的。由于插入的待测纸的粗糙度不同，从橡皮布上转移下来的油墨量也不同，因此可能干扰后续印刷的油墨量。然而，油墨量很快在后续最多 50 张印刷中恢复原状。

35 从 A1 和 A2 两种方法获得的油墨颜色数据非常一致。

附　录　B

（提示的附录）

非标准条件下测得的油墨颜色数据

表 B1　色序为青—品红—黄叠印时的CIELAB色度参数

纸张[1)] / 颜色	1型			2型			3型			4型			5型		
	L^*/	a^*/	b^*[2)3)]	L^*/	a^*/	b^*[2)3)]	L^*/	a^*/	b^*[2)3)]	L^*/	a^*/	b^*[2)3)]	L^*/	a^*/	b^*[2)3)]
黑	18/	0/	−1	18/	1/	1	20/	0/	0	35/	2/	1	35/	1/	2
青	56/	−27/	−47	55/	−25/	−45	55/	−30/	−39	62/	−20/	−36	59/	−20/	−33
品红	45/	75/	−10	45/	71/	−7	43/	71/	−6	51/	54/	−4	51/	53/	−1
黄	88/	−12/	96	88/	−11/	92	82/	−12/	87	85/	−9/	68	84/	−7/	70
红	48/	62/	42	45/	59/	38	44/	58/	39	55/	49/	20	54/	46/	24
绿	50/	−67/	33	47/	−62/	29	51/	−65/	32	59/	−65/	32	59/	−33/	21
蓝	27/	29/	−44	27/	30/	−42	26/	25/	−40	40/	−8/	−25	40/	18/	−25

1）纸张类型在 4.2.1.1 中规定。

2）表中各实地色是用附录 A 中给出的方法得到的。

3）测量方法按 GB/T 17934.1 中 5.6 的规定：D_{50}照明体，2°视场，几何条件为 45/0 或 0/45。

表 B2 中的颜色是用附录 A 中给出的方法获得的。对各密度值中的第一个值测量时不使用偏振片，第二个值使用偏振片。所有实地密度值包含纸张密度，并且是把样品放置于黑色底衬上测得的。

表 B2　印刷在五种典型纸张上的实地印刷原色的反射密度值

纸张类型[1)]	1	2	3	4	5
DIN E 反射密度值[3)]					
青	1.52/1.66	1.38/1.54	1.35/1.57	1.00/1.10	1.03/1.15
纸张[2)]	0.07/0.11	0.08/0.09	0.12/0.14	0.10/0.10	0.13/0.15
品红	1.47/1.61	1.33/1.49	1.37/1.47	0.90/1.05	0.96/1.14
纸张[2)]	0.07/0.11	0.08/0.09	0.12/0.14	0.10/0.10	0.16/0.19
黄	1.41/1.55	1.16/1.34	1.30/1.44	0.88/1.06	0.98/1.16
纸张[2)]	0.06/0.10	0.06/0.09	0.15/0.18	0.08/0.11	0.23/0.26
ISO 状态 T 反射密度[4)]					
青	1.52/1.66	1.38/1.54	1.35/1.57	1.00/0.10	1.03/1.15
纸张[2)]	0.07/0.11	0.08/0.09	0.12/0.14	0.10/0.10	0.13/0.15
品红	1.47/1.61	1.33/1.49	1.37/1.47	0.90/1.05	0.96/1.14
纸张[2)]	0.07/0.11	0.08/0.09	0.12/0.14	0.10/0.10	0.16/0.19
黄	1.06/1.16	0.96/1.09	1.00/1.08	0.73/0.91	0.73/0.92
纸张[2)]	0.06/0.11	0.06/0.09	0.14/0.17	0.08/0.11	0.18/0.22
ISO 视觉反射密度[4)]					
黑	1.62/1.95	1.48/1.84	1.57/1.89	1.10/1.35	1.10/1.37
纸张[2)]	0.07/0.10	0.08/0.09	0.12/0.14	0.10/0.10	0.15/0.17

1）在 4.2.1.1 中定义

2）在同样条件下测量。

3）DINE 引用了在 DIN 16536-2：1995 中规定的更宽的两套响应。

4）按 GB/T 11501 中规定的响应。

注 36：这里完整地给出了使用和不使用偏振片时的密度值。正确使用偏振片的方法在其他标准中涉及到。

附　录　C
（提示的附录）
印品阶调值增加与加网线数的关系

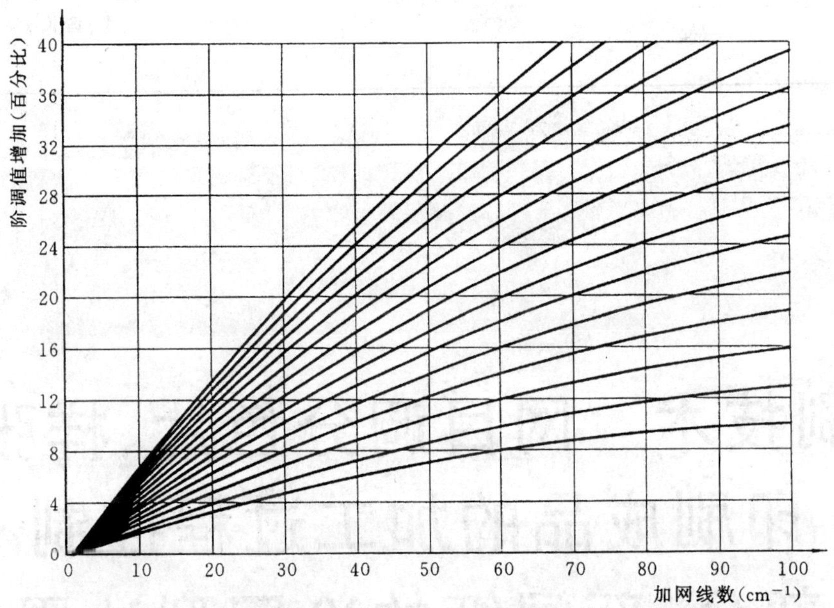

图 C1　胶片上 40％阶调值处印刷成品阶调值增加与网线数的关系
（每条曲线对应一组特定的印刷条件）

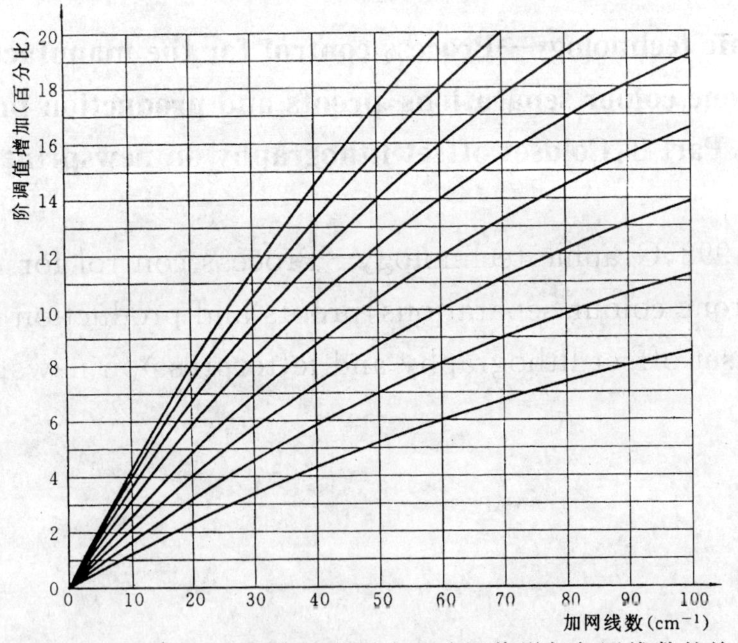

图 C2　胶片上 80％阶调值处印刷成品阶调值增加与网线数的关系
（每条曲线对应一组特定的印刷条件）

ICS 37.100.01
A 17

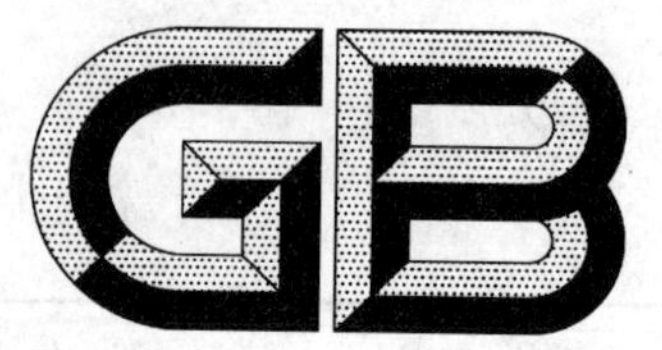

中华人民共和国国家标准

GB/T 17934.3—2003
代替 GB/T 14705—1993

印刷技术　网目调分色片、样张和印刷成品的加工过程控制 第3部分：新闻纸的冷固型油墨胶印

Graphic technology—Process control for the manufacture of half-tone colour separations, proofs and production prints—Part 3: Coldset offset lithography on newsprint

(ISO 12647-3:1998, Graphic technology—Process control for the manufacture of half-tone colour separations, proofs and production prints—Part 3: Coldset offset lithography and letterpress on newsprint, MOD)

2003-06-24 发布　　2003-12-01 实施

中华人民共和国国家质量监督检验检疫总局　发布

前　言

GB/T 17934《印刷技术　网目调分色片、样张和印刷成品的加工过程控制》分为如下几部分：

——第1部分：参数与测试方法

——第2部分：胶印

——第3部分：新闻纸的冷固型油墨胶印

——第4部分：凹印

——第5部分：四色网版印刷

——第6部分：柔性版印刷

——第7部分：直接印刷

本部分为 GB/T 17934 的第3部分。

本部分修改采用 ISO 12647-3:1998《印刷技术　网目调分色片、样张和印刷成品的加工过程控制　第3部分：新闻纸的冷固型油墨胶印和凸印》(英文版)。

考虑到我国目前新闻纸冷固型油墨的单色和多色胶印印刷的国情，在采用 ISO 12647-3:1998 时，本部分做了一些修改。有关技术性差异已编入正文中并在它们所涉及的条款的页边空白处用垂直单线标识。(在附录B中给出了这些技术性差异及其原因的一览表以供参考)

本部分代替 GB/T 14705—1993《报纸印刷品质量要求及检验方法》。

本部分的附录A为规范性附录，附录B为资料性附录。

本部分由中华人民共和国新闻出版总署提出。

本部分由全国印刷标准化技术委员会归口。

本部分起草单位：中国报协印刷工作委员会、中国印刷科学技术研究所、人民日报印刷厂、解放日报印刷厂、解放军报印刷厂、羊城晚报印刷厂。

本部分主要起草人：夏天俊、李家祥、曹世忠、魏欣、李建英、聂圣堂、贺明、彭国章。

引　言

在生产网目调彩色复制品的时候，预先规定一组最低限度的、专门确定打样和印刷视觉效果及其他技术性能的参数对分色人员、打样人员和印刷人员是非常重要的。这种规定可以帮助制作出合格的分色片，并且可以使非印刷机打样或印刷机打样尽可能逼真地模拟最终印刷成品的视觉效果。

本部分列出了一组最低限度要求的工艺参数值，用来确定新闻纸冷固型油墨胶印的打样样张和印刷成品符合相关技术性能。

印刷技术 网目调分色片、样张和印刷成品的加工过程控制 第3部分:新闻纸的冷固型油墨胶印

1 范围

GB/T 17934 的本部分规定了新闻纸的冷固型油墨单色和多色胶印印刷的质量要求与检验方法。本部分适用于用网目调分色片晒版所进行的新闻纸冷固型油墨胶印的打样、印刷过程,也适用于直接制版工艺(CTP)和相应的打样、印刷过程。

本部分不适用于线条网屏和非周期性网屏。

2 规范性引用文件

下列文件中的条款通过 GB/T 17934 的本部分的引用而成为本部分的条款。凡是注日期的引用文件,其随后所有的修改单(不包括勘误的内容)或修订版均不适用于本部分。然而,鼓励根据本部分达成协议的各方研究是否可使用这些文件的最新版本。凡是不注日期的引用文件,其最新版本适用于本部分。

GB/T 8941.3 纸和纸板镜面光泽度测定法 75°角测定法(GB/T 8941.3—1988,neq TAPPI T498 cm:1985)

GB/T 11501 摄影密度测量的光谱条件(GB/T 11501—1989,neq ISO 513:1984)

GB/T 17934.1 印刷技术 网目调分色片、样张和印刷成品的加工过程控制 第1部分:参数与测试方法(GB/T 17934.1—1999,eqv ISO 12647-1:1996)

CY/T 3 色评价照明和观察条件

ISO 5-4 摄影术 密度测量 第4部分:反射密度测量的几何学条件

3 术语和定义

GB/T 17934.1 中确立的以及下列术语和定义适用于 GB/T 17934 的本部分。

3.1

冷固型油墨胶印 coldset offset

油墨主要被承印物所吸收而不需要加热干燥的一种平版印刷方法。

3.2

非周期性网屏 non-periodic screen

无规则网线角度、无固定网线数的网目调网屏,一般指调频网屏。

3.3

底色去除 under colour removal(UCR)

在四色复制中,减少图像暗调处的三原色比例,相应增加黑色量的工艺方法。

3.4

灰成分替代 grey component replacement(GCR)

在四色复制中,从亮调到暗调的范围中把三原色叠印区域的灰成分全部或部分去除,代之以增加黑色成分来补偿的工艺。

3.5

分色片线性化误差 tolerance of linearization

分色片上测量的网点百分比与相对应的电子文件显示的网点百分比的差值。

4 质量要求

4.1 分色片要求

4.1.1 质量

分色片的实地密度值(包括片基密度值)≥3.50,片基灰雾密度值(包括多层片基叠加后的)≤0.15,网点区域的透明部分应通透。

分色片的线性化误差应≤2%。

网点边缘(虚边)宽度不能大于网线宽度的1/40,分色片上的网点、文字不应有明显的破裂。

分色片应版面清洁,无划痕、脏迹、折痕。

分色片的质量可按GB/T 17934.1中附录C规定的方法来评价。

4.1.2 网线数

对于单色和彩色印刷,网线数应为34线/cm～48线/cm(85线/in～120线/in)。

4.1.3 网线角度

对于单色印刷,网线角度应为45°。

对于彩色印刷,采用无主轴的网点(如方形、圆形),青、品红和黑版的网线角度差应为30°,主色版的网线角度应为45°,黄版与其他色版的网线角度相差15°。

对于彩色印刷,采用有主轴的网点(如椭圆形网点),青、品红和黑版的网线角度差应为60°,主色版的网线角度应为45°或135°,黄版的网线角度为0°。

注:主色版是反映图像主题的色版。在多数情况下,主色版是黑色版或品红色版。

4.1.4 网点形状

可使用方形、圆形或其他点形网点。推荐使用椭圆形网点,其第一次网点搭接出现在胶片阶调值为40%处,第二次网点搭接出现在阶调值为60%处。

4.1.5 套准误差

一套分色片的对角线长度误差应≤0.02%。

4.1.6 阶调值总和

阶调值总和一定不要超过260%。当阶调值总和达到此极限值时,黑版阶调值不应超过85%。

4.1.7 灰平衡

为实现印刷品的视觉灰平衡,一般情况下,推荐由下列阶调值组合而成,用分色片上的网点面积百分比表示。

	青	品红	黄
1/4阶调	25%	18%	18%
中间调	50%	40%	40%
3/4阶调	75%	64%	64%

注:用不同的纸张、油墨和印刷条件,则灰平衡数据有所不同。

4.2 印刷要求

4.2.1 图像的视觉效果

4.2.1.1 印刷承印物(即新闻纸)颜色

印刷承印物颜色应符合表1规定的CIE L^*、a^*、b^*值,并在表2所规定的偏差范围内。

打样用承印物应与印刷用承印物一致,打样用承印物与实际印刷用承印物之间的CIE L^*、a^*、b^*的偏差值不应超过表2的规定。

注:CIE L^*、a^*、b^*色空间是1976年由国际照明委员会(CIE)推荐的均匀色空间,该空间是三维直角坐标系统。L^*为明度指数,a^*、b^*为彩色指数,ΔE^*_{ab}为色差。

表 1 常用新闻纸的 CIE LAB L^*、a^*、b^* 值、光泽度和亮度

L^{*a}	a^{*a}	b^{*a}	光泽度[b]/%	亮度[c]/%
81	0	3	<7	56±4

a 测量按照 GB/T 17934.1 中 5.6 的规定，用 D_{50} 光源，2°视场，45°/0°或 0°/45°几何条件，黑色底衬。

b 测量按照 GB/T 8941.3 的规定。

c 460 nm 处的反射率。

表 2 承印物颜色的偏差

	ΔL^*	Δa^*	Δb^*
打样承印物应当≤	2	2	2
印刷承印物应当≤	2	1	1
印刷承印物起码≤	3	2	2

4.2.1.2 印刷承印物光泽度

印刷承印物的光泽度应符合表 1 的规定。

4.2.1.3 油墨颜色

打样样张上 C、M、Y、K 实地墨的 CIE L^*、a^*、b^* 的目标值应符合表 3 规定，色差值应在表 4 规定的范围内。双色叠印的 CIE L^*、a^*、b^* 色度值应符合表 3 的规定。

打样样张与付印样张之间的色差 ΔE^*_{ab} 不应超过表 4 所规定的偏差值。

在生产过程中，印刷原色实地墨的变化受后工序条件的限制，因此，至少应有 68% 的印刷成品与付印样张之间的色差 ΔE^*_{ab} 不超过表 4 中的规定，且最好不要超过规定值的一半。

注 1：间色红、绿、蓝的色度值取决于印刷色序，并且会随着印刷机械、承印物的表面特性和油墨的流变性与透明性等条件的变化而发生变化。因此，符合规定的三原色 C、M、Y 并不能够保证其间色符合表 3 给出的数值。

注 2：表 3 中的数值与用我国的新闻纸冷固型油墨所进行的测试有关。

注 3：附录 A 的表 A.1 给出了用反射密度计测量表 3 中相同印样所得到的反射密度值。表 A.1 也适用于单色胶印。

表 3 新闻纸上或打样承印物上的油墨的 CIE LAB L^*、a^*、b^* 目标值

	L^{*a}	a^{*a}	b^{*a}
青	57	−23	−27
品红	53	48	0
黄	79	−5	60
黑	40	1	4
青+黄(绿)	53	−34	18
青+品红(蓝)	41	7	−22
品红+黄(红)	52	41	25

a 测量按照 GB/T 17934.1 中 5.6 的规定，用 D_{50} 光源，2°视场，45°/0°或 0°/45°几何条件，黑色底衬。

表 4 印刷原色油墨实地的 CIE LAB ΔE^*_{ab} 色差值

	K	C	M	Y
偏差	5	5	8	7
允差	3	3	5	4

4.2.2 阶调值复制范围

分色片上5%～85%的网点应能够稳定均匀地转移到承印物上。

4.2.3 套印误差

任何两个色版的图像套印最大位置误差应≤0.30 mm。

4.2.4 网点增大值

4.2.4.1 目标值

印刷过程的网点增大值应符合表5的规定，并在表6规定的误差范围内。测量方法应符合GB/T 17934.1的规定。

表5 测量彩色印刷品上对应胶片上50%网点处得到的网点增大值

	网点增大值	
	阳图型版材，接触曝光晒版	阴图型版材，接触曝光晒版
34线/cm	24%	30%
40线/cm	27%	33%

注：黑墨通常比彩色墨印刷的墨膜厚度厚，所以黑墨的网点增大值要比彩色墨高2%。

4.2.4.2 误差和中间调扩展

打样样张或按4.2.4.1规定的目标值得到的付印样张的网点增大值的误差应在表6规定的偏差范围内。打样样张或印刷成品的中间调扩展应不超过表6给出的数值。测量方法应符合GB/T 17934.1的规定。

印刷成品的网点增大值与付印样张之间的允差应在表6所规定的范围内。

表6 打样样张、印刷品的网点增大值误差和最大中间调扩展

		打样偏差	印刷品	
			偏差	允差
分色片上阶调值	40%或50%	4%	5%	5%
	75%或80%	3%	4%	3%
最大中间调扩展		打样	印刷品	
		5%	6%	

注：最大中间调扩展是指在中间调处C、M、Y三原色网点增大值的测量值与目标值差值之间的最大允差。

4.3 印刷品的外观要求

4.3.1 版面整洁，无明显的脏迹，无皱折。

4.3.2 墨色均匀，文字清晰、无重影，无明显缺笔断划、糊字和坏字。

5 检验条件和仪器工具

5.1 检验条件

印刷质量检验条件应符合：

a) 作业环境呈中性灰色、防尘、整洁；

b) 作业环境温度为(23±5)℃；相对湿度为(60^{+15}_{-10})%；

c) 彩色印刷品的观样光源符合CY/T 3的规定。

5.2 检验仪器和工具

印刷质量检验仪器或工具如下：

a) 符合要求并已检定合格的密度计；

注：密度计的测量光孔孔径应≥3.0 mm。

b) 符合要求并已检定合格的色度仪；

注：色度仪的测量光孔孔径应≥3.0 mm。

c) 50～100 倍读数放大镜；

d) 10～15 倍放大镜；

e) 符合要求的测控条；

注：测控条的网目线数应在 34 线/cm～48 线/cm，圆形网点，网点边缘宽度≤4 μm，实地密度≥4.0。

f) 对光谱无选择、漫反射、具有 1.50±0.20 反射密度的黑色底衬。

附 录 A
（规范性附录）
印刷原色墨实地的反射密度值

表 A.1 给出了在表 3 所用的测试印样上测量得到的印刷原色墨实地的反射密度值。

表 A.1 在表 3 所用的测试印样上测量得到的印刷原色墨实地的反射密度值

		ISO T[a] 响应(非偏振片[b])	
		实地平均反射密度	实地密度范围
青	实地	0.94	0.85～1.10
	纸张[c]	0.22	0.20～0.25
品红	实地	0.94	0.85～1.10
	纸张[c]	0.22	0.20～0.25
黄	实地	0.90	0.80～1.05
	纸张[c]	0.25	0.22～0.28
黑	实地	1.10	0.95～1.20
	纸张[c]	0.22	0.20～0.25

a 按照 GB/T 11501 中规定的响应。

b 所有的密度值包括纸张密度值，都是按照 ISO 5-4 标准，将试样放置于黑色底衬上测得的。

c 在同样的条件下测量。

附 录 B
（资料性附录）
本部分与 ISO 12647-3：1998 技术性差异及其原因

表 B.1 给出了本部分与 ISO 12647-3：1998 的技术性差异及其原因的一览表。

表 B.1 本部分与 ISO 12647-3：1998 技术性差异及其原因

本部分的章条编号	技术性差异	原因
标准名称	删除了 ISO 12647-3 标准名称中的“凸印”	目前我国已淘汰新闻纸凸印工艺，故本部分只规定新闻纸冷固型油墨胶印的技术要求
1	简化了标准的适用范围，删除了“不适用于新闻纸的柔性版打样和印刷”	以适合我国国情，使标准的适用范围更加简洁明确，符合标准的名称，便于使用者使用
2	引用了采用国际标准的我国标准，而非国际标准	以适合我国国情，便于使用者使用
3.3	增加了“底色去除”术语和定义	本部分引用的 GB/T 17934.1 标准中无此术语和定义，而此术语和定义又是本部分所必需的
3.4	增加了“灰成分替代”术语和定义	本部分引用的 GB/T 17934.1 标准中无此术语和定义，而此术语和定义又是本部分所必需的
3.5	增加了“分色片线性化误差”术语和定义	本部分引用的 GB/T 17934.1 标准中无此术语和定义，而此术语和定义又是本部分所必需的
4.1.1	增加了“分色片线性化误差应≤2%”及“分色片应版面清洁，无划痕、脏迹、折痕”的要求	因为分色片质量对于确保印刷成品质量很重要，除应规定定量要求外，定性要求也不可少，因此增加此内容
4.1.2	修改了网线数的上限值，用“48 线/cm”代替“40 线/cm”	以适合我国国情，目前我国部分新闻纸的彩色印刷已采用此网线数值
4.2.1.1 表 1	L^* 值用“81”代替“80”，b^* 值用“3”替代“4”，光泽度值用“7”替代“5”，亮度值用“56±4”替代“60”	这些参数数值的修改是依据本部分规定的测试方法在对我国国产多种新闻纸张样张进行大量测试验证工作的基础上作出的，以适合我国国情
4.2.2	阶调值复制范围的下限值用“5%”代替“3%”	根据我国新闻纸的现状和实测确定
4.2.4.4 表 5	删除了对凸印和阳图型版材照相曝光晒版的网点增大值的规定	目前我国已淘汰了此种印刷工艺
4.3	增加了“印刷品的外观要求”一章的规定	增加了标准的可操作性，利于直观地评价印刷品的质量，以适合我国国情
5	增加了“检验条件和仪器工具”一章的规定	针对第 4 章提出的质量要求，规定检验条件和仪器工具，便于产品检验，增强标准的可操作性，以适合我国国情
附录 A	由“资料性附录”修改为“规范性附录”	因为国际标准采用 CIE LAB L^*、a^*、b^* 色度值来评价印刷品的视觉效果，附录 A 中列出的实地密度值仅作为参考，但目前我国仍普遍采用实地密度值这一参数，还需一定时期过渡，故将该值也制定在标准中以增强可操作性
	修改了表 A.1 中的实地密度值，并增加了实地密度范围值	实地密度值的修改及实地密度值范围的确定是依据本部分规定的测试方法，在对我国新闻纸冷固型油墨胶印印刷样张进行大量测试工作的基础上得到的，以适合我国国情，增强可操作性

前　　言

本标准是根据国家技术监督局和新闻出版署1993年下达的国家标准制定、修订项目计划安排制定的。在制定本标准过程中,非等效采用了德国标准DIN 16527-1:1993《印刷技术——测控条的基本概念》和DIN 16527-3:1993《印刷技术——测控条在印刷中的应用》。

制定本标准是为了在印刷过程中用测控条作为检验工具,控制图文信息的转移过程,从而达到控制复制和印刷各工序质量的目的。

本标准的附录A是提示的附录。

本标准由中华人民共和国新闻出版总署提出。

本标准由全国印刷标准化技术委员会归口。

本标准起草单位:中国印刷科学技术研究所、中国印刷总公司。

本标准主要起草人:徐世垣、廉洁、魏欣。

中华人民共和国国家标准

印刷技术　印刷测控条的应用

GB/T 18720—2002

Graphic technology—The application of printing control strip

1　范围

本标准规定了印刷测控条的定义、性能、要求和应用方法。

本标准规定的印刷测控条适用于：

——网目调印刷和无网印刷；

——单色和多色印刷；

——平版印刷的印版制作、打样、印刷和图像检验。

凹版印刷、凸版印刷(含柔性版印刷)及孔版印刷可参照使用。

2　定义

2.1　控制段　control patch

供印刷检验用的，由一个或多个图形单元组成的平面图标。按照工艺过程可分为晒版控制段和印刷控制段。

注：为印刷或检查图像所用的控制段可排列成单色的或多色的。控制段是供检验用的平面图标，它以直接可见的形式转移到一种载体上(如胶片、印版、承印物)，不管信息是以模拟形式(如胶片)还是数字形式(如磁盘存储器、图像硬盘)存储的。

2.2　连续调控制块　continuous tone patch

平面的控制块，是一个无级的密度连续结构。

注：连续调控制块可以是有一定密度、无变化或渐变的阶调。具有梯级密度变化的连续调控制块被称为连续调梯尺。

2.3　实地控制块　solid patch

具有最高光学密度(最低亮度)的控制块。

注：在多色印刷和检查图像时，可区分为单一印刷的实地块和叠印实地块，叠印实地块的作用是检查叠印的受墨能力和叠印效果。

2.4　空白控制块　blank patch

具有工艺上限定的最低光学密度(最高亮度)的控制块。

2.5　网目调控制段　halftone patch

具有不同网点结构的控制块，它包括统一类型的图像成分。

注：网目调控制段应有统一的网目调阶调值或渐变的阶调值。具有梯级变化的网目阶调值的网目段被称为网点梯尺。网点频率、网点边缘宽度、最低网点中心密度和网点面积覆盖率的参数是根据工艺特性设定的。

2.6　圆网点控制块　dot screen patch

由一组圆形网点组成的网目调控制块。

注：网点形状、网点面积、网点频率、最低网点中心密度和网点边缘宽度都应符合测量精度。平版印刷用的透射原版所要求的网点中心密度至少为 2.4。网点频率为 60 线/cm 时，其边缘宽度不得超过 2 μm。网点面积或网点频率可在控制块上按规定方式改变，但网点必须保持与一定的网点频率和网点面积覆盖率相匹配。用于测试评定的

中华人民共和国国家质量监督检验检疫总局 2002-05-21 批准　　2003-01-01 实施

控制段，其网点频率、形状和面积必须恒定，对网点面积覆盖率应加以说明。

圆网点控制块的网点频率应接近于所控制的复制工作的网点频率，最好是10的整数倍(如30线/cm、60线/cm)。

2.7 灰平衡控制块 grey balance patch

用于检测打样和印刷灰平衡的网点控制块，它是由三原色的网点按照灰平衡条件构成的。

注：为测试评价用的网点块应符合2.6注释中的规定。

2.8 线条控制块 line screen patch

由线条组成的控制块。

注：根据线条的宽度、距离和角度不同，可在控制块上排列成不同的线条。

2.9 微线条控制块 microline patch

由细微线条组成的控制块，排列有不同宽度的精细线条，可用于目测评价。

注：线条宽度应达到所采用的转移方法的分辨率极限以下。线条间隔的选择应形成一个等效的5%～35%和/或65%～95%范围内的网点面积覆盖率。线条宽度的计量单位为μm，可直接读取。

2.10 测控条 control strip

一维排列的控制块。

注：由多个具有不同密度的连续调控制块组成的测控条称为连续调梯尺。梯尺的梯级密度数值应标明。

在作为透射或反射原稿转移时，控制块用原稿的阶调值来表示；对于连续调，最好用密度值(级差为0.15)表示，对于网目调，用面积覆盖率(10%级差)表示。用于绘制印刷特性曲线的网点梯尺应包括有适度的链形点，以避免过大的层次阶调跳跃。

测控条供多色印刷使用时，控制块应一个接一个重复排列。控制块的排列顺序如下：青100%、品红100%、黄100%、黑100%，青微线条块、青变形/重影块、青40%、品红40%、黄40%、黑40%，灰平衡控制块。

2.11 控制图 control image

供检测用的单色或多色图像。

注：控制图可以是无网的或加网的。加网控制图的网点频率应符合测量评价用的控制段的网点频率。

2.12 检标 control mark

为确定位置或检查用的标志或测标。

注：规矩线、套准标、游标尺、折标和裁标都属于检标。

2.13 转移特性曲线 transfer characteristic curve

图像原载体的阶调值与图像转移到新载体之后的阶调值之间关系的曲线。

注：对于图像原载体，可理解为一个原稿、透明阴阳图片、黑白胶片、印版、视盘、磁盘存储器。新载体指胶片、印版、承印物或图像检验材料(打样材料)。

2.14 阶调 tone

在印刷工艺中，阶调是一个亮度均匀区域的光学表现。

注：阶调在亮度、饱和度和色调上可以是不同的，即可以有不同的颜色。

2.15 实地 solid

无网点的印刷平面，在网目调印刷中相当于100%有效面积覆盖率。

2.16 网目调 halftone

用网点或线条印刷均匀的调子，其网目调阶调值在0%(承印物的原底色)和100%(实地)之间。

2.17 着墨 inking

印刷着墨是表达取决于油墨浓度和墨层厚度的相对油墨饱和度的通常方式。着墨量可通过实地油墨密度进行测量。

2.18 标准着墨 normal inking

在印刷相对反差值最大时的有效着墨量。

2.19 印刷相对反差 relative print(printing)contrast

在网目调印刷中，实地密度与给定的网目调密度之差同实地密度的比值。它是暗调区域油墨密度反差的一个量度。在很大程度上与视觉评价相符合。

2.20 阶调值增大 dot gain

印刷品的网目调阶调值与印版上同部位相对应的网目调阶调值之间的差值。应使用精确测量的晒版原版(如网点梯尺)的网目调阶调值取代印版的网目调阶调值。

注：由不同的晒版过程(阳图或阴图晒版)制作的印版，其网目调阶调值增大有明显的差别。网目调阶调值增大是由光渗现象制约的光学性增大和网点或线条的几何形增大造成的。

2.21 变满 dot enlagerment

阶调值在暗调范围内增大的现象。变满主要是由于着墨量过大造成的。

2.22 变崭 sharpen

阶调值在亮调范围内减小的现象。变崭主要是由于橡皮布上堆墨或由于印版磨损造成的。

2.23 阶调值传递(印刷特性曲线) characteristic curve of printing

印刷品网目调阶调值与印版网目调阶调值之间的函数关系。表示这种函数关系的曲线被称为印刷特性曲线。

注：因印版的网目调阶调值难以精确测量，在胶印过程中，通常用原版胶片的网目调阶调值取代印版的网目调阶调值。

2.24 叠印率 ink trapping

在湿压湿印刷中，承印物上已印刷的部分再接受油墨的性能。

注：在叠印中，用第二次印刷的油墨密度与直接印在承印物上的油墨密度之比来表示受墨率，但从这一量度中得不出叠印中实际转移的墨层厚度。

2.25 湿压湿印刷 wet-on-wet printing

在承印物的同一表面上进行两色或多色的连续印刷。

2.26 变形 slur

印刷图像成分(网点、线条等)的定向几何位移(通常是由于滚压故障造成的)。

注：如网点印迹在变形方向显示出伴有色调逐渐减淡的拉长。

2.27 重影 ghosting

印刷品上出现的一种网点或线条有虚、实双重印迹的故障。

3 网目调印刷的性能及其对应的控制块

通过对应的控制块可以检测网目调印刷的各种性能(见表1)。

表1 网目调印刷的性能及其对应的控制块

印刷性能	检测用的对应控制块
着墨量	实地块
印刷网目调阶调值	任一网目调阶调值的网目调段[1]和一个相邻的实地块
阶调值增大	任一网目阶调值的网目调段[1]和一个相邻的实地块。专为检测印刷中网目调阶调值增大的数值和规律性：网目调阶调值为70%～80%(暗调)和40%～50%(中间调)
阶调值传递	网目调段至少有3个不同阶调值范围[2]和一个相邻的实地块。阶调值范围如下：20%～25%，40%～50%，70%～80%
可复制的最低网目调阶调值	极高光范围(10%以下的网目阶调值范围)的网目调段作为测量段
可复制的最高网目调阶调值	暗调范围(90%以上的网目阶调值范围)的网目调段作为测量段[3]
叠印率	单一和成对叠印的实地块

表 1(完)

印刷性能	检测用的对应控制块
变形、重影	不同方向排列的线条段(例如与印刷方向呈 0°、45°、60°、90°)或圆形线条段作为测量段

1) 网点频率,又称为网线数,在印刷图像的网点频率范围内进行选择。对于涂料纸印刷,最好选择使用 60 线/cm 的网点频率。

2) 测定印刷特性曲线用的网点段应根据实际条件选择链形点,在此应注意网目调阶调值增大与网点角度有关。

3) 准确地选择网目调阶调值应依据印刷方式、晒版方法和承印物而定。

4 采用测控条检验网目调印刷质量

为了能够用相应的控制块评价网目调印刷质量,按照 4.1～4.7 进行检测。

4.1 标准实地着墨量

对于测控条中实地块的印刷,应使用一个标准墨样来检测着墨量。

例如:为三原色油墨印刷制取一个标准墨样,将正式印刷规定的三原色油墨印刷在上等的涂料纸上,如双面涂料纸、150 g/m² 无光泽和无机械木浆的涂料纸。为此,选择一种符合标样的着墨量,在适合的校色条件下采用目测方式检测着墨情况,使其尽量与规定的着墨样相符。当使用同样的油墨在正式印刷纸上印刷时,即可获得正式印刷用的三原色油墨的着墨标样。

注:虽然在上等涂料纸上印刷时的着墨符合色密度值规定的着墨样,但由于三原色油墨在制作条件上的色调差异,也会导致错误的结果。因此不宜推荐,需附加目测检验。

实地块印刷的着墨量应采用规定的测量技术进行检测,例如使用反射密度计,在三原色油墨印刷时,应使用补色的滤色片,或在非彩色印刷时,使用相应的滤色片。首先在正式印刷用的标样上确定色密度的额定值。

4.1.1 标准着墨量

在带有 70%～80%网目阶调值的测控条上,用网目调印刷与实地进行对比来确定网目调印刷的标准着墨。为此,在印刷试验中使用标准的橡皮布、承印物和油墨,将印刷机调节到最佳状态下逐渐提高着墨量,直至实地覆盖良好,使着墨量在网目调和实地之间尽量达到较大的反差。

在不同的着墨量的印刷中,利用目测或通过对网目调和实地进行密度测量可以获得标准着墨量,在这方面实施目测对比和直接在相邻的区段测定。

在不同着墨量的印品上进行密度测定,通过如下方法计算出数值:

a) 通过由反射密度计直接得出的不同实地密度的印刷相对反差值 K_{rel} 进行对比;

b) 通过由密度值计算出的与实地密度有关的印刷相对反差值 K_{rel} 的曲线图(见图 1);

在上述两种方式中,印刷相对反差的最大值范围对应的最大实地密度为标准着墨量。

c) 通过网目调密度 D_R 与实地密度 D_V 的曲线图(见图 2)。标准着墨量处在实地着墨的范围内,对该范围来说,靠在测量点连线上的直线通过原点显示出最小的陡度,因此也表示出最大可能的反差。

在 a)、b)、c)三种情况下,均采用实地密度表示标准着墨量,对于这种密度来说,在最大可能的着墨时,其印刷相对反差值与最大值相比不得减少 0.01 以上。

对所有的方法来说,通过与空白承印物有关的实地密度 D_V 和网目调密度 D_R,按照公式(1)可计算出印刷相对反差 K_{rel},保留 3 位小数。

$$K_{rel} = \frac{D_V - D_R}{D_V} \qquad \cdots\cdots (1)$$

注:在按照 c)计算时,对所有测量点和标准着墨量的印刷相对反差值均与指向 1 的连接直线陡度的补充部分相一致。

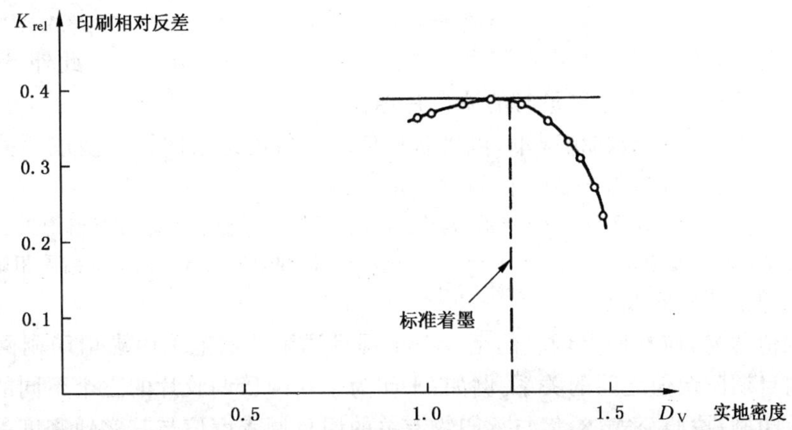

图 1　由密度值计算出的与实地密度有关的印刷相对反差值的曲线图

描绘取决于实地密度 D_V 的印刷相对反差 K_{rel} 标准着墨，对于实地密度来说，在最大可能的着墨时，印刷相对反差值与最大值相比不得减少 0.01 以上。

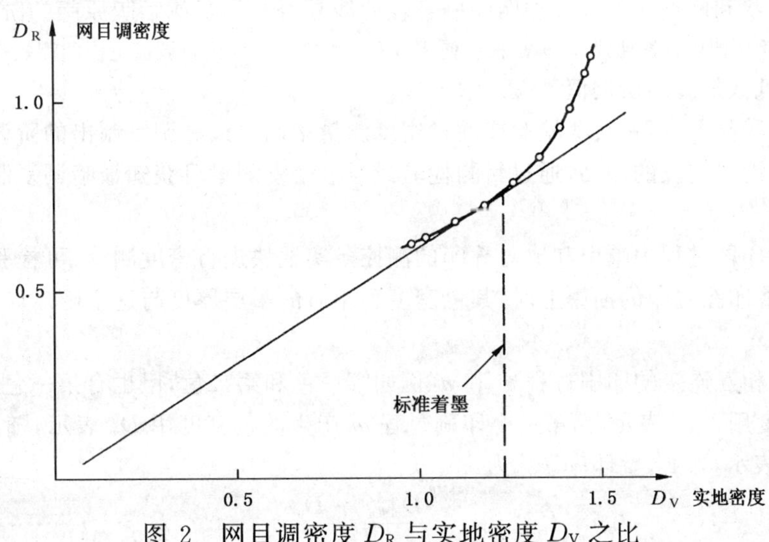

图 2　网目调密度 D_R 与实地密度 D_V 之比

标准着墨处在实地的着墨范围内，对该范围来说，靠在测量点连线上的直线通过原点显示出最小的陡度和最大可能的反差。

标准着墨是以实地密度来表示的，对实地密度来说，在最大可能着墨时，印刷相对反差值与最大值相比不得减少 0.01 以上。

4.2　印刷的阶调值

依据印刷网目阶调值的有效面积覆盖率 F_D，可由测控条测出的网目调密度 D_R 和相邻的实地密度 D_V 求得。为此，可将与承印物有关的密度值 D_V 和 D_R，按照公式(2)换算成亮度系数值或直接运用。

$$\beta = 10^{-D} \qquad (2)$$

由亮度系数 β_V(实地的亮度系数)和 β_R(网目调的亮度系数)或由实地密度 D_V 和网目调密度 D_R，按照默里/戴维斯公式可得出有效面积覆盖率：

$$F_D = \frac{1-\beta_R}{1-\beta_V} = \frac{1-10^{-D_R}}{1-10^{-D_V}} \qquad (3)$$

4.3　阶调值增大

通常，印刷品的网目调阶调值与晒版原版的网目调阶调值之差构成了网目调阶调值增大。

为此，从测控条的测量区段印迹上测得的和与承印物有关的网目调密度值以及相邻实地的密度值按照公式(3)计算出有效面积覆盖率 F_D，扣除掉测控条上相应网点段(例如网目调阳图 F_{RP})的几何面积覆盖率，即得阶调增大值 ΔF。

$$\Delta F = F_D - F_{RP} \qquad \cdots\cdots(4)$$

阶调值增大的数值 ΔF 是两个面积覆盖率之差。测控条必须按规定使用。此外，这种测控条要取决于网目频率和网点形状以及在密度测量时的滤色片选择。

在网目频率和点形符合一致的情况下，可将阶调值增大值由这条曲线转换成测控条网目段的其他网目调值，例如在网点胶片的 70%～80%网目调值的范围内。

注：除去本标准推荐的默里/戴维斯公式(3)的方法之外，还可使用近似法测定阶调值增大(例如粗网/细网对比法)。但该方法的应用是有限的，其测定的结果也不能与本标准规定之方法测出的结果相比较。

4.4 阶调值传递(印刷特性曲线)

为了测定阶调值传递，应在网目调块的至少三个网目调阶调值范围内求出印刷网目调阶调值与印版或晒版原版的网目调阶调值之间的关系。例如：平印为了在网目调胶片的三个不同的网目调值范围内使测控条的网目段印刷，按照公式(3)将与承印物有关的网目调密度值与其实地密度一起换算成有效的面积覆盖率 F_D，并与测控条上网目段的几何面积覆盖率相比较。在相互依赖关系中可绘制出控制复制过程用的标准印刷特性曲线。在这条印刷特性曲线图上，着墨量是作为实地密度标明的。其他必要的说明是所用的网点形状和网点频率以及注明印刷特性曲线是否与印版或晒版原版的阶调值有关系。

注：为了准确地确定印刷特性曲线，本标准推荐使用具有 5～10 个不同网目调值范围的测控条。

4.5 可复制的最低或最高的阶调值

在高光范围的印品上，通过目测检验或通过密度测量来确定最亮调复制出的阶调值。与此相应的也适用于暗调范围的网目调段的印品，通过目测检验或通过密度测量可获知最暗调复制出的阶调值。

4.6 叠印率

通过对在连续印刷过程中单个和成对叠印的测控条实地块进行密度测量，可检验受墨性。为此应确定，当后印的油墨叠印在先印的油墨上时，其色密度和相对的墨层厚度与这个随后印在空白承印物上的油墨之比有多大。

如果将在两个相互连接的印刷过程 m 和 n(例如第一色和第二色，但也有第一色和第四色印刷过程等)中叠印的色密度用 D_{m+n}表示，而第一个印刷过程 m 产生的色密度用 D_m 表示，随后的印刷过程 n 产生的色密度用 D_n 表示，那么，叠印率 $f_{m,n}$为：

$$f_{m,n}(\%) = \frac{D_{m+n} - D_m}{D_n} \times 100 \qquad \cdots\cdots(5)$$

这个百分比说明随后印刷的油墨印在先印的油墨上比其印在空白的承印物上被接受的情况是否同样好($f \approx 100\%$)或差一些($f < 100\%$)。三个色密度值 D_m、D_n 和 D_{m+n}都用同样的测量滤色片进行测定，而且心须选择随后印刷的油墨颜色的补色滤色片。承印物(纸张)作为测量的基准白度。

注：受墨性的检验可以在湿压湿(或湿压干)印刷中通过整批印件测定第一序混合色的色调均匀性。当基本色稳定着墨时，受墨性能下降则表明色调向先印刷的油墨方向偏移，受墨性增高则表明色调往后印刷的油墨方向偏移。

4.7 变形/重影

只有在印刷时未出现变形和重影，在测控条网目调段的印迹上进行密度测量才能获得合理的数值。因此，首先应检验线条段在目测或在密度测量时是否在不同方向都准确地一致。

当使用圆形线条检标作为变形/重影的信号区段时，在滚压方向出现深暗的扇形，则表明变形；如果在不同方向出现两个或更多的深暗的扇形，则表示重影。因此，应检验圆形线条检标印刷是否均匀。

5 不同用途的测控条

根据印刷方式和承担的任务可选用不同的控制块，并将其拼合成测控条或控制段。

测控条或控制段上的控制块大小尺寸应为 6 mm×6 mm，不能小于 5 mm×5 mm。

5.1 印刷

为了在单色和多色印刷机上测定正式印刷品，应在测控条上使用实地块、70%～80%面积覆盖率的网目调块和40％～50％面积覆盖率的网目调块。为了控制滚压和防止重影，应采用不同方向的线条段或圆形的线条段。

在单色和多色湿压湿印刷时，对每一单色的印迹以及每双色的叠印都应该单独进行评定。对每个单色的控制块还要在测控条上加上检验受墨性用的实地块。为此，单色(基本色)的实地块应排列在靠近其混合色的两侧。

测控条应按照整个印张幅面宽度，与印刷滚筒轴向平行放置，尽量放在印刷起始端(叼口边)。因此，连续的测控条实地或网目段应保持尽量小的距离，最好与墨斗的墨区距离一致，确保控制墨区供墨。

注：专门为四色湿压湿印刷用的另一种控制段大多为测定色平衡用，这种网点段具有为三色叠印用的对照青色校正的黄和品红的网目调值。通常，这种控制段的网目调值应按照为涂料纸印刷用的“标准”油墨校正。

5.2 打样

打样用的测控条应包括与印刷用的测控条一样的控制块，以便能对打样和印刷进行比较。

5.3 检测印刷性能

为了检测油墨、承印物、橡皮布、印版和印刷机组合在一起的印刷适性，测定标准着墨范围和印刷阶调值传递，本标准推荐在测控条上补充其他的网目调块。

测控条除实地块和两个在网点胶片上由70％～80％和40％～50％网目调值范围内的网点块之外，至少还应该有一个20％～25％网目调值范围内的网点块，用以测定网目调值传递(印刷特性曲线)。为此，可根据实际条件选择网点形状和网点频率。

此外，还应具有为检验变形和重影用的控制块，以及为检验灰平衡用的控制块。

本标准推荐在测控条上还应包括鉴定制版用的适合晒版的控制块，以及带有在阶调值上限和下限范围内的网目调块，其准确的选择视印刷方法、印版、晒版方法和承印物而定。

注：本标准推荐的测定标准着墨方法对于在最大印刷相对反差时的最佳着墨量给予了提示。这种着墨量在使用标准油墨印刷时必须与正式印刷纸张的正确着墨一致。

[watermark stamp]

附 录 A
（提示的附录）
测 控 条

测控条是用已知特定面积的几何图形作参照物来测控产品质量的，是供目测、测量、计算、专家鉴定使用的检验产品质量的工具。

A1 测控原理

A1.1 网点面积的增大与网点边缘的总长度成正比。

A1.2 利用几何图形的面积相等，阴、阳相反来测控网点的转移变化。

A1.3 辐射状图形变化时，圆心处变化明显。

A1.4 利用等宽或不等宽的折线测控水平和垂直方位的变化。

A1.5 利用等距同心圆测控任意方位的变化。

A1.6 能够提供测试单元图形。

A2 使用条件

使用测控条的条件要与晒版、打样和印刷的条件一致。

A3 使用方法

应使用长条测控条，放置在印张的起始端或末端，与印刷机滚筒轴向平行，以便测控图像着墨的均匀性。

前　　言

本标准等同采用 ISO 12640:1997《印刷技术——印前数据交换——CMYK 标准彩色图像数据(CMYK/SCID)》。

制定本标准的目的是为我国广大印前行业提供一套与输入设备无关的彩色图像数据,以便给电子出版系统及其输出和后工序提供可以检测和比较的手段。

本标准除所有标准正文外,还附有该标准彩色图像数据的光盘,文件格式为 TIFF 格式。

本标准的附录 A 和附录 B 是标准的附录,附录 C 是提示的附录。

本标准由新闻出版总署提出。

本标准由全国印刷标准化技术委员会归口。

本标准起草单位:中国印刷科学技术研究所。

本标准起草人:李家祥、马智勇。

ISO 前言

ISO(国际标准化组织)是各国标准化团体(ISO 成员团体)的世界联合会。国际标准的制定工作通常是通过 ISO 技术委员会来完成的。每个专题均成立一个相应的技术委员会,每个对某专题感兴趣的成员团体都有权成为该技术委员会的代表。与 ISO 协作的所有官方或非官方的国际组织也可参与到此工作中去。在电工技术标准化方面,ISO 与国际电工委员会(IEC)紧密合作。

由技术委员会提出的国际标准草案要经成员国投票表决。一个国际标准的正式出版需要得到至少 75%的成员国的批准通过。

国际标准 ISO 12640 是由 ISO/TC 130(印刷技术委员会)负责起草的。

附录 A 和附录 B 是本国际标准的组成部分,附录 C 仅为参考资料。

ISO 引言

本标准的技术内容由日本的图像处理技术标准委员会协调，并得到国际标准化组织印刷技术委员会第二工作组的支持和配合。

标准数字测试图像的需要

下图显示了涉及印刷复制中图像处理过程的典型功能的框图。现在还没有哪种系统可以同时具备编码和通信的功能，并由安装在相同地点的那些设备频繁地进行读/写操作。但是，在考虑这些测试图像的需求和开发时，专家组已想到了可以包含图像处理、数据存贮、编码和数据传送等所有功能的系统。

典型的系统流程通常是在A点扫描一个测试图像，并检查该图像在系统每一级的特性或这些特性的变化。但是，由于扫描仪之间的差异，从原稿参照图像重复生成相同的数据文件几乎是不可能的，因此，就不可能在不同的系统或不同的地点之间进行性能特点的比较。

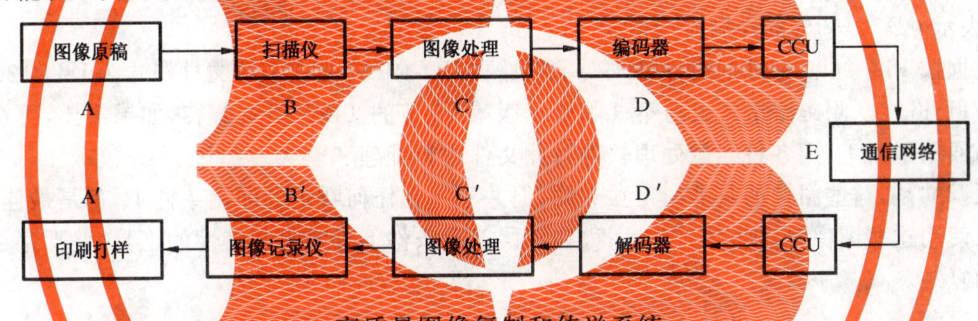

高质量图像复制和传送系统

为了解决这个问题，要有一套能以数字形式提供的、与使用设备无关的测试图像，从而可以在图像处理的每一阶段(输入扫描除外)进行图像数据处理前后的比较，或者在最终的输出时评估不同处理方法的效果。

下面是这些测试图像使用的典型实例。

——如印刷、彩色打样、彩色传真(facsimile)等彩色输出系统的客观比较。这些比较包括图像处理时间、系统性能以及图像质量、彩色还原(fidelity)等。

——编码方式、数据压缩、数据传输的效果和效率的评估。

——传统工艺和直接数字输出设备的印刷输出品的品质特性。

可以相信，这些图像除了印刷行业外，还将在很多工业领域中使用，在这些领域中，质量会受到数据传输、图像处理、存贮和记录的影响。

测试图像的特点

任何彩色复制系统的性能都将通过测量控制部件来进行主观的(观察最终的输出图像)和客观的评价。这就要求测试图像应包括自然的景色(图片)和控制信号条。

因为对图像结果进行主观的评价会受到图像内容的强烈影响，因此保证这些自然景色的高质量并包含各种各样的主题就十分重要了。

数字测试图像的开发

我们向所有TC 130成员国，就确定合乎需要的图像内容及征求可供考虑的图像的建议，进行了广泛的调查。

这套图像包括8幅自然图像和10幅人工合成图像。在自然图像中包括了皮肤颜色，以及带有极高光或暗调细微层次、中性色调、复制时很困难的茶色和木纹、记忆色(Memory colours)、复杂的几何形状、高光和暗调渐变等色调的图像。

人工合成图像包括分辨力检测图、主色和辅色的均匀渐变色以及ISO 12642标准中为描述四色印刷而确定的CMYK数据表示区。

使用印刷业常用的电分机把8个彩色自然图像转换成CMYK数据，每个图像的扫描参数都是最佳的，以满足通用的复制目的。5个分辨力检测图标和5种彩色测试图谱均由电子方法产生。

为了满足印刷行业的广泛需要，对所有图像都选用了两套分辨率/数据的编码组合。两者均有像素交替的数据，它以图像的左上角作为数据起点(data origin)。第一套数据为16像素/mm(约400像素/in)，编码数28～228表示0%～100%的印刷阶调值。第二套数据为12像素/mm(约300像素/in)，编码数0～255表示0%～100%的印刷阶调值。

这些数据按ISO 9660标准的文件格式要求存储在CD-ROM光盘上。文件格式为ISO 12639所确定的TIFF/IT格式。此文件格式也与第6版修正版第16节的TIFF格式兼容，如果需要，可在行业中广泛使用的通用平台上，用各种图像处理软件对此文件进行处理和输入。

应该强调的是，这些图像的灰平衡是独立的，但并不是在任何特定的印刷条件下，都是最佳的。使用者被要求在使用这些图像时，把它们作为一种在不同工艺条件下确定复制特性的工具，但不存在“正确”或“理想”的复制。

中华人民共和国国家标准

印刷技术　印前数据交换 CMYK标准彩色图像数据(CMYK/SCID)

GB/T 18721—2002
idt ISO 12640:1997

Graphic technology—Prepress digital data exchange—CMYK standard colour image data(CMYK/SCID)

1　范围

本标准规定了一套代表标准彩色图像的数据,可在编码、图像处理(包括传输、压缩、解压缩),以及为研究、开发、产品评价和工艺控制进行输出或印刷时,评估图像质量或变化。

2　引用标准

下列标准所包含的条文,通过在本标准中引用而构成为本标准的条文。本标准出版时,所示版本均为有效。所有标准都会被修订,使用本标准的各方应探讨使用下列标准最新版本的可能性。

GB/T 16969—1997　信息技术　只读120 mm数据光盘(CD-ROM)的数据交换(idt ISO/IEC 10149:1995)

GB/T 16970—1997　信息技术　信息交换用只读光盘存储器(CD-ROM)的盘卷和文卷结构(idt ISO 9660:1988)

ISO 12639:1998　印刷技术——印前数据交换——用于图像处理的特征(标记)图像文件格式

ISO 12642:1996　印刷技术——印前数据交换——用于四色印刷特征描述的输入数据

ISO 14672:2000　印刷技术——印前数据交换——SCID图像统计资料

3　定义

本标准采用下列定义。

3.1　校验和　check sum

用于检查文件是否被正确传输,文件中数据的总和。

注1:通常只有最低有效位被相加。

3.2　色序　colour sequence

被印刷在承印物上或存贮于数据文件中的颜色的顺序。

3.3　色值　colour value

与每个像素有关的彩色数值。

3.4　数据范围　data range

数据的取值范围。

3.5　网点百分比　dot percentage

被网目调网点覆盖的相对面积百分比,范围为0%～100%。

注2:被最小网点覆盖的地方是图像的最亮区域,网点为0%或接近0%;在图像最暗区域的网点最大覆盖面积接近100%。

中华人民共和国国家质量监督检验检疫总局2002-05-21批准　　2003-01-01实施

3.6 整体色彩变化 global colour change

相对于图像中被选定区域的局部色彩变化，图像的所有部分的相关色彩均得以改变。

3.7 彩色扫描仪 input colour scanner

可以把一张照片(或其他原稿)的反射或透射光转换成电子信号的设备，在被评估的图像特定区域，这些电子信号被设置成有规律的关系。

3.8 图像取向 orientation

从最终用户观察图像内容的角度来规定第一行数据的起点和方向。所用取向编码在 ISO 12639 中规定。

3.9 像素 pixel

在数字成像系统中最小的图像元素。

3.10 像素交替 pixel interleaving

一个像素的青、品红、黄、黑彩色值的数据被下一个像素按相同的色彩值顺序所采用。

注 3：其他的色彩数据交替的型式为线型和平面型。

4 技术条件

本标准包含记录在 CD-ROM 上，标题为“GB/T 18721—2002 印刷技术 印前数据交换 CMYK 标准彩色图像数据(CMYK/SCID)——附录 A——标准彩色图像数据”的数据。附录 A 是本标准的组成部分。这些数据的图像特征在第 5 章中说明，电子数据结构在第 6 章中说明。

5 数据说明

5.1 数据分辨率

本标准数据有两种不同的数据编码范围和分辨率的组合。基本组数据：其编码范围从 28 到 228，表示网点百分比为 0%到 100%，数据间隔在有效图像尺寸(128 mm×160 mm)中为 16 像素/mm(406 像素/in)；替代组数据：其编码范围从 0 到 255，表示网点百分比为 0%到 100%，数据间隔在相同图像尺寸中为 12 像素/mm(305 像素/in)。

替代组数据是通过可分析的传输规律从基本组数据中产生的。两套数据均包含相同的图像，所不同的是替代组数据在图像的顶端有一行小字“ISO 300”，而基本组数据为“ISO 400”。

5.2 数据组定义

基本组和替代组标准彩色图像数据都包括有 8 个自然(由摄影得到)图像和 10 个由计算机生成的人工合成图像。基本组中的自然图像分别用 N1 到 N8 表示，替代组中则加上字母“A”(如 N1A)。每个图像还有一个根据图片内容命名的名称(如：自助餐厅)。

人工合成的图像中包括分辨力图和色彩图，它们用 S1 到 S10 表示基本组，S1A 到 S10A 表示替代组。

5.2.1 自然图像

自然图像的特点和典型应用在表 1 中说明。这些图像的名称在其标识码之后列出。图 1 显示了这些自然图像的单色示意图。这些图像所涉及的其他统计特征的信息在 ISO 14672 中说明。

这些自然图像有下列特点：

——图像尺寸：

基本组：2 560 像素(长边)×2 048 像素(短边)

替代组：1 920 像素(长边)×1 536 像素(短边)

注 4：此尺寸相当于图像的实际尺寸为 160 mm×128 mm 或 6.3 in×5.04 in，复制时的推荐分辨率为 16 像素/mm(基本组)或 12 像素/mm(替代组)。

——交替：像素交替

——色序：C(青)、M(品红)、Y(黄)、K(黑)

——色值：

基本组：8位二进制数据与印刷网点百分比成线性比例，28数字代码表示0%、228表示100%。

替代组：8位二进制数据与印刷网点百分比成线性比例，0数字代码表示0%，255表示100%。

——图像数据取向：水平扫描从左上端开始、右下端结束。

注5：每个文件头(header)的数据编码在附录C中说明，其文件格式与ISO 12639的规定是一致的。

表1 自然图像

名称	取向	特点
N1 肖像	垂直	用来评估人类皮肤色调复制的模特人物的特写图像
N2 自助餐厅	垂直	带有复杂几何形状的图像，适合评估图像处理的效果
N3 果篮	水平	有果篮、布和木器的图像，适合评估茶色调和细致纹理的复制
N4 酒和餐具	水平	有玻璃器皿和银器的图像，用来评估高光色调和非彩色的复制特征
N5 自行车	垂直	有自行车、分辨力图标和其他富有细致层次的图像，用于评估复制的清晰度以及图像处理的效果
N6 兰花	水平	有渐变背景的兰花图像，用于评估高光区域和暗调区域渐变色调复制效果
N7 音乐家	水平	三个妇女的图像，用来评估不同皮肤色调和细微图像层次的复制效果
N8 蜡烛	水平	含有各种物品的室内景像的暗调图像，用于评估暗调色彩，特别是暗茶色和暗绿色的复制效果

5.2.2 人工合成图像——分辨力图标

人工合成图像S1到S5和S1A到S5A为分辨力图标，用于评估输出设备的分辨能力、分色片的套准精度以及莫尔条纹(龟纹)和虚化的效果。

有5种不同的图形，每种为曝光或星光图案的四分之一，每个放射线间隔为4°，每种图形为400像素×400像素(基本组)或300像素×300像素(替代组)。对应的尺寸为25 mm×25 mm。所有4个分色片的数值均相同。

S1和S1A的值按正弦规律变化，因此，密度变化的平滑度、灰平衡的复制以及中间调的复制都可被评估(检测)。S1和S1A图形每隔4°完成一个周期。像素阶调值与像素和X轴的夹角(反时针)θ之间的关系为：

阶调值(%)=50+50sin(90×θ)°

人工合成图像S2和S2A是S1和S1A的二值表示，所有50%或低于50%的值均按0%记录，所有高于50%的值均按100%记录(阈值为50%)。S3和S3A也是一个类似的二值图像，低于50%的值按100%记录，高于50%的值按0%记录(与S2和S2A相反)。S4(S4A)和S5(S5A)用与S2(S2A)和S3(S3A)类似的方法产生，所不同的是网点值为80%和40%，而不是100%和0%。

图2和图3显示了分辨力图标的结构，分辨力图标的替代组与基本组是通过右上角的白线来区别的，替代组有白线，该线约1.5 mm宽，与对应图像成45°角。

5.2.3 人工合成图像——彩色图谱

人工合成图像S6和S6A各8条，分别为2 512像素×3 048像素和1 884像素×2 286像素，每条均为一连续过渡的渐变网，分别为256像素×3 032像素和192像素×2 274像素。渐变网的范围对应4个分色片为0%到100%网点面积以及青、品红、黄中双色和三色的组合。这些特点在图4和图5中表示。在K(黑)和R(红)之间的空白区域中间，S6和S6A还有文字“ISO 400”和“ISO 300”。

人工合成图像S7到S10(以及S7A到S10A)提供了ISO 12642中确定的图像元素。这些元素的组合是经过挑选的，并进行排列，以使它们可复制到 8.125 in×11 in 或 A4 尺寸的纸张上，其中的色块边长为 6 mm，或者作为单个的色块时边长为 10 mm。ISO 12642 的内置图形就显示成这样的布局。

小色块序号和网点百分比应与 ISO 12642 定义的一致。这些色块组的布局如图 6 到图 11 所示。这些色块的网点百分比的组合，对于基本组和替代组都是相同的。

每套色谱中的所有色块的相应位置均是相同的，以便使用色度计或密度计在色块中间进行测量。基本组中的所有色块每块为 160 像素×160 像素，色块之间的间距为 16 像素。替代组中的色块每块为 120 像素×120 像素，色块之间的间隔为 12 像素。另外，每组色块的边缘，基本组的边缘宽度为 8 像素，替代组为 6 像素，因此，每个色块组之间相邻的连接空间为 16 像素(或 12 像素)。每个色块按规定分辨力输出时，实际尺寸为 10 mm×10 mm。

每个色块组的布局如下所述：

S7 中有 6 排色块，每排 13 个，S8 中有 8 排色块，每排 13 个，它们一起代表了在 ISO 12642 中定义的所有基本数据。它们分别为 2 288 像素×1 056 像素和 2 288 像素×1 408 像素。S7A 和 S8A 与 S7 和 S8 相似，但像素数分别为 1 716 像素×792 像素和 1 716 像素×1 056 像素。S9(S9A)中包括 12 大块，每大块中有 36 个色块，总像素数为 3 168 像素×4 224 像素(替代组为 2 376 像素×3 168 像素)。S10(S10A)中包括 14 大块，其中 10 大块中每大块为 25 个色块，另外 4 大块中每大块为 16 个色块，整个色谱的外形尺寸为 2 464 像素×4 400 像素(替代组为 1 848 像素×3 300 像素)，其中包括不含色块图像的空白区。

6 电子数据

6.1 CD-ROM 数据内容

本标准所附 CD-ROM 光盘包含了附录 A 以及所列的 36 个图像的数据文件，文件名与 5.2 条款中所列的图像名称一致。表 2 列出了文件名、文件大小、每个数据文件的说明名称，以及每个图像的像素高度和像素宽度。文件大小表示包括头文件在内的记录在光盘上的文件的大小。用附录 B 给定的校验和来检查数据是否完整。

6.2 CD-ROM 操作系统兼容性

在 SCID(标准彩色图像数据)的 CD-ROM 上，每种格式层所使用的标准如下：

——物理格式层(physical format layer)：GB/T 16969(idt ISO/IEC 10149)

——容量和文件格式层：GB/T 16970(idt ISO 9660)

——应用软件格式层：ISO 12639

TIFF/IT-CT 格式符合级(conformity level)应用于 SCID 图像的基本组，TIFF/IT-CT/P1 符合级应用于 SCID 图像的替代组。附录 C 显示了 TIFF/IT-CT 和 TIFF/IT-CT/P1 格式的图像头文件：N1.TIF 和 N1A.TIF。

注 6：SCID 图像基本组中除了网点数据范围区外，其他部分与 TIFF/IT-CT/P1 是完全一致的。

注 7：上述文件格式与 TIFF 修订第 6 版第 16 节兼容；如果需要，可以在各种常用的平台上用各种通用的图像处理软件来输入和处理。

表 2 CD-ROM 数据内容

文件名	文件大小 (字节)	高度 (像素)	宽度 (像素)	分辨率 (像素/mm)	图像名称
N1.TIFF	20 972 544	2 560	2 048	16	肖像
N2.TIFF	20 972 544	2 560	2 048	16	自助餐厅
N3.TIFF	20 972 544	2 048	2 560	16	果篮
N4.TIFF	20 972 544	2 048	2 560	16	酒和餐具

表 2(完)

文件名	文件大小（字节）	高度（像素）	宽度（像素）	分辨率（像素/mm）	图像名称
N5. TIFF	20 972 544	2 560	2 048	16	自行车
N6. TIFF	20 972 544	2 048	2 560	16	兰花
N7. TIFF	20 972 544	2 048	2 560	16	音乐家
N8. TIFF	20 972 544	2 048	2 560	16	蜡烛
S1. TIFF	641 024	400	400	16	分辨力图
S2. TIFF	641 024	400	400	16	分辨力图
S3. TIFF	641 024	400	400	16	分辨力图
S4. TIFF	641 024	400	400	16	分辨力图
S5. TIFF	641 024	400	400	16	分辨力图
S6. TIFF	30 627 328	3 048	2 512	16	色谱
S7. TIFF	9 665 536	1 056	2 288	16	色谱
S8. TIFF	12 887 040	1 408	2 288	16	色谱
S9. TIFF	53 527 552	4 224	3 168	16	色谱
S10. TIFF	43 367 424	4 400	2 464	16	色谱
N1A. TIFF	11 797 504	1 920	1 536	12	肖像
N2A. TIFF	11 797 504	1 920	1 536	12	自助餐厅
N3A. TIFF	11 797 504	1 536	1 920	12	果篮
N4A. TIFF	11 797 504	1 536	1 920	12	酒和餐具
N5A. TIFF	11 797 504	1 920	1 536	12	自行车
N6A. TIFF	11 797 504	1 536	1 920	12	兰花
N7A. TIFF	11 797 504	1 536	1 920	12	音乐家
N8A. TIFF	11 797 504	1 536	1 920	12	蜡烛
S1A. TIFF	361 024	300	300	12	分辨力图
S2A. TIFF	361 024	300	300	12	分辨力图
S3A. TIFF	361 024	300	300	12	分辨力图
S4A. TIFF	361 024	300	300	12	分辨力图
S5A. TIFF	361 024	300	300	12	分辨力图
S6A. TIFF	17 228 320	2 286	1 884	12	色谱
S7A. TIFF	5 437 312	792	1 716	12	色谱
S8A. TIFF	7 249 408	1 056	1 716	12	色谱
S9A. TIFF	30 109 696	3 168	2 376	12	色谱
S10A. TIFF	24 394 624	3 300	1 848	12	色谱

N1 和 N1A

N2 和 N2A

N3 和 N3A

N4 和 N4A

N5 和 N5A

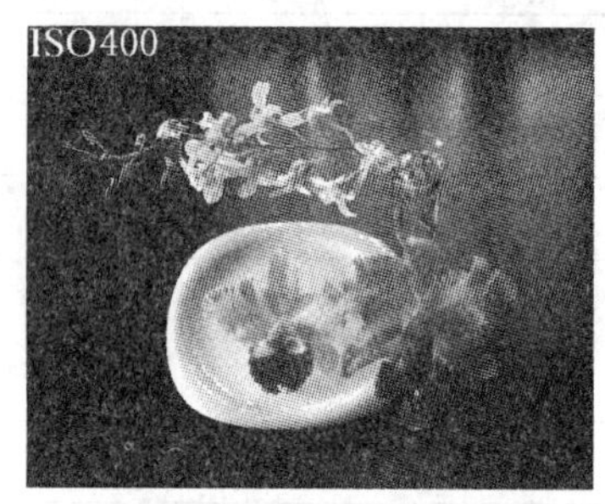

N6 和 N6A

N7 和 N7A

N8 和 N8A

图 1　缩小的自然图像单色复制品

1.25 mm
$c=m=y=k$
$=50+50\sin(90\times\theta)^{\circ}$(%)
(2.5 cm)
400像素
2°
40像素
0.9 mm
50%
(2.5 cm)
400像素
S1
$c=m=y=k$
=100 %
$c=m=y=k$
=0 %
100%
S2
$c=m=y=k$
=100 %
$c=m=y=k$
=0 %
100%
S3
$c=m=y=k$
=80 %
$c=m=y=k$
=40 %
80%
S4
$c=m=y=k$
=80 %
$c=m=y=k$
=40 %
80%
S5

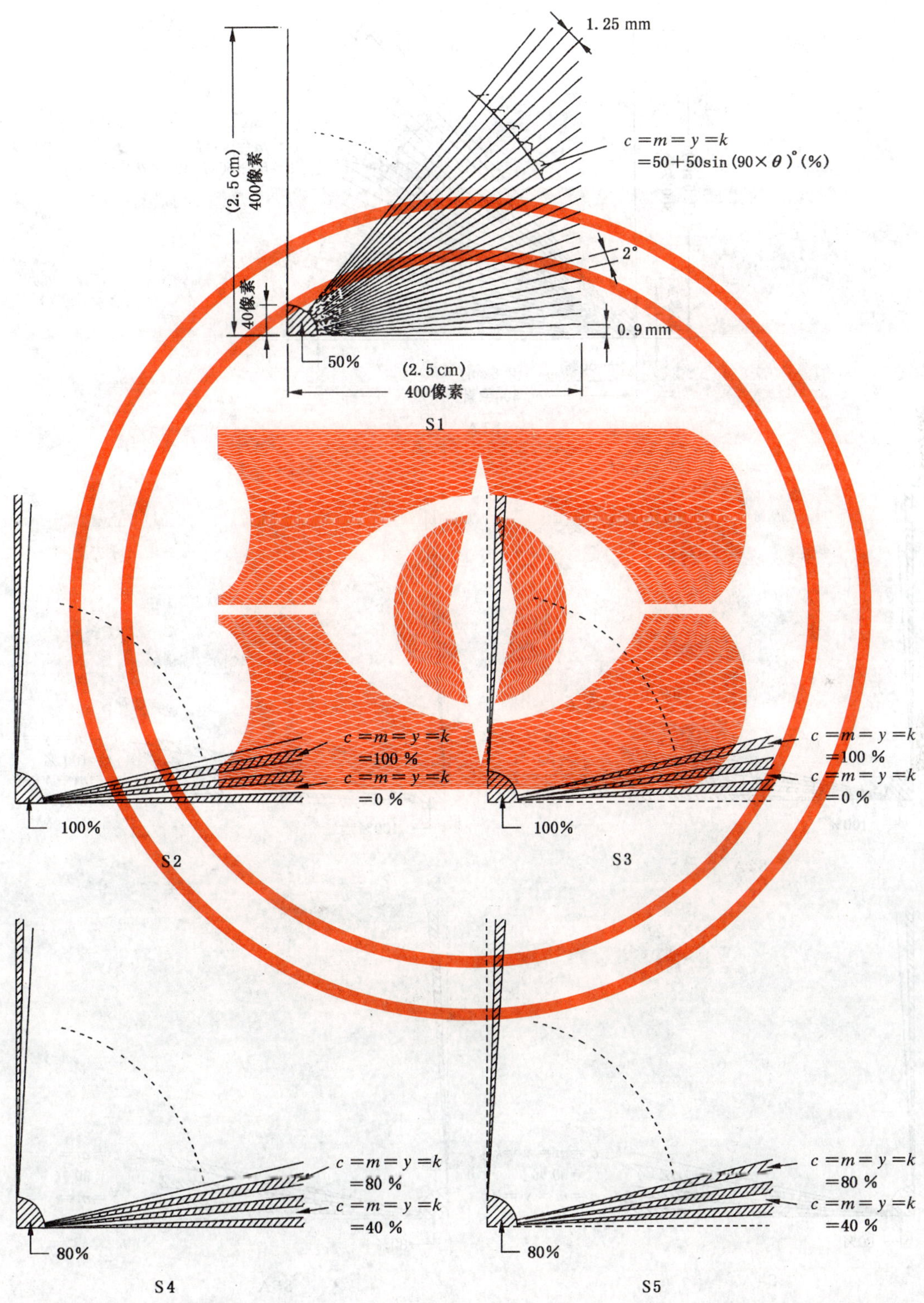

图 2　基本组分辨力图标

1.25 mm
c＝m＝y＝k
＝50＋50sin(90×θ)°(%)
(2.5 cm)
300像素
30像素
2°
0.9 mm
50%
(2.5 cm)
300像素
S1A
c＝m＝y＝k
＝100 %
c＝m＝y＝k
＝0 %
100%
S2A
c＝m＝y＝k
＝100 %
c＝m＝y＝k
＝0 %
100%
S3A
c＝m＝y＝k
＝80 %
c＝m＝y＝k
＝40 %
80%
S4A
c＝m＝y＝k
＝80 %
c＝m＝y＝k
＝40 %
80%
S5A

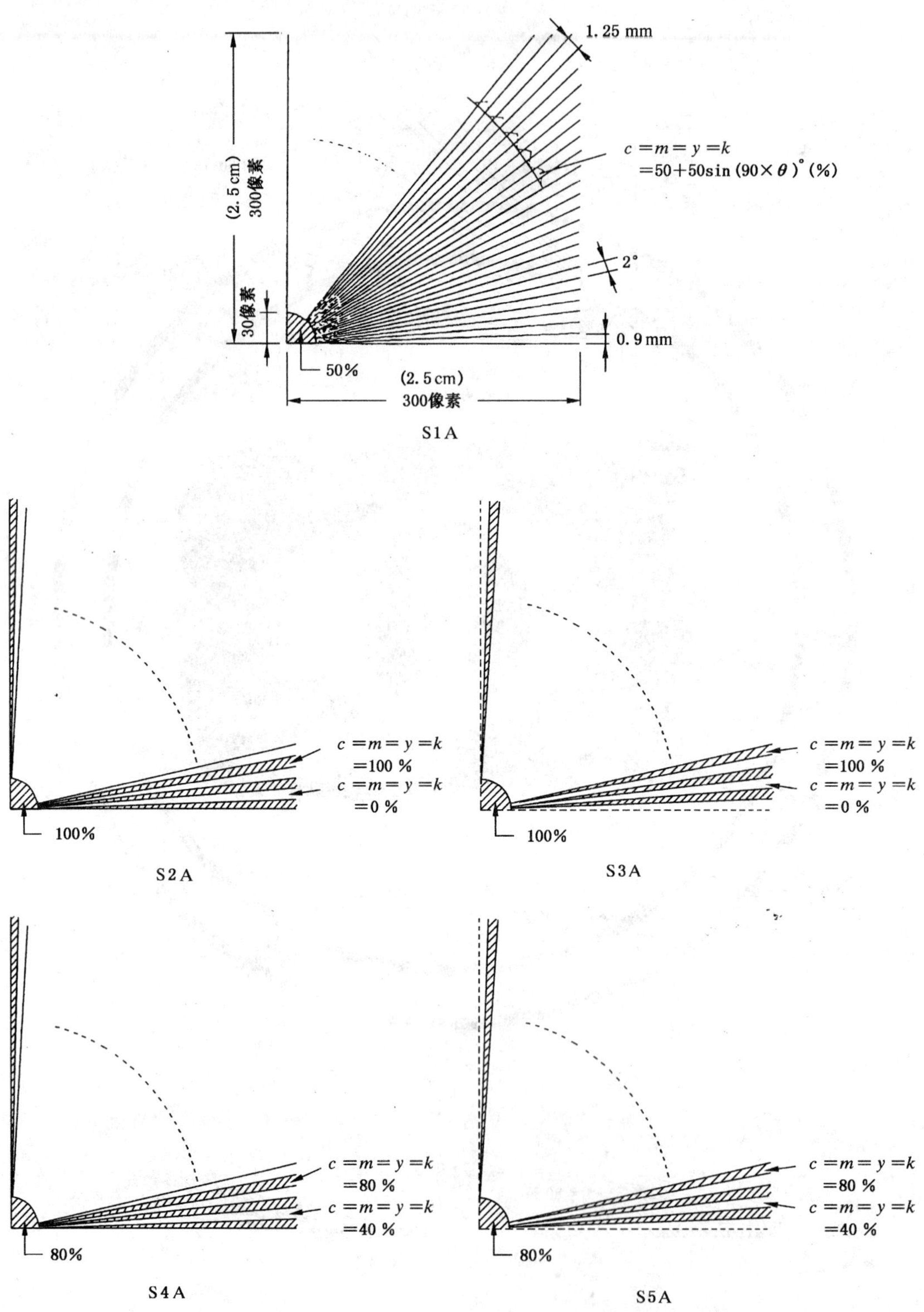

图 3　替代组分辨力图标

8 像素
空白
8 像素
空白
256
64
C
M
Y
K
R
G
B
BK
3048像素
8 像素
空白
2 像素
线
8
2512像素
7 像素
空白
S6

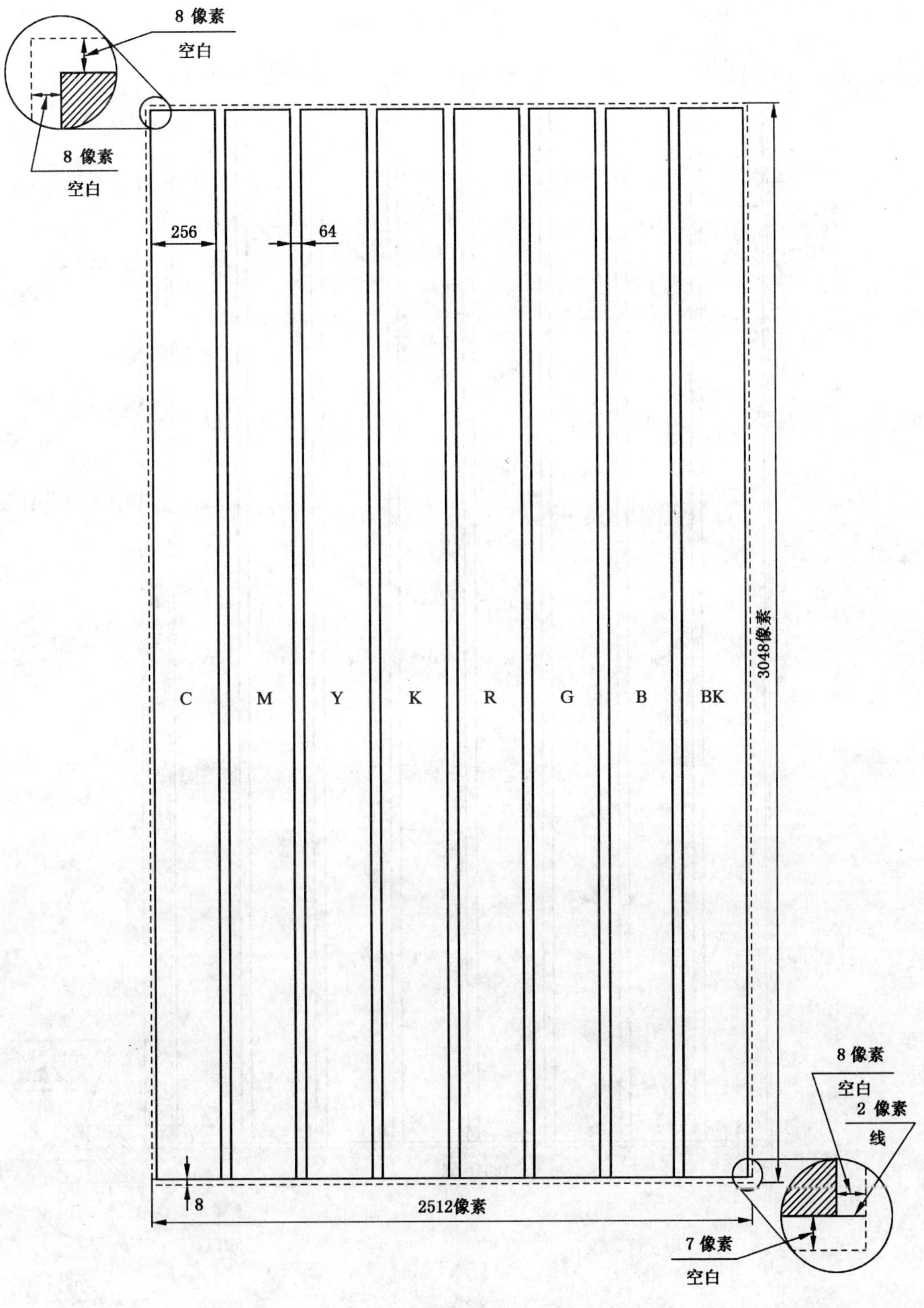

图 4　S6 的特征

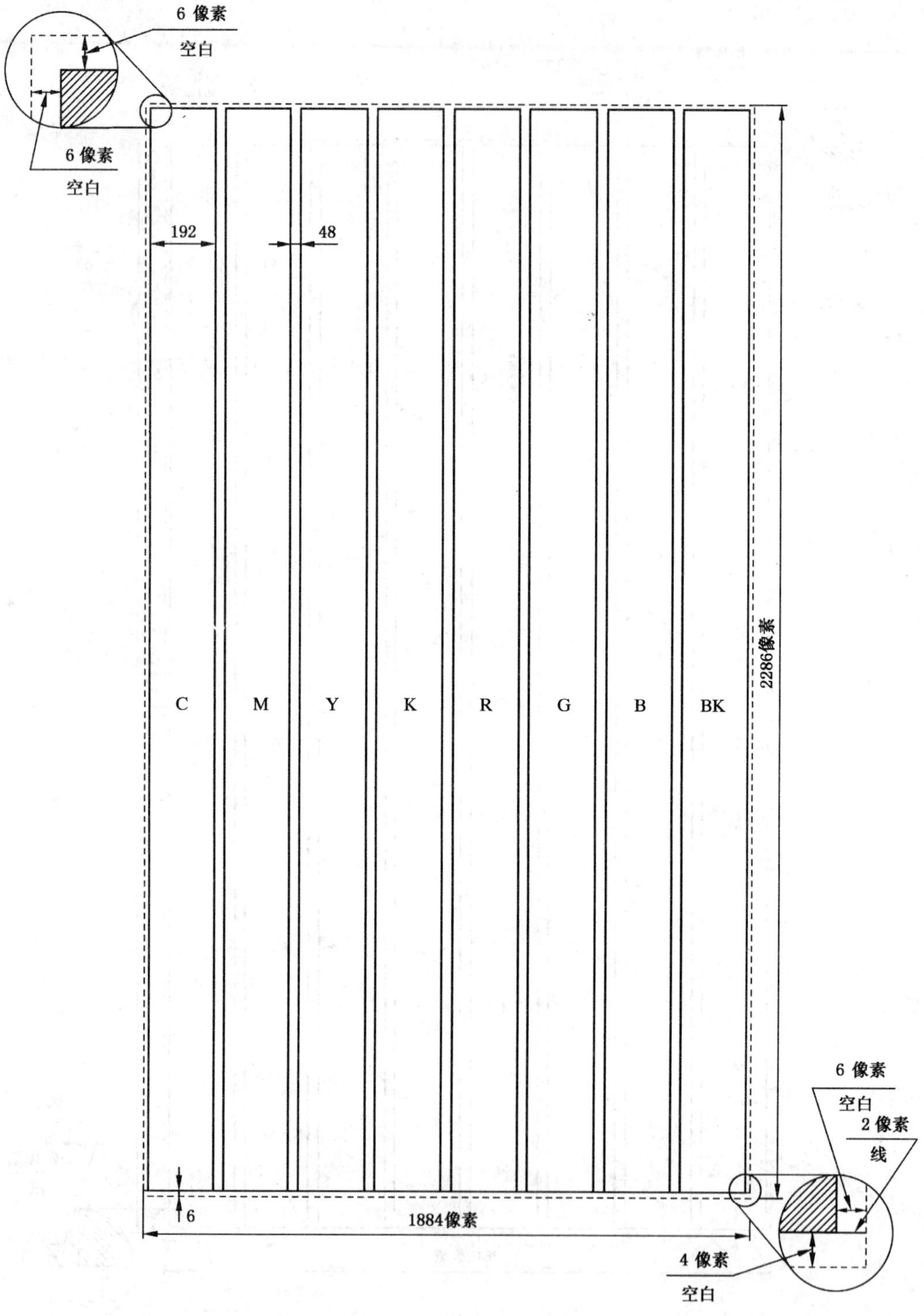

S6A

图 5　S6A 的特征

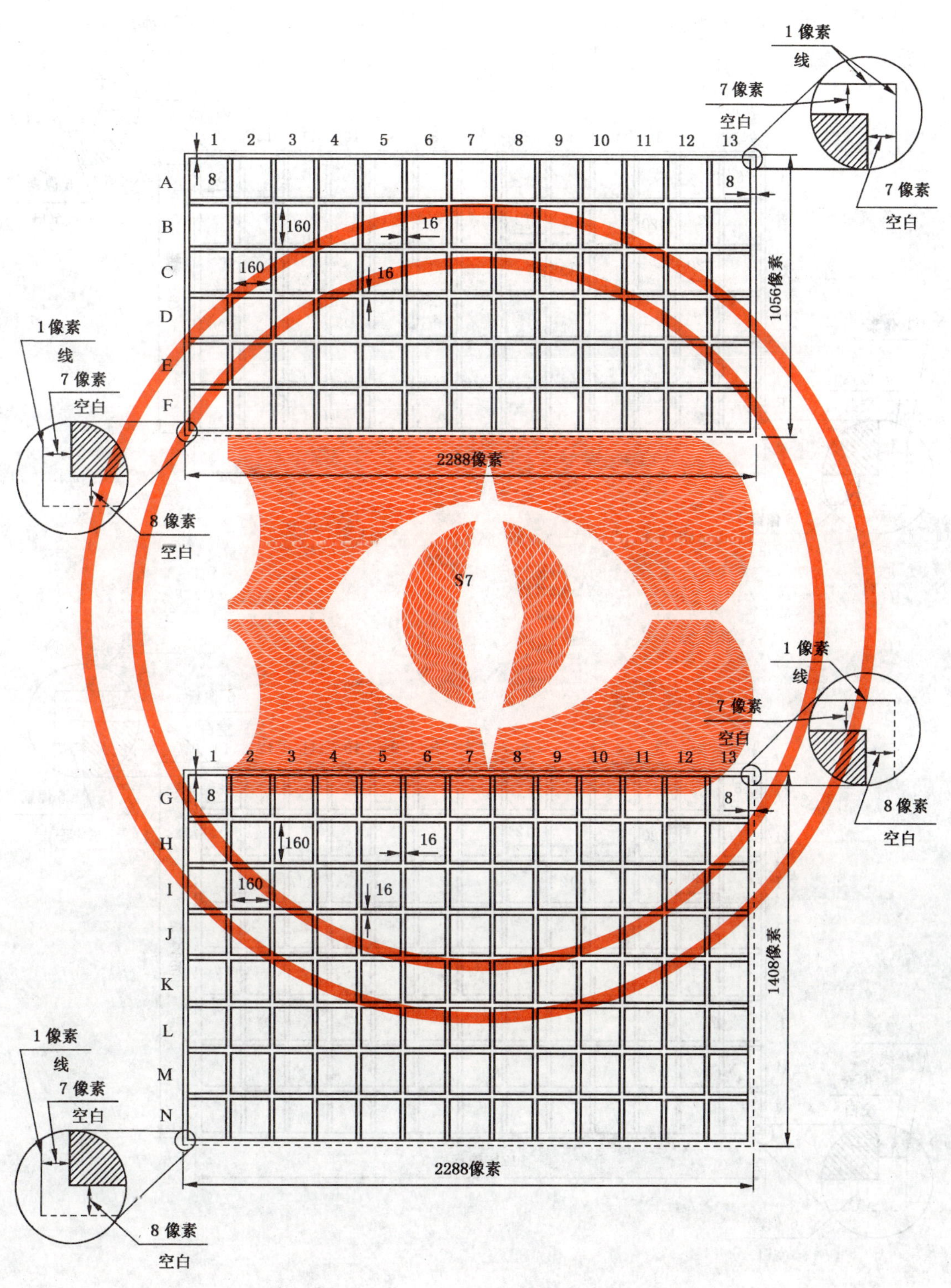

图 6 S7 和 S8 色谱的布局

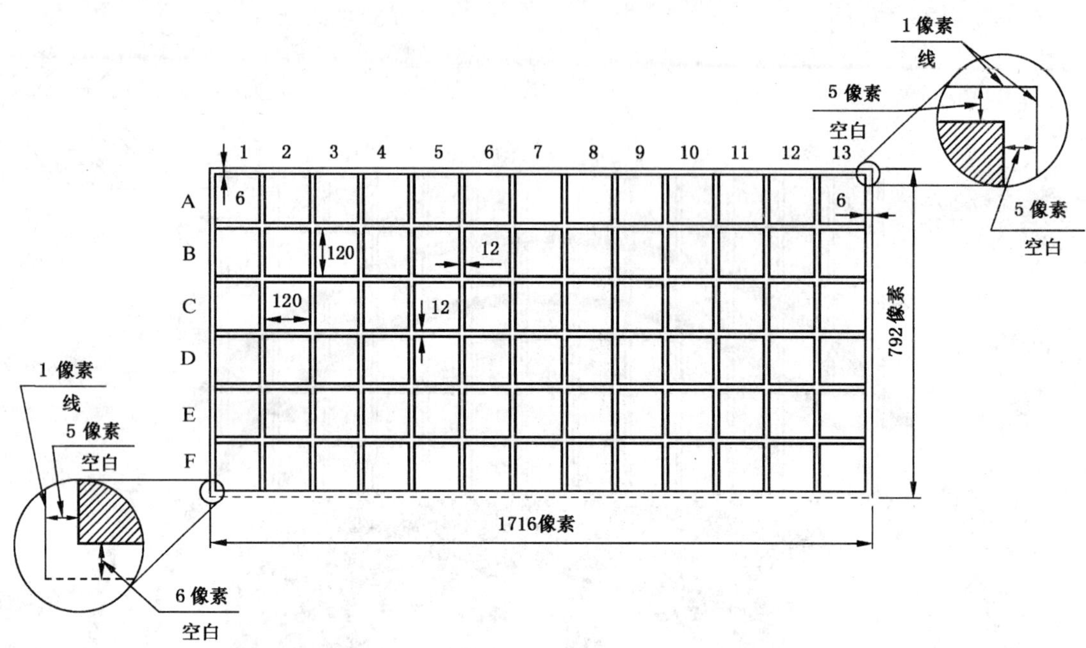

S7A

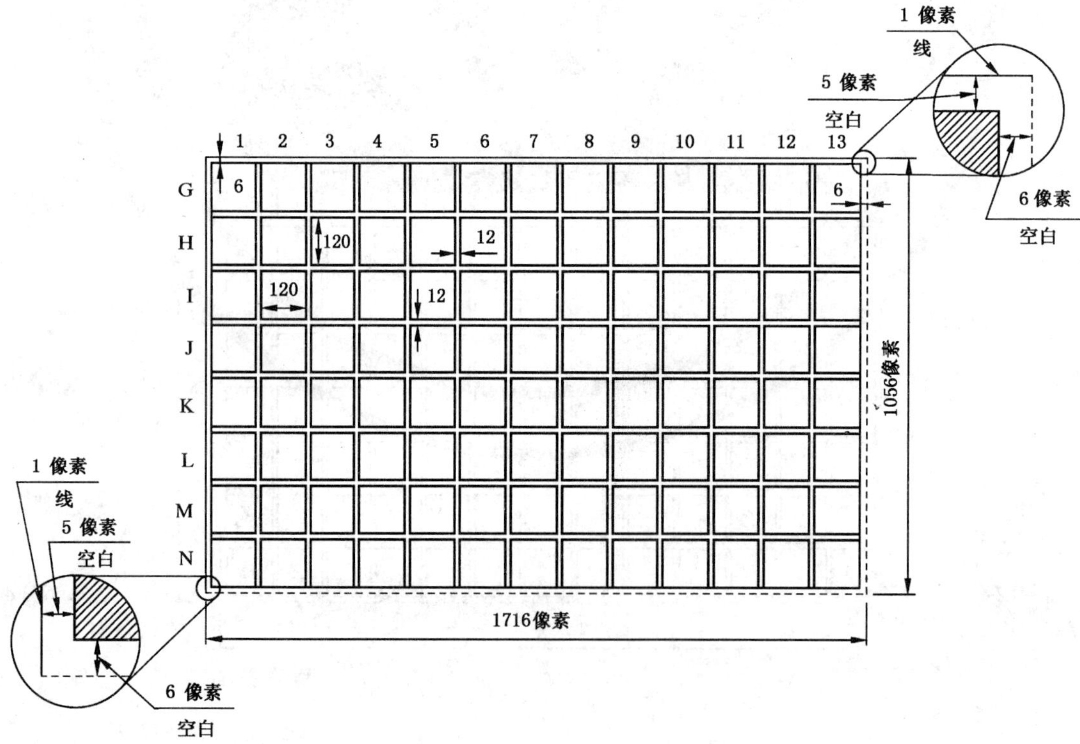

S8A

图 7　S7A 和 S8A 色谱的布局

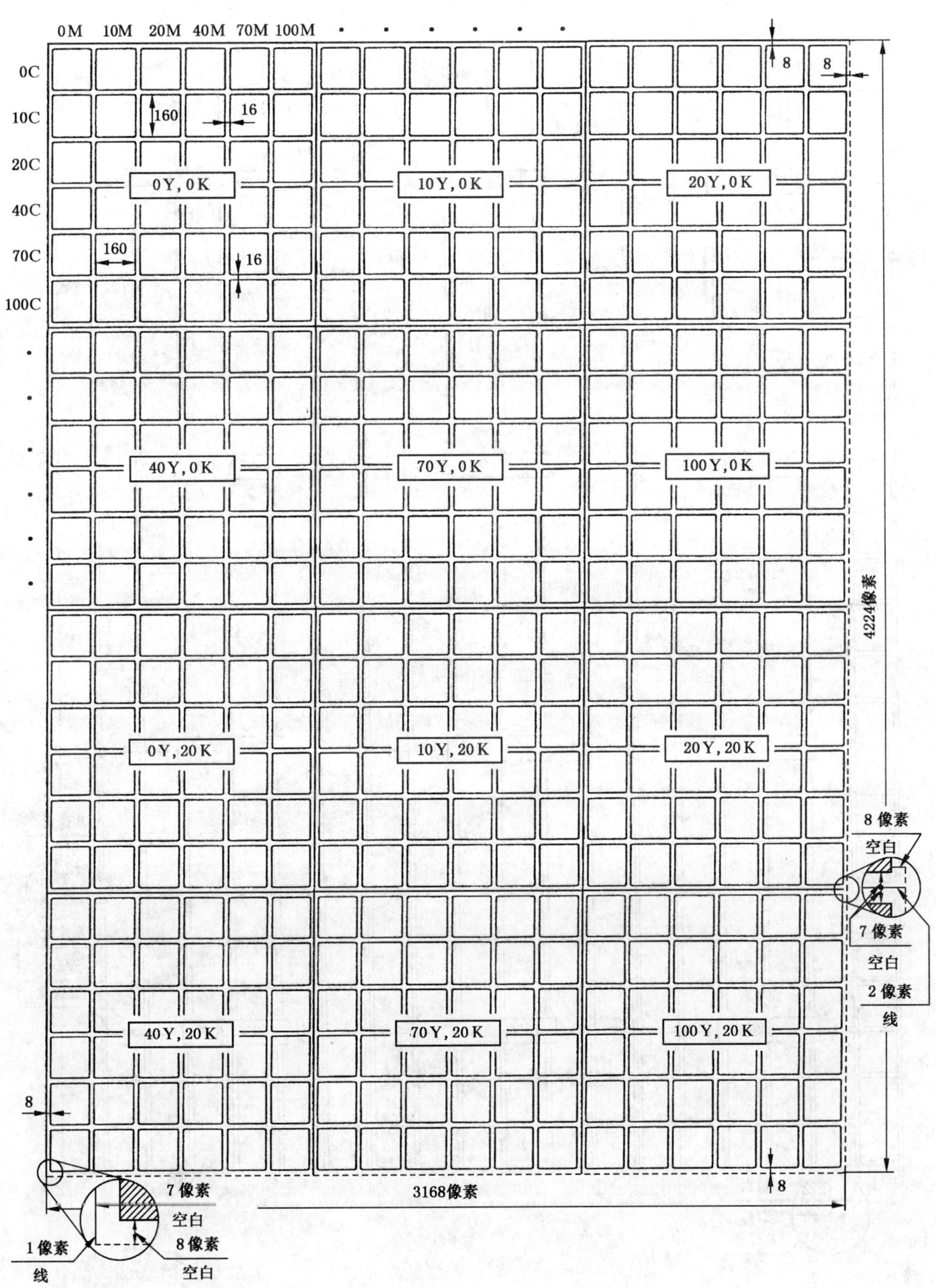

S9

图 8 S9 色谱的布局

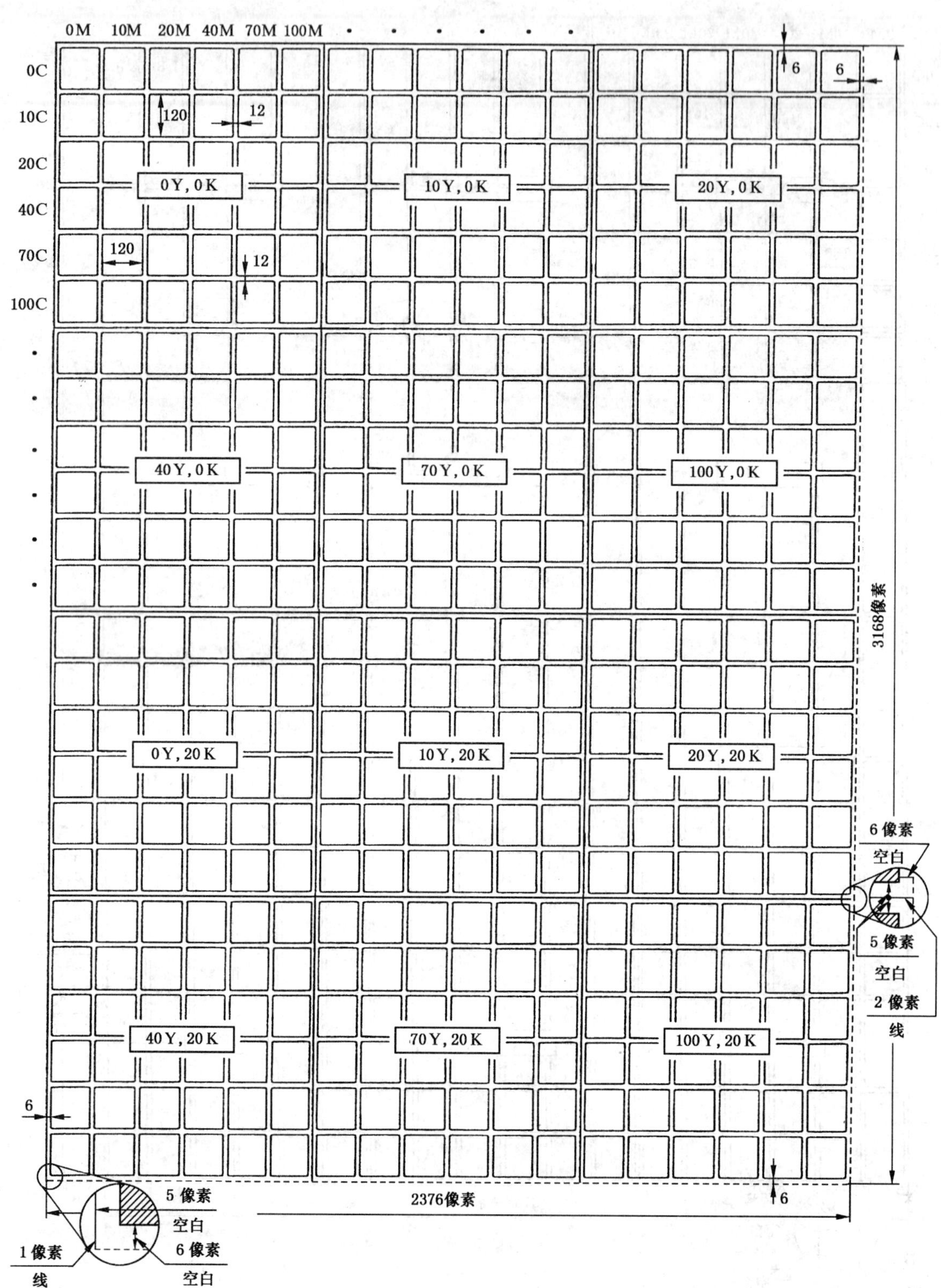

S9A

图9　S9A色谱的布局

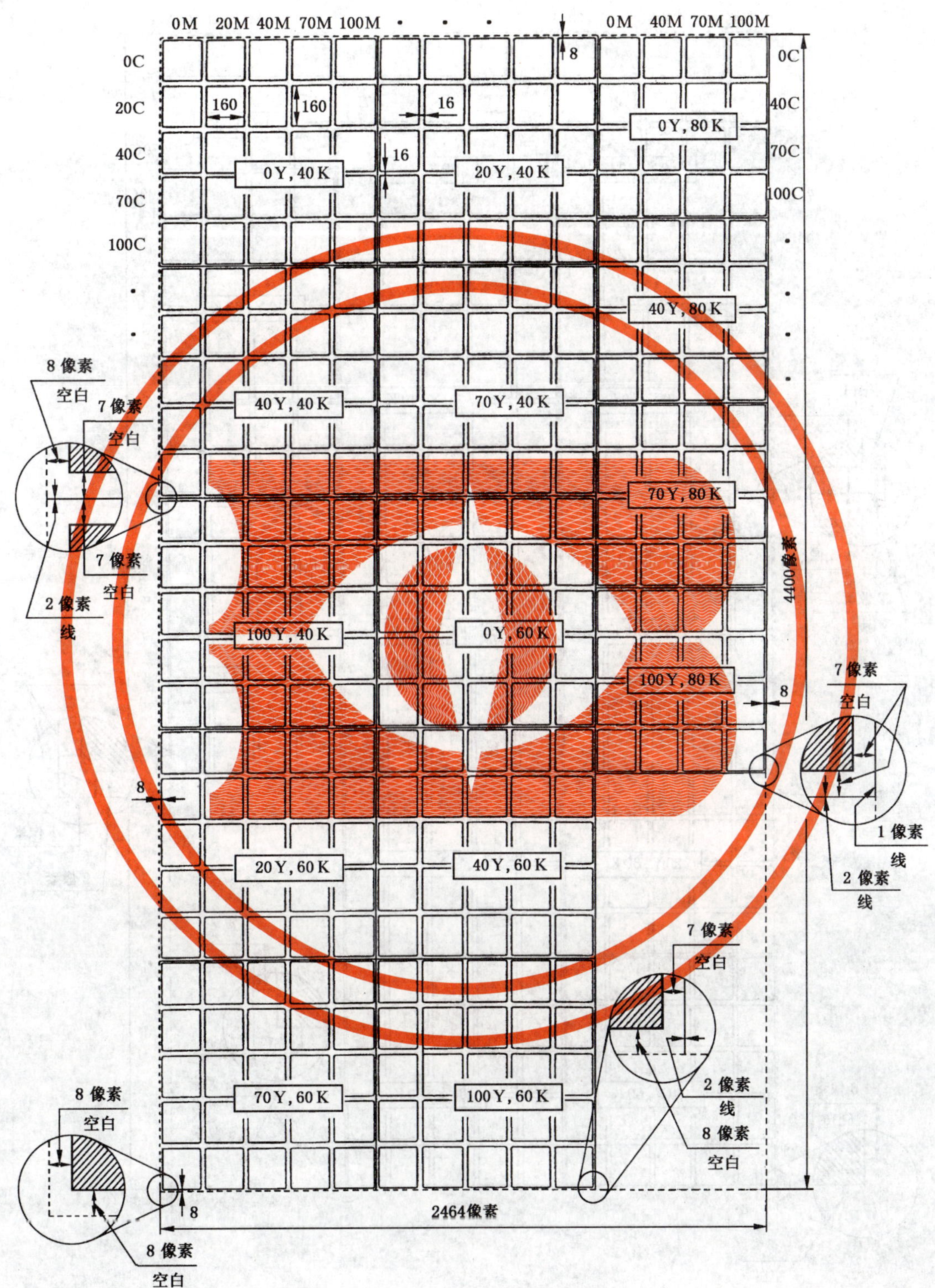

S10

图10 S10色谱的布局

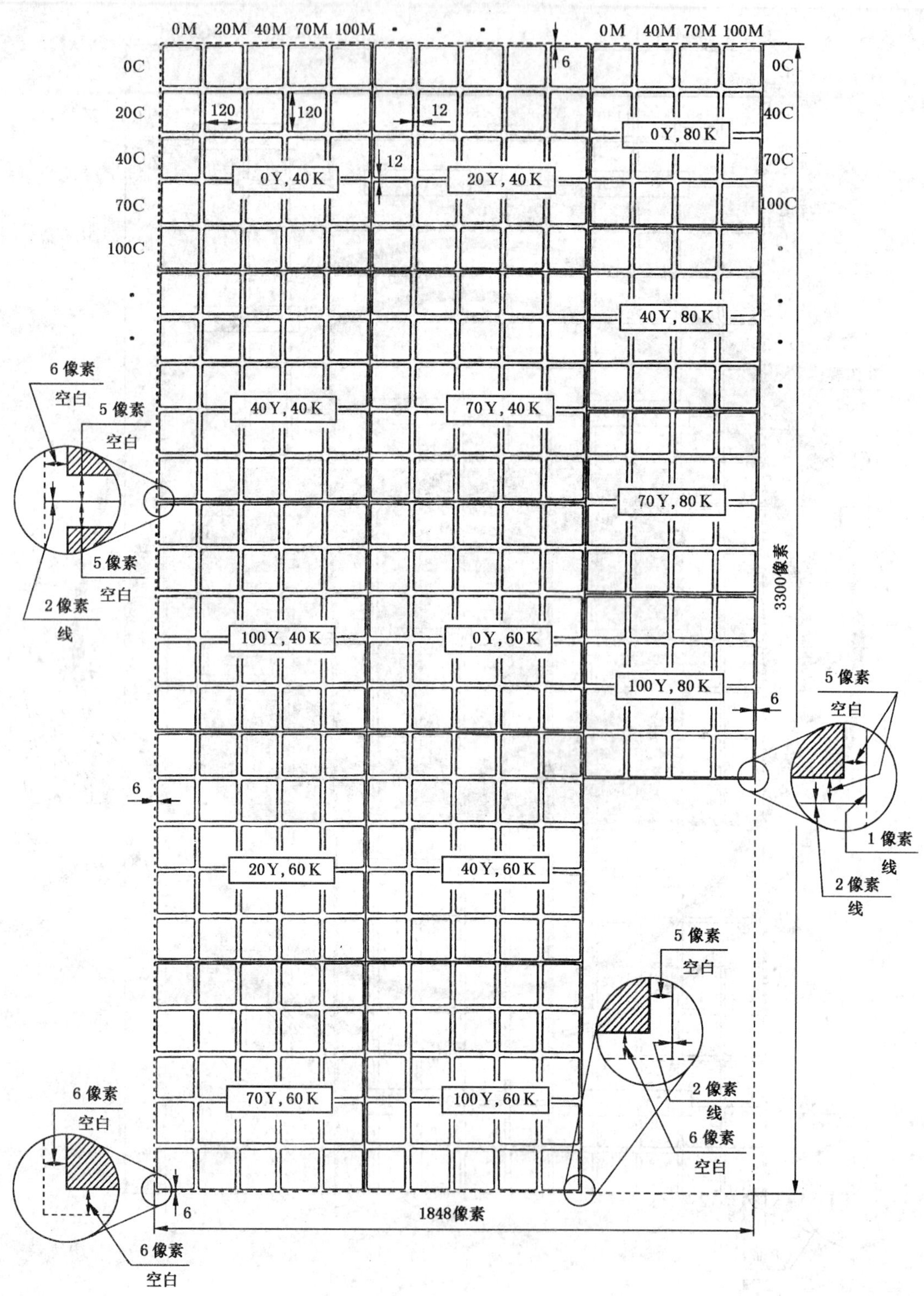

S10A

图11 S10A色谱的布局

附　录　A
（标准的附录）
标准彩色图像数据

A1　概述

记录在CD-ROM光盘上的、题目为“GB/T 18721—2002　印刷技术——印前数据交换——CMYK标准彩色图像数据(CMYK/SCID)——附录A——标准彩色图像数据”的数据是本标准的图像数据部分。第5章描述了这些数据的图像特征，第6章描述了这些数据的电子数据结构。

A2　使用准则

为确保在测试和比较时正确使用这些图像，应遵循以下顺序和准则：

A2.1　复制

这些图像的所有复制品均应带有标有数据来源的原国际标准的标识(ISO)，并应保留该图像数据中的分辨率标识。

A2.2　修改

任何由这些数据修改而派生的图像，也应在图像中有一个可见的标识。附带的说明材料中应包括修改图像数据的步骤表，如所有的编辑步骤、数据尺寸变换、插值等。

A2.3　彩色处理

这些图像的任何色彩或色调的处理，应限制为“整体的”变化。

A2.4　剪裁

修剪后的图像中只要保留有相应的图像分辨率标识，这种图像的剪裁是允许的。

A3　共享原则

这些图像的许多使用方法可以在许多不同的场合中，与不同的测试程序配合使用。以下的使用是允许的，并已得到ISO的认可。

A3.1　非赢利性销售

除了A3.2中规定的情况，不论是数据还是由这些数据印制的图像，都不应“为了赢利”而销售。

A3.2　测试和评估软件包

允许这些图像对应的数据，或是这些图像派生的图像，作为测试和评估手段(软件包)中的一部分而销售，或者把原国际标准的拷贝作为测试软件包的一部分而免费提供。

注8：某些使用这些图像的测试和评估软件包，可能需要把这些数据加到其他的数据处理方法中，这是被认可的。允许将本标准的拷贝数据以及从其他标准得到的数据，包括软件包中所需要的类似或派生数据，一起作为测试软件包的一部分。

A3.3　测试和评估程序

这些数据文件的拷贝或派生文件，可以在测试和评估程序的参与者之间交换。而有关使用单位应注明原国际标准拷贝的所有权。

A3.4　报告

只要使用单位注明原国际标准拷贝的所有权，则允许把这些图像作为测试程序的输出或作为广告的一部分展示。

附 录 B
（标准的附录）
校验和数据

表B1和表B2列出校验和可以用来检查数据的完整性。这些数值是用一个单字节存贮器对每个C(青)、M(品红)、Y(黄)、K(黑)图像面(image plane)进行求和计算得来的。忽略存贮器的溢出位。表中还列出了4个图像色面的总累计值T。用十六进制和十进制两种表示法列出这些数据。这些校验和只应用于图像数据，对头文件不起作用。

表B1 基本组图像的校验和

	校验和									
	十进制					十六进制				
	C	M	Y	K	T	C	M	Y	K	T
N1	248	225	57	104	122	F8	E1	39	68	7A
N2	214	71	147	177	97	D6	47	93	B1	61
N3	82	72	165	190	253	52	48	A5	BE	FD
N4	113	122	53	84	116	71	7A	35	54	74
N5	124	137	199	108	56	7C	89	C7	6C	38
N6	160	155	221	234	2	A0	9B	DD	EA	02
N7	242	106	126	168	130	F2	6A	7E	A8	82
N8	224	235	3	5	211	E0	EB	03	05	D3
S1	106	106	106	106	168	6A	6A	6A	6A	A8
S2	224	224	224	224	128	E0	E0	E0	E0	80
S3	104	104	104	104	160	68	68	68	68	A0
S4	192	192	192	192	0	C0	C0	C0	C0	00
S5	144	144	144	144	64	90	90	90	90	40
S6	152	152	152	152	96	98	98	98	98	60
S7	240	240	240	240	192	F0	F0	F0	F0	C0
S8	184	184	184	184	224	B8	B8	B8	B8	E0
S9	168	168	168	168	160	A8	A8	A8	A8	A0
S10	136	136	136	136	32	88	88	88	88	20

表 B2 替代组图像的校验和

	校验和									
	十进制					十六进制				
	C	M	Y	K	T	C	M	Y	K	T
N1A	249	117	226	209	33	F9	75	E2	D1	21
N2A	59	235	228	68	78	3B	EB	E4	44	4E
N3A	121	191	99	210	109	79	BF	63	D2	6D
N4A	219	223	43	169	142	DB	DF	2B	A9	8E
N5A	65	91	211	52	163	41	5B	D3	34	A3
N6A	195	185	104	7	235	C3	B9	68	07	EB
N7A	238	237	183	91	237	EE	ED	B7	5B	ED
N8A	36	31	77	106	250	24	1F	4D	6A	FA
S1A	97	97	97	97	132	61	61	61	61	84
S2A	200	200	200	200	32	C8	C8	C8	C8	20
S3A	208	208	208	208	64	D0	D0	D0	D0	40
S4A	156	156	156	156	112	9C	9C	9C	9C	70
S5A	137	137	137	137	36	89	89	89	89	24
S6A	33	33	33	33	132	21	21	21	21	84
S7A	94	94	94	94	120	5E	5E	5E	5E	78
S8A	237	173	173	173	224	ED	AD	AD	AD	F4
S9A	75	75	75	75	44	4B	4B	4B	4B	2C
S10A	151	151	151	87	28	97	97	97	57	1C

附 录 C
（提示的附录）
用于CD-ROM上的典型的TIFF/IT文件头(Header)

在C1和C2中，显示了记录在附录A的CD-ROM光盘上的SCID图像集中彩色图像N1和N1A的TIFF/IT文件头。

C1 TIFF/IT-CT文件头举例

下面是SCID基本组中文件名为"N1. TIF"的彩色图像的TIFF/IT文件头编码，该编码使用了在ISO 12639中定义TIFF/IT-CT的标记。

下列区段不包括在内，取缺省值：

New Subfile Type = 0
Compression = 1[no compression(不压缩)]
Orientation = 1[load from top left, horizontally(从左上角水平采样)]
RowsPerStrip = $2^{32}-1$[only one strip(仅一条)]
PlanarConfiguration = 1[pixel interleaving(颜色值按像素排列)]
ColorSequence = "CMYK"(色序为青品黄黑)
RasterPadding = 0[padding to 1 byte: In the case of using the pixel interleaving format in 4 colour separations. it is not necessary to pad to 2 bytes because each data line is already word-aligned(填充为1个字节：在颜色值按像素排列、做四色分色的情况下，每一颜色值不必填充为2个字节，因为每一行数值已经是按字对齐的了。)]

不用"DocumentName"、"Model"、"PageName"、"SoftWare"、"Artist"、"InkSet"、"NumberOfInks"、"HostComputer"、"Site"、"IT8Header"和"ColorCharacterization"等选项区段。符号"n"表示空字节，"x"代表填充数据为十六进制数字。

注9 SCID图像基本组中除了网点数据范围区外，其他部分与TIFF/IT-CT/P1是完全一致的。

偏移量	数值					说明
	* * * TIFF 文件头 * * *					
00000000	4D4D					Byte order(字节顺序)"MM"(big-endian)
00000002	002A					Version number(版本号)：42
00000004	00000008					Pointer to the Ist IFD begins in 8th byte in a file(指针指向第1个IFD，第1个IFD开始于每个文件的第8个字节)
	* * * 第一个 IFD * * *					
00000008	000F					该IFD的标记数＝15
	标记	类型	计数	偏移量		
0000000A	0100	0004	00000001	00000800	256(m)	ImageWidth(图像宽度)：2 048 pixels/line(像素/行)
00000016	0101	0004	00000001	00000A00	257(m)	ImageLength(图像高度)：2 560 lines/image(行/图像)

	标记	类型	计数	偏移量		
00000022	0102	0003	00000004	00000200	258(m)	BitsPerSample(每个采样点的 Bit 位数): pointer to the area of (指针指向) 00000200h 区
0000002E	0106	0003	00000001	0005 xxxx	262(m)	PhotometricInterpretation(光学解像): 5[for CMYK image(对于 CMYK 图像)]
0000003A	010E	0002	00000009	00000208	270(o)	ImageDescription(图像说明):pointer to the area of (指针指向)00000208h 区
00000046	010F	0002	0000000E	00000212	271(o)	Make(厂商名):pointer to the area of(指针指向)00000212h 区
00000052	0111	0004	00000001	00000400	273(m)	StripOffsets(条偏移量): 00000400h [pointer to the image data(指向图像数据)]
0000005E	0115	0003	00000001	0004 xxxx	277(m)	Sample Per Pixel(每像素采样点):4
0000006A	0117	0004	00000001	01400000	279(m)	Strip Byte Counts(每条字节数): 20,971,520 bytes to the image data (图像 20971520 字节)
00000076	011A	0005	00000001	00000220	282(m)	Xresolution(X 分辨率):point to the area of 00000220h(指向 00000220h 区)
00000082	011B	0005	00000001	00000228	283(m)	Yresolution(Y 分辨率): point to the area of 00000228h(指向 00000228h 区)
0000008E	0128	0003	00000001	0003 xxxx	296(d)	ResolutionUnit(分辨率单位):cm
0000009A	0132	0002	00000014	00000230	306(o)	Date Time(日期): point to the area of 00000230h(指向 00000230h 区)
000000A6	0150	0001	00000002	ICE4 xxxx	336(d)	Dot Range(网点范围):28,228[the value of 0% dot=28,and the value of 100% dot=228(0%的网点值=28,100%网点值=228)]
000000B2	8298	0002	0000002B	00000244	33432(o)	Copyright(版权): point to the area of 00000244h(指向 00000244h 区)
000000BE	00000000					pointer to next IFD(指向下一个 IFD): None(无)

* * * 数值区 * * *

00000200	0008 0008 0008 0008	BitsPerSample(每采样点位数):8. 8. 8. 8 [8 bits/sample for each separation(每色每个采样点为8 位bits)]
00000208	50 4F 52 54 41 49 54 00 xx	ImageDescription(图像说明):"PORTRAITn"
00000212	49 53 4F 20 54 43 31 33 30 2F 57 47 32 00	Make(厂商名):"ISO TC130/WG2n"
00000220	00027100 000003E8	Xresalution(X 分辨率): 160000/1000 [160 pixels/cm(160 像素/cm)]
00000228	00027100 000003E8	Yresalution(Y 分辨率): 160000/1000 [160 pixels/cm(160 像素/cm)]

	标记 类型 计数 · 偏移量	
00000230	31 39 39 34 3A 30 34 3A 32 35 20 31 30 3A 30 30 3A 30 30 00	DataTime(日期):"1994:04:25 10:00:00n"[April 25,1994 at 10:00:00(1994年4月25日10:00:00)]
00000244	43 6F 70 79 72 69 67 68 74 2C 20 49 53 4F 2C 20 31 39 39 35 2E 20 41 6C 6C 20 72 69 67 68 74 73 20 72 65 73 65 72 76 65 64 2E 00 xx	Copyright (版 权):"Copyright, ISO, 1995. All rights reserved. n(版权,ISO, 1995。版权所有)"
	* * * 图像数据 * * *	
00000400-014003FF		Image data area is from 00000400h to 014003FFh(图像数据区从00000400h 到 014003FFh)

C2 TIFF/IT-CT/P1 文件头举例

下面是 SCID 替代组中,文件名为"N1A.TIF"的彩色图像的 TIFF/IT 文件头编码。该编码应用 ISO 12639 中定义为 TIFF/IT-CT/P1 的标记。

下列区段不包含在内,取缺省值:

NewSubfileType = 0
Compression = 1[no compression(不压缩)]
Orientation = 1[load from top left,horizontally(从左上角水平采样)]
RowsPerStrip = $2^{32}-1$[only one strip(仅一条)]
PlanarConfiguration = 1[pixel interleaving(颜色值按像素排列)]
InkSet = 1[one set of "C","M","Y" and "K"("C"、"M"、"Y"、"K"为一套)]
NumberOfInks = 4[four inks of "C","M","Y" and "K"("C"、"M"、"Y"、"K"四种油墨)]
DotRange = 0,255[the value of 0% dot=0,the value of 100% dot=255(0%网点值=0,100%网点值=255)]

未用"Sofeware"、"Artist"和"ColorCharacterition"等可选区段。符号"n"表示空字节,"x"表示填充数据为十六进制数字。

偏移量	数值	说明
	* * * TIFF 文件标题 * * *	
00000000	4D4D	Byte order"MM"(字节顺序"MM")(big-endian)
00000002	002A	Version number(版本号):42
00000004	00000008	Pointer to the 1st IFD(指向第一个 IFD):the 1st IFD begins in 8th byte in a file(第1个IFD从文件的第8个字节开始)
	* * * 第1个 IFD * * *	
00000008	000E	该 IFD 的标记数=14
	标记 类型 记数 偏移量	
0000000A	0100 0004 00000001 00000600 256(m)	ImageWidth (图像宽度):1 536 pixels/lingth(1 536 像素/行)
00000016	0101 0004 00000001 00000780 257(m)	ImageLength (图像高度):1 920 lines/image(1920 行/图像)

	标记	类型	记数	偏移量		
00000022	0102	0003	00000004	00000200	258(m)	BitsPerSample(每采样点位数):pointer to the area of 00000200h(指向00000200h区)
0000002E	0106	0003	00000001	0005 xxxx	262(m)	PhotometricInterpretation(光学解像):5[for CMYK image(对于CMYK图像)]
0000003A	010E	0002	00000009	00000208	270(o)	ImageDescription(图像说明):pointer to the area of 00000208h(指向00000208h区)
00000046	010F	0002	0000000C	00000212	271(o)	Make(厂商名):pointer to the area of 00000212h(指向00000212h区)
00000052	0111	0004	00000001	00000400	273(m)	StripOffsets(条偏移量):00000400h[pointer to the image data(指向图像数据)]
0000005E	0115	0003	00000001	0004 xxxx	277(m)	SamplesPerPixel(每像素采样点):4
0000006A	0117	0004	00000001	00B40000	279(m)	StripByteCounts(每条字节数):11,796,480 bytes in the strip(每条11 796 480字节)
00000076	011A	0005	00000001	00000220	282(m)	Xresolution(X分辨率):pointer to the area of 00000220h(指向00000220h区)
00000082	011B	0005	00000001	00000228	283(m)	Yresolution(Y分辨率):pointer to the area of 00000228h(指向00000228h区)
0000008E	0128	0003	00000001	0003 xxxx	296(m)	ResolutionUnit(分辨率单位):cm
0000009A	0132	0002	00000014	00000230	306(m)	DateTime(日期):pointer to the area of 00000230h(指向00000230h区)
000000A6	8298	0002	0000002B	00000244	33432(o)	Copyright(版权):pointer to the area of 00000244h(指向00000244h区)
000000B2	00000000					pointer to next IFD(指向下一个IFD):None(无)

＊＊＊数值区＊＊＊

00000200	0008 0008 0008 0008	BitsPerSample(采样点位数):8,8,8,8[8 bits/sample for each separation(每色每个采样点为8 bits)]
00000208	50 4F 52 54 52 41 49 54 00 xx	ImageDescription(图像说明):"PORTRAITn"
00000212	49 53 4F 20 54 43 31 33 30 2F 57 47 32 00	Make(厂商名):"ISO TC 130/WG 2n"
00000220	0001D4C0 000003E8	XResolution(X分辨率):120000/1000(120像素/cm)
00000228	001D4C0 000003E8	Yresolution(Y分辨率):120000/1000(120像素/cm)
00000230	31 39 39 34 3A 30 34 3A 32 35 20 31 30 3A 30 30 3A 30 30 00	DateTime(日期):"1994:04:25 10:00:00n"[April 25,1994 at 10:00:00(1994年4月25日10:00:00)]

	标记　类型　记数　　偏移量	
00000244	43 6F 70 79 72 69 67 68 74 2C 20 49 53 4F 2C 20 31 39 39 35 2E 20 41 6C 6C 20 72 69 67 68 74 73 20 72 65 73 65 72 76 65 64 2E 00 xx	Copyright（版权）："Copyright，ISO，1995，All right reserved. n（版权，ISO，1995. 版权所有）"
	＊＊＊图像数据＊＊＊	
00000400-00B403FF		Image data area is from 00000400h to 00B403FFh（图像数据区从 00000400h 到 00B403FFh）

前　言

本标准是等效采用国际标准 ISO 13656:2000《印刷技术——反射密度测量和色度测量在印刷过程控制以及印刷品和样张评价中的应用》而制定的，基本保留了原国际标准的结构和内容，只是在编辑上做了适合我国标准编写规则的修改。

本标准的附录 A、附录 B、附录 C 是提示的附录。

本标准由中华人民共和国新闻出版总署提出。

本标准由全国印刷标准化技术委员会归口。

本标准起草单位：北京印刷学院、中国印刷科学技术研究所。

本标准主要起草人：夏琳瑛、何晓辉、齐晓堃、苟东辉。

ISO 前言

ISO（国际标准化组织）是各国标准化团体（ISO 成员团体）的世界联合会。国际标准的制定工作通常是通过 ISO 技术委员会来完成的。每个专题均成立一个相应的技术委员会，每个对某专题感兴趣的成员团体都有权成为该技术委员会的代表。与 ISO 协作的所有官方或非官方的国际组织也可参与到此工作中去。在电工技术标准化方面，ISO 与国际电工委员会（IEC）紧密合作。

国际标准的起草是根据 ISO/IEC 导言第 3 部分的准则而起草的。

由技术委员会采纳的国际标准草案要经成员国投票表决。一个国际标准的正式出版需要得到至少 75％的成员国的批准通过。

国际标准 ISO 13656 是由 ISO/TC 130 印刷技术委员会负责起草的。

国际标准 ISO 13656 的名称是《印刷技术——反射密度测量和色度测量在印刷过程控制以及印刷品和样张评价中的应用》。

注意此国际标准中某些内容具有专利权问题。ISO 不负责对这些专利权的解释。

本标准的附录 A、附录 B 和附录 C 是提示的附录。

ISO 引言

反射密度计和色度仪(三刺激值测量或光谱测量型)都是测量反射材料反射系数的反射型测量仪器。尽管这些仪器有相似之处,但他们之间还存在本质的差别。首先,印刷中所使用的典型的密度计,正如它的名称所表示的,它所显示的是密度值(光谱反射率加权平均倒数的对数值),并且从这些值可以推算出其他参数并予以显示。而色度仪通常显示的是光谱反射率不同的加权平均数,通常也可以显示这些值不同的转换值。因此,需要定义一个像 CIELAB 这样的更为均匀的颜色空间。

反射密度计(正如 ISO 5-3 中定义的)要求入射光通量具有 CIE 标准照明体 A 的光谱能量分布。在色度测量中,ISO 13655 规定光谱能量分布应符合 CIE D50 的照明要求,但是这样的光源不容易实现。它要求不论是使用滤色片还是由光谱光测量数据计算,D50 与指定的加权函数一起用于计算三刺激值,从而有效地定义光谱响应。实际上,印刷中进行颜色测量使用的大多数光谱光度仪的光源光谱能量分布与标准照明体 A 相似,用被测的光谱反射率数据来计算密度值和色度值。对于颜色测量来讲,当被测体为发荧光的物体时,将得到错误结果。

色度测量的目的是尽可能地提供模拟标准观察者的仪器响应。印刷中,色度测量主要用于颜色匹配及颜色标准的建立。价格便宜、采样光孔小的便携式色度仪,在印刷过程控制中也作为密度计的补充而被采用。

印刷中密度测量的主要目的是控制印刷品或样张上单位面积色料的数量。ISO 5-3 定义了一些情况,每一种都对应一种特定情况。对于网目调印刷品,密度是墨膜厚度和阶调值的函数。密度测量也用于质量控制的其他方面。

长期以来,反射型彩色密度计首先在制备分色片时应用,用来测量连续调彩色原稿的密度范围,而且使用的是宽带滤色片。随着印刷品质量的提高,反射密度计也用于印刷过程控制当中,被测区域主要是测控条中的单色块(黄、品红、青、黑)。

后来人们发现,对于颜色的控制,特别是对于黄色的控制,使用窄带滤色片测量在印刷过程控制的某些方面更有优越性,这些方面包括:

——减小密度中微小的色相偏移产生的影响。

——对在青和品红的范围内混入的黄密度和阶调值更敏感。

——提高各仪器之间的一致性。

——密度与墨膜厚度之间的线性关系扩展到更高的密度范围。

——减少密度相加性失效的幅度。

人们还发现,偏振滤光镜能减少第一表面反射光的影响,带有偏振滤光镜的密度计,其读数几乎不受油墨干燥情况的影响。偏振滤光镜也会对上述后两项特性产生影响。仪器设计者需要更正 ISO 5-3 及本标准附录 B 中所描述的光谱响应计算。偏振滤光镜最低影响的标准要求已在 ISO 14981 中列出。

密度测量的广泛应用意味着宽带及窄带仪器以及偏振镜在印刷中的普遍使用,而色度测量也得到越来越广泛的应用,在工业测量中有很多种不同的色度测量方法,因此产生了相应的国际标准。由于各生产商之间过程控制信息交流的不断增加,对该内容做明确的定义非常重要。通过定义术语、规定测试方法以及对测控条的要求、规范重要流程,将把不明确性控制到最小。

印刷过程中被测试或计算的很多参数,包括后来在此标准中定义的一些参数,不要求特别的光谱响应。它们都是比较性的测量,而且在许多情况下是从反射率数据直接计算出来的,密度和色度参数也是由其导出的。在各个独立的生产环境中,不同的参数可能由适当的光谱乘积导出,对工艺控制能够具有相同的效果。排除这些乘积的使用并非本标准的目的，然而，在有些情况中，使用光谱乘积或特定参数有助于生产环节的交流，而且统一印刷计量的方法也是非常重要的。本国际标准规定了大多数印刷过程中常用色度和密度测量方法以及所采用的测试结果报告方法。

在色彩复制中，为了达到预期结果，必须控制一些变量。对于指定的承印物，最重要的工艺变量是各个印刷基本色油墨(CMYK)实地色块及其叠印色块的颜色、网点变形/重影和阶调值。对于没有定义工艺控制的复制情况，在本标准中将定义印刷的控制块、每一色块允许的最小尺寸以及阶调值偏差范围。本标准中还定义对测控条胶片的要求、测量方法和测量结果的报告方法以及对于胶片、直接制版或直接印刷方式中使用的测控块的测量方法。

本标准还将对由反射仪器测量得到的、对于印刷过程控制很有用的参数进行描述，并首先指明所用的方法，以便于用户间交流。通常在本文中未定义的参数(比如密度测量色相误差及灰度、印刷反差及尤尔—尼尔森网点面积等)，在一般交流中不推荐使用，因此它们不适于本标准。同理，色密度(通常定义为$\mathrm{Log}(X_0/X)$;$\mathrm{Log}(Y_0/Y)$及$\mathrm{Log}(Z_0/Z)$，其中X_0,Y_0,Z_0定义为承印物的三刺激值或反射率)也排除在外，因为它们的光谱乘积不符合本标准中的规定。

在本标准中规定的许多参数，尤其是基于密度测量学的那些参数对印刷过程控制很有用，但不能够充分地描述印品外观。有些参数适合进行生产过程控制的测量，还有些则适合定义样张和印品之间的差异以及同一张印品上的变化。此外，还包含有一些用于进行印刷性能特殊评价的参数，如暗影等。这些参数有的是用色度学来测定的，但密度测量还是占优势的测量方法。当需要进行颜色再现和颜色匹配时，一般使用色度测量而不采用密度测量的方法，除非颜料色相匹配的非常接近。

这里，色度测量推荐使用 ISO 13655 规定的 CIELAB 均匀色空间，最有用的参数是亮度、彩度、色相角和色差。

亮度、彩度和色相角等参数在了解样品外观参数上比单独使用L^*、a^*、b^*更有用。当进行颜色匹配时，一般选择与参照物的色差最小的样品，尽管这样会对亮度、色相和彩度有一些限制。例如对于中性灰颜色，确定其具有低彩度比确定其具有某一亮度值更为重要。

中华人民共和国国家标准

印刷技术　反射密度测量和色度测量在印刷过程控制中的应用

GB/T 18722—2002
eqv ISO 13656:2000

Graphic technology—Application of reflection densitometry and colorimetry to process control in graphic arts

1 范围

在本标准中规定了在印刷过程控制中，反射密度测量和色度测量的应用，其内容如下：

——定义；

——测控条的最低要求；

——测量方法；

——结果的报告方法。

本标准适用于使用密度测量和色度测量进行印刷过程控制以及对单色、多色打样样张和印刷品进行评价。

2 引用标准

下列标准所包含的条文，通过在本标准中引用而构成为本标准的条文。本标准出版时，所示版本均为有效。所有标准都会被修订，使用本标准的各方应探讨使用下列标准最新版本的可能性。

GB/T 11501—1989　摄影密度测量的光谱条件(neq ISO 513:1984)

GB/T 17934.1—1999　印刷技术　网目调分色片、样张和印刷成品的加工过程控制　第1部分：参数和测试方法(eqv ISO 12647-1:1996)

GB/T 17934.2—1999　印刷技术　网目调分色片、样张和印刷成品的加工过程控制　第2部分：胶印(eqv ISO 12647-2:1996)

ISO 5-3:1995　摄影——密度测量——第3部分:光谱条件

ISO 5-4:1995　摄影——密度测量——第4部分:反射密度的几何条件

ISO 5737:1983　印刷——光学测试用标准印刷品的制备

ISO 13655:1996　印刷图像的光谱测量与色度计算

ISO 14981　印刷技术——印刷用反射密度计的光学、几何学和测量学条件

ISO/DIS 15790　印刷技术和摄影术—反射和透射密度计—被认可的标准材料—使用的文件和步骤

3 定义

3.1 光孔　aperture

检测仪器上决定测试样品的面积的一个光学器件。

3.2 色度仪　colorimeter

用于测量色度值的仪器。

中华人民共和国国家质量监督检验检疫总局2002-05-21批准　　2003-01-01实施

注：三刺激值色度仪是通过测量物体反射率或透射率、光源以及标准观察者函数定义的滤色片，按它们的光谱乘积的模拟积分得到色度值。光谱色度仪则是通过测量光谱反射率或透射率数据计算得到色度值的。

3.3 **控制块 control patch**

用于测量或控制而制作的参照块（由网点、线条或实地等几何图形构成）。

3.4 **测控条 control strip**

一维排列的控制块集合。

3.5 **中心密度 core density**

单个不透明图像元素（如网点或线条）中心的透射密度。

3.6 **密度 density**

见 3.22 反射密度。

注：在本标准中，一般仅适用于反射样品。无特殊说明，则用密度一词。

3.7 **重影 doubling**

变形块 slur patch

评价实际压印状态的控制块。

3.8 **胶片 film**

以模拟形式含有黑白信息的图像载体。

注：这里定义的胶片不包含彩色胶片，而特指单色网目调分色片。

3.9 **胶片正负性 film polarity;polarity (of a film)**

阳图和阴图

空白部位与实地部位分别对应印刷品上的非印刷部位与印刷部位的胶片，称为阳图型胶片（正片）；空白部位与实地部位分别对应印刷品上的印刷部位与非印刷部位的胶片，称为阴图型胶片（负片）。

3.10 **边缘宽度**（指单个的不透明图像元素） **fringe width**

对应所涉及印刷方式要求的最小网点中心密度的10%～90%密度等值线之间的平均距离。单位：μm。

注：本条只是对胶片而言。

3.11 **网目调 halftone**

由网线数、大小、形状可变，并产生阶调层次的网点组成的图像。

3.12 **图像元素 image element**

构成图像的基本单元。（参见 3.11 网目调）

3.13 **入射光通量 incident flux**

照射到被测试样品观察孔区域的光通量。

3.14 **油墨叠印率 ink trap**

I

叠印到第一层彩色油墨之上的第二层彩色油墨在单位面积上的平均量。这是一个相对测量值。

注

1 油墨叠印率用百分比表示。

2 这里所指的 trap 不要与补漏白相混淆。

3 表观叠印率可用光学密度法和重量法测量。

3.15 **中间调平衡控制块 midtone balance control patch**

由阶调值在胶片上处于灰平衡状态的青、品红、黄网点组成的测控条上的一个控制块。通常青色阶调值在40%～60%范围之间，选择黄和品红相应阶调值来近似地产生一个中性灰色。

3.16 **非周期性网目调 non-periodic half-tone**

没有规则的加网线数的图像元素（如网点）。

3.17 **付印样　OK print;OK sheet**

OK 印张

在印刷生产过程中,挑选出来作为后面印刷作业对照用的印刷成品。

3.18 **叠印　overprint**

在两层或更多着色层的情况下,后一层在前一层上的附着。一般是指一层油墨被印刷在另一层油墨上面。

3.19 **承印物　print substrate**

承载印刷图像的载体(材料)。

3.20 **印刷基本色(四色印刷用)　process colours (for four-color printing)**

黄、品红、青和黑色。

3.21 **反射系数　reflectance factor**

反射率

R

从印样上反射的光通量与在同样位置上从理想漫反射材料上反射的光通量之比。

单位:1。

3.22 **反射密度　reflection density;reflectance factor (optical) density**

D

以 10 为底的反射系数倒数的对数值。

$D=\lg(1/R)$　单位:1。

3.23 **反射测量仪　reflectometer**

在规定的几何与光谱条件下,测量与表面反射有关的物理量的光学仪器。

3.24 **相对密度　relative density**

减去如分色片基或未印刷的承印物的密度后的密度值。

3.25 **采样光孔　sampling aperture**

检测仪器可以测试的样品面积。

3.26 **网线频率　screen frequency;screen ruling**

网线数

网点或线条等图像元素,在产生最高值方向上,单位长度内的个数。

单位:cm^{-1}。

3.27 **网线宽度　screen width**

网线数的倒数。

单位:cm。

3.28 **实地　solid**

着色密度均匀、覆盖率为 100%的无网点结构的图像。

3.29 **光谱乘积　spectral product**

在相应波长下入射光通量的光谱功率和接受器光谱响应的乘积。

3.30 **(接收器的)光谱响应　spectral response (of the receiver)**

光检测器的光谱灵敏度和与之相关的光学元件的光谱透射率的乘积。

3.31 **印品阶调值(网点面积覆盖百分比)　tone value;dot area (on a print)**

A_1

单色油墨在网目调印刷品上的网点面积覆盖百分比(如果承印物上的光散射或其他光学现象可以忽略不计)。计算公式为:

$$A_1/\% = 100 \times [1 - 10^{-(D_{t1}-D_{01})}]/[1 - 10^{-(D_{s1}-D_{01})}] \quad \cdots\cdots(1)$$

式中：D_{01}——印刷承印物非印刷部位的反射密度；

D_{s1}——实地反射密度；

D_{t1}——网点部位的反射密度。

或其对等公式：

$$A_1/\% = 100 \times (R_0 - R_t)/(R_0 - R_s) \quad \cdots\cdots(2)$$

式中：R_0——印刷承印物非印刷部位的反射率；

R_s——实地反射率；

R_t——网点部位反射率。

注

1 印品阶调值也叫做“等效网点面积”或“全网点面积”。

2 同义词“网点面积”仅适用于网点组成的网目调图像。

3 本定义可用于某些印版阶调值的近似值。

4 一般而言，在数字式电子文件中标明的阶调值被认为与激光照排机软件上的数据相同。

5 该方程即为 Murray-Davies 公式。

3.32 **阳图分色片阶调值（网点面积覆盖百分比） tone value; dot area (on a half-tone film of positive polarity)**

A_2

计算公式为：

$$A_2/\% = 100 \times [1 - 10^{-(D_{t2}-D_{02})}]/[1 - 10^{-(D_{s2}-D_{02})}] \quad \cdots\cdots(3)$$

式中：D_{02}——网目调胶片上空白部位的透射密度；

D_{s2}——实地部位的透射密度；

D_{t2}——网点部位的透射密度。

3.33 **阴图分色片阶调值（网点面积覆盖百分比） tone value; dot area (on a half-tone film of negative polarity)**

A_3

计算公式为：

$$A_3/\% = 100 - 100 \times [1 - 10^{-(D_{t2}-D_{02})}]/[1 - 10^{-(D_{s2}-D_{02})}] \quad \cdots\cdots(4)$$

式中：D_{02}——网目调胶片上空白部位的透射密度；

D_{s2}——实地部位的透射密度；

D_{t2}——网点部位的透射密度。

3.34 **阶调值增加 tone value increase**

网点增大

印刷品上阶调值与胶片上阶调值或数字式电子文件的阶调值之差。

单位：%。

注：同义词“网点增大”仅用于由网点组成的网目调。

4 技术要求

4.1 测控条

4.1.1 胶片质量

胶片测控条的质量参数——比如中心密度、网点边缘宽度以及片基密度应该符合 GB/T 17934.2—1999中的有关规定。

4.1.2 测控条的最低要求

测控条应该包括重影/变形以及印刷基本色单色油墨实地色块及其叠印色块，即 K、C、M、Y、(C+

M)、(C+Y)、(M+Y)以及(C+M+Y)这几个色块。此外，测控条中还应该包括至少3块已定义的网目调控制色块，并且注明每一个印刷基本色K、C、M、Y的标准阶调值。在这3块定义的网目调控制色块中，一个色块的阶调值应为20%～30%，另一个色块阶调值应为40%～50%，第三块应为70%～80%；还应该有一块测量中间调平衡的网目调控制块以及一块空白块。在印张整个宽度上应该尽可能多地重复放置这个完整的测控条。

在过程控制中所采用的测控条的网点形状应为圆形网点，网线数与图像的网线数相差应不大于10 cm^{-1}。所有的阶调值(包括中间调)应控制在标准值的1%内。

注

1 对于同时有阴图和阳图的测控条，要求增加几个10%以下和90%以上的控制块。

2 应该说明的是在此指定控制块中的网点为圆形网点，而实际生产当中可能是圆形、方形、椭圆形等，但指定形状的网点可以检查整个印品、印刷机以及企业的质量。

4.2 测量的准备

要确保测量头和采样光孔清洁。按照仪器生产厂商推荐的预热时间进行预热，然后根据生产厂商的说明对仪器进行校准，将仪器设定为要求的模式。

要确保试样平整、无褶皱，将试样放在平整的黑色表面上，将采样光孔居中，光孔应小于照明面积(符合ISO 5-4的规定)，采样光孔置于被测控制块中间。调节仪器底座及试样，使它们处于同一平面上。

测量网目调时，圆形采样光孔的直径应不小于网线宽度的15倍。对于非周期性网目调，采样光孔直径应不小于4 mm，如果图像元素大于30 μm，则应采用更大的光孔。非圆形采样光孔的面积应不小于上述定义的圆孔的面积。

注：如果采样光孔比推荐的采样光孔小，则应取多个读数的平均值。

4.3 反射密度的测量及数值计算

4.3.1 仪器规定

使用ISO 14981规定的密度计。

4.3.2 测量结果报告

任何密度测量结果报告都应该指明确切的测量条件。测量结果报告应表明符合本标准要求，报告内容包括以下参数：

——密度计的型号、名称及生产厂家；

——颜色通道(黑、青、品红、黄或以nm表示的波长)；

——光谱响应(应为ISO 5-3中定义的ISO标准状态I,T,E中的一种)；

——偏振光镜(有/无)；

——试样背衬(如果不是黑色)；

——采样光孔(mm)；

——相对密度值(承印物密度设定为0)或绝对密度值。对于仅与密度差有关的值不做此要求；

——混合标准的不确定性(ISO 15790)。

4.4 色度参数的测量

4.4.1 仪器规定

色度仪、测量条件以及计算应符合ISO 13655的规定。如果使用三刺激值色度仪，测量条件(如背衬、几何条件要求等)应符合ISO 13655的规定。

注：一些色度仪也可从光谱数据计算得到密度值，这些仪器可能装有偏振滤光片，在这些仪器的色度测量模式中不推荐使用偏振滤光片。

4.4.2 测量结果报告

报告应符合ISO 13655关于颜色测量数据的要求，并指明确切的使用条件。报告内容应包括以下参数：

——色度仪的型号、名称及生产厂家(如果为三刺激值光度测量型,则应加以注明);
——试样背衬(如果不是黑色);
——采样光孔(mm);
——混合标准的不确定性(ISO 15790)。

5 测量方法

5.1 付印样与打样样张上实地色样的偏差

测量印品测控条上每一个印刷基本色(CMYK)实地色块的三刺激值,计算付印样和打样样张上相应点的色差 CIELAB ΔE^*_{ab},将结果与 GB/T 17934 中相关部分规定的偏差进行比较。

5.2 印刷基本色实地密度或相对密度

选择得出被测印刷基本色最高密度读数的颜色通道,测量其实地密度和空白处密度。在密度测量结果的报告中,直接记录实地密度测量值。相对密度由下式计算:

$$D_r = D_s - D_0 \quad \cdots\cdots(5)$$

式中:D_r——相对密度;

D_s——实地密度;

D_0——空白部分密度。

5.3 印品的阶调值

选择得出被测印刷基本色最高读数时的颜色通道,测量空白承印物的密度、实地密度和指定的印刷基本色网目调色块的密度。如果密度计不能直接显示阶调值,可用 3.31 中公式由密度值计算出阶调值。

注

1 阶调值(网点面积覆盖百分比)与仪器情况有一些关系,特别是黄色。有偏振片的窄带密度计和无偏振片的宽带密度计在中间调阶调值相差 2%以上。

2 阶调值增加(网点增大)通过计算印品上与测控条胶片或数字文件上相应阶调值之差得到。所有阶调值增加曲线必须由测控条上至少 3 个网目调色块的阶调值来确定,而且优先选择胶片上或数字文件上包括从 10%～90%以 10%递增量变化的控制块。由相对于胶片或数字文件上阶调值的差值来描点,绘制光滑曲线。该曲线表示阶调值增加函数(网点增大函数)。

5.4 表观叠印率

用测量得到第二色最高值的颜色通道来测量第一实地色、第二实地色和叠印实地色的密度,从 Preucil 公式得出表观叠印率:

$$I_P = (D_{1+2} - D_1)/D_2 \quad \cdots\cdots(6)$$

式中:I_P——油墨的叠印率;

D_{1+2}——叠印密度;

D_1——单独的第一色密度;

D_2——单独的第二色密度。

注

1 使用 Preucil 公式得到的叠印率并非第二色墨附着在第一色墨上墨量的绝对值。所计算出的叠印率取决于印刷色序。尽管转移的墨量是一样的,叠印率却是不同的,这是因为油墨的不透明性的差异,更重要的是颜色通道选择的差异。由此可以清楚地看出,使用不同的颜色通道将产生不同的结果。

2 实际(重量百分比)油墨叠印率(I_g)可以使用附录 A 中描述的重量法来测试。叠印的微观检测和图像分析技术,可以提供关于油墨如何附着在承印物以及关于油墨的其他信息,而表观叠印率不能提供这些信息。

3 表观叠印率可以用于过程控制,从而监视生产过程的变化。

4 除了 Preucil 公式,还有许多其他公式可供使用。大多数公式是由 Preucil 公式导出的,但含有修正系数。这些公式的值与色序和颜色通道有关。

5 带有偏振片和使用窄带光谱乘积的密度计比起那些没有偏振片的密度计,其 I_P 更相近 I_g。

5.5 重影/变形

选择合适的颜色通道，测量控制块上不同方向线条的密度值，它们的反射密度差即为重影/变形的相对测量值。

5.6 同一印张上颜色的变化

为控制整个印刷机着墨的均匀性，通常要弄清沿着印刷方向或横向的着墨变化情况，例如，要量化印刷中机械暗影及其他印刷故障的程度。通常是在单色实地处进行密度测量，从而精确地确定故障的原因。

因为色度测量能够更准确地表现色差，因此，当需要通过实地块或网目调叠印块颜色的变化来确定印刷效果时，采用色度测量。

5.6.1 密度测量

将仪器置于得出密度最高读数的颜色通道，测量单色实地的密度变化，用百分比表示。计算方法为：

$$[(D_{max}/D_{min})-1]\times 100\% \qquad (7)$$

式中：D_{max}——印品上单色实地的最大密度值；

D_{min}——印品上单色实地的最小密度值。

5.6.2 色度测量

测量印品上具有相同结构色块(例如"K12C60M45Y100""K100%""平衡色块C75M70Y70")的CIE LAB色差ΔE_{ab}^{*}，记录相应测量位置的色差值。

5.7 印品实地色变化

从批量产品中选择至少15张具有代表性的样品。如果印数超过150 000张时，按比例相应增加测试样品数。测量测控条上实地色块。将测量结果与GB/T 17934(ISO 12647)中相应章节规定的误差值进行比较。

5.7.1 色度测量

测量每一被测印张的CIE LAB的L^*、a^*、b^*数据并计算相对于批量产品平均值的差值ΔL^*、Δa^*和Δb^*，计算ΔL^*、Δa^*和Δb^*的平均值以及标准偏差，然后将标准偏差乘以1.96，确定95%置信度范围(即95%样品所处范围)。最后计算每一平均值及置信度范围的CIE LAB色差(ΔE_{ab}^{*})。由平均值得到的色差表示印品与付印样的色偏差，由置信度得到的色差表示批量印品之间的颜色变化。

5.7.2 密度测量

将仪器置于得出被测印刷基本色密度最高读数的颜色通道。确定在相应位置上印样与批量印张的平均密度值的差。计算每一位置的统计数值"平均值"和"标准偏差"；这两个值表示被测位置实地色偏差的方向和变化大小。在其他位置重复测量。

附 录 A

（提示的附录）

油墨叠印率的重量法测试

下面是对印刷到油墨层上的油墨重量与印到未印刷承印物上的油墨重量进行精确比较的实验步骤。此方法并不作为过程控制步骤。试样的制备遵照 ISO 5737《印刷——光学测试用标准印刷品的制备》。

在印刷适性仪上，用实地印盘印刷第一色墨的样条，使其达到所希望的色度值或密度值；用同样的实地印盘在未印刷的承印物上印刷第二色的实地墨的样条，并使其达到指定的色度值或密度值。通过测量印盘上减少的墨量或者承印物上增加的墨量来确定转移到印刷承印物上的油墨厚度。（如果使用准确的分析天平，一般测量印盘减少的重量比测量承印物的增量更加准确，这是因为对承印物重量测试的灵敏度受环境条件的影响）得到的值是单独印刷的第二色油墨的厚度 S_S。

用同样的印盘在第一色墨层上印刷第二色油墨。测定转移的第二色墨层的厚度，该墨层厚度为第二色墨叠印到第一色墨层上的厚度 S_0。

油墨叠印率的计算公式如下：

$$I_g = 100(S_0/S_s) \qquad \text{(A1)}$$

式中：I_g——重量法叠印率，%；

S_0——第二色墨叠印的厚度；

S_s——单独印刷第二色墨的厚度。

报告中应说明使用的色序。

注：如果第一色墨的吸墨性比承印物的吸墨性高，重量法计算的叠印率通常接近 100%，有时甚至会更高。

附 录 B

（提示的附录）

密度测量中的偏振现象

从某一表面反射的光一般包括两个部分：第一表面反射和来自该表面下面的背衬反射，其中第一部分反射光与试样的“光泽”有关，只有第二部分反射光取决于颜色。在印刷过程控制中，密度测量的基本目的是提供测量单位面积色料量的方法。有些密度计设计者试图消除测量中的第一部分反射光。

对于高光泽试样，标准的 0°/45°或 45°/0°密度计几何条件可以消除光谱反射的影响。然而，对于低光泽的表面，这些几何条件保证进入检测器的光量是合适的。有些生产厂商提供的密度计用偏振装置来消除第一表面反射的光。

显而易见，虽然偏振装置会削弱视觉和密度值之间的一致性，但是对过程控制具有如下有利的方面：

——密度和单位面积上色料量之间的近似线性关系扩展到较高的密度范围。

——减少密度的相加失效性。

——减少反射密度对油墨干燥时间的依赖性。

在进行仪器设计时考虑偏振片的光谱特性和其他的光学特性很重要。符合 ISO 5-3 和 ISO 5-4 规定的不带偏振片的密度计在装上偏振片后将不符合 ISO 5-3 和 ISO 5-4 规定。同样，符合 ISO 5-3 和 ISO 5-4 规定的带偏振片的密度计在把滤光片去掉后可能不符合 ISO 5-3 和 ISO 5-4 规定。

对带有偏振片的密度计进行校准时，要求试样为高光泽特性，同样也可以用于不带有偏振片密度计的校准中，见 ISO 14981。

附　录　C
（提示的附录）
印版的阶调值

在特定条件下，即在缺少更精密的测量仪器的情况下，使用密度计测量印版的阶调值，这种方法测出的阶调值可以作为印刷网点面积覆盖率。在测定中要符合以下条件：

——印版上印刷部位与非印刷部位的密度差至少为 0.7；

——印版上印刷部位、非印刷部位的密度均应没有变化；

——要求密度计是一台精密仪器，至少保证三位数字或能直接读出阶调值；

——密度计有效测量光孔直径不得小于网线宽度的 15 倍。

测量方法：

使用反射密度计在相同的印版上分别测量非印刷部位、实地和网点部位的密度。假如印版已显影，其对光是敏感的，需要在显影后立即测量。假如印刷部位和非印刷部位的密度差小于 0.7，需要用更可行的方法（如使用油墨）来提高反差。对实地色块，使用有滤色片的密度计可以获得最大密度值（在使用光谱色度仪读取数据时，阶调值的计算可以选择一个窄光谱带，该窄光谱带应包含在印版涂层的吸收光谱区域内，并据此确定颜色通道。若想用简单的方法获得最大密度值，则采用能获得最大密度的颜色通道作为测量使用通道来进行测量即可）。假如密度计的读数值与方向有关，那么至少要取 10 个测量值的平均值，其中 5 个值取在与印版滚筒直径平行方向，另外 5 个取在与印版滚筒直径垂直方向。

印版上网点控制块的阶调值用 3.31 的定义方法进行计算。

前　言

本标准是等效采用国际标准 ISO 12634:1996《印刷技术——用黏性仪测定浆状油墨和连接料的黏性》而制定的,基本保留了原国际标准的结构和内容,只是在编辑上做了适合我国标准编写规则的修改。

本标准由中华人民共和国新闻出版总署提出。

本标准由全国印刷标准化技术委员会归口。

本标准起草单位:北京印刷学院。

本标准主要起草人:夏琳瑛、齐晓堃、何晓辉。

ISO 前言

ISO(国际标准化组织)是各国标准化团体(ISO 成员团体)的世界联合会。国际标准的制定工作通常是通过 ISO 技术委员会来完成的。每个专题均成立一个相应的技术委员会,每个对某专题感兴趣的成员团体都有权成为该技术委员会的代表。与 ISO 协作的所有官方或非官方的国际组织也可参与到此工作中去。在电工技术标准化方面,ISO 与国际电工委员会(IEC)紧密合作。

由技术委员会提出的国际标准草案要经成员国投票表决。一个国际标准的正式出版需要得到至少 75%的成员国的批准通过。

《印刷技术——用黏性仪测定浆状油墨和连接料的黏性》是由 ISO/TC 130(印刷技术委员会)负责起草的。

ISO 序言

黏性是评价油墨和连接料的一个基本参数，它可以说明印刷机上油墨的性质。影响黏性值的因素包括：弹性辊的直径、硬度以及弹性模量，线压，辊的表面黏性，辊的转速，辊的温度，环境温度，试样温度，墨膜厚度，油墨或连接料对弹性辊的影响（如溶剂吸收性），清洗过程中弹性辊的状况，长期使用的条件，被测试样的性质等。本标准只是一个指南，它并不能替代技术手册。

中华人民共和国国家标准

印刷技术 用黏性仪测定浆状油墨和连接料的黏性

GB/T 18723—2002
eqv ISO 12634:1996

Graphic technology—Determination of tack of paste inks and vehicles by a rotary tackmeter

1 范围

本标准规定了浆状油墨及其连接料黏性的通用测定方法。

本标准适用于在正常环境条件下，在测试过程中挥发性低且不发生反应的油墨的黏性测定。

2 定义

本标准采用下列定义：

黏性 tack

在给定宽度的两个旋转辊之间阻止油墨或连接料膜层分离的力。

注：黏性是一个流变参数，它表示了流体内部黏合特性和其他的物理/化学属性。

3 测试方法

3.1 原理

黏性仪是由3个主要部件构成，其中一个辊为金属辊，中间是空的，可以通入循环水调节温度，此辊是由电机驱动的主动转辊，转速可调；另一个辊是弹性胶辊，靠自重压在金属辊上，并与显示平衡状态的杠杆相连接；第三个辊是串墨弹性胶辊。用黏性仪测量油墨或者连接料膜层分离所产生的阻力，用数字表示即为黏性值。

3.2 仪器及材料

3.2.1 黏性仪。

3.2.2 注墨器：精度为±1%。

3.2.3 秒表或计时器：精度为±0.2 s。

3.2.4 校准材料。

3.2.5 恒温器：精度为±0.2℃。

3.2.6 清洗剂：不会使弹性辊性质改变的溶剂。

3.3 测试条件

测试的环境温度为23℃±2℃，使用的恒温器温度保持在31℃±1℃。

3.4 黏性仪的调节

3.4.1 黏性仪安装完毕之后，要在测试之前使弹性胶辊稳定，重复调节，直至对参照墨样或连接料的测试数据显示为一个不变的值。

3.4.2 在正常使用之前，应按照仪器生产厂商提供的说明书对仪器进行校准。建议采用已知性能的内部标准油墨或者连接料作为校准材料。

中华人民共和国国家质量监督检验检疫总局2002-05-21批准 2003-01-01实施

3.4.3 如果被测油墨或者连接料对墨辊材料有影响(例如辐射干燥油墨),则应使用专用的装置。

3.5 试样准备

要求被测样品性能稳定,不含任何粗颗粒。

3.6 测试方法

3.6.1 接通仪器电源,调节恒温器至 31℃±1℃,保持恒温。

3.6.2 用注墨器将试样均匀地涂于弹性胶辊上,启动电机,使试样均匀转涂于金属辊和串墨辊上。注入的油墨或者连接料的量应符合仪器生产厂商推荐的要求。

注:生产厂商推荐的注墨量能够得到最佳的墨膜厚度及最为稳定的测试结果。下面是几个生产厂商推荐的墨量,供参考,这些墨量将会产生从 4 μm 至 13 μm 的墨膜厚度。

黏性仪	注墨量(mL)
Batta Tech 2000	1.00
Prüfbau Inkomat	1.00
Prüfbau Tackomat	0.55
Tack-o-scope	0.30
Thwing-Albert Inkometer	1.32
Toyoseiki Inkograph	1.31

3.6.3 启动黏性仪,以低速匀墨 10 s,然后将仪器变速杆转向测量速度,再匀墨 20 s,把平衡杠杆挂上,调节至平衡,读取 1 min 时的黏性值。

3.6.4 如果需要测定油墨在中速和高速运转时的黏性值,将仪器变速杆移至中速或高速位置即可,测试步骤与低速相同。

3.6.5 如果需要测定油墨的黏性增值,则保持原有运转状态,继续运转,15 min 时读取黏性值。以 15 min时的黏性值与 1 min 时黏性值的差值作为黏性增值。

3.7 清洗

测试完毕后用清洗剂立即将辊及注墨器清洗干净。

4 测试结果报告

测试结果报告应包括以下内容:

——试样标识;

——黏性值或黏性增值;

——室温;

——恒温器温度;

——黏性仪型号;

——所采用的试样用量或墨膜厚度;

——辊表面速度,单位:转/分或米/分;

——匀墨时间;

——读取数据的时间;

——对非标准条件的记录;

——测试日期;

——操作者姓名。

ICS 37.100.01
A 17

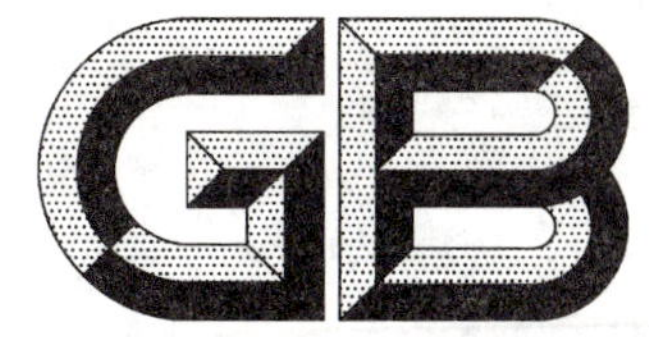

中华人民共和国国家标准

GB/T 19437—2004/ISO 13655:1996

印刷技术 印刷图像的光谱测量和色度计算

Graphic technology—Spectral measurement and colorimetric computation for graphic arts images

(ISO 13655:1996,IDT)

2004-02-04 发布 2004-06-01 实施

中华人民共和国国家质量监督检验检疫总局
中国国家标准化管理委员会 发布

前　言

本标准等同采用 ISO 13655:1996《印刷技术　印刷图像的光谱测量和色度计算》。

本标准的附录 A 为规范性附录,附录 B、附录 C、附录 D、附录 E、附录 F、附录 G、附录 H 为资料性附录。

本标准由中华人民共和国新闻出版总署提出。

本标准由全国印刷标准化技术委员会归口。

本标准起草单位:天津科技大学、辽宁省印刷技术研究所、中国印刷科学技术研究所。

本标准主要起草人:赵秀萍、杜原、王国庆、袁立新、王德信、王丰军。

引　言

在CIE出版物15.2中有很多种进行光谱测量和色度计算的习惯作法。仪器的几何结构、照明体、观察者角度等条件都由用户选择。但是，这种选择将导致同样材料的同样参数会得出不同的数值。而且，用一种方法所做的测量通常不能转换为另一种方法的相应数值。因此，不同方法所得出的数据不具有可比性。本国际标准的目的是确定一种印刷图像的测量方法，可得出有效的、可比较的数据。虽然本国际标准参考了一些为印刷图像观测条件所建立的标准，但并不试图提供一种视觉色彩表征的绝对相关性。

印 刷 技 术
印刷图像的光谱测量和色度计算

1 范围

本标准建立了对平版、凸版、凹版和孔版等印刷方式的印刷图像进行反射与透射光谱测量和色度参数计算的方法。本标准不适用于三滤色片(三刺激值)色度计,虽然附录B、D、E、F和G可能涉及此类仪器。

本标准适用于通过摄影、喷墨、热转移、扩散、静电照相、机械转印、色粉(脱机打样)等技术得到的有限批量复制的彩色图像。

本标准不涉及视频监视器发射光谱的测量,也不能代替适用于特殊应用需要的其他测量几何条件的规范要求,例如,印刷材料(油墨、纸张)的评价。

注1:视频监视器光谱数据的测量方法见 ASTM E 1336—1991[4],使用积分球几何条件对纸张的评价方法见 ISO 2469[2]。

2 规范性引用文件

下列文件中的条款通过在本标准中的引用而成为本标准的条款。凡是注日期的引用文件,其随后所有的修改单(不包括勘误的内容)或修订版均不适用于本标准。然而,鼓励根据本标准达成协议的各方研究是否可使用这些文件的最新版本。凡是不注日期的引用文件,其最新版本适用于本标准。

ISO 5-2 摄影术——密度测量——第2部分:透射密度的几何条件(ISO 5-2:1991)

ISO 5-4 摄影术——密度测量——第4部分:反射密度的几何条件(ISO 5-4:1995)

ISO 3664 摄影术——观察彩色透射片及其复制品的照明条件(ISO 3664:1975)

CIE 出版物 15.2 色度学

3 定义和缩写

本标准中应用下列定义和缩写。

3.1

CIE

国际照明委员会。

3.2

CIE 照明体 CIE illuminants

由 CIE 以相对光谱能量分布定义的照明体 A,D_{50},D_{65} 和其他照明体 D。

3.3

照明体 illuminant

在影响物体色觉的整个波长范围内所定义的相对光谱能量分布的辐射。

3.4

测量用照明体 measurement illuminant

入射到试样表面的辐射光通量特征。

3.5

辐亮度系数 radiance factor

在特定的照明和观测条件下,物体表面的辐亮度与完全漫反射面或完全漫透射面的辐亮度之比。

3.6

反射系数 reflectance factor

从印样上测量出的反射光通量与在同样位置上从完全漫反射体上测出的反射光通量之比。

3.7

试样底衬 sample backing

放置被测试样的平面。

3.8

透射系数 transmittance factor

透过被测样品遮盖的测量小孔的光通量与小孔上没有样品遮盖时的光通量之比。

3.9

带宽 bandwidth

光谱响应函数曲线上半能量点间的宽度。

注 2:光谱测量仪器采用三角形特性函数。

4 光谱测量条件

4.1 仪器校准

测量仪器应按照产品说明书中的方法校准,制造商提供的校准方法应遵循国家标准化机构的有关规定。

注 3:当用多台仪器测量时,由于仪器特性的差异,各测量数据会有所不同。附录 H 提供了使这些数据接近一致的方法。该方法可用于反射和透射的分光光度测量。

4.2 测量光源的光谱能量分布

4.2.1 非荧光材料

如果被测材料不发荧光,则对测量光源的光谱能量分布无特殊要求。因此没有给出与 5.1 中照明体一致的测量光源光谱能量分布的详细说明。

4.2.2 荧光材料

为了最大限度地减少由于荧光引起的测量仪器间测量结果的差异,测量光源的光谱能量分布应与 5.1 中规定的 CIE 照明体 D_{50} 在能量吸收和发射的波长范围内相匹配。

注 4:目前,许多仪器没有与 D_{50} 一致的测量光源。附录 G 进一步提供了关于荧光和测试荧光是否存在的技术资料。

4.3 波长范围和波长间隔

数据的测量应从 340 nm 到 780 nm,测量间隔 10 nm,至少应包含 400 nm 到 700 nm 波长范围,测量间隔不得超过 20 nm。参照光谱数据应以 10 nm 间隔的计算数据为依据,其光谱响应函数应是以 10 nm为间隔的三角波。

注 5:不同的仪器由于其间隔或响应函数不同将产生不同的结果。这个误差可以通过选择适当波长间隔内的带通形状和采用适当的带通特性并选择合适波长间隔的计算方法来减少。

4.4 反射系数的测量

4.4.1 试样底衬材料

底衬材料按 ISO 5-4:1995 的 4.7 中的规定,测量时应放在试样下面或后面,用来消除由于背景不同和样品背面印刷颜色产生的影响,参见附录 D。

4.4.2 测量几何条件

测量几何条件为 45°/0°或 0°/45°,并符合 ISO 5-4 中有关几何条件的规定。

注 6:若用 45°/0°或 0°/45°几何条件不能充分反映试样表面的所有特性,可以用其他仪器测量试样表面特殊的特性,如“光泽度”,见附录 E。

注 7:由于受通常测量的印刷色标物理尺寸的限制,许多仪器不符合 ISO 5-4 中试样的照明区域要大于取样光孔 2 mm的要求,附录 F 提供了有关孔径尺寸的进一步信息。

4.4.3 测量记录

完全漫反射体在所有波长上具有 100%反射率,因而相对于完全漫反射体测量的反射系数应乘以100,并且精确到 0.01%或等值的小数。

4.5 透射系数的测量

4.5.1 测量几何条件

测量几何条件为垂直/漫射(0°/d)或漫射/垂直(d/0°),并符合 ISO 5-2 或 CIE 15.2 中所规定的几何条件。

应说明测量几何条件和所用的积分球或乳白散射片(见附录 E)。

4.5.2 测量记录

完全漫透射体在所有波长上具有 100%透射率,因而相对于完全漫透射体测量的透射系数应乘以100,并且精确到 0.01%或等值的小数(见附录 E)。

5 色度计算条件

5.1 三刺激值的计算

为了与在 ISO 3664 中规定的印刷图像观测条件一致,三刺激值应根据 CIE D_{50} 照明体和 CIE 出版物 15.2 中的 CIE 1931 标准色度观察者(通常称为 2°标准视场)来计算。计算应以 10 nm 或 20 nm 为波长间隔。表 1 和表 2 分别列出 CIE D_{50} 照明体和 2°标准视场,间隔为 10 nm 和 20 nm 的乘积,作为计算三刺激值时光谱反射和透射系数的加权系数,数据来自 ASTM E 308[3]。重点推荐使用 10 nm 间隔,以提高计算的准确度。

注 8:选择 2°视场而不是选择 10°视场,是因为它与人眼观测到的图像细节范围的尺寸更匹配。

如果测量光谱数据以大于 340 nm 的波长作为起始波长,那么在表 1 和表 2 中所有小于起始测量波长的加权系数应合并加到起始波长的加权系数中。

如果终止测量波长小于 780 nm,那么在表 1 和表 2 中所有大于终止测量波长的加权系数应合并加到终止波长的加权系数中。

计算的一般形式为:

反射

$$X=\sum_{\lambda=340}^{\lambda=780}[R(\lambda)\cdot W_X(\lambda)]$$

$$Y=\sum_{\lambda=340}^{\lambda=780}[R(\lambda)\cdot W_Y(\lambda)]$$

$$Z=\sum_{\lambda=340}^{\lambda=780}[R(\lambda)\cdot W_Z(\lambda)]$$

透射

$$X=\sum_{\lambda=340}^{\lambda=780}[T(\lambda)\cdot W_X(\lambda)]$$

$$Y=\sum_{\lambda=340}^{\lambda=780}[T(\lambda)\cdot W_Y(\lambda)]$$

$$Z=\sum_{\lambda=340}^{\lambda=780}[T(\lambda)\cdot W_Z(\lambda)]$$

式中:

$R(\lambda)$——波长为 λ 时的反射系数;

$T(\lambda)$——波长为 λ 时的透射系数;

$W_X(\lambda)$——波长为 λ 时三刺激值 X 的加权系数;

$W_Y(\lambda)$——波长为 λ 时三刺激值 Y 的加权系数;

$W_Z(\lambda)$——波长为 λ 时三刺激值 Z 的加权系数。

如果测量间隔和带通小于 10 nm,可用附录 A 中的方法扩展数据的带通。

注 9:表 1 和表 2 中给定的加权系数基于 4.3 中所描述的三角形带通特性。

数据 $X_n=96.422$,$Y_n=100.00$,$Z_n=82.521$ 用于色度计算。

注 10:在表 1 和表 2 中,从 340 nm 到 780 nm 的加权系数相加不等于 X_n、Y_n 和 Z_n 的值,这是因为 X_n、Y_n 和 Z_n 是按 ASTM E 308 计算的,比表中给出的值更精确,表中 X、Y、Z 的总和可用于表中数据校验。

表 1　D_{50}照明体和 2°视场观测条件计算三刺激值的加权系数(间隔 10 nm)

波长/nm	$W_X(\lambda)$	$W_Y(\lambda)$	$W_Z(\lambda)$
340	0.000	0.000	0.000
360	0.000	0.000	0.001
370	0.001	0.000	0.005
380	0.003	0.000	0.013
390	0.012	0.000	0.057
400	0.060	0.002	0.0285
410	0.234	0.006	1.113
420	0.775	0.023	3.723
430	1.610	0.066	7.862
440	2.453	0.162	12.309
450	2.777	0.313	14.647
460	2.500	0.514	14.346
470	1.717	0.798	11.299
480	0.861	1.239	7.309
490	0.283	1.839	4.128
500	0.040	2.948	2.466
510	0.088	4.632	1.447
520	0.593	6.587	0.736
530	1.590	8.308	0.401
540	2.799	9.197	0.196
550	4.207	9.650	0.085
560	5.657	9.471	0.037
570	7.132	8.902	0.020
580	8.540	8.112	0.015
590	9.255	6.829	0.010
600	9.835	5.838	0.007
610	9.469	4.753	0.004
620	8.009	3.573	0.002
630	5.926	2.443	0.001
640	4.171	1.629	0.000
650	2.609	0.984	0.000
660	1.541	0.570	0.000
670	0.855	0.313	0.000
680	0.434	0.158	0.000
690	0.194	0.070	0.000
700	0.097	0.035	0.000
710	0.050	0.018	0.000

表 1(续)

波长/nm	$W_X(\lambda)$	$W_Y(\lambda)$	$W_Z(\lambda)$
720	0.022	0.008	0.000
730	0.012	0.004	0.000
740	0.006	0.002	0.000
750	0.002	0.001	0.000
760	0.001	0.000	0.000
770	0.001	0.000	0.000
780	0.000	0.000	0.000
总和	96.421	99.997	82.524

表 2　D_{50}照明体和 2°视场观测条件计算三刺激值的加权系数(间隔 20 nm)

波长/nm	$W_X(\lambda)$	$W_Y(\lambda)$	$W_Z(\lambda)$
340	0.000	0.000	0.000
360	−0.001	0.000	−0.003
380	−0.007	0.000	−0.034
400	0.100	0.001	0.459
420	1.651	0.044	7.914
440	4.787	0.325	24.153
460	4.897	1.018	28.125
480	1.815	2.413	15.027
500	0.044	6.037	4.887
520	1.263	13.141	1.507
540	5.608	18.442	0.375
560	11.361	18.960	0.069
580	16.904	16.060	0.026
600	19.537	11.646	0.014
620	15.917	7.132	0.003
640	8.342	3.245	0.000
660	3.112	1.143	0.000
680	0.857	0.310	0.000
700	0.178	0.064	0.000
720	0.044	0.016	0.000
740	0.011	0.004	0.000
760	0.002	0.001	0.000
780	0.001	0.000	0.000
总和	96.423	100.002	82.522

注：尽管表中提供的是 20 nm 间隔的加权系数，但推荐使用 10 nm 间隔的数据以提高计算的准确性。

注 11：使用 CIE D_{65} 照明体是很方便的，但与本标准不一致，为了便于应用，附录 C 列出了 CIE D_{65} 照明体和 CIE 1931 标准色度观察者(通常指的是 2°视场)条件下用于计算三刺激值的加权系数。

注 12：表 1 和表 2、表 C.1 和表 C.2 经允许取自 ASTM 标准手册。版权为美国试验和材料学会(1916 Race St. Philadelphia，PA 19130. USA)。

5.2 其他色度参数的计算

色度参数应使用 CIE 出版物 15.2 中给定的公式计算。附录 B 中提供了计算 CIELAB L^*，a^*，b^*，C^*_{ab}，h_{ab} 的公式和与其相关的色差公式以及 CMC 色差公式。

5.3 数据记录

根据本标准产生的数据在记录时，应附有下列信息：

a) 确认测量和计算符合本标准；

b) 数据处理者；

c) 数据记录的日期；

d) 说明交换数据的目的或内容；

e) 说明所使用的仪器，包括但不限于仪器的商标和型号；

f) 测量源(光源和滤色片)的应用条件；

g) 使用的波长间隔。

附　录　A
（规范性附录）
窄带通仪器带宽的扩宽方法

标准正文描述的光谱测量三刺激值积分法，采用 10 nm 或 20 nm 带宽仪器。三刺激值积分法假设仪器的带宽和取样间隔是近似相等的（10 nm 的取样间隔假设为 10 nm 带宽，20 nm 取样间隔假设为 20 nm带宽）。通常以测量仪器的三角形响应函数半能量点定义带宽。这种假设是基于采用狭缝光阑、衍射光栅或棱镜的传统实验室仪器的设计。

当取样间隔不符合所要求的 10 nm 或 20 nm 时，数据必须修正（重新采样），以提供在所要求的间隔下得到的评估（或近似）数据。这种修正方法，只有在取样间隔小于 10 nm 或 20 nm，而带宽与采样间隔一致时才应该这样做。

根据所需（新的）取样间隔和带宽，将所采集的数据依次用三角特性加权函数处理，然后在采样间隔区间内对数据进行求和，并以加权值总和为基数进行归一化计算，得到新的带宽扩宽后的数据。对每个新数据点都要重复进行该过程。

这个加权系数如下：

$$W(\lambda_{X_n}) = \frac{\Delta\lambda - |\lambda_{Y_n} - \lambda_{X_n}|}{\Delta\lambda}$$

式中：

$W(\lambda_{X_n})$——波长为 X_n 的加权系数；

λ_{Y_n}——待计算数据的波长（新数据的波长）；

λ_{X_n}——现有数据的波长（仪器测量数据波长）；

$\Delta\lambda$——所要求的带宽。

该函数的定义区间为：$|\lambda_{Y_n} - \lambda_{X_n}| < \Delta\lambda$。

当不能获得测量范围端点数据时，则假定这段数据是均匀的，并用最后一点测量数据作为端点值。

注 13：下面的例子假定以 3 nm 为间隔采集的数据要换算成符合要求的以 10 nm 为间隔的数据，那么，420 nm 附近的具体值为在 403 nm、406 nm、409 nm …… 436 nm 波长处，420 nm 处的数据计算如下：

1　因为带宽（$\Delta\lambda$）是 10 nm，则仅用 410 nm～430 nm 之间的数据来计算（即：412、415、418、421、424、427 和 430 nm 处的数据）。

2　根据上述公式，加权系数则为 412(0.2)，415(0.5)，418(0.8)，421(0.9)，424(0.6)，427(0.3)和 430(0)。加权系数总和为 3.3。

3　每一个波长 X_n 的光谱数据乘以它的对应加权系数，乘积加和，然后除以加权系数之和（本例为 3.3）。这就是以 10 nm 为带通的、中心波长为 420 nm 对应的新数据。

4　在以 10 nm 为间隔的 340 nm～780 nm 波长范围内重复该过程。

用这种方法也可以修改用其他间隔得到的数据，以提供用于色度计算的 10 nm 或 20 nm 为间隔的加权系数。

附 录 B
（资料性附录）
CIELAB,CIELUV 和 CMC($l:c$)参数的计算

B.1 CIELAB 色度参数(见 CIE 出版物 15.2)

$L^*=116[f(Y/Y_n)]-16$

$a^*=500[f(X/X_n)-f(Y/Y_n)]$

$b^*=200[f(Y/Y_n)-f(Z/Z_n)]$

当:$X/X_n>0.008\ 856$，$f(X/X_n)=(X/X_n)^{1/3}$

$Y/Y_n>0.008\ 856$，$f(Y/Y_n)=(Y/Y_n)^{1/3}$

$Z/Z_n>0.008\ 856$，$f(Z/Z_n)=(Z/Z_n)^{1/3}$

当:$X/X_n\leqslant 0.008\ 856$，$f(X/X_n)=7.786\ 7(X/X_n)+16/116$

$Y/Y_n\leqslant 0.008\ 856$，$f(Y/Y_n)=7.786\ 7(Y/Y_n)+16/116$

$Z/Z_n\leqslant 0.008\ 856$，$f(Z/Z_n)=7.786\ 7(Z/Z_n)+16/116$

其中:对于 5.1 中规定的条件

$X_n=96.422, Y_n=100.00, Z_n=82.521$

$C^*_{ab}=(a^{*2}+b^{*2})^{1/2}$

$h_{ab}=\tan^{-1}(b^*/a^*)$

其中:

当 $a^*>0$，$b^*\geqslant 0, 0°\leqslant h_{ab}<90°$

当 $a^*\leqslant 0$，$b^*>0, 90°\leqslant h_{ab}<180°$

当 $a^*<0$，$b^*\leqslant 0, 180°\leqslant h_{ab}<270°$

当 $a^*\geqslant 0$，$b^*<0, 270°\leqslant h_{ab}<360°$

B.2 CIELUV 色度参数(见 CIE 出版物 15.2)

$L^*=116[f(Y/Y_n)]-16$

$u^*=13L^*(u'-u'_n)$

$v^*=13L^*(v'-v'_n)$

其中:

$u'=4X/(X+15Y+3Z)$

$v'=9Y/(X+15Y+3Z)$

且 u'_n,v'_n 为参考白的 u',v'值。

以上定义的两个空间都是均匀颜色空间。称它们为均匀颜色空间,是因为用它们来表示感觉相同的颜色差别,在数值差上要远比用 $X\ Y\ Z$ 颜色空间好得多。由于用途上的需要,这两个颜色空间都被 CIE 于 1976 年批准,其中之一具有颜色空间对应的色度图,其坐标必须与 x 和 y 线性相关。

对于研究色光混合(包括电视业)的用户,$X\ Y\ Z$ 系统的线性是一个重要的特性,由于加色法可以容易地预知色光混合所获得的颜色,因此混合形成的色域可以很容易在三原色及黑和白之间构建线性边界来定义。当用色度坐标来定义时,就可简化为一个由三原色坐标值组成的三角形。因此 u'和 v'值构成的色度图正好满足了均匀颜色空间具有对应色度图的要求。

色料不能显示加色过程。颜色较纯的介质比如染料,当用色密度来测量时能很好地模拟。然而在

印刷业的应用并不广泛，因为具有混浊特性的颜料是印刷复制常用的色料。人们经常这样讲，CIELAB提供了适合印刷应用更均匀的空间，尽管很少被证明，但为印刷业所接受并且被广泛引用。本标准也倾向于使用这个颜色空间，然而，由于它与 XYZ 没有线性关系（因为 a^* 和 b^* 的计算中是立方根），没有与其相应的色度图。因此，不能方便地计算出一套加色三原色的色域。当不要求严格精确时，由于颜料表现的非加色性，有时用一个连接三原色和间色的 $u'v'$ 图中的六边形来近似表示用于色彩复制颜料的色域。这能直接和其他彩色系统得到的色域相比较，更重要的是，可以与彩色监视器（或任何其他的加色系统）获得的颜色比较。显然，这样的比较必须慎重处理，这是因为颜料的非加色性（也因为这样的色度图不能表示亮度或明度）。上述的应用证明，CIELUV 在印刷技术方面具有一定价值。

B.3　CIELAB 色差（见 CIE 出版物 15.2）

$\Delta L^* = L_1{}^* - L_2{}^*$

$\Delta a^* = a_1{}^* - a_2{}^*$

$\Delta b^* = b_1{}^* - b_2{}^*$

$\Delta C_{ab}^* = C_{ab1}^* - C_{ab2}^*$

$\Delta h_{ab} = h_{ab1} - h_{ab2}$

对从试样 1 和试样 2 中的 L^*、a^* 和 b^* 得到的 ΔE_{ab}^* 为：

$\Delta E_{ab}^* = [(\Delta L^*)^2 + (\Delta a^*)^2 + (\Delta b^*)^2]^{1/2}$

CIE 目前定义了一个公制的色差 ΔH_{ab}^*：

$\Delta H_{ab}^* = [(\Delta E_{ab}^*)^2 - (\Delta L^*)^2 - (\Delta C_{ab}^*)^2]^{1/2}$

B.4　CMC(l : c)色差 ΔE_{cmc}（见 BS 6923[5]）

$\Delta E_{cmc} = [(\Delta L^*/lS_L)^2 + (\Delta C_{ab}^*/cS_C)^2 + (\Delta H_{ab}^*/S_H)^2]^{1/2}$

其中：

ΔL^*、ΔC_{ab}^* 和 ΔH_{ab}^* 如 B.3 中的定义；

$S_L = 0.040\,975\,L^*/(1+0.017\,65\,L^*)$，如果 $L^* < 16$，则 $S_L = 0.511$；

$S_C = 0.063\,8\,C_{ab}^*/(1+0.013\,1\,C_{ab}^*) + 0.638$；

$S_H = S_C(FT+1-F)$

其中：

$F = \{(C_{ab}^*)^4/[(C_{ab}^*)^4 + 1900]\}^{1/2}$；

$T = 0.36 + |0.4\cos(h_{ab}+35)|$；如果 $164° \leqslant h_{ab} \leqslant 345°$，则

$T = 0.56 + |0.2\cos(h_{ab}+168)|$。

注 14：CMC（颜色测量委员会，英国的一个组织）色差目前没有被 CIE 批准或推荐，但正在考虑同其他色差公式相结合的修改版本。

CMC 方程式中的参数值是基于纺织业可接受的，而不是感知的视觉判断导出的。当 $l=2$ 时，ΔE_{cmc} 的值和纺织物色差的视觉感觉一致。在目前的应用中，c 值总等于 1，在公式中给出是为了与英国标准 BS 6923[5] 一致（也可见 AATCC 实验方法 173—1990）。不同的色差允许值可能需要其他 l 和 c 的值。然而，对于甚至采用不同的 S_L、S_C、S_H、F 和 T 关系不同的表面色和不同的色差允许值可能需要不同的 l 和 c 值。CMC 色差模型有助于建立经验允差值。

对于色差小于 3 的情况，用 ΔE_{94}^* 色差公式更具优越性。[见 CIE 出版物：116—1995（公式 2.11）]。

附 录 C
（资料性附录）
使用 D_{65} 光源和 2°视场观测条件的光谱加权系数

为便于那些不符合本标准，但又使用 CIE 标准照明体 D_{65} 的情况，这里列出了 CIE 照明体 D_{65} 和 CIE 1931 标准色度观察者（通常称为 2°视场）计算三刺激值的加权系数。

$X_n=95.047$，$Y_n=100.000$ 和 $Z_n=108.833$ 可用于色度计算。

注 15：表 C.1 和表 C.2 中，从 340 nm 到 780 nm 的加权系数相加不等于 X_n、Y_n 和 Z_n 的值，这是因为 X_n、Y_n 和 Z_n 是按 ASTM E 308 计算的，比表中给出的值更精确，表中 X、Y、Z 的总和可用于该表的数据校验。

表 C.1 D_{65} 照明体和 2°视场观测条件计算三刺激值的加权系数（间隔 10 nm）

波长/nm	$W_X(\lambda)$	$W_Y(\lambda)$	$W_Z(\lambda)$
340	0.000	0.000	0.000
350	0.000	0.000	0.000
360	0.000	0.000	0.001
370	0.002	0.000	0.010
380	0.006	0.000	0.026
390	0.022	0.001	0.104
400	0.101	0.003	0.477
410	0.376	0.010	1.788
420	1.200	0.035	5.765
430	2.396	0.098	11.698
440	3.418	0.226	17.150
450	3.699	0.417	19.506
460	3.227	0.664	18.520
470	2.149	0.998	14.137
480	1.042	1.501	8.850
490	0.333	2.164	4.856
500	0.045	3.352	2.802
510	0.098	5.129	1.602
520	0.637	7.076	0.791
530	1.667	8.708	0.420
540	2.884	9.474	0.202
550	4.250	9.752	0.086
560	5.626	9.419	0.037
570	6.988	8.722	0.019
580	8.214	7.802	0.014
590	8.730	6.442	0.010

表 C.1(续)

波长/nm	$W_X(\lambda)$	$W_Y(\lambda)$	$W_Z(\lambda)$
600	9.015	5.351	0.007
610	8.492	4.263	0.003
620	7.050	3.145	0.001
630	5.124	2.113	0.000
640	3.516	1.373	0.000
650	2.167	0.818	0.000
660	1.252	0.463	0.000
670	0.678	0.248	0.000
680	3.341	0.124	0.000
690	0.153	0.055	0.000
700	0.076	0.027	0.000
710	0.040	0.014	0.000
720	0.018	0.006	0.000
730	0.009	0.003	0.000
740	0.005	0.002	0.000
750	0.002	0.001	0.000
760	0.001	0.000	0.000
770	0.000	0.000	0.000
780	0.000	0.000	0.000
总和	95.049	99.999	108.882

表 C.2 D_{65}照明体和2°视场观测条件计算三刺激值的加权系数(间隔20 nm)

波长/nm	$W_X(\lambda)$	$W_Y(\lambda)$	$W_Z(\lambda)$
340	0.000	0.000	0.000
360	−0.001	0.000	−0.005
380	−0.008	0.000	−0.039
400	0.179	0.002	0.829
420	2.542	0.071	12.203
440	6.670	0.453	33.637
460	6.333	1.316	36.334
480	2.213	2.933	18.278
500	0.052	6.866	5.543
520	1.348	14.106	1.611
540	5.767	18.981	0.382
560	11.301	18.863	0.068
580	16.256	15.455	0.025

表 C.2(续)

波长/nm	$W_X(\lambda)$	$W_Y(\lambda)$	$W_Z(\lambda)$
600	17.933	10.699	0.013
620	14.020	6.277	0.003
640	7.057	2.743	0.000
660	2.527	0.927	0.000
680	0.670	0.242	0.000
700	0.140	0.050	0.000
720	0.035	0.013	0.000
740	0.008	0.003	0.000
760	0.002	0.001	0.000
780	0.000	0.000	0.000
总和	95.044	100.001	108.882

附 录 D
（资料性附录）
试样底衬材料

因为印刷纸基通常是半透明和不完全阻光的，印刷在纸背面的图像会影响测量结果。如果使用一个白色底衬，透过纸基的部分光将反射回测量仪器中。

减少背面反射光的最好方法是使用黑色的底衬材料。为此本标准采用了在 ISO 5-4 中 4.7 定义的底衬材料，该材料无光谱选择性、漫反射，并具有 ISO 标准反射密度 1.50±0.20。

此方法与其他印刷技术标准测量方法相一致，例如密度测量法。然而必须认识到印刷材料目视观察标准（ISO 3664）中没有定义特定的底衬材料。在用其他底衬材料（如纸张、孟塞尔灰等）的场合，依照本标准测量得到的数据结果可能与视觉评价结果不直接相关。同样重要的是，要注意本标准提供的是三刺激值的测定方法而不是色感知。色彩的感觉不仅依赖于视觉刺激，而且还包括许多其他因素，如环境色、照明强度、色彩适应度等等。

附 录 E
(资料性附录)
测量几何条件

E.1 反射测量的几何条件

任何不透明物体的色相在很大程度上是光谱反射与其他各种表面特性,如光泽、形状、纹理等的综合效应。但是这种光谱反射和表面状况的综合数据是难以标定和测量的。用于反射测量的仪器局限于三种结构,它们是0°照明和45°接收(0°/45°)或其相反(45°/0°);漫射照明和0°接收或其反向,漫射照明的结构还有包括镜面光和不包括镜面光两种情况。后者的几何条件采用积分球仪器测量,并且允许包含镜面光,0°允许有偏移,典型的偏移量为8°。但是,通常任何一种几何条件测量的数据都不能被修正到与另一种几何条件所测数据匹配,尽管附录H的方法可用于修正这样的测量数据。在很多情况下,几何条件并不是决定性的,而特殊的仪器结构可提供特殊的便利,在某些应用时,所用的仪器结构是基于历史和数据库的原因,并不是应用上的要求。

在制定印刷色度标准中,其主要目的之一是制定一种允许数据最广泛交换和应用的测量方法。因此必须选定一种仪器的结构。这就意味着,对于某些应用来说,要么不能运用标准的条件,要么不能处于最佳的应用状态。

本标准主要针对印刷在纸张上图像的外观颜色。参加本标准工作组的各公司成员强调用0°/45°或45°/0°作为本标准的观察几何条件,认为这与在印刷业定义的标准观测条件下,观察反射样品的条件最接近。另外,在印刷业中,色度数据常与密度数据结合使用。现行的反射密度标准例如ISO 5-4规定用0°/45°或45°/0°几何条件。

ISO/TC 130第三工作组(WG3),推荐0°/45°或45°/0°为反射测量的几何条件,用于印刷业的色度数据交换。在制定中,第三工作组(WG3)认为,本标准不适用于某些特殊的应用和工艺过程控制。希望印刷业中的多数企业能够使用本标准,并从通用数据库中得到益处。

一个重要的印刷工艺应用实例是特殊表面特性的测定,例如印金油墨金属光泽的测定,这将需要另外的测量方式以补充本标准。金属光泽现象和相关的测试将在E.3中更详细的阐述。

E.2 透射测量的几何条件

在本标准中,测量几何条件定义为0°/d或d/0°,该条件许多年前仅被定义为积分球的测量方式,如现行的CIE 15.2和旧版本的ISO 5-2。然而,为了更准确地反映出一般密度计所使用的测量几何条件,现行的ISO 5-2版本定义了ISO漫射密度。这个几何条件使用了一个漫射介质,如乳白玻璃或塑料片,将入射光或透射光漫射,这种漫射体的特性已被明确规定。

本标准中两种漫射光的方法都可行,积分球测量对应完全透射情况,如CIE 15.2定义的一样(与包含镜面反射光的反射测量条件相对应的透射测量)。用ISO漫射密度测量几何条件进行测量时,必须使用符合ISO 5-2规定特性的漫射材料。

完全透射测量的意思是,例如,试样放置在仪器积分球的入口处,积分球内入射光线的照射点处必须放置一个与球体内部相似的漫射材料。另一个替代方案是,入射口必须有一个小角度对着照射点,并将白色反射材料放置在此。如果不按上述的两种方法做,入射到照射点的光大部分会从入射口被反射出去。这样的与排除镜面反射光的反射测量几何条件相同的测量方式,称为漫射透射。本标准不涉及漫射透射。

正如ISO 5-2中所强调的那样,用积分球和乳白色玻璃为漫射体的测量不能产生完全一致的结果。这主要是由于该方法会产生试样和漫射体之间的内反射(许多实际的情况都如此)。然而,由于目前透射光谱色度仪没有广泛使用，实际上没有标准的测试方法。积分球测量法和将样品放置在漫射照明台上、用光谱辐照度仪测量的方法都在使用，但没有哪一种是值得推荐的（不像反射光谱色度测量，有明确的 0°/45°或 45°/0°规定）。

本标准不是要强行推行一种或另一种方法。但是特别推荐 ISO 5-2 中的的积分球或乳白色玻璃的测量方法。ISO 5-2 阐述了在低密度区两种方法差别十分明显，密度为 0.03 时测量精度取决于底衬和漫射体表面的特性。这个差别随着密度值的增大而减小。例如，一个漫射密度为 0.20 的白板（透明），在积分球测量仪读数为 0.22，其色度学含义为，这两个值（使用 ISO 光学密度）在转换成 L^* 值时约为 83.49 和 81.98。

多数实际应用中，空气作为所有透射系数测量的参照物，虽然 CIE 指定了理想的透射漫射体，但对于本标准规定的几何条件，二者之间的任何差异都被认为是无关紧要的。

E.3 金属光泽

在印刷中，用积分球分光光度计评价表面效应的例子是金属光泽的测量。

金属光泽是用于描述一些由镀膜、涂料和印刷工业生产装饰标牌所产生的视觉效应的术语。在印刷中，金属光泽的基本属性主要是由于颜料高聚集并称为“多色调金属光泽”，一般认为印刷品上的颜料颗粒的方向性和颜料颗粒大小的改变是产生金属光泽原因。

印刷品上的金属光泽是光源照在印刷品上、以一定的镜面反射角度观察而感知的。当用白光照明时，从呈现金属光泽的蓝色油墨层的镜面反射会有淡红色相，红色墨将有一个淡黄色相。

为了检测颜色测量时的金属光泽，其颜色必须在镜面反射的角度观察。因此，0°/45°或 45°/0°的几何结构的仪器不能检测金属光泽表面的颜色，而积分球式仪器能用于测量金属光泽试样。建立两个测量数据，一个数据是总反射系数（R_t），另一个数据不包括镜面反射光的反射系数。镜面反射率为每一个波长下的总反射系数减去其漫射反射系数（R_d）。用下列公式表示：

$$R_s = R_t - R_d$$

式中：

R_t——包括镜面反射的总反射系数；

R_d——不包括镜面反射的漫射反射系数；

R_s——镜面反射率。

如果金属光泽存在，镜面反射光颜色与照明光源颜色是不同的。如果没有金属光泽，色度坐标将没有变化，镜面反射率的差别则反映光泽度的变化。

镜面反射率的直接测量可以使用多角度分光光度计，被测量的特定波长反射光与光源和观测角度呈函数关系。此种仪器在印刷业中很少见，因为其价格昂贵，通常只在实验室使用。

如果观察或测量到金属光泽，解决的方法是通过降低颜料的浓度来改变油墨的配方。另一种解决办法是减少油墨的固化时间，这将减少油墨连接料被承印物吸收。用上光油涂在印刷品上，也能使金属光泽减到最小。

附 录 F
(资料性附录)
反射测量中的光孔尺寸

F.1 讨论

印刷测控条的色块通常是边长小于 5 mm 的正方形,适合使用 45°/0°或 0°/45°几何条件的小光孔分光光度计测量。由于印刷测控条色块尺寸小,又使用小光孔测量,所以要特别注意由于半透明模糊效应(横向散射)造成的读数误差。

试样呈半透明时,一部分照明光透过试样并且横向散射到仪器检测孔以外,所记录的反射系数低于全部收集反射光时的数值。试样的半透明性与测量仪器几何结构的相互作用称为半透明模糊,由此引起的反射系数测量误差称为半透明模糊误差。[见 F.2,b)和 d)]。

常用于校准大孔径分光光度计的白玻璃反射率标准和压粉小球通常是半透明的,印刷样张和印品的承印物在一定程度上也是半透明的。

为了使半透明模糊误差减到最小,大面积均匀样品的测量可以使照明区域大于测量光孔(过度照明)进行测量。ISO 5-4 要求试样的照明区域要大于取样光孔,且其边界至少要大于取样光孔 2 mm。根据光学的互易性原理,可以用观测区域大于照明区域(过度采集)的方式进行同等测量。

对于小于或等于 5 mm 的色块,使用光孔周边有 2 mm 过度照明的光斑(或过度采集)不太实际,这是因为按此推理测量光孔只有 1 mm 或更小。实际上,用于测量这些小区域的仪器,仅设计 0.5 mm 到 1 mm 的过度照明周边。

为使小区域测量分光光度计的半透明模糊误差减到最小,使用高度不透明的校准标准体来代替用于校准大孔径仪器的半透明标准体十分重要,比如用金属片。这样就消除了半透明模糊误差的最大来源。相对于白色玻璃标准体,纸印样相对不透明。使用黑色底衬也减少了引起半透明模糊误差的散射效应。ASTM E 805[F.2,a)]规定的一个光斑环宽度,约等于试样内光线的穿透深度。

当测量网目调图像时,在仪器孔径的选择上,应该考虑的另一个因素是网线数,表 F.1 推荐了与常用网线对应的最小光孔尺寸。

表 F.1 最小的光孔尺寸

加网线数/(线/cm)	加网线数/(线/in)	取样光孔最小尺寸/mm
26	65	3.5
33	85	3.0
39	100	3.0
47	120	2.0
52	133	2.0
59	150	2.0
79	200	1.5
118	300	1.0

F.2 参考文献

a) ASTM E 805—93, *Practice for Identification of Instrumental Methods of Color or Color—Difference Measurement of Materials*.

b) HSIA. JJ. Optical Radiation Measurements: The Translucent Blurring Effect—Method of Evaluation and Estimation. *NSB Technical Note* 594-12, Oct. 1976.

c) SIGG. F. Errors in Measuring Halftone Dot Areas. *Journal of Applied Photographic Engineering*. Feb. 1983, vol. 9, No 1. pp. 27-32.

d) SPOONER. D. L Translucent Blurring Errors in Small Area Reflectance Spectrophotometer and Densitometer Measurements. *TAGA Proceedings*, 1991, pp. 130-143.

附 录 G
（资料性附录）
测量中的荧光

在色度测量中，荧光测量的问题是众所周知的。但是，如果不使用复杂的测量和计算方法，就不可能预测到任何实际光源照射下的荧光。对于大多数的应用来说，这种复杂的方法是不实用的，需要使用某项技术来确定试样测量中荧光是否存在，或用一些其它方法估计测量结果中荧光存在的大小。

当特定波长的电磁辐射引起吸收媒介发出不同波长的光时，便产生了荧光。如果发出的波长在可见光范围内，就产生了测量问题。在特殊的光源下，没有试样受激和辐射（像光源的光谱能量分布一样）特性方面详细的知识，不可能计算试样发出的辐亮度（三刺激值）。除了在指定辐射光源下测量以外，惟一令人满意的方法是采用一个具有两个单色仪的仪器测量每一个入射波长的反射系数。显而易见，如果光源光谱的能量分布可以测量，就能计算出任何真实光源下的荧光辐亮度。

由于技术的复杂性，通常在实际的仪器上不可能实现这种测量。可以实现的最好方法是能够指示荧光现象的存在，并能在一定程度上对其大小进行估计。

有一些可行的方法。这里推荐三种方法。

方法 A：双光源测量。用两种光源测量试样，其一的光谱能量分布近似于照明体 A，另一个的光谱能量分布近似于照明体 D_{65}。（后者比前者紫外光辐射更强）。如果由两个光源得到的光谱测量数据用 D_{50} 照明体（实际上可以是任何照明体）计算三刺激值，它们之间的任何差值都指示了荧光的存在。通过 ΔE 的大小可估算出这个差值。如果两个光源是通过单一光源加滤色片得到的，这种方法也是可接受的。理想的情况是仪器制造商应提供光谱能量分布数据，以便在传递结果时引用，确保这个结果在其他场合也可近似地再现。

方法 B：使用单个紫外光阻断滤色片。用一个少量或没有紫外光透过的滤色片，插到仪器的光源和试样之间，用滤色片或不用滤色片分别测量试样，按方法 A 中的步骤，估算荧光存在的大小。

方法 C：方法 B 的扩展，能提供激发波长更完整的信息，（由此提供任何实际光源下荧光存在的信息）即用两个紫外光阻断滤色片，分别使用并计算每一次的三刺激值。将每一个紫外光滤色片分别插到光源和试样之间，这两个滤色片分别具有在波段 320 nm 到 360 nm 和 360 nm 到 400 nm 的最小透射率，而在这些区域之外有最大透射率。制造商应详细提供这些数据，并且在传递数据时引用；制造商还应确定照射在试样上的相对光谱能量分布，并与所用光源在可见光范围内相同的波段进行比较。最好同时用图像和数据表示这些数据并应随测量数据一起传递。

按照方法 A 中给定的步骤，可以引用色差 ΔE 估算荧光的大小，其结果为两个滤色片（光源）分别测试的两个色差值。

方法 B 和方法 C 均假设紫外光激发为难题，在印刷工艺中使用的大多数色料都如此。

上述的任何一种方法都可以使用，并被本标准引用为（荧光特性）方法 A、B 或 C。在提供计算的色差值（与得到的三刺激值一起）时，应该同时提供任何与光源和滤色片有关的信息，如果不能提供，至少应提供仪器的型号。

注 16：由于荧光测量的需要，最好使用有近似连续光谱特性光源的仪器。若用呈线性光谱的荧光或闪光灯，将产生无法预知的测量结果。

附 录 H
(资料性附录)
改善仪器间测量的一致性

在光谱光度测量中，主要测量的是光谱反射系数或光谱辐亮度系数。此处用“系数”是表示这种测量不是绝对的测量，而是一个未知的材料与已知(或规定为标准)的材料在同样照明下测量值的比率。此处所述的调整与三个方面的因素有关，在这三个方面的因素中，两种仪器测量同一种材料的光学性质可能得到不同的结果。应该认识到，除了这三个方面的因素外，还存在可导致仪器间在测量时产生不同结果的其他因素。因此，本方法为那些缺乏经验的专业人员提供了一个实践的起点。

已知的第一个方面的因素是光度测量(更严格地说是辐射光度测量)标度尺并强调直线性。第二方面的因素是光谱(波长)标度尺，第三方面的因素是几何标度尺。如果两种仪器在这三个方面的性能都相同，就可以保证这两种仪器在测量时将不会有明显的系统误差。本附录将对每种测量标度尺进行说明，并简述一些方法，以减少不同仪器在测量时产生的误差。

我们假定，一旦系统误差是可定量的，那么它就可以被校正。因此，具有不同特性设计的商品化仪器之间的误差，可以减至最小。在 R. S. Berns 和 K. H Petersen 的文章中描述了改善仪器之间一致性方法的基础理论[6]。

光度标度尺由三个参数定义：最大刻度、最小刻度和刻度的线性，可用电学方法或通过标准“黑”设置刻度的最小值，它确定了辐亮度系数的零点。仪器间零点的设置通常不一样，这个差值称为附加偏移，在 Berns 论文中，用 β_0 表示。

标度尺的最大值用近似于理想的漫反射体进行设定，因为是一个近似值，所以仪器之间的标称设定会有差别。这个误差可归于在不同的标准化实验室标定或在刻度传递过程中随机误差的转移。这是一个与反射系数成比例的增值误差，用 β_1 表示，光度标度尺是制造商预设的，使其与材料的反射率变化呈线性。

某些非线性仪器，比如一个单光束的积分球仪器，由制造商提供校正程序。另外一些仪器的非线性与试样有关，或者只有与其他仪器比较时才在检测器中显示微弱的非线性，非线性确切的性质是非常复杂的，但是对本附录来说，二阶非线性包括了假定有意义的所有部分。这个误差与 $(R_{top}-R)\cdot R$ 成比例，这个比例系数用 β_2 表示。

测量波长的标度尺也由三个参数定义：标度尺的线性、标度尺的非线性和带宽。线性误差是实际波长与仪器波长设置的线性位置差。波长标度尺的设置依赖于真实的物理长度标准，与光度标度尺不一样。但是，传递波长物理标准的能力经常依赖于仪器的光度标度尺，它使得标度精度更低。此误差与反射系数对波长的一阶导数 $(\partial R/\partial\lambda)$ 成比例，这个比例系数用 β_3 表示。

非线性波长标尺误差非常复杂，可由多种原因引起。最简单的形式是一个二次误差，与描述光度标度尺类似。这个误差与 $(\partial R/\partial\lambda)$ 和系数 w_1 成比例，这个比例系数由 β_4 表示，系数 w_1 定义如下：

$$w_1=[(\lambda-\lambda_{first})/(\lambda_{last}-\lambda_{first})]\cdot[1-(\lambda-\lambda_{first})/(\lambda_{last}-\lambda_{first})]$$

(注：λ_{first} 为起始波长；λ_{last} 为终止波长。)

带宽控制在波长标尺上波长改变的步长，在这个波长上检测器测量被测物反射光，带宽对中性灰或近中性灰的试样影响很小或没有影响，但对于高彩度的试样影响很大，如黄色或亮红色。带宽误差与反射系数对波长的二阶导数成正比 $(\partial^2R/\partial^2\lambda)$，这个比例系数由 β_5 表示。

几何测量标度尺也由三个参数定义：照明和观测的中心角、照明的立体角和观测光束的立体角以及照明面积与观测面积的比。这些是最重要的参数，也是最难评估和建立模型的，不幸的是，还没有角偏差的分析模型。

照明立体角或观测立体角确定了探测器(或灯)测量(或照射)的面积。如果立体角度较大，那么，来自材料第一表面的常规反射光(镜面反射光)进入检测器,与漫射光(或彩色光)一起被测量。这就相当于打开镜面反射窗的积分球测量,其结果未排除镜面反射的所有光谱成分。这也是一个试样依赖性的效应,并且不存在与被测量辐亮度系数和立体角之间有关的分析模型。

最后,观测区与照明区的比率定义了在光学系统中由于材料背面和边缘的散射而损失的入射光量。在测量印有油墨的纸试样时,这种作用非常明显。对于这个误差解析表达式是以 1 mm 照明区的观测半径为变量的三次多项式的形式来表示。这个方程预示了以照明和观测区域半径差为函数的光损失百分比。为了校正这个误差,需要具有可变照明和观测区域的测量仪器或一系列已知透明度的试样。大多数手持式仪器都不具有这样的性能。因此,我们将忽视这个误差,除非这种误差影响在相应的试样系列中表现出来。

由此,两个相关仪器的最终方程如下:

$$
\begin{aligned}
R_1(\lambda) = {} & \beta_0 + \beta_1 \cdot R_2(\lambda) + \beta_2 \cdot [R_{\text{top}}(\lambda) - R_2(\lambda)] \cdot R_2(\lambda) \\
& + \beta_3 \cdot [\delta R(\lambda)/\delta\lambda] + \beta_4 \cdot w_1 \cdot [\delta R(\lambda)/\delta\lambda] \\
& + \beta_5 \cdot [\delta^2 R(\lambda)/\delta\lambda^2]
\end{aligned}
$$

该方程需通过多个中性灰试样和彩色试样的测量,用第二台仪器读数对应第一台仪器读数的多重线性回归求解。建议至少使用三个中性试样,即:浅灰、灰和暗灰。如果再增加白色和黑色则更好。然后,再至少使用 6 种彩色,适合印刷复制用的颜色是:青、品、黄、红、绿和蓝。最好这 6 种颜色中的每一个颜色都取两种彩度等级(对应在亮度方面的变化)。每个样品至少要有 16 个反射率测量点,这样 3 个中性色和 6 个彩色将会产生总共 144 个数据点,最佳的条件是要达到 697 个数据点(17 个样品,每个样品 41 个测试点)。对这样数量的数据点,回归将是非常有效的。

参 考 文 献

[1] ISO 5-1:1984, *Photography—Density measurements—Part 1: Terms, symbols and notation.*

[2] ISO 2469:1994, *Paper, board and pulps—Measurement of diffuse reflectance factor.*

[3] ASTM E 308—1990, *Test Method for Computing the Colors of Objects by Using the CIE System.*

[4] ASTM E 1336—1991, *Test Method for Obtaining Colorimetric Data from a Video Display Unit by Spectroradiometry.*

[5] BS 6923:1988, *Method for calculation of small color differences.*

[6] R. S. BERNS and K. H. PETERSEN. *In color Research & Application*, 1988, vol. 13, pp. 243-256.

ICS 37.100.01
A 17

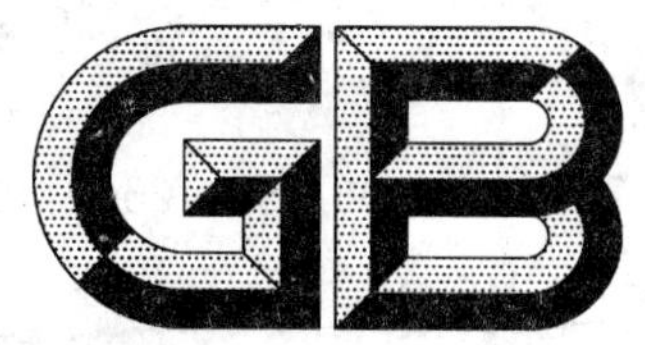

中华人民共和国国家标准

GB/T 20439—2006/ISO 12642:1996

印刷技术 印前数据交换 用于四色印刷特征描述的输入数据

Graphic technology—Prepress digital data exchange—Input data for characterization of 4-colour process printing

(ISO 12642:1996,IDT)

2006-07-25 发布　　2007-05-01 实施

中华人民共和国国家质量监督检验检疫总局
中国国家标准化管理委员会　发布

前　言

本标准等同采用 ISO 12642:1996《印刷技术　印前数据交换　用于四色印刷特征描述的输入数据》。

本标准的内容是与 GB/T 18721—2002《印刷技术　印前数据交换　CMYK 标准彩色图像数据(CMYK/SCID)》的内容密切相关的。本标准的制定对于 GB/T 18721 在印刷行业的推广应用具有重要意义。

本标准的附录 A 和附录 B 均为资料性附录。

本标准由中华人民共和国新闻出版总署提出。

本标准由全国印刷标准化技术委员会归口。

本标准的起草单位:中国印刷科学技术研究所。

本标准的主要起草人:李家祥、马智勇。

本标准由全国印刷标准化技术委员会负责解释。

引　言

背景概述

本标准的技术内容与美国国家标准 ANSI/IT8.7/3:1993 等同。ANSI(美国国家标准委员会)文件是由包括广大的印前设备制造商、胶片制造商和用户在内的国际工业集团共同参与的结果。这个集团最初叫 DDES(数字数据交换标准)委员会,后来成为美国标准委员会认可的负责制定印前电子数据交换标准的 ANSI IT8(印刷技术委员会)的创始者。

当颜色信息在电子出版系统之间进行传递时,以一种明确的方式对颜色进行定义是最基本的要求。从确切的实验数据可推断出,对于视网膜中心视觉,可以通过确定匹配某颜色所需的三个线性无关的刺激值混合来实现。1931 年,CIE(国际照明协会)根据十年前发表的实验数据,开发了一种完善的颜色定义系统。这些数据证实了在观察者之间进行这种颜色匹配的相似性。用这种系统及其派生系统来规范颜色已被认可。

然而,很多网目调彩色印刷过程需要三种以上的彩色油墨。这主要有两方面的原因。一方面用三种彩色油墨所能达到的色域相当有限,增加其他颜色的油墨可有效地扩展色域;另一方面,增加其他颜色的油墨也可以减少生产过程中由于色彩变化和套印不准引起的视觉变化。使用最多的第四种油墨是黑色油墨,四色印刷已成为最普遍的印刷方式。

一般来说,额外增加油墨意味着颜色不能被唯一定义。这样,就可以用不同的油墨组合在印张的不同部位达到相同的颜色。在很多实际应用场合,直接规定出这种油墨组合比根据分色规则获得更方便,这就导致了对传递特定设备模式四色数据的需求。如果相同的数据用于不同的场合,或由于不同的印刷适性要修改这些数据,则需增加一些别的信息,以使数据接收器能够解释,本标准就是为了达到这个目的。本标准提供了一组能与图像一起传输的数据,如果需要,可以把数据变换成与设备无关状态,或根据不同的印刷适性对数据进行调整。本标准提供的工具可用于输出系统的特性描述,委员会承担的工作是为国际上所确定的各种主要类型的网目调印刷工艺生成数据。这个过程在应用注释(附录 A)中被描述。

本标准定义了用于所有四色(青、品红、黄、黑)网目调印刷工艺(包括凹印)的油墨值。这些油墨值用计算机中的数字数据或胶片上的网目调值进行定义。这就需要特别关注胶片的准备工作,以确保对输出设备进行正确的"线性化"调整,并使胶片的网目调值与计算机文件中的数字数据相匹配。对于一些应用场合,用于线性化调整的胶片值可以用一次或多次复制的方法由胶片记录仪生产出的胶片复制。本标准还包括了测试方法和用于决定和报告三刺激值(X、Y、Z)的数据格式。

在本标准中所涉及的技术适用于所有输出方式的同时,这些数据已经针对四色网目调印刷进行了最优化处理。对于无网印刷,或那些使用与典型印刷油墨完全不同的着色剂的印刷方法,再现这些数据文件时,应以提供相对均匀的色差为原则。对于不适合这一准则的系统,可使用用户选择的数据。有关建议附在后面的注释中,但是,它们不属于本标准的内容。

应当注意,本标准没有规定各单元色块的排列方式和尺寸。这是因为,任何这样的决定都取决于要使用的印刷设备,以及彩色测量所需要色样面积。可以预料,为满足用户的需要,将会设计出一种专门的色标布局。为了满足包含在将来附录中的各种印刷工艺对颜色测量的需要,有必要设计一种专门的色标布局。其结构为四组小色块,这种排列方式已被 ANSI/CGATS 和 ISO/TC 130 采纳。在 TC 130,以适当文件格式描述的数据包含在 ISO 12640(即 GB/T 18721)标准彩色图像数据(SCID)的 S7 到 S10 的图像中。为了给其他形式的排列方式作指导,这种排列方式由图 A.1 展示出来。

技术背景

印刷特性

在过去的20多年中，人们作出了种种努力以减少在各种印刷机之间产生的质量变化。最初，制定了像ISO 2846《印刷技术　四色印刷油墨的颜色和透明度》这样的标准来规范印刷油墨的颜色特性。其后，最有意义的成果是德国FOGRA/BVD研究所制定出的有关转移到纸张上的油墨规范。它是通过规定标准实地印刷油墨墨膜的反射密度或三刺激值和被复制的各种网目调值的光学密度误差来实现的。在国际印刷界中，这些技术规范已被广泛承认，并在很多场合中，已成为事实上的印刷标准。对于期刊和杂志印刷，SWOP(在美国)、FIPP(在欧洲)都是被广泛承认的标准。对于商业印刷，FOGRA和PIRA制定的技术规范，在欧洲已尽人皆知。这些技术规范已被推广到报纸印刷之中。

应该注意，无论哪种印刷方式的特性表征都应考虑到印刷生产中的所有工序，也就是分色、拷贝(如果需要的话)和晒版。与上述工序有关的所有印刷规范都包括维持操作一致性，保证特性参数有效性的推荐值。

当印刷条件与已经出版的规范不一样时，有两种选择，或者有大面积色块可被印刷和测量，或者能将这种印刷方式分析建模。这种分析建模方法的好处是只需很少的彩色测量点，缺点是预测的精度不高。在很多应用场合中，较好的折衷方法是通过建模修改正式公布的数据。这些将在注释中进行更详细的讨论。

色块的选定

一般来说，测量大量的颜色样品，可以对印刷过程的彩色特性进行精确的描述。到底需要多少个测量色样是很难准确确定的，其数量取决于很多因素，包括所希望的颜色再现的精度、颜色采样间距的均匀性、所用计算模式的种类，以及某具体印刷方式的非线性特性等。然而，实践经验告诉我们，测量青、品红、黄和黑各六个层次的组合，最好侧重于测量较小的网点阶调值。通常，在黑色的较高网点值区域，采样点可以少些，因为在这个区域，采样点之间的色差非常小。增加具有更多阶调值的单色梯尺有利于确定局部非线性，这对于大多数印刷方式来说，所得到的精度已经足够了。

如有下列情况，可能使用小容量的数据组：

——只需低精度的特性描述；

——该印刷过程可以被使用说明中列出的某一熟知模型精确模拟；

——测量的目的是为了对精确描述的特性进行少量的校正。

这种方法的优点是测量工作量显著减少，数据的文件尺寸也大大缩小。当进行图像压缩时，这种方法是有利的，即使是较大的文件，也比大多数图像小。

本标准定义了一个包括928种青、品红，黄和黑油墨值组合的调色板，已对这个调色板(下文称其为扩展油墨值数据组)进行过测量，以便提供主要印刷规范中的彩色特性数据。

在那些不需要如此复杂的场合，规定了只包含182种颜色的辅助调色板(下文称其为基本油墨值数据组)。它提供了适合各种模拟方法的数据，并且提供的数据通常超出某种特定方法的需要。它满足了几乎所有已公布的模拟方法。

对于不能用本规范定义的数据组来描述特性，可以用用户选择的任何数量的数据组，其数据格式已在规范中规定。

可以预计，基本数据组将作为默认数据文件，放在进行交换的图像文件头中；并且若经事先同意，在需要时可以提供较大的调色板。ANSI IT8/SC4和ISO/TC 130/WG2的目的就是与那些负责印刷定义的组织(如：SWOP、FOGRA等)进行合作，以开发出符合指定印刷条件特性要求的彩色数据表。当这些数据被用于ISO技术报告时，这些数据就成为“指定数据”。这就意味着接收装置应使用已公布的数据，并且该数据文件不需被传送。在多数情况下，使用指定的数据组已够用了。

印刷技术 印前数据交换 用于四色印刷特征描述的输入数据

1 范围

本标准规定了输入数据文件、测量方法和适用于表征任何四色印刷方式特性的输出数据格式。

2 规范性引用文件

下列文件中所包含的条款，通过本标准的引用而构成本标准的条款。凡是注日期的引用文件，其随后所有的修改单(不包括勘误的内容)或修订版均不适用于本标准，然而，鼓励根据本标准达成协议的各方研究是否可使用这些文件的最新版本。凡是不注日期的引用文件，其最新版本适用于本标准。

GB/T 18721 印刷技术 印前数据交换 CMYK标准彩色图像数据(CMYK/SCID)(GB/T 18721—2002,idt,ISO 12640:1997)

GB/T 19437 印刷技术 印刷图像的光谱测量和色度计算(GB/T 19437—2004,ISO 13655:1996,IDT)

ISO/IEC 646 信息技术 信息交换用ISO 7位编码字符集

3 术语和定义

下列术语和定义适用于本标准。

3.1

CIE三刺激值 CIE tristimulus values

在CIE规定的三色颜色系统中，用来匹配特定颜色刺激所需要的三个参考色数量。

注：在1931年CIE标准色度系统中，三刺激值用符号 X、Y、Z 来表示。

3.2

色域 color gamut

可用某种设备或方法复制再现的颜色子集。

3.3

网目调网点 half-tone dots

可以产生有阶调层次图像的、并按频率或尺寸变化的各种记录点。网目调网点通常按其所覆盖的面积百分比来量化。网点面积的测量来源于Murray-Davies(默里—戴维斯)公式，通常在分色片上进行。

3.4

关键词数据文件 keyword value file

以开放的、可扩展的方式，使用预先确定的数据表和关键词进行数据交换的文件。

3.5

原色印刷 process color printing

采用三种或三种以上的印刷油墨来复制彩色图像。标准的原色印刷油墨由青、品红、黄色和黑色组成。

3.6

油墨值　ink value

在复制过程中，代表所需颜料数量的数字文件值。对于网目调印刷，这个值等同于用百分数表示的网目调网点面积。

3.7

空白　white space

数据文件中不打印的字符所占的空间。典型的例子是空格(ISO/IEC 646 中的 2/0 位置)，回车(ISO/IEC 646 中的 0/13 位置)，换行(ISO/IEC 646 中的 0/10 位置)和制表(ISO/IEC 646 中的 0/9 位置)。

4　技术要求

4.1　数据组定义

本标准定义了用黄、品红、青、黑网点百分比分别以不同间隔变化，组合获得的两组油墨值。基本数据组是扩展数据组的子集。如果不加指定，它是默认的数据组；如果要使用扩展数据组(或它的子集)，必须事前指定。虽然定义的数据是以数字形式的数据，不是印刷色标(或分色胶片)，但是，生成色彩特性的数据文件所需的色度值可以通过测量用分色胶片制成的印刷色标获得，而这些色标是由上述定义的油墨值组成。

4.1.1　基本油墨值数据组

该组中规定的青、品红、黄和黑油墨值以及它们的识别号(ID)在表 1 中列出。

注：表 1 中的样本位置代码与图 A.1 所示的印刷版式代码相对应，代码仅为参考信息。

4.1.2　扩展油墨值数据组

扩展数据组除应包括表 2 的数值外，还包括表 1 中的数值。

注：表 2 中的样本位置代码为图 A.1 所示的印刷版式代码相对应，代码仅为参考信息。

4.1.3　用户选择数据组

在需要提供一个较大的或不同间距的油墨值数据组的场合，用户可以使用一个用户定义的数据组。如果使用用户数据组，所选择的油墨值应以 4.4 中的规定一致。

4.2　颜色测量

印张上颜色数据的分光光度测量和色度数据计算应按 GB/T 19437 的要求进行。对于本标准而言，在那些认为使用非黑色背景更适合进行测量的特殊场合，与本标准不同的部分应注释说明。

4.3　数据记录

按 4.2 要求测量的色度数据，应按 4.4 规定的数据文件格式记录 X、Y、Z 三刺激值，并精确到小数点后两位。

下列附加数据也应提供，以便更充分说明测量条件：

a)　数据的测量者；

b)　建立数据的日期；

c)　用途的说明或被交换数据的内容；

d)　所用仪器的说明，包括但不限于仪器的品牌和型号；

e)　所用测量光源(光源和滤色片)和几何条件；

f)　所用的波长间隔和范围。

表 1　基本油墨值数据组

样本		网点百分比				样本		网点百分比				样本		网点百分比			
ID	位置	青	品红	黄	黑	ID	位置	青	品红	黄	黑	ID	位置	青	品红	黄	黑
1	0A01	100	0	0	0	62	0E10	0	0	15	0	123	0J06	100	85	85	80
2	0A02	0	100	0	0	63	0E11	0	0	10	0	124	0J07	100	85	85	60
3	0A03	0	0	100	0	64	0E12	0	0	7	0	125	0J08	80	65	65	100
4	0A04	100	100	0	0	65	0E13	0	0	3	0	126	0J09	80	65	65	80
5	0A05	100	0	100	0	66	0F01	0	0	0	90	127	0J10	80	65	65	60
6	0A06	0	100	100	0	67	0F02	0	0	0	80	128	0J11	80	65	65	40
7	0A07	100	100	100	0	68	0F03	0	0	0	70	129	0J12	60	45	45	100
8	0A08	70	70	0	0	69	0F04	0	0	0	60	130	0J13	60	45	45	80
9	0A09	70	0	70	0	70	0F05	0	0	0	50	131	0K01	60	45	45	60
10	0A10	0	70	70	0	71	0F06	0	0	0	40	132	0K02	60	45	45	40
11	0A11	40	40	0	0	72	0F07	0	0	0	30	133	0K03	60	45	45	20
12	0A12	0	40	40	0	73	0F08	0	0	0	25	134	0K04	40	27	27	100
13	0A13	40	40	40	0	74	0F09	0	0	0	20	135	0K05	40	27	27	80
14	0B01	40	0	40	0	75	0F10	0	0	0	15	136	0K06	40	27	27	60
15	0B02	20	20	0	0	76	0F11	0	0	0	10	137	0K07	40	27	27	40
16	0B03	20	0	20	0	77	0F12	0	0	0	7	138	0K08	40	27	27	20
17	0B04	0	20	20	0	78	0F13	0	0	0	3	139	0K09	40	27	27	10
18	0B05	100	0	0	100	79	0G01	40	100	0	0	140	0K10	20	12	12	100
19	0B06	0	100	0	100	80	0G02	40	100	40	0	141	0K11	20	12	12	80
20	0B07	0	0	100	100	81	0G03	0	100	40	0	142	0K12	20	12	12	60
21	0B08	100	100	0	100	82	0G04	40	100	100	0	143	0K13	20	12	12	40
22	0B09	100	0	100	100	83	0G05	0	40	100	0	144	0L01	20	12	12	20
23	0B10	0	100	100	100	84	0G06	40	40	100	0	145	0L02	20	12	12	10
24	0B11	100	100	100	100	85	0G07	70	70	70	0	146	0L03	10	6	6	100
25	0B12	0	0	0	100	86	0G08	40	0	100	0	147	0L04	10	6	6	80
26	0B13	纸				87	0G09	100	40	100	0	148	0L05	10	6	6	60
27	0C01	90	0	0	0	88	0G10	100	0	40	0	149	0L06	10	6	6	40
28	0C02	80	0	0	0	89	0G11	100	40	40	0	150	0L07	10	6	6	20
29	0C03	70	0	0	0	90	0G12	100	40	0	0	151	0L08	10	6	6	10
30	0C04	60	0	0	0	91	0G13	100	100	40	0	152	0L09	100	85	85	0
31	0C05	50	0	0	0	92	0H01	70	100	20	0	153	0L10	80	65	65	0
32	0C06	40	0	0	0	93	0H02	20	70	20	0	154	0L11	60	45	45	0
33	0C07	30	0	0	0	94	0H03	20	70	40	0	155	0L12	40	27	27	0
34	0C08	25	0	0	0	95	0H04	20	100	70	0	156	0L13	20	12	12	0
35	0C09	20	0	0	0	96	0H05	20	70	70	0	157	0M01	10	6	6	0
36	0C10	15	0	0	0	97	0H06	20	70	100	0	158	0M02	5	3	3	0
37	0C11	10	0	0	0	98	0H07	20	20	70	0	159	0M03	100	0	0	20
38	0C12	7	0	0	0	99	0H08	70	20	100	0	160	0M04	0	100	0	20
39	0C13	3	0	0	0	100	0H09	70	20	70	0	161	0M05	0	0	100	20
40	0D01	0	90	0	0	101	0H10	100	20	70	0	162	0M06	100	100	0	20
41	0D02	0	80	0	0	102	0H11	70	20	20	0	163	0M07	100	0	100	20
42	0D03	0	70	0	0	103	0H12	100	70	20	0	164	0M08	0	100	100	20
43	0D04	0	60	0	0	104	0H13	70	70	20	0	165	0M09	40	40	0	20
44	0D05	0	50	0	0	105	0I01	70	100	70	0	166	0M10	40	0	40	20
45	0D06	0	40	0	0	106	0I02	40	70	40	0	167	0M11	0	40	40	20
46	0D07	0	30	0	0	107	0I03	20	40	20	0	168	0M12	100	100	0	40
47	0D08	0	25	0	0	108	0I04	70	100	100	0	169	0M13	100	0	100	40
48	0D09	0	20	0	0	109	0I05	20	40	40	0	170	0N01	0	100	100	40
49	0D10	0	15	0	0	110	0I06	70	70	100	0	171	0N02	40	40	0	40
50	0D11	0	10	0	0	111	0I07	40	40	70	0	172	0N03	40	0	40	40
51	0D12	0	7	0	0	112	0I08	20	20	40	0	173	0N04	0	40	40	40
52	0D13	0	3	0	0	113	0I09	20	20	20	0	174	0N05	100	0	0	70
53	0E01	0	0	90	0	114	0I10	100	70	100	0	175	0N06	0	100	0	70
54	0E02	0	0	80	0	115	0I11	70	40	70	0	176	0N07	0	0	100	70
55	0E03	0	0	70	0	116	0I12	40	20	40	0	177	0N08	100	100	0	70
56	0E04	0	0	60	0	117	0I13	100	70	70	0	178	0N09	100	0	100	70
57	0E05	0	0	50	0	118	0J01	40	40	20	0	179	0N10	0	100	100	70
58	0E06	0	0	40	0	119	0J02	100	100	70	0	180	0N11	40	40	0	70
59	0E07	0	0	30	0	120	0J03	40	20	20	0	181	0N12	40	0	40	70
60	0E08	0	0	25	0	121	0J04	70	40	40	0	182	0N13	0	40	40	70
61	0E09	0	0	20	0	122	0J05	100	85	85	100						

注：位置数据仅是参考信息。

表 2　扩展油墨值数据组

样本		网点百分比				样本		网点百分比				样本		网点百分比			
ID	位置	青	品红	黄	黑	ID	位置	青	品红	黄	黑	ID	位置	青	品红	黄	黑
183	1A1	0	0	0	0	253	2F5	100	70	10	0	323	4F3	100	20	40	0
184	1A2	0	10	0	0	254	2F6	100	100	10	0	324	4F4	100	40	40	0
185	1A3	0	20	0	0	255	3A1	0	0	20	0	325	4F5	100	70	40	0
186	1A4	0	40	0	0	256	3A2	0	10	20	0	326	4F6	100	100	40	0
187	1A5	0	70	0	0	257	3A3	0	20	20	0	327	5A1	0	0	70	0
188	1A6	0	100	0	0	258	3A4	0	40	20	0	328	5A2	0	10	70	0
189	1B1	10	0	0	0	259	3A5	0	70	20	0	329	5A3	0	20	70	0
190	1B2	10	10	0	0	260	3A6	0	100	20	0	330	5A4	0	40	70	0
191	1B3	10	20	0	0	261	3B1	10	0	20	0	331	5A5	0	70	70	0
192	1B4	10	40	0	0	262	3B2	10	10	20	0	332	5A6	0	100	70	0
193	1B5	10	70	0	0	263	3B3	10	20	20	0	333	5B1	10	0	70	0
194	1B6	10	100	0	0	264	3B4	10	40	20	0	334	5B2	10	10	70	0
195	1C1	20	0	0	0	265	3B5	10	70	20	0	335	5B3	10	20	70	0
196	1C2	20	10	0	0	266	3B6	10	100	20	0	336	5B4	10	40	70	0
197	1C3	20	20	0	0	267	3C1	20	0	20	0	337	5B5	10	70	70	0
198	1C4	20	40	0	0	268	3C2	20	10	20	0	338	5B6	10	100	70	0
199	1C5	20	70	0	0	269	3C3	20	20	20	0	339	5C1	20	0	70	0
200	1C6	20	100	0	0	270	3C4	20	40	20	0	340	5C2	20	10	70	0
201	1D1	40	0	0	0	271	3C5	20	70	20	0	341	5C3	20	20	70	0
202	1D2	40	10	0	0	272	3C6	20	100	20	0	342	5C4	20	40	70	0
203	1D3	40	20	0	0	273	3D1	40	0	20	0	343	5C5	20	70	70	0
204	1D4	40	40	0	0	274	3D2	40	10	20	0	344	5C6	20	100	70	0
205	1D5	40	70	0	0	275	3D3	40	20	20	0	345	5D1	40	0	70	0
206	1D6	40	100	0	0	276	3D4	40	40	20	0	346	5D2	40	10	70	0
207	1E1	70	0	0	0	277	3D5	40	70	20	0	347	5D3	40	20	70	0
208	1E2	70	10	0	0	278	3D6	40	100	20	0	348	5D4	40	40	70	0
209	1E3	70	20	0	0	279	3E1	70	0	20	0	349	5D5	40	70	70	0
210	1E4	70	40	0	0	280	3E2	70	10	20	0	350	5D6	40	100	70	0
211	1E5	70	70	0	0	281	3E3	70	20	20	0	351	5E1	70	0	70	0
212	1E6	70	100	0	0	282	3E4	70	40	20	0	352	5E2	70	10	70	0
213	1F1	100	0	0	0	283	3E5	70	70	20	0	353	5E3	70	20	70	0
214	1F2	100	10	0	0	284	3E6	70	100	20	0	354	5E4	70	40	70	0
215	1F3	100	20	0	0	285	3F1	100	0	20	0	355	5E5	70	70	70	0
216	1F4	100	40	0	0	286	3F2	100	10	20	0	356	5E6	70	100	70	0
217	1F5	100	70	0	0	287	3F3	100	20	20	0	357	5F1	100	0	70	0
218	1F6	100	100	0	0	288	3F4	100	40	20	0	358	5F2	100	10	70	0
219	2A1	0	0	10	0	289	3F5	100	70	20	0	359	5F3	100	20	70	0
220	2A2	0	10	10	0	290	3F6	100	100	20	0	360	5F4	100	40	70	0
221	2A3	0	20	10	0	291	4A1	0	0	40	0	361	5F5	100	70	70	0
222	2A4	0	40	10	0	292	4A2	0	10	40	0	362	5F6	100	100	70	0
223	2A5	0	70	10	0	293	4A3	0	20	40	0	363	6A1	0	0	100	0
224	2A6	0	100	10	0	294	4A4	0	40	40	0	364	6A2	0	10	100	0
225	2B1	10	0	10	0	295	4A5	0	70	40	0	365	6A3	0	20	100	0
226	2B2	10	10	10	0	296	4A6	0	100	40	0	366	6A4	0	40	100	0
227	2B3	10	20	10	0	297	4B1	10	0	40	0	367	6A5	0	70	100	0
228	2B4	10	40	10	0	298	4B2	10	10	40	0	368	6A6	0	100	100	0
229	2B5	10	70	10	0	299	4B3	10	20	40	0	369	6B1	10	0	100	0
230	2B6	10	100	10	0	300	4B4	10	40	40	0	370	6B2	10	10	100	0
231	2C1	20	0	10	0	301	4B5	10	70	40	0	371	6B3	10	20	100	0
232	2C2	20	10	10	0	302	4B6	10	100	40	0	372	6B4	10	40	100	0
233	2C3	20	20	10	0	303	4C1	20	0	40	0	373	6B5	10	70	100	0
234	2C4	20	40	10	0	304	4C2	20	10	40	0	374	6B6	10	100	100	0
235	2C5	20	70	10	0	305	4C3	20	20	40	0	375	6C1	20	0	100	0
236	2C6	20	100	10	0	306	4C4	20	40	40	0	376	6C2	20	10	100	0
237	2D1	40	0	10	0	307	4C5	20	70	40	0	377	6C3	20	20	100	0
238	2D2	40	10	10	0	308	4C6	20	100	40	0	378	6C4	20	40	100	0
239	2D3	40	20	10	0	309	4D1	40	0	40	0	379	6C5	20	70	100	0
240	2D4	40	40	10	0	310	4D2	40	10	40	0	380	6C6	20	100	100	0
241	2D5	40	70	10	0	311	4D3	40	20	40	0	381	6D1	40	0	100	0
242	2D6	40	100	10	0	312	4D4	40	40	40	0	382	6D2	40	10	100	0
243	2E1	70	0	10	0	313	4D5	40	70	40	0	383	6D3	40	20	100	0
244	2E2	70	10	10	0	314	4D6	40	100	40	0	384	6D4	40	40	100	0
245	2E3	70	20	10	0	315	4E1	70	0	40	0	385	6D5	40	70	100	0
246	2E4	70	40	10	0	316	4E2	70	10	40	0	386	6D6	40	100	100	0
247	2E5	70	70	10	0	317	4E3	70	20	40	0	387	6E1	70	0	100	0
248	2E6	70	100	10	0	318	4E4	70	40	40	0	388	6E2	70	10	100	0
249	2F1	100	0	10	0	319	4E5	70	70	40	0	389	6E3	70	20	100	0
250	2F2	100	10	10	0	320	4E6	70	100	40	0	390	6E4	70	40	100	0
251	2F3	100	20	10	0	321	4F1	100	0	40	0	391	6E5	70	70	100	0
252	2F4	100	40	10	0	322	4F2	100	10	40	0	392	6E6	70	100	100	0

表 2(续)

样本		网点百分比				样本		网点百分比				样本		网点百分比			
ID	位置	青	品红	黄	黑	ID	位置	青	品红	黄	黑	ID	位置	青	品红	黄	黑
393	6F1	100	0	100	0	463	8E5	70	70	10	20	533	10E3	70	20	40	20
394	6F2	100	10	100	0	464	8E6	70	100	10	20	534	10E4	70	40	40	20
395	6F3	100	20	100	0	465	8F1	100	0	10	20	535	10E5	70	70	40	20
396	6F4	100	40	100	0	466	8F2	100	10	10	20	536	10E6	70	100	40	20
397	6F5	100	70	100	0	467	8F3	100	20	10	20	537	10F1	100	0	40	20
398	6F6	100	100	100	0	468	8F4	100	40	10	20	538	10F2	100	10	40	20
399	7A1	0	0	0	20	469	8F5	100	70	10	20	539	10F3	100	20	40	20
400	7A2	0	10	0	20	470	8F6	100	100	10	20	540	10F4	100	40	40	20
401	7A3	0	20	0	20	471	9A1	0	0	20	20	541	10F5	100	70	40	20
402	7A4	0	40	0	20	472	9A2	0	10	20	20	542	10F6	100	100	40	20
403	7A5	0	70	0	20	473	9A3	0	20	20	20	543	11A1	0	0	70	20
404	7A6	0	100	0	20	474	9A4	0	40	20	20	544	11A2	0	10	70	20
405	7B1	10	0	0	20	475	9A5	0	70	20	20	545	11A3	0	20	70	20
406	7B2	10	10	0	20	476	9A6	0	100	20	20	546	11A4	0	40	70	20
407	7B3	10	20	0	20	477	9B1	10	0	20	20	547	11A5	0	70	70	20
408	7B4	10	40	0	20	478	9B2	10	10	20	20	548	11A6	0	100	70	20
409	7B5	10	70	0	20	479	9B3	10	20	20	20	549	11B1	10	0	70	20
410	7B6	10	100	0	20	480	9B4	10	40	20	20	550	11B2	10	10	70	20
411	7C1	20	0	0	20	481	9B5	10	70	20	20	551	11B3	10	20	70	20
412	7C2	20	10	0	20	482	9B6	10	100	20	20	552	11B4	10	40	70	20
413	7C3	20	20	0	20	483	9C1	20	0	20	20	553	11B5	10	70	70	20
414	7C4	20	40	0	20	484	9C2	20	10	20	20	554	11B6	10	100	70	20
415	7C5	20	70	0	20	485	9C3	20	20	20	20	555	11C1	20	0	70	20
416	7C6	20	100	0	20	486	9C4	20	40	20	20	556	11C2	20	10	70	20
417	7D1	40	0	0	20	487	9C5	20	70	20	20	557	11C3	20	20	70	20
418	7D2	40	10	0	20	488	9C6	20	100	20	20	558	11C4	20	40	70	20
419	7D3	40	20	0	20	489	9D1	40	0	20	20	559	11C5	20	70	70	20
420	7D4	40	40	0	20	490	9D2	40	10	20	20	560	11C6	20	100	70	20
421	7D5	40	70	0	20	491	9D3	40	20	20	20	561	11D1	40	0	70	20
422	7D6	40	100	0	20	492	9D4	40	40	20	20	562	11D2	40	10	70	20
423	7E1	70	0	0	20	493	9D5	40	70	20	20	563	11D3	40	20	70	20
424	7E2	70	10	0	20	494	9D6	40	100	20	20	564	11D4	40	40	70	20
425	7E3	70	20	0	20	495	9E1	70	0	20	20	565	11D5	40	70	70	20
426	7E4	70	40	0	20	496	9E2	70	10	20	20	566	11D6	40	100	70	20
427	7E5	70	70	0	20	497	9E3	70	20	20	20	567	11E1	70	0	70	20
428	7E6	70	100	0	20	498	9E4	70	40	20	20	568	11E2	70	10	70	20
429	7F1	100	0	0	20	499	9E5	70	70	20	20	569	11E3	70	20	70	20
430	7F2	100	10	0	20	500	9E6	70	100	20	20	570	11E4	70	40	70	20
431	7F3	100	20	0	20	501	9F1	100	0	20	20	571	11E5	70	70	70	20
432	7F4	100	40	0	20	502	9F2	100	10	20	20	572	11E6	70	100	70	20
433	7F5	100	70	0	20	503	9F3	100	20	20	20	573	11F1	100	0	70	20
434	7F6	100	100	0	20	504	9F4	100	40	20	20	574	11F2	100	10	70	20
435	8A1	0	0	10	20	505	9F5	100	70	20	20	575	11F3	100	20	70	20
436	8A2	0	10	10	20	506	9F6	100	100	20	20	576	11F4	100	40	70	20
437	8A3	0	20	10	20	507	10A1	0	0	40	20	577	11F5	100	70	70	20
438	8A4	0	40	10	20	508	10A2	0	10	40	20	578	11F6	100	100	70	20
439	8A5	0	70	10	20	509	10A3	0	20	40	20	579	12A1	0	0	100	20
440	8A6	0	100	10	20	510	10A4	0	40	40	20	580	12A2	0	10	100	20
441	8B1	10	0	10	20	511	10A5	0	70	40	20	581	12A3	0	20	100	20
442	8B2	10	10	10	20	512	10A6	0	100	40	20	582	12A4	0	40	100	20
443	8B3	10	20	10	20	513	10B1	10	0	40	20	583	12A5	0	70	100	20
444	8B4	10	40	10	20	514	10B2	10	10	40	20	584	12A6	0	100	100	20
445	8B5	10	70	10	20	515	10B3	10	20	40	20	585	12B1	10	0	100	20
446	8B6	10	100	10	20	516	10B4	10	40	40	20	586	12B2	10	10	100	20
447	8C1	20	0	10	20	517	10B5	10	70	40	20	587	12B3	10	20	100	20
448	8C2	20	10	10	20	518	10B6	10	100	40	20	588	12B4	10	40	100	20
449	8C3	20	20	10	20	519	10C1	20	0	40	20	589	12B5	10	70	100	20
450	8C4	20	40	10	20	520	10C2	20	10	40	20	590	12B6	10	100	100	20
451	8C5	20	70	10	20	521	10C3	20	20	40	20	591	12C1	20	0	100	20
452	8C6	20	100	10	20	522	10C4	20	40	40	20	592	12C2	20	10	100	20
453	8D1	40	0	10	20	523	10C5	20	70	40	20	593	12C3	20	20	100	20
454	8D2	40	10	10	20	524	10C6	20	100	40	20	594	12C4	20	40	100	20
455	8D3	40	20	10	20	525	10D1	40	0	40	20	595	12C5	20	70	100	20
456	8D4	40	40	10	20	526	10D2	40	10	40	20	596	12C6	20	100	100	20
457	8D5	40	70	10	20	527	10D3	40	20	40	20	597	12D1	40	0	100	20
458	8D6	40	100	10	20	528	10D4	40	40	40	20	598	12D2	40	10	100	20
459	8E1	70	0	10	20	529	10D5	40	70	40	20	599	12D3	40	20	100	20
460	8E2	70	10	10	20	530	10D6	40	100	40	20	600	12D4	40	40	100	20
461	8E3	70	20	10	20	531	10E1	70	0	40	20	601	12D5	40	70	100	20
462	8E4	70	40	10	20	532	10E2	70	10	40	20	602	12D6	40	100	100	20

表 2（续）

样本		网点百分比				样本		网点百分比				样本		网点百分比			
ID	位置	青	品红	黄	黑	ID	位置	青	品红	黄	黑	ID	位置	青	品红	黄	黑
603	12E1	70	0	100	20	673	15B4	20	70	40	40	743	18A4	0	70	0	60
604	12E2	70	10	100	20	674	15B5	20	100	40	40	744	18A5	0	100	0	60
605	12E3	70	20	100	20	675	15C1	40	0	40	40	745	18B1	20	0	0	60
606	12E4	70	40	100	20	676	15C2	40	20	40	40	746	18B2	20	20	0	60
607	12E5	70	70	100	20	677	15C3	40	40	40	40	747	18B3	20	40	0	60
608	12E6	70	100	100	20	678	15C4	40	70	40	40	748	18B4	20	70	0	60
609	12F1	100	0	100	20	679	15C5	40	100	40	40	749	18B5	20	100	0	60
610	12F2	100	10	100	20	680	15D1	70	0	40	40	750	18C1	40	0	0	60
611	12F3	100	20	100	20	681	15D2	70	20	40	40	751	18C2	40	20	0	60
612	12F4	100	40	100	20	682	15D3	70	40	40	40	752	18C3	40	40	0	60
613	12F5	100	70	100	20	683	15D4	70	70	40	40	753	18C4	40	70	0	60
614	12F6	100	100	100	20	684	15D5	70	100	40	40	754	18C5	40	100	0	60
615	13A1	0	0	0	40	685	15E1	100	0	40	40	755	18D1	70	0	0	60
616	13A2	0	20	0	40	686	15E2	100	20	40	40	756	18D2	70	20	0	60
617	13A3	0	40	0	40	687	15E3	100	40	40	40	757	18D3	70	40	0	60
618	13A4	0	70	0	40	688	15E4	100	70	40	40	758	18D4	70	70	0	60
619	13A5	0	100	0	40	689	15E5	100	100	40	40	759	18D5	70	100	0	60
620	13B1	20	0	0	40	690	16A1	0	0	70	40	760	18E1	100	0	0	60
621	13B2	20	20	0	40	691	16A2	0	20	70	40	761	18E2	100	20	0	60
622	13B3	20	40	0	40	692	16A3	0	40	70	40	762	18E3	100	40	0	60
623	13B4	20	70	0	40	693	16A4	0	70	70	40	763	18E4	100	70	0	60
624	13B5	20	100	0	40	694	16A5	0	100	70	40	764	18E5	100	100	0	60
625	13C1	40	0	0	40	695	16B1	20	0	70	40	765	19A1	0	0	20	60
626	13C2	40	20	0	40	696	16B2	20	20	70	40	766	19A2	0	20	20	60
627	13C3	40	40	0	40	697	16B3	20	40	70	40	767	19A3	0	40	20	60
628	13C4	40	70	0	40	698	16B4	20	70	70	40	768	19A4	0	70	20	60
629	13C5	40	100	0	40	699	16B5	20	100	70	40	769	19A5	0	100	20	60
630	13D1	70	0	0	40	700	16C1	40	0	70	40	770	19B1	20	0	20	60
631	13D2	70	20	0	40	701	16C2	40	20	70	40	771	19B2	20	20	20	60
632	13D3	70	40	0	40	702	16C3	40	40	70	40	772	19B3	20	40	20	60
633	13D4	70	70	0	40	703	16C4	40	70	70	40	773	19B4	20	70	20	60
634	13D5	70	100	0	40	704	16C5	40	100	70	40	774	19B5	20	100	20	60
635	13E1	100	0	0	40	705	16D1	70	0	70	40	775	19C1	40	0	20	60
636	13E2	100	20	0	40	706	16D2	70	20	70	40	776	19C2	40	20	20	60
637	13E3	100	40	0	40	707	16D3	70	40	70	40	777	19C3	40	40	20	60
638	13E4	100	70	0	40	708	16D4	70	70	70	40	778	19C4	40	70	20	60
639	13E5	100	100	0	40	709	16D5	70	100	70	40	779	19C5	40	100	20	60
640	14A1	0	0	20	40	710	16E1	100	0	70	40	780	19D1	70	0	20	60
641	14A2	0	20	20	40	711	16E2	100	20	70	40	781	19D2	70	20	20	60
642	14A3	0	40	20	40	712	16E3	100	40	70	40	782	19D3	70	40	20	60
643	14A4	0	70	20	40	713	16E4	100	70	70	40	783	19D4	70	70	20	60
644	14A5	0	100	20	40	714	16E5	100	100	70	40	784	19D5	70	100	20	60
645	14B1	20	0	20	40	715	17A1	0	0	100	40	785	19E1	100	0	20	60
646	14B2	20	20	20	40	716	17A2	0	20	100	40	786	19E2	100	20	20	60
647	14B3	20	40	20	40	717	17A3	0	40	100	40	787	19E3	100	40	20	60
648	14B4	20	70	20	40	718	17A4	0	70	100	40	788	19E4	100	70	20	60
649	14B5	20	100	20	40	719	17A5	0	100	100	40	789	19E5	100	100	20	60
650	14C1	40	0	20	40	720	17B1	20	0	100	40	790	20A1	0	0	40	60
651	14C2	40	20	20	40	721	17B2	20	20	100	40	791	20A2	0	20	40	60
652	14C3	40	40	20	40	722	17B3	20	40	100	40	792	20A3	0	40	40	60
653	14C4	40	70	20	40	723	17B4	20	70	100	40	793	20A4	0	70	40	60
654	14C5	40	100	20	40	724	17B5	20	100	100	40	794	20A5	0	100	40	60
655	14D1	70	0	20	40	725	17C1	40	0	100	40	795	20B1	20	0	40	60
656	14D2	70	20	20	40	726	17C2	40	20	100	40	796	20B2	20	20	40	60
657	14D3	70	40	20	40	727	17C3	40	40	100	40	797	20B3	20	40	40	60
658	14D4	70	70	20	40	728	17C4	40	70	100	40	798	20B4	20	70	40	60
659	14D5	70	100	20	40	729	17C5	40	100	100	40	799	20B5	20	100	40	60
660	14E1	100	0	20	40	730	17D1	70	0	100	40	800	20C1	40	0	40	60
661	14E2	100	20	20	40	731	17D2	70	20	100	40	801	20C2	40	20	40	60
662	14E3	100	40	20	40	732	17D3	70	40	100	40	802	20C3	40	40	40	60
663	14E4	100	70	20	40	733	17D4	70	70	100	40	803	20C4	40	70	40	60
664	14E5	100	100	20	40	734	17D5	70	100	100	40	804	20C5	40	100	40	60
665	15A1	0	0	40	40	735	17E1	100	0	100	40	805	20D1	70	0	40	60
666	15A2	0	20	40	40	736	17E2	100	20	100	40	806	20D2	70	20	40	60
667	15A3	0	40	40	40	737	17E3	100	40	100	40	807	20D3	70	40	40	60
668	15A4	0	70	40	40	738	17E4	100	70	100	40	808	20D4	70	70	40	60
669	15A5	0	100	40	40	739	17E5	100	100	100	40	809	20D5	70	100	40	60
670	15B1	20	0	40	40	740	18A1	0	0	0	60	810	20E1	100	0	40	60
671	15B2	20	20	40	40	741	18A2	0	20	0	60	811	20E2	100	20	40	60
672	15B3	20	40	40	40	742	18A3	0	40	0	60	812	20E3	100	40	40	60

表 2（续）

样本		网点百分比				样本		网点百分比				样本		网点百分比			
ID	位置	青	品红	黄	黑	ID	位置	青	品红	黄	黑	ID	位置	青	品红	黄	黑
813	20E4	100	70	40	60	852	22C3	40	40	100	60	891	24C3	70	70	40	80
814	20E5	100	100	40	60	853	22C4	40	70	100	60	892	24C4	70	100	40	80
815	21A1	0	0	70	60	854	22C5	40	100	100	60	893	24D1	100	0	40	80
816	21A2	0	20	70	60	855	22D1	70	0	100	60	894	24D2	100	40	40	80
817	21A3	0	40	70	60	856	22D2	70	20	100	60	895	24D3	100	70	40	80
818	21A4	0	70	70	60	857	22D3	70	40	100	60	896	24D4	100	100	40	80
819	21A5	0	100	70	60	858	22D4	70	70	100	60	897	25A1	0	0	70	80
820	21B1	20	0	70	60	859	22D5	70	100	100	60	898	25A2	0	40	70	80
821	21B2	20	20	70	60	860	22E1	100	0	100	60	899	25A3	0	70	70	80
822	21B3	20	40	70	60	861	22E2	100	20	100	60	900	25A4	0	100	70	80
823	21B4	20	70	70	60	862	22E3	100	40	100	60	901	25B1	40	0	70	80
824	21B5	20	100	70	60	863	22E4	100	70	100	60	902	25B2	40	40	70	80
825	21C1	40	0	70	60	864	22E5	100	100	100	80	903	25B3	40	70	70	80
826	21C2	40	20	70	60	865	23A1	0	0	0	80	904	25B4	40	100	70	80
827	21C3	40	40	70	60	866	23A2	0	40	0	80	905	25C1	70	0	70	80
828	21C4	40	70	70	60	867	23A3	0	70	0	80	906	25C2	70	40	70	80
829	21C5	40	100	70	60	868	23A4	0	100	0	80	907	25C3	70	70	70	80
830	21D1	70	0	70	60	869	23B1	40	0	0	80	908	25C4	70	100	70	80
831	21D2	70	20	70	60	870	23B2	40	40	0	80	909	25D1	100	0	70	80
832	21D3	70	40	70	60	871	23B3	40	70	0	80	910	25D2	100	40	70	80
833	21D4	70	70	70	60	872	23B4	40	100	0	80	911	25D3	100	70	70	80
834	21D5	70	100	70	60	873	23C1	70	0	0	80	912	25D4	100	100	70	80
835	21E1	100	0	70	60	874	23C2	70	40	0	80	913	26A1	0	0	100	80
836	21E2	100	20	70	60	875	23C3	70	70	0	80	914	26A2	0	40	100	80
837	21E3	100	40	70	60	876	23C4	70	100	0	80	915	26A3	0	70	100	80
838	21E4	100	70	70	60	877	23D1	100	0	0	80	924	26A4	0	100	100	80
839	21E5	100	100	70	60	878	23D2	100	40	0	80	917	26B1	40	0	100	80
840	22A1	0	0	100	60	879	23D3	100	70	0	80	918	26B2	40	40	100	80
841	22A2	0	20	100	60	880	23D4	100	100	0	80	919	26B3	40	70	100	80
842	22A3	0	40	100	60	881	24A1	0	0	40	80	920	26B4	40	100	100	80
843	22A4	0	70	100	60	882	24A2	0	40	40	80	921	26C1	70	0	100	80
844	22A5	0	100	100	60	883	24A3	0	70	40	80	922	26C2	70	40	100	80
845	22B1	20	0	100	60	884	24A4	0	100	40	80	923	26C3	70	70	100	80
846	22B2	20	20	100	60	885	24B1	40	0	40	80	924	26C4	70	100	100	80
847	22B3	20	40	100	60	886	24B2	40	40	40	80	925	26D1	100	0	100	80
848	22B4	20	70	100	60	887	24B3	40	70	40	80	926	26D2	100	40	100	80
849	22B5	20	100	100	60	888	24B4	40	100	40	80	927	26D3	100	70	100	80
850	22C1	40	0	100	60	889	24C1	70	0	40	80	928	26D4	100	100	100	80
851	22C2	40	20	100	60	890	24C2	70	40	40	80						

注：位置数据仅是参考信息。

4.4 数据文件格式

该文件格式应为 ASCII 格式关键词数据文件。

该文件的头 7 个字符应为“IS 12642”。

文件中的字段由空白分开。有效的空白字符为空格(ISO/IEC 646 的位置 2/0)、回车(ISO/IEC 646 的位置 0/13)、换行(ISO/IEC 646 的位置 0/10)和制表(ISO/IEC 646 的位置 0/9)。关键词可用任何有效的空白字符分开。只有空格(space)或制表可以置于一行中的关键词前面。在注释的前面为单一注释字符(单字符关键词)。该注释符为“#”(ISO/IEC 646 的位置 2/3)。注释可从一行中任何位置开始,并以换行或回车符结束。

关键词和数据格式识别符应为大写字母。每个关键词的具体语法及意义应如下所述。

所有本标准文件所需的关键词为:

IS 12642 ——用于识别与标准相关的数据
ORIGINATOR ——识别建立该数据文件的具体组织或系统
DESCRIPTOR ——说明该数据文件的目的或内容
CREATED ——建立数据文件的日期
INSTRUMENTATION ——用于报告产生数据所使用的专用设备(生产厂商和型号)
MEASUREMENT_SOURCE ——光谱测量所用的光源
PRINT_CONDITIONS ——用于说明被测印张的各种特性
NUMBER_OF_FIELDS ——后面数据格式定义中的字段数
BEGIN_DATA_FORMAT ——数据组中字段位置/说明的开始定义
END_DATA_FORMAT ——数据格式终止定义
NUMBER_OF_SETS ——包含在后面数据块中与数据格式字段相应的数据复制数目或数据组数目
BEGIN_DATA ——数据串的开始符
END_DATA ——数据串的终止符

还可使用下列附加的关键词:

——表示后面为注释的单字符
KEYWORD ——用于定义厂家专用的关键词
PRINT_CONDITIONS ——用于说明被测印张的各种特性
FILTER_STATUS ——说明密度计使用的光谱响应

4.4.1 数值

除非另有说明,在每个关键词后都有一个字符串数值。所有字符串数值必须用引号(ISO/IEC 646 的位置 2/2)括起来,而不论在字符串中是否含有空白。用引号括起来就意味着字符串的开始和结尾均有″符号。引号″自身在一字符串中用″″表示。

注释前面有注释符(#),用换行或回车符终止。注释不需用引号括起来。

关键词 NUMBER_OF_FIELDS 和 NUMBER_OF_SETS 后面的数值必须是整数。在关键词 BEGIN_、END_后面没有与它们相关的数值,但它们能封装数据格式定义或相应的数据串。

4.4.2 数据格式标识符

数据格式(BEGIN_DATA_FORMAT 和 END_DATA_FORMAT 中)描述了数据组中每一数据段的含义。数据格式必须用下面列出的标识符或被定义的关键词组成。数据格式说明中的未知项应被读出,但可能被自动阅读器所忽略。数据格式识别符必须大写。假设与每个数据格式相关的数据类型都假设为实型(包含小数点),除非分别规定为整数型(I)或字符串(CS)。字符串数据必须用引号括起来,SAMPLE_ID 的情况除外,如果该样品识别符不含空格,就不需要用引号括起来。

每个重复数据应用行终止符分开,例如:换行(new line)(010),回车(013)。

下列数据格式识别符定义用于本标准，这里使用了附加的数据格式识别符，它们用关键字“KEYWORD”定义。

SAMPLE_ID (CS) ——识别数据表示的样品
STRING (CS) ——识别标签或其他非设备可读的数值，该数值必须用"号开始和结束。
CMYK_C ——用百分数表示的 CMYK 数据中的青成分
CMYK_M ——用百分数表示的 CMYK 数据中的品红成分
CMYK_Y ——用百分数表示的 CMYK 数据中的黄成分
CMYK_K ——用百分数表示的 CMYK 数据中的黑成分
D_RED ——红滤色片反射密度
D_GREEN ——绿滤色片反射密度
D_BLUE ——蓝滤色片反射密度
D_VIS ——可见光滤色片反射密度
RGB_R ——RGB 数据中的红成分
RGB_G ——RGB 数据中的绿成分
RGB_B ——RGB 数据中的蓝成分
SPECTRAL_NM ——用毫微米表示的测量波长
SPECTRAL_PCT ——用百分数表示的反射率/透射率
XYZ_X ——三刺激值数据中的 X 值
XYZ_Y ——三刺激値数据中的 Y 值
XYZ_Z ——三刺激值数据中的 Z 值
XYY_X ——色度数据中的 x 值
XYY_Y ——色度数据中的 y 值
XYY_CAPY ——色度数据中的 Y 值
LAB_L ——CIE Lab 数据中的 L^* 值
LAB_A ——CIE Lab 数据中的 a^* 值
LAB_B ——CIE Lab 数据中的 b^* 值
LAB_C ——CIE Lab 数据中的 C^*_{ab} 值
LAB_H ——CIE Lab 数据中的 h_{ab} 值
LAB_DE ——CIEΔE^*_{ab}
STDEV_X ——三刺激值数据中的 X 的标准偏差
STDEV_Y ——三刺激值数据中的 Y 的标准偏差
STDEV_Z ——三刺激值数据中的 Z 的标准偏差
STDEV_L ——L^* 的标准偏差
STDEV_A ——a^* 的标准偏差
STDEV_B ——b^* 的标准偏差
STDEV_DE ——CIEΔE^*_{ab} 的标准偏差

建议数据格式识别符应置于单独一行。不过，最大的行长不要超过 240 个字符。另外，与数据格式相关的数据最好在每行相同的位置上回车和/或换行，以增强可读性。

附　录　A
（资料性附录）
使用注释

A.1　介绍

本标准的主要目的是使用户能够定义一个由一组特定的CMYK油墨值及相关的色度三刺激值（*XYZ*）组成的特性数据文件，该特性数据文件能用于描述印刷工艺。如果有必要，可以为每种工艺提供不同的文件。目标是当不同的系统之间进行转换时，每一个CMYK图像能有一个为预期印刷工艺提供的特性描述数据的文件。这个文件可以在对不同印刷工艺或承印物所必需的数据转换中使用。需要注意的是，这种用于颜色转换的用法仅仅是指从CMYK到*XYZ*，或从CMYK到C'M'Y'K'。

本标准的第二个用途是定义可用于对任何复制的油墨值的特性描述。通过印刷表1和表2上列出的数值并进行测量，就可以获得表示该种工艺特性的数据。当进行从CMYK到*XYZ*的颜色转换时，方法与步骤与上面是相同的。然而，同样的数据也可以逆变换地计算，从而使以*XYZ*编码或导出值编码的图像能被印刷。应该注意到被定义的数据不可能对所有的用途都能充分考虑到，与其将它作为唯一的方案，不如作为假定的起始点作为参考。在4.1.3中定义的用户选择数据组是为此目的设计的，可以加入需要的数据。

用复制图像的方式复制数值，以保证其能够直接测量。本标准不对图像的尺寸和排列进行限定，最终的选择权在用户。印刷者应该考虑对记录输出尺寸、测量孔径、平均采样数和均匀性进行管理。用户的最终责任是要确保数据文件以正确的格式进行生产。至于怎样完成任务是没有关系的。

在本标准中定义的数值已经以系列数字图像的方式包含在GB/T 18721的图像S7到S10中。当用16线/mm的基本数据组或12线/mm的替代数据组输出时，该数据组的设计输出尺寸是10 mm见方（10 mm×10 mm）。在许多情形下，用户期望通过复制这些图像得到综合性的特性描述。按SCID布局图它们将缩小为实际尺寸的约60%，并且被重新排列（包括旋转图像S9）以便于一张21.59 cm×27.94 cm（8.5 in×11 in）或A4大小的纸张能够放下。这个布局图如图A.1所示。这样的布局允许使用小孔径的分光光度计进行测量，并且也能够使许多图像印在同一印张上。这在一般场合是有用的。

A.2　输出设备的特性描述

有多种方法可用于描述设备特性。一个极端的例子是对所有油墨值组合的复制品进行测量，以制定与每一个油墨值组合对应的颜色值表。尽管这种方法非常精确，但按每个通道8位共32位的体系可以定义的组合超过四千万个，这明显是不切实际的。相比之下，实际可用的系统是由中间点组成，适合插值使用的查找表。

另一个极端例子是，通过一个方程组将测量四色实地油墨块和每种颜色有限数量的油墨值转化为对应的彩色密度值，以实现对工艺的模拟。这种模型容易确定但不十分精确。

介于两种极端方法，可以通过测量多一些的颜色来插值计算，或使用数量有限的颜色建立颜色模型。本标准定义的两组油墨值允许人们进行这种选择。作为一种可选择的方法，用户选择数据组可以由用户自己定义。

A.2.1　基础数据组

基础数据组的油墨值组合用于建立颜色转换模型，数据见表1。

这些选择的数值基于下列考虑：

可以从 1～7 色块(A1～A7)和 18～26 色块(B5～B13)中得到符合 Neugebauer 方程的数据。

可以从 1～26 色块和 79～121 色块(A、B、G、H、I 行和 J1～J4)中得到符合多项式函数的数据。

色块 27～78(从 C 行直到 F 行)可以用来描述符合上述两种模拟方法的单色梯尺的特性。

色块 122～182(从 J5 直到 N13)提供了可用于更精确计算增加黑色后的结果和确保得到理想复制中性色(灰平衡)的附加信息。

关于 Neugebauer 方程的资料，用户可以查阅印刷色彩校准方面的文章。许多已经出版的研究论文是进一步描述该基本模型的。在 Neugebauer 纪念研究会 1989 年关于颜色复制的论文集 1184 卷，第 7～18 页，Warren Rhodes 的《Neugebauer 方程五十年》文章中，提供了许多极好的有关论文。

A.2.2 扩展数据组

被选出的扩展数据组中的油墨值组合考虑了数据插值的需要，见表 2。表 2 中给出的数值用下述油墨数值与颜色的组合来产生。

第一组为第 183～398 块，包括了下述青、品红和黄油墨值的所有组合：0%、10%、20%、40%、70%、100%。第二组为第 399～614 块，包括了相同的青、品红和黄油墨值的所有组合分别加上 20%的黑。

第三和第四组分别是第 615～739 块和第 740～864 块。去掉青、品红和黄中 10%的数值块后，剩余的所有组合分别加上 40%和 60%的黑。

第五组是第 865～928 块。由青、品红和黄的 0%、40%、70%和 100%的组合分别加上 80%的黑。

应该注意的是第 18～25 块是三色油墨 0%和 100%的组合分别加上 100%的黑。

扩展油墨组的印刷结果可以用于建立模型，但它们更适合用于查找表和数值插补。方法简明，不再详细描述。可以概括为三个步骤：

a) 利用数据组，以被描述油墨值为中心，测量十六个油墨数值组合。

b) 查找每一个油墨数值的三刺激值。

c) 在油墨值之间插补数值并得到三刺激值。插补数值可以是线性的或更高次的，并且可以根据数据组的需要以任何顺序进行。可以使用多种方法，不作通用性的建议。如果简易的线性插值不合适，那么用户可以查阅相关主题的文章。对于一些简单的插值方法，在插值之前，把油墨数值转换到均匀色空间是有好处的，如 CIELab 空间。

A.3 描述非网目调设备的特性

A.2 中所描述的原理适用于任何输出设备。在设备再现和颜色测量方面只需有限数量的色样。从三刺激值到设备着色剂颜色值的转换中，使用与印刷所描述油墨值相似的计算方法。表 1 和表 2 中的数据之所以不能在非网目调设备中使用，是因为用上述指定间隔的数据有可能生产不出色差均匀的样品。如果这种非均匀性是严重的，插值很可能是不准确的。

在这种情况下，用户可以根据 4.1.3 生成它们自己的数据值。这样的数据应该用 4.4 中可选择过程的方法报告，包括用于还原样品的数据值和相应的色度测量数据。表 1 和表 2 中的样品，为应该产生的数据组的大小和布局提供了总体上的指导。对检查均匀性有用的方法是以一定的间隔测量每一种油墨的许多级，并计算它们之间的色差。然后，选出色差近似相等的相应油墨数值。

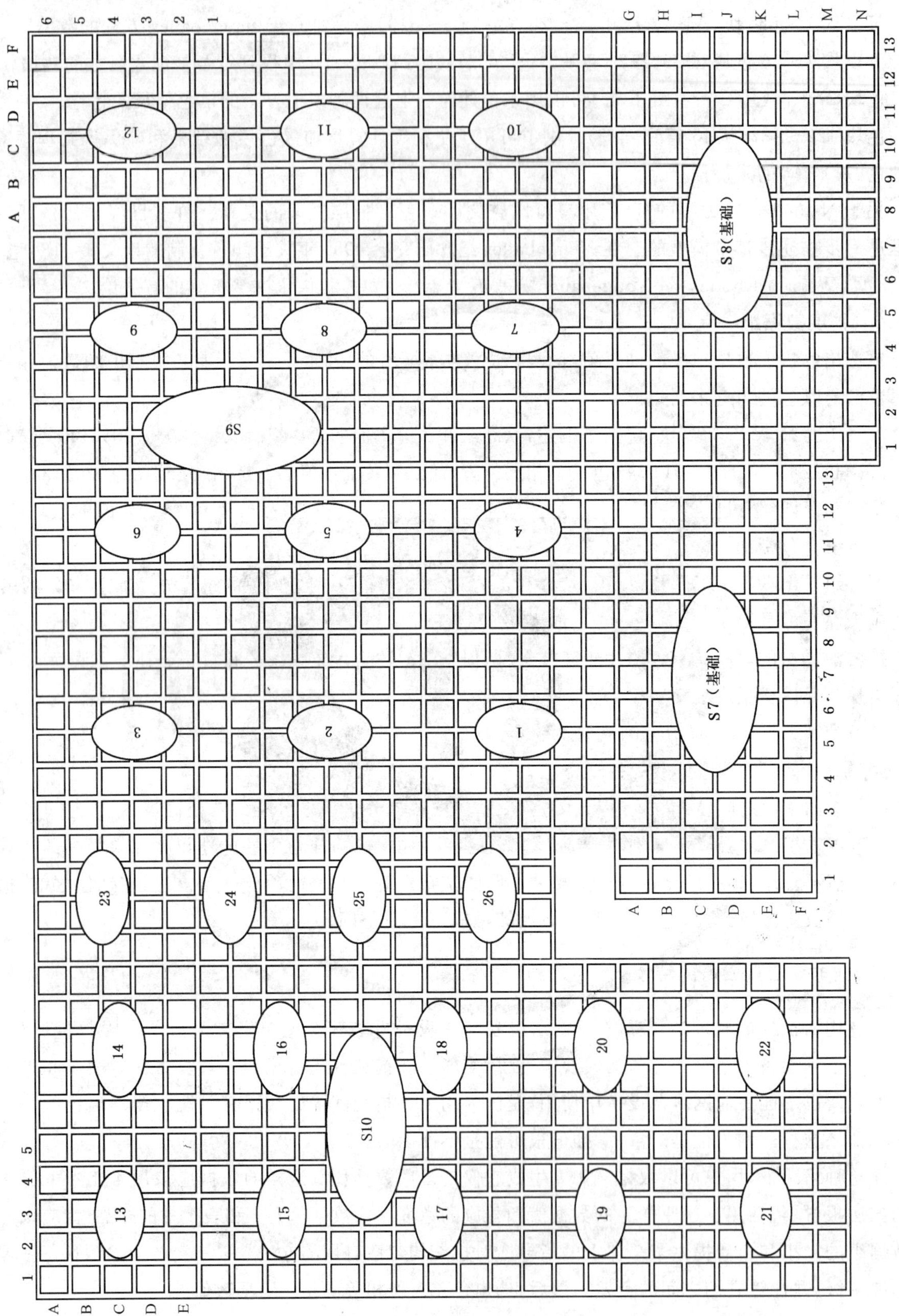

图 A.1 使用 SCID 图像 S7～S10 建议的单页排列版式

附 录 B
（资料性附录）
关键词数据文件格式的一般性描述

B.1 介绍

该基础数据文件格式在美国标准和国际标准中用于交流色标和测量颜色的数据。每一个单独的标准文件都应该在规范引用部分定义。本附录对所有使用这个格式的文件来说是通用的，因此包含了对所有关键词的概括性描述。本附录所描述的数据格式的要求仅仅作为参考。

以机器和人类都易读的形式交流数据，数据格式必须符合某些要求。这些要求包括但并不限于下述内容：

必须可被最终用户扩展，允许添加附加信息而不需要改变现有的文件阅读器。

必须是适合人类阅读的（要能用标准编辑器或文件阅读器显示数字文件）。

必须允许以多种语言表现数据。

必须可被自动程序阅读，以便提取需要的信息。

必须可被自动程序创建的。

满足上述要求的文件格式是一个由 ASCII 关键词组成的数值文件。这个文件格式利用预先定义的关键词和数据表。数值与在它们之前的关键词连接在一起，直到另一对关键词——数值出现。规定（provision）被用于定义数据表中的文件格式，并允许多种数据表的出现。

注：这个文件格式可以用简易的电子数据表程序进行读和写。可用打印到文件（print-to-file）选项进行写操作。可用跟随数据解析的文件输入文本（file-import-text）进行读操作。

B.2 文件格式描述

B.2.1 综述

文件中头 7 个字符作为与数据有关标准的标识。目前，ANSI 或 ISO 中所用的标准标识符是：IT8.7/1，IT8.7/2，IT8.7/3，IT8.7/4，CGATS.5，IS12641，IS12642，IS13655。这允许自动识别文件所涉及的标准，也允许自动确定字符长度和字节顺序，因此允许使用 8 位和 16 位的 ASCII 码。

文件中的字段由空白隔开。有效的空白字符是空格（ISO/IEC 646 中的 2/0 位置），回车（ISO/IEC 646 中的 0/13 位置），换行（ISO/IEC 646 中的 0/10 位置）和制表（ISO/IEC 646 中的 0/9 位置）。可以用任何有效的空白字符将关键词和数值隔开。只有空格和制表符可以放在同一行关键词的前面。注释由单独的注释字符引导（一个单独的关键词字符）。注释字符是“#”符号（ISO/IEC 646 0 35 中的 0/10 位置）。注释可以在一行的任一位置开始，以换行或回车符结束。

B.2.2 关键词

许多关键词可以在文件中以任意顺序出现，并且可以在文件中多次出现。BEGIN_END 字符对应该按顺序出现，并由适当的 NUMBER_OF_关键词引导。关键词可以由任意大写字母组合，也可包含 ASCII 字符 $（ISO/IEC 646 中的 2/4 位置）、%（ISO/IEC 646 中的 2/5 位置）、&（ISO/IEC 646 中的 2/6 位置）、-（ISO/IEC 646 中的 2/13 位置）、/（ISO/IEC 646 中的 2/15 位置）、_（ISO/IEC 646 中的 5/15 位置）和数字 0 到 9。

一些关键词是每一个文件都需要的，另一些关键词的选用依赖于文件所包含的数据。所有文件都需要的关键词如下：

ORIGINATOR
DESCRIPTOR

CREATED

NUMBER_OF_FIFLDS

BEGIN_DATA_FORMAT

NUMBER_OF_SETS

BEGIN_DATA

END_DATA

某些附加的通用关键词可以根据需要选择使用。这些可选择的关键词是：

#

KEYWORD

下列关键词是利用该文件定义的很多标准所需要的。

MANUFACTURER

PROD_DATE

SERIAL

MATERIAL

INSTRUMENTATION

MEASUREMENT_SOURCE

PRINT_CONDITIONS

B.2.3 数值

除非另有说明，每一个关键词有一个与它相关的字符串值。无论字符串中是否包含空白，所有的字符串值都应放入引号中(ISO/IEC 646 中的 2/2 位置)。放入引号中意味着字符串以"符号开始和结束。字符串中" "符号的含义与 C 语言句法中"符号的含义是相同的。

与关键词 NUMBER_OF_FIELDS 和 NUMBER_OF_SETS 相关的值必须是整数。

关键词 BEGIN_、END_后面没有与它们相关的数值，但它们能封装数据格式定义或相应的数据串。

数据表用下列句法表示。

NUMBER_OF_FIELDS

BEGIN_DATA_FORMAT

.....

END_DATA_FORMAT

NUMBER_OF_SETS

BEGIN_DATA

.....

END_DATA

NUMBER_OF_SETS

BEGIN_DATA

.....

END_DATA

在下一个 BEGIN_DATA_FORMAT 关键词或新的标准标识符出现之前，数据格式一直有效。

B.2.4 数据格式标识符

数据格式(置于 BEGIN_DATA_FORMAT 和 END_DATA_FORMAT 之间)描述了一套数据中每一个数据字段的含义(见下述例子)。数据格式应由下列的标识符或被定义的关键词组成。数据格式定义中的未知项虽然会被读，但可能被自动阅读器忽略。数据格式标识符应使用大写字母。与每种数据格式相关的数据类型默认为实数，除非另定义为整数(I)或字符串(CS)。只有在使用 SAMPLE_ID 时，且样品标识符不包含空白时不需要引号外，字符串数据必须被置于引号中。

通常数据标识符数据的定义如下：

SAMPLE_ID(CS) ——识别数据表示的样品。

STRING(CS) ——识别标签或其他非机器可识读的数值。数值开始和结束必须用"符号。

CMYK_C ——以百分数表示的 CMYK 数据的青成分。

CMYK_M ——以百分数表示的 CMYK 数据的品红成分。

CMYK_Y ——以百分数表示的 CMYK 数据的黄成分。

CMYK_K ——以百分数表示的 CMYK 数据的黑成分。

D_RED ——红滤色片反射密度。

D_GREEN ——绿滤色片反射密度。

D_BLUE ——蓝滤色片反射密度。

D_VIS ——可见光滤色片反射密度。

RGB_R ——RGB 数据中的红成分。

RGB_G ——RGB 数据中的绿成分。

RGB_B ——RGB 数据中的蓝成分。

SPECTRAL_NM ——用毫微米表示测量的波长。

SPECTRAL_PCT ——以百分比表示的透射或反射率。

XYZ_X ——三刺激值数据的 X 值。

XYZ_Y ——三刺激值数据的 Y 值。

XYZ_Z ——三刺激值数据的 Z 值。

XYY_X ——色度数据的 x 值。

XYY_Y ——色度数据的 y 值。

XYY_CAPY ——色度数据的 Y 值。

LAB_L ——CIELab 数据的 L^* 值。

LAB_A ——CIELab 数据的 a^* 值。

LAB_B ——CIELab 数据的 b^* 值。

LAB_C ——CIELab 数据的 C^*_{ab} 值。

LAB_H ——CIELab 数据的 h_{ab} 值。

LAB_DE ——CIE ΔE^*_{ab}。

STDEV_X ——(三刺激值数据)X 标准偏差。

STDEV_Y ——(三刺激值数据)Y 标准偏差。

STDEV_Z ——(三刺激值数据)Z 标准偏差。

STDEV_L —— L^* 标准偏差。

STDEV_A —— a^* 标准偏差。

STDEV_B —— b^* 标准偏差。

STDEV_DE —— CIE ΔE^*_{ab} 标准偏差。

除非行的长度超过了允许的字符数量(如 255)，数据格式标识符都应单独放在一行中，行数越少越实用。另外，与数据格式相关的数据应该使用相同的位置回车和/或换行，以增强可读性。

B.3 关键词的详细解释

除非用作数据格式定义的一部分，除了空白以外，其他符号不能放在一行中的关键字前面。除非另有规定，由关键词包括数据串组成的值，应该用"符号开始和结束。

ORIGINATOR 标明创建数据文件的专用系统、组织或个人。

DESCRIPTOR	描述数据文件的用途或内容。
CREATED	显示数据文件创建的日期。
NUMBER_OF_FIELDS	包含后面数据文件格式定义中的字段数(数据文件格式标识符)。与该关键词相关的数值是整数。
BEGIN_DATA_FORMAT	定义数据组开始的标记。数据格式标识符指出了字段之间以及它们的数值间的关系。数据格式可以有任意数目的项。由 END_DATA_FORMAT 结束。数据格式的数值必须是数据格式标识符或关键词。
END_DATA_FORMAT	定义数据格式结尾的符号。END_DATA_FORMAT 应放在 BEGIN_DATA_FORMAT 后面,并且 END_DATA_FORMAT 的后面应为空白。
NUMBER_OF_SETS	重复次数或与数据格式字段对应的数据组数,该字段包含在随后的数据中。相关值是整数。
BEGIN_DATA	数据串开始的符号。
END_DATA	数据串结尾的符号。
#	注释的指示符。自动阅读器从这个字符到行结尾的所有字符应被忽略。行的结尾由回车和换行表示。该字符向用户指出了在其后面为有用的信息。注释字符后的资料不需要使用引号。
KEYWORD	表示从这点开始一个新的关键词被定义。这主要是用于厂家提供的专用信息,也可用作将来增加新关键词的一种手段,而不产生关键词修改前的自动识读问题。在关键词被定义前它们是无效的,但文件的其余部分依然有效。自动识读器可以忽略用户/厂家定义的关键词,以及与其相关的、而自动识读器不认可的数值。与 Keyword 相关的数值是与关键字一起被定义的。该数值应为没有空白的字母数字值。
MANUFACTURER	指明色标和/或数据文件的生产厂商。在大多数情况下,厂商指数据对应的物理色标的制作者。这个信息主要用于终端用户而不是自动识读。因为厂商信息可能被包含在被测量色标的 Serial 区段中。
PROD_DATE	以 yyyy. mm 的形式识别色标生产的年和月。
SERIAL	唯一地识别单个的物理色标。该字段供最终用户和文件的自动识读器使用。相关的数值应该是字母数字的数值。
MATERIAL	用于识别生产色标的材料,用一组代码来唯一识别材料。这仅用于 IT8.7 物理色标。
INSTRUMENTATION	用于报告测量数据的仪器。该数据经常为一些特定数据提供比专用细节扩展表更多的信息。这对于光谱数据或由分光光度计得到的数据尤其重要。
MEASUREMENT_SOURCE	用于光谱测量的照明光源。该数据帮助提供一个针对可能的纸张荧光等问题的指导。
PRINT_CONDITIONS	用于定义被报告的印张的特性。在那些已经定义标准条件的场合(如 SWOP),指定条件的名称就已经足够了,否则需要更详细的信息。

B.4 文件举例

下面展现了一个用于报告 CIE XYZ 数据的数据文件的例子,这些数据是通过对 ISO 12642 基础数据组印刷品的测量获得的。

```
IS12642
ORIGNATOR"XYZ Printing Company"
DESCRIPTOR"Results of Oct 17,91 printing test"
CREATED"December 6, 1991"
INSTRUMENTATION"GTO Spectro ,Model 5"
MEASUREMENT_SOURCE"Unknown"
PRINT_CONDITIONS"SWOP aim test using basic data set"
NUMBER_OF_FIELDS 5
KEYWORD"SAMPLE_LOC" # Patch location in printing form
BEGIN_DATA_FORMAT
SAMPLE_ID SAMPLE_LOC XYZ_X XYZ_Y XYZ_Z
END_DATA_FORMAT
NUMBER_OF_SETS 182
BEGIN_DATA
1    0A01    15.85    24.00    45.01
2    0A02    29.74    15.45    14.11
.
.
.
182    0N13    9.87    8.81    4.79
END_DATA
```

ICS 37.100.01
A 17

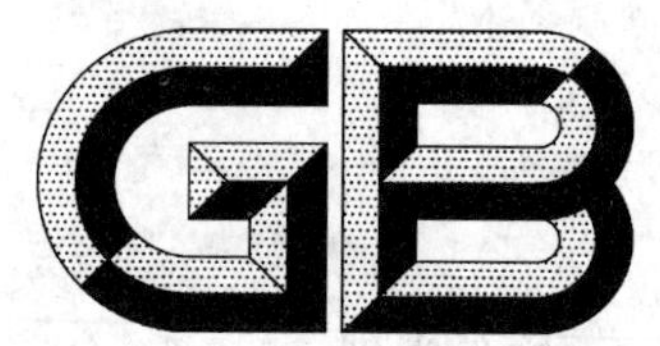

中华人民共和国国家标准

GB/T 23649—2009/ISO 14981:2000

印刷技术 过程控制 印刷用反射密度计的光学、几何学和测量学要求

Graphic technology—Process control—Optical, geometrical and metrological requirements for reflection densitometers for graphic arts use

(ISO 14981:2000,IDT)

2009-05-06 发布 2009-11-01 实施

中华人民共和国国家质量监督检验检疫总局
中国国家标准化管理委员会 发布

前　　言

本标准等同采用 ISO 14981:2000《印刷技术　过程控制　印刷用反射密度计的光学、几何学和测量学要求》。

为了便于使用，本标准对 ISO 14981:2000 做了下列编辑性修改：

——将“本国际标准”改为“本标准”；

——删除 ISO 14981:2000 的前言；

——本标准用等同采用或等效采用国际标准的相应国家标准或行业标准代替 ISO 14981:2000 的规范性引用文件中的引用标准；

——在引言中，添加“随着印刷过程控制的规范化和数据化的实施，印刷部门和高等学校配备了各种品牌的密度计。在印刷行业制定和推行此项标准的意义在于：在采购和使用密度计时，必须保证所使用的密度计其几何学、光学和测量学等条件符合此项标准，否则，测量的结果会出现偏差，不能保证数据的可靠性”一段话。

本标准的附录 A 和附录 B 为规范性附录。

本标准由新闻出版总署提出。

本标准由全国印刷标准化技术委员会归口。

本标准起草单位：北京印刷学院。

本标准主要起草人：齐晓堃、金杨、武兵。

引　言

用于印刷过程控制的密度计具备许多专门针对印刷参数的特征。尽管已有摄影标准 ISO 5-1[1]、ISO 5-3 和 ISO 5-4[2] 作为基础,但仍需要为印刷技术领域使用的仪器制定专门的要求和允差。

就原理而言,光电型或分光光度型的反射密度计以及反射色度计都是测量反射材料之反射系数的仪器。遵循 ISO 5 的密度计和遵从 GB/T 19437 的色度计具备同样的几何条件,即:45/0 或 0/45。从原理上,应注意分光光度类型的反射测量仪器既可作为密度计,也可作为色度计使用。本标准中,色度计的定义遵循了 CIE 17.4 的国际照明词汇。在印刷中,45/0(45°入射,0°出射)、0/45 以及带积分球的几何结构中,首选前两种,因为这两种几何结构符合人眼观察的常见条件,使印刷产品的光泽对人眼观察的影响降至最小,参见 GB/T 19437—2004 的附录 E。使用偏振装置是为去除首层表面反射而采用的一种附加测量手段,对非光泽的表面这是唯一可用的手段。

尽管密度测量仪器和色度测量仪器具有相似性,但两者之间仍存在根本差别。首先,密度测量使用的照明体是 CIE 标准照明体 A 而 GB/T 19437 规定印刷色度测量使用 CIE 标准照明体 D_{50}。其次,对彩色而言,密度测量和色度测量反射系数的权重函数是不同的。仅在对非彩色(如:黑色)进行密度测量时采用的"视觉"权重函数与色度学三刺激值 Y 相同。

色度学的目标是提供一种测量手段,尽可能好地模拟标准观察者观察样张的视觉特性。在印刷技术领域,色度学主要服务于颜色匹配及颜色标准的制定。价格不高、采样光孔小、分光光度或光电类型的手持式色度计,就像密度计一样适合过程控制使用,这使得在进行颜色匹配时不再使用密度计。

在印刷技术中,密度测量的目的是控制油墨层的厚度。本质上,是为了控制单位面积内色料的数量、确定阶调值或其他数值。另一个明显不同的应用是测量分色输入原稿材料的密度范围,本标准不包含这类密度测量的内容。

本标准的概念基于摄影行业 ISO 5 系列国际标准的基本原理,光谱乘积数据参照了 ISO 5-3 的某些表格。同 ISO 5 系列国际标准一样,本标准不直接定位于最终使用者,而是对密度计生产厂商或装备这类仪器的实验室。GB/T 18722 提供对最终使用者的指导,亦给出了不同类型密度计的概况介绍。

随着印刷过程控制的规范化和数据化的实施,印刷部门和高等学校配备了各种品牌的密度计。在印刷行业制定和推行此项标准的意义在于:在采购和使用密度计时,必须保证所使用的密度计其几何学、光学和测量学等条件符合此项标准,否则,测量的结果会出现偏差,不能保证数据的可靠性。

印刷技术　过程控制　印刷用反射密度计的光学、几何学和测量学要求

1　范围

本标准规定了对测量仪器的要求，这些测量仪器用于测量反射密度及多色网目调或连续调反射印刷复制品材料的阶调值。

本标准在应用上等同于直接使用滤色片和限制带宽技术测量状态密度的测量仪器，以及进行光谱测量并计算状态密度的测量仪器。本标准不适用于测量连续调原稿的仪器。

2　规范性引用文件

下列文件中的条款通过本标准的引用而成为本标准的条款。凡是注日期的引用文件，其随后所有的修改(不包括勘误的内容)或修订版均不适用于本标准，然而，鼓励根据本标准达成协议的各方研究是否可以使用这些引用文件的最新版本。凡是不注日期的引用文件，其最新版本适用于本标准。

GB/T 18722　印刷技术　反射密度测量和色度测量在印刷过程控制中的应用(GB/T 18722—2002,eqv ISO 13656:2000)

GB/T 19437—2004　印刷技术　印刷图像的光谱测量和色度计算(ISO 13655:1996,IDT)

CY/T 31—1999　印刷技术　四色印刷油墨颜色和透明度　第1部分:单张纸和热固型卷筒纸胶印(eqv ISO 2846-1:1997)

ISO 5-3:1995　摄影　密度测量　第3部分:光谱条件

ISO 14807　摄影　确定透射反射密度计性能指标的方法

ISO 15790　印刷技术和摄影术　反射和透射计量　认证的参照材料　应用的文献和例行程序，包括确定组合标准的不可靠性

3　术语和定义

下列术语和定义适用于本标准。

注：对各种量值，定义与其首选的单位一起给出。根据定义，“无量纲”量的单位为1。

3.1

非彩色　achromatic (perceived) colour

无色相的颜色，如:黑色和灰色。对于透射物体，也使用无色或中性色来描述。

[CIE 17.4 845-2-26][6]

注：在印刷实践中，使用单色黑油墨或使用满足灰平衡的三色油墨来制作非彩色。

3.2

校准　calibration

在特定条件下，通过一组操作，确立由测量仪器或测量系统指示的多个量值与标准响应值的关系，或者对某种材料或参照材料测量所提供的数值与标准值之间的关系[5]。

注：与通常的误解相反，校准不是通过调节测量系统而使其产生可信的正确数据的过程，而是产生可信测量数据的保证。

3.3

认证的参照材料 certified reference material;CRM

带证明书的参照材料,其单项或多项特性的值通过一个例行过程得以确认,该过程可以建立起表示这些特性的测量仪器的准确传递关系。在一定的置信度等级下,每个确认过的特性数值都带有一个误差范围。

[ISO 15790]

3.4

彩色 chromatic (perceived) colour

非彩色以外的颜色。

[CIE 17.4,845-02-27][6]

注:四色印刷用青、品红和黄为彩色原色油墨。

3.5

光泽抑制系数 gloss suppression factor

在测量仪器中加入偏振装置后,测试目标的反射率降低的比例系数。

单位:1

3.6

照明面积 illuminated area

被测样品表面被照明光源照亮的区域。

3.7

机械光孔 mechanical aperture

由不透明的遮盖片形成的光阑,用于测量仪器在被测样品上的定位。

3.8

四色印刷的原色 process colours (for four-colour printing)

黄、品红、青和黑。

3.9

接收器 receiver

探测辐射量的装置。

3.10

反射系数 reflectance factor

R

在限定方向、给定立体角内,样品的反射辐通量或光通量与在同一方向、同一立体角内、同样照明条件下完全漫反射体反射辐通量或光通量之间的比率。

单位:1

3.11

采样光孔 sampling aperture

样品表面的一部分,其大小由接收器灵敏度的角度范围所决定。

3.12

加网线数;网线频率 screen ruling;screen frequency

在产生最高值的方向上,单位长度内图像元素(例如:网点、线条)的数目。[3]

单位:cm^{-1}。

3.13

网线宽度 screen width

加网线数的倒数。[3]

单位:μm。

3.14

光谱乘积 spectral products

在各个波长上,入射光谱功率与接收器光谱响应的乘积。

单位:1。

注:接收器的光谱响应包含:光电检测器件以及介于采样光孔和光电检测器件之间的所有部件的光谱响应。

4 技术要求

4.1 入射和出射的几何条件

4.1.1 概述

测量应符合下列两种几何条件之一:

——采用环形照明装置,接收器的敏感方向垂直于采样光孔(环形入射模式);或

——照明光垂直于采样光孔和环形接收器(环形出射模式)。

4.1.2 环形入射模式

沿圆周方向的环形照明应均匀。如果样品在其自身旋转平面上的反射特性不变,环形的照明不均匀也无妨。

注:在印刷材料显现出轻微方向敏感性的情况下,建议用下列方法对环形照明均匀性的要求予以折衷:入射光应分别来自位于不同角度而相隔 90°的两个照明光源;或者采用更适宜的照明方式:入射光来自两个以上的照明光源,角度间隔相等地排开。如果在 0°、45°和 90°方向上进行 5 次以上的重复密度测量,而三个方向数据平均值的差别不大于 0.03,则可以认为其方向依赖性是轻微的。

在采样光孔的中心部位,照明光强的角分布的最大值应在与采样光孔法线成 45°±2°方向上,与其最大值所在角度差别 5°以外的光应该可以忽略,见图 1。

接收器应在垂直于采样光孔的方向上敏感。在采样光孔的中心部位,接收器敏感度的角度分布应在不大于采样光孔垂直方向 2°的范围内达到最大值,与其最大值所在角度差别 5°以外的敏感度应该可以忽略,见图 1。

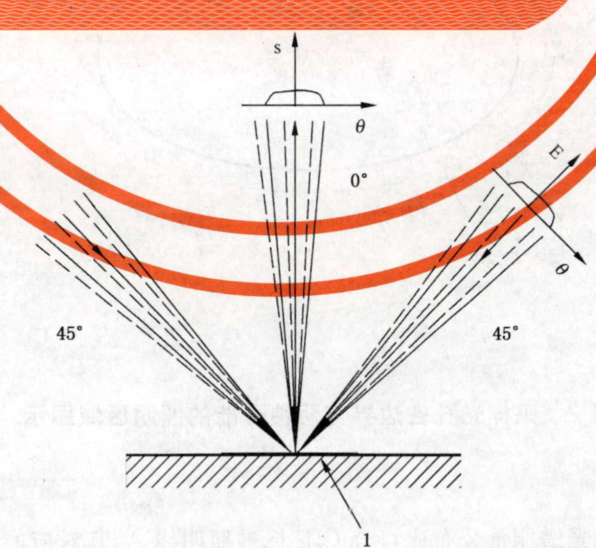

1——采样光孔;

连续实线——最大值及相关允差的额定角度;

虚线——最大偏离角度值 2°的示例;图中还展示了出射光 E 和探测器敏感度分布 s 的例子,两者都相对余角 θ。

图 1 环形入射模式 在采样光孔中心部位辐射立体角的横截面图

4.1.3 环形出射模式

接收器的敏感性应是环形的,其敏感度在环面上应均匀。如果样品在其自身旋转平面上的反射特性不变,则接收器敏感度的分布不必沿着环面均匀。

注:在印刷材料显现出轻微方向敏感性的情况下,建议用下列方法对环形照明均匀性的要求予以折衷:出射光应被分别来自位于相隔90°的两个接收器接收到,或者采用更适宜的接收方式:出射光被两个以上的接收器接收,角度间隔相等地排开。如果在0°、45°和90°方向上进行5次以上的密度重复测量,而三个方向数据平均值的差别不大于0.03,则可以认为其方向依赖性是轻微的。

在采样光孔的中心部位,接收器敏感度的角度分布的最大值应在垂直于采样光孔45°±2°的方向上,与其最大值所在角度差别5°以外的敏感度应该可以忽略,见图1。

光源应以垂直于采样光孔平面的方向照明。在采样光孔的中心部位,照明的角分布应在垂直于采样光孔不超过2°的方向上达到最大值,与其最大值所在角度差别5°以外的光线应该被忽略。

4.2 机械光孔与采样光孔

如果有机械光孔存在,其内边界应位于采样光孔外至少0.5 mm。

圆形采样光孔的直径不应小于网线宽度的15倍;也不应小于厂商提供的加网线数低限所对应网线宽度的10倍,参见4.7。非圆形采样光孔的面积不应小于圆形采样光孔所要求的面积。

注:采样光孔的最小尺寸与网线宽度之间的关系等同于GB/T 17934.1[3]和GB/T 18722的规定。

4.3 照明区域

照明区域的全部边界应位于采样光孔边界内侧或外侧至少0.5 mm,见图2。

注1:这一要求降低了由侧面半透明所造成的误差。当光线从测量仪接收器采样光孔的侧面内部散射到外部时,会造成反射系数测量的误差。与所有光线都被采集的情况相比,反射系数通常会降低。

注2:在实际应用中,照明区域要小于采样光孔的区域。

注3:未对照明均匀性做出要求,因为在印刷技术的密度测量中,通常采用很小的光孔测量平网控制块的阶调值。

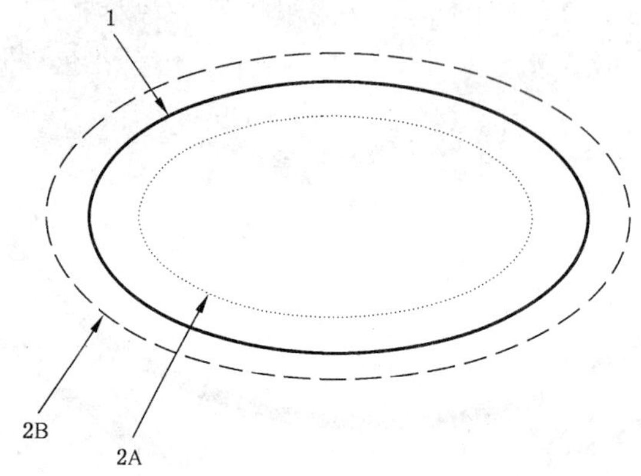

1——采样光孔;
2A——较小的照明区域;
2B——较大的照明区域。

图2 采样光孔各边界与两种可能的照明区域图示

4.4 光谱条件

4.4.1 入射光谱

落入样品表面光通量的光谱能量分布应符合CIE标准照明体A,其对应的分布色温为2 856 K,允差为±100 K。

注:印刷材料,特别是承印材料一般难以排除荧光的影响,因此,入射光谱能量分布要求特别重要。如果不考虑荧光的作用,则无论承印材料是否含有荧光成分,光谱反射系数数据都可以用于色度数值和状态密度值的计算。

4.4.2 光谱乘积

为测量非彩色,例如:黑色和灰色,光谱乘积应遵从ISO 5-3中关于视觉反射密度的规定。

为测量彩色青、品红和黄，测量仪器的所有三个彩色通道的光谱条件应遵从 ISO 5-3 中对状态 T、状态 I 和状态 E 的规定。特别是：青通道应依照 ISO 5-3 标有“红(red)”的光谱数据，品红通道应依照 ISO 5-3 标有“绿(green)”的光谱数据，黄通道应依照 ISO 5-3 标有“蓝(blue)”的光谱数据。

4.5 由光谱数据计算反射密度

状态密度可由下面两个方法之一确定：

——测量仪器使用光学滤色片，它与接收器的光谱敏感度结合形成反射光谱权重的分布；

——由测量仪器进行光谱测量并计算状态密度。

采用第二种方法时，应校验光谱的一致性，见 4.6.3。

通过计算确定密度，应按下列方法进行：光谱反射系数应基于 10 nm 的间隔，而光谱响应函数在 10 nm 半宽度内的半能量值构成三角形。如果测量数据的间隔和通带小于 10 nm，应使用 GB/T 19437—2004 附录 A 所给定的方法拓展数据的通带。反射系数的数据至少从 400 nm 测量到 700 nm。光谱反射系数测量用的仪器应符合 4.1.2 或 4.1.3 以及后续的 4.2，4.3，4.4.1。

下列公式应用于计算反射密度：

$$D = -\lg \frac{\sum R(\lambda) \cdot \Pi(\lambda)}{\sum \Pi(\lambda)} \qquad \cdots\cdots(1)$$

式中：

D——反射密度；

$R(\lambda)$——波长为 λ 对应的反射率；

$\Pi(\lambda)$——波长为 λ 对应的光谱乘积，取自 ISO 5-3；

lg——以 10 为底的对数。

求和运算应在光谱乘积数据所定义的范围内进行。

如果反射系数数据的起始波长大于光谱乘积数据的最小波长，则应将低于此最小波长的所有光谱乘积求和，并与起始波长的光谱乘积相加。

如果反射系数数据的终止波长小于光谱乘积数据的最大波长，则应将高于此最大波长的所有光谱乘积求和，并与终止波长的光谱乘积相加。

注 1：此做法与 GB/T 19437 所规定的色度计算方式类似。

注 2：如果光谱反射系数随波长的变化剧烈，则使用 10 nm 宽度就显出不足，计算获得的状态密度值可能与使用连续响应函数的测量数据不同。

4.6 一致性

4.6.1 概述

倘若测量仪器与 4.6.2 和 4.6.3 的要求吻合，则其符合本标准。在测量仪器使用偏振装置的情况下，则应符合 4.6.4 的附加要求。

4.6.2 线性度

按照 5.2 对所有四个颜色通道进行调节后，用仪器测量一组符合 ISO 15790 的 CRM(认证参照材料)之反射密度。针对仪器的每种光谱条件分别对标称反射密度为 0.0～0.2、1.0±0.2、2.0±0.5 的至少三个 CRM 进行密度测量，测量得到的密度值与 CRM 在相应光谱条件下标称值的最大误差在 0.02 或 2%以内。对于带偏振装置的测量仪器，所使用的 CRM 应符合本标准附录 A 的要求。

注：符合附录 A 要求的 CRM 也可用于不带偏振装置的测量仪器。

4.6.3 光谱一致性

以下内容涉及按 5.2 准备好并符合 4.6.2 要求的测量仪器。在此条件下，没有进行进一步调整的测量仪器应满足下列要求：对任何一个青、品红、黄和黑的四色印刷实地，5.3.2 和 5.3.4 确定的反射密度最多不大于 0.03。由 5.3.2 和 5.3.5 所确定的反射密度应满足同样的要求。

注：将线性度和光谱要求结合，反映了测量仪器的实际应用状况。与测量仪器单独符合线性度和光谱条件相比，同

时满足线性度和光谱条件两项要求更加严格。在非组合的单独测量要求中，每次测量之前允许对仪器进行单独调整。

4.6.4 偏振

带偏振装置的测量仪器，使用5.4描述的测试方法进行测试时，每个颜色通道的光泽抑制系数不应低于50。

4.7 说明文件

对声称其符合本标准的测量仪器，销售商应为仪器提供下列信息：

——由该仪器测量出的状态密度；

——在测量仪器中是否具有偏振测量装置；

——采样光孔的尺寸以及照明过度/照明不足的范围，两者都用mm表示；

——测量仪器进行网目调测量时，加网线数的下限，见4.2；

——对仪器进行校准的说明和方法，如有必要，对仪器进行调节的说明和方法。

厂商应按照ISO 14807所指定的方法提供仪器性能说明。所提供的文档应提醒最终用户，反射状态密度是以完全漫反射表面作为参照体定义的，如果采用其他参照体，则应在“反射密度”一词前面插入形容词“相对”。

5 检测方法

5.1 概述

反射密度的测量应依照GB/T 18722的规定进行，即：衬底材料应是漫反射而无光谱选择性的，其ISO视觉反射密度为1.50±0.20。在由国家标准化实验室进行测量的数据报告中应标明测量仪器的几何条件和光谱状态。

注：以下检测方法是针对生产厂商或具有相应装备的实验室，不涉及最终用户。

5.2 调节

为了使测量仪器的性能达到最佳，校准并在有必要时对仪器进行调节。调节过程包括硬件和/或软件的调整。

5.3 光谱条件

5.3.1 采用一组认证参照材料(CRM)，其光谱特性符合CY/T 31—1999附录D的规定，且其颜色符合本标准表1的数据，L^*、a^*、b^*各数值的允差为±5。在缺乏适用的一组认证参照材料(CRM)的情况下，采用一组符合CY/T 31胶印四色油墨，将青、品红、黄、黑油墨实地印刷在有光泽的承印物上，其CIELAB颜色坐标L^*、a^*、b^*的每个数值与表1给出数值的允差在±5以内。

5.3.2 将印刷品放置在一个符合5.1规定的黑色衬底上，用测量仪器对四色印刷原色实地进行测量。

5.3.3 采用一台精密分光光度计

——其带宽不大于10 nm；

——除几何结构外，其他条件符合GB/T 19437；

——其几何结构符合本标准的规定；

——由认证参照材料(CRM)校验过的性能追溯至国家标准机构，并可追溯到与测量任务不确定性相一致的等级(后者由4.6.3规定的允差表示)。

对带有偏振装置的仪器进行检测时，分光光度计也应具备偏振装置。测量放置在符合5.1规定的黑色衬底上的四色印刷原色实地的光谱反射系数，至少从400 nm测量至700 nm，且400 nm和700 nm都包含在测量范围内。每个波长测量5～10次并求出平均值。

5.3.4 使用公式(1)和在4.5中给定的过程，由5.3.3获得的平均反射系数计算出反射密度值。

5.3.5 对任何其他预期使用的典型成套油墨或色料，对测量仪器重复5.3.1～5.3.4的步骤。

注：对非印刷机打样的过程控制，如：相纸、染料热升华或喷墨材料进行密度测量时，步骤5.3.5特别重要。

表 1 用于光谱一致性测试的认证参照材料(CRM)的 CIELAB 坐标

单位:1

颜色	L^{*a}	a^{*a}	b^{*a}
青	54	−37	−50
品红	47	75	−6
黄	88	−6	95
黑	18	0	−1

[a] 按 GB/T 18722 测量在黑色衬底、2°视场标准观察者、D_{50} 光源、0/45 或 45/0 几何条件下进行。

5.4 偏振效率

5.4.1 使用一个如本标准附录 B 所述的偏振测试对象。对测量仪器的每一个颜色通道,执行下述 5.4.2~5.4.9 的步骤。

5.4.2 去掉测量仪器上的偏振装置,在白色承印物上调零。

5.4.3 水平放置偏振测试对象,将测量仪器放在测试对象上面。

5.4.4 调整测量仪器的水平位置,使反射密度达到最小值。

5.4.5 调整尖头圆柱体的纵向位置,使反射密度再次达到最小值 D_1;此值可能会低至−0.8。确认电子电路在其线性范围内能够处理如此高的光电流,否则要在光路中插入减光片,并确认其不破坏几何条件。例如:可以加入非光谱选择性的薄型密度滤光片。

5.4.6 重新在测量仪器上安装偏振装置并在一个白色承印物上调零。

5.4.7 将测量仪器放回偏振测试对象上,放置在 5.4.4 要求中达到最小密度值的位置,偏差在 0.1 mm 范围以内。

5.4.8 读取反射密度值 D_2。

5.4.9 计算:

$$P = 10^{D_2 - D_1} \qquad (2)$$

式中:

P——光泽抑制系数;

D_1——在 5.4.5 中确定的密度;

D_2——在 5.4.8 中确定的密度。

6 报告

依据本标准要求所得的反射密度,根据其采用 ISO 5-3 光谱乘积的不同,分别为“视觉反射密度”、“状态 T 反射密度”、“状态 I 反射密度”、“状态 E 反射密度”。如果使用了带偏振装置的仪器,或者使用了不同于 GB/T 18722 规定的衬底,则必须将此情况连同数据予以说明。如果反射密度采用的参照体不是完全反射和完全漫反射表面,则应在“反射”一词前面插入“相对”的形容词。

附 录 A
（规范性附录）
带偏振装置的测量仪器所使用的认证参照材料(CRM)

为进行线性度测试而准备的一组认证参照材料(CRM)的组成是：一块无光泽陶瓷基板，基板上至少有三块经光学抛光及非光谱选择性（"中性密度"）的平板玻璃滤色片，滤色片用非光谱选择性的水泥粘附在基板上，见图A.1。每一块非光谱选择性玻璃滤色片的尺寸不小于1 cm×1 cm，厚度不超过0.2 mm。滤色片的选择，应使一组认证参照材料(CRM)达到下列ISO视觉反射密度值：0.0～0.2；1.0±0.2；2.0±0.5。在认证参照材料(CRM)附带的文件中，应写明ISO视觉光谱条件以及ISO状态T、ISO状态I、ISO状态E中至少一种光谱条件下的（绝对）反射密度值及其在一定置信等级上的不确定度（有效系数）。

注1：认证参照材料CRM的这种构造为带偏振和不带偏振测量仪器使用同一套材料进行校准提供了条件，因为此处的首层表面反射具有高度的方向性，而带有偏振装置的几何结构能够有效地抑制该反射，这种认证参照材料可以满足带或不带偏振装置仪器的校准需要。

注2：更多信息见参考书目的文献[4]。

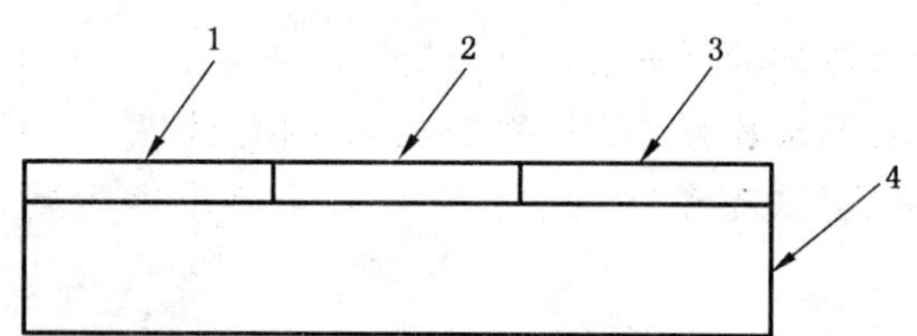

1,2,3——非光谱选择性的玻璃滤色片；

4——陶瓷基板。

图A.1 带偏振装置的测量仪器所使用测试对象的横截面

附 录 B
（规范性附录）
偏振测试体

本测试体的组成是：中心带垂直圆孔的基板，该圆孔恰好套住一个具备135°锥顶角的金属圆柱体。顶点应部分地突出，见图B.1。圆柱体的直径应视采样光孔而适当选择（例如：对3.5 mm的采样光孔采用8 mm直径）。在锥角顶端，顶点应是球状而不锋利的。锥柱体应镀铬并高度抛光。锥柱体的纵向位置应能够以很小的增量从下面升高。

注：更多信息见参考书目的文献[4]。

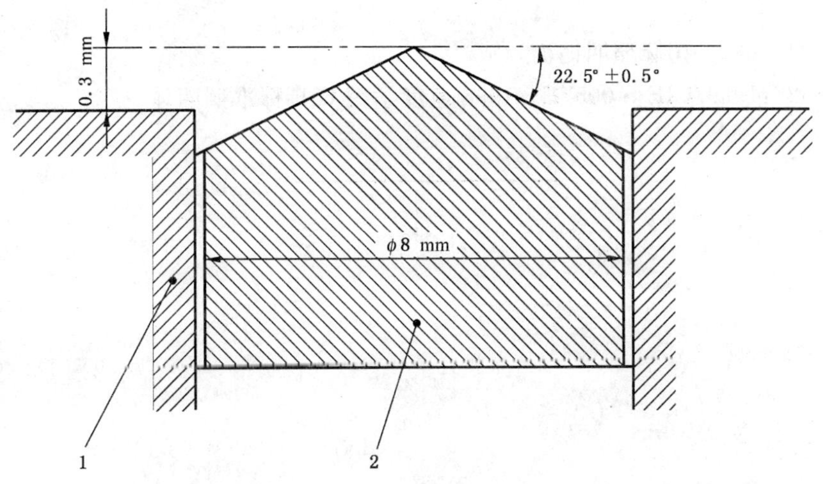

1——基板；

2——带锥顶角的圆锥体。

图B.1 偏振测试体的横截面；采样光孔直径约为3.5 mm的示例

参 考 文 献

［1］ ISO 5-1:1984 摄影 密度测量 第1部分:术语、符号和标志

［2］ ISO 5-4:1995 摄影 密度测量 第4部分:反射密度的几何条件

［3］ GB/T 17934.1—1999 印刷技术 网目调分色片、样张和印刷品成品的加工过程控制 第1部分:参数及测试方法

［4］ T CELIO,F MAST,H OTT.光学反射密度测量中偏振片的使用.Journal of Imaging Technology,1991,17(1):2-4

［5］ BIPM,IEC,IFCC,ISO,IUPAC,IUPAP,OIML.测量学基本通用术语国际词汇(VIM).第2版,1993年

［6］ CIE 17.4:1987 国际照明词汇

［7］ ISO 10526:1999/CIE S 005/E—1998 色度学用CIE标准照明体

前　　言

本标准等效采用国际标准 ISO 12218《印刷技术——过程控制——胶印印版制作》。这是一个涉及胶印晒版质量控制的操作性很强的标准。制定本标准的目的在于统一晒版工序的基本条件、操作规范和质量要求。这个标准在我国还是第一次制定。附录 A 是本标准的附录。附录 B～附录 E 是提示的附录。

本标准由全国印刷标准化技术委员会提出并归口。

本标准起草单位:北京印刷学院　中国印刷科学技术研究所　中国印刷总公司。

本标准主要起草人:袁　朴　李家祥　岳德茂　廉　洁。

ISO 前　　言

ISO(国际标准化组织)是由各国标准化组织(ISO 成员国)组成的世界性的标准化专门机构。制定国际标准的工作通常由 ISO 的技术委员会来完成。各成员团体若对某技术委员会已确立的标准项目感兴趣,均有权参加该委员会的工作。与 ISO 保持联系的各国际组织(官方或非官方的)也可参加有关工作。在电工技术标准化方面,ISO 与国际电工委员会(IEC)保持密切合作关系。

由技术委员会提出的国际标准草案提交各成员团体表决。国际标准需取得至少 75%参加表决的成员团体的同意才能正式通过。

国际标准 ISO 12218 是由印刷技术委员会(TC 130)制定的。

附录 A 是本国际标准的标准的附录。附录 B～附录 E 是提示的附录。

引　言

生产胶印版材时，要在支持体(铝基)上涂一定厚度的感光膜，如果版材的感光膜是在版材生产厂预先涂布的，就叫做预涂感光版，简称PS版。胶印版材上的感光涂层可以是阳图型(用于阳图网目调胶片)，也可以是阴图型(用于阴图网目调胶片)。有些阳图型胶印版材能同时用于阴图，叫做阴阳转换型版材。

制作胶印印版时，通过接触曝光的方法，将网目调胶片上的图文信息传递到胶印版材上。其它胶印制版方法，如利用反射或透射原稿投射到版材上曝光或直接书写等制版方法，不包括在本标准之内，但可使用本标准的基本原理。

曝光前，一般用真空晒版机使网目调胶片的乳剂面与版材感光涂层紧密接触，所用照射光由漫射光和直射光组成。漫射光的好处是不易将阳图胶片的边缘、划痕和灰尘颗粒晒到印版上，但要注意，在胶片和印版接触不良的部位，漫射光会使图文转移不良。

曝光时，版材的光学扩散作用和漫射光会减小阳图型版材上最细微层次的宽度，使版材上的图像元素(如网点)比网目调胶片上的图像元素小；而对于阴图型版材，同样的物理现象则会使印版上的网点大于网目调胶片上的网点。

曝光后、显影前，印版涂布层曝光部位和未曝光部位的颜色是不一样的。

印版曝光后的显影是清洗印版上非印刷部位的感光层，即阳图版的曝光部位和阴图版的未曝光部位。

印版的制作质量受以下参数影响：

——环境条件：温度、湿度、紫外光、灰尘；

——光源照度和均匀度，特别是真空条件；

——显影液的化学成分、温度和浓度；

——显影机毛刷和辊子的状态；

——显影速度(显影的时间)；

——后处理条件。

显影后，印版上印刷部位和非印刷部位的颜色对比要比显影前更加明显。

曝光、显影后，修版、涂胶前，可进行烤版或后曝光处理。版材经曝光显影后就成为待用印版。修版时，可删除或增加图像元素。涂胶时，将一层胶状液体薄薄地涂在印版的图像面上，目的是保护印版表面，防止在印刷过程中上脏。烤版或后曝光处理是利用加热增强感光涂层抵御化学腐蚀和机械磨损的能力，提高耐印力。

确定阳图型版材的最佳曝光有三个重要条件：

a) 曝光必须有足够的照度，使得胶片的边缘及其脏迹不被转移到印版上，保持版面的干净；

b) 曝光要适量，以保证图像高光部位的小网点不损失；

c) 由于曝光也决定阶调值，是工艺控制中十分重要的环节，因此，无论什么类型的胶印版材和什么样的处理条件，都要对曝光进行控制，使胶片到印版的阶调值减少量保持稳定。

实践中发现，在网线数为70 cm^{-1}或更少时，一次曝光可满足条件a)和b)，其曝光量明显比可能产生最佳分辨力(但也容易产生脏迹)的曝光量大。此外，条件c)可以通过观察挑选出的某一合适的细线读数来达到。

那些图像元素小于25 μm的周期性或非周期性细小网点，用一次曝光不能达到条件a)和b)的要求，这时，就需要采用二次曝光，即第一次曝光达到或接近最佳分辨力，再用防曝光过度蒙版进行第二次曝光，这种附加的曝光可清除版面上的脏迹。

可用细线图标确定阳图型印版的曝光范围，这个曝光范围确保从胶片到印版的阶调值减小量是可以重复的。在一定范围内，印版上网点阶调值的减少量是细线读数的线性函数，该函数取决于印版分辨力。任何胶印印版，在给定曝光、显影条件下，都可作出细线读数与曝光量对数的关系曲线，也就是阶调与曝光的关系特性。由曲线的斜率可测算出曝光量的变化对应的阶调值的变化。因此，斜率越大，曝光宽容度越小。

用于控制印版制作过程的细线图标是由一组线宽几微米到几十微米的几何图标组成的，用它来测试印版的分辨力。图标中细线的占空比并不是1∶1，通常是1∶9、3∶5或1∶4。实践证明，在不同的曝光量作用下，细线读数受线宽占空比的影响不大。必须认识到，细线图标的读数依赖于细线间的灰雾深浅程度，它不能明显高于测控条上任一部位的密度。考虑到这个问题，也可用另一种细线宽度是连续变化的单一图标，它在晒版完成的同时就能看到印版制作的效果。由于在印版制作和显影时有方向效应，因此，最好是取相互垂直的细线读数的平均值，或者采用圆形细线图标。这里要注意，细线读数是指胶片上细线标的宽度。

决定阴图型版材的曝光量有三个因素：

1）曝光量应足够强，以达到足够的耐印力；

2）曝光量又不可过大，要防止从网目调胶片转移到印版的阶调值过分增加，或者暗调的细小部分损失；

3）从网目调胶片转移到印版上的阶调值增加量必须控制在允许的范围内。

通常依据版材商推荐的数据确定阴图型版材的曝光量，以连续调梯尺读出的梯级数来表示。最佳曝光量一旦确定，细线图标就能帮助监测以后的曝光效果是否一致。但必须注意，细线图标不能用来作为确定曝光量的主要依据。

有些用户在使用需要进行高强度显影处理的高耐印力涂层版材和自动显影机时，为获得所期望的阶调复制，他们所用的曝光量比生产厂家推荐的曝光量要低些。

有的印版可能要利用后曝光或烤版的方法提高耐印力。在这种情况下，版材制造商会为提高耐印力推荐一个可接受的较低的曝光量以及后曝光或烤版范围。这样可使阶调值的增加量低于其它方法。

连续调梯尺不仅可以用来决定阴图型版材的曝光量，还可以用于评价显影过程。印版层次是一个有用的参数，它描述的是在给定的印版制作条件下印版涂层对曝光量的反应。印版层次的变化表明显影条件或印版涂层已经有所变化。

附录A为标准的附录，

附录B～附录E为提示的附录。

中华人民共和国新闻出版行业标准

印刷技术　胶印印版制作

Craphic technology—Offset platemaking

CY/T 30—1999
eqv ISO 12218

1　范围

本标准规定了用于胶印印版制作过程控制的术语、测试方法和技术要求。

本标准适用于金属PS版;适用于接触曝光的真空晒版机、连晒机和自动显影机。

本标准不适用于光学投影和直接书写制版,虽然其原理可应用于类似技术;

本标准不适用于调频网屏,虽然其阶调值的一些特性可用于类似技术。

2　引用标准

下列标准所包含的条文,通过在本标准中引用而构成为本标准的条文。本标准出版时,所示版本均为有效。所有标准都会被修订,使用本标准的各方应探讨使用下列标准最新版本的可能性。

GB/T 11500—1989　摄影透射密度测量的几何条件

GB/T 11501—1989　摄影密度测量的光谱条件

GB/T 17934.1—1999　印刷技术　网目调分色片、样张和印刷成品的加工过程控制　第1部分:参数与测量方法

3　定义

本标准的有关术语按汉语拼音顺序排列。

本标准在给出术语定义的同时,也给出计量单位,定义中无量纲的单位为1。

3.1　PS版　presensitized offset plate

预先在版基表面涂布感光涂层的胶印版材。

3.2　曝光　exposure

利用光能照射,并持续使感光涂层产生光化学反应的过程。单位:J/m^2。

3.3　曝光工序　exposure step

对胶印版材进行曝光以产生光化学反应的步骤。

3.4　曝光宽容度　exposure latitude

产生可接受结果的曝光量范围的最大最小量之比。单位:1。

3.5　测控条　control strip

一维排列的控制块集合。

3.6　反射密度　reflactance density

以10为底反射系数R倒数的对数〔$\log_{10}(1/R)$〕。单位:1。

3.7　反射系数(R)　reflectance factor(R)

从印样上测出的反射光通量与在同样位置上从理想漫反射体上测出的反射光通量之比。单位:1。

3.8　胶片的正负性　film polarity

空白部位与实地部位分别对应印刷品的非印刷部位与印刷部位的胶片,称为阳图型胶片(正片);空

中华人民共和国新闻出版署1999-09-28批准　　2000-01-01实施

白部位与实地部位分别对应印刷品的印刷部位和非印刷部位的胶片，称为阴图胶片（负片）。

3.9 胶印版材 offset plate

表面经过涂布处理，能用来制作胶印印版的平面单张版材。

3.10 胶印印版 offset printing forme

其印刷部位亲墨、非印刷部位亲水的胶印印版。

注：胶印版材要经过曝光、显影和后处理等过程后才成为胶印印版。

3.11 接触不良现象 out-of-contact phenomenon

由于相互接触的胶片和版材之间有杂质或气泡，使得网目调胶片上的图像元素向印版上转移不实的现象。

3.12 接触曝光 contact exposure step

胶印版材与网目调胶片紧密接触进行曝光的过程。

注：通常采用真空方法达到紧密接触。

3.13 烤版 baking

一种提高印版涂层耐印力的热处理方法，它可以提高印版抵御化学腐蚀和机械磨损的能力。

3.14 控制块 control patch

为测量和控制而制作的参照块。

3.15 连晒机 step and repeat machine

能在印版上进行连续重复接触曝光的设备。

3.16 连续调梯尺 continuous tone step wedge

密度值由小到大线性排列的连续调控制块。

3.17 晒版机 vacuum frame;contact frame;exposure frame

能够完成接触曝光的真空晒版设备。

3.18 透射系数(T) transmittance factor

透过被样品遮盖的测量光孔的光通量与透过没有样品遮盖时的测量光孔的光通量之比。单位:1。

3.19 透射密度 transmittance(optical)density;transmission density

以 10 为底透射系数 T 倒数的对数〔$\log_{10}(1/T)$〕。单位:1。

3.20 网点边缘宽度 fringe width

对应所涉及印刷方式规定的最小网点中心密度 10%和 90%密度等值线之间的平均距离。单位：μm。

3.21 网目调胶片 half-tone film

用于网目调印刷工艺的带有网点或线条图像元素的胶片。

3.22 网线宽度 screen width

网线数的倒数。单位:cm。

3.23 网线数(网线频率) screen ruling(screen frequency)

网点或线条等图像元素，在产生最高值方向上，单位长度内的个数。单位:cm^{-1}。

3.24 细线读数 microline reading

在给定条件下，网目调胶片上阳图或阴图细线的最小宽度。它们转移到印版上至少有 50%的细线长度是清晰可见的。当它们呈现在印版上时，阳图细线为亮底黑线，阴图细线为黑底亮线。单位:μm。

3.25 细线图标 microline target

有符合密度要求的阳图或阴图细线、线的宽度是经精心设计所组成的控制块。

3.26 阳图型网目调胶片阶调值(网点面积)tone value(dot area)

计算公式为：

$$A(\%) = 100 \times [1 - 10^{-(D_t - D_0)}]/[1 - 10^{-(D_s - D_0)}]$$

式中：D_o——透明网目调胶片的透射密度；

D_s——实地部位的透射密度；

D_t——网点的透射密度。

单位：%。

3.27 阳图型胶印版材 positive-acting(offset printing)plate

用于阳图分色片的胶印版材。

3.28 阴图型网目调胶片阶调值(网点面积) tone value (dot area)

计算公式为：

$$A(\%) = 100 - 100 \times [1 - 10^{-(D_t - D_o)}]/[1 - 10^{-(D_s - D_o)}]$$

式中：D_o——透明网目调胶片的透射密度；

D_s——实地部位的透射密度；

D_t——网点的透射密度。

单位：%。

3.29 阴图型胶印版材 negative-acting(offset printing) plate

用于阴图分色片的胶印版材。

3.30 印版分辨力 platemaking resolution

在一次曝光过程中，阳图和阴图细线图标能达到的最小细线读数。单位：μm。

3.31 印版制作 platemaking,preparation of the offset printing forme

将胶印版材制成印版的过程。

3.32 印版制作层次 platemaking gradation

曝光量与胶印印版残留膜厚度的关系的量度。单位：1。

3.33 印刷品上或印版上的阶调值(网点面积)tone value (dot area)

单色油墨在网目调印刷品上的覆盖表面积的百分比(如果承印物上的光散射或其他光学现象是可以忽略不计的)。计算公式为：

$$A(\%) = 100 \times [1 - 10^{-(D_t - D_o)}]/[1 - 10^{-(D_s - D_o)}]$$

式中：D_o——印刷承印物非印刷部位或印版上非印刷部位的反射密度；

D_s——实地部位的反射密度；

D_t——实测网点部位的透射密度。

单位：%。

注：

1 阶调值与绝对网点面积含义等同；

2 同义词“网点面积”只适用于网目调工艺；

3 本定义可用于提供某些印版阶调值的近似值；

4 通常假设这些阶调值与图文处理产生的分色片上数据相同，最后的分色片必须再现这些阶调值。

3.34 中心密度 core density

单个不透明图像元素(如：网点或线条)中央的透射密度。单位：1。

4 技术条件

4.1 网目调胶片质量

除非另有规定，网目调胶片网点中心密度应至少大于空白胶片的透射密度(片基加灰雾)2.5。空白网点中心部位的透射密度不能大于大块空白部位密度 0.1。空白胶片的透射密度最好不高于 0.15。应使用透射密度计测量，其光谱范围应符合 GB/T 11501 规定的 ISO-1 型印刷密度仪要求。

网点边缘宽度不能大于网线宽度的 1/40，网点不能有明显的开裂，网目调胶片的质量根据附录 A1

的要求来评价。

注:

1 空白胶片密度的技术要求是基于下列情况考虑的:

——所有用于印版曝光胶片的空白部位密度不应超过0.1。

——0.05表示ISO-1型印刷密度仪一般达到的最低值。为减少使用超出范围的胶片的影响,网目调胶片提供者与收货人之间应有必要的协议。拷贝或复印也会使网目调胶片上透明部位的密度与协议不一致。

2 在实际应用中,如果大面积实地的密度值大于透明胶片密度3.5,那么,网点中心密度值通常可高于透明胶片密度2.5以上。

3 如果使用蓝滤色片进行透射密度测量,对于特殊型号的胶片和显影条件,必须确定由蓝滤色片测得的密度值与用ISO-1型印刷密度仪测得的密度值之间的关系。

4.2 控制块

在印版制作过程中,应在印版上至少放置一种测控条以便进行监控。测控条上应有符合规定的标出阶调值精确到±1%的网点控制块。晒版控制块上的网点形状应是圆形,网线数应在50 cm^{-1}到70 cm^{-1}之间,并且恒定不变,网点中心密度应高于透明胶片密度3.0以上,圆网点边缘宽度应不大于2 μm,用本标准附录A中A2所列的仪器进行测试。

对于阳图型版材,细线图标是曝光控制的主要工具,它应与网目调胶片一起曝光,连续调梯尺最好也同时曝光。对于阴图型版材,连续调梯尺是曝光控制的主要工具,它应与网目调胶片一起曝光,细线图标最好也同时曝光。细线与空白之间的占空比可选择从1∶9到1∶2,但在同一图标上应保持一致。连续调梯尺的密度级差应保持0.15或更小。

4.3 曝光选择

4.3.1 阳图型版材

对印版制作进行控制,通常是用网点控制块来控制的,使未着墨的印版上的40%或50%的阶调值小于测控条胶片上相应控制块的阶调值,见表1。应按5.1和5.2给出的方法对印版和测控条胶片的阶调值分别进行测定。如果有其它测试方法的测试结果与基本测量方法的测试结果相同,则可做为辅助方法替代5.1给出的基本方法。

注:辅助方法见附录B和附录C。

4.3.2 阴图型版材

根据版材制造商的建议选择曝光量,实际使用的曝光量不应低于一个0.15密度级,如果厂商建议值的范围允许显影后进行烤版或附加曝光处理,那么实际的曝光量应不低于规定范围的下限。

注:在这种情况下,从网目调胶片到印版上的网点阶调值增加量通常符合表2规定的范围,在引言最后一段提到的条件下,阶调值的增加量是很小的。

表1 从阳图网目调胶片到胶印印版的阶调值减少量

网线数[1)] (cm^{-1})	阶调值减少量	
	40%控制块(%)	50%控制块(%)
50	2.5~3.5	3.0~4.0
60	3.0~4.0	3.5~5.0
70	3.5~4.5	4.5~6.0
1)在该范围内阶调值减少量与网线数是成正比例的		

表 2　从阴图网目调胶片到胶印印版的阶调值增加量　　mm

网线数[1] (cm^{-1})	阶调值增加量	
	40%控制块(%)	50%控制块(%)
50	2.5～3.5	3.0～4.0
60	3.0～4.0	3.5～5.0
70	3.5～4.5	4.5～6.0
1）在该范围内阶调值增加量与网线数是成正比例的		

4.4　复制范围

测控条上独立的、不透明的、直径大于 25 μm 的网点都应以不变的形状转移到胶印印版上。同样，测控条上直径大于 25 μm 的阴图网点(透明的圆形点)也应均匀、稳定地转移到胶印印版上。

5　测试方法

5.1　胶印印版上的阶调值的基本测试方法

用标准的测试仪器(精度为微米级)测定网点面积或直径，它们可以是：

——电子探头显微分析仪，

——电子扫描显微镜，

——图像分析显微照相机。

测定胶印印版上单个圆形网点所占的面积，求出单个网点的平均面积与网线宽度平方值的比，即为该网点阶调值。可根据需要计算出多个网点的平均值，并使其精度误差在±5%以内。

5.2　测控条上网点控制块阶调值的测试

使用符合 GB/T 11500 要求的透射密度计，测出胶片片基灰雾密度 D_0、实地密度 D_s 和网点部位透射密度 D_t，利用有关计算公式计算出阶调值。阳图网目片和阴图网目片分别按 3.26 和 3.28 定义的公式计算。

为了确保足够的精度，仪器采样光孔的直径最好不要小于网线宽度的 15 倍，但一定不能小于网线宽度的 10 倍。这个要求也适于用非圆形采样光孔进行的密度测量。

附 录 A
（标准的附录）
网目调胶片上网点质量参数的测定

A1 本方法仅适用于那些空白部位的 ISO T 状态(蓝色)透射密度等于或小于 0.06 的网目调胶片。其它胶片则应使用 A2 描述的方法或者其它被证明与 A2 等效的方法来测定。

在看版台上放一个带有细线图标的测控条,药膜面向上;测控条上放置被评测的网目调胶片,药膜面向下,用一个 60～100 倍的手控放大镜来观察网目调胶片上独立的不透明网点。如果网点下面的细线清晰可见,则网点中心密度太低。应通过与细线宽度进行比较的方法来估算网点边缘宽度。评估网点边缘宽度时,最好用从下面斜射的光来照射网目调胶片,即通常所说的黑场照射条件。

注：凭经验可以近似地确定网点的最大边缘宽度。

A2 应使用扫描显微密度计进行测量。这是一种透射显微镜,其测量孔在照明架上,或在物面中心形成光圈效果的图像平面上。进行测试时,光孔最小直径应在 3 μm 以下。被测网目调胶片应沿着测量平面的 x 和 y 方向移动。用光学传感器来测量透过底片的光强,将该传感器的输出信号处理后得到透射密度。对于那些透明胶片的 ISOT 状态(蓝色)透射密度大于 0.06 的网目调胶片,光学传感器的光谱灵敏度应限制在 280 nm±30 nm 的带宽范围内,网点中心密度应根据通过网点中心部分测得的密度轮廓线进行确定。网点边缘宽度应按对应 0.25 和 2.25 的网点密度等值线的平均距离计算。(密度轮廓线曲线和密度等值线可见 GB/T 17934.1—1999 附录 C 中的示例)。

附 录 B
（提示的附录）
阳图型印版的辅助检测方法:胶印印版上的阶调值——细线图标

B1 分级曝光检测

分级曝光检测可用于测定晒版分辨力、推荐的细线曝光量和曝光宽容度等参数。

在其它条件(包括显影和后处理)不变的情况下,用同一块印版进行不同曝光量的测试。最小曝光量为感光涂层不能被充分显影的曝光量,而最大曝光量则要大于实际制版时的曝光量。推荐的分级曝光量往往呈几何级数,如 10、14、20、28、40、56、80 曝光单位或 10、20、40、80 曝光单位。然后,对准备印刷但尚未着墨的印版进行检测。

B2 晒版分辨力的检测

根据 B1,用胶片上的细线图标进行分级接触曝光测试。将测控条的药膜面与胶印版材的感光涂层紧密接触,两者之间不能有气泡、脏点、灰尘或粘着的颗粒。在准备印刷但没着墨的印版上,用 5～30 倍网目调胶片转移到胶印版上的细线的长度至少 50%是清楚可见的。阳图细线读数指的是胶印版上的阳图细线(亮底黑线),阴图细线读数指的是胶印版上的阴图细线(黑地亮线)。

画出曝光量的以 10 为底的对数坐标与细线读数的关系曲线,如果发现细线读数随细线排列方向的变化而变化,那么,就取两个互为垂直方向的细线读数的平均值。分别画出呈现最好的阳图和阴图细线读数的平滑曲线,如图 B1 所示,其交点即为该印版的分辨力。当引用某一数值时,要标明细线标的占空比。

通过多次反复进行分级曝光检测和标绘阳图和阴图细线读数曲线的方法,可以提高测定的精确性。

这里提供一个简单的、大致的分辨力确定方法。直观地选择阳图和阴图细线读数一致的位置,记下测控条上相应细线的宽度，这就是近似的印版分辨力。

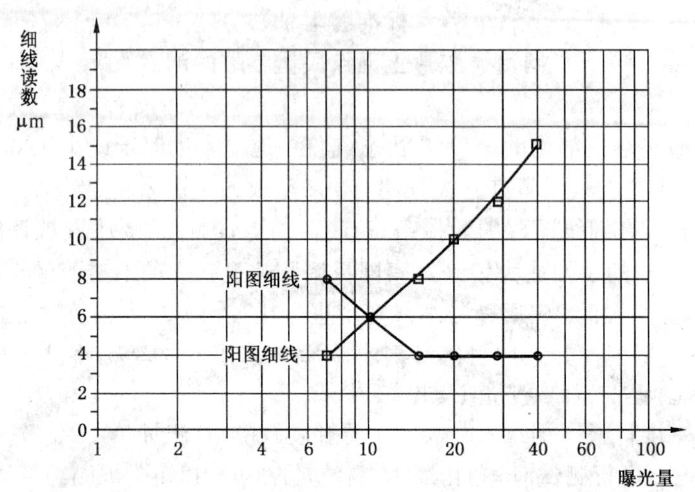

注：垂直轴为线性坐标，水平轴为对数坐标

图 B1　阳图型胶印版材示例：阳图和阴图细线读数与曝光量的关系

B3　导致表1中规定的网点阶调值减少的细线读数

观察表 B1 列出的细线读数范围，是它们引起了表 1 中的阶调值减少。

注：1　表 B1 给出的细线读数范围是基于 5.1 所说的用图像分析显微照相机对印版上网点阶调值进行广泛测试得来的。

2　大多数阳图型印版的制版分辨力都小于 8 μm。

表 B1　阳图细线读数范围　　μm

晒版分辨率	≤8	＞8 且≤12
细线标读数范围	12～15	15～20

B4　相对给定细线读数范围的曝光宽容度的确定

根据 B2 的说明进行分级曝光检测，不仅为阳图版标出了阳图细线读数，而且也标出了阴图版的阴图细线读数。在线对数图中，标绘出一条由这些数据点连成的光滑的曲线，确定该曲线在实际制版范围内的平均斜率 m，并以微米标出曝光量每变化 10 倍细线读数的变化。

曝光宽容度的计算公式为：

$$L = 10^{a/m}$$

式中：L——曝光宽容度；

m——平均斜率(即提升量)；

a——细线读数范围的宽度。

示例：见图 B2，假定推荐的细线读数范围如表 B1 中所列，为 12 μm～15 μm，即 $a=3$ μm。曲线的斜率相当于在 6～60 曝光单位间(10 倍)细线读数的提升量为 18 μm。因为 log(60/6)=1，所以斜率 $m=$ 18 μm/1=18 μm。这里给定 $L=1.47$，如果细数读数保持在 3 μm 以内，则最大曝光量与最小曝光量的比值不会超过 1.47。

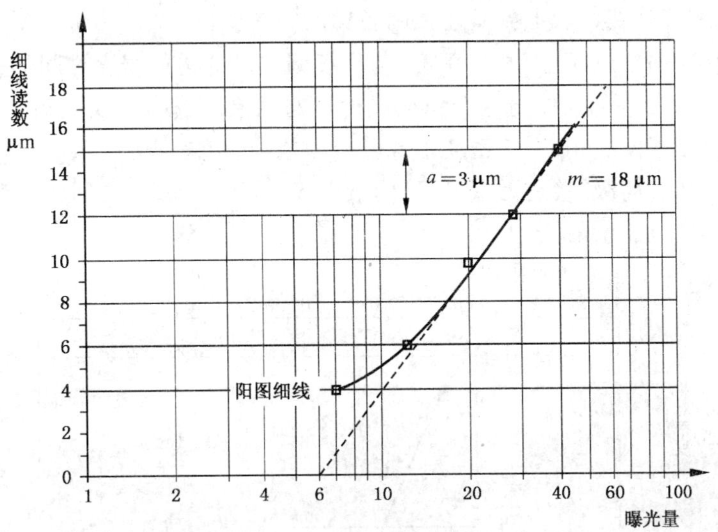

注：垂直轴为线性坐标，水平轴为对数坐标

图 B2　阳图型胶印版材曝光宽容度的确定示例

如果希望细线读数保持在一定范围内，则最大曝光量与最小曝光量的比值不能超过 L。这种方法也可用于确定印版上光照强度的变化范围或曝光时间的变化范围。

附　录　C
（提示的附录）
辅助测试方法：胶印印版上的阶调值——密度测量

这是一个最不可靠和最不精确的测试方法。只有满足以下条件，才能使用它：

——印版的空白与实地部位应有极好的反差（对比度）；

——版面的空白与实地部位均无密度变化；

——密度计为三位有效数字的高精度仪器。

在同一块印版上用反射密度计测量涂布过的版基、实地控制块和网点控制块的反射密度。为了使测量数据可靠，应在显影、干燥后，受日光影响产生附加曝光前立即测量。通过密度计的光谱响应设定，测出测控条上实地部位的最高密度。如果密度计读数受测量方向的影响，应至少测量 10 次以上，然后取平均值。其中，一半为密度计与环绕滚筒方向平行测量得到，一半为密度计与环绕滚筒方向垂直测量得到。测量印版上空白无涂层部位、清晰的网目调部位和实地部位的反射密度，利用 3.33 中定义的公式计算出网点控制块的阶调值。

为了保证足够的精度，密度计采样孔直径应不小于网线宽度的 15 倍，最小不能小于网线宽度的 10 倍。该原则也适于用非圆形采样孔进行的测量。

当测出的阶调值与用 5.1 中描述的基本测量方法测出的阶调值相关时，最好建立一个两者之间的转换表，只需记录与 5.1 中的方法有关的阶调值。

附　录　D
（提示的附录）
测试方法：印版制作层次

将连续调梯尺药膜面背对胶印印版感光层进行曝光，即胶片的片基与印版接触，然后，在曝光显影后、未上墨前,用反射密度计在印版上测量连续调各梯尺的密度值。D_{min}为最小反射密度,D_{max}为最大反射密度。标绘出数值$(D-D_{min})/D_{max}$(相对密度)与连续调梯尺的透射密度之间的关系曲线。图 Dl 为一阳图版的曲线示例,而阴图版的曲线与这个曲线成近似的镜象。找出曲线上相对密度为 0.1 和 0.9 的点,并记下相应的透射密度差。用 0.15 密度来等分密度差,其结果即为制版层次,它大致给出了在可能晒出的连续调梯尺中,从最高级(接近无密度级)到最低级(接近实地级)之间的过渡级数。这里,连续调梯尺是以 0.15 为一密度级递增的。

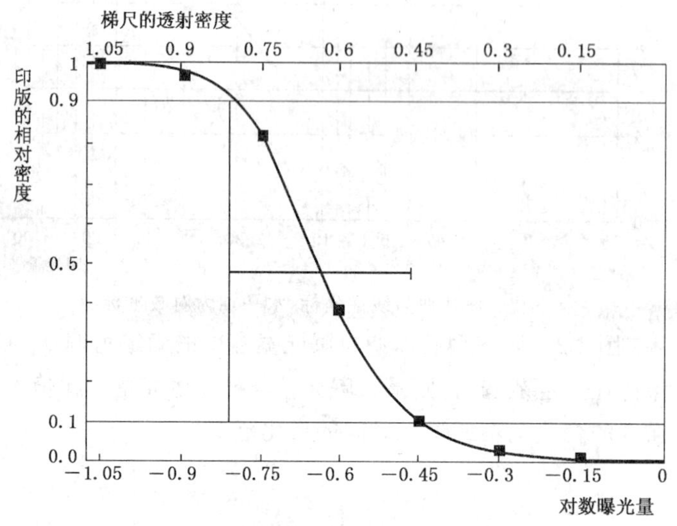

图 D1　阳图型胶印版材确定制版层次的图例

附　录　E
（提示的附录）
影响从网目调胶片向印版进行阶调转移的因素

E1　概述

虽然印版的感光性能是由印版上的感光材料决定的,但还必须对一些主要因素进行严格的控制才能保证晒版过程中阶调值转移的稳定性和可预见性。版材制造厂为了提高版材的耐印力,不断地改进印版涂层的性能,以使阶调的再现更加一致,并更容易满足晒制条件。但是,若不能对使用条件加以控制,用户则达不到制造厂提供的参考指标,其中必要的条件有:

——晒版机或连晒机的结构;

——(有反射罩的)曝光灯的性能;

——印版显影机(包括机械的和化学的两方面)。

E2　晒版机或连晒机

真空作用的有效性是影响网点阶调值转移的最重要因素,真空不足或有效性差将导致阶调转移值的变化。必须保证良好的真空状态,必须确认最佳的抽真空准备时间,网线数越高,要求的接触条件越严,所需抽真空准备时间就越长。

真空作用的有效性受下列因素影响:

——一个或二个真空晒版架;

——密封条件；

——衬垫材料；

——真空软管；

——真空泵；

——橡皮布；

——玻璃板。

E2.1 真空有效性的视觉判断

将一张阶调值为40%、网线数为70 cm^{-1}以上的正片与胶印印版接触，一边抽气一边在室灯下观察，会看见由胶片和它在印版上的阴影所产生的莫尔条纹的变化。记下条纹变为静止所需的时间，这就是这种版材在目前的真空条件下最少的抽真空准备时间。如果该时间不合适，要重新设定准备时间。

E3 有反光罩的曝光灯

为了避免产生不均匀的光晕现象，晒版机的曝光灯必须定位合适，以提供均匀的单向照明。光源的输出光谱应与印版的灵敏度相匹配，以保证获得最佳的图像效果和较短的曝光时间。

E3.1 照明均匀性的确定

通常，应使用带线性刻度的照度表或紫外线照度计来测量光强，应选择晒版机晒版台面上5个有代表性的位置做为测量点。最高读数和最低读数的比值不应超过附录B中测试方法所确定的曝光宽容度。对于连晒机，必须使用有专用几何结构的照度计。做为一个不太精确的替代方法，光强是否均匀可以通过曝光测控条、细线图标或连续调梯尺来间接判断。照明均匀性可以通过清洁反光罩、更换光源、调整光源位置、升起灯具等方法来改善。

E4 印版显影机

根据制造商推荐的要求，检查显影条件是否合适。辊子的压力以及辊子、刷辊的状态都可能对阶调转移造成不利的影响。要经常观察显影、水洗和后处理工序的运行状态。

显影液和后处理液(胶)的状态要经常检查，这些化学药液和过滤器应按制造商的要求定期补充或更换。如果出现故障，如晒版层次值改变了，可严格控制显影条件，用手工显影印版，并与自动显影的结果进行比较。

前　　言

本标准等效采用ISO 2846-1《印刷技术——四色印刷油墨的颜色和透明度——第1部分:单张纸和热固型卷筒纸胶印》的最新版本,使本标准具有更广泛的实用意义,本标准是我国油墨行业与印刷行业统一胶印油墨颜色和透明度的依据之一。

本标准确定了单张纸和热固型卷筒纸四色胶印油墨的色度、透明度、墨层厚度范围和完整的测试方法。

本标准中所采用的计算方法、数据、参数、图表、实例以及标准文本中所提及的"本标准"等都是ISO 2846标准中第1部分的内容,在使用时不要与ISO 2846标准的其它部分混淆。

为方便使用,本标准将ISO 2834《印刷技术——胶印和凸印油墨印样制备》中的有关部分编入附录B,将ISO 13655《印刷技术——印刷图像的光谱测量和色度计算》中的有关部分编入附录C,附录B和附录C都做为标准的附录。

本标准的附录A、附录B、附录C是标准的附录。

本标准的附录D、附录E、附录F是提示的附录。

本标准由全国印刷标准化技术委员会提出并归口。

本标准起草单位:辽宁省印刷技术研究所。

本标准主要起草人:杜原、王德信、林立、张红。

ISO 前　　言

ISO(国际标准化组织)是一个由各国标准化组织(1SO成员国)组成的世界性联合体。国际标准的制定通常是由ISO技术委员会来执行的。每一个对技术委员会制定的标准主题感兴趣的成员国都有权向委员会表达自己的意见。与ISO有协作关系的各国际组织,无论是政府的还是非政府的,都可参与此项工作。ISO与国际电工技术委员会(IEC)在所有电工技术标准化的问题上都进行紧密的协作。

被技术委员会采纳的国际标准草案要经过各成员国投票表决。一个国际标准的发布至少要得到75%成员国的同意。

ISO 2846国际标准是由ISO/TC 130印刷技术委员会制定的。

它是在ISO 2846:1975和ISO 2845:1975基础上修订而成的。

ISO 2846在《印刷技术—四色印刷油墨颜色和透明度》题目下有以下部分:

——第1部分:单张纸和热固型卷筒纸胶印;

——第2部分:报纸印刷。

中华人民共和国新闻出版行业标准

CY/T 31—1999
eqv ISO 2846-1:1997

印刷技术　四色印刷油墨颜色和透明度 第1部分：单张纸和热固型卷筒纸胶印

Graphic technology—Colour and transparency of ink sets for four colourprinting— Part 1: Sheet-fed and heat-set web offset lithographic printing

1 范围

本标准规定了四色胶印用系列原色油墨(打样和正式印刷用)在指定的条件和承印物上印刷所得到的颜色,并指定了测试方法以确保颜色的一致性。

本标准适用于单张纸、卷筒纸热固型、光固型胶印油墨。

本标准不适用于荧光油墨,并且未对颜料进行规定。

2 引用标准

下列标准所包含的条文,通过在本标准中引用而构成为本标准的条文。本标准出版时,所示版本均为有效。所有标准都会被修订,使用本标准的各方应探讨使用下列标准最新版本的可能性。

GB/T 1540—1989　纸和纸板吸水性的测定法(Cobb 法)

GB/T 451.2—1989　纸和纸板定量的测定法

GB/T 463—1989　纸和纸板灰分的测定

GB/T 1545.2—1989　纸、纸板和纸浆水抽提液 pH 值的测定法

GB/T 2679.9—1993　纸和纸板粗糙度测定法(印刷表面法)

GB/T 8941.3—1988　纸和纸板镜面光泽度测定法(75°角测定法)

GB/T 11500—1989　摄影透射密度测量的几何条件

CIE 出版物 No15.2:1986　色度学

3 定义

3.1 标准油墨　standard ink

用于四色印刷的油墨,在本标准墨层厚度范围内,在参照承印物上印刷时,此油墨遵循本标准的色度和透明度特性。

3.2 标准四色油墨　standard ink set

由黄、品红、青和黑油墨组成的完整的标准油墨组。

3.3 原色　primary colours

由黄、品红、青油墨制备的单个印刷品的颜色,若这些印刷品是按照本标准的规定制备的,并符合本标准规定的色度特性,它们就是标准原色。

3.4 二次色　secondary colours

由三种原色墨中的任意两种油墨依次叠印所得到的颜色。

中华人民共和国新闻出版署 1999-09-28 批准　　　　2000-01-01 实施

3.5 透明度 transparency

不考虑散射光，油墨墨层透过和吸收光线的能力。通常用测量散射光来表示。

3.6 透明度测量值 transparency measurement values

墨层厚度和原色墨叠印在黑底上的色差之间回归直线斜率的倒数。

4 测试方法

4.1 原理

将被测油墨按照规定的墨层厚度印到参照承印物(见附录A)上。测量其颜色，若发现一个或多个印样符合本标准规定的数值和公差，且油墨也符合透明度标准，则该油墨符合本标准。

按规定的墨层厚度用三原色的每一种原色墨分别印在黑色底衬上评价油墨透明度。对于每个印样，要测定叠印前后的CIELAB色差。然后计算出每个原色墨的墨层厚度和色差之间的线性回归系数(回归直线的斜率)。若此系数的倒数是负数或大于本标准规定的数值，则油墨符合本标准。(详见附录F的说明和实例)。

4.2 测试印样的制备

4.2.1 色度值测试印样的制备

依照下列规定的条件，每种油墨都制备多个测试印样，一种油墨各个印样的墨层厚度均不相同。

用附录A规定的参照承印物制备印样，墨层厚度符合本标准规定的此种油墨墨层厚度数据范围内(见5.3)。

——使用印刷适性仪制作印样。

——从印版到承印物直接印刷。

——环境温度应为(24±1)℃。

——在(1±0.1)m/s速度和(225±25)N/cm的印刷线压力下制作印样。

——印版应是一个弹性体或覆盖橡皮布的辊子，肖氏硬度A为80～85。

——对于挥发性(热固型)油墨，匀墨和着墨时间都不应大于20 s。不包括称重时间。(见4.2.4)。

——每印一次，输墨单元和印版都要清洗和再上墨。

注：清洗印版的溶剂会渗透到材料中，需要一定的时间以保证溶剂完全挥发。可两块印版交替使用。

——转移到承印物上的油墨质量由测量印刷前后印版的质量差确定，单位为g/m^2(克/平方米)，墨层厚度单位μm(微米)，通过该油墨的密度和印刷面积计算。

——光固型油墨应使用单独的匀墨辊和特殊材质制成的印版。

注：详见附录B。

4.2.2 用于评价透明度印样的制备

应使用将被测油墨印到一个黑色底衬上的方法得到用于评价透明度的印样。除了应使用白色承印物制作的情况外，按照附录C进行测量(本标准4.3所述)，黑色底衬的亮度L^*应小于6。

黑色底衬可以是预制的，或在具有相同遮盖力的涂料纸上印上一层或多层黑墨。所选的黑墨应具有最小的光泽度，并且经被测油墨叠印后，其光泽度不发生较大变化。

黑色底衬叠印彩色墨前，印样要有充分的时间干燥。由于需要确定黑色底衬在彩色墨叠印前后的CIELAB值，叠印彩墨前要先对黑色底衬进行测量。

然后，按照附录B，将被测油墨印到准备好的黑色底衬上，每个印样的墨层厚度都不一样，墨层厚度应在5.3规定的0.7 μm～1.3 μm范围内。

4.2.3 测试印样的干燥

所有印样在进行颜色测量前都应充分干燥。氧化干燥型油墨需要放置24小时，光固型油墨干燥必须有一个适当的辐射源，热固型油墨干燥应有适当设备，以使印样能尽快测量。

4.2.4 热固型油墨的附加说明

如果因热固型油墨中的矿物油挥发而导致传墨故障，需在传墨前加入适量溶剂油(如亚麻仁油)。加入量应尽量少，不能超过5%。要注明加入量(体积比)，以便在用本标准评价油墨前，修正墨层厚度。

4.3 颜色测量方法

除了应使用至少由三张未印刷承印物组成的白色底衬的情况，应按附录C的方法测量印样。

按附录C对印样进行光谱法测量时，应使用0°/45°或45°/0°几何条件测试仪，并应用CIE标准照明体D_{50}和CIE1931(2°)标准色度观测视场进行三刺激值计算。应用CIELAB计算与参考值的颜色偏差，有关CIELAB色空间详见CIE出版物15.2:1986。

5 颜色、透明度和墨层厚度范围

符合本标准的油墨，在5.3规定的墨层厚度范围内，其颜色应符合5.1中所规定的数据，其透明度应符合5.2的规定。

5.1 色度值

规定以两种形式表示色度，按附录C的步骤计算，这两种形式视为等效。为了符合颜色规范，应按第4章中规定的方法，使印样墨层厚度在规定的范围内，油墨的颜色应在表1中L^*、a^*、b^*数据限定的色差范围内。

表1 色度值(0°/45°几何条件，D_{50}照明体，2°视场)

油墨颜色	三刺激值			CIELAB值[2]			误差			
	X	Y	Z	L^*	a^*	b^*	ΔE^*_{ab}	L^*[1]	Δa^*	Δb^*
黄	73.21	78.49	7.40	91.00	−5.08	94.97	4.0	—	—	—
品红	36.11	18.40	16.42	49.98	76.02	−3.01	5.0	—	—	—
青	16.12	24.91	52.33	56.99	−39.16	−45.99	3.0	—	—	—
黑	2.47	2.52	2.14	18.01	0.80	−0.56	—	18.0	±1.5	±3.0

1) 黑墨的L^*没对称误差，只有上限。

2) 色度值保留两位小数。

注

1 附录D给出了符合本标准油墨的典型光谱数据，以及8°/d或d/8°(包括镜向)几何条件下的光谱参考数据。

2 附录E给出了在两个几何条件下由CIE 1931(2°)标准色度观测视场和CIE照明体D_{65}得到的三刺激值的参考数据，也给出了8°/d或d/8°(包括镜向)几何条件和照明体D_{50}下的三刺激值。

5.2 透明度

为了符合透明度规范，在按第4章给出的方法和原理测量油墨的透明度时，其值应大于表2所列的数据。

表2 透明度要求

油墨颜色	透明度(测量值T)
品红	0.12
黄	0.08
青	0.20

注

1 高透明度油墨(一般为青墨)回归直线的斜率可能是0或负值。这种情况下，可视其透明度值接近无穷大，因此符合本标准。

2 符合本标准的油墨，同色度参数一样，参考附录中不提供用8°/d或d/8°(包括镜向)几何条件测得的油墨透明度数据。其主要原因见附录F，在此种几何条件下测得的结果对表面光泽度及其变化十分灵敏。无论如何，这种方法对评价具有相近光泽度的油墨性能是有效的，附录F进行了简要描述。

5.3 墨层厚度

表3给出了符合本标准规定的不同干燥类型油墨的墨层厚度范围。

表3 墨层厚度范围 μm

油墨类型	青	品红	黄	黑
氧化干燥/渗透型	0.7～1.1	0.7～1.1	0.7～1.1	0.9～1.3
光固化	0.7～1.3	0.7～1.3	0.7～1.3	0.9～1.3
卷筒纸热固型	0.7～1.3	0.7～1.3	0.7～1.3	0.9～1.3

附 录 A
（标准的附录）
参 照 承 印 物

本标准采用无光学增亮剂的无机械木浆有光涂料纸，该承印物应具备如下特征：

A1 色度值

三刺激值	CIELAB 值
$X=85.32$	$L^*=95.46\pm2.0$
$Y=88.71$	$a^*=-0.40\pm1.0$
$Z=67.96$	$b^*=4.70\pm1.5$
方法：	按 4.3 的规定（0°/45°，D_{50}，2°，白色底衬）

A2 吸水性

技术要求：10 秒钟后增加 2 g/m^2～5 g/m^2

方法： 按 GB/T 1540。

A3 光泽度

技术要求：70%～80%

方法： 按 GB/T 8941.3。

A4 质量

技术要求：(150±3)g/m^2

方法： 按 GB/T 451.2。

A5 灰分

技术要求：20%～30%

方法： 按 GB/T 463。

A6 pH 值

技术要求：8～10

方法： 按 GB/T 1545.2。

A7 粗糙度

技术要求：0.9 μm～1.1 μm 在 1 N/mm^2 压力下

方法： 按 GB/T 2679.9。

附 录 B
（标准的附录）
油墨印样制备

B1 原理

用印刷适性仪和吸墨管，将定量的油墨均匀地印刷到一定面积的参照承印物上。墨量用 g/m^2 表示，或根据油墨的密度，以墨层厚度 μm 表示。

B2 器械

B2.1 印刷设备

印刷适性仪，其匀墨器能在恒定的速度和压力下向印版均匀供墨并将油墨均匀转印到承印物上。

B2.2 印版

印版应具有抛光金属的非渗透表面，或用肖氏硬度 80 到 85 之间的合成橡胶或橡皮布覆盖。

B2.3 吸墨管

精确到 0.01 cm^3。

B2.4 分析天平

精确到 0.1 mg

B3 材料

B3.1 印刷油墨：被测油墨

B3.2 承印物(见附录 A)

B4 步骤

B4.1 印版着墨

用吸墨管将一定量的油墨均匀地分布到匀墨器上，调定油墨在匀墨器上的匀墨时间和印版的着墨时间，以保证油墨均匀分布。通常每次匀墨和着墨时间为 30 s，挥发性(热固型)油墨，每次匀墨和着墨时间不应超过 20 s(见 B4.5)。

B4.2 油墨层厚度

通过测量印版印刷前后的质量差确定转移到承印物上的油墨量。油墨量 C 用 g/m^2 表示，计算公式如下：

$$C = \frac{m_1 - m_2}{A}$$

式中：C——油墨量，g/m^2；

m_1——印刷前已着墨的印版质量，g；

m_2——印刷后印版的质量，g；

A——印刷面积，m^2。

按下面公式，用油墨密度，可将油墨量换算为以 μm 为单位的墨层厚度：

$$d = \frac{c}{p}$$

式中：d——墨层厚度，μm；

c——油墨量，g/m^2；

p——油墨密度。

应保留两位小数。

B4.3 测试印样的干燥

测试前，印样应充分干燥，应使用适当的干燥设备。

B5 报告

报告应包括以下内容：

——印刷设备；

制造商和型号，

印版的材料和类型，

印刷面积，

——承印物(种类、供应商、数量)；

——油墨(名称、供应商、密度)；

——油墨墨量(g/m^2)或墨层厚度(μm)；

——未规定的会改变印刷结果的其他内容。

附 录 C

(标准的附录)

印刷图像的光谱测量和色度计算

C1 定义和缩写

C1.1 CIE 国际照明委员会缩写。

C1.2 CIE 照明体 CIE illuminants

由 CIE 以相关的光谱能量分布定义的照明体 A、D_{50}、D_{65}和其它照明体 D。

C1.3 照明体 illuminants

以影响物体颜色波长范围定义的、以相应的光谱能量分布的辐射源。

C1.4 测量照明体 measurement illuminants

试样表面入射光的光通量特征。

C1.5 辐亮度系数 radiance factor

在特定的照明和观测条件下，物体的辐亮度与完全漫反射面或完全漫透射面的辐亮度之比。

C1.6 反射系数 reflectance factor

从印样上测量出的反射光通量与在同样位置上从完全漫反射体上测出的反射光通量之比。

C1.7 试样底衬 sample backing

放置被测试样的平面。

C1.8 透射系数 transmittance factor

透过被测样品遮盖的测量小孔的光通量与小孔上没有样品遮盖时的光通量之比。

C1.9 带宽 bandwidt

在半能量点上光谱函数特性曲线的宽度。

注 C1：光谱测量仪器采用三角函数特性曲线。

C2 光谱测量要求

C2.1 仪器校准

测量仪器应按照制造商提供的标准校准。

注 C2：由于仪器的个性，不同种仪器测量数据会有所不同。C12 提供了不同仪器间达到一致的方法。

C2.2 测量照明体的波长范围和测量值的间隔

以 10 nm 为间隔，从 340 nm 到 780 nm 测量数据，400 nm 到 700 nm 的数据必须测量，且间隔不得超过 20 nm。光谱数据以 10 nm 间隔的计算数据为依据，其光谱特性函数是以 10 nm 为带宽的三角形。

注 C3：不同的仪器由于其间隔或特性函数不同将产生不同的结果。这个误差可以通过对给定的间隔选择带通形态并根据已选择的带通形态和间隔应用适当的计算减小。

C2.3 反射系数测量

C2.3.1 试样底衬材料

该材料不随光谱变化而变化，漫反射，并具有国际标准反射密度 1.50±0.20。测量时，底衬放在试样下面或后面，用来消除由被测样品的背面引起的测量值的变化。

C2.3.2 测量几何条件

测量几何条件为 45°/0°或 0°/45°。

C2.3.3 测量记录

相对于所有波长范围内具有 100%反射系数的理想漫反射体，测量的反射系数应乘以 100，并精确到 0.01%或等值的小数。

C2.4 透射系数测量

C2.4.1 测量几何条件

测量几何条件为法线方向/漫射(0°/d)或漫射/法线方向(d/0°)，并符合 GB/T 11500 中所规定的几何条件或 CIE 15.2 中所规定的几何条件。

应记录测量几何条件和所用的积分球或乳白散射玻璃。

C2.4.2 测量记录

相对于所有波长范围内具有 100%透射率的理想透射体，测量的透射系数应乘以 100，并精确到 0.01%或等值的小数。

C3 色度计算要求

C3.1 三刺激值的计算

计算三刺激值应根据 CIE D_{50}照明体和 CIE 出版物 15.2 中的 CIE 1931 标准色度观测视场(通常指的是 2°视场标准观测条件)，以 10 nm 或 20 nm 为间隔。在 CIE D_{50}照明体和 2°视场标准观测条件下，光谱反射和透射数据由间隔为 10 nm 的表 C1 和间隔为 20 nm 的表 C2 中给出。推荐使用 10 nm 间隔，以提高结果的准确度。

注 C4：为与印刷图像精细度的尺寸更匹配，最好选择 2°视场标准观测条件，而不选 10°视场标准观测条件。

如果以大于 340 nm 的波长作为起始波长测量光谱数据，那么，应将表 C1 和表 C2 中所有小于起始测量波长的波长的加权因数数据求和并加到起始波长的测量数据中。如果结束测量的光谱波长小于 780 nm，那么，应将表 C1 和表 C2 中所有大于结束测量波长的波长的加权因数数据求和，并加到结束波长的测量数据中。

计算的一般形式为：

反射

$$X = \sum_{\lambda=340}^{\lambda=780} [T(\lambda) \cdot W_X(\lambda)]$$

$$Y = \sum_{\lambda=340}^{\lambda=780} [T(\lambda) \cdot W_Y(\lambda)]$$

$$Z = \sum_{\lambda=340}^{\lambda=780} [T(\lambda) \cdot W_Z(\lambda)]$$

透射

$$X = \sum_{\lambda=340}^{\lambda=780} [T(\lambda) \cdot W_X(\lambda)]$$

$$Y = \sum_{\lambda=340}^{\lambda=780} [T(\lambda) \cdot W_Y(\lambda)]$$

$$Z = \sum_{\lambda=340}^{\lambda=780} [T(\lambda) \cdot W_Z(\lambda)]$$

式中：$R(\lambda)$——波长为λ的反射系数；

$T(\lambda)$——波长为λ的透射系数；

$W_X(\lambda)$——波长为λ的三刺激值X的加权因数；

$W_Y(\lambda)$——波长为λ的三刺激值Y的加权因数；

$W_Z(\lambda)$——波长为λ的三刺激值Z的加权因数。

如果测量间隔小于10 nm，可用注C10中的方法扩展数据的带通。

注C5：表C1和表C2中给定的加权因数基于C2.2节中所描述的三角形带通特性。

$X_n=96.422$，$Y_n=100.00$，$Z_n=82.521$的值，用于色度计算。

注C6：在表Cl和表C2中X、Y、Z的汇总在核对数据时使用。

表C1　在以10 nm为间隔，D_{50}照明体和2°视场观测条件下，计算三刺激值用的加权因数W

波长	$W_X(\lambda)$	$W_Y(\lambda)$	$W_Z(\lambda)$	波长	$W_X(\lambda)$	$W_Y(\lambda)$	$W_Z(\lambda)$
340	0.000	0.000	0.000	570	7.132	8.902	0.020
350	0.000	0.000	0.000	580	8.540	8.112	0.015
360	0.000	0.000	0.001	590	9.255	6.829	0.010
370	0.001	0.000	0.005	600	9.835	5.838	0.007
380	0.003	0.000	0.013	610	9.469	4.753	0.004
390	0.012	0.000	0.057	620	8.009	3.573	0.002
400	0.060	0.002	0.285	630	5.926	2.443	0.001
410	0.234	0.006	1.113	640	4.171	1.629	0.000
420	0.775	0.023	3.723	650	2.609	0.984	0.000
430	1.610	0.066	7.862	660	1.541	0.570	0.000
440	4.453	0.162	12.309	670	0.855	0.313	0.000
450	2.777	0.313	14.647	680	0.434	0.158	0.000
460	2.500	0.514	14.346	690	0.194	0.070	0.000
470	1.717	0.798	11.299	700	0.097	0.035	0.000
480	0.861	1.239	7.309	710	0.050	0.018	0.000
490	0.283	1.839	4.128	720	0.022	0.008	0.000
500	0.040	2.948	2.466	730	0.012	0.004	0.000
510	0.088	4.632	1.447	740	0.006	0.002	0.000
520	0.593	6.587	0.736	750	0.002	0.001	0.000
530	1.590	8.308	0.401	760	0.001	0.000	0.000
540	2.799	9.197	0.196	770	0.001	0.000	0.000
550	4.207	9.650	0.085	780	0.000	0.000	0.000
560	5.657	9.471	0.037	总和	96.421	99.997	82.524

表 C2　在以 20 nm 为间隔，D_{50}照明体和 2°
视场观测条件下，计算三刺激值用的加权因数 W

波长	$W_X(\lambda)$	$W_Y(\lambda)$	$W_Z(\lambda)$	波长	$W_X(\lambda)$	$W_Y(\lambda)$	$W_Z(\lambda)$
340	0.000	0.000	0.000	580	16.904	16.060	0.026
360	−0.001	0.000	−0.003	600	19.537	11.646	0.014
380	−0.007	0.000	−0.034	620	15.917	7.132	0.003
400	0.100	0.001	0.459	640	8.342	3.245	0.000
420	1.651	0.044	7.914	660	3.112	1.143	0.000
440	4.787	0.325	24.153	680	0.857	0.310	0.000
460	4.897	1.018	28.152	700	0.178	0.064	0.000
480	1.815	2.413	15.027	720	0.044	0.016	0.000
500	0.044	6.037	4.887	740	0.011	0.004	0.000
520	1.263	13.141	1.507	760	0.002	0.001	0.000
540	5.608	18.442	0.375	780	0.001	0.000	0.000
560	11.361	18.960	0.069	总计	96.423	100.002	82.522

表 C3　在以 10 nm 为一间隔，D_{65}照明体和 2°
视场观测条件下，计算三刺激值用的加权因数 W

波长	$W_X(\lambda)$	$W_Y(\lambda)$	$W_Z(\lambda)$	波长	$W_X(\lambda)$	$W_Y(\lambda)$	$W_Z(\lambda)$
340	0.000	0.000	0.000	570	6.988	8.722	0.019
350	0.000	0.000	0.000	580	8.214	7.802	0.014
360	0.000	0.000	0.001	590	8.730	6.442	0.010
370	0.002	0.000	0.010	600	9.015	5.351	0.007
380	0.006	0.000	0.026	610	8.492	4.263	0.003
390	0.022	0.001	0.104	620	7.050	3.145	0.001
400	0.101	0.003	0.477	630	5.124	2.113	0.000
410	0.376	0.010	1.788	640	3.516	1.373	0.000
420	1.200	0.035	5.765	650	2.167	0.818	0.000
430	2.396	0.098	11.698	660	1.252	0.463	0.000
440	3.418	0.226	17.150	670	0.678	0.248	0.000
450	3.699	0.417	19.506	680	0.341	0.124	0.000
460	3.227	0.664	18.520	690	0.153	0.055	0.000
470	2.149	0.998	14.137	700	0.076	0.027	0.000
480	1.042	1.501	8.850	710	0.040	0.014	0.000
490	0.333	2.164	4.856	720	0.018	0.006	0.000
500	0.045	3.352	2.802	730	0.009	0.003	0.000
510	0.098	5.129	1.602	740	0.005	0.002	0.000
520	0.637	7.076	0.791	750	0.002	0.001	0.000
530	1.667	8.708	0.420	760	0.001	0.000	0.000
540	2.884	9.474	0.202	770	0.000	0.000	0.000
550	4.250	9.752	0.086	780	0.000	0.000	0.000
560	5.626	9.419	0.037	总和	95.049	99.999	108.882

表 C4　在以 20 nm 为间隔，D_{65}照明体和 2°
视场观测条件下，计算三刺激值用的加权因数 W

波长	$W_X(\lambda)$	$W_Y(\lambda)$	$W_Z(\lambda)$	波长	$W_X(\lambda)$	$W_Y(\lambda)$	$W_Z(\lambda)$
340	0.000	0.000	0.000	580	16.256	15.455	0.025
360	−0.001	0.000	−0.005	600	17.933	10.699	0.013
380	−0.008	0.000	−0.039	620	14.020	6.277	0.003
400	0.179	0.002	0.829	640	7.057	2.743	0.000
420	2.542	0.071	12.203	660	2.527	0.927	0.000
440	6.670	0.453	33.637	680	0.670	0.242	0.000
460	6.333	1.316	36.334	700	0.140	0.050	0.000
480	2.213	2.933	18.278	720	0.035	0.013	0.000
500	0.052	6.866	5.543	740	0.008	0.003	0.000
520	1.348	14.106	1.611	760	0.002	0.001	0.000
540	5.767	18.981	0.382	780	0.000	0.000	0.000
560	11.301	18.863	0.068	总计	95.044	100.001	108.882

注

C7　虽然提供了 20 nm 间隔的加权因数，但提倡用 10 nm 间隔的数据以提高结果的准确度。

C8　表 C3 和表 C4 中的加权因数用于在 CIE D_{65}照明体和 CIE 1931 标准色度观测者(通常指的是 2°视场标准观测条件)条件下计算三刺激值。

C9　D_{65}照明体和 2°视场观测条件的光谱加权因数。

在 CIE D_{65}照明体和 2°标准视场观测条件下计算三刺激值的加权因数。

$X_n=95.047$　$Y_n=100.000$　$Z_n=108.883$ 用于色度计算。

C10 表 C3 和表 C4 中 X、Y、Z 的总和用于数据核对。

C3.2　计算 CIELAB L^*，a^*，b^*

CIELAB 色度参数(见 CIE 出版物 15.2)

$$L^* = 116[f(Y/Y_n)] - 16$$

$$a^* = 500[f(X/X_n) - f(Y/Y_n)]$$

$$b^* = 200[f(Y/Y_n) - f(Z/Z_n)]$$

当：

$$X/X_n > 0.008\,856, \quad f(X/X_n) = (X/X_n)^{\frac{1}{3}}$$

$$Y/Y_n > 0.008\,856, \quad f(Y/Y_{nn}) = (Y/Y_n)^{\frac{1}{3}}$$

$$Z/Z_n > 0.008\,856, \quad f(Z/Z_n) = (Z/Z_n)^{\frac{1}{3}}$$

当：

$$X/X_n \leqslant 0.008\,856, \quad f(X/X_n) = 7.786\,7(X/X_n) + 16/116$$

$$Y/Y_n \leqslant 0.008\,856, \quad f(Y/Y_n) = 7.786\,7(Y/Y_n) + 16/116$$

$$Z/Z_n \leqslant 0.008\,856, \quad f(Z/Z_n) = 7.786\,7(Z/Z_n) + 16/116$$

式中：$X_n=96.442$　$Y_n=100.000$　$Z_n=82.521$，注 C6 描述了上述条件。

$$C_{ab}^* = (a^{*2} + b^{*2})^{\frac{1}{2}}$$

$$h_{ab} = tan^{-1}(b^*/a^*)$$

如果：

$$a^* > 0,\quad b^* \geqslant 0 \qquad 则：0° \leqslant h_{ab} < 90°$$
$$a^* \leqslant 0,\quad b^* > 0 \qquad 90° \leqslant h_{ab} < 180°$$
$$a^* < 0,\quad b^* \leqslant 0 \qquad 180° \leqslant h_{ab} < 270°$$
$$a^* \geqslant 0,\quad b^* < 0 \qquad 270° \leqslant h_{ab} < 360°$$

CIE LAB 色差(见 CIE 出版物 15.2)

$$\Delta L^* = L_1^* - L_2^*$$
$$\Delta a^* = a_1^* - a_2^*$$
$$\Delta b^* = b_1^* - b_2^*$$
$$\Delta C_{ab}^* = C_{ab1}^* + C_{ab2}^*$$
$$\Delta h_{ab} = h_{ab1} - h_{ab2}$$

对于从试样 1 和试样 2 的 L^*、a^* 和 b^* 得到的 ΔE_{ab}^*：

$$\Delta E_{ab}^* = [(\Delta L^*)^2 + (\Delta a^*)^2 + (\Delta b^*)^2]^{\frac{1}{2}}$$

CIE 目前定义了一个公制的色差 ΔH_{ab}^*：

$$\Delta H_{ab}^* = [(\Delta E_{ab}^*)^2 - (\Delta L^*)^2 - (\Delta C_{ab}^*)^2]^{\frac{1}{2}}$$

C3.3 实验报告

实验报告中，应附有如下内容：

a）测量和计算符合本附录的证明。

b）数据处理者。

c）数据处理日期。

d）交换数据的目的和内容的说明。

e）所使用的仪器，不局限于仪器的商标和型号。

f）测量照明体(照明体和滤色片)的应用条件。

g）使用的波长间隔。

注 C11：窄带通仪器带宽的扩宽方法

当取样间隔不符合所要求的 10 nm 或 20 nm 时，数据必须进行修正或重新取样，以提供在所要求的间隔下得到的估计(或假设)数据。只有当取样间隔小于 10 nm 或 20 nm，并且带宽与采样间隔一致时才这样做。

将基于符合要求的(新的)采样间隔和带宽采集的当前数据依次用三角特性加权函数处理，以建立所需要的数据，即将间隔上的数据加和，并且用加权求和方法规范，每个新的数据点都要反复进行该过程。

加权函数如下：

$$W(\lambda_{X_n}) = \frac{\Delta\lambda - |\lambda_{Y_n} - \lambda_{X_n}|}{\Delta\lambda}$$

式中：$W(\lambda_{X_n})$——波长 X_n 的加权函数

λ_{Y_n}——被计算数据的波长

λ_{X_n}——有效数据的波长

$\Delta\lambda$——所要求的带宽

此函数在给定的间隔上定义为 $|\lambda_{Y_n} - \lambda_{X_n}| < \Delta\lambda$。

如果量程内终点处数据无效，在这种情况下，应假定这些数据与量程中最后的有效数据一致，并用最后的有效数据作为终点值。

例如：

假定以 3 nm 为一间隔采集的有效数据要换算成符合要求的以 10 nm 为一间隔的数据，那么，420 nm 附近的有效数据在 403 nm、406 nm、409 nm……436 nm 波长处，420 nm 处的数值计算如下：

1 因为带宽(Δλ)为 10 nm，则仅用 410 nm～430 nm 之间的数据计算就可以，即：412 nm、415 nm、418 nm、421 nm、424 nm、427 nm、430 nm。

2 加权函数应是 412(0.2)，415(0.5)，418(0.8)，421(0.9)，424(0.6)，427(0.3)，430(0)，总计 3.3。

3 每一个波长 Xn 的光谱数据乘以它的加权因数，乘积加合，得数加合，然后除以加权因数之合（本例为 3.3）。这就是以 10 nm 为带通的 420 nm 对应的数据。

4 在以 10 nm 为一间隔的 340 nm～780 nm 范围内重复该过程。

用这种方法也可以修改用其它间隔得到的有效数据，以提供用于色度计算的以 10 nm 或 20 nm 为一间隔的加权函数。

注 C12：增进仪器间测量的一致性

光谱测量与三个方面的测量标度尺有关，即：光度标度尺、波长标度尺和几何标度尺。如果两种仪器在三方面的性能都相同，就可以保证这两种仪器在测量时不会有明显的系统误差。本注释将对每种测量标度尺进行说明，并简述一些方法，以减少不同仪器在某一方面产生的差异。

光度标由三个参数限定：起始点、终点（满量程点）和线性。可用电学方法或通过标准“黑”设置标的终点。这样就确定了零辐射亮度因数点。仪器间零点的设置通常不一样，这个差值即附加位偏移，用 β_0 表示。

标的起始点用近似于理想的漫反射体进行设置，因为是一个近似值，所以仪器之间的标称设置会有差别。这个误差可归因于在不同的标准化实验室或在光度标传递过程中随机误差的传递。这是一个与反射率因数成比例的倍率误差，用 β_1 表示，光度标是制造商预设的，以使材料反射率的变化呈线性。

某些非线性仪器，由制造商提供校正程序。非线性确切的实质是非常复杂的，但是对本注释来说，二阶非线性包括了假定有意义的所有部分。这个误差与 $(R_{起点}-R)\cdot R$ 成比例，这个比例因数用 β_2 表示。

测量波长的标度尺也由三个参数限定：标度尺的线性、标度尺的非线性和带宽。线性误差是实际波长与仪器波长设置的线性位置差。这里对于量度的准确度给出了一个较低的限制。此误差与波长的反射率因数的一阶导数 $(\partial R/\partial\lambda)$ 成比例，这个比例因数用 β_3 表示。非线性波长测量值误差很复杂，是多种原因产生的。这个误差与 $(\partial R/\partial\lambda)$ 和因数 W_1 成比例，这个比例因数由 β_4 表示，因数 W_1 定义如下：

$$W_1=[(\lambda-\lambda_{起})/(\lambda_{终}-\lambda_{起})]\cdot[1-(\lambda-\lambda_{起})/(\lambda_{终}-\lambda_{起})]$$

通过检测器测量被测物反射光，带宽可以控制波长标度尺窗的大小，带宽误差与反射率因数与波长的二阶导数成比例 $(\partial^2 R/\partial^2\lambda)$，这个比例因数用 β_5 表示。

几何测量标度尺也由三个参数限定：照明角和观测角的重心、照明体的立体角和观测光线立体角以及照明区域与观测区域之比。这些是重要的参数，也是最难估价和模拟解析的，因此忽略该误差。

两个相关仪器的最终方程如下：

$$\begin{aligned}R_1(\lambda)=&\beta_0+\beta_1\cdot R_2(\lambda)+\beta_2\cdot[R_{起}(\lambda)-R_2(\lambda)]\cdot R_2(\lambda)\\&+\beta_3\cdot[\partial R(\lambda)/\partial\lambda]+\beta_4\cdot W_1\cdot[\partial R(\lambda)/\partial\lambda]+\beta_5\cdot[\partial^2 R(\lambda)/\partial\lambda^2]\end{aligned}$$

该方程适合对几个中性标样和彩色标样的测量，在第一个仪器读数的基础上，运算第二个仪器读数的多重线性回归。建议至少使用三个中性标样，即：亮、灰和暗灰。如果将白色和黑色也包括进来则更好。然后，再至少使用 6 种颜色，即一套适合印刷工艺的颜色：青、品、黄、红、绿和蓝。更好的方案是对六种颜色中的每一个颜色采取两种彩度标准（在亮度方面有相应的变化），至少要有 16 个反射点，3 个中性色和 6 种颜色会产生全部 144 个数据点，如果能达到 697 个数据点最好。

附　录　D
（提示的附录）
光　谱　数　据

计算不同观测视场或照明体条件下的三刺激值，可借助光谱数据。没有把这些数据定为标准，是因为一旦定为标准，则会限制油墨的制造和油墨性能的发展。然而，下列数据在综合分析欧洲、日本、美国的油墨时可把这些数据当做标准的。由于大多数油墨通常是建立在相同颜料基础上的，因此差别很小。

必须强调，这个附录是本标准提示的附录，不是标准的正式部分，不能因为标准化的目的，假定油墨与这个数据非常接近。必须记住，这些数据是从垫有白色底衬的基准承印物上印刷的印样上得到的。

下面两个数据表，表Dl用于0°/45°几何条件；表D2用于8°/d(包括镜像)。

这些数据曾用于计算与本标准5.1提供的数据等效的使用8°/d和0°/45°两种几何条件和D_{65}照明体的三刺激值。附录E给出了这些三刺激值。

注：在本标准中，0°/45°或45°/0°几何条件彼此等效。同理，8°/d或d/8°几何条件也被视为等效。这样，当本附录表中只指明其中的一种几何条件时，可以认为另一种几何条件也可以接受。当然，各种几何条件下测得的数据不同，镜像与非镜像条件下获得的数据也不同。

表D1　符合本标准的油墨的常用光谱反射数据，0°/45°几何条件

波　长 nm	反　射　系　数				
	青	品红	黄	黑	承印物[1)]
380	0.094	0.245	0.113	0.0197	0.720
390	0.200	0.219	0.087	0.0202	0.741
400	0.312	0.206	0.067	0.0208	0.759
410	0.409	0.208	0.053	0.0229	0.773
420	0.452	0.214	0.044	0.0247	0.787
430	0.522	0.228	0.041	0.0251	0.799
440	0.606	0.242	0.041	0.0255	0.808
450	0.664	0.237	0.045	0.0259	0.819
460	0.690	0.213	0.056	0.0261	0.828
470	0.699	0.181	0.060	0.0263	0.834
480	0.695	0.148	0.082	0.0265	0.840
490	0.679	0.119	0.168	0.0268	0.847
500	0.647	0.092	0.348	0.0269	0.869
510	0.597	0.068	0.584	0.0269	0.871
520	0.525	0.047	0.741	0.0265	0.880
530	0.436	0.038	0.803	0.0257	0.883
540	0.341	0.035	0.831	0.0250	0.886
550	0.245	0.029	0.848	0.0243	0.888
560	0.158	0.022	0.856	0.0237	0.892
570	0.102	0.018	0.864	0.0235	0.894
580	0.072	0.039	0.869	0.0235	0.894
590	0.057	0.177	0.874	0.0241	0.895
600	0.047	0.431	0.877	0.0248	0.898
610	0.041	0.653	0.881	0.0256	0.898
620	0.040	0.789	0.885	0.0264	0.899
630	0.041	0.852	0.889	0.0276	0.900
640	0.043	0.880	0.895	0.0289	0.900
650	0.051	0.895	0.900	0.0302	0.901
660	0.062	0.903	0.904	0.0316	0.901
670	0.068	0.907	0.906	0.0329	0.902

表 D1(完)

波 长 nm	反 射 系 数				
	青	品红	黄	黑	承印物[1)]
680	0.065	0.910	0.907	0.0341	0.903
690	0.060	0.914	0.909	0.0355	0.903
700	0.048	0.918	0.912	0.0373	0.903
710	0.043	0.921	0.914	0.0397	0.901
720	0.053	0.923	0.914	0.0423	0.899

1) 承印物见附录 A

表 D2 符合本标准油墨的常用光谱反射数据,8°/d 几何条件(包括镜像)

波 长 nm	反 射 系 数				
	青	品红	黄	黑	承印物[1)]
380	0.137	0.271	0.187	0.088	0.730
390	0.249	0.247	0.159	0.090	0.750
400	0.360	0.234	0.137	0.091	0.767
410	0.454	0.233	0.120	0.095	0.781
420	0.498	0.238	0.108	0.099	0.795
430	0.565	0.250	0.105	0.101	0.806
440	0.644	0.261	0.105	0.102	0.815
450	0.696	0.258	0.112	0.104	0.826
460	0.717	0.240	0.127	0.104	0.835
470	0.723	0.213	0.133	0.104	0.841
480	0.714	0.186	0.161	0.104	0.848
490	0.691	0.164	0.257	0.106	0.855
500	0.652	0.145	0.432	0.108	0.876
510	0.598	0.122	0.640	0.108	0.879
520	0.530	0.099	0.774	0.108	0.889
530	0.451	0.088	0.826	0.107	0.893
540	0.368	0.085	0.850	0.106	0.896
550	0.280	0.076	0.866	0.104	0.900
560	0.197	0.066	0.875	0.103	0.905
570	0.141	0.058	0.883	0.102	0.909
580	0.111	0.091	0.887	0.104	0.908
590	0.096	0.253	0.890	0.112	0.908
600	0.086	0.503	0.893	0.120	0.909
610	0.079	0.705	0.895	0.126	0.909
620	0.079	0.825	0.898	0.130	0.909

表 D2(完)

波长 nm	反射系数				
	青	品红	黄	黑	承印物[1)]
630	0.080	0.880	0.902	0.133	0.910
640	0.083	0.904	0.906	0.136	0.910
650	0.094	0.917	0.911	0.138	0.911
660	0.107	0.924	0.914	0.141	0.910
670	0.114	0.927	0.915	0.143	0.911
680	0.111	0.930	0.916	0.145	0.912
690	0.105	0.934	0.918	0.148	0.912
700	0.089	0.939	0.920	0.151	0.913
710	0.083	0.942	0.922	0.155	0.911
720	0.096	0.942	0.922	0.159	0.908
1) 承印物见附录 A					

附 录 E

(提示的附录)

用于 8°/d 几何条件和 D_{65} 照明体的三刺激值

在本标准中,8°/d 或 d/8°几何条件在镜像和非镜像条件下都视为等效。因此,虽然本附录只给出其中的一种几何条件,但可认为另一种也是允许的。当然,镜像测量的数据和非镜像测量的数据有所不同。

表 E1 和 E2 的数据由表 D2 中的光谱数据计算而来。

表 E1　D_{50}照明体、8°/d 几何条件(包括镜像)下的三刺激值

油墨	三刺激值			CIELAB		
	X	Y	Z	L^*	a^*	b^*
黄	75.44	81.03	13.13	92.15	−5.41	78.08
品	40.46	23.32	18.76	55.40	66.57	1.04
青	19.70	27.88	54.72	59.78	−32.15	−43.75
黑	11.17	11.02	8.53	39.61	4.03	2.02
承印物	86.39	89.83	68.56	95.93	−0.42	4.96

若要进行数据交换,应在报告中说明实际使用的测量几何条件是否标准。

表 E2　D_{65}照明体、8°/d 几何条件(包括镜像)下的三刺激值

油墨	三刺激值			CIELAB 值		
	X	Y	Z	L^*	a^*	b^*
黄	70.53	79.78	16.57	91.59	−11.06	78.71
品	37.27	21.82	25.02	53.84	64.95	−2.09
青	22.24	29.50	71.80	61.22	−24.74	−40.94
黑	10.88	10.97	11.23	39.53	3.42	1.95
承印物	84.72	89.70	90.26	95.87	−1.01	5.01

若要进行数据交换，应在报告中说明实际使用的测量几何条件和照明体是否标准。

表 E3　根据表 D1 的光谱数据值计算出的 D_{65}照明体、0°/45°几何条件下的三刺激值

油　墨	三　刺　激　值			CIELAB 值		
	X	*Y*	*Z*	L^*	a^*	b^*
黄	68.06	77.10	9.03	90.37	－11.16	96.17
品	33.06	16.90	22.01	48.13	75.20	－6.80
青	18.74	26.62	68.54	58.62	－30.63	－42.75
黑	2.42	2.52	2.81	18.01	0.50	－0.47
承印物	83.69	88.60	89.47	95.41	0.99	4.76

若照明体不是 D_{50}，在数据交换时需要说明。

附　录　F
（提示的附录）
关于测试过程的补充说明及范例

F1　色度检验

评价一种油墨是否符合本标准，需要制备一些符合 5.3 规定的墨层厚度的印样。这些印样可在印刷适性仪上制备。在输墨系统上加少量油墨，印刷前，称量一下印版的质量，印刷后，再称量一下印版的质量，记下质量差。如果已知油墨密度（可以测量已知体积的油墨质量）和印刷面积，就可以根据印版在印刷前后的质量差，计算出墨层的厚度（见附录 B）。计算方法如下：

墨层厚度＝印版印刷前后的质量差/（油墨密度×印刷面积）

清洗输墨装置后，再向输墨装置加入与第一次稍有差别的墨量，重复以上印样制作步骤。多次进行这种测试，每次加入的油墨量都不相同，直到有一定量的印样的墨层厚度符合本标准的规定为止。

印样干燥后，挑出一些符合规定墨层厚度的印样进行颜色测试。测试时，将印样放在三层或四层未印刷的承印物上面，用 2°观测条件和 D_{50}照明体，先计算出每种印样和本标准规定的颜色之间的色差，然后将其值作为墨层厚度函数标绘在图 F.1 上。如果该油墨的墨层厚度符合本标准的规定，那么，其色差应低于本标准的规定值。图 F.1 为黄色氧化干燥型油墨的公差范围，其中，曲线 1 为符合本标准的油墨，曲线 2 和 3 为不符合本标准的要求。曲线 2 表示油墨的颜色不对，通常为不正确的色相，而曲线 3 则表示油墨颜色正确，但浓度不对。

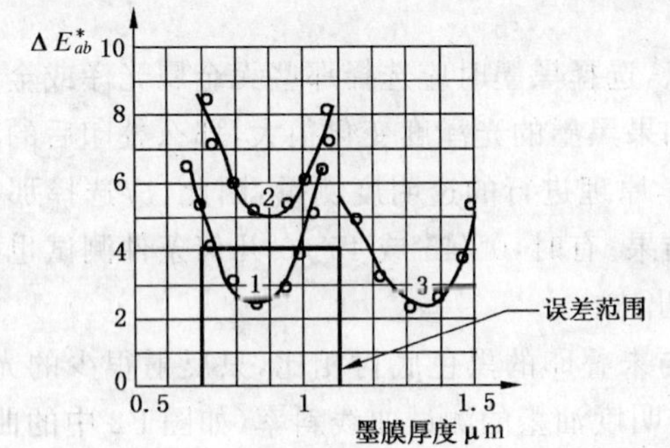

曲线 1：符合本标准的油墨。
曲线 2：不符合本标准的油墨：颜色产生偏差。
曲线 3：不符合本标准的油墨：颜色浓度有偏差。
（注意：热固型或光固化型油墨应符合它们的墨层厚度范围）

图 F1　符合与不符合本标准的胶版印刷油墨实例（油墨颜色差异绘出的墨层厚度函数曲线）

F2 透明度的测试

仍然采用上述测试方法，按5.3的要求制备一些符合墨层厚度范围的印样，精度可要求高些。测试透明度的承印物应为有光涂料纸，并具有一定的不透光性，测试前应印上L^*值不大于6的黑色油墨，也可以用预制的黑色底衬，或在承印物表面印刷二层以上的黑墨，但两次印刷的间隔应尽量长，以使油墨干燥。

测试印样的透明度之前，每个印样应编号。每个印样在彩色油墨叠印前应在指定区域内测试黑色。

叠印了被测油墨的印样干燥后，在前面测试黑色底衬的地方用上述方法测试油墨的颜色（请注意F3关于印样的制备和测量的说明）。

计算每个印样叠印前后两次测量得到的色差，并标绘出墨层厚度函数曲线图。图F2表示的是通过这些测试点的最佳直线，并计算该直线的斜率（此时，可以用这些数据直接计算回归直线系数）。该值的倒数就是透明度T值。如下所示，用图解法可以直接计算该值（参见图F2）。

$$T = (S_1 - S_2)/(\Delta E^*_{ab1} - \Delta E^*_{ab2})$$

式中：T——透明度测量值；

S_1——墨层厚度较高的厚度测量值(μm)；

S_2——墨层厚度较低的厚度测量值(μm)；

ΔE^*_{ab1}——S_1点的色差值；

ΔE^*_{ab2}——S_2点的色差值。

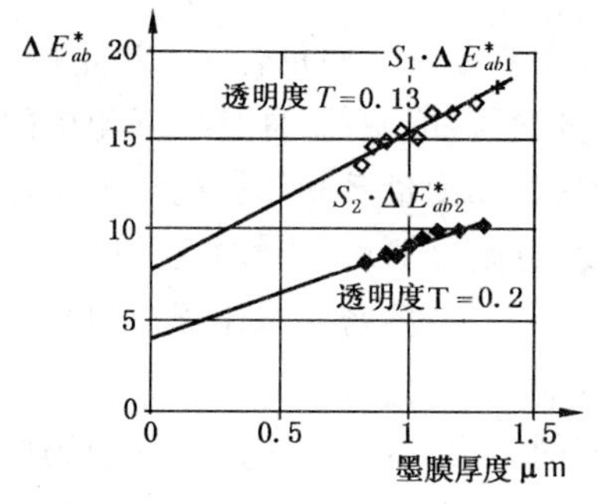

图F2 根据本标准对透明度的评价

如果计算值大于5.2规定的透明度，那么这种油墨的透明度符合本标准。对更透明（或接近透明）的油墨，线性回归系数或其倒数可以为负值。这种特殊情况也符合本标准。

F3 制备印样和测量透明度时应注意的一些问题

F3.1 黑墨的选择和印刷

如果选择印有黑墨的承印物测试油墨的透明度，那么，选择黑墨时应选择那些无金属光泽或金属光泽很小的黑墨，使叠印其它油墨后，黑墨的光泽度不变。如果黑墨的光泽度变化很大，那么叠印后的印样测试结果则无规律可言，这些表面现象势必影响根据光学原理进行的透明度测量，因此，应选择那些能够减少这些现象发生的材料进行测试，否则将得到错误结果。有时，0°/45°或45°/0°几何条件测试也会发生错误。一般这种错误结果通过目测就可以明显地判断出来。

被测油墨的透明度可能很高，以至于叠印后的印样与未叠印的黑色底衬相比，只反射很少的光线。原因很简单，黑色底衬和被测油墨均吸收光线。这种高透明度油墨的测试曲线斜率（如图F2中的曲线）可能为零或负值。然而，实际上油墨均散射光线，这种情况不会发生，品红和黄墨情况更是如此。如果出现这种情况，应十分注意。这里有两种现象，一是用“超透明”的油墨叠印在黑色底衬上，结果使黑色底衬比未叠印前更黑；一种是油墨的遮盖力很强，这些现象是由于光泽度的影响造成的，这种影响对于黑墨和叠印面之间是不同的。如果出现反常结果，应检查黑色底衬和叠印后的印样，是否与以上原因有关。一般通过目测可以判断被测油墨是否象回归直线系数所表示的那样透明或具有较大的遮盖力。否则，应找出其原因。

F3.2 透明度球形测试仪的使用

由于用球形测试仪测试，印样表面特征的变化对测试结果影响极大。所以，在附录F中没有给出与0°/45°几何测试仪相对应的球形测试仪测试透明度的结果。例如，在参照承印物表面上印刷卷筒纸用的品红油墨(SWOP)，试验结果绘出一个反常的负的回归系数，通过对数据的细致考核，发现试验数据实际产生两条单独的直线斜率为正。这种现象与墨层厚度的加大有关，加大厚度，表面光泽度发生变化。(注：这说明标绘曲线图和检查数据的重要性，而不仅是简单的统计计算。)

这种测试过程对于具有相似表面特性印样的测试还是十分有用的。用球形测试仪得到的测试结果，其 T 值的绝对值与用0°/45°测试仪的测试结果不同，但排列顺序相同，数据间的相互差别也相近。这种测试方法可用来检查用0°/45°几何测试仪测得的错误结果。

前　　言

制定本标准是为了规范再生阳图型PS版的技术要求、试验方法和检测规则，以达到提高再生阳图型PS版质量的目的。

本标准由全国印刷标准化技术委员会提出并归口。

本标准主要起草单位：中国印刷及设备器材工业协会、中国印刷科学技术研究所、北京华通实用技术研究所、民族印刷厂。

本标准主要起草人：孙福盛、石深泉、宁承宗、章博玲。

中华人民共和国新闻出版行业标准

再生阳图型PS版

CY/T 32—1999

Regenerate positive presensitized plate

1 范围

本标准规定了再生阳图型PS版的技术要求、试验方法、检验规则以及包装、贮存和运输的要求。

本标准适用于以铝板基为支持体的再生阳图型PS版。

2 引用标准

下列标准所包含的条文,通过在本标准中引用而构成为本标准的条文,本标准出版时,所示版本均为有效。所有标准都会被修订,使用本标准的各方应探讨使用下列标准最新版本的可能性。

GB/T 191—1990 包装储运图示标志

3 技术要求

3.1 产品性能

产品性能应达到表1规定的各项要求。

表1 性能要求

项　目	技 术 要 求
产品外观(不影响印刷的坑、包等缺陷的数目)	≤4个/m^2
版面粗糙度 R_a	0.6 μm≤R_a≤0.9 μm
版基面氧化层质量	2.0～4.0 g/m^2
分辨力	≤10 μm
网点再现能力	3%～97%网点齐全
版基底色密度	≤0.03或按订货合同规定
着墨性能和亲水性能	按4.8检测合格
耐印力	在正常印刷中≥2万张

3.2 产品尺寸

原印版尺寸。

4 试验方法

4.1 试验药品

本标准中使用的化学药品均为化学纯级。

本标准中使用的各种溶液供一次性使用。

本标准中使用的显影墨为阳图型PS版专用显影墨。

4.2 产品外观检验

中华人民共和国新闻出版署1999-09-28批准　　2000-01-01实施

在黄色安全灯下观察,版面应平整,涂布均匀,无划伤、脏点、气泡。

4.3 版基面粗糙度的 R_a 值测定

取一块试样,用溶剂除去感光层,再用清水冲洗干净,冷却到室温,用精度为 0.01 μm 的粗糙度测定仪选择相应的取样长度测试五处,这五处分别为印版对角线交叉点和 4 个距版边 10 cm 的点,取其算术平均值为该版基 R_a 值。

4.4 产品版基面氧化层质量测定

4.4.1 处理液配制

在带有刻度烧杯中,加入 500 mL～800 mL 蒸馏水,再加入 20 g 无水三氧化铬,溶解后再加入 85%的磷酸 35 mL,然后用蒸馏水稀释至 1 000 mL,混合均匀。

4.4.2 测定

沿试样对角线的方向,在距版边 10 cm 以上部位,裁切大于 5 cm×5 cm 试片三块,用 4.3 的方法除去版面感光层后,将 20%的氢氧化钠溶液涂在铝版背面,除去背面氧化层。涂后 1 分钟,用 10%的 HNO_3 溶液中和铝版面上的碱液,用蒸馏水冲净,干燥。再精确裁切成 5 cm×5 cm 的试片,精确到 1 mm。用 1/10 000 的天平称量试片质量,称准至 0.1 mg。将称好的试片浸入按 4.4.1 配制的 250 mL 处理液中,温度控制在 95℃～100℃。将试片浸 5 分钟后取出,用清水冲净,干燥,冷却至室温。再次称量试片质量,按式(1)计算每张试片的版基面氧化层单位面积质量。

$$W_a = \frac{W_1 - W_2}{0.0025} \quad \cdots\cdots(1)$$

式中:W_a——版基面氧化层质量,g/m²;

W_1——未除去版基面氧化层时的试片质量,单位:g;

W_2——除去版基面氧化层后的试片质量,单位:g;

0.002 5——试片面积,单位:m²。

取三块试片测试结果的算术平均值作为该版基面氧化层单位面积质量。

4.5 分辨力测定

标定过的分辨力测试条正常曝光 30 s～90 s,显影后用 30 倍放大镜观察试片影像,黑线和白线都能分辨清楚的线条宽度就为该试片的分辨力,判定时应以没有断裂的连续线为准。

4.6 网点再现能力

用标有网点面积 0.5%～99.9%,网线数为 60 L/ cm 的 PS 版晒版信号条对试样按 4.5 的条件进行晒版检测。

4.7 版基底色的测定

4.7.1 测定仪器

反射密度计。

4.7.2 测定方法

对试样按 4.5 的条件进行曝光、显影,用水冲净并干燥,再用溶剂除去半张试片底色,用反射密度计分别测定未除去底色和除去底色部位的密度,两个密度值的差即为版基底色。

4.8 着墨性能和亲水性能

用密度级差为 0.15 的标定过的透射梯尺,按 4.5 的条件进行曝光、显影,用脱脂纱布在版上提墨,用清水冲洗后目视着墨情况,版面空白部位应无墨痕。曝光梯尺密度值 0.35 及 0.35 以下部分应不着墨,密度在 0.8 及 0.8 以上部分应全部着墨。

5 出厂检验

产品应按本标准规定,由生产厂检验部门检验合格后,方可出厂。

6 产品包装、储存和运输

6.1 产品包装

每两张再生 PS 版之间用一张中性防潮纸隔开，25～50 张为一个包装单位，上下各放一张卡板纸，用避光纸包严装入瓦楞纸盒内，装入产品说明书、合格证，并用胶带封贴。应按 GB/T 191 的规定在外包装上标明储运标志。

6.2 贮存和运输

6.2.1 贮存室温不高于 30℃，相对湿度小于 65%，禁止与酸、碱或其他可挥发有害气体的化学药品和放射性物质同室存放。

6.2.2 产品运输过程中不得日晒、雨淋、剧烈振动、挤压。

6.2.3 在本标准规定的贮存、运输条件下，产品自生产之日起，保证期为 6 个月。

ICS 37.100.01
A 17
备案号：20119—2007

中华人民共和国新闻出版行业标准

CY/T 40—2007

书刊装订用EVA型热熔胶使用要求及检测方法

The instruction and testing methods of EVA hot-melt adhesives for bookbinding

2007-02-26 发布　　2007-02-26 实施

中华人民共和国新闻出版总署　发布

前　言

本标准由全国印刷标准化技术委员会提出并归口。

本标准起草单位：新闻出版总署印刷产品质量监督检测中心、广州市芳海热熔胶制造有限公司、国民淀粉化学(广东)有限公司、北人集团公司、山东新华印刷厂、汉高(天津)国际贸易有限公司、北京文盛印刷材料有限公司、连云港诚兴胶粘剂厂、江苏盐城福启永林热熔胶科技有限公司、北京鑫顺双友印刷材料有限公司、郑州市汇明胶业有限公司、无锡市万力粘合材料厂、高等教育出版社、三河胜利装订厂、人民教育出版社、长春汇丰科技有限责任公司。

本标准主要起草人：王淮珠、郑全来、涂晓林、沈裕堂、杨超凡、黄家刚、程宝苓、徐桦、赵东升、王小平、彭殿义、张建军、陈宽玉、周其平、方旺喜、马德祥、师涛、郭绪、王成、马智勇、铁大鲲、王健。

引　言

无线胶粘订工艺是利用胶粘剂使书芯联结成册的一种书刊装订方法。它不仅适用于平装，也适用部分精装书籍的粘接。采用该工艺加工的书刊外观平整，且具有省工省料、装订质量好、加工速度快、适用范围广的特点。所以，无线胶粘订工艺在我国广泛应用，基本替代铁丝平订工艺。

在实际应用中，采用无线胶粘订工艺装订的书刊质量除与所选择的热熔胶质量有关外，还与工作环境、纸张的材质和特性、装订设备的调整状态、加工过程的工艺条件等诸多因素直接相关。由于缺少相关的使用标准，致使胶粘装订的书刊常出现散页、脱页、脆裂、书背变形、空泡、封面粘接不牢等质量问题。为此，制定相应的书刊装订用热熔胶使用标准，对于指导企业正确选用热熔胶产品，加强对装订环境、原材料、设备和工艺条件的控制与管理，确保胶粘订书刊的质量，是非常必要的。

本标准制定的目的，是为新闻出版行业提供书刊装订用热熔胶的使用质量要求，并引导企业规范无线胶粘订工艺条件和检测方法，使热熔胶装订的书刊质量达到相应的标准要求。本标准于 2000 年提出，经过调研、草案起草、征求意见、专家论证、试验、评测得以成稿。本标准的制定是社会需求与各方通力合作的产物，将对改进我国书刊无线胶粘订工艺和提高书刊无线胶粘订质量，带来深远影响。

书刊装订用 EVA 型
热熔胶使用要求及检测方法

1 范围

本标准规定了书刊装订使用的 EVA(乙烯—醋酸乙烯共聚物)型热熔胶(以下简称热熔胶)术语、技术要求、使用条件和测试方法。

本标准适用于使用无线胶粘订工艺加工的书册。

2 规范性引用文件

下列文件中的条款,通过本标准引用而构成为本标准的条文。凡是注日期的引用文件,其随后所有的修改单(不包括勘误的内容)或修订版均不适用于本标准,然而,鼓励根据本标准达成协议的各方研究是否可使用这些文件的最新版本。凡是不注日期的引用文件,其最新版本适用于本标准。

GB/T 528—1998 硫化橡胶和热塑性橡胶拉伸应力应变性能的测定

GB/T 2794 胶粘剂黏度的测定

GB/T 15332 热熔胶粘剂软化点的测定 环球法

GB/T 16998 热熔胶粘剂热稳定性测定

3 术语和定义

本标准在给出术语定义的同时,也给出计量单位,定义中无量纲的单位为 1。

3.1

脆性温度 brittleness temperature

在规定条件下,试样不产生断裂的最低温度。用摄氏度(℃)表示。

3.2

抗拉强度 tensile strength

将试样拉伸至断裂过程的最大拉伸应力。用兆帕(MPa)表示。

3.3

粘度 viscosity

在应力作用下,热熔胶阻止流动的性能。用帕斯卡秒(Pa·s)表示。

3.4

粘结强度 adhesion strength

使试样或产品的粘结部件的粘结界面分离所需的力。用牛顿每厘米(N/cm)表示。

3.5

断裂伸长率 elongation at break

试样在拉断时的位移值与原长的比值。用百分比(%)表示。

3.6

热稳定性 thermal stability

试样在特定加热条件下,加热期间内一定时间间隔的黏度和其他特性的变化。

3.7

软化点 softening point

把规定质量的钢球置于填满试样的金属环上,在规定的升温条件下,钢球进入试样,从一定的高度下落,当钢球触及底层金属挡板时的温度,视为软化点,用摄氏度(℃)表示。

4 使用要求

4.1 热熔胶质量要求

4.1.1 基础技术指标

表 1 书刊装订用热熔胶技术指标及要求

技术指标		背胶		边胶
名称	环境条件	非涂布纸	涂布纸	
软化点/℃	25 ℃±3 ℃	>82		>69
抗拉强度/MPa	25 ℃±3 ℃	>3	>4	>3
断裂伸长率/%	25 ℃±3 ℃	>200	>300	>200
熔融黏度/Pa·s	180 ℃	3.0~6.0	4.0~6.5	1.5~4.0
热稳定性	180 ℃,24 h	黏度变化量小于 1.5 Pa·s,外观无明显变化		
脆性温度	0 ℃冰水	胶的标准试样片,在冰水混合物中对折不断裂		

4.1.2 包装标志

热熔胶的外包装袋上应注明该产品型号、批号、生产厂家、生产日期、保存期限及运输、储存注意事项及使用的技术参数。

4.2 胶粘装订机械要求

4.2.1 无线胶粘订机械应有背胶断胶装置。

4.2.2 无线胶粘订机械应有确保所开槽内无浮动纸毛屑的装置。

4.3 胶粘装订工艺要求

4.3.1 书帖折缝应不跑空。

4.3.2 折后书帖应闯齐、捆平。

4.3.3 单机使用时,书册应浆背、分本。

4.3.4 书帖进入书夹内,应保证书册平齐,无大于 0.5 mm 的缩帖。

4.3.5 铣背深度应为 1.5 mm±0.5 mm,拉槽深度应为 1.5 mm±0.5 mm,拉槽间距应为 5.0~7.0 mm。

4.3.6 书背涂胶应均匀一致,书背胶层厚度应为 1.0 mm±0.2 mm。

4.3.7 边胶宽度应为 3.0~7.0 mm。

4.3.8 使用 100 g/m^2 以上纸张作封面应压书脊和侧胶痕。

4.3.9 正确选用胶粘剂,应能满足所用纸张粘接强度的要求。

4.4 胶粘装订环境要求

4.4.1 胶粘订车间温度应该恒定,一般应在 17 ℃~30 ℃,最好保持在 25 ℃±3 ℃的范围内。

4.4.2 胶粘订车间湿度应该恒定,一般相对湿度应在 RH 50%±10%之间。

4.4.3 胶锅上方应有排烟装置。

4.4.4 装订车间应清洁防尘。

4.5 使用热熔胶操作要求

4.5.1 胶在使用前应预热 2 h 以上,确认胶块完全熔融,并达到预定温度后方可使用。

4.5.2 书册应在胶的开放时间内完成夹紧和定型工作。

4.5.3 在胶的固化时间内,不应磕碰书册的书背部。

4.5.4 书册的裁切应在胶硬化后进行。

4.5.5 胶的使用温度以胶的技术参数为准(±5 ℃)。

4.5.6 不同品牌、不同型号的热熔胶不应混用。

4.5.7 应确保胶锅内胶温的准确无误。

4.5.8 正常情况下,预热胶锅应一季度清理一次,工作胶锅应两周清理一次。

4.5.9 胶锅内贮存胶应适量,严禁反复熔融胶,长时间停机应关闭胶锅加热装置。

4.6 胶粘订书刊粘结强度要求

书册胶订成书后,胶层与书刊内页的粘结强度应大于4.5 N/cm。

4.7 胶粘装订半成品和成品的贮存与运输要求

4.7.1 热熔胶装订的书册在装卸运输过程中应轻拿轻放,防止野蛮装卸对书册的损伤。

4.7.2 热熔胶装订的书册贮存环境温度应在0 ℃～40 ℃。

4.7.3 热熔胶装订的书册不宜置放在室外及墙体和热源旁。

5 测试方法

5.1 熔融粘度测试方法

按GB/T 2794旋转黏度计法中规定的方法在180 ℃条件下进行测量。

5.2 软化点测试方法

按GB/T 15332中的方法进行测量。

5.3 抗拉强度测试方法

按GB/T 528中的15.1.1条款进行测量。

5.4 断裂延伸率测试方法

按GB/T 528中的15.1.3条款进行测量。

5.5 热稳定性测试方法

按GB/T 16998中的方法进行测量。

5.6 脆性温度测试方法

按照GB/T 528中6.1条款的要求制作1型哑铃状标准试样,将胶的标准试样片放置在冰水混合物中30 min后,在冰水混合物中以两个夹子夹住对折5次后,如不断裂,即为符合要求。

5.7 胶粘订书刊粘结强度检验方法

在23 ℃±3 ℃的环境下,将所测试胶粘订书刊中间书帖的中心页,通过一平板中间的细条缝,此时该书页两侧其他书页应以该细条缝为中心线,平铺于平板之上。为使其平铺可以使用重物静压其上。之后用夹具将书页固定住,以使书页可以均匀承受缓慢增加的静态模拟拉力。一般情况下,夹具的位移速度不应大于5 mm/s。

当书页所受外力 F 与书页长 L 的比值大于4.5 N/cm,书页未从书背处脱落即可判断该胶订书刊的粘结强度合格。

6 测试报告

本标准的测试报告应包括以下内容:

a) 样品来源、品种型号、生产批号;

b) 测试项目、测试日期、测试依据标准;

c) 测试结果;

d) 其他需要报告的内容。

ICS 37.100.01
A 17
备案号：22382—2008

中华人民共和国新闻出版行业标准

CY 42—2007

纸质印刷品覆膜过程控制及检测方法 第1部分：基本要求

Lamination process control and test method for paper prints—
Part 1: Elementary rules

2007-11-16 发布　　2007-11-16 实施

中华人民共和国新闻出版总署　发布

前　　言

随着科学技术的进步及国家对环保安全提出的新要求，特制定新闻出版行业标准《纸质印刷品覆膜过程控制及检测方法》。《纸质印刷品覆膜过程控制及检测方法》为多部分标准，共包括4部分：

——第1部分：基本要求；

——第2部分：EVA型预涂覆膜；

——第3部分：水性胶即涂覆膜；

——第4部分：PUR型即涂覆膜。

本部分为《纸质印刷品覆膜过程控制及测试方法》多部分标准的第1部分：基本要求。**本部分的第4.2.1、4.2.2条为强制性的，其余为推荐性的。**

本部分由全国印刷标准化技术委员会提出和归口。

本部分由北京康得新印刷器材有限公司负责起草，新闻出版总署印刷产品质量监督检测中心、人民文学出版社、佛山市毅科塑胶制造有限公司、中国印刷科学技术研究所参与起草。

本部分主要起草人：徐曙、王淮珠、郑全来、李安、卢明、涂晓林、王丽娟、朱国武、胡敏生、王永利、马智勇。

引　言

印后覆膜工艺，属于印刷品的表面装饰加工工艺的一种，是指在纸质印刷品表面用覆膜机复合一层透明塑料薄膜而形成的一种纸塑合一产品的加工技术。

覆膜的作用：经过覆膜，加强了印刷品的耐磨、耐折、抗拉、耐湿、耐油性能，保护和提高了印刷品外观效果和使用寿命。覆膜工艺在我国广泛用于各种包装装潢印刷品及各种书刊、本册、挂历、地图、说明书及各种证件表面的装饰加工。

覆膜工艺种类较多，质量差异也较大。本标准主要是为了适应覆膜技术的发展及新时期我国对环保和覆膜产品更高质量水平的要求而制定的。本标准为多部分标准，全称为《纸质印刷品覆膜过程控制及检测方法》，主要是通过对不同覆膜工艺过程的控制达到上述目的。目前，该标准由以下部分组成。

第1部分：基本要求；

第2部分：EVA型预涂覆膜。

纸质印刷品覆膜过程控制及检测方法
第1部分:基本要求

1 范围

本部分规定了纸质印刷品覆膜术语和定义、原材料要求、覆膜的环保要求及覆膜成品的质量要求、基本测试方法和测试工具。

本部分适用于纸质印刷品的覆膜产品。

2 规范性引用文件

下列文件中的条款通过本部分的引用而成为本部分的条款。凡是注日期的引用文件,其随后所有的修改单(不包括勘误的内容)或修订版均不适用于本部分,然而,鼓励根据本部分达成协议的各方研究是否可使用这些文件的最新版本。凡是不注日期的引用文件,其最新版本适用于本部分。

GB/T 2410 透明塑料透光率和雾度试验方法

GB/T 13022 塑料拉伸性能试验方法

GB/T 14216 塑料 膜和片润湿张力试验方法

GB/T 18722 印刷技术 反射密度测量和色度测量在印刷过程控制中的应用

QB/T 2358 塑料薄膜包装袋 热合强度试验方法

HBC 18—2003 环境产品技术要求 环境标志产品认证技术要求 黏合剂

CY/T 3 色评价照明和观察条件

CY/T 12 书刊印刷品检验抽样规则

3 术语和定义

本部分采用下列定义和术语

3.1

覆膜 lamination

通过某种方式将塑料薄膜与纸质印刷品黏合在一起的工艺。

3.2

粘接强度 adhesive strength

使试样或产品的粘接部件的粘接界面分离所需的力。单位为牛顿每厘米(N/cm)。

3.3

起膜 delamination

覆膜后,在后期加工、使用、储存等过程中出现的局部或全部的塑料薄膜与印刷品分离的现象。

3.4

卷曲 curl

在无外力作用的情况下,覆膜产品出现的打弯或打卷现象。

3.5

暴筋 gauge bands

塑料薄膜卷材横向厚度不均匀的现象。

3.6

褶皱　creases

覆膜产品出现的不可展开的重叠现象。

3.7

覆膜色差　color difference of lamination

专指纸质印刷品实地部分在覆膜前后颜色上的差异。以 CIELABΔE_{ab}^* 表示。

3.8

亏膜　short film

指覆膜产品上薄膜的重量、宽度和长度小于要求的现象。

3.9

起泡　bubble

覆膜后或在后期加工、使用、储存等过程中塑料薄膜与印刷品之间出现气泡的现象。

4　原材料要求

4.1　薄膜要求

4.1.1　覆膜用即涂薄膜应符合表1的规定。

表1　即涂薄膜要求

项　目		要　求	
		亮光膜	亚光膜
外　观		无褶皱、划痕、暴筋	
雾度/%		≤2.0	≥70
透光率/%		≥90	
拉伸强度/MPa (23 ℃±2 ℃)	纵向	≥120	≥100
	横向	≥200	≥130
热收缩率/% (23 ℃±3 ℃，加热 30 s)	纵向	≤4	≤4
	横向	≤2	≤2

4.1.2　覆膜用预涂薄膜应符合表2的规定。

表2　预涂薄膜要求

项　目		要　求	
		亮光膜	亚光膜
外观		无褶皱、划痕、暴筋	
雾度/%		≤5.0	≥70
透光率/%		≥90	
拉伸强度/MPa (23 ℃±2 ℃)	纵向	≥70	≥60
	横向	≥130	≥100
热收缩率/% (120 ℃±3 ℃，加热 30 s)	纵向	≤1.5	≤1.5
	横向	≤1.0	≤1.0

4.2　黏合剂要求

4.2.1　黏合剂内苯、甲苯、二甲苯的总含量应小于 1 000 mg/kg，其中苯的含量应小于 100 mg/kg。

4.2.2 黏合剂内卤代烃(以二氯乙烷计)的含量应小于 1 000 mg/kg。

4.3 纸质印刷品要求

4.3.1 表面清洁。

4.3.2 平整,无荷叶边。

4.3.3 印刷品含水量与生产环境协调(环境湿度、温度)。

4.3.4 印刷品油墨应充分干燥后再覆膜。

4.3.5 覆膜前印刷品油墨的润湿张力≥3.8×10^{-2} N/m。

5 覆膜质量要求

5.1 覆膜粘接强度

符合下列条件之一,即认为粘接强度合格。

1) 粘接强度≥2.67 N/cm。

2) 当薄膜与印刷品剥离时,所有图文上的油墨都应全部或部分转移到薄膜胶面上。

5.2 外观要求

表面干净、平整、无明显卷曲、不模糊、光洁度好;无皱折、无破口、无起膜、无亏膜、无划痕。

5.3 物理尺寸要求

覆膜后分割的齐边尺寸准确,标称尺寸允差±1 mm。

5.4 覆膜色差

符合表 3 中四色实地油墨色差要求的覆膜产品为合格。

表 3 覆膜产品四色实地油墨色差要求

膜类型	黑	品红	青	黄
亮光膜	≤3	≤3	≤3	≤3
亚光膜	≤10	≤7	≤7	≤7

5.5 稳定性要求

覆膜后产品自然放置 24 h 应符合 5.1、5.2、5.3 和 5.4 条款的要求。

5.6 工艺要求

如对覆膜产品表面有再加工的要求(如烫印、UV 上光、压纹等),应在覆膜前提出。

6 测试方法

6.1 薄膜性能的检测

6.1.1 雾度测试方法按照 GB/T 2410 标准执行。

6.1.2 拉伸强度的测试方法按照 GB/T 13022 标准执行。

6.1.3 润湿张力按照 GB/T 14216 标准执行。

6.2 黏合剂的检测

按照 HBC 18—2003 附录 B 的相关内容进行测试。

6.3 预涂膜的检测

6.3.1 雾度按照 GB/T 2410 标准执行。

6.3.2 润湿张力按照 GB/T 14216 标准执行。

6.4 纸质印刷品的检测

覆膜前印刷品上油墨层的润湿张力按照 GB/T 14216 标准执行。

6.5 覆膜产品质量的检测

6.5.1 覆膜粘接强度

取覆膜后的印刷品,按照覆膜纵向或横向取宽 15 mm、长 150 mm 样条,用手将薄膜和印刷品剥开

50 mm 长度，按照 QB/T 2358 标准 5 试验步骤的相关规定执行。

6.5.2 外观检测

按照 CY/T 3 的相关条件进行检查。

6.5.3 物理尺寸检测

使用精度 0.5 mm 的标准量具进行检查。

6.5.4 覆膜色差检测

覆膜前后纸质印刷品的色差按照 GB/T 18722 中的要求和方法进行测量。

7 抽样规则

抽样按照 CY/T 12 的相关规定进行。

8 覆膜产品的储存、运输

覆膜产品应避免阳光直射，与热源保持适当间隔，温度(23±5)℃，相对湿度 50%±10%。

ICS 37.100.01
A 17
备案号：22383—2008

中华人民共和国新闻出版行业标准

CY/T 43—2007

纸质印刷品覆膜过程控制及检测方法 第2部分：EVA型预涂覆膜

Lamination process control and test method for prints—Part 2：Lamination with EVA adhesion

2007-11-16 发布　　2007-11-16 实施

中华人民共和国新闻出版总署　发布

前　言

随着科学技术的进步及国家对环保安全提出的新要求，特制定新闻出版行业标准《纸质印刷品覆膜过程控制及检测方法》。《纸质印刷品覆膜过程控制及检测方法》为多部分标准，共包括4部分：

——第1部分：基本要求；

——第2部分：EVA型预涂覆膜；

——第3部分：水性胶即涂覆膜；

——第4部分：PUR型即涂覆膜。

本部分为《纸质印刷品覆膜过程控制及测试方法》多部分标准的第2部分：EVA型预涂覆膜。

本部分由全国印刷标准化技术委员会提出并归口。

本部分由北京康得新印刷器材有限公司负责起草，新闻出版总署印刷产品质量监督检测中心、人民文学出版社，佛山市毅科塑胶制造有限公司，中国印刷科学技术研究所参与起草。

本部分主要起草人：徐曙、王淮珠、郑全来、李安、卢明、涂晓林、王丽娟、朱国武、胡敏生、王永利、马智勇。

引　言

印后覆膜工艺，属于印刷品的表面装饰加工工艺的一种，是指在纸质印刷品表面用覆膜机复合一层透明塑料薄膜而形成的一种纸塑合一产品的加工技术。

覆膜的作用：经过覆膜，加强了印刷品的耐磨、耐折、抗拉、耐湿、耐油性能，保护和提高了印刷品外观效果和使用寿命。覆膜工艺在我国广泛用于各种包装装潢印刷品及各种书刊、本册、挂历、地图、说明书及各种证件表面的装饰加工。

覆膜工艺种类较多，质量差异也较大。本标准主要是为了适应覆膜技术的发展及新时期我国对环保和覆膜产品更高质量水平的要求而制定的。本标准为多部分标准，全称为《纸质印刷品覆膜过程控制及检测方法》，主要是通过对不同覆膜工艺过程的控制达到上述目的。目前，该标准由以下部分组成。

第 1 部分：基本要求；

第 2 部分：EVA 型预涂覆膜。

纸质印刷品覆膜过程控制及检测方法
第2部分:EVA型预涂覆膜

1 范围

本部分规定了EVA型预涂膜的术语、原材料要求、工艺要求、设备要求、环境要求和测试方法。

本部分适用于EVA型预涂膜与纸质印刷品复合的工艺过程控制。

2 规范性引用文件

下列文件中的条款通过本部分的引用而成为本部分的条款。凡是注日期的引用文件,其随后所有的修改单(不包括勘误的内容)或修订版均不适用于本部分,然而,鼓励根据本部分达成协议的各方研究是否可使用这些文件的最新版本。凡是不注日期的引用文件,其最新版本适用于本部分。

GB/T 1227 精密压力表

CY 42 纸质印刷品覆膜过程控制及检测方法 第1部分:基本要求

HG/T 3949 美纹纸压敏胶粘带

3 术语和定义

本部分使用CY 42中给出的术语和下面的定义。

3.1

EVA (Ethylene Vinyl Acetate)

乙烯—醋酸乙烯共聚物是由乙烯(E)和醋酸乙烯(VA)共聚而制得,简称为EVA,或E/VAC。

3.2

预涂膜 thermal laminating film

由薄膜与黏合剂复合在一起制成,经过加热加压可以与其他材料(如印刷纸张、纸板、塑料薄膜等)直接黏合的复合薄膜。

3.3

EVA型预涂膜 EVA thermal laminating film

黏合剂的材料为EVA的预涂膜。

3.4

覆膜压强 laminating pressure

覆膜机上,覆合部啮合辊筒间单位面积上的相互作用力。单位是兆帕(MPa)。

3.5

放卷张力 unwind tension

覆膜过程中,预涂膜在纵向上所承受的牵引力。单位为牛顿(N)。

3.6

覆膜温度 laminating temperature

覆膜时加热辊筒表面的温度。单位为摄氏度(℃)。

3.7

覆膜速度 laminating speed

覆膜时,单位时间内完成印刷品与薄膜复合的长度。单位为米每分钟(m/min)。

4 原材料要求

4.1 EVA 型预涂膜要求

EVA 型预涂膜应符合 CY 42 标准的规定。

4.2 纸质印刷品要求

纸质印刷品应符合 CY 42 标准的规定。

5 覆膜工艺要求

5.1 覆膜准备

应使 EVA 型预涂膜与纸质印刷品的温、湿度与现场环境相匹配后再进行覆膜加工。

5.2 覆膜温度

为满足要求，应合理设定覆膜温度。一般设定为(95～130)℃。同批次产品覆膜过程中覆膜温度应稳定。

5.3 覆膜速度

为满足要求，应合理设定覆膜速度。一般设定为(15～80)m/min。同批次产品覆膜过程中覆膜速度应稳定。

5.4 覆膜压强

为满足要求，应合理设定覆膜压强。一般设定为 (6～20)MPa，覆膜过程中覆膜压强应稳定。

5.5 放卷张力

放卷张力均匀，薄膜不产生褶皱。

5.6 稳定性要求

对同一种产品，EVA 型预涂膜厚度、覆膜温度、速度、压力、放卷张力之间应保持相对稳定。

6 覆膜设备技术要求

6.1 应确保温控传感器的灵敏和准确。加热辊的表面轴向和径向温度应均匀，温度允差轴向温差≤5 ℃，径向温差≤3 ℃。

6.2 覆膜速度的调节应是连续渐变的，速度调节应不大于 0.75 m/s^2。

6.3 轴向和径向覆膜压强应均匀稳定，啮合处挤压辊压痕宽度差均≤1 mm。

7 覆膜环境要求

7.1 覆膜现场的温度应控制在(23±7)℃。

7.2 覆膜现场的相对湿度要求在(50±15)%。

7.3 覆膜环境应洁净。

8 覆膜的操作要求

覆膜产品应避免阳光直射，与热源保持适当间隔，温度(23±5)℃，相对湿度 50%±10%。

8.1 印刷制品的宽度应大于使用预涂膜的宽度。

8.2 印刷品纵向应有叠加，但叠加部分不应进入成品区域。

8.3 送纸应避免歪斜。

9 检测方法

9.1 原材料的检验

按照 CY 42 的规定进行。

9.2 覆膜温度检测

使用温度检测仪，检测加热辊的温度，使其与设备上控制器显示温度差异恒定。

9.3 覆膜速度检测

采用单位时间覆膜的张数乘以每张的长度的方法计算速度。

9.4 覆膜压强检测

使用符合 GB/T 1227 要求的压力表，检测覆膜设备压力，使其与覆膜设备压力显示数值差异恒定。

9.5 覆膜压强均匀性检测

轴向压强均匀性的测量：在啮合部位两个辊子之间，轴向左、中、右三个位置各放置一条长 150 mm、宽 15 mm 的符合 HG/T 3949 要求的美纹纸胶带，两个辊子啮合后，将胶带取出，分别测量三条胶带的压痕，其压痕宽度差应≤1 mm；径向压强均匀性的测量：在挤压辊轴向左、中、右三个位置沿圆周方向三等分，共确定九个位置。分别对同一轴向上的三个等分位置按轴向压强均匀性的测量方法进行测量，共测量三次，同一圆周上三个胶带压痕宽度差应≤1 mm。

9.6 环境温湿度检测

使用温湿度计检测。

10 抽样和储存

按照 CY 42 中的相关规定进行。

ICS 37.100.01
A 17
备案号：24745—2008

中华人民共和国新闻出版行业标准

CY/T 49.1—2008

商业票据印制
第1部分：通用技术要求

Printing on business form—
Part 1：General specification

2008-07-14 发布　　　　2008-07-14 实施

中华人民共和国新闻出版总署　发布

前　言

CY/T 49—2008《商业票据印制》分为4个部分：

——第1部分：通用技术要求；

——第2部分：折叠式票据；

——第3部分：卷式票据；

——第4部分：本式票据。

本部分为第1部分：通用技术要求。

本部分由中华人民共和国新闻出版总署提出。

本部分由全国印刷标准化技术委员会归口。

本部分起草单位：中国印刷技术协会商业票据印刷分会、北京京华印刷厂、东港安全印刷股份有限公司、无锡双龙信息纸有限公司、海门市海天纸业有限公司、商务印书馆上海印刷股份有限公司、上海伊诺尔印务有限公司、云南省国税印刷厂、北京豹驰技术发展有限公司。

本部分起草人：宋秉高、冯燕潮、王卫国、李培芬、邢建民、樊世云、陆洪兴、瞿维国。

商业票据印制
第1部分:通用技术要求

1 范围

本部分规定了商业票据印制的通用技术要求、试验方法、检测规定及包装、标志、运输、储存的要求。

本部分适用于商业票据印制的设计、生产、质量评价和检测。

2 规范性引用文件

下列文件中的条款通过本部分的引用而成为本部分的条款。凡是注日期的引用文件,其随后所有的修改单(不包括勘误的内容)或修订版均不适用于本部分。然而,鼓励根据本部分达成协议的各方研究是否可使用这些文件的最新版本。凡是不注日期的引用文件,其最新版本适用于本部分。

GB/T 2828.1　计数抽样检验程序　第1部分:按接收质量限(AQL)检索的逐批检验抽样计划

ISO 14981　印刷技术　过程控制　印刷中使用的反射密度计光学、几何学和测量学要求

3 术语和定义

本部分采用下列定义和术语。

3.1

商业票据　business form

为经济活动链印制的、用于表达信息流功能的载体。

3.2

折叠式票据　fold continuous form

以规定长度折叠形式为最终形态的单联或多联商业票据。

3.3

卷式票据　roller continuous form

以规定长度连续卷绕而成的单联或多联商业票据。

3.4

本式票据　book form

装订成本的单联或多联的商业票据。

3.5

输送孔　feed hole

在连续式票据的两侧按一定间隔、一定位置分布的孔。

3.6

易撕线　tear line

以易于撕断为目的,在票据规定位置上的轧压线。与连续格式票据输纸方向垂直的轧压线,称横向易撕线,与连续格式票据输纸方向平行的轧压线,称纵向易撕线。

3.7

票据尺寸　form size

以长度计量单位表示票据的规格。与票据内容平行的边长为横向尺寸，与票据内容垂直的边长为纵向尺寸；其中连续格式票据与走纸方向垂直的距离为横向尺寸，与走纸方向平行为纵向尺寸。

3.8

识读标　registration mark

在票据的正面或背面规定位置、规定尺寸要求的色块，称识读标。

4　分类、规格

4.1　分类

4.1.1　按产品形态可分为：折叠式票据、卷式票据和本式票据。

4.1.2　按填开方式可分为：手工填开票据、打印票据和定额票据。

4.2　规格

应具有如下要素：横向尺寸、纵向尺寸和每份联数。

5　技术要求

5.1　外观应平整、清洁，不应有皱折、破损、毛边、裂口、粘连、异常颜色等缺陷。不应夹带其他纸张、纸屑或杂物。

5.2　印制的表格、线条、文字、图案内容应正确、完整。无糊版、断线、断划、掉字、透印、重影等缺陷。

5.3　一维码、二维码和号码的字迹应清晰完整、目视易辨，机读识别灵敏，号码不可漏印、间断、重码和错码。条码、号码字体字号应符合设计规定。

5.4　识读标的任意方向的位置误差应小于 0.5 mm。

5.5　墨色应均匀一致，实地印刷墨色与样本实地墨色同色密度偏差小于 0.07。

5.6　印刷套印误差≤0.5 mm，易撕线套准误差≤0.5 mm，输送孔孔位套准误差≤0.5 mm，覆盖区域印刷套准误差≤0.5 mm。

5.7　装订不应多联、少联、联次颠倒。

5.8　任意连续 500 个输送孔中的纸屑不应多于 1 个。

6　检验方法

6.1　定性指标用目测方法检验。

6.2　识读标用相对应的识读仪器识读检测。

6.3　墨色用符合 ISO 14981 规定的光学密度计检测。

6.4　套印误差用精度为 0.02 mm 的标准计量器具检测。

7　检验规则

7.1　组批

检验应按同一品种、同一批次、基本封装单位为组批。

7.2　检验

7.2.1　检验抽样方法按 GB/T 2828.1 中的二次抽样方案的规定进行，检查水平取 S-3。

7.2.2　检验项目和判定规则见表 1：

表 1　不合格品判定规则表

检查方案 / 批量	正常检查二次抽样　检查水平 S-3					不合格分类	
	样本大小	B类不合格品 AQL=4.0		C类不合格品 AQL=6.5		B类	C类
		Ac	Re	Ac	Re		
1～50	2	0	1	0	1	5.2条款 5.3条款 5.4条款 5.6条款 5.7条款 5.8条款 5.9条款	5.1条款 5.5条款
51～150	3 3(6)	0 0	1 1	0 1	2 2		
151～500	5 5(10)	0 1	2 2	0 1	2 2		
501～3 200	8 8(16)	0 1	2 2	0 3	3 4		
3 200 以上	13 13(26)	0 3	3 4	1 4	3 5		

8　标识、包装、贮存、运输

8.1　标识

商业票据包装箱上的标识，应印有产品名称、起止号码(按规定)以及产品规格、产品数量、数量单位、生产企业(按规定)和生产日期。

8.2　包装

商业票据包装应防潮易搬运。

8.3　贮存

8.3.1　应通风、防高温、防潮、防油、防霉、防鼠、防止接触腐蚀性气体和液体。宜保持温度 −5 ℃～30 ℃、相对湿度 30%～70%。

8.3.2　产品离地面 0.15 m，堆高小于 1.5 m。距离墙壁、热源、冷源、窗口或空气入口处大于 0.5 m。

8.3.3　无碳复写纸、干式复写纸票据贮存有效期为 36 个月；热敏纸票据、刮开式票据贮存有效期不小于 6 个月。

8.3.4　使用前应在 22 ℃±2 ℃、相对湿度 40%～70%的条件下进行干湿平衡处理，处理时间不应小于 8 h。

8.4　运输

8.4.1　运输过程中应防湿、防晒、防盗。

8.4.2　运输、贮存过程中不可扔、砸、踏或挤压，不应受雨雪或液体物质的淋袭或机械损伤。

ICS 37.100.01
A 17
备案号：24746—2008

中华人民共和国新闻出版行业标准

CY/T 49.2—2008

商业票据印制
第2部分：折叠式票据

Printing on business form—
Part 2: Fold continuous form

2008-07-14 发布 2008-07-14 实施

中华人民共和国新闻出版总署 发布

前　言

CY/T 49—2008《商业票据印制》分为 4 个部分：

——第 1 部分：通用技术要求；

——第 2 部分：折叠式票据；

——第 3 部分：卷式票据；

——第 4 部分：本式票据。

本部分为第 2 部分：折叠式票据。

本部分由中华人民共和国新闻出版总署提出。

本部分由全国印刷标准化技术委员会归口。

本部分起草单位：中国印刷技术协会商业票据印刷分会、北京京华印刷厂、东港安全印刷股份有限公司、无锡双龙信息纸有限公司、海门市海天纸业有限公司、上海界龙现代印刷纸品有限公司、广州市人民印刷厂、上海紫光机械有限公司、江苏镇江邮电印刷厂、黑龙江省国家税务局票证站。

本部分起草人：王卫国、宋秉高、邢建民、冯燕潮、樊世云、李朝东、张世楷、陆召良。

商业票据印制 第2部分:折叠式票据

1 范围

本部分规定了折叠式票据印制的规格、技术要求、试验方法、检验规则及标志、包装、运输、储存的要求。

本部分适用于信息处理设备中打印设备使用的折叠式票据印制的设计、生产、质量评价和检测。

2 规范性引用文件

下列文件中的条款通过本部分的引用而成为本部分的条款。凡是注日期的引用文件,其随后所有的修改单(不包括勘误的内容)或修订版均不适用于本部分,然而,鼓励根据本部分达成协议的各方研究是否可使用这些文件的最新版本。凡是不注日期的引用文件,其最新版本适用于本部分。

GB/T 9698—1995 信息处理击打式打印机用连续格式纸通用技术条件

CY/T 49.1—2008 商业票据印制 第1部分:通用技术要求

3 规格

规格由每份横向尺寸、纵向尺寸、每份联数组成,其中纵向尺寸允许使用英寸单位。

示例:

横向尺寸		纵向尺寸		每份联数
↓		↓		↓
190.5 mm	×	93.1 mm	×	2 或
190.5 mm	×	(11/3)″	×	2

4 技术要求

4.1 CY/T 49.1—2008 第5章的所有内容适用于本部分。

4.2 横向尺寸偏差$^{+1.5\ \mathrm{mm}}_{-0.5\ \mathrm{mm}}$,单份纵向尺寸偏差≤0.5 mm。

4.3 横向、纵向易撕线的轧压线应平直、清晰,不应有断裂。折缝应与横向易撕线重合。

4.4 横向易撕线抗张强度应为原纸纵向强度的25%~45%。

4.5 裁纸边应与版面上对应的规矩线对应,误差≤0.5 mm。

4.6 多联成品上下各联输送孔偏差≤1.0 mm;各联的图文重合偏差≤1.0 mm。

4.7 配页装订不应漏页,装订啮合位置不应在纵向易撕线或输送孔上。

4.8 不带号码、条码的票据,每箱断头不应超过2个;带打码的成品,每箱断头不应超过3个。

4.9 胶粘处不应自行脱落,也不应粘连其他部分。

4.10 折叠后端面应整齐,具体要求按GB/T 9698—1995中3.7的要求。

5 检验方法

5.1 规格尺寸、套印误差、端面的倾斜度、输送孔偏差使用精度为0.02 mm的标准计量器具检测。

5.2 横向易撕线抗张强度按GB/T 9698—1995中的规定检测。

5.3 份数、联数、纸屑、装订位置、配页装订质量、胶粘质量、断头质量,用目测法进行检测。

6 检验规则

6.1 依照 CY/T 49.1—2008 的相关规定实施。

6.2 本部分 4.2、4.5、4.6、4.7、4.10 为 B 类检测项，4.3、4.4、4.8、4.9 为 C 类检测项。

7 标识、包装、贮存、运输

应符合 CY/T 49.1—2008 的相关规定。

ICS 37.100.01
A 17
备案号:24747—2008

中华人民共和国新闻出版行业标准

CY/T 49.3—2008

商业票据印制
第3部分:卷式票据

Printing on business form—
Part 3:Roller continuous form

2008-07-14 发布　　2008-07-14 实施

中华人民共和国新闻出版总署　发布

前　言

CY/T 49—2008《商业票据印制》分为4个部分：

——第1部分：通用技术要求；

——第2部分：折叠式票据；

——第3部分：卷式票据；

——第4部分：本式票据。

本部分为第3部分：卷式票据。

本部分由中华人民共和国新闻出版总署提出。

本部分由全国印刷标准化技术委员会归口。

本部分起草单位：中国印刷技术协会商业票据印刷分会、北京京华印刷厂、东港安全印刷股份有限公司、无锡双龙信息纸有限公司、海门市海天纸业有限公司、浙江茉织华印刷有限公司、广东冠豪高新技术股份有限公司、浙江圣地票证印刷中心、珠海海桥纸业有限公司。

本部分起草人：冯燕潮、宋秉高、王卫国、邢建民、李培芬、杨晓明、张世楷、陆洪兴、周锋强。

商业票据印制
第3部分：卷式票据

1　范围

本部分规定了卷式票据印制的分类、规格、技术要求、试验方法、检验规则及标志、包装、运输、储存的要求。

本部分适用于信息处理设备中使用卷式票据印制的设计、生产、质量评价和检测。

2　规范性引用文件

下列文件中的条款通过本部分的引用而成为本部分的条款。凡是注日期的引用文件，其随后所有的修改单(不包括勘误的内容)或修订版均不适用于本部分，然而，鼓励根据本部分达成协议的各方研究是否可使用这些文件的最新版本。凡是不注日期的引用文件，其最新版本适用于本部分。

CY/T 49.1—2008　商业票据印制　第1部分：通用技术要求

CY/T 49.2—2008　商业票据印制　第2部分：折叠式票据

3　规格

规格包括横向尺寸、单份长度、每卷份数(每卷长度)、卷芯内径和每份联数。

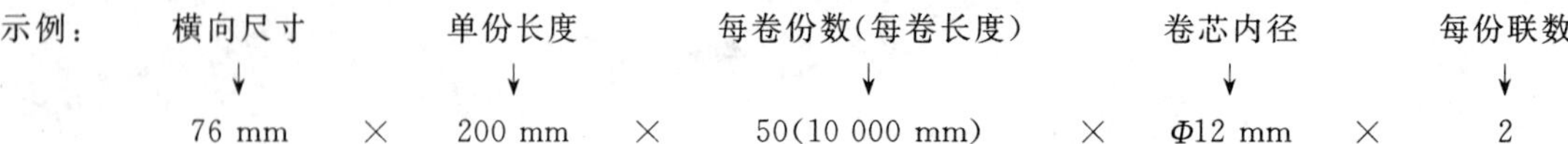

4　技术要求

4.1　CY/T 49.1—2008第5章的所有内容适用于本部分。

4.2　输送孔、易撕线应符合CY/T 49.2—2008的相关规定。

4.3　横向尺寸偏差≤0.5 mm，单份长度偏差≤0.5 mm，每卷总长度偏差≤1%。

4.4　芯管内径尺寸偏差+0.30～+0.50 mm；芯管长度尺寸偏差−0.30～−0.50 mm。

4.5　外径≤60 mm时，外径偏差≤1.0 mm；外径>60 mm时，外径偏差≤2.0 mm。

4.6　每卷票应无接头，卷票端面平整，内外张力一致。票与芯管、票与票之间不应松动滑移。卷票外径≤60 mm时，端面锯齿形≤0.5 mm；当卷票外径>60 mm时，端面锯齿形≤1.0 mm。

5　检验方法

5.1　规格尺寸、端面锯齿形使用精度为0.02 mm的标准计量器具测量。

5.2　接头、断头缺陷，用目测法检测。

6　检验规则

6.1　依照CY/T 49.1—2008的相关规定实施。

6.2　本部分4.2、4.3、4.5为B类检测项，4.4、4.6为C类检测项。

7　标识、包装、贮存、运输

应符合CY/T 49.1—2008的相关规定。

ICS 37.100.01
A 17
备案号：24748—2008

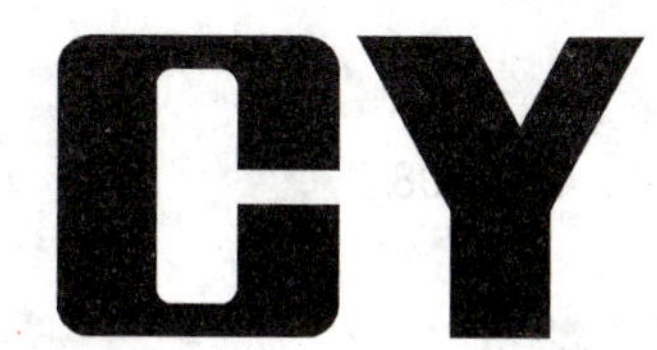

中华人民共和国新闻出版行业标准

CY/T 49.4—2008

商业票据印制
第4部分：本式票据

Printing on business form—
Part 4: Book form

2008-07-14 发布　　2008-07-14 实施

中华人民共和国新闻出版总署　发布

前 言

CY/T 49—2008《商业票据印制》分为4个部分：

——第1部分：通用技术要求；

——第2部分：折叠式票据；

——第3部分：卷式票据；

——第4部分：本式票据。

本部分为第4部分：本式票据。

本部分由中华人民共和国新闻出版总署提出。

本部分由全国印刷标准化技术委员会归口。

本部分起草单位：中国印刷技术协会商业票据印刷分会、北京京华印刷厂、东港安全印刷股份有限公司、无锡双龙信息纸有限公司、海门市海天纸业有限公司、广州市人民印刷厂、连云港云阪信息记录纸有限公司、东莞天盛特种纸制品有限公司、江门江桥特种纸有限公司。

本部分起草人：史建中、宋秉高、邓正栋、杨晓明、瞿维国、陆洪兴、李朝东、陆召良。

商业票据印制
第4部分：本式票据

1 范围

本部分规定了本式票据印制的分类、技术要求、试验方法、检验规则及标志、包装、运输、储存的要求。

本部分适用于本式票据印制的设计、生产、质量评价和检测。

2 规范性引用文件

下列文件中的条款通过本部分的引用而成为本部分的条款。凡是注日期的引用文件，其随后所有的修改单(不包括勘误的内容)或修订版均不适用于本部分，然而，鼓励根据本部分达成协议的各方研究是否可使用这些文件的最新版本。凡是不注日期的引用文件，其最新版本适用于本部分。

CY/T 49.1—2008 商业票据印制 第1部分：通用技术要求

3 规格

规格由横向尺寸、纵向尺寸、每份联数、每本份数组成。

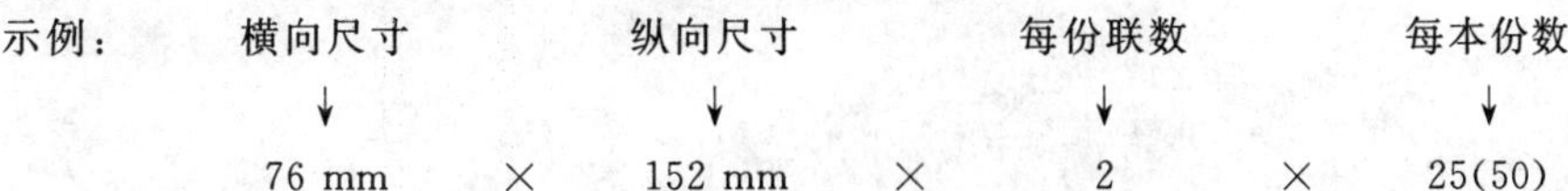

4 技术要求

4.1 CY/T 49.1—2008 第5章的所有内容适用于本部分。

4.2 每份各联图文重合对准偏差≤0.50 mm。

4.3 横向、纵向尺寸偏差≤1.0 mm。

4.4 装订应牢固、平整，无折角、残页、破口、脱落、缺页等缺陷。

5 检验方法

5.1 规格尺寸，用精度为0.02 mm的标准计量器具测量。

5.2 装订质量，用目测法检测。

6 检验规则

6.1 依照CY/T 49.1—2008的相关规定实施。

6.2 本部分4.2为B类检测项，4.3、4.4为C类检测项。

7 标识、包装、贮存、运输

应符合CY/T 49.1—2008的相关规定。

ICS 37.100.01
A 17
备案号：26217—2009

中华人民共和国新闻出版行业标准

CY/T 59—2009

纸质印刷品模切过程控制及检测方法

Die-cutting process control and test methods on paper-based print products

2009-06-21 发布　　2009-06-21 实施

中华人民共和国新闻出版总署　发布

前　言

本标准的附录A为资料性附录。

本标准由中华人民共和国新闻出版总署批准。

本标准由全国印刷技术标准化委员会提出并归口。

本标准主要起草单位:星光印刷(苏州)有限公司、博斯特(上海)有限公司、北京印刷学院、上海烟草包装印刷有限公司、国家印刷装璜制品质量监督检验中心。

本标准主要起草人:何晓辉、许文才、戴祖玺、刘铮、任瑞宝、马勇。

本标准为首次发布。

纸质印刷品模切过程控制及检测方法

1 范围

本标准规定了纸质印刷品模切术语、工艺基础条件、工艺过程控制、质量要求、检验方法。

本标准适用于纸和纸板印刷品的平压平模切(含压痕)。瓦楞纸板的模切(含压痕)加工可参照使用。

2 规范性引用文件

下列文件中的条款通过本标准的引用而成为本标准的条款。凡是注日期的引用文件,其随后所有的修改单(不包括勘误的内容)或修订版均不适用于本标准,然而,鼓励根据本标准达成协议的各方研究是否可使用这些文件的最新版本。凡是不注日期的引用文件,其最新版本适用于本标准。

GB/T 10335.3 涂布纸和纸板 涂布白卡纸

GB/T 10335.4 涂布纸和纸板 涂布白纸板

3 术语和定义

下列术语与定义适用于本标准。

3.1

爆线 cracking;fracture

压、折痕处出现破损的现象。

3.2

模切版 dieboard

模切压痕版配以相应的胶条、底模版和清废版等的统称。

3.3

压痕 creasing

利用模具在纸或纸板上压出痕迹或槽痕的工艺。

3.4

折叠反弹力 folding elasticity

沿痕线折叠一定角度后所产生的回复力。

4 工艺基础条件

4.1 纸质基材各项性能指标符合 GB/T 10335.3、GB/T 10335.4 规定。

4.2 模切版的要求

4.2.1 模切版与产品设计的尺寸允差±0.2 mm。

4.2.2 多联产品重复精度控制在 0.1 mm 以内。

4.2.3 模切刀高度为 23.80 mm,允差±0.02 mm。

4.2.4 当压痕线与纸张纤维方向平行时,压痕线的宽度应为纸张厚度×1.5+压痕刀厚度;当压痕线与纸张纤维方向垂直时,压痕线的宽度应为纸张厚度×1.3+压痕刀厚度。

4.2.5 刀、线接合应紧密。

4.2.6 连接点宽度≤0.5 mm。

4.2.7 模切版材应平整。

注 1:模切刀、压痕刀安装尺寸见附录图 A.1。

4.3 模切设备压力均匀。

5 工艺过程控制要求

5.1 装版位置允差±0.2 mm。

5.2 模切品表面不应出现明显压印痕迹。

5.3 推荐作业环境温度：(23±7)℃；相对湿度：(60±15)%。

6 质量要求

6.1 模切刀版与印张的套准允差±0.5 mm。

6.2 压痕线宽度允差±0.3 mm。

6.3 折叠反弹力符合后续加工及使用要求。

6.4 外观质量要求：切口光滑、痕线饱满，无污渍、毛边、粘连和爆线，无明显压印痕迹。

7 检测方法

7.1 纸质基材各项性能检测按 GB/T 10335.3、GB/T 10335.4 中的规定执行。

7.2 使用分度值为 0.01 mm 标准量具对模切版与产品设计的尺寸允差、多联产品重复精度、模切版上连接点、模切刀高度进行测量。

7.3 使用分度值为 0.1 mm 的标准量具对装版位置允差、模切刀版与印张的套准允差、压痕线宽度允差进行测量。

7.4 折叠反弹力按图 1 所示检测。

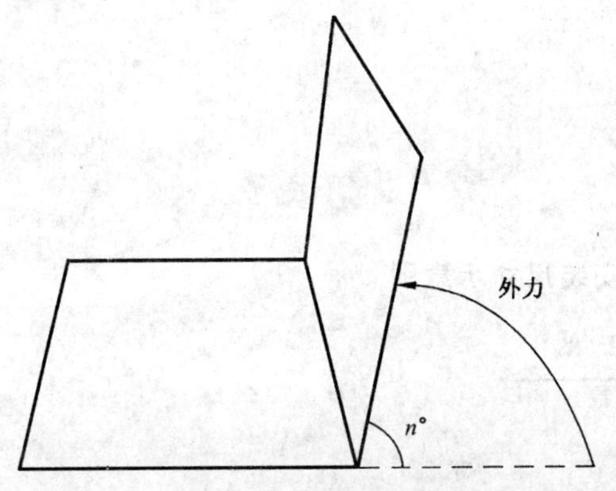

a) 施加外力，使纸板折叠 $n°$

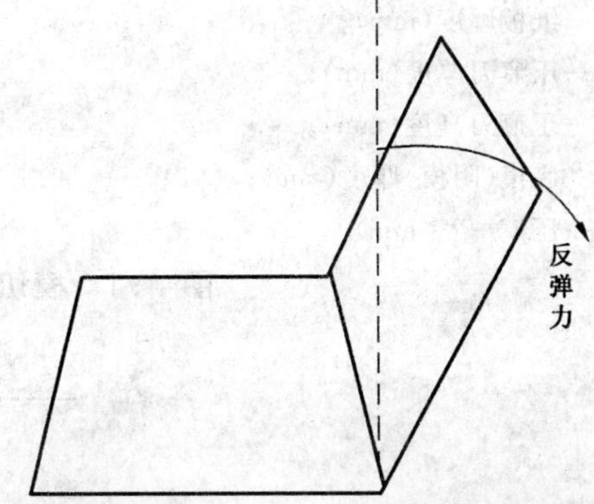

b) 停止施加外力后，纸板受自身作用反弹

图 1 折叠反弹力测试示意图

附 录 A
(资料性附录)
模切刀、压痕刀安装尺寸示意图

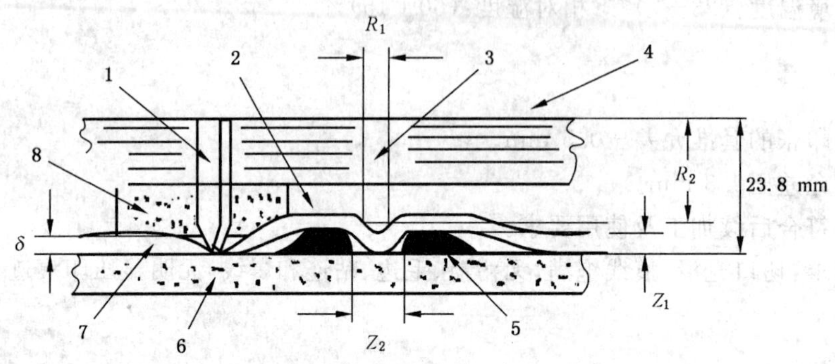

1——模切刀；
2、7——纸板；
3——压痕刀；
4——模切版；
5——阴模(压痕用底模)；
6——钢板；
8——海绵橡胶条；
δ——纸板厚度(mm)；
R_1——压痕刀厚度(mm)；
R_2——压痕刀高度(mm)；
Z_1——底模(阴模)厚度(mm)；
Z_2——压痕槽宽(mm)。

图 A.1 模切刀、压痕刀安装尺寸示意图

ICS 37.100.01
A 17
备案号：26218—2009

中华人民共和国新闻出版行业标准

CY/T 60—2009

纸质印刷品烫印与压凹凸过程控制及检测方法

Hot foil-stamping and embossing process control and test methods on paper-based print products

2009-06-21 发布　　2009-06-21 实施

中华人民共和国新闻出版总署　发布

前　言

本标准由中华人民共和国新闻出版总署批准。

本标准由全国印刷标准化技术委员会提出并归口。

本标准主要起草单位:星光印刷(苏州)有限公司、博斯特(上海)有限公司、上海理工大学、库尔兹压烫科技(合肥)有限公司、上海烟草包装印刷有限公司、国家印刷装璜制品质量监督检验中心。

本标准主要起草人:王晓红、殷金华、戴祖玺、刘铮、曹静、周宇侃、任瑞宝、马勇、王淮珠。

本标准为首次发布。

纸质印刷品烫印与压凹凸过程控制及检测方法

1 范围

本标准规定了纸质印刷品烫印与压凹凸过程控制及检测方法的术语和定义、工艺基础条件、工艺过程控制要求、质量要求、检测方法。

本标准适用于纸质印刷品的烫印与压凹凸过程控制及检测。

2 规范性引用文件

下列文件中的条款通过本标准的引用而成为本标准的条款。凡是注日期的引用文件,其随后所有的修改单(不包括勘误的内容)或修订版均不适用于本标准,然而,鼓励根据本标准达成协议的各方研究是否可使用这些文件的最新版本。凡是不注日期的引用文件,其最新版本适用于本标准。

GB/T 7706 凸版装潢印刷品

GB/T 14216 塑料 膜和片湿润张力试验方法(GB/T 14216—2008,idt ISO 8296—2003)

CY/T 3 色评价照明和观察条件

3 术语和定义

下列术语与定义适用于本标准。

3.1

爆裂 cracking

烫印/压凹凸物表面破裂的现象。

3.2

糊版 flaky

超出应烫印图文范围而造成烫印图文模糊不清的现象。

3.3

漏烫 missing

烫印图文缺失的现象。

4 工艺基础条件

4.1 基材要求

4.1.1 表面平整清洁,无脏点瑕疵。

4.1.2 表面张力≥3.6×10^{-2} N/m。

4.2 烫印材料要求

4.2.1 表面干净、平整,无折皱。

4.2.2 同批同色色差(CIE$L^*a^*b^*$)$\Delta E_{ab}{}^*$≤1.5。

4.3 模具要求

4.3.1 模具版平整度应符合表1的要求。

表 1 模具版平整度要求

项　　目	要　　求		
模具版表面任意两点之间的距离/mm	≤150	150～300	≥300
厚度平均允差/mm	±0.05	±0.10	±0.15

4.3.2 模具版加工精度应符合表 2 的要求。

表 2 模具版加工精度要求

项　　目	要　　求		
模具表面任意两点之间的距离/mm	≤150	150～300	≥300
设计烫印图文相应位置距离允差/mm	±0.05	±0.10	±0.15

4.3.3 凹凸模具之间的配合压力均匀适当、不错位。

5 工艺过程控制要求

5.1 根据工艺要求设定烫印温度，温度波动范围控制在±10 ℃以内。

5.2 调整压力均匀适当。

5.3 作业环境的温度：(23±7)℃；相对湿度：(60±15)％。

6 质量要求

6.1 烫印表面平实，图文完整清晰，无色变、漏烫、糊版、爆裂、气泡。

6.2 烫印材料与烫印基材之间的结合牢度≥90％。

6.3 同批同色色差(CIE$L^*a^*b^*$)ΔE_{ab}^*≤3。

6.4 烫印与压凹凸图文与印刷图文的套准允差≤0.3 mm。

6.5 压凹凸图文对应位置的凹凸效果无明显差异。

7 检测方法

7.1 基材表面张力检测

按照 GB/T 14216 的规定执行。

7.2 烫印材料的性能检测

7.2.1 外观测量条件符合 CY/T 3 规定。

7.2.2 同批同色色差按照 GB/T 7706 的规定执行。

7.3 模具检测

在模具版平面上任取 3 点，使用分度值 0.01 mm 的标准量具分别测量各点的厚度，取平均值。

7.4 质量检测

7.4.1 外观检测条件符合 CY/T 3 的规定。

7.4.2 烫印材料与烫印基材的结合牢度检测按照 GB/T 7706 的规定执行。

7.4.3 同批同色色差按照 GB/T 7706 的规定执行。

7.4.4 使用分度值 0.01 mm 的标准量具进行烫印套准检测。

7.4.5 在自然光下观察凹凸效果。

ICS 37.100.01
A 17
备案号：26219—2009

中华人民共和国新闻出版行业标准

CY/T 61—2009

纸质印刷品制盒过程控制及检测方法

Box-making process control and test methods on paper based print products

2009-06-21 发布　　2009-06-21 实施

中华人民共和国新闻出版总署　发布

前　言

本标准由中华人民共和国新闻出版总署批准。

本标准由全国印刷标准化技术委员会提出并归口。

本标准主要起草单位:星光印刷(苏州)有限公司、博斯特(上海)有限公司、天津科技大学、汉高(中国)投资有限公司、上海烟草包装印刷有限公司、国家印刷装璜制品质量监督检验中心。

本标准主要起草人:陈蕴智、唐万有、戴祖玺、刘铮、余广强、任瑞宝、马勇。

本标准为首次发布。

纸质印刷品制盒过程控制及检测方法

1 范围

本标准规定了纸质印刷品制盒术语和定义、制盒工艺过程控制、质量要求、检测方法。

本标准适用于纸质印刷品制盒，瓦楞纸板的制盒加工亦可参照使用。

2 规范性引用文件

下列文件中的条款通过本标准的引用而成为本标准的条款。凡是注日期的引用文件，其随后所有的修改单(不包括勘误的内容)或修订版均不适用于本标准，然而，鼓励根据本标准达成协议的各方研究是否可使用这些文件的最新版本。凡是不注日期的引用文件，其最新版本适用于本标准。

GB/T 451.3　纸和纸板厚度的测定(GB/T 451.3—2002,idt ISO 534:1988)

GB/T 9056　金属直尺

GB/T 14216　塑料　膜和片润湿张力试验方法(GB/T 14216—2008,idt ISO 8296—2003)

GB/T 21389　游标、带表和数显卡尺

CY/T 3　色评价照明和观察条件

CY/T 59　纸质印刷品模切过程控制及检测方法

HBC 18　环境产品技术要求　环境标志产品认证技术要求　黏合剂

3 术语和定义

下列术语和定义适用于本标准。

3.1

爆线　cracking;fracture

压、折痕处出现破损的现象。

3.2

折叠纸盒开盒性能　openability for folding carton

纸盒在粘接、压平状态下，沿折叠线的垂直方向施加一定的推力，使纸盒张开成型的性能。

4 工艺过程控制要求

4.1 制盒要求

4.1.1　制盒盒片符合 CY/T 59《纸质印刷品模切过程控制及检测方法》标准的要求。

4.1.2　粘接部位表面张力≥3.6×10^{-2} N/m。

4.1.3　制盒盒片粘接部位涂层附着牢固。

4.2 黏合剂及涂布要求

4.2.1　黏合剂应与制盒材料及工艺匹配。

4.2.2　黏合剂应符合 HBC 18 的要求。

4.2.3　涂胶位置准确，压合后粘接牢固，粘接部位侧边和两端不溢胶。连续涂布黏合剂时，涂胶长度方向上胶痕连续不间断、均匀；间隔涂布黏合剂时，涂胶区域内涂布均匀。

4.3 成型要求

4.3.1　折叠偏差不大于纸板厚度的 1.5 倍。

4.3.2　压合位置准确，压力与压合时间满足黏合剂固化要求。

4.4 作业环境要求

温度：(23±7)℃；相对湿度：(60±15)%。

5 质量要求

5.1 粘接强度

符合下列条件之一，即认为粘接强度合格。

a) 粘接强度≥267 N/m。

b) 黏合剂固化后揭开粘接部位，纸板纤维破损的面积不小于涂布黏合剂面积的50%，并且破损面分布均匀。

5.2 折叠纸盒开盒性能

适合包装设备和被包装物的要求。

5.3 外观要求

表面平整，无褶皱、擦痕、污渍和爆线。

6 检测方法

6.1 表面张力

按照GB/T 14216规定执行。

6.2 折叠偏差

按GB/T 451.3规定执行。

6.3 粘接强度

6.3.1 仪器

拉力试验机，读数示值误差为±1%。指针式实测示值应在表盘满刻度的15%～85%之间。

6.3.2 样品制备

试样宽度(10.0±0.5)mm，试样长度(100±1)mm；从粘接部位(或以相同制盒材料和黏合剂粘接的适合测量要求的样品)裁取试样10条。

用符合GB/T 21389要求，分度值为0.02 mm的卡尺和符合GB/T 9056要求，标尺标记为0.5 mm直尺进行测量。

6.3.3 检测步骤

6.3.3.1 在温度(23±7)℃、相对湿度(60±15)%，固化时间(4±1)h条件下检测。

6.3.3.2 以粘接部位为中心，揭开呈180°，把试样的两端夹在试验机的两个夹具上，试样轴线应与上下夹具中心线相重合(见图1)，并要求松紧适宜。夹具间距离为50 mm，检测速度为(300±20)mm/min，读取试样分离时的最大载荷。

下列情况视为合格：

a) 由于粘接力大，试样被拉断；

b) 试样被拉时，纸板纤维破损。

6.3.4 用下面公式计算：

$$P = \frac{1\,000F}{L} \qquad \cdots\cdots(1)$$

式中：

P——粘接强度，N/m；

F——试样分离时所需的最大力，N；

L——试样宽度，mm。

检测结果以10个试样的算术平均值为粘接强度。

6.4 外观检测

外观测量条件符合 CY/T 3 的规定。

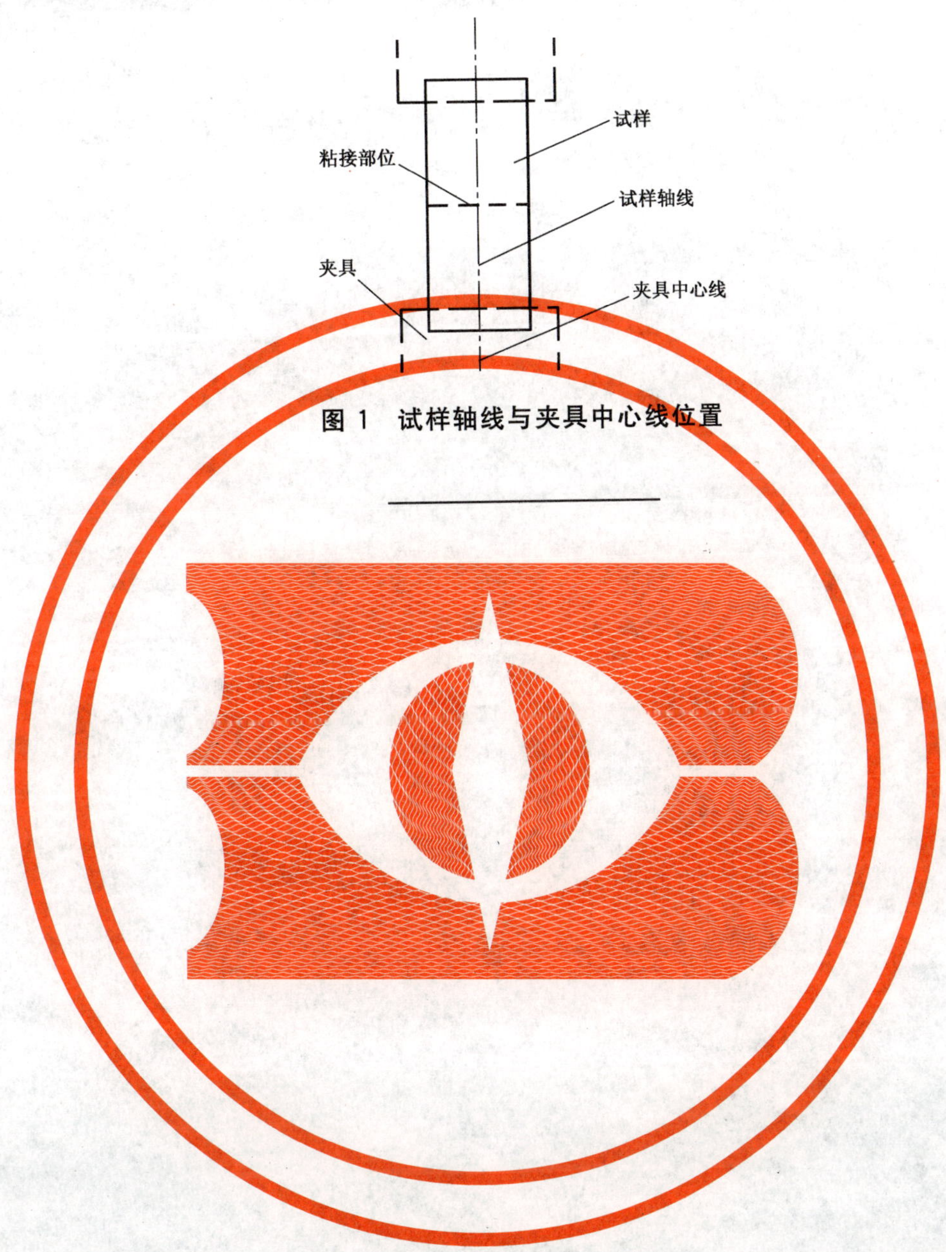

图 1 试样轴线与夹具中心线位置

书刊印制常用印刷材料

前　言

本标准非等效采用 ISO 217:1995，根据本国国情作了适当的变动，并作了一些补充。

与原标准 GB 147—89 相比，本标准增加了尺寸表示法和产品方向表示法。

本标准由中国轻工总会提出。

本标准由全国造纸工业标准化技术委员会归口。

本标准起草单位：中国制浆造纸工业研究所。

本标准主要起草人：张晓惠、陈曦。

本标准首次发布于 1959 年，第一次修订于 1989 年，第二次修订于 1997 年。

ISO 前　言

ISO(国际标准化组织)是各国标准研究机构(ISO 成员国)的世界性联合会。制定标准的工作是通过 ISO 技术委员会进行的。对已设立技术委员会的项目,每个感兴趣的成员国,均有权参加该委员会。与 ISO 有关的政府和非政府性质的国际组织,也可参加该项工作。ISO 在所有与电气有关的标准中,与国际电工委员会(IEC)密切合作。

国际标准的草案经技术委员会认可后,在被 ISO 委员会采纳为国际标准之前,送交给各成员国征求意见。国际标准正式出版需有 75%的成员国投票通过。

国际标准 ISO 217 是由欧洲委员会(CEN)提出的(EN 644:1993),经由 ISO/TC 6——纸、纸板、纸浆以及第 3 分技术委员会——纸、纸板、纸浆产品的尺寸和定量,以特殊快速的程序通过的。

该第二版取消并代替第一版 ISO 217(ISO 217:1974)、ISO 478(ISO 478:1974)、ISO 479(ISO 479:1975)及 ISO 593(ISO 593:1974),并进行了技术修订。

中华人民共和国国家标准

印刷、书写和绘图用原纸尺寸

Writing paper and certain classes printed matter
—Untrimmed sizes

GB/T 147—1997
neq ISO 217:1995

代替 GB 147—89

1 范围

本标准规定了印刷、书写和绘图用的原纸尺寸。

本标准适用于新闻纸、凸版印刷纸、胶印书刊纸、胶版印刷纸、凹版印刷纸、涂布纸、字典纸、复印纸、书皮纸、书写纸、打字纸、制图纸、描图纸、地图纸、海图纸、晒图纸等卷筒及平板原纸的尺寸。

2 引用标准

下列标准所包含的条文，通过在本标准中引用而构成为本标准的条文。本标准出版时，所示版本均为有效。所有标准都会被修订，使用本标准的各方应探讨使用下列标准最新版本的可能性。

GB 10739—89 纸浆、纸和纸板试样处理与试验的标准大气

3 尺寸及产品方向的表示法

尺寸应用纸的两个尺寸表示，首先写纸幅横向尺寸，再写纸幅纵向尺寸，并用毫米表示。例如：1 400×1 000 则表示宽为 1 400 mm，长为 1 000 mm，后面的尺寸为纵向尺寸。

4 卷筒纸宽度尺寸（单位：mm）

787，860，880，900，1 000，1 092，1 220，1 230，1 280，1 400，1 562，1 575，1 760，3 100，5 100。

5 平板纸幅面尺寸（单位：mm）

1 400×1 000，1 000×1 400，1 280×900，900×1 280，1 220×860，860×1 220，1 230×880，880×1 230，1 092×787，787×1 092。

后面的尺寸是纵向尺寸。

6 允许偏差

卷筒纸宽度偏差±3 mm。

平板纸幅面尺寸偏差±3 mm。

上述规定的允许偏差是在符合 GB 10739 标准大气条件下的测量允差。

国家技术监督局1997-06-26批准 1997-12-01实施

前　　言

本标准非等效采用 ISO 216:1975,并作了适当的变动及补充。在尺寸系列中,为了与国际标准同步,A 系列、B 系列等同采用 ISO 216,该标准的 B 系列有别于 GB 788—87 中的 B 系列,D 系列依旧沿用原标准 GB 148—89 的规定。

与原标准相比,本标准增加了幅面尺寸的表示这一项,丰富了原标准的内容。

本标准由中国轻工总会提出。

本标准由全国造纸工业标准化技术委员会归口。

本标准起草单位:中国制浆造纸工业研究所。

本标准主要起草人:陈曦、张晓惠。

本标准首次发布于 1959 年,第一次修订于 1989 年,第二次修订于 1997 年。

ISO 前言

ISO(国际标准化组织)是各国标准研究机构(ISO 成员国)的世界性联合会。制定标准的工作是通过 ISO 技术委员会进行的。对已设立技术委员会的项目,每个感兴趣的成员国,均有权参加该委员会。与 ISO 有关的政府和非政府性质的国际组织也可参加该项工作。

国际标准的草案经技术委员会认可后,在被 ISO 委员会采纳为国际标准之前,送交给各成员国征求意见。

在 1972 年以前,ISO 建议公布技术委员会的工作决议,现在这些文件正处于转化为国际标准的过程之中。技术委员会 ISO/TC 6 正在审查 ISO 草案 R216,并发现这一草案适于转化为国际标准。因此,国际标准 ISO 216 替代了与之技术内容等效的 ISO 草案 R216。

以下成员国表示赞同 ISO 草案 R216:

以色列、澳大利亚、印度、日本、德国、比利时、罗马尼亚、瑞典、瑞士、波兰、新西兰、南斯拉夫、缅甸、丹麦、苏联、土耳其、捷克斯洛伐克、英国、挪威、希腊、葡萄牙。

以下成员国在技术方面不赞成草案:

法国、瑞典。

以下成员国赞成将 ISO/R216 转化为国际标准:

加拿大、挪威、美国、新西兰、芬兰。

中华人民共和国国家标准

印刷、书写和绘图纸幅面尺寸

GB/T 148—1997
neq ISO 216:1975
代替 GB 148—89

Writing paper and certain classes printed matter—Trimmed sizes-A and B series

1 范围

本标准规定了某些类别的书写纸、静电复印纸及印刷品切边后的尺寸。

本标准适用于行政、商业及技术用纸切边后的尺寸，如表格、目录表等。

2 引用标准

下列标准所包含的条文，通过在本标准中引用而构成为本标准的条文。本标准出版时，所示版本均为有效。所有标准都会被修订，使用本标准的各方应探讨使用下列标准最新版本的可能性。

GB 10739—89 纸浆、纸和纸板试样处理与试验的标准大气

3 基本原则

在纸张的尺寸系列中，每一号尺寸都可等分成两份，这条等分线平行于较短的边（对半原则），每两个尺寸号邻近的面积比均为 1∶2，见图 1。

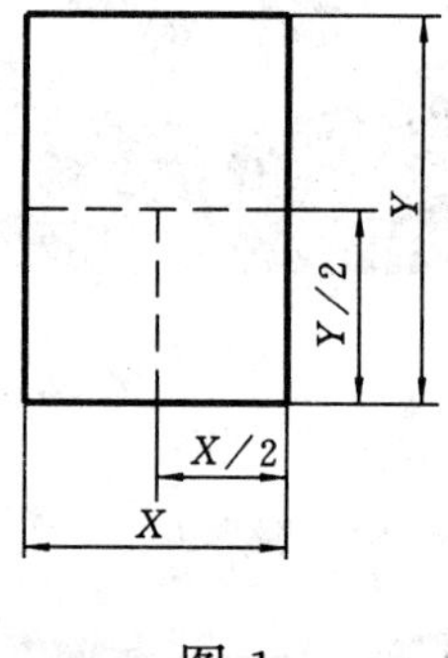

图 1

4 纸的幅面

在每一个系列中，所有纸的幅面都是相似形，见图 2。所有尺寸的 X 边和 Y 边都应满足式(1)的要求。

$$X : Y = 1 : \sqrt{2} \qquad (1)$$

即 X 与 Y 之比等于正方形内边与对角线之比，见图 3。

国家技术监督局 1997-06-26 批准　　1997-12-01 实施

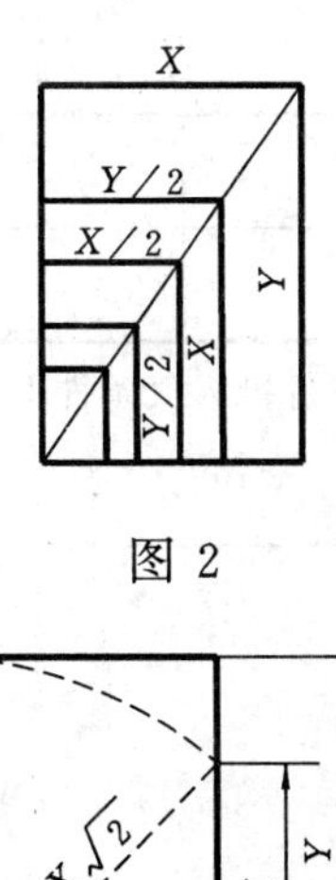

图 2

图 3

5 幅面尺寸的表示

每一幅面尺寸都是用一字母及其后一个数字来表示的。字母(A、B 和 D)表示尺寸的系列,后面的数字表示所裁开的份数。从基本尺寸开始,即列为数字零。例如:尺寸 A4 相当于将尺寸 A0 分成 4 份。

6 主要系列

A 系列所用原纸为 880 mm×1 230 mm 或 860 mm×1 220 mm。

D 系列所用原纸为 787 mm×1 092 mm。

各系列的幅面尺寸见表 1。

表 1　　单位:mm

组号	A	B	D
0	841×1 189	1 000×1 414	764×1 064
1	594×841	707×1 000	532×760
2	420×594	500×707	380×528
3	297×420	353×500	264×376
4	210×297	250×353	188×260
5	148×210	176×250	130×184
6	105×148	125×176	92×126
7	74×105	88×125	
8	52×74	62×88	
9	37×52	44×62	
10	26×37	31×44	

7 允许偏差

尺寸的允许偏差见表 2。

表 2

尺寸规格	小于 150 mm	150～600 mm	大于 600 mm
允许偏差	±1.5 mm	±2.0 mm	±3.0 mm

注：上述规定的允许偏差，是在符合 GB 10739 标准大气条件下测量的允差。

ICS 85.060
Y 32

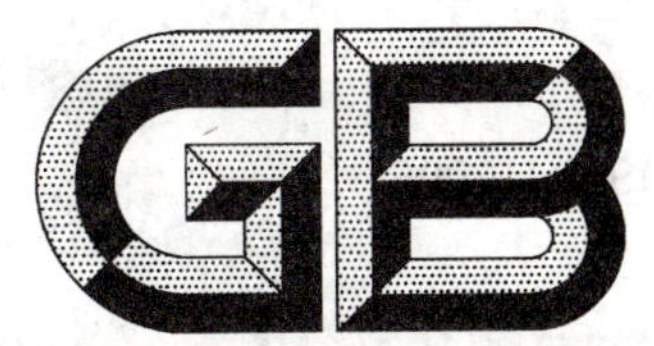

中华人民共和国国家标准

GB/T 1910—2006
代替 GB/T 1910—1999

2006-03-10 发布 2006-10-01 实施

中华人民共和国国家质量监督检验检疫总局
中国国家标准化管理委员会 发布

前　言

本标准与美国政府标准 JCP A10—98《新闻纸》一致性程度为非等效。

本标准与 GB/T 1910—1999《新闻纸》相比主要变化为：

——增加了 42.0 g/m^2、48.0 g/m^2 两种型号；

——提高了抗张指数、横向撕裂指数、平滑度、不透明度等技术指标；

——技术指标中色调、印刷表面粗糙度作为检验依据。

本标准代替 GB/T 1910—1999《新闻纸》。

本标准由中国轻工业联合会提出。

本标准由全国造纸工业标准化技术委员会(SAC/TC 141)归口。

本标准负责起草单位：中国制浆造纸研究院、广州造纸股份有限公司；参加起草单位：山东华泰纸业股份有限公司、福建省南纸股份有限公司。

本标准主要起草人：史记、王振、崔立国、邱文伦、王华佳、邓知明。

本标准所代替标准的历次版本发布情况为：

——GB 1910—1989；

——GB/T 1910—1999。

本标准委托全国造纸工业标准化技术委员会负责解释。

新 闻 纸

1 范围

本标准规定了印刷新闻报刊用纸的技术规范。

本标准适用于高速轮转印刷、平版印刷新闻报刊用纸。

2 规范性引用文件

下列标准中的条款通过本标准的引用而成为本标准的条款。凡是注日期的引用文件,其随后所有的修改单(不包括勘误的内容)或修订版均不适用本标准,然而,鼓励根据本标准达成协议的各方研究是否可使用这些文件的最新版本。凡是不注日期的引用文件,其最新版本适用于本标准。

GB/T 450 纸和纸板试样的采取(GB/T 450—2002,eqv ISO 186:1994)

GB/T 451.1 纸和纸板尺寸及偏斜度的测定

GB/T 451.2 纸和纸板定量的测定(GB/T 451.2—2002,eqv ISO 536:1995)

GB/T 453 纸和纸板抗张强度的测定(恒速加荷法)(GB/T 453—2002,idt ISO 1924-1:1992)

GB/T 455 纸和纸板撕裂度的测定(GB/T 455—2002,eqv ISO 1974:1990)

GB/T 456 纸和纸板平滑度的测定(别克法)(GB/T 456—2002,idt ISO 5627:1995)

GB/T 462 纸和纸板 水分的测定(GB/T 462—2003,ISO 287:1991,MOD)

GB/T 1541 纸和纸板尘埃度的测定法(GB/T 1541—1989,neq TAPPI T437 om—1985)

GB/T 1543 纸和纸板 不透明度(纸背衬)的测定(漫反射法)(GB/T 1543—1988,ISO 2471:1998,MOD)

GB/T 2679.4 纸和纸板粗糙度的测定法(本特生粗糙度法)

GB/T 2679.9 纸和纸板粗糙度测定法(印刷表面法)(GB/T 2679.9—1993,neq ISO 8791-4:1992)

GB/T 2828.1 计数抽样检验程序 第1部分:按接收质量限(AQL)检索的逐批检验抽样计划(GB/T 2828.1—2003,ISO 2859-1:1999,IDT)

GB/T 7974 纸、纸板和纸浆亮度(白度)的测定 漫射/垂直法(GB/T 7974—2002,neq ISO 2470:1999)

GB/T 7975 纸和纸板 颜色的测定(漫反射法)

GB/T 10342 纸张的包装和标志

GB/T 10739 纸、纸板和纸浆试样处理和试验的标准大气条件(GB/T 10739—2002,eqv ISO 187:1990)

GB/T 12914 纸和纸板抗张强度的测定法(恒速拉伸法)(GB/T 12914—1991,eqv ISO 1924-2:1985)

3 产品分类

3.1 新闻纸分为优等品、一等品、合格品三个等级。

3.2 新闻纸的定量分为 42.0 g/m^2、45.0 g/m^2、47.0 g/m^2、48.0 g/m^2、49.0 g/m^2、51.0 g/m^2,也可按合同生产其他定量的新闻纸。

3.3 新闻纸分卷筒纸和平板纸两种。

3.4 纸张尺寸

3.4.1　卷筒纸宽为：1 575 mm、1 562 mm、787 mm、781 mm 等规格，宽度偏差应不超过±3 mm。

3.4.2　平板纸尺寸为：787 mm×1 092 mm、781 mm×1 092 mm，尺寸偏差应不超过±3 mm，偏斜度应不超过 3 mm。

3.4.3　根据用户的要求，可协议生产其他尺寸的纸张。

4　技术要求

4.1　新闻纸技术指标应符合表 1 的规定。

表 1　新闻纸技术指标

指标名称			单位	规定		
				优等品	一等品	合格品
定量			g/m^2	42.0　45.0　47.0　48.0　49.0　51.0		
定量允许偏差		≤	%	±5.0		
横幅定量变异系数		≤	%	2.5	2.8	3.0
抗张指数(卷筒纸纵向)		≥	N·m/g	40.0	38.0	34.0
横向撕裂指数		≥	mN·m^2/g	5.50	5.00	4.50
平滑度	别克平滑度(正、反面)	≥	S	35	30	25
	本特生粗糙度	≤	mL/min	180	200	220
亮度		≥	%	50.0		
不透明度		≥	%	90.0	89.0	88.0
尘埃度	(0.5～4.0) mm^2	≤	个/m^2	64	100	120
	其中(1.5～4.0) mm^2	≤		4	8	12
	大于 4.0 mm^2			不许有	不许有	不许有
交货水分			%	6.0～10.0		
卷筒接头		≤	个/卷	1	2	3
色调	L^*			≥70.0		
	a^*			−2.0～+2.0		
	b^*			<10.0		
同班次纸的色差(ΔE)		≤		1.5	2.0	—
印刷表面粗糙度(正、反面)		≤	μm	5.00	5.50	6.00
注：平滑度两者中任一合格均可判为合格。						

4.2　新闻纸不应有洞眼、裂口、褶子、疙瘩、汽斑等影响印刷的外观纸病；以及复卷过程中不易发现的内部纸病，如不显著的褶子、裂口、汽斑等。

4.3　卷筒新闻纸应按下列要求进行卷纸。

4.3.1　纸张应卷在干燥、硬实、不瘪芯、不夹纸边的整根纸芯上。

4.3.2　卷筒直径为(900～1 200) mm，根据特殊要求，可协议生产其他直径的卷筒纸。

4.3.3　卷筒纸应紧密，全幅松紧应一致，卷筒纸端面应平整。

4.3.4　纸卷内不应卷入碎纸或纸条。

4.3.5　断纸处用胶带加以粘接，不应粘上纸的另一层。接头宽度应不超过 20 mm，接头应接牢、接正。接头处应在卷筒端部加以标志。

4.3.6 纸芯的两端用木塞或代用木塞(应坚固)塞紧,不应脱落或碎落,塞子应有孔眼。

4.4 新闻纸在印刷中不应掉粉、掉毛,有较好的油墨吸收性。

5 试验方法

5.1 试样的采取和试样的处理按 GB/T 450 和 GB/T 10739 的规定进行。

5.2 纸张尺寸及偏斜度按 GB/T 451.1 进行测定。

5.3 定量及定量允许偏差按 GB/T 451.2 进行测定。

5.4 横幅定量变异系数的测定:以 1 562 mm 纸幅为例,其他幅宽可参照设点裁样。先将纸宽为 1 562 mm的纸幅沿纵向叠成 10 层,再沿横向分成 10 等份,在每一等份上裁取(1/100) m^2 的试样,称其质量,然后计算各点定量值。横幅定量变异系数 CV(%)按式(1)进行计算:

$$CV = S/G \times 100\% \qquad (1)$$

式中:

S——10 点定量的标准差,单位为克每平方米(g/m^2);

G——10 点定量的平均值,单位为克每平方米(g/m^2)。

5.5 抗张指数按 GB/T 453 或 GB/T 12914 进行测定,仲裁按 GB/T 12914 进行测定。

5.6 横向撕裂度按 GB/T 455 进行测定。

5.7 别克平滑度按 GB/T 456 进行测定,本特生粗糙度按 GB/T 2679.4 进行测定。

5.8 亮度按 GB/T 7974 进行测定。

5.9 不透明度按 GB/T 1543 进行测定。

5.10 尘埃度按 GB/T 1541 进行测定。

5.11 水分按 GB/T 462 进行测定。

5.12 色调和色差按 GB/T 7975 进行测定。

5.13 印刷表面粗糙度按 GB/T 2679.9 进行测定。采用软垫,压力为 1.0 MPa。

6 交收检验

6.1 生产厂应保证生产的产品符合本标准的要求,每卷(件)纸交货时应附产品合格证。

6.2 以一次交货数量为一批,但应不超过 50 t。

6.3 计数抽样检验程序按 GB/T 2828.1 规定进行。样本单位为卷筒或令。接收质量限(AQL):抗张指数、不透明度、印刷表面粗糙度、横向撕裂指数、横幅定量变异系数 AQL=4.0,定量、定量允许偏差、平滑度、亮度、尘埃度、交货水分、卷筒接头、色调、外观纸病、色差 AQL=6.5。抽样方案采用正常检验二次抽样方案,检查水平为特殊检查水平 S-3。见表 2。

表 2

批量/卷筒或令	抽样方案				
	二次正常抽样 检查水平 S-3				
	样本量	AQL=4.0		AQL=6.5	
		Ac	Re	Ac	Re
≤50	3	0	1	0	1
51~150	3	0	1	—	—
	5	—	—	0	2
	5(10)	—	—	1	2
151~3 200	8	0	2	0	3
	8(16)	1	2	3	4

6.4 可接收性的确定:第一次检验的样品数量应等于该方案给出的第一样本量。如果第一样本中发现的不合格品数小于或等于第一接收数,应认为该批是可接收的;如果第一样本中发现的不合格品数大于

或等于第一拒收数，应认为该批是不可接收的。如果第一样本中发现的不合格品数介于第一接收数与第一拒收数之间，应检验由方案给出样本量的第二样本并累计在第一样本和第二样本中发现的不合格品数。如果不合格品累计数小于或等于第二接收数，则判定该批是可接收的；如果不合格品累计数大于或等于第二拒收数，则判定该批是不可接收的。

6.5 需方有权按本标准的规定检验产品，如需方对产品质量有异议，应在到货后三个月内通知供方共同复验。如符合本标准或合同要求，则判为批合格，由需方负责处理。如不符合本标准或合同要求，则判为批不合格，由供方负责处理。

7 标志、包装、运输、贮存

7.1 按 GB/T 10342 的规定包装，并作如下补充：每卷(件)新闻纸应将产品名称、编号、标准号、型号(公称定量)、尺寸、净重、卷(件)号、生产日期和生产企业名称、地址等作明显的标志，并附有一份合格证。其他外包装的标志由各生产厂自定。

7.2 凡供需双方距离较近(如就地供应)或确因特殊情况暂缺乏包装材料者，平板新闻纸可根据供需双方协议，采用软包装及简易包装，但应保证产品完好。

7.3 新闻纸应妥善保管，严防受潮。

7.4 纸卷(件)在运输过程中，应使用有篷且清洁的运输工具。

7.5 在搬运和堆垛时，不应从高处扔下。

ICS 85.060
Y 32

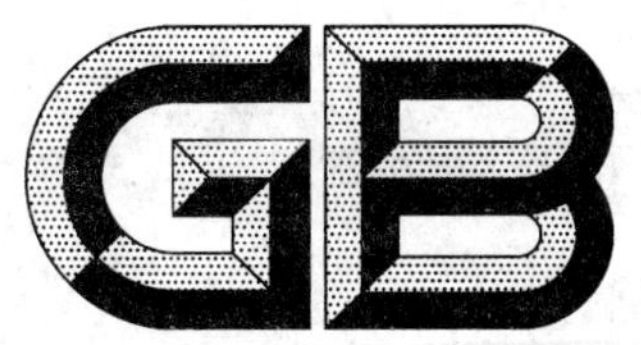

中华人民共和国国家标准

GB/T 1912—2007
代替 GB/T 1912—1989

字 典 纸

Bible paper

2007-12-05 发布 2008-09-01 实施

中华人民共和国国家质量监督检验检疫总局
中国国家标准化管理委员会 发布

前 言

本标准是对 GB/T 1912—1989《字典纸》的修订。

本标准自实施之日起,代替 GB/T 1912—1989《字典纸》。

本标准与 GB/T 1912—1989 相比,在主要技术指标方面进行了完善和补充,主要变化如下:

——用抗张指数替代原裂断长;

——设定了同批纸亮度(白度)的范围;

——提高了不透明度值;

——根据印刷品质量要求调整了尘埃度技术指标;

——减少了卷筒纸轴的接头数等;

——增加了纸张表面强度;

——对纸张色差作了规定。

本标准由中国轻工业联合会提出。

本标准由全国造纸工业标准化技术委员会(SAC/TC 141)归口。

本标准起草单位:浙江仙鹤特种纸有限公司、南京爱德印刷有限公司、南京林业大学、山东省造纸工业研究设计院。

本标准主要起草人:邢洁芳、王敏良、孙平、周易汉、戴红旗、汪进。

本标准所代替标准的历次版本发布情况为:

——GB/T 1912—1989。

本标准由全国造纸工业标准化技术委员会(SAC/TC 141)负责解释。

字 典 纸

1 范围

本标准规定了字典纸的产品分类、要求、试验方法、检验规则、标志、包装、运输和贮存的要求。

本标准适用于供轮转和平版印刷的工具书、科技刊物等高级印刷用纸。

2 规范性引用文件

下列文件中的条款通过本标准的引用而成为本标准的条款。凡是注日期的引用文件，其随后所用的修改单(不包括勘误内容)或修订版均不适用于本标准，然而鼓励根据本标准达成协议的各方研究是否可使用这些文件的最新版本。凡是不注日期的引用文件，其最新版本适用于本标准。

GB/T 450 纸和纸板试样的采取(GB/T 450—2002,eqv ISO 186:1994)

GB/T 451.1 纸和纸板尺寸及偏斜度的测定

GB/T 451.2 纸和纸板定量的测定(GB/T 451.2—2002,eqv ISO 536:1995)

GB/T 451.3 纸和纸板厚度的测定(GB/T 451.3—2002,idt ISO 534:1988)

GB/T 453 纸和纸板抗张强度的测定(恒速加荷法)(GB/T 453—2002,idt ISO 1924-1:1992)

GB/T 456 纸和纸板平滑度的测定(别克法)(GB/T 456—2002,idt ISO 5627:1995)

GB/T 457 纸耐折度的测定(肖伯尔法)(GB/T 457—2002,eqv ISO 5626:1993)

GB/T 462 纸和纸板 水分的测定(GB/T 462—2003,ISO 287:1985,MOD)

GB/T 1540 纸和纸板吸水性的测定 可勃法(GB/T 1540—2002,neq ISO 535:1991)

GB/T 1541 纸和纸板 尘埃度的测定(GB/T 1541—2007)

GB/T 1543 纸和纸板 不透明度(纸背衬)的测定(漫反射法)(GB/T 1543—2005,ISO 2471:1998,MOD)

GB/T 2828.1 计数抽样检验程序 第1部分:按接收质量限(AQL)检索的逐批检验抽样计划(GB/T 2828.1—2003,ISO 2859-1:1999,IDT)

GB/T 2679.15 纸和纸板印刷表面强度的测定(电动加速法)(GB/T 2679.15—1997,eqv ISO 3783:1980)

GB/T 7974 纸、纸板和纸浆亮度(白度)的测定(漫射/垂直法)(GB/T 7974—2002,neq ISO 2470:1999)

GB/T 7975 纸和纸板 颜色的测定法(漫反射法)

GB/T 10342 纸张的包装和标志

GB/T 10739 纸、纸板和纸浆试样处理和试验的标准大气条件(GB/T 10739—2002,eqv ISO 187:1990)

GB/T 12914 纸和纸板抗张强度的测定(恒速拉伸法)(GB/T 12914—1991,eqv ISO 1924-2:1985)

GB/T 13528 纸和纸板表面pH值的测定法(GB/T 13528—1992,neq TAPPI T 529om:1982)

QB/T 2594 纸和纸板表面强度的测定(蜡棒法)(QB/T 2594—2003,neq TAPPI T 459om-99)

3 产品分类

字典纸按质量分为优等品、一等品、合格品三个等级。

4 要求

4.1 字典纸的技术指标应符合表1规定或符合订货合同的规定。

表1

<table>
<tr><th colspan="3" rowspan="2">指 标 名 称</th><th rowspan="2">单位</th><th colspan="3">规 定</th></tr>
<tr><th>优等品</th><th>一等品</th><th>合格品</th></tr>
<tr><td colspan="3">定量</td><td>g/m^2</td><td colspan="3">25.0±1.3 28.0±1.3 30.0±1.5 33.0±1.5 35.0±1.5 40.0±2.0</td></tr>
<tr><td colspan="2">紧度</td><td>≥</td><td>g/cm^3</td><td>0.75</td><td>0.70</td><td>0.70</td></tr>
<tr><td colspan="2">横向耐折度
仅对 40 g/m^2 纸</td><td>≥</td><td>次</td><td>5</td><td>4</td><td>3</td></tr>
<tr><td colspan="2">纵向抗张指数</td><td>≥</td><td>N·m/g</td><td>39.2</td><td>34.3</td><td>29.4</td></tr>
<tr><td rowspan="2">平滑度</td><td>正反面均</td><td>≥</td><td>s</td><td>100</td><td>50</td><td>40</td></tr>
<tr><td>正反面差</td><td>≤</td><td>%</td><td>25</td><td>35</td><td>40</td></tr>
<tr><td colspan="2">亮度(白度)</td><td>≥</td><td>%</td><td colspan="3">80.0</td></tr>
<tr><td rowspan="6">不透明度</td><td>40 g/m^2</td><td>≥</td><td rowspan="6">%</td><td>80.0</td><td>78.0</td><td>77.0</td></tr>
<tr><td>35 g/m^2</td><td>≥</td><td>79.0</td><td>77.0</td><td>76.0</td></tr>
<tr><td>33 g/m^2</td><td>≥</td><td>77.0</td><td>76.0</td><td>75.0</td></tr>
<tr><td>30 g/m^2</td><td>≥</td><td>76.0</td><td>75.0</td><td>74.0</td></tr>
<tr><td>28 g/m^2</td><td>≥</td><td>75.0</td><td>74.0</td><td>73.0</td></tr>
<tr><td>25 g/m^2</td><td>≥</td><td>74.0</td><td>73.0</td><td>71.0</td></tr>
<tr><td colspan="3">交货水分</td><td>%</td><td colspan="3">6.0±1.0</td></tr>
<tr><td colspan="3">表面吸水性(正反均)(Cobb)</td><td>g/m^2</td><td colspan="3">40.0±5.0</td></tr>
<tr><td rowspan="2">表面强度
(正/反)
≥</td><td colspan="2">蜡棒法</td><td>A</td><td>11</td><td>9</td><td>8</td></tr>
<tr><td colspan="2">电动加速法
(中粘油墨)</td><td>cm/s</td><td>100</td><td>80</td><td>60</td></tr>
<tr><td rowspan="3">尘埃度</td><td>≥0.2 mm^2～0.5 mm^2</td><td>≤</td><td rowspan="3">个/m^2</td><td>40</td><td>60</td><td>80</td></tr>
<tr><td>>0.5 mm^2～1.5 mm^2</td><td>≤</td><td>2</td><td>4</td><td>6</td></tr>
<tr><td colspan="2">>1.5 mm^2</td><td colspan="3">不应有</td></tr>
<tr><td colspan="3">pH</td><td>—</td><td colspan="3">>6.5</td></tr>
</table>

4.2 字典纸主要为卷筒纸,也可按合同生产平板纸。

4.2.1 卷筒纸宽度为 787 mm、880 mm 等,平板纸为 787 mm×1 092 mm,880 mm×1 230 mm。颜色以白色为主。同批纸张色差 ΔE^* 应不超过 3.0(CIELAB),同批纸张亮度(白度)偏差应不超过±1.5%,也可按用户要求进行生产。

4.2.2 卷筒纸直径为 800 mm～1 000 mm,直径偏差应不超过±30 mm,纸幅宽度偏差应不超过${}^{-1}_{+3}$ mm,平板纸尺寸偏差应不超过±3 mm,偏斜度应不超过 3 mm。

4.2.3 优等品、一等品和合格品卷筒纸每卷纸轴的接头数应分别不超过 1 个、2 个和 3 个,接头宽度≤20 mm,断头处应用双面胶粘接,接头处应有明显标志。接头应牢固平直,不应有上下层粘连现象。

4.3 纸张的纤维组织应均匀,纸面应平整,不应有砂子、硬质块、褶子、皱纹、裂口和明显条痕及影响印刷使用的外观缺陷。

4.4 纸张切边应整齐、洁净,卷筒纸端面应平整,全幅应松紧一致。

5 试验方法

5.1 试样处理和测定按 GB/T 10739 进行。
5.2 试样的采取按 GB/T 450 进行。
5.3 尺寸及偏斜度按 GB/T 451.1 测定。
5.4 定量按 GB/T 451.2 测定。
5.5 紧度按 GB/T 451.3 测定。
5.6 抗张强度按 GB/T 12914 或 GB/T 453 测定,仲裁时按 GB/T 12914 测定。
5.7 平滑度按 GB/T 456 测定。
5.8 耐折度按 GB/T 457 测定。
5.9 水分按 GB/T 462 测定。
5.10 表面吸水性按 GB/T 1540 测定,试验时间为 60 s。
5.11 尘埃度按 GB/T 1541 测定。
5.12 不透明度按 GB/T 1543 测定。
5.13 表面强度按 QB/T 2594 或 GB/T 2679.15 测定,两种方法有一种符合标准则判为合格。
5.14 亮度(白度)按 GB/T 7974 测定。
5.15 颜色按 GB/T 7975 测定。
5.16 纸张表面 pH 值按 GB/T 13528 测定。
5.17 在自然光下用目测检查 4.3、4.4。

6 检验规则

6.1 字典纸应由生产厂的质量检验部门按标准的规定进行检验,生产厂应保证所有出厂的产品都符合本标准的要求,每卷(件)纸都应附有产品质量合格证。
6.2 交收检验以同一类型、同一规格字典纸的交货量为一批,但不多于 50 t。
6.3 交收检验的抽样检查按 GB/T 2828.1 进行,样本单位为件(卷)。接收质量限(AQL):平滑度、抗张指数、耐折度、不透明度、表面强度、pH,AQL=4.0,定量、亮度(白度)、紧度、尘埃度、交货水分、表面吸水性、外观缺陷、色差,AQL=6.5。抽样方案采用正常检验二次抽样方案,检查水平为 S-4。见表 2。

表 2

批量 (卷或件)	抽样方案				
	正常检验二次抽样方案 检查水平 S-4				
	样本量	AQL=4.0		AQL=6.5	
		Ac	Re	Ac	Re
26~90	3	0	1	—	—
	5	—	—	0	2
	5(10)	—	—	1	2
91~500	8	0	2	0	3
	8(16)	1	2	3	4
501~1 200	13	0	3	1	3
	13(26)	3	4	4	5

6.4 可接收性的确定:第一次检验的样品数量应等于该方案给出的第一样本量。如果第一样本中发现的不合格品数小于或等于第一接收数,应认为该批是可接收的;如果第一样本中发现的不合格品数大于或等于第一拒收数,应认为该批是不可接收的。如果第一样本中发现的不合格品数介于第一接收数与

第一拒收数之间,应检验由方案给出样本量的第二样本并累计在第一样本和第二样本中发现的不合格品数。如果不合格品累计数小于或等于第二接收数,则判定批是可接收的;如果不合格品累计数大于或等于第二拒收数,则判定该批是不可接收的。

6.5 需方有权检查该批产品的质量是否符合本标准的要求,若对产品质量有异议,应在到货后一个月内通知供方,由供需双方共同取样进行复验,如不符合本标准规定,则判为批不可接收,由供方负责处理;若符合本标准的规定,则判为批可接收,由需方负责处理。

7 标志、包装、运输和贮存

7.1 字典纸的包装和标志按 GB/T 10342 的规定或按合同规定执行。

7.2 卷筒字典纸包装时,内用塑料膜防潮,塑料膜宽度应以能包住纸筒端面为准,再包两层 80 g/m^2 牛皮纸,两端用瓦楞纸包角,外用镀膜编织布包裹,接口处用单面封箱胶带粘牢。

7.3 卷筒纸两端折叠好后用木塞塞牢,再用两道编织带打好。

7.4 运输时应使用有篷而洁净的运输工具,以防受潮;装卸时不应钩吊,不应将纸从高处扔下。

7.5 纸张应妥善贮存于通风仓库的垫板上,防止纸张因地气导致变质。

ICS 85.060
Y 32

中华人民共和国国家标准

GB/T 2675—2006
代替 GB/T 2675—1981

地图纸
Map paper

2006-03-10 发布　　2006-10-01 实施

中华人民共和国国家质量监督检验检疫总局
中国国家标准化管理委员会　发布

前　言

本标准代替 GB/T 2675—1981《地图纸》。

本标准与 GB/T 2675—1981 相比主要变化如下：

——增加了"范围"和"规范性引用文件"两章内容；

——产品质量分等由特号、一号，改为优等品、一等品、合格品；

——尘埃度的测定由长度法改为面积法，按 GB/T 1541 测定；

——取消了二等品的规定。

本标准由中国轻工业联合会提出。

本标准由全国造纸工业标准化技术委员会(SAC/TC 141)归口。

本标准起草单位：保定钞票纸厂。

本标准主要起草人：王莉萍、齐玉兰、赵刚、曹明。

本标准所代替标准的历次版本发布情况为：

——GB/T 2675—1981。

本标准委托全国造纸工业标准化技术委员会(SAC/TC 141)负责解释。

地 图 纸

1 范围

本标准规定了地图纸的分类、要求、试验方法、抽样、标志、包装、运输、贮存等。

本标准适用于胶印地形图、地图和地图集的用纸。

2 规范性引用文件

下列文件中的条款通过本标准的引用而成为本标准的条款。凡是注日期的引用文件，其随后所有的修改单(不包括勘误的内容)或修订版均不适用于本标准，然而，鼓励根据本标准达成协议的各方研究是否可使用这些文件的最新版本。凡是不注日期的引用文件，其最新版本适用于本标准。

GB/T 450 纸和纸板试样的采取(GB/T 450—2002,eqv ISO 186:1994)

GB/T 451.1 纸和纸板尺寸及偏斜度的测定

GB/T 451.2 纸和纸板定量的测定 (GB/T 451.2—2002,eqv ISO 536:1995)

GB/T 451.3 纸和纸板厚度的测定 (GB/T 451.3—2002,idt ISO 534:1988)

GB/T 456 纸和纸板平滑度的测定(别克法)(GB/T 456—2002,idt ISO 5627:1995)

GB/T 457 纸耐折度的测定(肖伯尔法)(GB/T 457—2002,eqv ISO 5626:1993)

GB/T 459 纸和纸板伸缩性的测定(GB/T 459—2002,eqv ISO 5635:1978)

GB/T 460 纸施胶度的测定(墨水划线法)

GB/T 462 纸和纸板 水分的测定 (GB/T 462—2003,ISO 287:1991,MOD)

GB/T 465.2 纸和纸板按规定时间浸水后抗张强度的测定法(GB/T 465.2—1983,eqv ISO 3781:1988)

GB/T 742 纸、纸板和纸浆残余物(灰分)的测定(900℃)(GB/T 742—2003,ISO 2144:1997,MOD)

GB/T 1541 纸和纸板尘埃度的测定法(GB/T 1541—1989,neq TAPPI T437om-1985)

GB/T 2828.1 计数抽样检验程序 第1部分:按接收质量限(AQL)检索的逐批检查抽样计划(GB/T 2828.1—2003,ISO 2859-1:1999,IDT)

GB/T 7974 纸、纸板和纸浆亮度(白度)的测定 漫射/垂直法 (GB/T 7974—2002,neq ISO 2470:1999)

GB/T 8940.1 纸和纸板白度测定法 45/0定向反射法

GB/T 10342 纸张的包装和标志

GB/T 10739 纸、纸板和纸浆试样处理和试验的标准大气条件(GB/T 10739—2002,eqv ISO 187:1990)

3 分类

地图纸按质量水平分为优等品、一等品、合格品。

4 要求

4.1 地图纸的技术指标应符合表1或合同规定。

表 1 技术指标

<table>
<tr><th colspan="3" rowspan="2">指标名称</th><th rowspan="2">单　位</th><th colspan="3">规　定</th></tr>
<tr><th>优等品</th><th>一等品</th><th>合格品</th></tr>
<tr><td colspan="3">定量</td><td>g/m²</td><td colspan="3">80±4.0　90±4.0　100±4　120±5　150±6</td></tr>
<tr><td colspan="3">紧度 ≥</td><td>g/cm³</td><td colspan="3">0.8</td></tr>
<tr><td colspan="3">耐折度　纵横向平均 ≥</td><td>次</td><td>70</td><td>30</td><td>20</td></tr>
<tr><td colspan="3">施胶度 ≥</td><td>mm</td><td>1.25</td><td>1.0</td><td>0.8</td></tr>
<tr><td colspan="3">亮度(白度) ≥</td><td>%</td><td>85.0</td><td>82.0</td><td>75.0</td></tr>
<tr><td colspan="3">平滑度　正面 ≥</td><td>s</td><td>60</td><td>50</td><td>45</td></tr>
<tr><td colspan="3">浸水后抗张强度保留率 ≥</td><td>%</td><td>15</td><td>—</td><td>—</td></tr>
<tr><td colspan="3">灰分 ≤</td><td>%</td><td>10</td><td>10</td><td>12</td></tr>
<tr><td rowspan="3">伸缩性浸湿后</td><td colspan="2">纵向 ≤</td><td rowspan="3">%</td><td>0.3</td><td>0.5</td><td>0.7</td></tr>
<tr><td rowspan="2">横向</td><td><120 g/m² ≤</td><td>2.2</td><td>2.5</td><td>2.7</td></tr>
<tr><td>≥120 g/m² ≤</td><td>2.5</td><td>3.0</td><td>3.5</td></tr>
<tr><td rowspan="6">尘埃度</td><td rowspan="2">普通尘埃</td><td>(0.25～1.5) mm² ≤</td><td rowspan="6">个/m²</td><td>120</td><td>145</td><td>150</td></tr>
<tr><td>>1.5 mm²</td><td colspan="3">不应有</td></tr>
<tr><td rowspan="4">黑色尘埃</td><td>(0.25～1.0) mm² ≤</td><td>30</td><td>—</td><td>—</td></tr>
<tr><td>(0.5～1.5) mm² ≤</td><td>—</td><td>10</td><td>20</td></tr>
<tr><td>>1.0 mm²</td><td>不应有</td><td>—</td><td>—</td></tr>
<tr><td>>1.5 mm²</td><td>—</td><td>不应有</td><td>不应有</td></tr>
<tr><td colspan="3">交货水分</td><td>%</td><td colspan="3">7.0±2.0</td></tr>
</table>

4.2　平板纸尺寸为 787 mm×1 092 mm、850 mm×1 168 mm、590 mm×940 mm、920 mm×1 180 mm、940 mm×1 180 mm，尺寸偏差应不超过±3 mm，偏斜度应不超过 3 mm。或符合合同要求。

4.3　纸的纤维组织应均匀，纸面应平整。

4.4　纸张切边应整齐洁净。

4.5　每批供应的纸张，其颜色不应有显著差别。

4.6　纸张在印刷时不应有明显的掉毛掉粉现象。

4.7　纸面不应有折子、皱纹、硬质块、有光泽或无光泽条痕、斑点、透光点、裂口以及借透射光线可见的孔眼。

5　试验方法

5.1　试样的采取按 GB/T 450 的规定进行。

5.2　试样处理和试验的标准大气按 GB/T 10739 的规定进行。

5.3　纸张尺寸及偏斜度按 GB/T 451.1 测定。

5.4　定量按 GB/T 451.2 测定。

5.5　紧度按 GB/T 451.3 测定。

5.6　耐折度按 GB/T 457 测定。

5.7　施胶度按 GB/T 460 测定。

5.8　亮度(白度)按 GB/T 7974 或按 GB/T 8940.1 测定，仲裁时按 GB/T 7974 测定。

5.9　平滑度按 GB/T 456 测定。

5.10 浸水后抗张强度保留率按 GB/T 465.2 测定。

5.11 灰分按 GB/T 742 测定。

5.12 伸缩性按 GB/T 459 测定。

5.13 尘埃度按 GB/T 1541 测定。

5.14 水分按 GB/T 462 测定。

6 抽样

6.1 以一次交货数量为一批，但不多于 30 t。

6.2 生产厂应保证所生产的地图纸符合本标准的规定。

6.3 计数抽样检验程序按 GB/T 2828.1 规定进行。平板纸样本单位为令。接收质量限(AQL)：平滑度 AQL=4.0，定量、紧度、耐折度、施胶度、亮度(白度)、浸水后抗张强度保留率、灰分、伸缩性、尘埃度、交货水分、尺寸偏差、外观缺陷 AQL=6.5。抽样方案采用正常检验二次抽样方案，检查水平为一般检查水平 I。见表 2。

表 2

批量/令	抽样方案				
	正常检验二次抽样方案　一般检查水平 I				
	样本量	AQL=4.0		AQL=6.5	
		Ac	Re	Ac	Re
≤25	3	0	1	0	1
26～90	3	0	1	—	—
	5	—	—	0	1
	5(10)	—	—	1	2
91～280	8	0	2	0	3
	8(16)	1	2	3	4

6.4 可接收性的确定：第一次检验的样品数量应等于该方案给出的第一样本量。如果第一样本中发现的不合格品数小于或等于第一接收数，应认为该批是可接收的；如果第一样本中发现的不合格品数大于或等于第一拒收数，应认为该批是不可接收的。如果第一样本中发现的不合格品数介于第一接收数与第一拒收数之间，应检验由方案给出样本量的第二样本并累计在第一样本和第二样本中发现的不合格品数。如果不合格品累计数小于或等于第二接收数，则判定批是可接收的；如果不合格品累计数大于或等于第二拒收数，则判定该批是不可接收的。

6.5 需方有权检查该批产品的质量是否符合本标准的要求，若对产品质量有异议，应在到货后一个月内通知供方，由供需双方共同取样进行复验，如不符合本标准规定，则判为批不可接收，由供方负责处理；若符合本标准的规定，则判为批可接收，由需方负责处理。

7 标志、包装、运输、贮存

7.1 地图纸的标志、包装按 GB/T 10342 或合同规定进行。

7.2 运输时应使用防雨、防潮、洁净的运输工具，不应将纸件从高处扔下。

7.3 贮存应妥善保管，防止雨雪和地面潮湿的影响。

ICS 85.060
Y 32

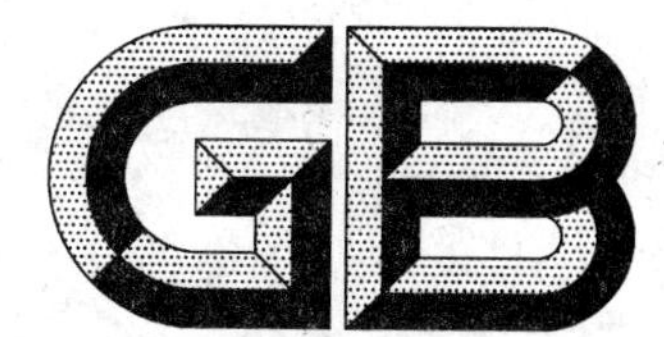

中华人民共和国国家标准

GB/T 2676—2006
代替 GB/T 2676—1981

海 图 纸

Chart paper

2006-03-10 发布

2006-10-01 实施

中华人民共和国国家质量监督检验检疫总局
中国国家标准化管理委员会 发布

前　言

本标准代替 GB/T 2676—1981《海图纸》。

本标准与 GB/T 2676—1981 相比主要变化如下：

——增加了“范围”和“规范性引用文件”两章内容；

——尘埃度的测定由长度法改为面积法，按 GB/T 1541 测定；

——取消了二等品的规定。

本标准由中国轻工业联合会提出。

本标准由全国造纸工业标准化技术委员会(SAC/TC 141)归口。

本标准起草单位：保定钞票纸厂。

本标准主要起草人：王莉萍、齐玉兰、赵刚、曹明。

本标准所代替标准的历次版本发布情况为：

——GB/T 2676—1981。

本标准委托全国造纸工业标准化技术委员会(SAC/TC 141)负责解释。

海 图 纸

1 范围

本标准规定了海图纸的要求、试验方法、抽样、标志、包装、运输、贮存等。

本标准适用于胶印多色海图用纸。

2 规范性引用文件

下列文件中的条款通过本标准的引用而成为本标准的条款。凡是注日期的引用文件，其随后所有的修改单(不包括勘误的内容)或修订版均不适用于本标准，然而，鼓励根据本标准达成协议的各方研究是否可使用这些文件的最新版本。凡是不注日期的引用文件，其最新版本适用于本标准。

GB/T 450 纸和纸板试样的采取(GB/T 450—2002,eqv ISO 186:1994)

GB/T 451.1 纸和纸板尺寸及偏斜度的测定

GB/T 451.2 纸和纸板定量的测定 (GB/T 451.2—2002,eqv ISO 536:1995)

GB/T 451.3 纸和纸板厚度的测定 (GB/T 451.3—2002,idt ISO 534:1988)

GB/T 453 纸和纸板抗张强度的测定(恒速加荷法)(GB/T 453—2002,idt ISO 1924-1:1992)

GB/T 456 纸和纸板平滑度的测定(别克法)(GB/T 456—2002,idt ISO 5627:1995)

GB/T 457 纸耐折度的测定(肖伯尔法)(GB/T 457—2002,eqv ISO 5626:1993)

GB/T 459 纸和纸板伸缩性的测定(GB/T 459—2002,neq ISO 5635:1978)

GB/T 460 纸施胶度的测定(墨水划线法)

GB/T 462 纸和纸板 水分的测定 (GB/T 462—2003,ISO 287:1991,MOD)

GB/T 465.2 纸和纸板按规定时间浸水后抗张强度的测定法(GB/T 465.2—1983,eqv ISO 3781:1988)

GB/T 1541 纸和纸板尘埃度的测定法(GB/T 1541—1989,neq TAPPI T437om-1985)

GB/T 2828.1 计数抽样检验程序 第1部分:按接收质量限(AQL)检索的逐批检查抽样计划(GB/T 2828.1—2003,ISO 2859-1:1999,IDT)

GB/T 7974 纸、纸板和纸浆亮度(白度)的测定 漫射/垂直法 (GB/T 7974—2002,neq ISO 2470:1999)

GB/T 8940.1 纸和纸板白度的测定法 45/0定向反射法

GB/T 10342 纸张的包装和标志

GB/T 10739 纸、纸板和纸浆试样处理和试验的标准大气条件(GB/T 10739—2002,eqv ISO 187:1990)

GB/T 12914 纸和纸板抗张强度的测定法(恒速拉伸法)(GB/T 12914—1991,eqv ISO 1924-2:1985)

3 要求

3.1 海图纸的技术指标应符合表1或合同要求。

表 1

序　　号	指标名称			单　　位	规　　定
1	定量			g/m^2	120±4　　150±5
2	紧度		≥	g/cm^3	0.90
3	抗张指数　纵横向平均		≥	N·m/g	34.3
4	耐折度　纵横向平均		≥	次	700
5	施胶度		≥	mm	2.0
6	亮度(白度)		≥	%	85.0
7	平滑度　正反面平均		≥	s	50
8	浸水后抗张强度保留率		≥	%	20
9	伸缩性 浸湿并干燥后	横向	≤	%	0.5
		纵向	≤		2.5
10	耐擦性	120 g/m^2	≥	次	1
		150 g/m^2	≥		2
11	尘埃度	(0.25～1.5) mm^2	≤	个/m^2	100
		大于 1.0 mm^2 黑色			不应有
		大于 1.5 mm^2			不应有
12	交货水分			%	7.0±2.0

3.2　平板纸尺寸按合同要求，尺寸偏差不应超过±3 mm，偏斜度不应超过 3 mm。

3.3　纸的纤维组织应均匀，纸面应平整。

3.4　纸张切边应整齐洁净。

3.5　纸面不应有折子、皱纹、硬质块、有光泽或无光泽条痕、斑点、透光点、裂口以及借透射光线可见的孔眼。

4　试验方法

4.1　试样的采取按 GB/T 450 进行。

4.2　试样处理和试验的标准大气条件按 GB/T 10739 进行。

4.3　尺寸及偏斜度按 GB/T 451.1 测定。

4.4　定量按 GB/T 451.2 测定。

4.5　紧度按 GB/T 451.3 测定。

4.6　抗张指数按 GB/T 453 或 GB/T 12914 测定，仲裁时按 GB/T 12914 测定。

4.7　耐折度按 GB/T 457 测定。

4.8　施胶度按 GB/T 460 测定。

4.9　亮度(白度)按 GB/T 7974 或按 GB/T 8940.1 测定，仲裁时按 GB/T 7974 测定。

4.10　平滑度按 GB/T 456 测定。

4.11　伸缩性按 GB/T 459 测定。

4.12　尘埃度按 GB/T 1541 测定。

4.13　水分按 GB/T 462 测定。

4.14　浸水后抗张强度保留率按 GB/T 465.2 测定。

4.15　耐擦性的测定：取 100 mm×100 mm 试样六张，正反面各测三张，先用 HB 绘图铅笔画上长度为

50 mm、宽度为(0.5～1.0) mm的线条,再用绘图橡皮擦去线条,按标准规定反复进行,纸张不应有起毛现象,在同一位置上再用标准墨水划上宽度为1.5 mm、长度为50 mm的线条,线条不应有带刺和扩散现象。

5 抽样

5.1 以一次交货数量为一批,但不多于30 t。

5.2 生产厂应保证所生产的海图纸符合本标准的规定。

5.3 计数抽样检验程序按GB/T 2828.1规定进行。样本单位为令。接收质量限(AQL):伸缩性、浸水后抗张强度保留率AQL=4.0,定量、紧度、抗张指数、耐折度、施胶度、亮度(白度)、平滑度、耐擦性、尘埃度、交货水分、尺寸偏差、外观缺陷AQL=6.5。抽样方案采用正常检验二次抽样方案,检查水平为一般检查水平I。见表2。

表2

<table>
<tr><th rowspan="4">批 量/
令</th><th colspan="5">抽样方案</th></tr>
<tr><th colspan="5">正常检验二次抽样方案 一般检查水平I</th></tr>
<tr><th rowspan="2">样本量</th><th colspan="2">AQL=4.0</th><th colspan="2">AQL=6.5</th></tr>
<tr><th>Ac</th><th>Re</th><th>Ac</th><th>Re</th></tr>
<tr><td>≤25</td><td>3</td><td>0</td><td>1</td><td>0</td><td>1</td></tr>
<tr><td rowspan="3">26～90</td><td>3</td><td>0</td><td>1</td><td>—</td><td>—</td></tr>
<tr><td>5</td><td>—</td><td>—</td><td>0</td><td>1</td></tr>
<tr><td>5(10)</td><td>—</td><td>—</td><td>1</td><td>2</td></tr>
<tr><td rowspan="2">91～280</td><td>8</td><td>0</td><td>2</td><td>0</td><td>3</td></tr>
<tr><td>8(16)</td><td>1</td><td>2</td><td>3</td><td>4</td></tr>
</table>

5.4 可接收性的确定:第一次检验的样品数量应等于该方案给出的第一样本量。如果第一样本中发现的不合格品数小于或等于第一接收数,应认为该批是可接收的;如果第一样本中发现的不合格品数大于或等于第一拒收数,应认为该批是不可接收的。如果第一样本中发现的不合格品数介于第一接收数与第一拒收数之间,应检验由方案给出样本量的第二样本并累计在第一样本和第二样本中发现的不合格品数。如果不合格品累计数小于或等于第二接收数,则判定批是可接收的;如果不合格品累计数大于或等于第二拒收数,则判定该批是不可接收的。

5.5 需方有权检查该批产品的质量是否符合本标准的要求,若对产品质量有异议,应在到货后一个月内通知供方,由供需双方共同取样进行复验,如不符合本标准规定,则判为批不可接收,由供方负责处理;若符合本标准的规定,则判为批可接收,由需方负责处理。

6 标志、包装、运输、贮存

6.1 海图纸的标志、包装按GB/T 10342或合同进行。

6.2 运输时应使用防雨、防潮、洁净的运输工具,不应将纸件从高处扔下。

6.3 贮存应妥善保管,防止雨雪和地面潮湿的影响。

ICS 85.060
Y 32

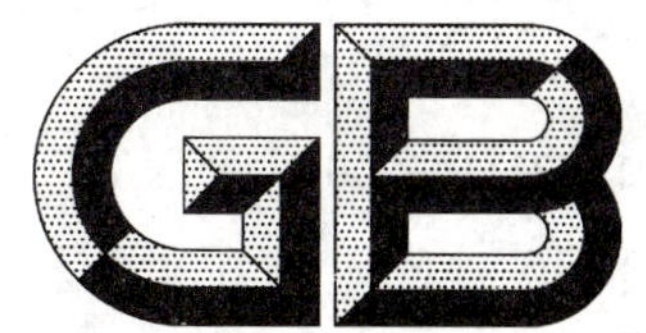

中华人民共和国国家标准

GB/T 10335.1—2005
代替 GB/T 10335—1995

涂布纸和纸板　涂布美术印刷纸(铜版纸)

Coated paper and board—Coated art paper

2005-03-23 发布　　　　2005-09-01 实施

中华人民共和国国家质量监督检验检疫总局
中国国家标准化管理委员会　发布

前　言

GB/T 10335为系列标准，分为如下5个部分：

——GB/T 10335.1—2005《涂布纸和纸板　涂布美术印刷纸(铜版纸)》；

——GB/T 10335.2—2005《涂布纸和纸板　轻量涂布纸》；

——GB/T 10335.3—2004《涂布纸和纸板　涂布白卡纸》；

——GB/T 10335.4—2004《涂布纸和纸板　涂布白纸板》；

——GB/T 10335.5《涂布纸和纸板　涂布箱纸板》(该部分正在制定中)。

本部分为该系列标准的第1部分。

本部分是对GB/T 10335—1995《铜版纸》的修订。

本部分的优等品为高档水平，一等品为中档水平，合格品为一般水平。

本部分与原标准相比除主要技术指标有明显提高外，在产品分类中还增加了亚光型产品。

自本部分实施之日起，同时代替GB/T 10335—1995。

本部分由中国轻工业联合会提出。

本部分由全国造纸工业标准化技术委员会归口。

本部分主要起草单位：天津轻工业造纸技术研究所、中国制浆造纸研究院。

本部分参加起草单位：苏州紫兴纸业有限公司、金东纸业(江苏)有限公司、山东泉林纸业有限责任公司、山东太阳纸业股份有限公司、山东华泰纸业股份有限公司。

本部分主要起草人：张景彦、侯维玲、曹振雷、陈曦、王华佳、邱文伦、崔立国。

本部分所代替标准的历次版本发布情况为：

——GB/T 10335—1995。

本部分由全国造纸工业标准化技术委员会负责解释。

涂布纸和纸板　涂布美术印刷纸(铜版纸)

1　范围

GB/T 10335 的本部分规定了涂布美术印刷纸的分类、要求、试验方法、抽样和标志、包装、运输、贮存等要求。

本部分适用于单层抄造的原纸涂布后,经压光整饰制成的涂布美术印刷纸。该产品主要用于单色或彩色印刷的画册、画报、书刊封面、插页、美术图片及商品商标等。

2　规范性引用文件

下列文件中的条款通过 GB/T 10335 的本部分的引用而成为本部分的条款。凡是注日期的引用文件,其随后所有的修改单(不包括勘误的内容)或修订版均不适用于本部分,然而,鼓励根据本部分达成协议的各方研究是否可使用这些文件的最新版本。凡是不注日期的引用文件,其最新版本适用于本部分。

GB/T 450　纸和纸板试样的采取(GB/T 450—2002,eqv ISO 186:1994)

GB/T 451.1　纸和纸板尺寸及偏斜度的测定

GB/T 451.2　纸和纸板定量的测定(GB/T 451.2—2002,eqv ISO 536:1995)

GB/T 456　纸和纸板平滑度的测定(别克法)(GB/T 456—2002,idt ISO 5627:1995)

GB/T 462　纸和纸板　水分的测定(GB/T 462—2003,ISO 287:1985,MOD)

GB/T 1541　纸和纸板尘埃度的测定法

GB/T 1543　纸不透明度测定法(纸背衬)(GB/T 1543—1988,neq ISO 2471:1988)

GB/T 2679.9　纸和纸板粗糙度测定法(印刷表面法)(GB/T 2679.9—1993,neq ISO 8791-4:1992)

GB/T 2679.15　纸和纸板印刷表面强度的测定(电动加速法)(GB/T 2679.15—1997,eqv ISO 3783:1980)

GB/T 2679.16　纸和纸板印刷表面强度的测定(摆或弹簧加速法)(GB/T 2679.16—1997,eqv ISO 3782:1980)

GB/T 2828.1　计数抽样检验程序　第1部分:按接收质量限(AQL)检索的逐批检验抽样计划(GB/T 2828.1—2003,ISO 2859-1:1999,IDT)

GB/T 7974　纸、纸板和纸浆亮度(白度)的测定　漫射/垂直法(GB/T 7974—2002,neq ISO 2470:1999)

GB/T 7975　纸及纸板　颜色测定法(漫射/垂直法)

GB/T 8941.3　纸和纸板镜面光泽度测定法　75°角测定法

GB/T 10342　纸张的包装和标志

GB/T 10739　纸、纸板和纸浆试样处理和试验的标准大气条件(GB/T 10739—2002,eqv ISO 187:1990)

GB/T 12032　纸和纸板印刷光泽度印样的制备

GB/T 12911　纸和纸板油墨吸收性的测定法

3 分类

涂布美术印刷纸按涂布量分为重量涂布(每面涂布量≥20 g/m^2)和中量涂布(每面涂布量>10 g/m^2～<20 g/m^2);按涂布面分为单面涂布和双面涂布;按外观特性分为有光型和亚光型;按质量又分为优等品、一等品和合格品三个等级。

4 要求

4.1 重量涂布的有光型和亚光型美术印刷纸的技术指标应符合表1的规定,中量涂布的有光型和亚光型美术印刷纸的技术指标应符合表2的规定,表中第4、6、7、8、9、10、11及12项均为对涂布面的规定。

表 1

技术指标			单位	规定					
				优等品		一等品		合格品	
				有光型	亚光型	有光型	亚光型	有光型	亚光型
1	定量		g/m^2	80.0 90.0 100 105 115 128 157 200 250 300 350					
2	定量偏差 ≤		%	±4.0		±5.0		±5.0	
3	横幅定量差 ≤		%	3.0		4.0		5.0	
4	亮度 ≥		%	86.0	88.0	86.0	88.0	80.0	82.0
5	不透明度 ≥	≤90.0 g/m^2 >90.0 g/m^2～128 g/m^2 >128 g/m^2	%	88.0 92.0 95.0	89.0 93.0 96.0	88.0 92.0 95.0	89.0 93.0 96.0	86.0 90.0 93.0	87.0 91.0 94.0
6	光泽度		%	≥60	≤40	≥55	≤45	≥50	≤45
7	印刷光泽度 ≥		%	93	80	90	75	85	70
8	印刷表面粗糙度[a] ≤		μm	1.4	2.5	1.8	3.2	2.8	3.5
9	平滑度 ≥	≤128 g/m^2 >128 g/m^2	s	— —	— —	600 400	— —	400 300	— —
10	油墨吸收性		%	15～28					
11	印刷表面强度[b] ≥	中粘油墨 低粘油墨	m/s	1.4 4.6		1.4 4.6		1.0 3.4	
12	尘埃度 ≤	0.2 mm^2～1.0 mm^2 >1.0 mm^2～1.5 mm^2 >1.5 mm^2	个/m^2	8(单面 4) 不应有 不应有		16(单面 8) 不应有 不应有		32(单面 16) 2(单面 1) 不应有	
13	交货水分[c]	80.0 g/m^2～157 g/m^2 >157 g/m^2～230 g/m^2 >230 g/m^2	%	5.5±1.5 6.0±1.0 6.5±1.0					

a 仲裁时印刷表面粗糙度作为考核项目,平滑度可不考核。

b 用于凹版印刷的产品,可不考核印刷表面强度;用于轮转印刷的产品,印刷表面强度分别降低 0.2 m/s。

c 因地区差异较大,可根据具体情况对水分作适当调整。

表 2

技术指标			单位	规定					
				优等品		一等品		合格品	
				有光型	亚光型	有光型	亚光型	有光型	亚光型
1	定量		g/m²	70.0 80.0 90.0 100 105 115 128					
2	定量偏差 ≤		%	±4.0		±5.0		±5.0	
3	横幅定量差 ≤		%	3.0		4.0		5.0	
4	亮度 ≥		%	86.0	88.0	86.0	88.0	80.0	82.0
5	不透明度 ≥	≤90.0 g/m²	%	88.0	89.0	88.0	89.0	86.0	87.0
		>90.0 g/m²～128 g/m²		92.0	93.0	92.0	93.0	90.0	91.0
6	光泽度		%	≥50	≤40	≥50	≤45	≥45	≤45
7	印刷光泽度 ≥		%	85	75	80	70	70	65
8	印刷表面粗糙度[a] ≤		μm	1.8	2.6	2.4	3.5	3.0	4.0
9	平滑度 ≥		s			400		300	—
10	油墨吸收性		%	15～28					
11	印刷表面强度[b] ≥	中粘油墨	m/s	1.4		1.4		1.0	
		低粘油墨		4.6		4.6		3.4	
12	尘埃度 ≤	0.2 mm²～1.0 mm²	个/m²	8(单面 4)		16(单面 8)		32(单面 16)	
		>1.0 mm²～1.5 mm²		不应有		不应有		2(单面 1)	
		>1.5 mm²		不应有		不应有		不应有	
13	交货水分[c]		%	5.5±1.5					

a 仲裁时印刷表面粗糙度作为考核项目，平滑度可不考核。

b 用于凹版印刷的产品，可不考核印刷表面强度；用于轮转印刷的产品，印刷表面强度分别降低 0.2 m/s。

c 因地区差异较大，可根据具体情况对水分作适当调整。

4.2 涂布美术印刷纸为平板纸或卷筒纸，平板纸的尺寸为 880 mm×1 230 mm 或 787 mm×1 092 mm 或 889 mm×1 194 mm，也可按订货合同生产，其尺寸偏差应不超过$^{+3}_{-1}$ mm，偏斜度应不超过 3 mm。卷筒纸的卷宽为 787 mm 或 889 mm，也可按合同生产，其尺寸偏差应不超过$^{+3}_{-1}$ mm。

4.3 按合同可生产其他定量的涂布美术印刷纸；也可生产其他后加工方式的涂布美术印刷纸，如压纹纸等，有关指标可符合合同要求。

4.4 纸面应平整，涂布应均匀，不应有褶子、破损、斑痕、鼓泡、硬质块及明显条痕等外观缺陷。

4.5 同批纸的颜色不应有明显差异，即同批纸的色差 ΔE^* 应不大于 1.5。

4.6 涂布美术印刷纸的优等品和一等品不应有印刷光斑。

5 试验方法

5.1 试样的处理和测定应按 GB/T 10739 进行，标准大气条件为(23±1)℃，相对湿度(50±2)%。

5.2 试样的采取按 GB/T 450 进行。

5.3 尺寸、偏斜度和定量应按 GB/T 451.1 和 GB/T 451.2 进行测定，横幅定量差的试样面积应为 0.01 m²。裁样时应在一张纸的横向，等距切取五个试样进行测定。横幅定量差 ΔG(%)应按公式(1)进行计算：

$$\Delta G(\%) = \frac{G_{max} - G_{min}}{G} \times 100 \qquad \cdots\cdots(1)$$

式中：

G_{max}——横幅定量的最大值，单位为克(g)；

G_{min}——横幅定量的最小值，单位为克(g)；

G——横幅定量的平均值，单位为克(g)。

5.4 亮度按 GB/T 7974 进行测定。

5.5 不透明度按 GB/T 1543 进行测定。

5.6 光泽度按 GB/T 8941.3 进行测定。

5.7 印刷光泽度按 GB/T 12032 制备印样，按 GB/T 8941.3 进行测定。

5.8 印刷表面粗糙度按 GB/T 2679.9 的规定，以 981 kPa 的压力、硬垫进行测定。

5.9 平滑度按 GB/T 456 进行测定。

5.10 油墨吸收性按 GB/T 12911 进行测定。

5.11 印刷表面强度按 GB/T 2679.15 或 GB/T 2679.16 进行测定，无论是低粘油墨还是中粘油墨，只要有一种符合标准则应判为合格。

5.12 尘埃度按 GB/T 1541 进行测定，大于 1.0 mm^2 尘埃按 5 m^2 面积测定。

5.13 交货水分按 GB/T 462 进行测定。

5.14 同批纸色差按 GB/T 7975 进行测定。

5.15 印刷光斑按 GB/T 12032 制备印样，然后目测评价。

6 抽样

6.1 以一次交货为一批，但应不多于 30 t。

6.2 生产厂应保证所生产的产品符合本部分规定，每件纸交货时应附一份产品质量合格证。

6.3 型式检验为首件检验，应检验表 1 和表 2 中规定的全部项目，每个月应至少检验一次。当原料、配方或工艺改变时亦需进行型式检验。首件检验时，若全部项目均合格，则判为首件检验合格。

6.4 出厂检验项目为表 1 和表 2 中的第 1、2、3、4、5、6、8、9、10、11、12 和 13 项及外观。

6.5 计数抽样检验程序按 GB/T 2828.1 规定进行，样本单位为件(卷)。接收质量限(AQL)：印刷表面强度、油墨吸收性 AQL=4.0，定量、定量偏差、横幅定量差、亮度、不透明度、光泽度、印刷光泽度、印刷表面粗糙度、平滑度、尘埃度、交货水分、尺寸、色差、印刷光斑及各项外观指标 AQL=6.5。抽样方案采用正常检验二次抽样方案，检查水平为特殊检查水平 S-2，见表 3。

表 3

<table>
<tr><th rowspan="4">批量/件</th><th colspan="5">抽 样 方 案</th></tr>
<tr><th colspan="5">正常检查二次抽样方案　特殊检查水平 S-2</th></tr>
<tr><th rowspan="2">样品量</th><th colspan="2">AQL=4.0</th><th colspan="2">AQL=6.5</th></tr>
<tr><th>Ac</th><th>Re</th><th>Ac</th><th>Re</th></tr>
<tr><td rowspan="2">≤150</td><td>3</td><td>0</td><td>1</td><td>—</td><td>—</td></tr>
<tr><td>2</td><td>—</td><td>—</td><td>0</td><td>1</td></tr>
<tr><td rowspan="3">151～280</td><td>3</td><td>0</td><td>1</td><td>—</td><td>—</td></tr>
<tr><td>5</td><td>—</td><td>—</td><td>1</td><td>2</td></tr>
<tr><td>5(10)</td><td>—</td><td>—</td><td>1</td><td>2</td></tr>
</table>

6.6 可接收性的确定：第一次检验的样品数量应等于该方案给出的第一样本量。如果第一样本中发现的不合格品数小于或等于第一接收数，应认为该批是可接收的；如果第一样本中发现的不合格品数大于或等于第一拒收数，应认为该批是不可接收的。如果第一样本中发现的不合格品数介于第一接收数与第一拒收数之间，应检验由方案给出样本量的第二样本并累计在第一样本和第二样本中发现的不合格品数。如果不合格品累计数小于或等于第二接收数，则判定该批是可接收的；如果不合格品累计数大于或等于第二拒收数，则判定该批是不可接收的。

6.7 需方有权按本部分的规定进行验收检验。检验时应先检查外部包装，然后从中取样进行检验。如果检验结果与标准不符，需方应在到货后三个月内(或按订货合同规定)通知供方共同取样进行复验，如仍不合格，则判为批不合格，由供方负责处理；如合格，则判为批合格，由需方负责处理。

7 标志、包装、运输、贮存

7.1 平板纸按照 GB/T 10342 中木夹板包装的规定进行包装和标志，卷筒纸按照 GB/T 10342 中卷筒纸的包装规定进行包装和标志，第二层包装材料应采用防潮纸或塑料膜等防潮材料。亦可按订货合同的规定进行包装和标志。

7.2 运输时应使用有篷而洁净的运输工具。

7.3 装卸时不应钩吊，不应将纸件从高处扔下。

7.4 纸张应妥善贮存于通风仓库的垫板上，以防受雨雪或地面湿气的影响。

ICS 85.060
Y 32

中华人民共和国国家标准

GB/T 10335.2—2005

涂布纸和纸板　轻量涂布纸

Coated paper and board—Light weight coated paper

2005-03-23 发布　　　　2005-09-01 实施

中华人民共和国国家质量监督检验检疫总局
中国国家标准化管理委员会　发布

前　言

GB/T 10335 为系列标准，分为如下 5 个部分：

——GB/T 10335.1—2005《涂布纸和纸板　涂布美术印刷纸(铜版纸)》；

——GB/T 10335.2—2005《涂布纸和纸板　轻量涂布纸》；

——GB/T 10335.3—2004《涂布纸和纸板　涂布白卡纸》；

——GB/T 10335.4—2004《涂布纸和纸板　涂布白纸板》；

——GB/T 10335.5《涂布纸和纸板　涂布箱纸板》(该部分正在制定中)。

本部分为该系列标准的第 2 部分。

本部分是首次制定。

本部分的优等品为高档水平，一等品为中档水平，合格品为一般水平。

本部分由中国轻工业联合会提出。

本部分由全国造纸工业标准化技术委员会归口。

本部分主要起草单位：天津轻工业造纸技术研究所、中国制浆造纸研究院。

本部分参加起草单位：苏州紫兴纸业有限公司、金东纸业(江苏)有限公司、山东泉林纸业有限责任公司、山东太阳纸业股份有限公司、山东华泰纸业股份有限公司。

本部分主要起草人：张景彦、侯维玲、曹振雷、陈曦、王华佳、邱文伦、崔立国。

本部分由全国造纸工业标准化技术委员会负责解释。

涂布纸和纸板　轻量涂布纸

1　范围

GB/T 10335 的本部分规定了轻量涂布纸的分类、要求、试验方法、抽样和标志、包装、运输、贮存等。

本部分适用于每面涂布量不大于 10 g/m² 的轻量涂布纸。该产品主要用于单色或彩色印刷的书刊、宣传材料等。

2　规范性引用文件

下列文件中的条款通过 GB/T 10335 的本部分的引用而成为本部分的条款。凡是注日期的引用文件，其随后所有的修改单(不包括勘误的内容)或修订版均不适用于本部分，然而，鼓励根据本部分达成协议的各方研究是否可使用这些文件的最新版本。凡是不注日期的引用文件，其最新版本适用于本部分。

GB/T 450　纸和纸板试样的采取(GB/T 450—2002,eqv ISO 186:1994)

GB/T 451.1　纸和纸板尺寸及偏斜度的测定

GB/T 451.2　纸和纸板定量的测定(GB/T 451.2—2002,eqv ISO 536:1995)

GB/T 456　纸和纸板平滑度的测定(别克法)(GB/T 456—2002,idt ISO 5627:1995)

GB/T 462　纸和纸板　水分的测定(GB/T 462—2003,ISO 287:1985,MOD)

GB/T 1541　纸和纸板尘埃度的测定法

GB/T 1543　纸不透明度测定法(纸背衬)(GB/T 1543—1988,neq ISO 2471:1988)

GB/T 2679.9　纸和纸板粗糙度测定法(印刷表面法)(GB/T 2679.9—1993,neq ISO 8791-4:1992)

GB/T 2679.15　纸和纸板印刷表面强度的测定(电动加速法)(GB/T 2679.15—1997,eqv ISO 3783:1980)

GB/T 2679.16　纸和纸板印刷表面强度的测定(摆或弹簧加速法)(GB/T 2679.16—1997,eqv ISO 3782:1980)

GB/T 2828.1　计数抽样检验程序　第1部分:按接收质量限(AQL)检索的逐批检验抽样计划(GB/T 2828.1—2003,ISO 2859-1:1999,IDT)

GB/T 7974　纸、纸板和纸浆亮度(白度)的测定　漫射/垂直法(GB/T 7974—2002,neq ISO 2470:1999)

GB/T 7975　纸及纸板　颜色测定法(漫射/垂直法)

GB/T 8941.3　纸和纸板镜面光泽度测定法　75°角测定法

GB/T 10342　纸张的包装和标志

GB/T 10739　纸、纸板和纸浆试样处理和试验的标准大气条件(GB/T 10739—2002,eqv ISO 187:1990)

GB/T 12032　纸和纸板印刷光泽度印样的制备

GB/T 12911　纸和纸板油墨吸收性的测定法

3　分类

轻量涂布纸按质量分为优等品、一等品和合格品三个等级。

4 要求

4.1 轻量涂布纸的技术指标应符合表1的规定。

表 1

技术指标			单位	规定		
				优等品	一等品	合格品
1	定量		g/m^2	50.0 55.0 60.0 65.0 70.0 75.0 80.0		
2	定量偏差 ≤		%	±4.0	±5.0	±5.0
3	横幅定量差 ≤		%	3.0	4.0	5.0
4	亮度 ≥		%	76.0	74.0	68.0
5	不透明度 ≥	50.0 g/m^2～60.0 g/m^2	%	83.0	81.0	80.0
		＞60.0 g/m^2～70.0 g/m^2		88.0	83.0	82.0
		＞70.0 g/m^2～80.0 g/m^2		90.0	85.0	84.0
6	光泽度　正反面均 ≥		%	40	35	—
7	印刷光泽度　正反面均 ≥		%	75	60	55
8	印刷表面粗糙度[a]　正反面均 ≤		μm	2.0	2.6	3.5
9	平滑度　正反面均 ≥		s	—	200	150
10	油墨吸收性		%	15～28		
11	印刷表面强度[b] ≥	中粘油墨	m/s	1.0	1.0	0.8
		低粘油墨		3.4	3.4	2.7
12	尘埃度 ≤	0.2 mm^2～1.0 mm^2	个/m^2	8	16	32
		＞1.0 mm^2～1.5 mm^2		不应有	不应有	2
		＞1.5 mm^2		不应有	不应有	不应有
13	交货水分[c]		%	5.5±1.0		

a 仲裁时将印刷表面粗糙度作为考核项目，平滑度可不考核。

b 用于凹版印刷的产品，可不考核印刷表面强度；用于轮转印刷的产品，印刷表面强度分别降低0.2 m/s。

c 因地区差异较大，可根据具体情况对水分作适当调整。

4.2 轻量涂布纸为平板纸或卷筒纸，平板纸的尺寸为880 mm×1 230 mm或787 mm×1 092 mm，也可按合同生产，其尺寸偏差应不超过${}^{+3}_{-1}$ mm，偏斜度应不超过3 mm。卷筒纸的卷宽为787 mm、889 mm或809 mm，也可按合同生产，其尺寸偏差应不超过${}^{+3}_{-1}$ mm。

4.3 按合同可生产其他定量的轻量涂布纸。

4.4 纸面应平整，涂布应均匀，不应有褶子、破损、斑痕、鼓泡、硬质块及明显条痕等外观缺陷。

4.5 同批纸的颜色不应有明显差异，即同批纸的色差ΔE^*应不大于1.5。

4.6 轻量涂布纸的优等品和一等品不应有印刷光斑。

5 试验方法

5.1 试样的处理和测定应按GB/T 10739进行，标准大气条件为(23±1)℃，相对湿度(50±2)%。

5.2 试样的采取按GB/T 450进行。

5.3 尺寸、偏斜度和定量应按GB/T 451.1和GB/T 451.2进行测定，横幅定量差的试样面积应为

0.01 m^2。裁样时应在一张纸的横向，等距切取五个试样进行测定。横幅定量差 $\Delta G(\%)$应按公式(1)进行计算：

$$\Delta G(\%) = \frac{G_{max} - G_{min}}{G} \times 100 \quad \cdots\cdots(1)$$

式中：

G_{max}——横幅定量的最大值，单位为克(g)；

G_{min}——横幅定量的最小值，单位为克(g)；

G——横幅定量的平均值，单位为克(g)。

5.4 亮度按 GB/T 7974 进行测定。

5.5 不透明度按 GB/T 1543 进行测定。

5.6 光泽度按 GB/T 8941.3 进行测定。

5.7 印刷光泽度按 GB/T 12032 制备印样，按 GB/T 8941.3 进行测定。

5.8 印刷表面粗糙度按 GB/T 2679.9 的规定，以 981 kPa 的压力、硬垫进行测定。

5.9 平滑度按 GB/T 456 进行测定。

5.10 油墨吸收性按 GB/T 12911 进行测定。

5.11 印刷表面强度按 GB/T 2679.15 或 GB/T 2679.16 进行测定，无论是低粘油墨还是中粘油墨，只要有一种符合标准则应判为合格。

5.12 尘埃度按 GB/T 1541 进行测定，大于 1.0 mm^2 尘埃按 5 m^2 面积测定。

5.13 交货水分按 GB/T 462 进行测定。

5.14 同批纸色差按 GB/T 7975 进行测定。

5.15 印刷光斑按 GB/T 12032 制备印样，然后目测评价。

6 抽样

6.1 以一次交货为一批，但应不多于 30 t。

6.2 生产厂应保证所生产的产品符合本部分规定，每件纸交货时应附一份产品质量合格证。

6.3 型式检验为首件检验，应检验表 1 中规定的全部项目。每个月应至少检验一次，当原料、配方或工艺改变时，亦需进行型式检验。首件检验时，若全部项目均合格，则判为首件检验合格。

6.4 出厂检验项目为表 1 中的第 1、2、3、4、5、6、8、9、10、11、12 和 13 项及外观。

6.5 计数抽样检验程序按 GB/T 2828.1 规定进行，样本单位为件(卷)。接收质量限(AQL)：印刷表面强度、油墨吸收性 AQL=4.0，定量、定量偏差、横幅定量差、亮度、不透明度、光泽度、印刷光泽度、印刷表面粗糙度、平滑度、尘埃度、交货水分、尺寸、色差、印刷光斑及各项外观指标 AQL=6.5。抽样方案采用正常检验二次抽样方案，检查水平为特殊检查水平 S-2，见表 2。

表 2

批量/件	抽样方案				
	正常检查二次抽样方案 特殊检查水平 S-2				
	样品量	AQL=4.0		AQL=6.5	
		Ac	Re	Ac	Re
≤150	3	0	1	—	—
	2	—	—	0	1
151～280	3	0	1	—	—
	5	—	—	1	2
	5(10)	—	—	1	2

6.6 可接收性的确定：第一次检验的样品数量应等于该方案给出的第一样本量。如果第一样本中发现的不合格品数小于或等于第一接收数，应认为该批是可接收的；如果第一样本中发现的不合格品数大于或等于第一拒收数，应认为该批是不可接收的。如果第一样本中发现的不合格品数介于第一接收数与第一拒收数之间，应检验由方案给出样本量的第二样本并累计在第一样本和第二样本中发现的不合格品数。如果不合格品累计数小于或等于第二接收数，则判定该批是可接收的；如果不合格品累计数大于或等于第二拒收数，则判定该批是不可接收的。

6.7 需方有权按本部分的规定进行验收检验，检验时应先检查外部包装，然后从中取样进行检验。如果检验结果与标准不符，需方应在到货后三个月内(或按订货合同规定)通知供方共同取样进行复验，如仍不合格，则判为批不合格，由供方负责处理；如合格，则判为批合格，由需方负责处理。

7 标志、包装、运输、贮存

7.1 平板纸按照 GB/T 10342 中木夹板包装的规定进行包装和标志，卷筒纸按照 GB/T 10342 中卷筒纸的包装规定进行包装和标志，第二层包装材料应采用防潮纸或塑料膜等防潮材料。亦可按订货合同的规定进行包装和标志。

7.2 运输时应使用有篷而洁净的运输工具。

7.3 装卸时不应钩吊，不应将纸件从高处扔下。

7.4 纸张应妥善贮存于通风仓库的垫板上，以防受雨雪或地面湿气的影响。

ICS 85.060
Y 32

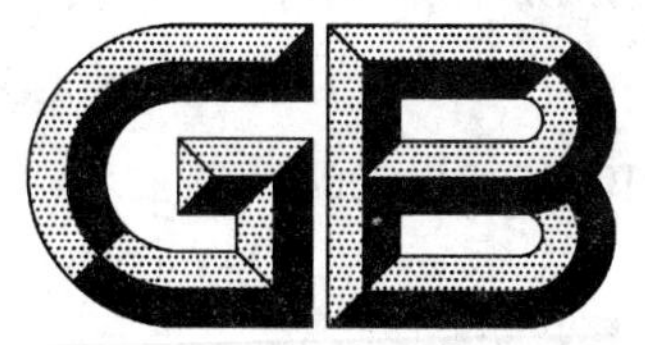

中华人民共和国国家标准

GB/T 10335.3—2004

涂布纸和纸板　涂布白卡纸

Coated paper and board—Coated ivory board

2004-03-15 发布　　2004-11-01 实施

中华人民共和国国家质量监督检验检疫总局
中国国家标准化管理委员会　发布

前 言

本标准为系列标准，分为如下5个部分：

——GB 10335.1《涂布纸和纸板　涂布美术印刷纸(铜版纸)》(该部分即将发布)；

——GB 10335.2《涂布纸和纸板　轻量涂布纸》(该部分即将发布)；

——GB/T 10335.3—2004《涂布纸和纸板　涂布白卡纸》；

——GB/T 10335.4—2004《涂布纸和纸板　涂布白纸板》；

——GB/T 10335.5《涂布纸和纸板　涂布箱纸板》(该部分正在制定中)。

本部分为该系列标准的第三部分。

本部分是首次制定，本部分为推荐性标准。

本部分的优等品为高档水平，一等品为中档水平，合格品为一般水平。

本部分由中国轻工业联合会提出。

本部分由全国造纸工业标准化技术委员会归口。

本部分主要起草单位：天津轻工业造纸技术研究所、中国制浆造纸研究院。

本部分参加起草单位：苏州紫兴纸业有限公司、金东纸业(江苏)有限公司、山东泉林纸业有限责任公司、山东太阳纸业股份有限公司、山东华泰纸业股份有限公司。

本部分主要起草人：张景彦、侯维玲、曹振雷、陈曦、王华佳、宋川、邱文伦、崔立国。

本部分由全国造纸工业标准化技术委员会负责解释。

涂布纸和纸板　涂布白卡纸

1　范围

GB 10335 的本部分规定了涂布白卡纸的产品分类、技术要求、试验方法、检验规则和标志、包装、运输、贮存等要求。

本部分适用于原纸的面层、底层以漂白木浆为主，中间层加有机械木浆，经单面或双面涂布后，又经压光整饰制成的涂布白卡纸。该产品主要用于印制美术印刷品或印刷后制作高档商品的包装纸盒。

2　规范性引用文件

下列文件中的条款通过 GB 10335 的本部分的引用而成为本部分的条款。凡是注日期的引用文件，其随后所有的修改单（不包括勘误的内容）或修订版均不适用于本部分，然而，鼓励根据本部分达成协议的各方研究是否可使用这些文件的最新版本。凡是不注日期的引用文件，其最新版本适用于本部分。

GB/T 450　纸和纸板试样的采取（GB/T 450—2002,eqv ISO 186:1994）

GB/T 451.1　纸和纸板尺寸及偏斜度的测定

GB/T 451.2　纸和纸板定量的测定（GB/T 451.2—2002,eqv ISO 536:1995）

GB/T 451.3　纸和纸板厚度的测定（GB/T 451.3—2002,idt ISO 534:1988）

GB/T 462　纸和纸板　水分的测定（GB/T 462—2003,ISO 287:1985,MOD）

GB/T 1540　纸和纸板吸水性的测定　可勃法（GB/T 1540—2002,neq ISO 535:1991）

GB/T 1541　纸和纸板尘埃度的测定法

GB/T 2679.3　纸和纸板挺度的测定（GB/T 2679.3—1996,eqv ISO 2493:1992）

GB/T 2679.9　纸和纸板粗糙度测定法（印刷表面法）（GB/T 2679.9—1993,neq ISO 8791-4:1992）

GB/T 2679.15　纸和纸板印刷表面强度的测定（电动加速法）（GB/T 2679.15—1997,eqv ISO 3783:1980）

GB/T 2679.16　纸和纸板印刷表面强度的测定（摆或弹簧加速法）（GB/T 2679.16—1997,eqv ISO 3782:1980）

GB/T 2828.1　计数抽样检验程序　第1部分：按接收质量限（AQL）检索的逐批检验抽样计划（GB/T 2828.1—2003,ISO 2859-1:1999,IDT）

GB/T 7974　纸、纸板和纸浆亮度（白度）的测定　漫射/垂直法（GB/T 7974—2002,neq ISO 2470:1999）

GB/T 7975　纸及纸板　颜色测定法（漫射/垂直法）

GB/T 8941.3　纸和纸板镜面光泽度测定法　75°角测定法

GB/T 10342　纸张的包装和标志

GB/T 10739　纸、纸板和纸浆试样处理和试验的标准大气条件（GB/T 10739—2002,eqv ISO 187:1990）

GB/T 12032　纸和纸板印刷光泽度印样的制备

GB/T 12911　纸和纸板油墨吸收性的测定法

3　产品分类

涂布白卡纸分为单面光和双面光两类，其中单面光又分为背面无涂料（Ⅰ型）和背面有涂料（Ⅱ型）

两种类型。按质量涂布白卡纸分为优等品、一等品和合格品三个等级。

4 技术要求

4.1 涂布白卡纸的技术指标应符合表1的规定。对于单面光纸，除表1中第6和12项考核两面外，第7、8、9、10、11和13项均仅考核光泽面。

表 1

技术指标			单位	规定						
				优等品			一等品		合格品	
				双面光	单面光Ⅰ型	单面光Ⅱ型	单面光Ⅰ型	单面光Ⅱ型	单面光Ⅰ型	单面光Ⅱ型
1	定量		g/m^2	170 180 190 200 210 220 230 250 270 280 300 330 350 400 450						
2	定量偏差 ≤		%	±3.0			±5.0			
3	横幅定量差 ≤		%	3.0			4.0		5.0	
4	厚度偏差 ≤		μm	±15			±20		±25	
5	紧度 ≤	<250 g/m^2	g/cm^3	1.10	0.79	0.80	0.82	0.84	0.84	0.86
		≥250 g/m^2		1.00	0.75	0.78	0.80	0.82	0.82	0.84
6	亮度 ≥	正面	%	88.0	88.0	88.0	85.0	85.0	82.0	82.0
		反面		88.0	75.0	80.0	75.0	80.0	70.0	75.0
7	光泽度 ≥		%	60	50		45		—	
8	印刷光泽度 ≥		%	90	88		85		80	
9	印刷表面粗糙度 ≤		μm	2.00	1.70		2.00		3.00	
10	油墨吸收性		%	15～28						
11	印刷表面强度[a] 中粘油墨 ≥		m/s	1.4						
12	吸水性(cobb,60 s) ≤	正面	g/m^2	40			50		60	
		反面	g/m^2	40	100		100		100	
13	尘埃度 ≤	(0.2～1.0)mm^2 >1.0～1.5 mm^2 >1.5 mm^2	个/m^2	16 不许有 不许有	12 不许有 不许有		20 不许有 不许有		32 2 不许有	
14	交货水分[b]	(170～230)g/m^2	%	6.0±1.0						
		>(230～330)g/m^2		7.0±1.0						
		>330 g/m^2		8.0±1.0						

表 1(续)

技术指标			单位	规定						
				优等品			一等品		合格品	
				双面光	单面光 Ⅰ型	单面光 Ⅱ型	单面光 Ⅰ型	单面光 Ⅱ型	单面光 Ⅰ型	单面光 Ⅱ型
15	横向挺度[a] ≥	170 g/m^2	mN·m	0.70	1.30	1.20	1.10	1.00	0.90	0.80
		180 g/m^2		0.80	1.50	1.40	1.30	1.20	1.00	0.90
		190 g/m^2		0.90	2.00	1.80	1.70	1.50	1.40	1.20
		200 g/m^2		1.40	2.30	2.00	1.90	1.70	1.50	1.30
		210 g/m^2		1.60	2.80	2.40	2.40	2.10	1.90	1.70
		220 g/m^2		1.80	3.20	2.80	2.70	2.40	2.20	1.90
		230 g/m^2		2.00	3.70	3.30	3.10	2.80	2.50	2.20
		250 g/m^2		2.60	4.60	4.20	3.90	3.50	3.10	2.80
		270 g/m^2		3.20	5.60	5.20	4.80	4.20	3.80	3.40
		280 g/m^2		3.50	6.40	6.00	5.40	5.00	4.30	4.00
		300 g/m^2		4.40	7.50	7.10	6.40	6.00	5.10	4.80
		330 g/m^2		5.80	9.50	9.00	8.00	7.50	6.40	6.00
		350 g/m^2		7.40	11.0	10.0	9.40	8.50	7.50	6.80
		400 g/m^2		10.0	16.0	14.5	13.5	12.0	11.0	10.0
		450 g/m^2		14.0	22.0	20.0	19.0	17.0	16.0	14.4

[a] 用于凹版印刷的产品,可不考核印刷表面强度,挺度指标可降低5%。

[b] 因地区差异较大,可根据具体情况对水分作适当调整。

4.2 涂布白卡纸为平板纸或卷筒纸,平板纸的尺寸为787 mm×1 092 mm、889 mm×1 194 mm或889 mm×1 294 mm,也可按订货合同生产,尺寸偏差应不超过$^{+3}_{-1}$ mm,偏斜度应不超过3 mm。卷筒纸的卷宽为787 mm或889 mm,也可按订货合同生产,尺寸偏差应不超过$^{+3}_{-1}$ mm,偏斜度应不超过3 mm。卷筒纸的卷宽为787 mm或889 mm,也可按订货合同生产,尺寸偏差应不超过$^{+3}_{-1}$ mm。

4.3 按订货合同可生产其他定量的涂布白卡纸,其挺度指标应按插入法计算;用于特殊用途的涂布白卡纸,其亮度指标可符合订货合同的规定。

4.4 纸面应平整,厚薄应一致。不应有明显翘曲、条痕、褶子、破损、斑点及硬质块等外观缺陷。

4.5 纸面涂层应均匀,不应有掉粉、脱皮及在不受外力作用下的分层现象。

4.6 同批纸的颜色不应有明显差异,同批纸的色差 ΔE^* 应不大于1.5。

4.7 涂布白卡纸的优等品和一等品不应有印刷光斑。

5 试验方法

5.1 试样的处理和测定应按GB/T 10739进行,标准大气条件为(23±1)℃,(50±2)%r.h。

5.2 尺寸、偏斜度和定量应按GB/T 451.1和GB/T 451.2进行测定,横幅定量差的试样面积应为0.01 m^2。裁样时应在一张纸的横向,等距切取5个试样进行测定。横幅定量差 ΔG(%)应按公式(1)进行计算:

$$\Delta G(\%) = \frac{G_{max} - G_{min}}{G} \times 100 \quad \cdots\cdots(1)$$

式中：

G_{max}——横幅定量的最大值，单位为克(g)；

G_{min}——横幅定量的最小值，单位为克(g)；

G——横幅定量的平均值，单位为克(g)。

5.3 厚度、紧度按 GB/T 451.3 进行测定。

5.4 亮度按 GB/T 7974 进行测定。

5.5 光泽度按 GB/T 8941.3 进行测定。

5.6 印刷光泽度按 GB/T 12032 制备印样，按 GB/T 8941.3 进行测定。

5.7 印刷表面粗糙度按 GB/T 2679.9 的规定，以 981 kPa 的压力、硬垫进行测定。

5.8 油墨吸收性按 GB/T 12911 进行测定。

5.9 印刷表面强度按 GB/T 2679.15 或 GB/T 2679.16 进行测定，无论是低粘油墨还是中粘油墨，只要有一种符合标准则应判为合格。

5.10 横向挺度按 GB/T 2679.3 进行测定。

5.11 吸水性按 GB/T 1540 进行测定。

5.12 尘埃度按 GB/T 1541 进行测定，大于 1.0 mm^2 尘埃按 5 m^2 面积测定。

5.13 交货水分按 GB/T 462 进行测定。

5.14 同批纸色差按 GB/T 7975 进行测定。

5.15 印刷光斑按 GB/T 12032 制备印样，然后目测评价。

6 检验规则

6.1 以一次交货为一批，但不应多于 30 t。

6.2 生产厂应保证所生产的产品符合本部分规定，每件纸交货时应附一份产品质量合格证。

6.3 型式检验为首件检验，应检验表 1 中规定的全部项目。每个月应至少检验一次，当原料、配方或工艺改变时，亦需进行型式检验。首件检验时，若全部项目均合格，则判为首件检验合格。

6.4 出厂检验的项目为表 1 中的第 1、2、3、4、5、6、7、10、11、12、13、14、15 项及外观。

6.5 计数抽样检验程序按 GB/T 2828.1 规定进行，样本单位为件(卷)。接收质量限(AQL)：挺度、印刷光泽度 AQL＝4.0，定量、定量偏差、横幅定量差、厚度偏差、紧度、亮度、光泽度、印刷表面粗糙度、油墨吸收性、印刷表面强度、吸水性、尘埃度、交货水分、尺寸、色差、印刷光斑及各项外观指标 AQL＝6.5。抽样方案采用正常检验二次抽样方案，检查水平为特殊检查水平 S-2。

表 2

批量/(件/卷)	抽样方案				
	正常检验二次抽样方案 特殊检查水平 S-2				
	样品量	AQL＝4.0		AQL＝6.5	
		Ac	Re	Ac	Re
2～150	3	0	1	—	—
	2	—	—	0	1
151～280	3	0	1	—	—
	5	—	—	0	2
	5(10)	—	—	1	2

6.6 可接收性的确定：第一次检验的样品数量应等于该方案给出的第一样本量。如果第一样本中发现的不合格品数小于或等于第一接收数，应认为该批是可接收的；如果第一样本中发现的不合格品数大于或等于第一拒收数，应认为该批是不可接收的。如果第一样本中发现的不合格品数介于第一接收数与

第一拒收数之间，应检验由方案给出样本量的第二样本并累计在第一样本和第二样本中发现的不合格品数。如果不合格品累计数小于或等于第二接收数，则判定该批是可接收的；如果不合格品累计数大于或等于第二拒收数，则判定该批是不可接收的。

6.7 需方有权按本部分的规定进行验收检验，检查时应先检查外部包装，然后从中取样进行检验。如果检验结果与标准不符，需方应在到货后三个月内（或按订货合同规定）通知供方共同取样进行复验，如仍不合格，则判为批不合格，由供方负责处理；如合格，则判为批合格，由需方负责处理。

7 标志、包装、运输、贮存

7.1 平板纸按照 GB/T 10342 中木夹板包装的规定进行包装和标志，卷筒纸按照 GB/T 10342 中卷筒纸的包装规定进行包装和标志，第二层包装材料应采用防潮纸或塑料膜等防潮材料。亦可按订货合同的规定进行包装和标志。

7.2 运输时应使用有篷而洁净的运输工具。

7.3 装卸时不应钩吊，不应将纸件从高处扔下。

7.4 纸张应妥善贮存于通风仓库的垫板上，以防受雨雪或地面湿气的影响。

ICS 85.060
Y 32

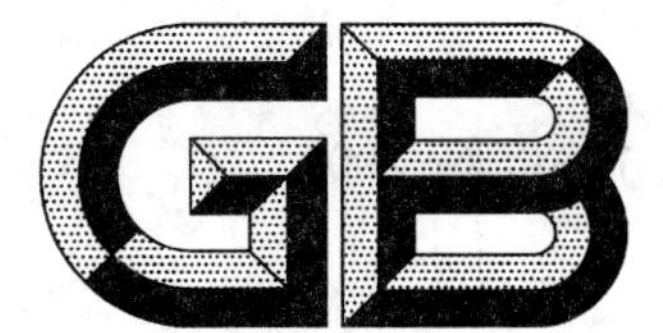

中华人民共和国国家标准

GB/T 10335.4—2004

涂布纸和纸板　涂布白纸板

Coated paper and board—Coated folding board

2004-03-15 发布　　　　2004-11-01 实施

中华人民共和国国家质量监督检验检疫总局
中国国家标准化管理委员会　发布

前　言

本标准为系列标准，分为如下5个部分：

——GB 10335.1 《涂布纸和纸板　涂布美术印刷纸(铜版纸)》(该部分即将发布)；

——GB 10335.2 《涂布纸和纸板　轻量涂布纸》(该部分即将发布)；

——GB/T 10335.3—2004 《涂布纸和纸板　涂布白卡纸》；

——GB/T 10335.4—2004 《涂布纸和纸板　涂布白纸板》；

——GB/T 10335.5 《涂布纸和纸板　涂布箱纸板》(该部分正在制定中)。

本部分为该系列标准的第四部分。

本部分的优等品为高档水平，一等品为中档水平，合格品为一般水平。

本部分主要技术指标较原标准有明显提高。

本部分由中国轻工业联合会提出。

本部分由全国造纸工业标准化技术委员会归口。

本部分主要起草单位：天津轻工业造纸技术研究所、中国制浆造纸研究院。

本部分参加起草单位：苏州紫兴纸业有限公司、金东纸业(江苏)有限公司、山东泉林纸业有限责任公司、山东太阳纸业股份有限公司、山东华泰纸业股份有限公司。

本部分主要起草人：张景彦、侯维玲、曹振雷、陈曦、王华佳、宋川、邱文伦、崔立国。

本部分由全国造纸工业标准化技术委员会负责解释。

涂布纸和纸板　涂布白纸板

1　范围

GB 10335 的本部分规定了涂布白纸板的产品分类、技术要求、试验方法、检验规则和标志、包装、运输、贮存等要求。

本部分适用于原纸面层为漂白纸浆，经单面涂布后，压光整饰制成的涂布白纸板。该产品在单面彩色印刷后，用于制作包装纸盒。

2　规范性引用文件

下列文件中的条款通过 GB 10335 的本部分的引用而成为本部分的条款。凡是注日期的引用文件，其随后所有的修改单(不包括勘误的内容)或修订版均不适用于本部分，然而，鼓励根据本部分达成协议的各方研究是否可使用这些文件的最新版本。凡是不注日期的引用文件，其最新版本适用于本部分。

GB/T 450　纸和纸板试样的采取(GB/T 450—2002,eqv ISO 186:1994)

GB/T 451.1　纸和纸板尺寸及偏斜度的测定

GB/T 451.2　纸和纸板定量的测定(GB/T 451.2—2002,eqv ISO 536:1995)

GB/T 451.3　纸和纸板厚度的测定(GB/T 451.3—2002,idt ISO 534:1988)

GB/T 456　纸和纸板平滑度的测定(别克法)(GB/T 456—2002,idt ISO 5627:1995)

GB/T 462　纸和纸板　水分的测定(GB/T 462—2003,ISO 287:1985,MOD)

GB/T 1540　纸和纸板吸水性的测定　可勃法(GB/T 1540—2002,neq ISO 535:1991)

GB/T 1541　纸和纸板尘埃度的测定法

GB/T 2679.3　纸和纸板挺度的测定(GB/T 2679.3—1996,eqv ISO 2493:1992)

GB/T 2679.9　纸和纸板粗糙度测定法(印刷表面法)(GB/T 2679.9—1993,neq ISO 8791-4:1992)

GB/T 2679.15　纸和纸板印刷表面强度的测定(电动加速法)(GB/T 2679.15—1997,eqv ISO 3783:1980)

GB/T 2679.16　纸和纸板印刷表面强度的测定(摆或弹簧加速法)(GB/T 2679.16—1997,eqv ISO 3782:1980)

GB/T 2828.1　计数抽样检验程序　第1部分:按接收质量限(AQL)检索的逐批检验抽样计划(GB/T 2828.1—2003,ISO 2859-1:1999,IDT)

GB/T 7974　纸、纸板和纸浆亮度(白度)的测定　漫射/垂直法(GB/T 7974—2002,neq ISO 2470:1999)

GB/T 7975　纸及纸板　颜色测定法(漫射/垂直法)

GB/T 8941.3　纸和纸板镜面光泽度测定法　75°角测定法

GB/T 10342　纸张的包装和标志

GB/T 10739　纸、纸板和纸浆试样处理和试验的标准大气条件(GB/T 10739—2002,eqv ISO 187:1990)

GB/T 12032　纸和纸板印刷光泽度印样的制备

GB/T 12911　纸和纸板油墨吸收性的测定法

3 产品分类

涂布白纸板可分为白底和灰底两大类，其质量可分为优等品、一等品和合格品三个等级。

4 技术要求

4.1 涂布白纸板的技术指标应符合表1的规定，表中第6、7、8、9、10及13项均为对涂布面的规定。

表 1

技术指标			单位	规定					
				优等品		一等品		合格品	
				白底	灰底	白底	灰底	白底	灰底
1	定量		g/m²	200 220 250 300 350 400 450 500					
2	定量偏差 ≤		%	+5.0,−3.0					
3	横幅定量差 ≤		%	3.0		4.0		5.0	
4	紧度 ≤	≤300 g/m²	g/cm³	0.88	0.85	0.90	0.87	—	—
		>300 g/m²		0.85	0.82	0.87	0.84	—	—
5	亮度 ≥	正面	%	80.0	80.0	78.0	78.0	75.0	75.0
		反面		70.0	—	70.0	—	70.0	—
6	印刷表面粗糙度[a] ≤		μm	2.50	2.00	3.00	2.60	4.00	
7	平滑度[a] ≥		s	70	150	50	80	30	50
8	印刷光泽度 ≥		%	88		80		60	
9	油墨吸收性		%	15～28					
10	印刷表面强度[b] ≥	中粘油墨	m/s	1.40		1.20		0.80	
		低粘油墨		4.00		3.80		2.50	
11	吸水性(cobb,60 s) ≤	正面	g/m²	50		50		50	
		反面		120		120		120	
12	横向挺度[b] ≥	200 g/m²	mN·m	1.80	2.00	1.60	1.80	1.50	
		220 g/m²		2.20	2.50	1.80	2.00	1.70	
		250 g/m²		2.90	3.00	2.30	2.50	2.00	
		300 g/m²		4.80	5.20	4.10	4.50	3.40	
		350 g/m²		7.00	7.60	6.20	6.70	5.00	
		400 g/m²		9.60	10.6	8.70	9.40	7.00	
		450 g/m²		12.5	14.5	10.0	12.0	9.00	
		500 g/m²		17.0	19.0	14.0	16.0	12.0	
13	尘埃度 ≤	0.2 mm²～1.0 mm²	个/m²	12		20		40	
		>1.0 mm²～2.0 mm²		不许有		2		4	
		>2.0 mm²		不许有		不许有		不许有	

表 1（续）

<table>
<tr><td colspan="3" rowspan="3">技 术 指 标</td><td rowspan="3">单位</td><td colspan="6">规 定</td></tr>
<tr><td colspan="2">优等品</td><td colspan="2">一等品</td><td colspan="2">合格品</td></tr>
<tr><td>白底</td><td>灰底</td><td>白底</td><td>灰底</td><td>白底</td><td>灰底</td></tr>
<tr><td rowspan="2">14</td><td rowspan="2">交货水分[c]</td><td>≤300 g/m²</td><td rowspan="2">%</td><td colspan="6">7.5±1.5</td></tr>
<tr><td>>300 g/m²</td><td colspan="6">8.5±1.5</td></tr>
<tr><td colspan="10">注
a 仲裁时将印刷表面粗糙度作为考核项目，平滑度可不考核。
b 用于凹版印刷的产品，可不考核印刷表面强度，挺度指标可降低 5%。
c 因地区差异较大，可根据具体情况对水分作适当调整。</td></tr>
</table>

4.2 涂布白纸板为平板纸或卷筒纸，平板纸尺寸为 787 mm×1 092 mm、889 mm×1 194 mm 或 889 mm×1 294 mm，也可按订货合同生产，其尺寸偏差应不超过$^{+3}_{-1}$mm，偏斜度应不超过 3 mm。卷筒纸的卷宽为 787 mm 或 869 mm，也可按订货合同生产，其尺寸偏差应不超过$^{+3}_{-1}$mm。

4.3 按订货合同可生产其他定量的涂布白纸板，其挺度指标应按插入法计算。

4.4 纸面应平整，厚薄应一致。不应有明显翘曲、条痕、褶子、破损、斑点、硬质块等外观缺陷。

4.5 纸面涂层应均匀，不应有掉粉、脱皮及在不受外力作用下的分层现象。

4.6 同批纸的颜色不应有明显差异，即同批纸色差 ΔE^* 应不大于 1.5。

4.7 涂布白纸板的优等品和一等品不应有印刷光斑。

5 试验方法

5.1 试样的处理和测试应按 GB/T 10739 进行，标准大气条件为(23±1)℃，(50±2)%r.h。

5.2 尺寸、偏斜度和定量应按 GB/T 451.1 和 GB/T 451.2 进行测定，横幅定量差的试样面积为 0.01 m²。裁样时应在一张纸的横向，等距切取 5 个试样进行测定。横幅定量差 ΔG(%)应按公式(1)进行计算：

$$\Delta G(\%) = \frac{G_{max} - G_{min}}{G} \times 100 \qquad \cdots\cdots(1)$$

式中：

G_{max}——横幅定量的最大值，单位为克(g)；

G_{min}——横幅定量的最小值，单位为克(g)；

G——横幅定量的平均值，单位为克(g)。

5.3 厚度、紧度按 GB/T 451.3 的规定测试。

5.4 亮度按 GB/T 7974 进行测定。

5.5 印刷光泽度按 GB/T 12032 制备印样，按 GB/T 8941.3 进行测定。

5.6 印刷表面粗糙度按 GB/T 2679.9 的规定，以 981 kPa 的压力、硬垫进行测定。平滑度按 GB/T 456进行测定。

5.7 油墨吸收性按 GB/T 12911 进行测定。

5.8 印刷表面强度按 GB/T 2679.15 或 GB/T 2679.16 进行测定，无论是低粘油墨还是中粘油墨，只要有一种符合标准则判为合格。

5.9 横向挺度按 GB/T 2679.3 进行测定。

5.10 吸水性按 GB/T 1540 进行测定。

5.11 尘埃度按 GB/T 1541 进行测定，大于 1.0 mm² 尘埃按 5 m² 面积测定。

5.12 交货水分按 GB/T 462 进行测定。

5.13 同批纸色差按 GB/T 7975 进行测定。

5.14 印刷光斑按 GB/T 12033 制备印样，然后目测评价。

6 检验规则

6.1 以一次交货为一批，但不应多于 30 t。

6.2 生产厂应保证所生产的产品符合本部分规定，每件纸交货时应附一份产品质量合格证。

6.3 型式检验为首件检验，应检验表 1 中规定的全部项目，每个月应至少检验一次，当原料、配方或工艺改变时亦需进行型式检验。首件检验时，若全部项目均合格，则判为首件检验合格。

6.4 出厂检验项目为表 1 中的第 1、2、3、4、5、6、7、9、11、12、13、14 项及外观。

6.5 计数抽样检验程序按 GB/T 2828.1 规定进行，样本单位为件(卷)。接收质量限(AQL)：挺度、印刷光泽度 AQL＝4.0，定量、定量偏差、横幅定量差、紧度、亮度、印刷表面粗糙度、平滑度、油墨吸收性、印刷表面强度、吸水性、横向挺度、尘埃度、交货水分、尺寸、色差、印刷光斑及各项外观指标 AQL＝6.5。抽样方案采用正常检验二次抽样方案，检查水平为特殊检查水平 S-2。

表 2

批量/(件/卷)	抽样方案				
	正常检验二次抽样方案　　特殊检查水平 S-2				
	样品量	AQL＝4.0		AQL＝6.5	
		Ac	Re	Ac	Re
2～150	3	0	1	—	—
	2	—	—	0	1
151～280	3	0	1	—	—
	5	—	—	1	2
	5(10)	—	—	1	2

6.6 可接收性的确定：第一次检验的样品数量应等于该方案给出的第一样本量。如果第一样本中发现的不合格品数小于或等于第一接收数，应认为该批是可接收的；如果第一样本中发现的不合格品数大于或等于第一拒收数，应认为该批是不可接收的。如果第一样本中发现的不合格品数介于第一接收数与第一拒收数之间，应检验由方案给出样本量的第二样本并累计在第一样本和第二样本中发现的不合格品数。如果不合格品累计数小于或等于第二接收数，则判定该批是可接收的；如果不合格品累计数大于或等于第二拒收数，则判定该批是不可接收的。

6.7 需方有权按本部分的规定进行验收检验，检验时应先检查外部包装，然后从中取样进行检验，如果检验结果与标准不符，需方应在到货后三个月内(或按订货合同规定)通知供方共同取样进行复验，如仍不合格，则判为批不合格，由供方负责处理；如合格，则判为批合格，由需方负责处理。

7 标志、包装、运输、贮存

7.1 按照 GB/T 10342 中木夹板包装的规定进行包装和标志，卷筒纸按照 GB/T 10342 中卷筒纸的包装规定进行包装和标志，第二层包装材料应采用防潮纸或塑料膜等防潮材料。亦可按订货合同的规定进行包装和标志。

7.2 运输时应使用有篷而洁净的运输工具。

7.3 装卸时不许钩吊，不许将纸件从高处扔下。

7.4 纸张应妥善贮存于通风仓库的垫板上，以防受雨雪或地面湿气的影响。

ICS 85.060
Y 31

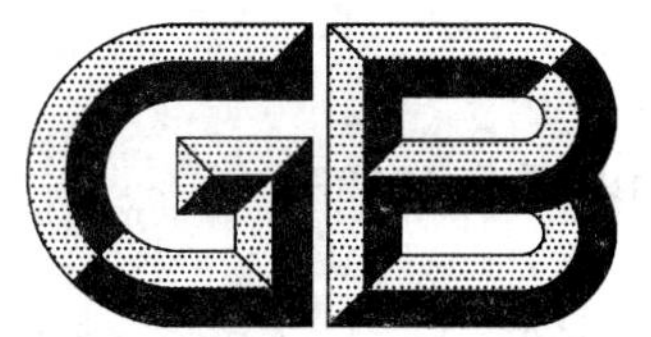

中华人民共和国国家标准

GB/T 10335.5—2008

涂布纸和纸板　涂布箱纸板

Coated paper and board—Coated linerboard

2008-08-19 发布　　2009-05-01 实施

中华人民共和国国家质量监督检验检疫总局
中国国家标准化管理委员会　发布

前 言

GB/T 10335,分为5个部分:

——GB/T 10335.1—2005《涂布纸和纸板　涂布美术印刷纸(铜版纸)》;

——GB/T 10335.2—2005《涂布纸和纸板　轻量涂布纸》;

——GB/T 10335.3—2004《涂布纸和纸板　涂布白卡纸》;

——GB/T 10335.4—2004《涂布纸和纸板　涂布白板纸》;

——GB/T 10335.5—2008《涂布纸和纸板　涂布箱纸板》。

本部分为GB/T 10335的第5部分。

本部分由中国轻工业联合会提出。

本部分由全国造纸工业标准化技术委员会(SAC/TC 141)归口。

本部分起草单位:中华人民共和国广东出入境检验检疫局、昌乐世纪阳光纸业有限公司、宁波海山纸业有限公司、中国制浆造纸研究院。

本部分主要起草人:郭仁宏、周颖红、王东兴、盛永忠、张增国、陈海林。

本部分由全国造纸工业标准化技术委员会负责解释。

涂布纸和纸板　涂布箱纸板

1　范围

GB/T 10335 的本部分规定了涂布箱纸板的分类、要求、试验方法、检验规则和标志、包装、运输、贮存。

本部分适用于面层以漂白木浆为主、底层以未漂白硫酸盐木浆为主，经单面涂布而制成的涂布箱纸板。该产品主要用于瓦楞纸板、硬质纤维板或“纸板盒”等产品的表层材料。

2　规范性引用文件

下列文件中的条款通过 GB/T 10335 的本部分的引用而成为本部分的条款。凡是注日期的引用文件，其随后所有的修改单(不包括勘误的内容)或修订版均不适用于本部分，然而，鼓励根据本部分达成协议的各方研究是否可使用这些文件的最新版本。凡是不注日期的引用文件，其最新版本适用于本部分。

GB/T 450　纸和纸板　试样的采取及试样纵横向、正反面的测定(GB/T 450—2008，ISO 186：2002，MOD)

GB/T 451.1　纸和纸板尺寸及偏斜度的测定

GB/T 451.2　纸和纸板定量的测定(GB/T 451.2—2002，eqv ISO 536：1995)

GB/T 451.3　纸和纸板厚度的测定(GB/T 451.3—2002，idt ISO 534：1988)

GB/T 456　纸和纸板平滑度的测定(别克法)(GB/T 456—2002，idt ISO 5627：1995)

GB/T 457　纸和纸板　耐折度的测定(GB/T 457—2008，ISO 5626：1993，MOD)

GB/T 462　纸、纸板和纸浆　分析试样水分的测定(GB/T 462—2008，ISO 287：1985，ISO 638：1978，MOD)

GB/T 1539　纸板　耐破度的测定(GB/T 1539—2007，ISO 2759：2001，IDT)

GB/T 1540　纸和纸板吸水性的测定　可勃法(GB/T 1540—2002，neq ISO 535：1991)

GB/T 1541　纸和纸板　尘埃度的测定

GB/T 2679.8　纸和纸板环压强度的测定(GB/T 2679.8—1995，eqv ISO 12192：2002)

GB/T 2828.1　计数抽样检验程序　第1部分：按接收质量限(AQL)检索的逐批检验抽样计划(GB/T 2828.1—2003，ISO 2859-1：1999，IDT)

GB/T 7974　纸、纸板和纸浆亮度(白度)的测定　漫射/垂直法(GB/T 7974—2002，neq ISO 2470：1999)

GB/T 7975　纸和纸板　颜色的测定(漫反射法)

GB/T 8941　纸和纸板　镜面光泽度的测定(20°　45°　75°)

GB/T 10342　纸张的包装和标志

GB/T 10739　纸、纸板和纸浆试样处理和试验的标准大气条件(GB/T 10739—2002，eqv ISO 187：1990)

GB/T 12032　纸和纸板　印刷光泽度印样的制备

GB/T 12911　纸和纸板油墨吸收性的测定法

GB/T 22363　纸和纸板　粗糙度的测定(空气泄漏法)　本特生法和印刷表面法(GB/T 22363—2008，ISO 8791-2：1990，ISO 8791-4：1992，MOD)

GB/T 22365　纸和纸板　印刷表面强度的测定(GB/T 22365—2008，ISO 3783：1980，MOD)

3 分类

3.1 涂布箱纸板按质量分为优等品、一等品、合格品三个等级。

3.2 涂布箱纸板分为卷筒纸和平板纸两种。

4 要求

4.1 技术指标

涂布箱纸板的技术指标应符合表1的规定或按订货合同的规定，其中序号7、8、9、10、11、12、14项均为对涂布面的规定。

表1

序号	指标名称		规定		
			优等品	一等品	合格品
1	定量[a]/(g/m²)		125±6 150±7 175±8 200±10 220±10 250±11 280±11 300±12 320±12 340±13 360±14		
2	横幅定量差/% ≤	幅宽≤1 600 mm	6.0	7.5	9.0
		幅宽>1 600 mm	7.0	8.5	10.0
3	紧度/(g/cm³) ≥		0.75		
4	耐破指数/(kPa·m²/g) ≥	<150 g/m²	3.00	2.40	2.00
		150 g/m²～<200 g/m²	2.85	2.30	1.90
		200 g/m²～<250 g/m²	2.75	2.20	1.80
		250 g/m²～<300 g/m²	2.65	2.10	1.75
		≥300 g/m²	2.55	2.00	1.70
5	横向环压指数/(N·m/g) ≥	<150 g/m²	8.5	7.5	6.0
		150 g/m²～<200 g/m²	9.0	8.0	6.5
		200 g/m²～<250 g/m²	9.5	8.5	7.0
		250 g/m²～<300 g/m²	10.6	9.0	7.5
		≥300 g/m²	11.2	9.5	8.0
6	横向耐折度/次 ≥		80	60	40
7	亮度/% ≥		80.0	76.0	72.0
8	平滑度/s ≥		50	30	20
9	印刷表面粗糙度[b]/μm ≤		2.5	3.0	4.0
10	印刷光泽度/% ≥		70	50	30
11	印刷表面强度(中粘油墨)/(m/s) ≥		1.2	1.0	0.8
12	油墨吸收性/%		15～28		
13	吸水性(cobb,60 s)/(g/m²) ≤	正面	50		
		反面	80	100	200
14	尘埃度/(个/m²) ≤	0.2 mm²～1.5 mm²	40	60	100
		>1.5 mm²	不应有	2	4
15	交货水分/%		8.0±2.0		

[a] 本表规定外的定量，其指标可就近按插入法考核。

[b] 仲裁时印刷表面粗糙度作为考核项目，平滑度可不考核。

4.2 尺寸

4.2.1 平板涂布箱纸板的尺寸为 787 mm×1 092 mm、889 mm×1 194 mm、889 mm×1 294 mm,也可按订货合同生产,其尺寸偏差应不超过±5 mm,偏斜度应不超过 5 mm。

4.2.2 卷筒涂布箱纸板的幅宽为 750 mm～2 500 mm,每 50 mm 为一档,其偏差应不超过$^{+8}_{0}$ mm。

4.2.3 卷筒涂布箱纸板的卷筒直径为 800 mm、1 000 mm、1 100 mm、1 200 mm,其直径偏差应不超过±50 mm。

4.2.4 可按订货合同规定生产其他尺寸的产品。

4.3 外观质量

4.3.1 涂布箱纸板的纸面应平整,厚薄应一致,不应有明显的翘曲、条痕、褶子、破损、斑点、硬质块等外观缺陷。

4.3.2 涂布箱纸板的纸面涂层应均匀,不应有掉粉、脱皮,在不经外力作用时,不应有分层现象。

4.3.3 同批纸的涂布面色泽应基本相近,同批纸的色差 ΔE^* 应不大于 1.5。

4.3.4 涂布箱纸板的优等品和一等品不应有印刷光斑。

4.3.5 卷筒涂布箱纸板纸芯不应有扭结或压扁现象。每卷纸的接头优等品应不超过 1 个,一等品应不超过 2 个,合格品应不超过 3 个。接头处应用胶带粘牢,并作出明显标记。

4.3.6 平板涂布箱纸板的切边应整齐光洁,不应有缺边、缺角、薄边等现象。卷筒涂布箱纸板的端面应平整,形成的锯齿或凹凸面应不超过 5 mm。

5 试验方法

5.1 试样的采取按 GB/T 450 进行。

5.2 试样的处理和测定按 GB/T 10739 进行。

5.3 尺寸、偏斜度测定按 GB/T 451.1 进行。

5.4 定量和横幅定量差测定按 GB/T 451.2 进行。横幅定量差的试样面积应为 0.01 m^2。裁样时应在一张纸的横向上,等距离切取五个试样进行测定。横幅定量差 ΔG 应按式(1)进行计算:

$$\Delta G = \frac{G_{max} - G_{min}}{G} \times 100\% \qquad \cdots\cdots(1)$$

式中:

G_{max}——横幅定量的最大值,单位为克(g);

G_{min}——横幅定量的最小值,单位为克(g);

G——横幅定量的平均值,单位为克(g)。

5.5 紧度按 GB/T 451.2 和 GB/T 451.3 进行测定。

5.6 耐破指数按 GB/T 1539 进行测定。

5.7 横向环压指数按 GB/T 2679.8 进行测定。

5.8 横向耐折度按 GB/T 457—2008 进行测定,采用 MIT 耐折度仪法,初始张力为 9.8 N。

5.9 亮度按 GB/T 7974 进行测定。

5.10 平滑度按 GB/T 456 进行测定。

5.11 印刷表面粗糙度按 GB/T 22363—2008 的规定,采用印刷表面法,以(980±30) kPa 的压力、硬垫进行测定。

5.12 印刷光泽度按 GB/T 12032 制备印样,按 GB/T 8941 进行测定。

5.13 印刷表面强度按 GB/T 22365—2008 进行测定,仲裁时采用方法 A。

5.14 油墨吸收性按 GB/T 12911 进行测定。

5.15 吸水性按 GB/T 1540 进行测定。

5.16 尘埃度按 GB/T 1541 进行测定。

5.17 交货水分按 GB/T 462 进行测定。

5.18 同批纸的涂布面色差按 GB/T 7975 进行测定。

5.19 印刷光斑按 GB/T 12032 制备印样，然后目测评价。

6 检验规则

6.1 以一次交货为一批，但应不多于 50 t。

6.2 生产厂应保证所生产的涂布箱纸板符合本部分的规定，每件纸交货时应附有一份产品质量合格证。

6.3 型式检验为首件检验，应检验表 1 中规定的全部项目，每个月至少检验一次。当原料、配方或工艺改变时也需进行型式检验。首件检验时，若全部项目均合格，则判为首件检验合格。

6.4 出厂检验项目为表 1 的第 1、2、3、4、5、6、7、8、11、12、13、14 项及外观质量。

6.5 计数抽样检验程序按 GB/T 2828.1 规定进行，样本单位为件(卷)。接收质量限(AQL)：耐破指数、横向环压指数、印刷光泽度、油墨吸收性 AQL＝4.0；定量、横幅定量差、紧度、横向耐折度、亮度、平滑度、印刷表面粗糙度、印刷表面强度、吸水性、尘埃度、交货水分、尺寸、外观质量 AQL＝6.5。抽样方案采用正常检验二次抽样方案，检查水平为特殊检查水平 S-2，见表 2。

表 2

<table>
<tr><th rowspan="3">批量/件或卷</th><th colspan="5">正常检验二次抽样方案　检查水平 S-2</th></tr>
<tr><th rowspan="2">样品量</th><th colspan="2">AQL＝4.0</th><th colspan="2">AQL＝6.5</th></tr>
<tr><th>Ac</th><th>Re</th><th>Ac</th><th>Re</th></tr>
<tr><td rowspan="2">2～150</td><td>3</td><td>0</td><td>1</td><td>—</td><td>—</td></tr>
<tr><td>2</td><td>—</td><td>—</td><td>0</td><td>1</td></tr>
<tr><td rowspan="3">151～1 200</td><td>3</td><td>0</td><td>1</td><td>—</td><td>—</td></tr>
<tr><td>5</td><td>—</td><td>—</td><td>0</td><td>2</td></tr>
<tr><td>5(10)</td><td>—</td><td>—</td><td>1</td><td>2</td></tr>
</table>

6.6 可接收性的确定：第一次检验的样品数量应等于该方案给出的第一样本量。如果第一样本中发现的不合格品数小于或等于第一接收数，应认为该批是可接收的；如果第一样本中发现的不合格品数大于或等于第一拒收数，应认为该批是不可接收的。如果第一样本中发现的不合格品数介于第一接收数与第一拒收数之间，应检验由方案给出样本量的第二样本并累计在第一样本和第二样本中发现的不合格品数。如果不合格品累计数小于或等于第二接收数，则判定该批是可接收的；如果不合格品累计数大于或等于第二拒收数，则判定该批是不可接收的。

6.7 需方有权按本部分的规定进行验收检验，检验时应先检查外部包装，然后从中取样进行检验。如果检验结果与标准不符，需方应在到货后一个月内(或按订货合同规定)通知供方共同取样进行复验，如仍不合格，则判为批不合格，由供方负责处理；如合格，则判为批合格，由需方负责处理。

7 标志、包装、运输、贮存

7.1 涂布箱纸板成品应用三层箱纸板作为外包装，亦可根据需方要求加裹防潮塑料薄膜。平板纸按 GB/T 10342 中条形木夹板包装的规定进行包装和标志，每件产品的纵横向应一致，并在包装上注明产品的纵向；卷筒纸按 GB/T 10342 中卷筒纸包装的规定进行包装和标志。也可按订货合同的规定进行包装和标志。

7.2 运输过程中,应使用有篷而洁净的运输工具。

7.3 装卸时不应钩吊,不应将纸卷(件)从高处扔下。

7.4 涂布箱纸板应妥善保管,严防产品受潮。

ICS 85.060
Y 32

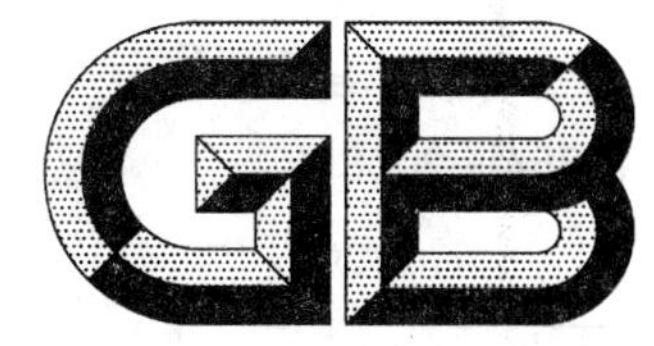

中华人民共和国国家标准

GB/T 12654—2008
代替 GB/T 12654—1990

书　写　纸

Writing paper

2008-08-19 发布　　2009-05-01 实施

中华人民共和国国家质量监督检验检疫总局
中国国家标准化管理委员会　发布

前言

本标准是对 GB/T 12654—1990《书写纸》的修订。

本标准代替 GB/T 12654—1990。

本标准与 GB/T 12654—1990 相比，主要变化如下：

——增加了规范性引用文件；

——将原标准中产品 A、B、C 三等改为优等品、一等品和合格品三个等级，取消了原标准中的 D 等；

——部分技术指标进行了调整，将厚度改为紧度，取消了平滑度正反差，调整了亮度指标。

本标准由中国轻工业联合会提出。

本标准由全国造纸工业标准化技术委员会归口。

本标准起草单位：中国制浆造纸研究院、广东省造纸研究所。

本标准主要起草人：陈洋、马学逵、欧宗标、胡芬、梁健文、邹伟、肖思聪。

本标准所代替标准的历次版本发布情况为：

——GB/T 12654—1990。

本标准由全国造纸工业标准化技术委员会负责解释。

书 写 纸

1 范围

本标准规定了书写纸的产品分类、技术要求、试验方法、检验规则及标志、包装、运输、贮存。

本标准适用于表格、练习簿、记录本、账簿及其他书写用纸。

2 引用标准

下列文件中的条款通过本标准的引用而成为本标准的条款。凡是注日期的引用文件，其随后所有的修改单(不包括勘误的内容)或修订版均不适用于本标准，然而，鼓励根据本标准达成协议的各方研究是否可使用这些文件的最新版本。凡是不注日期的引用文件，其最新版本适用于本标准。

GB/T 450 纸和纸板 试样的采取及试样纵横向、正反面的测定(GB/T 450—2008,ISO 186:2002,MOD)

GB/T 451.1 纸和纸板尺寸及偏斜度的测定

GB/T 451.2 纸和纸板定量的测定(GB/T 451.2—2002,eqv ISO 536:1995)

GB/T 451.3 纸和纸板厚度的测定(GB/T 451.3—2002,idt ISO 534:1998)

GB/T 456 纸和纸板平滑度的测定(别克法)(GB/T 456—2002,idt ISO 5627:1995)

GB/T 457 纸和纸板 耐折度的测定(GB/T 457—2008,ISO 5626:1993,MOD)

GB/T 460 纸 施胶度的测定

GB/T 462 纸、纸板和纸浆 分析试样水分的测定(GB/T 462—2008,ISO 287:1985,ISO 638:1978,MOD)

GB/T 1541 纸和纸板 尘埃度的测定

GB/T 1543 纸和纸板 不透明度(纸背衬)的测定(漫反射法)(GB/T 1543—2005,ISO 2471:1998 MOD)

GB/T 2828.1 计数抽样检验程序 第1部分:按接收质量限(AQL)检索的逐批检验抽样计划(GB/T 2828.1—2003,ISO 2859-1:1999,IDT)

GB/T 7974 纸、纸板和纸浆亮度(白度)的测定 漫射/垂直法(GB/T 7974—2002,neq ISO 2470:1999)

GB/T 10342 纸张的包装和标志

GB/T 10739 纸、纸板和纸浆试样处理和试验的标准大气条件(GB/T 10739—2002,eqv ISO 187:1990)

3 产品分类

3.1 书写纸按质量水平分为优等品、一等品、合格品。

3.2 书写纸按对齐方式分为平板纸和卷筒纸。

4 技术要求

4.1 书写纸的技术指标应符合表1的规定或合同要求。

表 1

<table>
<tr><th colspan="2" rowspan="2">指标名称</th><th rowspan="2">单位</th><th colspan="3">规定</th></tr>
<tr><th>优等品</th><th>一等品</th><th>合格品</th></tr>
<tr><td colspan="2">定量</td><td>g/m^2</td><td colspan="3">45.0　50.0　60.0　70.0　80.0</td></tr>
<tr><td colspan="2">定量偏差</td><td>%</td><td colspan="3">±5</td></tr>
<tr><td colspan="2">紧度</td><td>g/cm^3</td><td colspan="3">0.80±0.10</td></tr>
<tr><td colspan="2">亮度　≥</td><td>%</td><td colspan="2">75.0</td><td>70.0</td></tr>
<tr><td colspan="2">不透明度(≥60 g/m^2)　≥</td><td>%</td><td>80.0</td><td colspan="2">75.0</td></tr>
<tr><td colspan="2">施胶度　≥</td><td>mm</td><td>0.75</td><td colspan="2">0.5</td></tr>
<tr><td colspan="2">平滑度(正反面均)　≥</td><td>s</td><td>30</td><td>25</td><td>20</td></tr>
<tr><td>横向耐折度</td><td>$<$60 g/m^2
≥60 g/m^2　≥</td><td>次</td><td>9
12</td><td>8</td><td>3</td></tr>
<tr><td rowspan="2">尘埃度</td><td>0.3 mm^2～1.5 mm^2　≤</td><td rowspan="2">个/m^2</td><td>60</td><td>80</td><td>100</td></tr>
<tr><td>$>$1.5 mm^2</td><td colspan="3">不应有</td></tr>
<tr><td colspan="2">交货水分</td><td>%</td><td colspan="3">6.0±2.0</td></tr>
</table>

4.2　纸张的纤维组织应均匀，切边应整齐、洁净。

4.3　同批书写纸的颜色不应有明显差异，同批纸色差 ΔE^* 应不大于 2.0。

4.4　纸面应平整，不应有影响使用的沙子、褶子、皱纹、裂口、硬质块等外观纸病。

4.5　纸张尺寸：平板纸为 880 mm×1 230 mm、787 mm×1 092 mm 或按合同要求，尺寸偏差应不超过 ±3 mm，偏斜度应不超过 3 mm。

5　试验方法

5.1　试样的采取按 GB/T 450 进行，试样的处理和试验的标准大气条件按 GB/T 10739 进行。

5.2　尺寸及偏斜度按 GB/T 451.1 进行测定。

5.3　定量和定量偏差、紧度按 GB/T 451.2 和 GB/T 451.3 进行测定。

5.4　亮度按 GB/T 7974 进行测定。

5.5　不透明度按 GB/T 1543 进行测定。

5.6　施胶度按 GB/T 460 进行测定。

5.7　平滑度按 GB/T 456 进行测定。

5.8　耐折度按 GB/T 457—2008 进行测定，采用肖伯尔法。

5.9　尘埃度按 GB/T 1541 进行测定。

5.10　交货水分按 GB/T 462 进行测定。

5.11　外观检测采用目测。

6　检验规则

6.1　以一次交货数量为一批，但每批应不多于 280 件(卷)。

6.2　供方应保证所生产的书写纸符合本标准的规定，每件书写纸交货时应附有一份合格证。

6.3　计数抽样程序应按 GB/T 2828.1 规定进行。平板纸样本单位为件，卷筒纸样本单位为卷。接收质量限(AQL)：不透明度、施胶度、横向耐折度 AQL=4.0；定量、紧度、亮度、平滑度、尘埃度、交货水分、外观 AQL=6.5。抽样方案采用正常检验二次抽样方案，检查水平为特殊检查水平 S-2。见表 2。

表 2

批量/件或卷	正常检验二次抽样方案　检查水平 S-2				
	样本量	AQL=4.0		AQL=6.5	
		Ac	Re	Ac	Re
2～150	3	0	1	—	—
	2	—	—	0	1
151～1 200	3	0	1	—	—
	5 5(10)	— —	— —	3 1	2 2

6.4　可接收性的确定：第一次检验的样品数量应等于该方案给出的第一样本量。如果第一样本中发现的不合格品数小于或等于第一接收数，应认为该批是可接收的；如果第一样本中发现的不合格品数大于或等于第一拒收数，应认为是不可接收的。如果第一样本中发现的不合格品数介于第一接收数与第一拒收数之间，应检验由方案给出样本量的第二样本并累计在第一样本和第二样本中发现的不合格品数。如果不合格品累计数小于或等于第二接收数，则判定批是可接收的；如果不合格品累计数大于或等于第二拒收数，则判定该批是不可接收的。

6.5　需方若对产品质量有异议，应在到货后一个月内向直接供方提出书面意见，由供需双方共同复验或委托共同商定的检验部门进行复验。复验结果如不符合本标准规定，则判为批不可接收，由供方负责处理；若符合本标准的规定，则判为批可接收，由需方负责处理。

7　标志、包装、运输、贮存

7.1　书写纸的包装应按照 GB/T 10342 规定进行。

7.2　书写纸应妥善保管，严防受潮。

7.3　书写纸在运输中应使用有篷而洁净的运输工具。

7.4　不应将成件书写纸从高处扔下。

ICS 87.080
Y 44

中华人民共和国国家标准

GB/T 13217.4—2008
代替 GB/T 13217.4—1991

液体油墨粘度检验方法

Test method for viscosity of liquid ink

2008-12-30 发布　　　　2009-09-01 实施

中华人民共和国国家质量监督检验检疫总局
中国国家标准化管理委员会　发布

前言

本标准代替 GB/T 13217.4—1991《凹版塑料油墨检验方法　粘度检验》。

本标准与 GB/T 13217.4—1991 的主要差异如下：

——标准名称修改为《液体油墨粘度检验方法》；

——对环境温度指数进行了调整，取消了湿度的要求；

——增加了察恩杯和旋转粘度计的检验方法。

本标准由中国轻工业联合会提出。

本标准由全国油墨标准化技术委员会归口。

本标准起草单位：浙江永在化工有限公司、叶氏油墨（中山）有限公司、杭华油墨化学有限公司、天津东洋油墨有限公司、上海现代环境工程技术有限公司。

本标准主要起草人：吴敏、吴少棠、黄荣海、张进梅、王亚明。

本标准所代替标准的历次版本发布情况为：

——GB/T 13217.4—1991。

液体油墨粘度检验方法

1 范围

本标准规定了液体油墨粘度的检验方法。

本标准适用于表观粘度范围在 0.05 Pa·s～0.25 Pa·s(或涂 4 号杯测定粘度范围在 25 s～130 s)的油墨。

2 涂 4 号杯粘度计法

2.1 原理

一定量的油墨试样,在一定温度下,从规定直径的孔所流出的时间为该墨样粘度,用秒表示。

2.2 工具与材料

2.2.1 涂 4 号杯粘度计。

2.2.2 水银温度计:温度范围 0 ℃～50 ℃,分度值为 0.1 ℃。

2.2.3 秒表。

2.2.4 量杯:容量为 100 mL。

2.2.5 玻璃棒:ϕ7 mm,长 250 mm。

2.2.6 棉纱。

2.2.7 擦洗溶剂:不同体系液体油墨使用同系专用溶剂。

2.3 检验条件

检验应在温度(23±2)℃条件下进行。

2.4 检验步骤

2.4.1 将粘度计杯体内壁及漏嘴擦拭干净,调整支架水平螺旋,使粘度计处于水平状态。在粘度计漏嘴下面放置 100 mL 量杯,秒表归零。

2.4.2 用手堵住漏嘴孔,将搅拌均匀且调温至(23±2)℃的试样倒入粘度计中,用玻璃棒将气泡和多余的试样刮入凹槽。

2.4.3 松开手指同时开动秒表,当试样流丝中断并呈现第一滴时,停止计时。此时,秒表所指示的时间即该墨的粘度。

2.5 试验结果

检验应平行进行两次,其测定值之差不应大于 3 s,并取其算术平均值。

3 察恩杯粘度计法

3.1 原理

一定量的油墨试样,在一定温度下,从规定直径的孔所流出的时间为该墨样粘度,用秒每察恩杯号数表示。

3.2 工具与材料

3.2.1 察恩杯粘度计。

3.2.2 水银温度计:温度范围 0 ℃～50 ℃,分度值为 0.1 ℃。

3.2.3 秒表。

3.2.4 玻璃棒:ϕ7 mm,长 250 mm。

3.2.5 棉纱。

3.2.6 擦洗溶剂:不同体系液体油墨使用同系专用溶剂。

3.3 检验条件

检验应在温度(23±2)℃条件下进行。

3.4 检验步骤

3.4.1 将粘度杯内壁及漏嘴擦拭干净,水平托住粘度杯,用手指堵住漏嘴孔,将搅拌均匀且调温至(23±2)℃的试样油墨倒入粘度杯内直至与粘度杯边缘齐平为止,用玻璃棒将气泡刮去,秒表归零。

3.4.2 松开手指同时开动秒表,当试样流丝中断并呈现第一滴时,停止计时,此时,秒表所指示的时间即该墨的粘度。

3.5 试验结果

检验应平行进行两次,其测定值之差不应大于 3 s,并取其算术平均值。

4 旋转粘度计法

4.1 原理

物质在外力作用下,液层发生位移,分子间发生摩擦,对摩擦所表现的抵抗性称为绝对粘度,单位以毫帕·秒表示。

4.2 工具与材料

4.2.1 旋转粘度计:测量范围为 1 mPa·s～10^6 mPa·s。

4.2.2 恒温水浴。

4.2.3 棉纱。

4.2.4 擦洗溶剂:不同体系液体油墨使用同系专用溶剂。

4.3 检验条件

检验应在温度(23±2)℃条件下进行。

4.4 检验步骤

4.4.1 测定前检查仪器之液池是否干净,并校正零点。

4.4.2 按试样的粘度大小选择相应粘度的旋转锤,并将旋转锤放入液池中,然后将试样慢慢地注入液池内,直至液面达到锥形面下部边缘为止,注意不应太满或太浅。

4.4.3 开启恒温水浴以(25±0.5)℃保温。

4.4.4 开动仪器开关。

4.4.5 经 15 min 保温运转(挥发性液体油墨缩短至 10 min),待仪器上读数指针保持在一固定点时记录所指数据。关闭仪器上指针回到零点上,然后再用同样方法开启仪器,待指针稳定后,再记录所指数据。核对两次数据是否相同,相同即为正确数据,并进行换算。

ICS 87.080
A 17

中华人民共和国国家标准

GB/T 18751—2002

磁 性 防 伪 油 墨

Magnetic anti—counterfeiting printing ink

2002-06-13 发布　　2003-01-01 实施

中华人民共和国国家质量监督检验检疫总局 发布

前　　言

本标准只规定磁性防伪油墨的防伪特性的质量要求，因此，在检测时需要与相关的油墨(如:用于平板印刷、凹板印刷、丝网印刷等各种印刷方式的油墨)特性质量要求的标准同时使用。

本标准由中华人民共和国国家质量监督检验检疫总局提出。

本标准由全国防伪标准化技术委员会归口。

本标准起草单位:公安部防伪产品质量监督检验中心、北京中标国安防伪技术公司。

本标准起草人:王孝平、刘树斌、王敬贤、钱熙光、阎育华、高利生。

引　言

磁性防伪油墨是系列防伪油墨中的一个油墨产品，它是从磁性油墨演变产生过来的。过去由于人们对磁性防伪油墨的防伪特性认识不足，因而在许多地方使用该油墨时，由于质量参差不齐，发生过许多失误，造成的不良影响很大。制定本标准一是为了区分防伪油墨与非防伪油墨的特性，二是为了给出该防伪油墨的质量标准和提出防伪特性要求，以便今后质量监督管理。

本标准把磁性防伪油墨的防伪特性与油墨本身的特性作为两部分分别进行了描述，其中重点是对磁性防伪油墨的防伪特性进行了阐述，规定了磁性防伪油墨与磁性油墨的区分界线，对矫顽力作出了规定；而对油墨本身的特性要求不做进一步描述的原因是油墨本身的特性可以参照现行的国家标准和检测依据。

磁性防伪油墨

1 范围

本标准规定了磁性防伪油墨的术语、定义、符号,产品分类,要求,试验方法,以及标志、包装、运输、贮存要求。

本标准适用于各种不同印刷版的磁性防伪油墨。

2 规范性引用文件

下列文件中的条款通过本标准的引用而成为本标准的条款。凡是注日期的引用文件,其随后所有的修改单(不包括勘误的内容)或修订版均不适用于本标准,然而,鼓励根据本标准达成协议的各方研究是否可使用这些文件的最新版本。凡是不注日期的引用文件,其最新版本适用于本标准。

GB/T 17001.1—1997 防伪油墨 第1部分:紫外激发荧光油墨(胶版、凸版印刷)技术条件

QB/T 3597—1999 印刷油墨产品分类、命名和型号

3 术语、定义、符号、单位

下列术语、定义、符号和单位适用于本标准。

3.1

磁性防伪油墨 magnetic anti-counterfeiting printing ink

采用具有磁性的粉末材料作为一种功能成分所制作的防伪印刷油墨。

注:防伪的主要应用是特殊记录与标志和标识等。

3.2

矫顽力 coercive force

H_C

是使磁畴发生翻转时的最低磁化力,单位为安培每米,(A/m)。

3.3

相对剩余磁化强度 relative remanence

B_r

是剩余磁通除以材料截面积。单位名称为毫特斯拉每平方厘米,单位符号为 mT/cm^2。

$$B_r = \Phi_r / S$$

式中:

Φ_r——材料饱和剩余磁通,单位为韦伯(Wb);

S——试样截面积。

4 产品分类

4.1 产品按自然光下的表观颜色和相对剩余磁化强度大小划分。

4.2 产品型号编制方式:(按 QB/T 3597—1999 要求)

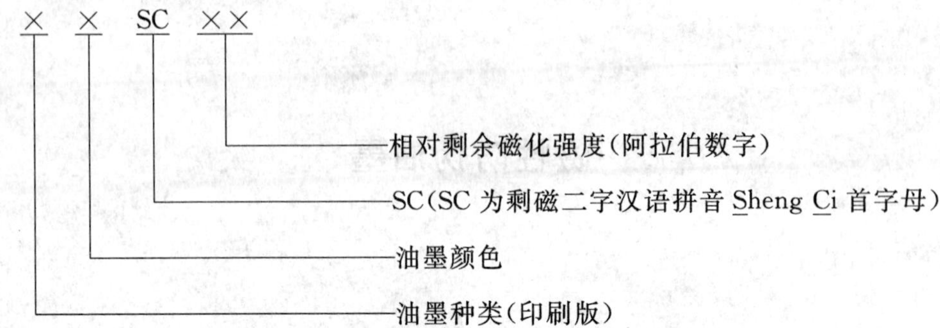

示例:P8 SC××——产品为相对剩余磁化强度为××的黑色平版印刷磁性防伪油墨

5 要求

5.1 产品的各项油墨质量指标必须满足其相应的不同印刷版的印刷油墨标准的技术要求。

5.2 产品的磁性性能要求必须符合表 1 的规定。

表 1 磁性防伪油墨的磁性技术指标

项目名称	指标
相对剩余磁化强度/%	≤10
矫顽力/(A/m)	≥16 000 与标准样品比误差≤±10%[a]
[a] 标准样品指同批次制作的未经环境测试的保留样品。	

5.3 防伪特性定级方法。

保持防伪特性的持续稳定性和防伪安全期等级分为 A、B、C、D、E5 级。

5.3.1 保持防伪特性的持续稳定性定级方法见表 2 的规定。

5.3.2 防伪安全期定级方法见表 2 的规定。

表 2 保持防伪特性的持续稳定性和防伪安全期定级方法

级别	保持防伪性能的最低时间年限	防伪安全期 T
A 级	≥5 年	1 年<T≤3 年
B 级	≥3 年	6 个月<T≤1 年
C 级	≥1 年	3 个月<T≤6 个月
D 级	≥6 个月	1 个月<T≤3 个月
E 级	≥3 个月	≤1 个月

6 试验方法

6.1 磁性防伪油墨的油墨质量检验

磁性防伪油墨的油墨指标按照其相应的印刷版油墨质量国家标准和检测依据进行检测。

6.2 相对剩余磁化强度(B_r)及矫顽力(H_C)检验

6.2.1 原理

磁性防伪油墨的磁性特征必须通过饱和磁化获得,最通常的测量方法是采用回线法[1],即 BH 仪测量法,此方法为交流 50 Hz 饱和磁场下测量样品的 B_r 和 H_C 值,同时测试标准样品和被测样品即可求得其相对值。测量原理图如下:

1) 回线法是以交流磁化方式,描述材料各种磁特征与磁化场强变化关系,并能显示或记录磁滞回线的方法。

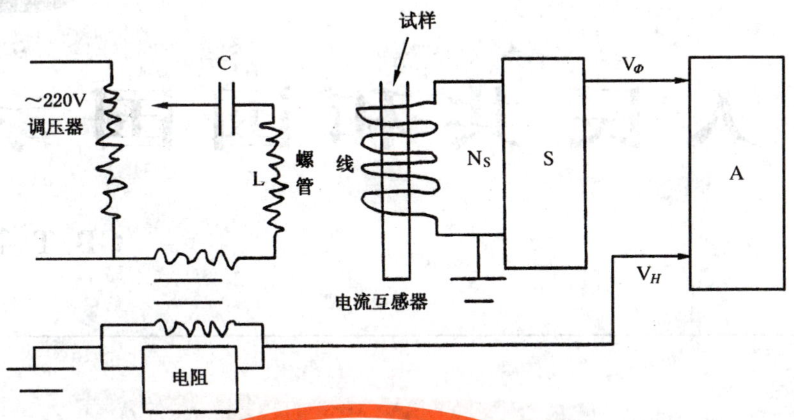

L—螺线管;A—读出设备;N_S—测量线圈及样品;S—电子积分器;V_Φ—磁通信号;V_H—磁场信号

图1　BH仪测量原理图

6.2.2　设备要求

试验设备要求如下:

a) 仪器综合不确定度不大于3%;

b) 天平:读数灵敏度为±0.1 mg;

c) 试管:装填被测油墨的玻璃管,尺寸按仪器要求确定,试管质量为 m_1/g。

6.2.3　测量环境条件

测量环境要求如下:

a) 检验室周围不得有强电、磁干扰;

b) 温度:15℃~30℃;

c) 相对湿度小于75%。

6.2.4　测量步骤

测量按下列步骤进行:

a) 校准:用标准样品测试校准仪器。

b) B_r 及 H_C 的测量。

将被测样品置入测量线圈,启动BH仪磁化及计算机测量程序,BH仪将自动测出回线并计算打印测试结果。

7　标志、包装、运输、贮存

磁性防伪油墨的标志、包装、运输、贮存按照GB/T 17001.1—1997中第7章要求。

ICS 87.080
A 17

中华人民共和国国家标准

GB/T 18752—2002

热敏变色防伪油墨

Heating color variable anti-counterfeiting printing ink

2002-06-13发布 2003-01-01实施

中华人民共和国国家质量监督检验检疫总局 发布

前　言

本标准只规定热敏变色防伪油墨防伪特性的质量要求,因此,在检测时需要与相关的油墨(如:用于平版印刷、凹版印刷、丝网印刷等各种印刷方式的油墨)特性质量要求的标准同时使用。

本标准由中华人民共和国国家质量监督检验检疫总局提出。

本标准由全国防伪标准化技术委员会归口。

本标准起草单位:公安部防伪产品质量监督检验中心、北京中标国安防伪技术公司。

本标准起草人:王孝平、刘树斌、王敬贤、阎育华、高利生。

引　言

热敏防伪油墨是系列防伪油墨中的一种油墨新产品。制定本标准是为了规范热敏防伪油墨的产品质量和提出防伪特性要求，以便今后进行质量监督管理。

本标准规定的适用温度范围，超出了GB/T 17004—1997《防伪技术术语》中所规定的≥30℃的适用温度范围。

本标准把热敏防伪油墨的防伪特性与油墨本身的特性作为两部分分别进行了描述，其中重点是对热敏防伪油墨的防伪特性进行了阐述，而对油墨本身的特性要求不做进一步规定的原因是油墨本身的特性可以参照相应的现行各种印刷版的国家标准和检测依据。

热敏变色防伪油墨

1 范围

本标准规定了热敏变色防伪油墨的术语、定义和缩略语，产品分类，要求，试验方法，以及标志、包装、运输、贮存要求。

本标准适用于各种不同印刷版的热敏变色防伪油墨。

2 规范性引用文件

下列文件中的条款通过本标准的引用而成为本标准的条款。凡是注日期的引用文件，其随后所有的修改单(不包括勘误的内容)或修订版均不适用于本标准，然而，鼓励根据本标准达成协议的各方研究是否可使用这些文件的最新版本。凡是不注日期的引用文件，其最新版本适用于本标准。

GB/T 17001.1—1997 防伪油墨第1部分：紫外激发荧光油墨(胶版、凸版印刷)技术条件

QB/T 3597—1999 印刷油墨产品分类、命名和型号

3 术语和定义

下列术语、定义适用于本标准。

3.1

热敏变色防伪油墨 heating color variable anti-counterfeiting printing ink

在温度变化时，能发生变色效果的油墨。

3.2

可逆的与不可逆的热敏变色防伪油墨 reversed and irreversed heating color variable anti-counterfeiting printing ink

在温度变化时，能往返变色的为可逆油墨。反之为不可逆油墨。

4 产品分类

4.1 产品按自然光下热敏变色的表观颜色、热敏变色颜色和可逆的和不可逆的性质划分。

4.2 产品型号编制方式：

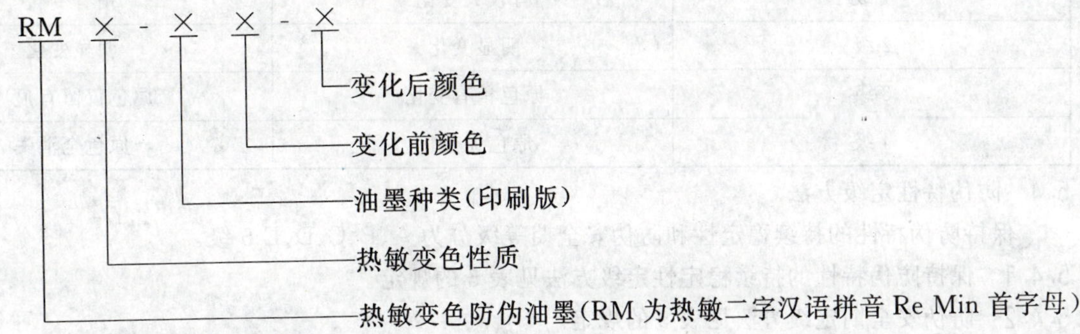

注：×由阿拉伯数字或拼音字母组成。

产品型号编制规则见表1。

表1 产品型号编制规则表

热敏变色性质×	可逆的热敏变色油墨	1
	不可逆的热敏变色油墨	2
油墨种类(印刷版)	按QB/T 3597的规定	
油墨颜色	按QB/T 3597的规定	

例:RM1-P3-1产品为绿色变白色的平版印刷可逆热敏变色防伪油墨。

5 要求

5.1 产品的各项油墨质量指标必须满足其相应的不同印刷版的印刷油墨标准的技术要求。

5.2 产品的热敏性能要求必须符合表2的规定。

表2 热敏变色防伪油墨热敏性能技术指标

项目名称	指标
热敏变色温度(℃)	与标准样品比≤±3℃[a]
耐乙醇性	≥3级
耐汽油性	≥3级

[a]标准样品指同批次制作的未经环境测试的保留样品。

5.3 热敏变色防伪性能定级方法符合表3、表4的规定。

表3 不可逆热敏变色印刷油墨防伪性能定级方法

级别	不可逆受热后变色程度
1级	稍有变化
2级	明显变化
3级	原色仅留有痕迹
4级	原色全消失

表4 可逆热敏变色印刷油墨防伪性能定级方法

级别	可逆受热前后变色程度	
	受热前	受热后
1级	有较大变化	稍有变化
2级	明显变化	明显变化
3级	原色稍有变化	原色仅留有痕迹
4级	原色无变化	原色全消失

5.4 防伪特性定级方法。

保持防伪特性的持续稳定性和防伪安全期等级分为A、B、C、D、E 5级。

5.4.1 保持防伪特性的持续稳定性定级方法见表5的规定。

5.4.2 防伪安全期定级方法见表5的规定。

表 5 保持防伪特性的持续稳定性和防伪安全期定级方法

级别	保持防伪特性的持续稳定性	防伪安全期 T
A 级	≥5 年	1 年<T≤3 年
B 级	≥3 年	6 个月<T≤1 年
C 级	≥1 年	3 个月<T≤6 个月
D 级	≥6 个月	1 个月<T≤3 个月
E 级	≥3 个月	≤1 个月

6 试验方法

6.1 热敏变色防伪油墨的油墨质量的检测

热敏变色防伪油墨的油墨指标按照其相应的印刷版的油墨标准要求进行检测。

6.2 热敏变色温度

6.2.1 原理

热敏变色防伪油墨的热敏变色温度是指油墨印样在温度变化下颜色发生变化的温度(即变色临界温度)。

6.2.2 仪器和材料

a) 可控恒温箱(温控准确度应为±2℃);

b) 调墨刀;

c) 非荧光特种平版纸。

6.2.3 试验步骤

6.2.3.1 将热敏变色防伪油墨在平版纸上刮样或者采用打样机打样,在常温下放置 24 h,干燥。同时制作四个样品,其中一个作为标准样品,在室温下保存。

6.2.3.2 将试样放入可控恒温箱,逐步加热(可根据需要调节加热温度大小),变色后,记录变色温度后取出。

6.2.3.3 平行测定 3 次,计算温度偏差。

6.3 耐乙醇性

热敏变色防伪油墨的耐乙醇性按 GB/T 17001.1—1997 中 7.3 要求进行检测。

6.4 耐汽油性

热敏变色防伪油墨的耐汽油性按 GB/T 17001.1—1997 中 7.4 要求进行检测。

7 标志、包装、运输、贮存

7.1 包装

7.1.1 凸版、平版油墨的包装

可用铁盒、铁桶包装,再放入外包装箱中。

7.1.2 凹版油墨的包装

用密封铁桶或塑料盒包装,再放入外包装箱中。按易燃品包装规定执行。按 7.2 贮存要求存放,自生产之日起,有效贮存期为半年。

7.2 标志、运输、贮存

热敏变色防伪油墨的标志、运输和贮存按照 GB/T 17001.1—1997 第 7 章要求。

ICS 87.080
A 17

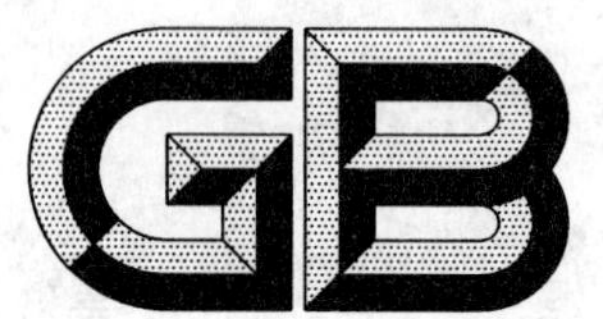

中华人民共和国国家标准

GB/T 18753—2002

日光激发变色防伪油墨

Sunlight excitation color variable anti-counterfeiting printing ink

2002-06-13 发布　　2003-01-01 实施

中华人民共和国
国家质量监督检验检疫总局　发布

前　　言

本标准只规定日光激发变色防伪油墨防伪特性的质量要求，因此，在检测时需要与相关的油墨(如：用于平板印刷、凹板印刷、丝网印刷等各种印刷方式的油墨)特性质量要求的标准同时使用。

本标准由中华人民共和国国家质量监督检验检疫总局提出。

本标准由全国防伪标准化技术委员会归口。

本标准起草单位：公安部防伪产品质量监督检验中心、天津南开戈德集团有限公司。

本标准起草人：王孝平、王淑芳、张燕、雷涛、阎育华、高利生。

引　　言

日光激发变色印刷油墨是系列防伪油墨中的一个油墨产品。制定本标准是为了规定该防伪油墨的质量标准和提出防伪特性要求，以便今后质量监督管理。

本标准把日光激发变色印刷油墨的防伪特性与油墨本身的特性作为两部分分别进行了描述，其中重点是对日光激发变色印刷油墨的防伪特性做了规定；而对油墨本身的特性要求不做进一步规定的原因是油墨本身的特性可以参照现行的各种印刷版的国家标准和检测依据。

日光激发变色防伪油墨

1 范围

本标准规定了日光激发变色防伪油墨的分类与命名，要求，试验方法和标志、包装、运输、贮存。

本标准适用于各种不同印刷版的日光激发变色防伪油墨。

2 规范性引用文件

下列文件中的条款通过本标准的引用而成为本标准的条款。凡是注日期的引用文件，其随后所有的修改单(不包括勘误的内容)或修订版均不适用于本标准，然而，鼓励根据本标准达成协议的各方研究是否可使用这些文件的最新版本。凡是不注日期的引用文件，其最新版本适用于本标准。

GB/T 17001.1—1997 防伪油墨第1部分：紫外激发荧光油墨(胶版、凸版印刷)技术条件

QB/T 3597—1999 印刷油墨产品分类、命名和型号

3 分类与命名

3.1 产品按油墨种类、油墨外观颜色及日光激发变色后颜色进行分类。

3.2 产品型号编制方式：(按QB/T 3597—1999要求)

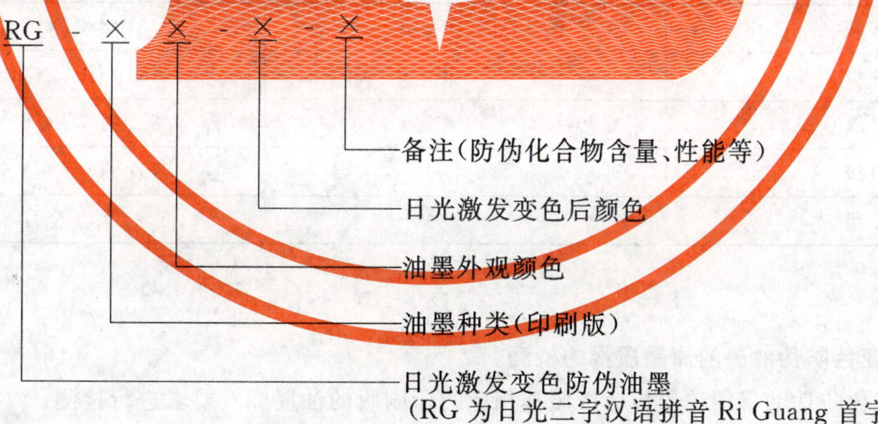

注：×通常用阿拉伯数字或拼音字母表示。

示例：RG-P3-1-054产品为标明有5%含量和防伪性能4级的由绿色变白色的平版印刷日光激发变色防伪油墨。

4 要求

4.1 产品的各项油墨质量指标必须满足其相应的不同印刷版的印刷油墨标准的技术要求。

4.2 日光激发变色防伪油墨的环境稳定性必须符合表1的规定。

4.3 日光激发变色性能定级方法符合表2的规定。

表 1 日光激发变色防伪油墨的日光激发性能技术指标

项目名称	指标
耐热性	≥3 级
耐光性	≥3 级
耐水性	≥3 级
耐乙醇性	≥3 级
耐汽油性	≥2 级

表 2 日光激发变色防伪油墨的日光激发变色防伪性能定级方法

级别	变色程度[a]
4 级	近似标准样品变色[b]
3 级	明显变色
2 级	稍可变色
1 级	基本不可变色

[a]变色程度是指试样与标准样品相比在相同检测条件下发生颜色变化的程度。

[b]标准样品指同批次制作的未经环境测试的保留样品。

4.4 防伪特性定级方法。

保持防伪特性的持续稳定性和防伪安全期等级分为 A、B、C、D、E 5 级。

4.4.1 保持防伪特性的持续稳定性定级方法见表 3 的规定。

4.4.2 防伪安全期定级方法见表 3 的规定。

表 3 保持防伪特性的持续稳定性和防伪安全期定级方法

级别	保持防伪特性的持续稳定性	防伪安全期 T
A 级	≥5 年	1 年 $<T\leqslant$ 3 年
B 级	≥3 年	6 个月 $<T\leqslant$ 1 年
C 级	≥1 年	3 个月 $<T\leqslant$ 6 个月
D 级	≥6 个月	1 个月 $<T\leqslant$ 3 个月
E 级	≥3 个月	≤1 个月

5 试验方法

5.1 日光激发变色防伪油墨的油墨质量的检测

日光激发变色防伪油墨的油墨指标按照其相应的印刷版的油墨标准要求进行检测。

5.2 耐热性

5.2.1 原理

日光激发变色防伪油墨的耐热性是指油墨印样在一定温度下避光加热一定时间后的稳定程度，变化越小耐性越好，反之越差。

5.2.2 仪器和材料

耐热性试验仪器和材料要求如下：

a） 自动控制恒温箱(温控灵敏度应为±2℃)；

b） 调墨刀；

c） 油墨印刷适性仪；

d） 157 g/m^2 双面有光涂料纸；

e） 标准刮样纸。

5.2.3 试验步骤

5.2.3.1 将日光激发变色防伪油墨在标准刮样纸上刮样或用油墨印刷适性仪在涂料纸上制样，在常温下放置 24 h，干燥。同时制作四个样品，其中一个作为标准样品，另外三个作为试样，在室温下保存(25℃±2℃)。

5.2.3.2 将试样放入自动控制恒温箱，温度保持在 100℃±2℃，5 h 后取出，在室温下存放，冷却。

5.2.3.3 在日光下与标准样品相比较，并参照表 2 进行测定，重复测定 3 次，评级。

5.3 耐光性

5.3.1 原理

日光激发变色防伪油墨的耐光性能是指油墨印样在室外日光下放置一定时间后的稳定程度，变化越小耐性越好，反之越差。

5.3.2 仪器和材料

耐光性试验仪器和材料要求如下：

a） 照度计；

b)～e） 同 5.2.2b)～e)。

5.3.3 试验步骤

5.3.3.1 同 5.2.3.1。

5.3.3.2 将试样在日光(＞50 000 lx)下放置 5 h 后取出，在室温下存放。

5.3.3.3 同 5.2.3.3。

5.4 耐水性

5.4.1 原理

日光激发变色防伪油墨的耐水性能是指油墨印样在一定温度的水中避光浸泡一定时间后的稳定程度，变化越小耐性越好，反之越差。

5.4.2 仪器和材料

耐水性试验仪器和材料要求如下：

a） 恒温水槽(温控灵敏度应为±2℃)；

b)～e） 同 5.2.2b)～e)。

5.4.3 试验步骤

5.4.3.1 同 5.2.3.1。

5.4.3.2 将蒸馏水在恒温水槽中恒温至 20℃±2℃，然后将试样浸入水中，放置 5 h 后取出，在室温下自然晾干。

5.4.3.3 同 5.2.3.3。

5.5 耐乙醇性

5.5.1 原理

日光激发变色防伪油墨的耐乙醇性能是指油墨印样在乙醇中避光浸泡一定时间后的稳定程度，变化越小耐性越好，反之越差。

5.5.2 仪器和材料

耐乙醇性试验仪器和材料要求如下：

a） 95％乙醇；

b)～e） 同 5.2.2b)～e)。

5.5.3 试验步骤

5.5.3.1 同 5.2.3.1。

5.5.3.2 将试样浸入95%乙醇中，放置2 h后取出，在室温下自然晾干。

5.5.3.3 同5.2.3.3。

5.6 耐汽油性

5.6.1 原理

日光激发变色防伪油墨的耐汽油性能是指油墨印样在汽油中避光浸泡一定时间后的稳定程度，变化越小耐性越好，反之越差。

5.6.2 仪器和材料

耐汽油性试验仪器和材料要求如下：

a) 90号车用汽油；

b)～e) 同5.2.2b)～e)。

5.6.3 试验步骤

5.6.3.1 同5.2.3.1。

5.6.3.2 将试样浸入90号车用汽油中，放置1 h后取出，在室温下自然晾干。

5.6.3.3 同5.2.3.3。

6 标志、包装、运输、贮存

日光激发变色防伪油墨的标志、包装、运输、贮存按GB/T 17001.1—1997的第7章要求。

ICS 87.080
A 17

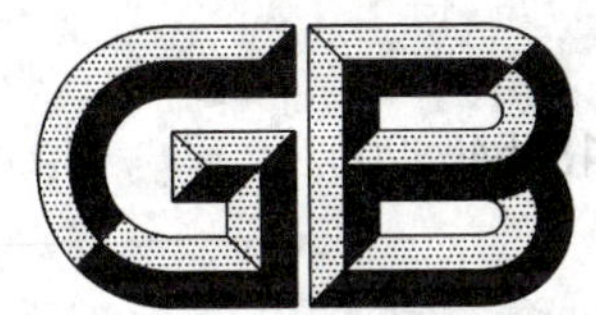

中华人民共和国国家标准

GB/T 18754—2002

凹版印刷紫外激发荧光防伪油墨

UV-excitation fluorecent anti-counterfeiting intaglio printing ink

2002-06-13 发布　　　　2003-01-01 实施

中华人民共和国
国家质量监督检验检疫总局　发布

前　言

防伪油墨是防伪技术产品中较为重要的一个组成部分，应用领域极为广泛，使用方式及类型较多，在已有国家标准GB/T 17001.1—1997《防伪油墨　第1部分：紫外激发荧光油墨(胶版、凸版印刷)技术条件》的基础上，为了适应国内较为广泛使用的塑料、纸张等常规凹版印刷所使用紫外激发荧光防伪油墨的需要，特制定本标准。

本标准由中华人民共和国国家质量监督检验检疫总局提出。

本标准由全国防伪标准化技术委员会归口。

本标准由北大德力科技有限公司、北京明天智光科技有限公司、天津云兴油墨有限公司负责起草。

本标准起草人：姚瑞刚、杜仲江、钱伟民、任乐。

凹版印刷紫外激发荧光防伪油墨

1 范围

本标准规定了凹版印刷用紫外激发荧光防伪油墨的产品分类，技术要求，试验方法，防伪力度评价，抽样，标志、包装、运输及贮存。

本标准适用于在单色和多色凹版印刷机上使用的紫外光激发荧光油墨，不包含雕刻凹版印刷的油墨。

2 规范性引用文件

下列文件中的条款通过本标准的引用而成为本标准的条款。凡是注日期的引用文件，其随后所有的修改单(不包括勘误的内容)或修订版均不适用于本标准，然而，鼓励根据本标准达成协议的各方研究是否可使用这些文件的最新版本。凡是不注日期的引用文件，其最新版本适用于本标准。

GB 730—1998 纺织品色牢度试验 耐光和耐气候色牢度蓝色羊毛标准

GB 3186—1982 涂料产品的取样

GB/T 13217.1—1991 凹版塑料油墨检验方法 颜色检验

GB/T 13217.3—1991 凹版塑料油墨检验方法 细度检验

GB/T 13217.4—1991 凹版塑料油墨检验方法 粘度检验

GB/T 13217.5—1991 凹版塑料油墨检验方法 初干性检验

GB/T 13217.7—1991 凹版塑料油墨检验方法 附着牢度检验

GB/T 17001.1—1997 防伪油墨 第1部分：紫外激发荧光油墨(胶版、凸版印刷)技术条件

GB/T 17004—1997 防伪技术术语

QB/T 2024—1994 凹版复合塑料薄膜油墨

3 术语和定义

本标准采用下列定义。

3.1

紫外激发荧光防伪油墨 UV-excitation fluorecent anti-counterfeiting printing ink

在254 nm(短波)或365 nm(长波)紫外光激发下，在可见光(400 nm～800 nm)范围内，发出荧光的油墨。

3.2

标样 standard specimen

按本标准规定制备的，用以比较紫外激发荧光油墨质量的样品。

3.3

试样 tested specimen

用于接受检验的紫外激发荧光油墨。

3.4

无色或隐形荧光油墨 colorless or hidden fluorecent printing ink

不含色料的紫外激发荧光油墨，在自然光下印(样)品外观为无色或仅有极浅淡的颜色。

3.5

有色荧光油墨　color fluorecent printing ink

含有色料的紫外激发荧光油墨，在自然光下印(样)品外观具有各种颜色。

3.6

防伪力度　anti-counterfeiting capability grade

识别真伪、防止假冒伪造功能的持久性与可靠程度。可按防伪技术的仿制难度、防伪技术的类别、检测手段的先进程度、保持防伪性能的最低时间等指标来进行评价。各种评价的等级可分为A,B,C,D四个等级，A级为最高级，D级为最低级。

4　分类与命名

4.1　产品按自然光下的表观颜色分为无色荧光油墨和有色荧光油墨两种类型。

4.2　以上两种类型的紫外激发荧光油墨又可按被紫外激发的发光材料不同分为若干个品种。如含发黄色荧光材料的为无(有)色黄荧光油墨，含有发红色荧光材料的为无(有)色红荧光油墨等。

4.3　产品型号编制方式：

第一部分 印刷方式	第二部分 油墨颜色		第三部分 荧光强度最大发射波长的纳米数	第四部分 激发波长
拼音字母首字	阿拉伯数字		阿拉伯数字(共三位)	拼音字母首字
A表示凹版印刷专用	无色或白色	0	×××	C表示长波365 nm
	红	1	×××	D表示短波254 nm
	黄	2	×××	
	蓝	4	×××	
	绿	5	×××	
	黑	7		

注1：颜色代码按照印刷行业的惯例编制。

注2：荧光强度最大发射波长用三位纳米数表示。

产品编号可表示为：×× ××× ×。

示例：

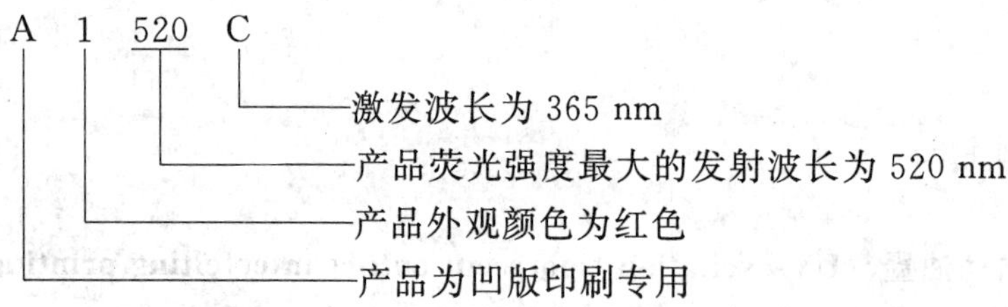

5　技术要求

依据GB/T 17001.1—1997和QB/T 2024—1994，产品的各项质量指标和性能必须符合表1的规定。

表1　凹版印刷荧光油墨技术要求

序号	项目名称	指　标
1	外观颜色	近似标样
2	粘度	25 s～70 s
3	细度	≤25 μm
4	初干性	20～50

表 1（续）

序号	项 目 名 称	指　　标
5	附着牢度	≥85%
6	相对荧光强度	100±3%
7	发射波长(荧光强度最大)	与标样相差±3 nm
8	耐热性	≥3 级
9	耐热水性	≥3 级
10	耐乙醇性	≥3 级
11	耐汽油性	≥3 级
12	耐光性	≥F2 级[a]

[a] F2 的定义参见 GB 730—1998。

6 试验方法

6.1 取样按 GB 3186—1982 规定的取样方法进行取样。

6.2 外观颜色按 GB/T 13217.1 规定的检验方法进行检验。

6.3 粘度按 GB/T 13217.4 规定的检验方法进行检验。

6.4 细度按 GB/T 13217.3 规定的检验方法进行检验。

6.5 初干性按 GB/T 13217.5 规定的检验方法进行检验。

6.6 附着牢度按 GB/T 13217.7 规定的检验方法进行检验。

6.7 耐性检验按照 GB/T 17001.1 规定的方法进行检验。

6.8 样品油墨的取样和标样制备按以下规定进行：

6.8.1 取样：

a) 盛样容器和取样器械包括：

——盛样容器刻度玻璃瓶：200 mL

——涂料取样器：200 mL

b) 取样方法为在室温条件下，选择适宜的取样器(参见 GB 3186—1982)，从混合均匀的样品盛样容器中，取出适量的样品。

6.8.2 标样和试样制备：

a) 仪器和工具包括：

——调墨棒：玻璃调墨棒；

——取样器：GB 3186—1982 规定的适宜的取样器；

——刮样丝棒：铜棒体 ϕ(9±0.05) mm，长 170 mm，缠绕不锈钢丝部分长(100±0.50) mm、钢丝 ϕ0.12 mm，密列排绕，整齐无间隙；

——刮样纸和塑料薄膜：在 254 nm 或 365 nm 紫外光下不产生可见荧光的特种纸和塑料薄膜。

b) 样品制备如下：

用适宜的取样器取得 2 mL 的标样或试样，滴在刮样纸和塑料薄膜上方，用刮样丝棒将油墨刮成如图 1 所示的标准刮样，干燥 5 min 后，将刮样裁切成 10 mm×30 mm 长方形，备用。

6.8.3 注意事项：

a) 制备样品前，油墨要调匀。

b) 薄膜厚度为 30 μm～45 μm，但要标样和试样保证一致厚度。

c) 测定时，标样和试样保证要在同一温度和湿度条件下进行。

d) 刮样制备完成后，在室温下放置 12 h 以上备用。

e）恒温前后测定荧光强度时，尽量测定同一位置，测试条件应相同。

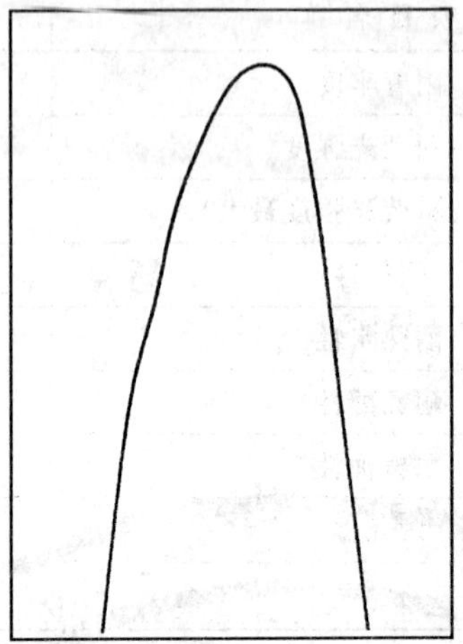

图1 凹版油墨的标准刮样

6.9 相对荧光强度和发射波长的测定：

6.9.1 原理：

紫外荧光油墨的荧光强度是指在254 nm（短波）或365 nm（长波）紫外光激发下，试样和标样在可见光400 nm～800 nm范围内，发出荧光的强度进行比较，检验结果以百分数表示。本方法可分为目视测试法和仪器测试法。

紫外激发荧光油墨的最大发射波长是指在波长为254 nm或365 nm的紫外光照射下，紫外激发荧光油墨刮样所发射出的可见光（400 nm～800 nm）范围内，光谱中最大荧光强度峰值所对应的波长，以nm表示。

6.9.2 仪器和工具：

调墨棒、取样器、刮样丝棒、刮样纸和塑料薄膜参照6.8.2 a）所述工具要求，检测仪器为通用荧光分光光度计。

6.9.3 检验步骤：

将按6.8.2 b）样品的制备方法所得到标样和试样的刮样，分别裁剪成符合仪器检测的尺寸，在同一条件（仪器条件和强度设置）下，用荧光分光光度计分别测量其荧光光谱中最大荧光强度峰值所对应的波长即发射波长。

按下式计算试样的相对荧光强度。

$$S=(B/A)\times 100\% \qquad \cdots\cdots(1)$$

式中：S——试样相对荧光强度，百分数（标样为100%）；

A——标样荧光强度；

B——试样荧光强度。

6.9.4 评级方法：

考虑具体情况，采用目视测试法和仪器测试法两种测试方法测试试样的相对荧光强度，对应相关评级如表2所示：

表2 目视测试法和仪器测试法的对应评级表

耐性级别	目视结果	测试结果 S
5级	荧光无变化	$S\geqslant 90\%$
4级	荧光稍有减弱	$75\%<S<90\%$
3级	荧光明显减弱	$50\%<S\leqslant 75\%$
2级	仅有荧光痕迹	$30\%<S\leqslant 50\%$
1级	荧光消失	$S\leqslant 30\%$

6.9.5 检验报告：

标明激发波长、发射波长、试样和标样相对荧光强度。

7 防伪力度评价

D级：仅采用一种长波或者短波激发的、单波段荧光的紫外激发防伪油墨。

C级：采用长波和短波激发相结合的、双波段荧光的紫外激发防伪油墨。

B级：采用一种波段荧光或者双波段荧光技术，并且与一种其他非荧光防伪手段（例如，热敏防伪技术）结合的双功能紫外激发防伪油墨。

A级：采用一种波段荧光或者双波段荧光技术，再与两种或两种以上的其他防伪技术结合，但其中一种技术必须是智能机器识别防伪技术（例如，具有短波荧光、化学变色、智能核加密和红外加密机器识别等四种防伪技术）的紫外激发荧光防伪油墨。

8 抽样

8.1 产品组批：单机或一班一次投料完成的产品为一批。

不合格产品的判断：每批产品按表1的要求检验，其中一项或一项以上技术指标不合格，则该批产品为不合格批。

8.2 产品由生产单位检验部门按本要求进行检验，并保证所有出厂产品都符合本标准的技术指标；产品应有合格证、使用说明书和保存注意事项等。

8.3 产品按GB 3186—1982涂料产品的取样方法进行取样，样品应分两份， 份密封备查，另一份作检验用样品。

8.4 收货单位有权按标准的规定，对产品进行检验，如有不符合标准技术指标规定，收货方有权退货；但对于供需双方有特殊约定的技术指标，以双方约定的指标值为准。

8.5 供需双方在产品质量上发生争议，由产品质量监督检验机构执行仲裁检验。

8.6 检验分类如下：

8.6.1 颜色、细度、粘度、相对荧光强度、发射波长、耐热性、耐光性七项指标为出厂检验项目。

8.6.2 表1所列的12项指标均为型式检验项目。本产品有下列情况时，应进行型式检验：

a) 新产品或老产品转厂生产的定型鉴定；

b) 因产品结构、材料、工艺有较大改变，可能影响产品性能时；

c) 正常生产后，型式检验周期为半年一次；

d) 特殊订作的产品；

e) 长期停产，恢复生产时。

9 标志、包装、运输、贮存

9.1 可用密封良好的塑料桶或塑料瓶包装，再放入外包装箱中。

9.2 内包装中应注明：

a) 制造厂厂名、地址、电话；

b) 产品名称；

c) 商标；

d) 产品型号或标记和质量；

e) 制造日期或生产批号；

f) 有效期限。

9.3 外包装箱上应注明：

a) 外形尺寸、数量和质量；

b) 制造厂厂名、地址；

c) 商标；

d) 出厂日期；

e) “不得倒置、易燃易爆”等标志；

f) 颜色：说明或标志。

9.4 产品不得露天存放，库房必须干燥、通风，常温，产品可堆放，须远离火源。

9.5 外包装箱应符合危险品运输的规定。

附 录

新闻出版署书报刊印刷优质产品
（优等品、一等品）条件（试行）

（新出印管[2000]117号　新出检[2000]1009号·2000年10月15日）

为贯彻《质量振兴纲要》及《书刊印刷产品质量监督管理暂行办法》，特就新闻出版署书报刊印刷优质产品（优等品、一等品）条件暂作如下规定：

一、送检产品范围及要求

1. 规定年度印制的具有版权页（版本记录）的书报刊；

2. 符合印张要求的单本期刊可单独为一个品种；印张不足的期刊必须配套送检。半月刊、月刊按季度配套，双月刊、季刊按半年配套，每套计为一个品种；报纸按旬配套，每套计一个品种；

3. 套书中印张符合要求的单本书可单独计为一个品种，印张不足之书可组成套送检，计为一个品种；

4. 所有送检产品批质量必须合格。使用“ISBN”、“ISSN”的书刊应印有条码；

5. 教材类多色印品须达2印张、单色印品须达4印张，其他图书的多色印品须达4印张、单色印品须达8印张可送检一等品。非铁丝订装10印张以上多色一等品、20印张以上单色一等品方可检测认定优等品。

二、送检程序

1. 各省（自治区、直辖市）新闻出版局主管部门组织专家对省质检站所荐产品进行检测认定；军队印刷产品质量监督检测站检测部队系统印刷企业、出版单位送检产品；中央在京单位所属出版社、印刷企业送检产品，由新闻出版署印刷产品质量监督检测中心进行检测；

2. 凡需作新闻出版署书报刊印刷优质产品（优等品、一等品）的推荐产品，统一由省（自治区、直辖市）、军队监督检测站填写每个品种的检测数据表和认定后的质量等级并由省级新闻出版主管部门签章，连同优质产品送样登记表二份一并送交署质检中心。凡无检测数据表或未含于送样登记表者不予认定；

3. 经新闻出版署主管部门组织专家检测认定的优等品、一等品名单均应编册公布，适时给予表彰和奖励。

三、书报刊优等品、一等品质量特性

1. 图文印迹清晰完整，标题字不花不糊，图表线条光洁完整；

2. 版面洁净，图像轮廓清楚，颜色鲜艳自然、协调，接版色调一致；

3. 不允许封皮缩页、露色、露白，不允许书芯缩页；覆膜应不出膜、无皱折、起泡及明显卷曲；烫箔应不糊版、花版，图文清晰，牢固有光泽；书壳平整，包边坚实、牢固，压槽深、宽适度，致使封皮可自然平展；锁线松紧适当，无卷帖、漏锁、断线和线圈；封皮、护封均不允许露规矩线；

4. 其他质量特性要求见书报刊印刷优质产品（优等品、一等品）检测数据表。

四、检验

1. 检验条件

1.1 环境色和背景色:检验区域环境色,应是孟塞尔明度值6~8的中性灰(N6/~N8/),孟塞尔彩度值小于0.3;观察反射样品时的背景应是无光泽的孟塞尔颜色N5/~N7/,彩度值小于0.3;

1.2 检验区域应防尘、整洁。不得有任何腐蚀性气体、强电磁场干扰;

1.3 检验室温度应为23℃±5℃,相对湿度为$60\%^{+15\%}_{-10\%}$;

1.4 观样台照明条件应符合CY/T 3—1999规定或在正常日光下。

2. 外观检验

2.1 将试样置于1.4所规定的光源下,观察者眼睛与目视部位相距300 mm~400 mm左右,视觉鉴定外观状况;

2.2 以经与精密线纹米尺比对的合格钢板尺检测样本各项尺寸;

2.3 以直角三角板和半圆仪检验精装书壳垂直度、圆势和书背;

2.4 目测判别文字模糊、缺笔断道处和6号及小于6号的文字印迹清晰程度。

3. 套印偏差

3.1 光源同1.4;

3.2 工具:经检定合格的50倍、100倍读数放大镜,精度达0.02 mm、0.01 mm;

3.3 检验要求:在规定光源下,测样本图文中套印误差最大的边缘2色间套印偏差。

4. 文字密度和极差

4.1 仪器:采用经检定合格的反射密度计,其对同一点密度重复测得数值允差≤1%,密度测量线性允差≤1%;

4.2 条件:使用对光谱无选择、漫反射、具有1.50±0.10 ISO视觉反射密度的黑底衬;

4.3 检验要求

用密度计测出分布在书页正文的5个方位的14级(五号)宋体“的”字的密度值,并以算术平均值表示$\overline{D}=\frac{1}{5}\sum_{n=1}^{5}D_n$;

同一样书中,文字密度的极大值与极小值的差为该样书的文字密度极差(规定数据检验条件:方正字,铜版纸或胶版纸)。

五、正文墨色和极差

5.1 仪器

采用经检定合格的墨色仪,其对同一行墨色重复测得数值允差≤2%;

5.2 条件

同4.2。

5.3 检验要求

用墨色仪测出分布在书页正文的5个方位上的墨色值,并以算术平均值表示$\overline{M}=\frac{1}{5}\sum_{n=1}^{5}M_n$;

同一样书中,墨色极大值与墨色极小值之差为该墨色极差(规定数据检验条件;方正字、铜版纸或胶版纸)。

六、本条件自2001年1月1日起生效。本条件由新闻出版署印刷产品质量监督检测中心解释。

书报刊印刷优质产品(优等品、一等品)检测数据表

单位:mm

产品名称		送样单位					
ISBN		ISSN		CN		统一书号	

产品类别	教材 图书 报纸 期刊	印张		条码印制质量	合格
版芯歪斜	≤0.50 ≤1.00	接版误差	≤0.50 ≤1.30	成品歪斜	≤0.50 ≤1.00
全书页码误差	≤4.00 ≤5.50	相联页页码误差	≤2.00 ≤3.50	亮调网点面积率再现	3%～4% 4%～5%
封面、插图套印偏差	≤0.10 ≤0.14	彩色正文套印偏差	≤0.15 ≤0.18		
正文密度和极差	0.18～0.22 极差≤0.02 ≤0.04	正文墨色和极差			

开本允差(±)	210×297 210×285	148×210 146×208	105×144 104×144	异 形 185×260	异 形 130×184	异 形 203×280	异 形 140×202
	0.80 1.00	0.80 1.00	0.80 1.00	0.80 1.00	0.80 1.00	0.80 1.00	0.80 1.00

书脊字平移、歪斜允差	居中≤0.50	套书书脊字上下误差	≤1.00 ≤1.50		
平订、锁线订浆口	4.00～7.00 以确保不露订	胶订封面侧胶	3.00～7.00	环衬粘口	2.00～3.00
钉 位	钉锯外订眼距书芯上下长各 1/4 处,允差±2.00,钉锯距书脊 3.00～7.00				
护 封	不得长于或短于书芯或书壳 0.50	飘口	2.50～4.50 极差≤0.50 ≤1.00		

省(自治区、直辖市、军队)检测机构签章	省(自治区、直辖市、军队)认定机构签章	署质检中心签章	署书报刊印刷优质产品认定专家委员会签章
推荐为 等品。 负责人 年 月 日	同意推荐为 等品。 负责人 年 月 日	推荐认定为 等品。 负责人 年 月 日	同意认定为 等品。 专家委员 负责人 年 月 日

注:允差数据中,前项为优等品要求,后项为一等品要求;若仅一数值,则二者要求相同。优质产品含国际先进水平的优等品及国内先进水平的一等品。

书报刊印刷优等品、一等品检测数据认定表

编号： 单位：mm

产品名称		送样单位	
ISBN(ISSN/CN)			

产品类别		类型		版印次		印张		条码印制质量	

质量等级数据	封面套印偏差	≤0.10 ≤0.14	彩色正文套印偏差	≤0.12 ≤0.18	网点面积率再现	2%～4% 3%～5%
	正文密度范围	0.18～0.22	相连页码误差	≤2.00 ≤3.50	全书页码误差	≤4.00 ≤5.50
	成品尺寸允差(0.80～1.0)	210×297 210×285	148×210 146×208	105×144 104×144	异形尺寸	
	书脊字平移歪斜允差	≤0.50 ≤1.00	套书书脊字上下误差	≤1.00 ≤1.50	接版误差	≤0.50 ≤1.30
	版心歪斜	≤0.50 ≤1.00	成品歪斜	≤0.50 ≤1.00	飘口尺寸	2.5～4.5 极差 ≤0.50 ≤1.00
	环衬粘口	2.00～3.00	护封尺寸	不得长于或短于书芯或书壳0.50	胶订封面侧胶	3.00～7.00
	订位距离	钉锯外订眼距书芯上下各1/4处，允差2.00；钉锯距书脊3.00～7.00	平订、锁线订浆口	4.00～8.00 不露钉	正文墨色	0.9～1.30

质量缺陷	封面套印超标		彩色正文套印超标		网点面积率未达标		正文密度范围超标		相连页码误差超标		全书页码误差超标	
	成品尺寸允差超标		书脊字歪斜超标		套书书脊字上下超标		接版误差超标		版心歪斜超标		成品歪斜超标	
	飘口尺寸超标		环衬粘口超标		护封尺寸允差超标		胶订封面侧胶超标		钉位距离允差超标		平订、锁线浆口超标	
	色调失真		阶调失真		缺网		墨皮		脏迹		印迹失真	
	文字重影		文字糊瞎		书壳不平		压槽不宜		岗线		环衬不平	
	八字折		死折		折角		残页		破口		书脊不平	
	墙头布歪斜		全书不平整		烫箔图字花		锁线过松		裁切刀花		书眉字裁掉	
	书脊空泡		覆膜起皱		烫箔图字糊		溢胶					

送检单位签章	省(自治区、直辖市、军队)认定机构签章	署认定专家签章	署认定专家委员签章
推荐为 等品 负责人 年 月 日	同意推荐为 等品 负责人 年 月 日	推荐为 等品 负责人 年 月 日	同意推荐为 等品 负责人 年 月 日

说明：1. 质量等级数据，由报送单位填写，符合项打√。

2. 质量缺陷，由署认定专家填写，缺陷项在方框内打×。

3. 数据中，前项为优等品、后项为一等品；仅一项数据，两者要求相同。

新闻出版总署印刷质量监督检测中心制